環境都市計画事典

丸田頼一 編

朝倉書店

口絵1 「風の道」都市として著名な環境都市シュツットガルトの全景（ドイツ）

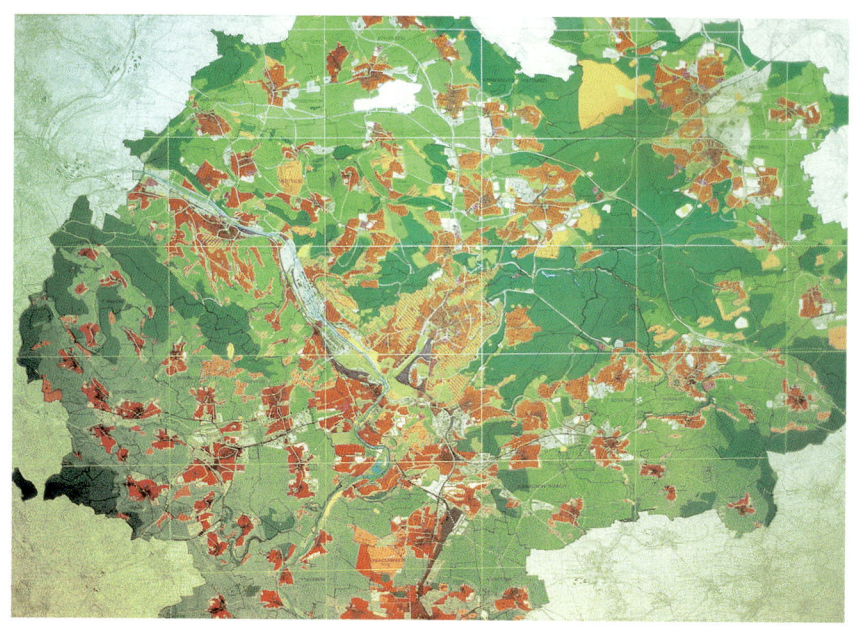

口絵2 環境都市計画事業の基盤になる土地利用計画（シュツットガルト，ドイツ）

口絵3　ハザードマップとしての騒音マップ

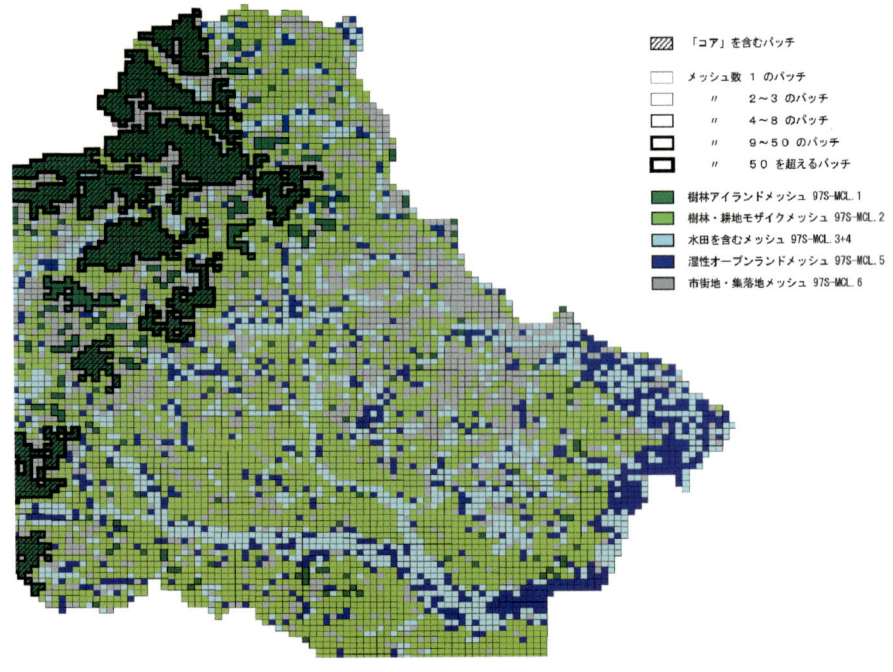

口絵4　メッシュ単位による鳥類生息適地とその連結性の評価事例（資料：旧建設省土木研究所）

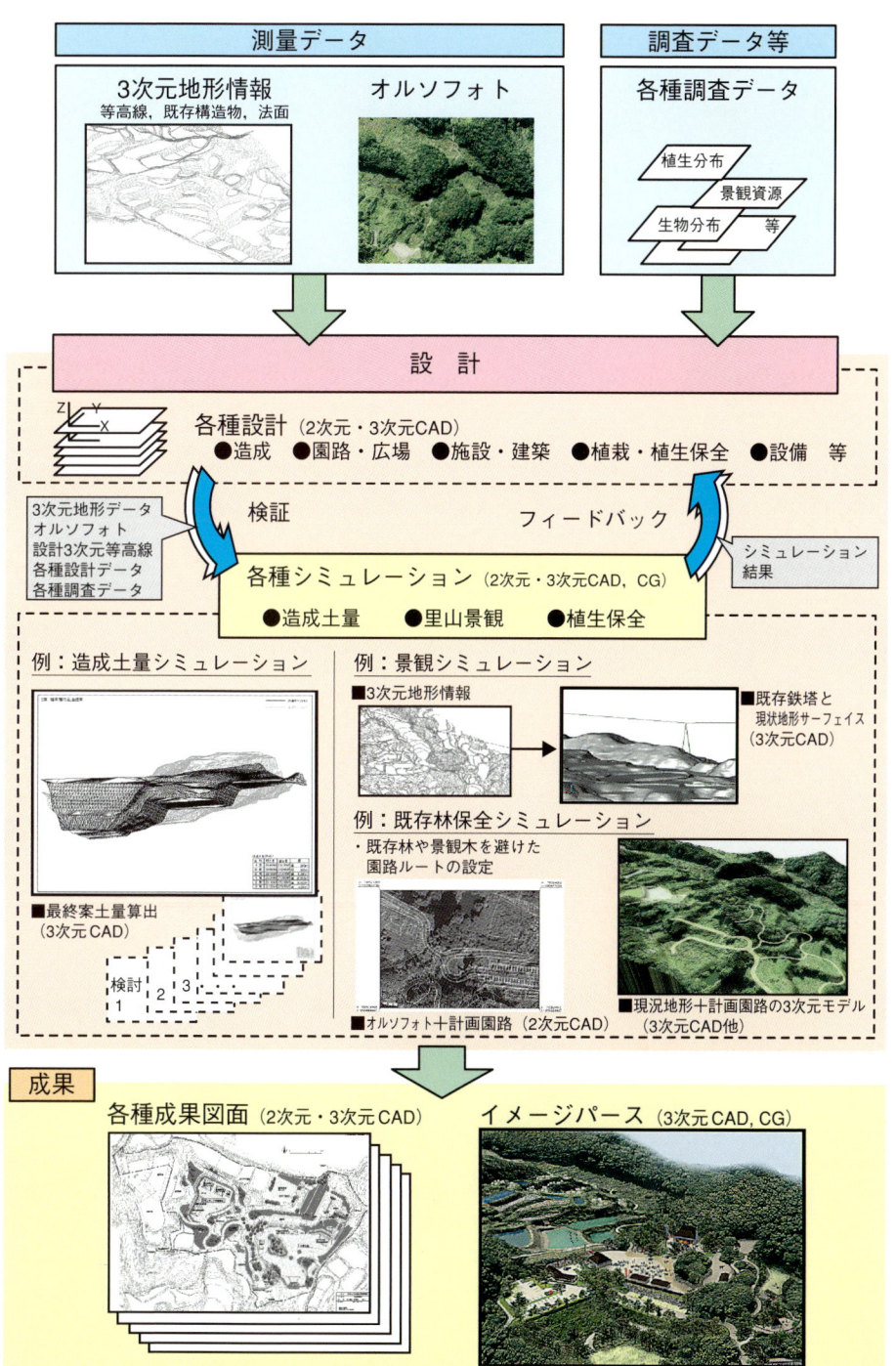

口絵5 CADを活用した環境設計事例（資料：国営明石海峡公園工事事務所）

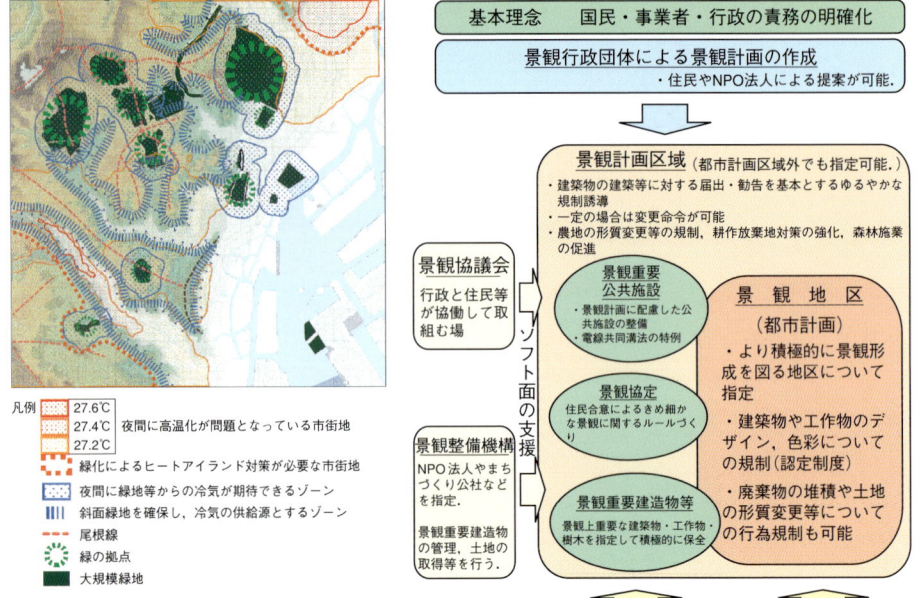

口絵6 夜間における緑地配置等へのアドバイスマップの例（東京都都心部，10 km×10 km；資料：国土交通省）

口絵7 ようやくわが国に制定され，今後の活用が期待される景観法の概要

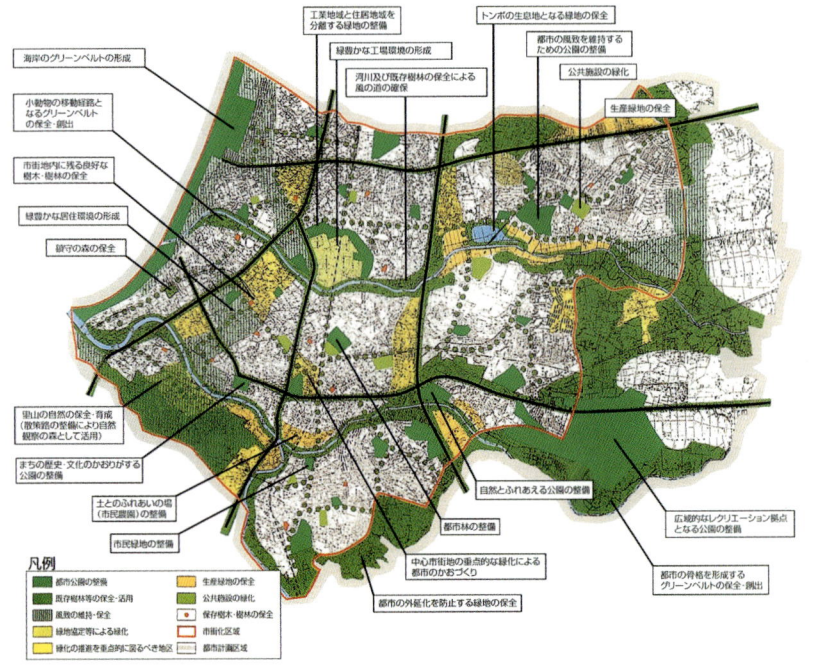

口絵8 都市緑地法に基づいて策定される緑の基本計画のモデル事例（資料：（社）日本公園緑地協会）

口絵9　高木の保護のもと，新築を許可する告知標識（カールスルーエ，ドイツ）

口絵10　環境都市においては，普及啓発や環境教育・学習のための，公設のエコハウスやエコガーデンの設置・公開は欠かせない（レスター，英国）

(a) ティウ川沿いの街並み

(b) 廃ビン入れ
景観や騒音防止を意識し，地下に廃ビン入れを置いて地上部を緑化した，世界他都市に類をみない事例

口絵 11　世界を代表する環境都市アヌシー（フランス）

口絵12 伝統的な雪吊りの技法を活用し，照明による演出を加えて郷土景観を創出した雪美(ゆきみ)の庭（富山県庁前公園）

口絵13 川越市伝建地区（一番街の蔵造りの街並み）

口絵 14　自動車交通を排除したフライブルグ（ドイツ）の中心市街地
路面には「ベッヒレ（疎水）」と路面電車の線路が縦断している．

口絵 15　ドイツの環境都市エッカーンフェルデ中心部の全景（Packschies, M. 氏提供）

序

　日本国憲法において，「すべての国民は健康で，文化的な最低限度の生活を営む権利を有する」と述べられており，そのための都市づくりの目標，像や手法が絶えず問われている．

　事実，国土人口の75%以上が集中しているわが国の都市の環境問題には，自然環境，生活・生産環境，経済環境や人的資源等，様々なものがあり，課題も多いが，解決への道を探らなければならない．

　そのためには，従来からの実績のある都市計画学も有効であるが，ややもすると土地しかも空間と施設に着目した物的計画が中心になりがちであり，今後は，生態システムを基盤とするとともに，人間の都市生活環境や生産環境等社会・経済的側面も含めた，環境計画学からの視点が希求されることになる．

　国際的には，1992（平成4）年6月に，国連環境開発会議がブラジル・リオデジャネイロで開催され，「環境と開発に関するリオ宣言」，その具体的な行動計画である「アジェンダ21」等が採択されるとともに，「気候変動枠組み条約」や「生物多様性条約」に，わが国を含む多くの国が署名した．その直後，当時の建設省内にエコシティ（環境共生都市）のあり方に関する研究会が設置され，翌年から全国のモデル都市での調査が始まる等，リオの影響が国内に浸透したといえる．

　実際，リオデジャネイロでは世界の都市の中から，英国のレスター，ブラジルのクリチバ等12都市が「環境都市」（Environment City）として表彰され，国際的にインパクトを与えたのである．例えば，レスターは以前から，自市を英国の「環境都市」と名乗り，環境を市政の第一のスローガンに掲げてきた．そして，「環境都市」の構築に向けて，8テーマを課題にあげ，総合的に取り組んでいる．例えば，課題の1つ，エネルギー問題では，2025年までに1990年比50%の削減目標を掲げ，個人，ボランティア団体，企業と行政が一体となり，実現化に努力している．

　1997（平成9）年には，地球環境温暖化防止京都会議（COP 3）が開催され，京都議定書が採択されると，政府や企業を含め地球環境保全のシナリオづくりに，より真剣さが加わることになった．

　したがって，これに前後し，1993（平成5）年の環境基本法，容器包装リサイクル法（1995（平成7）年），地球温暖化対策推進法（1998（平成10）年）等，国内の環境関連法が次々と制定された．

　そして，国際的な議論の末，2005（平成17）年2月には，ようやく京都議定書が発

効，数値目標の達成とそれにかかわる大きな課題への答が求められることになった．

このような国際的な動きに加え，国内の環境の保護・保全にかかわる諸制度の確立には，目を見張るものがあるが，都市計画分野の大きな動きは，2004（平成16）年制定の景観緑三法にとどまり，特に景観法に基づく各地の条例制定，施行による成果は，期待されるものの鈍い．

21世紀は，地球等の環境保全を前提にしつつ，経済的・社会的な発展に努める時代であり，都市計画学，専門領域全体の役割も重大である．そして，今後，環境に配慮した都市としての理想像，「環境都市」の構築に向けて，都市計画分野と環境分野との，より一層の総合化かつ体系化された計画論が必要になる．

「環境都市」とは「自然資源を生かした土地利用を図るなど，生態系に準じたシステムを構築するとともに，市民，企業や行政が一体となって，市民の安全性，健康，教育文化，快適性や利便性の確保に向けて，総合的な検討・配慮がなされた持続可能な都市を指す」のであり，都市づくり基調は，従来の都市計画からイメージされる，行政主導の強いものではなく，市民，企業と行政の三者のパートナーシップにも特徴がある．

多くの国民から期待されている，持続性のある，弱者にも強い，心豊かな，幸せ感のあふれる文化都市は，「環境都市」の構築により実現可能と考えられるし，世界に誇れる数多くの「環境都市」の出現を，わが国に期待するものである．

さて，本書は環境都市計画の解説・普及を意図して企画されたものである．編者が長年にわたる研究生活において強調してきたように，都市環境問題の解決のためには，環境科学を基調にした環境計画学に加えて環境デザイン論の総合的な体系化が必要である．そこで，本書の全体を14の章に大別し，さらにその中の各項目の抽出にあたっても，特にその点に留意した．

世界最初ともいえる，本書の刊行を契機に，環境都市計画学への関心が高まり，本分野が飛躍的に発展することを望むものである．

最後に，本書の刊行にあたっては，編者の大学の定年退官と重なったこともあり，たいへん多くの方々のご協力を得ることができた．企画案づくりから編集幹事として，ご尽力いただいた柳井重人氏ならびに編集幹事会の皆様，快く原稿依頼を受諾して頂きました全執筆者の皆様，編集などで大変お世話になった，朝倉書店編集部の方々に深く感謝の意を表する次第であります．

2005年5月

丸田頼一

編　集

丸田　頼一　　千葉大学名誉教授
　　　　　　　（社）環境情報科学センター理事長

執　筆　者

五十音順．＊は編集幹事．

青木　英明	共立女子大学家政学部	
浅野　房世	兵庫県立大学自然・環境科学研究所 兵庫県立淡路景観園芸学校	
芦澤　拓実	（社）日本公園緑地協会	
吾田奈美子	信州大学大学院医学研究科	
吾田　幸俊	（株）環境アセスメントセンター	
阿部　邦夫	（財）都市緑化基金	
新井　時夫	（株）ガイアートＴ・Ｋ	
＊荒川　仁	国際航業（株）	
荒木　稔	（株）レック研究所	
有路　信	（社）日本公園緑地協会	
家田　仁	東京大学大学院工学系研究科	
五十嵐　誠	（財）都市緑化技術開発機構	
池貝　浩	枚方市	
伊坂　充	（株）エコー	
石川　幹子	慶應義塾大学環境情報学部	
和泉　良司	横浜市教育委員会	
市川　智史	滋賀大学環境総合研究センター	
市村　恒士	室蘭工業大学建設システム工学科	
伊藤　登	（株）プランニングネットワーク	
＊伊藤　寿子	（社）環境情報科学センター	
伊藤　英昌	（社）日本公園緑地協会	
＊伊藤　泰志	富士通エフ・アイ・ピー（株）	
糸谷　正俊	（株）総合計画機構	
犬伏　和之	千葉大学園芸学部	
井上　康平	（株）緑生研究所	
井上　三芳	（有）エム・アール総合研究所	
上野　芳裕	（財）都市緑化基金	
梅田　慎介	鹿島建設（株）	
＊浦田　啓充	国土交通省都市・地域整備局	
近江　慶光	千葉大学環境健康フィールド科学センター	
大倉　慶子	杉並区杉並保健所	
太田　勝敏	東洋大学国際地域学部	
大塚　守康	（株）ヘッズ	
大槻　忠	（株）エコテクノロジー研究所	
大貫　誠二	（財）都市緑化基金	
大野　渉	（株）プレック研究所	
岡島桂一郎	（有）プラネット・コンサルティングネットワーク	
荻野　淳司	アゴラ造園（株）	
小倉　礁	富士通エフ・アイ・ピー（株）	
小田　信治	清水建設（株）	

*小野	敏正	東京都		髙梨	雅明	国土交通省都市・地域整備局
笠井	睦	パシフィックコンサルタンツ(株)		高野	健一	月島機械(株)
加藤	和弘	東京大学大学院農学生命科学研究科		髙橋	信行	(社)ランドスケープコンサルタンツ協会
*金岡	省吾	(株)UFJ総合研究所		髙松	邦明	(社)環境情報科学センター
金谷	晃	(株)UFJ総合研究所		橘	俊光	兵庫県県土整備部
川尻	幸由	日本技術開発(株)		辰巳	信哉	(財)兵庫県園芸・公園協会
河田	惠昭	京都大学防災研究所		田中	雅文	日本女子大学人間社会学部
菊池	律	杉並区都市整備部		谷口	守	岡山大学環境理工学部
菊地	邦雄	法政大学人間環境学部		霊山	明夫	(社)日本公園緑地協会
北山	武征	(財)公園緑地管理財団		*恒村	則之	日本技術開発(株)
木村	弘	(株)総合設計研究所		鶴田	佳史	法政大学非常勤講師
京田	憲明	富山市都市整備部		寺尾	和晃	川越市まちづくり部
小谷	幸司	(株)UFJ総合研究所		戸田	惠実	横浜市環境創造局
*後藤	和夫	浜松市技術統括監		冨田	祐次	(財)海洋博覧会記念公園管理財団
後藤	由歌	鎌倉市公園緑地課		鳥山	千尋	杉並区都市整備部
小林	順一	杉並区保健福祉部		長友	大幸	千葉市立みつわ台中学校
小林	新	(株)東京ランドスケープ研究所		*中野	創	横浜市都市経営局
小林	治人	(株)東京ランドスケープ研究所		中村正二郎		(株)三菱地所設計
酒井	尚裕	富山県土木部		中村	忠昌	(株)生態計画研究所
坂本新太郎		大阪芸術大学環境デザイン学科		中村	俊彦	千葉県立中央博物館
崎田	裕子	SAKITA Office		中村	八郎	環境・災害対策研究所
笹野	茂	(社)環境情報科学センター		中村	文彦	横浜国立大学大学院環境情報研究院
椎谷	尤一	(財)日本緑化センター		梛野	良明	宮城県土木部
塩原	歊	(株)都市研		西脇	知子	前(株)グリーンダイナミクス
渋谷晃太郎		環境省総合環境政策局		新田	保次	大阪大学大学院工学研究科
*島田	正文	日本大学短期大学部		野口	正顕	(株)緑生研究所
清水	正弘	杉並区保健福祉部		野村	恭子	中央青山監査法人
末永	錬司	(独)都市再生機構		長谷川浩己		(有)オンサイト計画設計事務所
杉尾	邦江	(株)プレック研究所		支倉	紳	(独)都市再生機構

服部	明世	大阪芸術大学環境デザイン学科		黛	卓郎	(株)プレック研究所
埴生	雅章	富山県土木部		丸田	頼一	千葉大学名誉教授 (社)環境情報科学センター
濱村	誠彦	東京電力(株)		満園	武雄	(株)東急設計コンサルタント
*原口	真	(株)インターリスク総研		蓑茂寿太郎		東京農業大学造園科学科
原田	昇	東京大学大学院新領域創成科学研究科		三村	起一	環境省自然環境局
半田真理子		(財)都市緑化技術開発機構		三宅	祥介	(株)SEN環境計画室
稗田	昭人	総務省自治行政局		宮本	克己	東京大学大学院農学生命科学研究科
平田富士男		兵庫県立大学自然・環境科学研究所 兵庫県立淡路景観園芸学校		宮森	直人	日本水工設計(株)
笛木	坦	イビデングリーンテック(株)		村上	暁信	東京工業大学大学院総合理工学研究科
福山	俊	新宿区健康部		*村上	治	(社)環境情報科学センター
藤﨑	華代	前都市基盤整備公団		村松亜希子		(株)グレイス
藤吉	信之	国土交通省都市・地域整備局		*柳井	重人	千葉大学大学院自然科学研究科
*藤原	宣夫	愛知県建設部		山川	仁	前東京都立大学工学部
舟引	敏明	(独)都市再生機構		山田	和司	(財)日本緑化センター
古澤	達也	国土交通省都市・地域整備局		山田	勝巳	(社)日本造園建設業協会
細川	卓巳	練馬区土木部		山田	宏之	和歌山大学システム工学部
本條	毅	千葉大学園芸学部		*山本	忠順	(株)LAU公共施設研究所
本田	智則	東京大学生産技術研究所		山本	浩史	昭和(株)
槇	重善	横浜市環境創造局		山元	誠	(株)森緑地設計事務所
牧野	幸子	(株)ケー・シー・エス		山本梨恵子		前(財)公園緑地管理財団
町田	誠	(財)2005年日本国際博覧会協会		吉岡	博道	(株)LAU公共施設研究所
松井	孝子	(株)プレック研究所		吉田	一良	新生活文化研究室
松井	伸夫	(財)九州環境管理協会		涌井	史郎	桐蔭横浜大学工学部
松田愼一郎		日本大学本部		和気	信二	(株)ハオ技術コンサルタント事務所
松原	秀也	(株)ヘッズ		Max. Z. Conrad		ルイジアナ州立大学デザイン学部
松本	守	(株)エフシージー総合研究所				

目　次

A　環境都市計画の意義・目標────1
- A1　環境都市　　〔丸田頼一〕　2
- A2　環境都市構築の意義
  　　　　　　　〔有路　信〕　4
- A3　環境都市計画の目標
  　　　　　　　〔浦田啓充〕　6
- A4　環境都市計画　〔舟引敏明〕　8
- A5　地球環境問題　〔半田真理子〕　10
- A6　地球温暖化防止　〔末永錬司〕　12
- A7　都市環境問題　〔椎谷尤一〕　14
- A8　持続性　　　　〔川尻幸由〕　16
- A9　循環型社会　　〔近江慶光〕　18
- A10　環境共生都市　〔棚野良明〕　20
- A11　コンパクトシティ
  　　　　　　　〔中村正二郎〕　22
- A12　都市再生　　　〔伊藤英昌〕　24
- A13　自然再生　　　〔松本　守〕　26
- A14　環境都市と土木〔松田愼一郎〕　28
- A15　環境都市と都市計画
  　　　　　　　〔石川幹子〕　30
- A16　環境都市とランドスケープ
  　　　　　　　〔島田正文〕　32
- A17　環境都市と環境デザイン
  　　　　　　　〔大塚守康〕　34

B　環境都市計画史────37
- B1　環境都市計画の歴史
  　　　　　　　〔坂本新太郎〕　38
- B2　田園都市論　　〔村上暁信〕　40
- B3　近隣住区論　　〔小野敏正〕　42
- B4　公園緑地系統　〔蓑茂寿太郎〕　44
- B5　ニュータウン　〔宮本克己〕　46

C　都市計画・マスタープラン────49
- C1　環境都市とマスタープラン・土地利用
  　　　　　　　〔柳井重人〕　50
- C2　国土計画　　　〔髙梨雅明〕　52
- C3　地域計画　　　〔五十嵐誠〕　54
- C4　都市計画の体系〔浦田啓充〕　56
- C5　都市のマスタープラン
  　　　　　　　〔浦田啓充〕　58
- C6　自然立地的土地利用計画
  　　　　　　　〔井上康平〕　60
- C7　線引きと開発許可制度
  　　　　　　　〔棚野良明〕　62
- C8　都市の土地利用〔棚野良明〕　64
- C9　都市交通　　　〔太田勝敏〕　66
- C10　公園緑地　　　〔舟引敏明〕　68
- C11　都市施設　　　〔髙橋信行〕　70
- C12　都市環境　　　〔五十嵐誠〕　72
- C13　ランドスケープ計画
  　　　　　　　〔柳井重人〕　74
- C14　地区計画制度　〔芦澤拓実〕　76
- C15　中心市街地　　〔宮森直人〕　78
- C16　工業地域
  　　　　　　〔髙橋信行・山田和司〕　80
- C17　市街地整備　　〔藤﨑華代〕　82

D　景　　観────85
- D1　環境都市と景観〔中野　創〕　86
- D2　伝統的景観　　〔山本浩史〕　88
- D3　街路景観　　　〔中野　創〕　90
- D4　河川景観　　　〔伊坂　充〕　92
- D5　親水公園　　　〔長谷川浩己〕　94
- D6　構造物と景観　〔伊藤　登〕　96

D7	港湾・海浜美景創造	〔小林治人〕	98	
D8	自然景観	〔三村起一〕	100	
D9	田園景観	〔野口正顕〕	102	
D10	景観評価	〔荒川　仁〕	104	
D11	ランドマーク	〔山元　誠〕	106	
D12	緑視	〔島田正文〕	108	
D13	景観マスタープラン/景観計画（景観法）	〔寺尾和晃〕	110	
D14	景観条例/景観法	〔中野　創〕	112	
D15	景観シミュレーション	〔槇　重善〕	114	
D16	景観資源マップ	〔荒川　仁〕	116	
D17	屋外広告物規制	〔稗田昭人〕	118	
D18	公開空地	〔菊池　律〕	120	
D19	アーバンデザイン	〔中野　創〕	122	
D20	風致と美観	〔戸田恵実〕	124	
D21	歴史的風土保全	〔後藤由歌〕	126	
D22	伝統的建造物・歴史的建造物	〔寺尾和晃〕	128	
D23	街並み保全と中心市街地活性化	〔中野　創〕	130	
D24	樹木保護	〔松原秀也〕	132	

E　都市交通　――― 135

E1	環境都市と交通	〔村上　治〕	136
E2	大気汚染と騒音	〔和気信二〕	138
E3	TDM（交通需要マネジメント）	〔原田　昇〕	140
E4	道路計画	〔小野敏正〕	142
E5	道路緑化	〔藤原宣夫〕	144
E6	歩行環境整備	〔谷口　守〕	146
E7	コミュニティモール	〔塩原　歓〕	148
E8	駅前広場	〔中村文彦〕	150
E9	自転車交通	〔山川　仁〕	152
E10	路面公共交通（バス）	〔青木英明〕	154
E11	路面公共交通（軌道系）	〔青木英明〕	156
E12	新交通システム	〔青木英明〕	158
E13	カープールとカーシェアリング	〔太田勝敏〕	160
E14	TOD（公共交通指向型開発）	〔家田　仁〕	162
E15	交通バリアフリー	〔牧野幸子〕	164
E16	舗装	〔新井時夫〕	166

F　自然・生態系・緑　――― 169

F1	環境都市と自然・生態系	〔藤原宣夫〕	170
F2	都市の大気環境	〔山田宏之〕	172
F3	ヒートアイランド現象	〔山田宏之〕	174
F4	クリマアトラス	〔半田真理子〕	176
F5	都市の水環境	〔笹野　茂〕	178
F6	都市河川	〔細川卓巳〕	180
F7	多自然型川づくり	〔細川卓巳〕	182
F8	雨水貯留・雨水浸透	〔笛木　坦〕	184
F9	都市の土壌環境	〔犬伏和之〕	186
F10	都市の生物環境	〔中村俊彦〕	188
F11	ランドスケープエコロジー	〔吾田幸俊〕	190
F12	エコロジカルネットワーク	〔中村忠昌〕	192
F13	ビオトープ	〔近江慶光・長友大幸〕	194
F14	生物多様性保全	〔渋谷晃太郎〕	196
F15	都市の緑環境	〔井上康平〕	198
F16	緑の基本計画	〔髙梨雅明〕	200
F17	都市緑化	〔町田　誠〕	202
F18	都市公園	〔古澤達也〕	204

目　次

F19	都市林・環境林〔市村恒士〕	206	
F20	里地里山保全〔加藤和弘〕	208	
F21	都市内農地〔藤吉信之〕	210	
F22	自然環境調査〔荒川　仁〕	212	
F23	環境指標（陸域）〔笠井　睦・島田正文〕	214	
F24	環境指標（水域）〔大槻　忠〕	216	
F25	環境モニタリング〔松井伸夫〕	218	
F26	環境アセスメント〔吾田奈美子〕	220	
F27	HEP（ヘップ）〔福山　俊〕	222	
F28	自然環境の経済評価〔金岡省吾〕	224	
F29	環境行政〔菊地邦雄〕	226	
F30	環境基本計画〔菊地邦雄〕	228	
F31	環境基準〔冨田祐次〕	230	
F32	ミティゲーション〔荒川　仁〕	232	
F33	レストレーション〔霊山明夫〕	234	
F34	ミティゲーションバンキング〔松井孝子・大野　渉〕	236	

G　資源・エネルギー・廃棄物────239

G1	環境都市と資源・エネルギー・廃棄物〔金岡省吾〕	240	
G2	環境都市と資源循環〔金岡省吾〕	242	
G3	環境都市とエネルギー〔金谷　晃〕	244	
G4	環境都市と廃棄物〔冨田祐次〕	246	
G5	ゼロエミッション〔崎田裕子〕	248	
G6	自然エネルギー利用〔金谷　晃〕	250	
G7	省エネルギー〔金谷　晃〕	252	
G8	屋上緑化と壁面緑化〔山田宏之〕	254	
G9	廃熱利用・余熱利用〔濱村誠彦〕	256	
G10	緑のリサイクル〔荻野淳司〕	258	
G11	雨水・処理水の循環利用〔市村恒士〕	260	
G12	焼却灰の有効利用〔高野健一〕	262	
G13	環境共生住宅〔小谷幸司〕	264	
G14	エコタウン〔小谷幸司〕	266	
G15	一般廃棄物の処理とリサイクル〔市村恒士〕	268	

H　防災・防犯────271

H1	環境都市と防災（地震・火山）〔糸谷正俊〕	272	
H2	環境都市と防災（風水害）〔河田惠昭〕	274	
H3	環境都市と防犯〔鳥山千尋〕	276	
H4	環境都市と公害防止〔川尻幸由〕	278	
H5	安全と安心〔服部明世〕	280	
H6	自然災害と社会災害〔中村八郎〕	282	
H7	震災〔辰巳信哉〕	284	
H8	ライフライン〔橘　俊光〕	286	
H9	都市防災計画〔中村八郎〕	288	
H10	ハザードマップ（防災診断地図）〔中村八郎〕	290	
H11	防災拠点と防災街区〔浦田啓充〕	292	
H12	避難地と避難路〔糸谷正俊〕	294	
H13	延焼遮断帯〔糸谷正俊〕	296	
H14	耐火・耐震建築化〔橘　俊光〕	298	
H15	防災公園〔藤吉信之〕	300	
H16	防災植栽〔椎谷尤一〕	302	
H17	復旧・復興〔橘　俊光〕	304	
H18	自然災害〔河田惠昭〕	306	
H19	雪に強いまちづくり〔埴生雅章〕	308	
H20	近隣公害〔川尻幸由〕	310	

H21	都市犯罪	〔鳥山千尋〕	312	J10	余暇	〔木村 弘〕	370
H22	防犯まちづくり	〔鳥山千尋〕	314	J11	園芸療法	〔浅野房世〕	372
H23	緩衝緑地	〔冨田祐次〕	316	J12	クラインガルテン	〔小谷幸司〕	374
H24	土壌汚染対策	〔犬伏和之〕	318	J13	都市・農村交流	〔吉岡博道〕	376
H25	事故防止	〔橘 俊光〕	320	J14	余暇活動（レクリエーション）	〔木村 弘〕	378

I 情報システム───323

I1	環境都市と情報	〔伊藤泰志〕	324
I2	高度情報化	〔小林 新〕	326
I3	都市づくりと情報化	〔小林 新〕	328
I4	環境情報	〔伊藤泰志〕	330
I5	情報システム	〔伊藤泰志〕	332
I6	テレワーク	〔岡島桂一郎〕	334
I7	CAD（キャド）	〔岡島桂一郎〕	336
I8	GIS（地理情報システム）	〔伊藤泰志〕	338
I9	リモートセンシング	〔伊藤泰志〕	340
I10	CG（コンピュータグラフィックス）	〔本條 毅〕	342
I11	インターネット	〔本條 毅〕	344
I12	情報化まちづくり	〔岡島桂一郎〕	346
I13	仮想現実感	〔本條 毅〕	348

J 健康・生活・福祉───351

J1	環境都市の生活・健康・福祉	〔山本忠順〕	352
J2	ストレス社会	〔涌井史郎〕	354
J3	少子高齢化	〔山本忠順〕	356
J4	都市疾病	〔大倉慶子〕	358
J5	環境ホルモン	〔満園武雄〕	360
J6	食の安全性	〔吉田一良〕	362
J7	エコライフ	〔吉田一良〕	364
J8	環境家計簿	〔髙松邦明〕	366
J9	生活の質（QOL）	〔吉田一良〕	368

J15	グリーンツーリズム	〔吉岡博道〕	380
J16	老人福祉	〔清水正弘〕	382
J17	障害者基本計画	〔小林順一〕	384
J18	福祉インフラ	〔三宅祥介〕	386
J19	ユニバーサルデザイン	〔三宅祥介〕	388

K 教育・文化───391

K1	環境都市と教育・文化	〔伊藤寿子〕	392
K2	生涯学習	〔田中雅文〕	394
K3	環境教育・環境学習	〔伊藤寿子〕	396
K4	環境学習プログラム	〔村松亜希子〕	398
K5	都市公園と環境学習	〔北山武征・山本梨恵子〕	400
K6	環境学習公園	〔黛 卓郎〕	402
K7	河川と環境学習	〔荒木 稔〕	404
K8	エコ・スクール	〔市川智史〕	406
K9	校庭・園庭緑化	〔槇 重善〕	408
K10	学校ビオトープ	〔中村忠昌〕	410
K11	総合的な学習の時間	〔和泉良司〕	412
K12	子どもの参画	〔槇 重善〕	414
K13	企業の環境学習	〔原口 真〕	416
K14	鎮守の森	〔埴生雅章〕	418
K15	文化財の保全・活用	〔山田勝巳〕	420

目　次　xi

L　経営・マネジメント・ビジネス——423

- L1　環境都市と都市経営
〔本田智則〕 424
- L2　環境の経済学的評価
〔金岡省吾〕 426
- L3　都市財政　〔本田智則〕 428
- L4　環境マネジメント〔伊藤泰志〕 430
- L5　PFI　〔梅田慎介〕 432
- L6　環境税　〔原口　真〕 434
- L7　環境経営　〔小倉　礁〕 436
- L8　環境ビジネス　〔鶴田佳史〕 438
- L9　環境会計　〔小倉　礁〕 440
- L10　エコテクノロジー〔小田信治〕 442

M　市民参画とコミュニティづくり——445

- M1　環境都市と市民・コミュニティ
〔平田富士男〕 446
- M2　市民参加と市民参画
〔後藤和夫〕 448
- M3　コミュニティ　〔支倉　紳〕 450
- M4　コミュニティプランニング
〔支倉　紳〕 452
- M5　コミュニティセンター
〔支倉　紳〕 454
- M6　コミュニティカルテ
〔支倉　紳〕 456
- M7　まちづくり協定〔平田富士男〕 458
- M8　環境 NPO　〔藤吉信之〕 460
- M9　環境ボランティア〔上野芳裕〕 462
- M10　パートナーシップ〔後藤和夫〕 464
- M11　トラスト　〔大貫誠二〕 466
- M12　合意形成　〔京田憲明〕 468
- M13　公共性　〔橘　俊光〕 470
- M14　まちづくり　〔酒井尚裕〕 472
- M15　コミュニティガーデン
〔大貫誠二〕 474
- M16　花のまちづくり　〔阿部邦夫〕 476

N　世界の環境都市——479

- N1　デービス（米国）〔小林　新〕 480
- N2　ペオリア（米国）〔丸田頼一〕 482
- N3　サンリバー（米国）
〔柳井重人〕 484
- N4　ウッドランズ（米国）
〔Max. Z. Conrad・丸田頼一・西脇知子〕 486
- N5　クリチバ（ブラジル）
〔藤﨑華代〕 488
- N6　フライブルグ（ドイツ）
〔池貝　浩〕 490
- N7　シュツットガルト（ドイツ）
〔丸田頼一〕 492
- N8　ハイデルベルグ（ドイツ）
〔伊藤寿子〕 494
- N9　エッカーンフェルデ（ドイツ）
〔丸田頼一〕 496
- N10　カールスルーエ（ドイツ）
〔丸田頼一〕 498
- N11　レスター（英国）〔野村恭子〕 500
- N12　ハウテン（オランダ）
〔新田保次〕 502
- N13　ストラスブール（フランス）
〔上野芳裕〕 504
- N14　アヌシー（フランス）
〔井上三芳〕 506
- N15　シンガポール　〔有路　信〕 508
- N16　クライストチャーチ（ニュージーランド）
〔杉尾邦江〕 510

索　引——513

A 環境都市計画の意義・目標

A1　環境都市

—— Environment City

　最近，わが国においても，環境問題への関心が高まるにつれ，東京都杉並区のレジ袋税や環境NPOの増加等，各都市の発意に基づいた環境施策の発信が徐々にみられるようになった。環境基本計画の内容，環境の保全・改善の範囲や程度，実践主体の普及度等をみれば，今後に期待する面が大である。

　ドイツには，自然生態系の保全を重視しつつ，都市的整備を行う「風の道」都市のシュツットガルトや，エッカーンフェルデ，総合的な交通体系を確立させつつ，多面的な環境保全に力を注ぐフライブルグ，エアランゲンのように数多くの「環境都市」が存在し，わが国の都市のモデルとして注目に値する。

　環境都市とは，自然資源を生かした土地利用を図る等，生態系に準じたシステムを構築するとともに，市民，企業や行政が一体となり，市民の安全性，健康，教育文化，快適性や利便性の確保に向けて，総合的な検討・配慮がなされた都市を指す。都市づくりの基調は，従来の都市計画のような行政主導型ではなく，市民，企業と行政の3者の協調型にある。

　環境都市の計画や実現には，一般的にいわれている環境問題との関連性からみても，地形，地質，土壌，水，土地被覆，植物，動物，大気，気象，騒音・振動，住宅等の建築物，産業，廃棄物，エネルギー，交通，景観，健康，環境教育，ボランティア，経営等の自然生態，生活や生産，それらに関連する社会基盤，都市経営と，多岐にわたり，網羅的に関係している。

　次に環境都市構築に不可欠な視点を指摘したい。

　まず第一に，地域生態系を基盤にした，網羅的な長期ビジョンが必要なことである。そして，ドイツにみられるように，自然生態的特性を十分に調査した上で，風の道計画も含むような土地利用・街路網構想を立案することは基本である。また，地球環境保全にかかわる二酸化炭素の削減目標値等の明示も必要である。ドイツの多くの自治体は，官公庁，民生，産業や運輸別のそれぞれの削減対策を示す一方，1990年比，25〜30%の削減目標値を掲げている。

　第二に，20世紀に失われた都市の自然を取り戻すべく，自然の再生と生物多様性の確保に力点を置くことがあげられる。「緑の基本計画」を実行し，緑化推進による雨水貯留，小動物等の生息可能地の確保も考えなければならない。ドイツでは，1998年に「建設法典」が改正され，土地の人工的な被覆に制限が加えられたほどである。

　第三に，人優先の環境都市にふさわしい交通環境の整備がある。低公害車だけの問題でなく，交通事故，熱汚染，地域分断等自動車に起因した環境の悪化に対する諸対策のほか，第二にも関係するが，大型駐車場や最近急増している有料駐車場の緑化推進も図っていかなければならない。また，自動車など代替交通手段の推進も検討すべきである。自転車を中心とした都市にするためには，電車の駅やバスの停留所等との連係，車線や駐輪場の確保等解決すべき課題も多く，この面の政策の遅れが目立つ。

　第四に，幼児，児童生徒の環境教育プログラムの重視である。子どもたちへの環境教育は，人間形成や成熟までに長期間を要する環境都市の構築に特に有効だ。幼稚園・保育園や小中学校の学習指導，園庭・校庭を含む施設整備や運営のほか，社会学

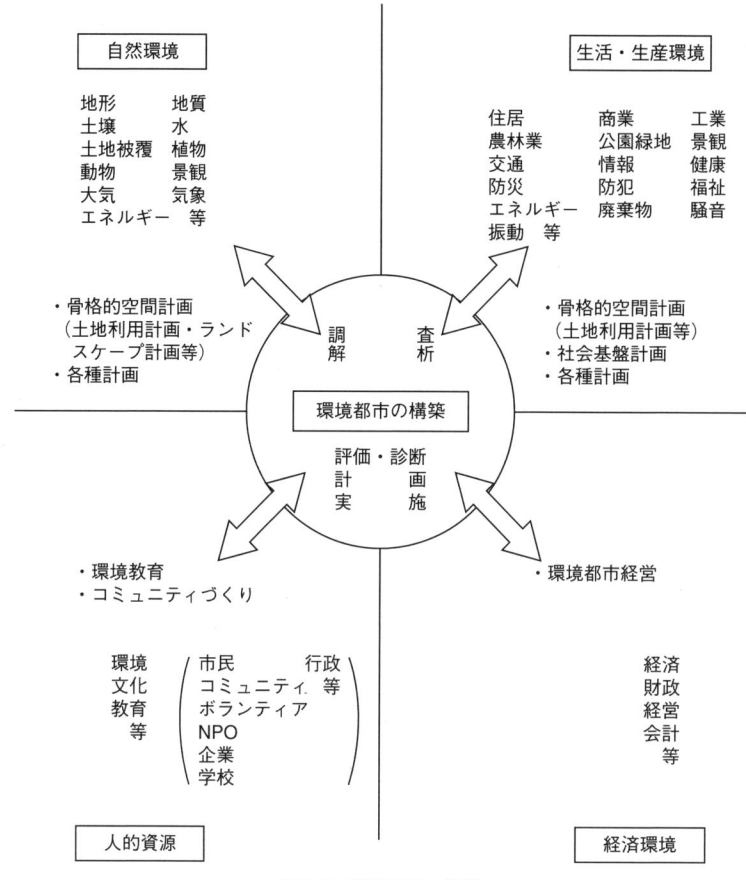

図1-1 環境都市の構築

習として機能するコミュニティ施設，公園等公共公益施設にも配慮が必要である．

第五に，小学校区等コミュニティ単位のパートナーシップ型エコ活動拠点の計画的整備があげられる．家庭，学校，企業，行政でエコライフ推進の情報センターや，ボランティア，NPO等の活動拠点として有効である．小中学校の空き教室の活用も一考に値する．

第六に，環境基本計画案の市民等への公表，すなわちパブリックコメントの導入や，構築達成度評価等に対する市民の参加を得た第三者機関の活用等公開性・透明性の確保があげられる．

多くの国民から期待されている，持続性ある，弱者にも強い，心豊かな文化都市は，環境都市の構築により実現可能と考えられるし，今後，都市計画関連法の改正，環境施策の拡充，地方自治体の条例制定も不可欠になる．

以上述べた内容の大略を図示したのが図1-1である．

（丸田頼一）

A2　環境都市構築の意義
―― Meaning for Construction of Environment City

　都市環境問題は，都市に人口や産業が集中することによってもたらされる様々な影響をいう．人口増を引き受ける都市が効率的であることは間違いない．先進国にとどまらず，すべての国で人口増の受け皿になっているのは都市である．ゆえに都市環境問題は現代社会が抱える不可避な課題である．

　初期の都市環境問題は，自然の摂理の範囲内で処理できないことによりもたらされる影響であった．産業革命後の都市では，下水道の未整備による伝染病の蔓延，煤煙等の大気汚染による呼吸器系障害など，人類の生命の生存に悪影響を及ぼすものであった．

　いわゆる高度経済成長は，技術の進展をもたらし，人類の生活はいろいろな意味で便利になった．それを人類の進歩という場合もある．しかし，そのことが人類の生物としての生存を脅かすことにもなっている．生活を便利にする交通機関や工場は，いわゆる典型7公害といわれる騒音，振動，悪臭の問題を引き起こし大気汚染，水質汚濁，土壌汚染，地盤沈下をもたらした．産業型公害については発生源対策も進んだが，都市・生活型公害は発生源が小さく，移動し，分散し都市構造の中で複雑に組み合わされているため対応が十分とはいえない．

　自動車は人類に様々な恩恵をもたらしたが，その普及が渋滞を引き起こす．交通渋滞は時間消費だけでなくいわゆる公害をもたらしている．道路の未整備が悪影響をもたらすが，道路が整備され便利になるとまた車が増えるといういたちごっこが続いている．根本的な解決には，発想を変えて車に依存しないシステムの構築も視野に入れる必要がある．

　都市への一層の集中は，埋め立てによる海岸線の喪失や丘陵地開発による自然環境の破壊，地下水の汲み上げによる地盤沈下，大量生産，大量消費，大量廃棄による廃棄物処理といった従来想定されなかった問題をも引き起こすことになった．

　現代においては，地球温暖化現象にみられるような地球規模での環境問題がクローズアップされ，オゾン層の破壊，砂漠化，熱帯雨林の減少等都市の範疇を越えた問題が惹起されて久しい．これらとの関連でいえば，都市のヒートアイランド現象はエネルギー消費の点から地球温暖化に，ある種の影響を与えている．

　環境負荷の低減がこれからの環境問題解決の方向性を示してはいるが，都市もまた持続可能な空間として機能し続ける環境都市を構築する必要がある．

　適度な集中はエネルギー消費的にも有効であるが，過度の集中はエネルギー問題にとどまらず，前述したような様々な環境問題を引き起こすことになる．

　健康で文化的な生活が送れる場所が都市とするなら，都市に生活する人々がいろいろな意味で病んでいるような問題を解決するのが都市環境政策である．

　これからの都市環境政策は，個別の環境悪化条件の改善にとどまることなく，エネルギー消費等環境負荷の低減，都市という空間の秩序ある再編の視点が不可欠である．また，環境の質を保つためには，生態系を含めた広域的な視点が基本になければならないし，人口の伸びの先がみえたわが国の都市政策は，人口の受け皿的視点を根本から見直す必要がある．　　　（有路　信）

A2 環境都市構築の意義

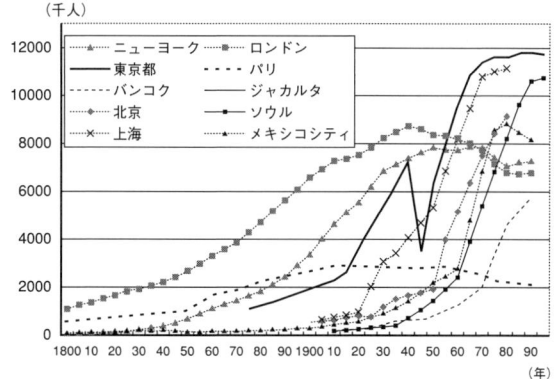

図 2-1 世界の大都市における人口の推移（http://www.mlit.go.jp/）
資料：国際連合「世界人口年鑑」等をもとに国土庁計画・調整局作成.
注1：都市人口．ロンドンは大ロンドン．
注2：各都市の面積，行政区域としての性格等が異なるため，単純に人口規模の比較はできない．

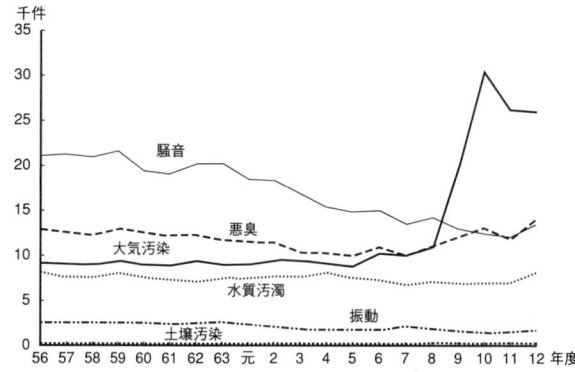

図 2-2 典型7公害の種類別苦情件数の推移
資料：公害等調整委員会事務局「平12年度公害苦情調査結果報告書」
注：地盤沈下の苦情件数は少なく，表示が困難なため省略した．

表 2-1 典型7公害の種類別苦情件数の推移（単位：件，％）

	年度	典型7公害							
		計	大気汚染	水質汚濁	土壌汚染	騒音	振動	地盤沈下	悪臭
苦情件数	1991（平成3）年度	46650	9489	7753	208	16830	1827	37	10506
	1992（平成4）年度	44976	9108	8099	204	15315	1808	33	10409
	1993（平成5）年度	43175	8837	7570	215	14779	1774	22	9978
	1994（平成6）年度	45642	10319	7279	183	15016	1776	34	11035
	1995（平成7）年度	42701	10013	6763	213	13492	2060	29	10131
	1996（平成8）年度	45378	10961	7168	229	14281	1877	23	10839
	1997（平成9）年度	53625	19668	6990	201	13010	1590	25	12141
	1998（平成10）年度	64928	30499	7019	312	12437	1448	32	13181
	1999（平成11）年度	58915	26181	7038	299	12089	1547	39	11722
	2000（平成12）年度	63782	26013	8272	308	13505	1640	31	14013

資料：公害等調整委員会事務局「平成12年度公害苦情調査結果報告書」．
注：1994（平成6）年度から調査方法を変更したため，件数は不連続となっている．

A3　環境都市計画の目標
────── Aim of Environment City Planning

　都市の計画立案のプロセスにおいては，相補的に関連する経済的要因と社会的要因とともに公共の利益が計画の重要な決定要因となる．環境都市の計画目標は，すなわち公共の利益の実現のための目標である．一般に，公共の利益の要素としては，安全性（safety），保健性（health），利便性（convenience），快適性（アメニティ，amenity），経済性（economy）などをあげることができるが，環境都市計画の観点からは，安全性，保健性，快適性が重要な要素となる．丸田（1983）は，国民の環境を守り，維持推進していくためには，単に生命の安全面のみならず生活の利便性や快適性を確保する必要があること，これらの要素のほかに，教育・文化性と連帯性を加える必要があることを指摘している．

　こうした環境都市の計画の目標水準の設定について，環境形成の基本的な要素である緑とオープンスペースの側面からみると，公園緑地等の都市施設の配置や整備水準，緑地率，緑被率などの指標が用いられることが一般的である．また，立体的な緑の評価指標としては，緑視率，緑視域率，緑積率等がある．このうち緑視域率は，丸田（1994）が，東京都杉並区の計画において導入したものであり，中景を構成する緑（高木，斜面緑被地等）を中心とする250m圏域の緑が可視できる区域を緑視域とし，一定区域面積に占める緑視域の比率を数値化したものである．日常生活圏における緑地環境計画や景観計画における目標水準の設定に有効な手法といえよう．

　都市環境を構成する要素は多様であり，構成要素間の因果関係が複雑である場合や多様な価値観を反映させる必要があるアメニティ等については，客観的かつ定量的に規定することが困難であったり，多額の費用を要する場合が多く，意識調査等を活用した目標設定が行われることもある．

　環境都市を実現する計画として，現在全国の都市において策定が進められている緑の基本計画においては，緑地の保全および緑化の目標を計画事項として定めることとされており，各都市において住民等と相互に協力しながら達成する緑の将来像や緑地の確保目標水準等が定められている．一定の計画目標を定めることにより計画に定められた施策の計画的かつ効率的な実施を図るものであり，それぞれの都市がその状況に応じ独自の指標を採用することができるようになっている．

　また，緑の基本計画においては，地区レベルのきめ細かな緑地環境の形成を図る観点から，緑化の推進を重点的に図るべき地区（緑化地域，緑化重点地区）が計画事項に位置づけられている．環境都市の構築にあたって，都市の骨格となる環境構成要素をしっかりと構築することと地域住民の自発的な活動に支えられた地区レベルの環境を整備保全することは，車の両輪の役割を果たすものである．地区レベルの計画の立案にあたっては，きめ細かな環境目標を設定し，地域住民との協働作業によりその実現を図ることが求められる．こうした計画プロセスを通じ，住民参加型コミュニティの形成の可能性が広がるものと考えられる．

〔浦田啓充〕

文献
1) 丸田頼一：都市緑地計画論, 344 pp., 丸善, 1983
2) 丸田頼一：都市緑化計画論, 212 pp., 丸善, 1994
3) 日本造園学会編：ランドスケープの計画, 275 pp., 技報堂出版, 1998
4) 丸田頼一：環境緑化のすすめ, p.43, 丸善, 2001

A3 環境都市計画の目標

将来の望ましい姿

- 全市域における"緑"の割合（緑被率）　約60%
- 全市域における"担保性のある緑"の割合　約40%
- 市街化区域における"担保性のある緑"の割合　約20%

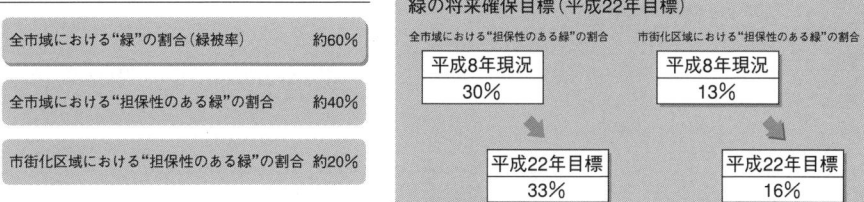

緑の将来確保目標（平成22年目標）

全市域における"担保性のある緑"の割合
- 平成8年現況 30%
- 平成22年目標 33%

市街化区域における"担保性のある緑"の割合
- 平成8年現況 13%
- 平成22年目標 16%

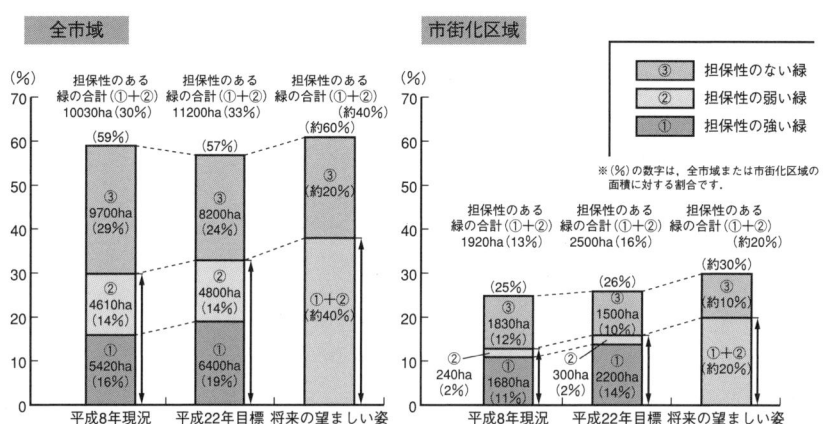

図 3-1　福岡市緑の基本計画における緑の確保目標（福岡市緑の基本計画（平成11年2月）より）

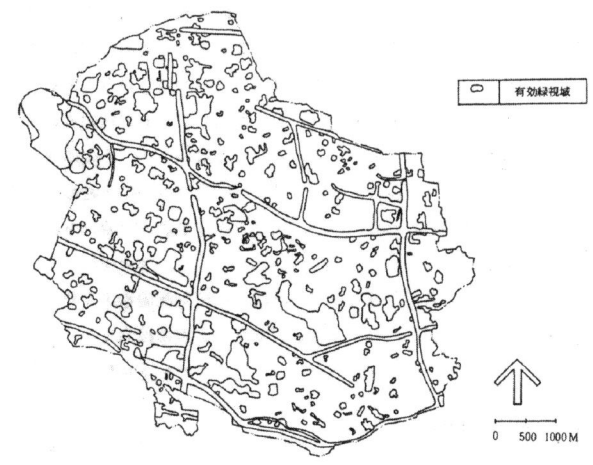

図 3-2　東京都杉並区における緑視域の実態[4]

A4　環境都市計画

—— Environment City Planning

　高度経済成長が終焉し，人口が減少傾向に転じている中，都市計画も大きな転機を迎えている．市場原理を優先した結果，わが国の都市は環境負荷が高い都市構造となっているが，さらに地球環境問題の顕在化，中心市街地の空洞化，臨海工業地帯の遊休地化等の新たな問題が発生する中，より環境を優先した都市計画を進めることが課題である．

1.　新しいアメニティ論への展開

　シビルミニマムの確保は都市膨張時代でのアメニティ論であったが，人口減少時代での新たなアメニティ論へと転換していくことが必要である．すなわち，土地へのスプロールを防止し道路・下水・公園等最低限の都市施設を整備することを目的としたパラダイムから，不十分とはいえ一定程度の社会資本が整備された都市において，人口減少に伴いストックを再編成し良好な居住環境を形成するためのパラダイムへの転換である．たとえば，これまで土地利用の純化を優先し市街地から農地を排除してきたが，現実は相当多くの市街化区域内農地が残存しており，これを新たな環境財として都市づくりに取り込んでいくこと等，計画の考え方と手法の転換が必要である．

2.　コンパクトシティ論

　膨張を続ける都市の成長管理がこれまでの重要な課題であったが，現在では環境負荷の少ない都市のコンパクト化が課題となっている．しかし，すでに形成された拡散型都市構造からの転換はすぐには困難であり，転換のための具体的な手法とその有効性，効率性の検討が必要である．むしろ自然の地形，水系，生態系をベースとし，自然の立地環境を診断・評価した土地利用の再編を進める手法が必要である．たとえば，発生する遊休地をとりあえず緑の空間として保留し，必要に応じて新たな都市機能用地とするようなこれまでにない手法を用いることも必要である．

3.　循環型都市

　資源・エネルギーの観点から都市を捉えることが重要となる．初期投資だけでなくライフサイクルコストや資源消費を考えた社会資本および住宅ストックを形成すること，資源リサイクル・再資源化・廃棄物の適正処理等の対策が可能となる都市システムを構築すること，水循環の確保と水資源の有効利用，省エネルギー型交通政策，太陽光発電，風力発電，バイオマスエネルギー等の代替エネルギー活用等を都市づくりに盛り込むこと等，様々な点での検証が必要である．この場合，都市内だけで循環するゼロエミッションの考え方だけでなく，周辺地域との資源交流を含め開かれた形での循環型地域というような計画単位を考えていくことが必要である．

4.　環境負荷の小さな都市へ向けて

　このように，多岐にわたる視点を都市計画に盛り込んでいくため，国土交通省においては，都市活動に起因する環境負荷として，自動車沿道環境の悪化，水質悪化，土壌汚染，廃棄物，地球温暖化，ヒートアイランド化，生態系の変化等を取り上げ，この諸問題に対処するためには，都市計画においても環境負荷の小さな都市の構築を目標とした総合的な対応が必要であるとして，2003（平成15）年6月「政策課題対応型都市計画運用指針（案）」を通知し，その対応方針を示した．　　　　（舟引敏明）

文　献

1) 国土交通省都市・地域整備局都市計画課長通知，政策課題対応型都市計画運用指針（案），2003年6月

A4 環境都市計画

```
┌─────────────────────────────────────────────────────────────┐
│           都市活動に起因する環境への負荷の問題                │
│ ①自動車交通量の増加や交通渋滞による沿道環境の悪化            │
│ ②湖沼等閉鎖性水域，河川等における水質悪化                    │
│ ③産業構造の変化に伴い発生した遊休地の土壌汚染                │
│ ④大量生産，大量消費，大量廃棄型の社会経済活動に伴う大量の廃棄物の発生 │
│ ⑤都市活動の活性化に伴うCO₂排出による地球温暖化              │
│ ⑥都市化の進展に伴う人工排熱の増加，人工被覆地の拡大によるヒートアイランド現象の進行 │
│ ⑦都市開発に伴う野生動植物の生息・生育空間の減少に伴う生態系の変化 │
└─────────────────────────────────────────────────────────────┘
```

```
┌─────────────────────────────────────────────────────────────┐
│              環境負荷の小さな都市の考え方                    │
│ 経済的発展と地球環境問題等環境制約要因への対応を両立させる持続可能な都市を目指す │
│ ①コンパクトな都市の実現                                      │
│ ②交通渋滞のない都市の実現                                    │
│ ③水循環・物質循環に配慮した都市の実現(ゼロエミッション型都市)│
│ ④生態系に配慮した都市の実現(エコロジカルな都市)              │
│ ⑤大気・気象に配慮した都市の実現(ヒートアイランド現象を抑制した都市)│
└─────────────────────────────────────────────────────────────┘
```

```
┌─────────────────────────────────────────────────────────────┐
│                   都市計画のマスタープラン                    │
│   土地利用，都市交通，緑地を一体的に検討し，目指すべき都市の将来像を定める │
│            まちづくりの基本方向の検証のポイント               │
│ ①環境への負荷への配慮  ②環境への負荷の小さな都市構造  ③公共交通機関による移動の選択性 │
│ ④環境に負荷を与える物質，熱の発生抑制，資源としての循環的利用  ⑤自然の立地特性に見合った都市計画 │
└─────────────────────────────────────────────────────────────┘
```

土地利用	都市交通	熱エネルギー	緑のネットワーク	都市の水循環	廃棄物処理
①中心市街地等都心部の土地利用密度の高度化と用途の複合化	①コンパクトな市街地を形成・誘導するための都市交通施設整備	①面的な開発区域でのエネルギーの利用の効率化 地域冷暖房施設，太陽熱利用システムの導入	①環境調節的機能に配慮した緑地の系統的配置	①水源涵養機能をもつ林地，農地等の保全	①廃棄物の発生抑制に配慮した都市施設の整備
②公共交通沿線の土地利用密度の高度化と用途の複合化	②中心市街地等における歩行者，自転車空間の整備		②ヒートアイランド現象の抑制に配慮した緑地の配置	②水循環を形成する上で重要な河川流域や湧水の涵養域での緑地の保全	②廃棄物処理施設の計画的整備・確保
③市街地の無秩序な拡大の抑制と市街地縁辺部の積極的な保全	③公共交通の利用促進		③エコロジカルネットワークの計画	③市街地における開水面の確保・創出	③土壌汚染への対応
	④自動車交通を円滑に流すための道路整備		④基礎的環境情報の整備	④閉鎖性水域や河川における水質の改善	

(2003年6月　国土交通省都市・地域整備都市計画課長通知「政策課題対応型都市計画運用指針(案)」より)

図4-1　環境負荷の小さな都市の構築の考え方

A5　地球環境問題

—— Global Environment Issues

1. 地球環境問題とは

地球に生物が誕生して約40億年が経ち、世界の人口は約60億人に達している。近年、大量生産・大量消費・大量廃棄で特徴づけられる人為的活動が進み、地球温暖化、生物多様性の危機、熱帯雨林の減少、酸性雨、砂漠化、土壌浸食など各種の地球環境問題が生じている。

地球環境問題をめぐる国際的取り組みを国連の会議にみると、1972年に国連人間環境会議（ストックホルム会議）が開催され、「人間環境宣言」が採択された。1982年開催の国連環境計画特別管理理事会（ナイロビ会議）を経て1992年、国連環境開発会議（地球サミット）では環境と開発を統合し、持続可能な開発を進めることが人類の安全で繁栄する未来への道であることが確認され、「リオ宣言」および「アジェンダ21」等が採択された。2002年には「持続可能な開発に関する世界首脳会議」（ヨハネスブルクサミット）が開催されている。

これらの動向を踏まえ、地球温暖化問題および生物多様性保全について下記に述べる。

2. 地球温暖化問題

地球温暖化問題とは、人為による温室効果ガス（CO_2、メタン、亜酸化窒素等）の排出量の増加やCO_2の吸収量の減少によって、大気中の温室効果ガスの濃度が高まり、地球の気候システムに撹乱が生じるものである（図5-1）。

気候変動に関する政府間パネル（IPCC）の2001年の報告によると、20世紀中に全球平均地上気温は0.6±0.2℃上昇しており、温室効果ガスの排出が続くと2100年までの間に全球平均地上気温は1.4～5.8℃上昇すると予測されている。

地球温暖化防止のため、1997年に気候変動枠組条約第3回締約国会議（COP 3）で京都議定書が採択され、附属書Iの国における温室効果ガスの排出削減目標（2008年から2012年の第一約束期間で日本は6%）が定められた。また、同議定書では森林などCO_2の吸収源（シンク）による吸収量を削減数値目標に算入することが決められている。算出にあたっては植林・再植林・森林減少のほか、追加的な人為的活動も対象とされ、都市緑地も吸収源の1つに位置づけられている。

3. 生物多様性保全

全世界の既知の生物の総種数は約175万種で、未知の種を合わせた総種数は3000万種またはそれ以上にもなると推測されている。一方、国際自然保護連合（IUCN）が2000年に改訂したレッドリストには、絶滅のおそれのある種として動物5435種、植物5611種が掲載されている。種の絶滅は依然として進行しており、生態系、種、遺伝子の多様性を的確に把握し、生物の多様性を保全していくことが必要になっている（表5-1、図5-2）。

1992年に採択された生物多様性条約は、各国政府に生物多様性の保全と持続可能な利用を目的とした国家戦略を求めており、日本は2002年3月に新・生物多様性国家戦略を策定した。

4. 国際的プログラム

地球環境問題に対応した国際協力による取り組みとして、ミレニアムエコシステムアセスメント（MA）、地球圏・生物圏国際共同研究計画（IGBP）等のプログラムが進行中である。

（半田真理子）

A5 地球環境問題

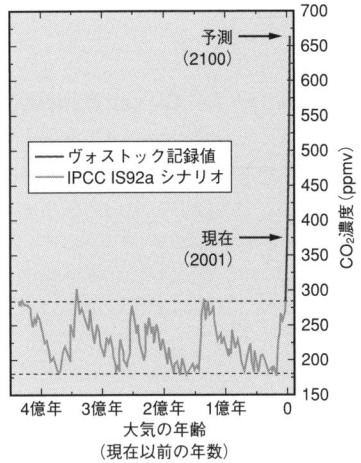

図 5-1 大気中の CO_2 濃度の経年変化[1]
ヴォストック（南極）の氷床コアで記録された大気中の CO_2 濃度。Petit et al. (1999) および IPCC 第 3 次評価報告書（2001）の予測シナリオから作成。2001 年時点での大気中の CO_2 濃度も示されている。

(a) アギナシ (*Sagittaria aginashi*)
国の絶滅危惧種に相当する種（東京都本土部全域，岩崎哲也氏提供）．

(b) ナツアカネ (♂) (*Sympetrum darwinianum*)
国の希少種に相当する種（東京都区部，岩崎哲也氏提供）．

図 5-2 東京都の保護上重要な野生生物種
（指定ランクの根拠：東京都の保護上重要な野生生物種，東京都環境保全局自然保護部，1998（平成 10）年）．

表 5-1 絶滅のおそれのある野生生物（RDB 種）の種類[2]

	分類群	評価対象総種数 (a)	絶滅	野生絶滅	絶滅危惧種 (b)	準絶滅危惧種	情報不足	(b/a) (%)
動物	哺乳類	約 200	4	0	48	16	9	24.0
	鳥類	約 700	13	1	90	16	15	12.9
	爬虫類	97	0	0	18	9	1	18.6
	両生類	64	0	0	14	5	0	21.9
	汽水・淡水魚類	約 300	3	0	76	12	5	25.3
	昆虫類	約 30000	2	0	139	161	88	0.5
	クモ類・甲殻類等	約 4200	0	1	33	31	36	0.8
	陸・淡水産貝類	約 1000	25	0	251	206	69	25.1
	動物小計		47	2	669	456	223	
植物等	維管束植物	約 7000	20	5	1665	145	52	23.8
	蘚苔類	約 1800	0	0	180	4	54	10.0
	藻類	約 5500	5	1	41	24	0	0.7
	地衣類	約 1000	3	0	45	17	17	4.5
	菌類	約 16500	27	1	63	0	0	0.4
	植物小計		55	7	1994	190	123	
動物・植物合計			102	9	2663	646	346	

種数には亜種・変種を含む。「総種数」は環境省，植物分類学会等による。「絶滅のおそれのある種数」は，環境省レッドデータブック等による

文献

1) An IGBP-IHDP-WCRP Joint Project : The Carbon Challenge, IPCC, Emissions Scenarios Projection, 2001

2) 環境省編：新・生物多様性国家戦略，p.24，ぎょうせい，2002

A6　地球温暖化防止
—— Prevention for Global Warming

　予想される影響の大きさや深刻さからみて，地球温暖化問題は人類の生存基盤にかかわる最も重大な環境問題の1つである．IPCC（気候変動に関する政府間パネル）の報告によれば，1990年と比べて21世紀末までに，地球の平均気温が最大で5.8°C上昇，平均海面水位が最大で88 cm上昇するほか，豪雨，渇水など異常気象が増加することが予想されている．

　国際関係では，地球温暖化問題に対処するため「気候変動に関する国際連合枠組条約」が1992年5月に採択され，わが国も同年6月に署名，同条約は1994年3月に発効した．1997年12月には，先進国の温室効果ガスの削減を法的拘束力をもつものとして約束する「京都議定書」が，気候変動枠組条約第3回締約国会議（COP3）において採択された．温室効果ガスの排出量を2008年から12年までの第1約束期間において先進国全体で1990年レベルと比べ5％削減することを目指し，各国ごとに法的拘束力のある目標が定められた．日本は6％の削減を達成しなければならないことになっている．

　議定書の運用細則についての国際合意は，その後の国際交渉に委ねられ，2001年10月から11月にかけてマラケシュで開催されたCOP7において合意され，わが国は1300万t-C（基準年排出量の3.9％）まで森林によるCO_2の吸収が計上可能とされた．これは，わが国の森林の約4割が人工林で，いまだその多くが育成途上にあり，間伐等の適切な管理を行えば持続的なCO_2吸収する森林の健全性が確保されること等を前提にした考え方に基づくものである．一方，都市緑化等による吸収は，森林による上限値1300万tとは別枠で計上するもので，京都議定書上は「植生回復」として整理されている．

　2002年2月13日，政府の地球温暖化対策推進本部が「京都議定書の締結に向けた今後の方針」を決定し，国会において京都議定書締結の承認とこれに必要な国内担保法が成立した．また，新たな「地球温暖化対策推進大綱」も策定され，6月4日，京都議定書の受諾の閣議決定がなされ，国連に受諾書が寄託された．

　新たな地球温暖化対策推進大綱において，「都市緑化等については，『緑の政策大綱』（平成6年7月建設省決定）や市町村が策定する『緑の基本計画』等，国及び地方公共団体における緑の保全創出に係る総合的な計画に基づき，引き続き，都市公園の整備，道路，河川・砂防等における緑化，既存の民有緑地の保全，建築物の屋上，壁面等の新たな緑化空間の創出等を積極的に推進する」とされている．

　大綱に盛り込まれた，都市緑化等によるCO_2の吸収量は，対基準年総排出量比0.02％（28万$t-CO_2$）程度と推計される．

　しかし，国民各界各層の理解と行動および協同を求めるため，人と自然とのふれあいや環境教育を通じた環境保全意識の醸成・高揚を図る場として，都市の緑とオープンスペースの果たす役割は大きい．実際のCO_2の吸収固定という効果に加えて，身近な緑にかかわる施策としての存在が，国民全体で推し進める必要のある温暖化対策にかかわる国民啓発等に大きな効果を有するものと期待されているのである．

（末永錬司）

① エネルギー起源二酸化炭素（±0.0％）
　＊1990年度と同水準に抑制することを目標
② 非エネルギー起源二酸化炭素，メタン，一酸化二窒素（▲0.5％）
　＊0.5％分の削減を達成することを目標
③ 革新的技術開発および国民各界各層のさらなる地球温暖化防止活動の推進（▲2.0％）
　＊2.0％分の削減を達成することを目標
④ 代替フロン等 3 ガス（HFC，PFC，SF_6）（＋2.0％）
　＊自然体でプラス5％をプラス2％程度の影響にとどめることを目標
⑤ 吸収量の確保（▲3.9％）
　＊COP7で合意された▲3.9％程度の吸収量の確保を目標

図 6-1　新・地球温暖化対策推進大綱による施策別の削減目標量

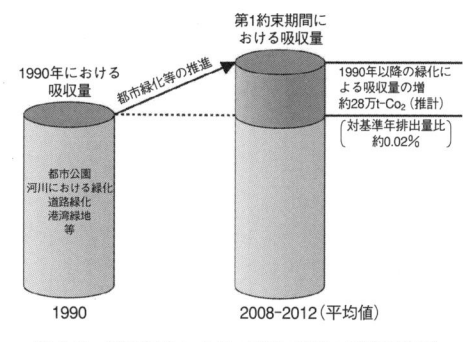

図 6-2　都市緑化による二酸化炭素の吸収固定量の試算

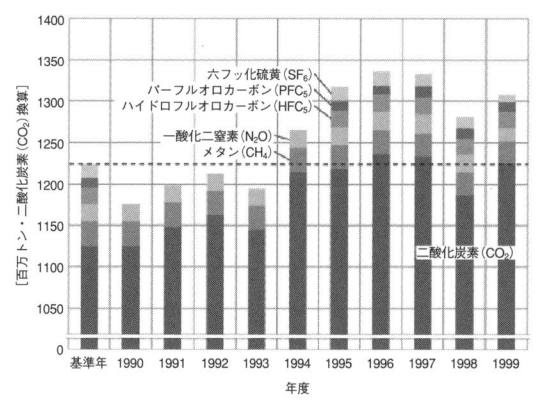

図 6-3　日本における京都議定書の対象となっている温室効果ガス排出量の推移（地球環境保全に関する関係閣僚会議 2001 より）
基準年：二酸化炭素（CO_2），メタン（CH_4），一酸化二窒素（N_2O）は1990年度．オゾン層を破壊しないフロン類（HFC_S，PFC_S，SF_6）は1995年度．なお，点線は基準年の排出量を表す．

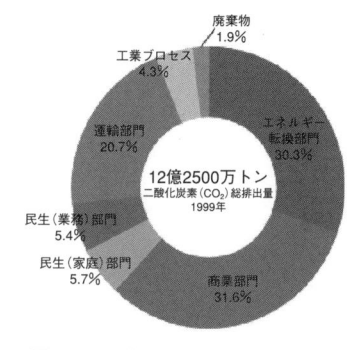

図 6-4　日本の部門別二酸化炭素（CO_2）排出量の割合（1999年，各部門の直接排出量．地球と環境保全に関する関係閣僚会議 2001 より）

図 6-5　公園事業で新たに造成された都市の森（昭和記念公園，左：1981年，右：1994年）

A7　都市環境問題

—— Environmental Problems in Urban Area

　環境という言葉は「人間または生物をとりまく外界」と説明されるが，この環境を保全することは，健康で文化的な生活の確保に寄与するとともに，福祉の向上に貢献する上で，人間が果たすべき最も基礎的な責務の1つとされている．

　わが国で環境という言葉が，広く意識され始めたのは，「公害の防止」と「自然の保護」を主たる行政目的として，環境庁が設置された1971年頃からである．

　当時は，「公害病」「公害訴訟」「公害国会」「中央公害対策審議会」等の言葉が，紙上にしばしば登場する中で，「尾瀬の自然保護」「環境基準」「環境容量」「環境アセスメント」「アメニティ」等の言葉が，新鮮な響きをもって注目され始めていた．

　そして，深刻化した公害問題は，汚染者負担の原則のもと企業，自治体が中心となり，その防止に懸命に取り組み，確実に改善の成果を積み上げていった．これらの努力に対して，1980年代の中頃，OECDの都市問題グループがレビューを行い，「日本はよく公害を克服しつつある，しかし，これから大切なことは，いかにして環境の質を高めていくかだ」と総括し，都市環境の重要性を指摘していた．

　21世紀は環境の世紀といわれ，地球環境の保全（温暖化，酸性雨，生物の多様性等），自然環境の保全，環境共生，環境基本法，環境影響評価，環境権，環境経営，環境税，環境教育等々がキーワードとなり，環境保全型の経済社会の構築を目指そうとしている．

　また，都市という言葉は，「政治，経済，文化の中核をなす人口の集中地域」と説明できるが，先に述べた環境との合成語としての都市環境問題という言葉は，人間の諸活動が展開される，またその影響を受ける人口の集中地域において，人間または生物をとりまく外界の中で発生する問題といえる．

　そもそも都市は，人間が自然に働きかけ，人間にとって都合のよいように改造を加えた結果として形成される空間である．人間の働きかけが自然の再生能力の許容範囲にある間は自然的環境問題が発生することはなかったのである．

　しかし，明治以降，近代化の名のもとに経済の論理が自然の論理に優先するに至り，都市環境問題が発生し始めたのである．

　20世紀の大量生産，大量消費，大量廃棄という経済社会のシステムは，人類に物質的豊かさをもたらす一方で，前提としていた資源の大量使用が，資源の有限性（枯渇）という問題を提起するとともに，地球の温暖化，オゾン層の破壊等の地球環境問題を提起したのである．

　そして，人類は，持続的発展が可能な経済社会の形成に向け，think globally act locallyのもとに意識と行動の大転換を余儀なくされるに至っている．

　とりわけ，人類の8割が居住するとされる都市こそが自然との共存を図り，都市環境問題の解決に取り組むことが不可欠なことになっているのである．

　この都市環境に関する各種問題を，縦軸には「自然的環境」と「社会的環境」を指標に，横軸には「ひと」と「もの」を指標にすると図7-1のように整理することができる．

(椎谷尤一)

文献
1) 環境省：環境白書 平成14年版，ぎょうせい，2002
2) 国土交通省：平成14年版 国土交通白書，2002

A7 都市環境問題

	自然的環境	
人と自然との共存 持続的発展が可能な 経済社会の形成	対自然観 地球環境の保全	地球の温暖化，オゾン層の破壊，酸性雨，海洋の汚染等 光化学オキシダント
	自然環境の保全	動植物が生息する森林，草原，湿原，湖沼，河川，海岸等の保全
	生物の多様性確保	野生生物の種の保全
	自然災害	地震，津波，暴風，豪雪，洪水，噴火等
	緑地の保全等	樹林地の保全，都市の緑化等
	農林用地の保全	田園景観の保全…里地，里山の保全等
		ミティゲーション

ひと			もの
	有害化学物質	ダイオキシン，環境ホルモン等	
	典型7公害	大気汚染，水質汚濁，騒音，振動，悪臭，土壌汚染，廃棄物	
	近隣公害	日照，通風，電波障害，地盤沈下，地下水汚染等	
	社会的災害	火災，危険物爆発，斜面地崩壊等	
	資源・エネルギー	省エネ・省資源，再生可能エネルギー，ヒートアイランド等	
ライフスタイル	循環型社会の形成	ゼロエミッション，資源の3R，水循環等	
	土地	地価高騰，スプロール，職住分離，土地利用の混在等 中心市街地の空洞化	
	都市再生	地価下落，都心回帰等	
	景観保全等	存在の秩序，土地利用規制，屋外公告物の整理等 歴史的資産の保全…伝統的建造物，街並み保全	
	基盤施設	道路，河川，下水道，公園緑地等	
	交通の安全	交通渋滞，低公害車，駐車場等	
	飲食物の安全性	農産物汚染，飲料水の不足・汚染等	
環境教育，環境NPO パートナーシップ	環境経営 地域活動等	グリーン購入 ISO14000，環境税等	
防犯	都市犯罪		
うるおい・やすらぎ	快適性		
	社会的環境		

図7-1 都市環境問題マトリックス

A8　持続性 —— Sustainability

いわゆる「持続可能な開発（発展）(sustainable development)」は，わが国の提案で設置された「環境と開発に関する世界委員会（ブルトラント委員会）」(1984年設置）を契機に注目を浴びるようになった．その委員会の報告書は，「われら共有の未来（"Our Common Future"）」(1987年）として発表され，その中で，「持続可能な開発（発展）」は次のように定義されている．「持続可能な開発とは，将来の世代が自らの欲求を充足する能力を損なうことなく，今日の世代の欲求を満たす開発をいう．」

それ以降，1992年の地球サミット(UNCED）では，「アジェンダ21」が採択され，21世紀に向けた「持続可能な開発（発展）」を実現するための行動計画が策定された．その後，国連の下に「持続可能な開発委員会（CSD）」が設置され，国際的な議論へと発展した．

わが国においては，地球サミットにおいて議論された「持続可能な開発」の概念を受けて，1993年に環境基本法が制定された．この環境基本法は，公害対策基本法(1967年）と自然環境保全法(1972年）を統合し，地球環境時代にふさわしい環境施策の基本的方向づけを制度化したもので，地球サミットの合意を受け世界に先駆けて実践したものである．

環境基本法の理念は「現在および将来の世代の人間が健全で恵み豊かな環境の恵沢を享受するとともに人類の存続基盤である環境が将来にわたって維持されるようにする」ことが環境保全の根本理由であるとし，そのためには，
① 環境への負荷の少ない持続的発展が可能な社会が構築されること
② 科学的見地の充実の下に環境の保全上の支障が未然に防がれること
を旨として行わなければならない．

この環境への負荷の少ない持続的発展が可能な社会への転換は，技術生産システム，都市地域構造，経済メカニズム，政治・行政システム，価値観・倫理観といった社会の諸側面における問題とその改変が求められる．都市地域構造の関連から都市づくりについていえば，英国の田園都市構想にはじまり，米国の生活都市，ドイツのエコポリス，そして環境共生都市，それを受けたわが国のエコポリス（環境庁）あるいはエコシティ（建設省）につながる．

環境負荷の小さな都市を実現するには負荷の軽減，ミティゲーション，循環等の視点からの方策が考えられる．いずれにしても環境との調和である．

循環については，エネルギー循環，物質循環等があるが，総じて循環型社会の概念は，これまでの大量生産，大量消費，大量廃棄の社会から，資源の浪費を避けて繰り返し循環させて使用する，環境負荷の少ない社会への転換である．

この循環型社会への転換の1つとして，国連大学が1994年以来提唱している考え方にゼロエミッション構想がある．これは生産活動から排出される廃棄物を最小化することを目指すもので，排出される不用物や廃熱を他の原材料やエネルギーとして利用する循環型産業システムをつくろうとする試みである．

〔川尻幸由〕

文　献
1) 内藤正明・加藤三郎ほか：持続可能な社会システム（岩波講座地球環境学10)，岩波書店，1998
2) 伊藤滋ほか：環境都市のデザイン，ぎょうせい，1994
3) 外務，環境庁編：国連環境開発会議資料集，1995

A8 持続性

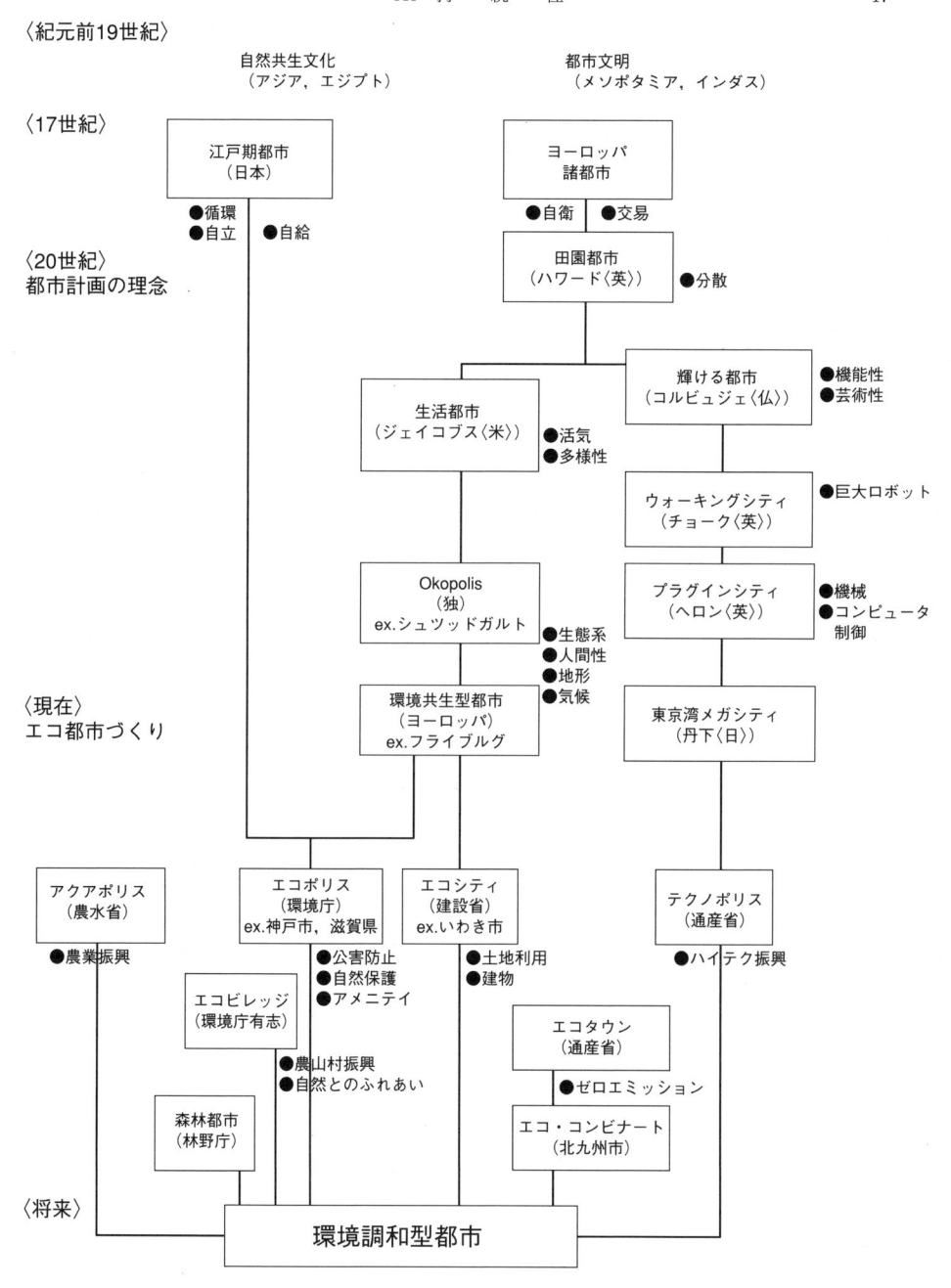

〈紀元前19世紀〉　自然共生文化　　　　　　都市文明
　　　　　　　　（アジア，エジプト）　　（メソポタミア，インダス）

〈17世紀〉

- 江戸期都市（日本）
  - ●循環
  - ●自立
  - ●自給
- ヨーロッパ諸都市
  - ●自衛
  - ●交易

〈20世紀〉
都市計画の理念

- 田園都市（ハワード〈英〉）
  - ●分散
- 生活都市（ジェイコブス〈米〉）
  - ●活気
  - ●多様性
- 輝ける都市（コルビュジェ〈仏〉）
  - ●機能性
  - ●芸術性
- ウォーキングシティ（チョーク〈英〉）
  - ●巨大ロボット
- Okopolis（独）ex.シュツッドガルト
  - ●生態系
  - ●人間性
  - ●地形
  - ●気候
- プラグインシティ（ヘロン〈英〉）
  - ●機械
  - ●コンピュータ制御

〈現在〉
エコ都市づくり

- 環境共生型都市（ヨーロッパ）ex.フライブルグ
- 東京湾メガシティ（丹下〈日〉）
- アクアポリス（農水省）
  - ●農業振興
- エコポリス（環境庁）ex.神戸市，滋賀県
  - ●公害防止
  - ●自然保護
  - ●アメニテイ
- エコシティ（建設省）ex.いわき市
  - ●土地利用
  - ●建物
- テクノポリス（通産省）
  - ●ハイテク振興
- エコビレッジ（環境庁有志）
  - ●農山村振興
  - ●自然とのふれあい
- エコタウン（通産省）
  - ●ゼロエミッション
- エコ・コンビナート（北九州市）
- 森林都市（林野庁）

〈将来〉
環境調和型都市

図8-1　都市づくりの系譜（内藤・加藤ほか，1998を基に加筆）

A9　循環型社会

—— Cycle-oriented Society

　20世紀以降の経済社会は，人口爆発，科学技術の進歩，経済活動の飛躍的成長により，資源，環境を無尽蔵のものと考え，大量生産・大量消費の中で大量の廃棄物や排出ガス，排水等を生みだし，地球温暖化問題など様々な環境破壊を起こした．そこで今日，従来の経済社会システムを，低環境負荷の経済社会システム，すなわち「循環型社会」に変革することが求められている．

　「循環型社会」の確立にあたっては，「エコロジカル」「サステナブル」というキーワードのもと，経済社会システムの根幹を担う産業の変革が必要となる．すなわち，モノの生産，流通，消費に関する産業とともに，廃棄，再生・再資源化を経て再生産につながる廃棄物リサイクルを担う部分を産業として確立し，循環の輪を完結させる循環型産業システムへの変革が必要となる．また異業種間の協働により限られた資源の使用効率の向上，廃棄物（エミッション）をゼロにすることを目指す考え方が求められる．

　廃棄物・リサイクル対策については，廃棄物処理法の改正，各種リサイクル法の制定等により拡充・整備が図られ，「循環型社会形成推進基本法」（2000（平成12）年6月施行）の施行によって個別の法律整備が進行中である．本法では形成すべき「循環型社会」を①「廃棄物等の発生抑制」，②「循環資源の循環的な利用」および③「適正な処分が確保されることによって，天然資源の消費を抑制し，環境への負荷ができる限り低減される」社会としている．さらに製品等の廃棄について，原則的な優先順位を第一に発生抑制，第二に再使用，第三に再生利用，第四に熱回収，第五に適正処分とし，法定化している．

　今後は，製造段階での排出者責任，拡大生産者責任等についての対応が必要である．そこで，従来のハードウェア提供型のビジネススタイルから，ソフト面，マネジメント面での技術を提供するソリューションビジネスや，コラボレーション（共同）ビジネスへの期待が高まってくる．

　また一方で，ライフスタイルの大量消費，大量廃棄からの脱却が求められている．ものやエネルギーの無駄を廃し有効かつ適切に活用する等，環境への負荷を最小限にすること，自然と調和した日常生活，すなわち環境効率を向上させるライフスタイルが求められる．さらに今日の少子・高齢化社会においては，たとえば「スロー」な発想のもと，食生活・自然とのかかわり等について新たなる価値観，新たなライフスタイルが志向されてきている．このようなライフスタイルの変化，多様化にも対応する必要がある．

　以上のように適量生産，適量消費，最少廃棄によるリデュース（reduce）・リユース（reuse）・リサイクル（recycle）に根ざしたライフスタイルやビジネススタイルへの転換，「リ・スタイル（Re-Style）」を実行し，物質循環，天然資源の消費抑制，環境への負荷低減を果たす21世紀型の経済社会システムである「循環型社会」の実現が急務となっている．

〔近江慶光〕

文献
1) 環境省：環境白書 平成15年版，2003

A9 循環型社会

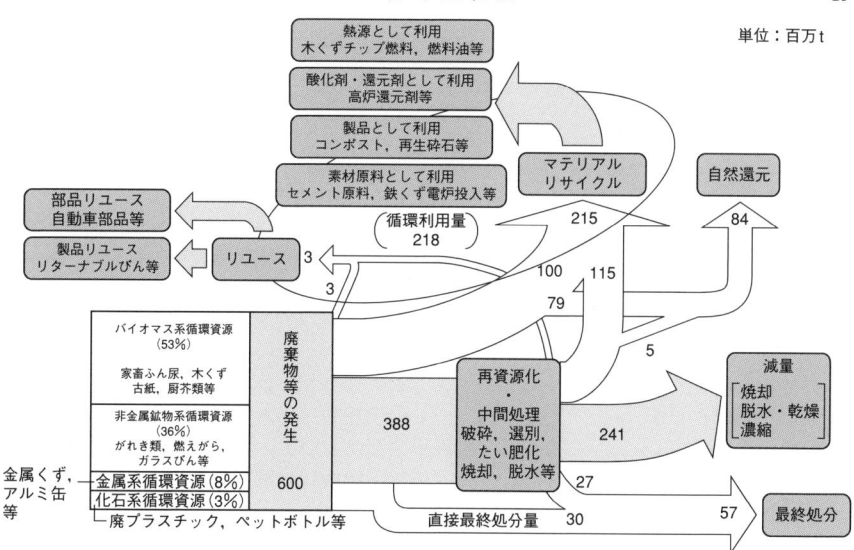

図 9-1 わが国の循環型利用の現状[1]

単位：百万 t

主要な流れ：
- 熱源として利用 木くずチップ燃料，燃料油等
- 酸化剤・還元剤として利用 高炉還元剤等
- 製品として利用 コンポスト，再生砕石等
- 素材原料として利用 セメント原料，鉄くず電炉投入等
- マテリアルリサイクル 215
- 自然還元 84
- 循環利用量 218
- 部品リユース 自動車部品等
- 製品リユース リターナブルびん等
- リユース 3
- バイオマス系循環資源（53％） 家畜ふん尿，木くず，古紙，厨芥類等
- 非金属鉱物系循環資源（36％） がれき類，燃えがら，ガラスびん等
- 金属系循環資源（8％） 金属くず，アルミ缶等
- 化石系循環資源（3％） 廃プラスチック，ペットボトル等
- 廃棄物等の発生 600
- 再資源化・中間処理 破砕，選別，たい肥化，焼却，脱水等 388
- 100, 115, 79, 5, 241
- 減量［焼却 脱水・乾燥 濃縮］
- 直接最終処分量 30
- 最終処分 57
- 27

1990年度実績*	1996年度実績*	1998年度実績	1999年度実績	2000年度実績	2001年度実績	2005年度目標	2010年度目標
6193万t	5197万t	3560万t	2442万t	2008万t	1920万t	2100万t以下	1500万t以下
100%	83.9%	57.5%	39.4%	32.4%	31.0%	35%	25%

＊：一部の業界は推計値．

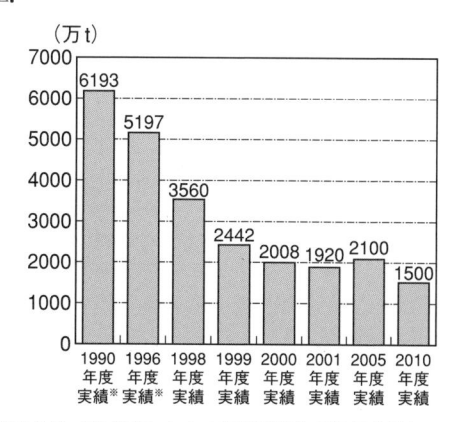

図 9-2 産業界全体（32業種）からの産業廃棄物最終処分量[1]
日本経団連環境自主行動計画第5回フォローアップ結果（廃棄物対策編より）．

A10 環境共生都市

—— Sustainable City

1. 環境共生都市の経緯

1992（平成4）年8月の地球サミット（国連環境開発会議）における「環境と開発に関するリオ宣言」や「アジェンダ21」を契機として，「地球温暖化」等の地球規模の環境問題に対応するため，様々な分野において新たな取り組みが行われてきた．

1993（平成5）年11月に制定された「環境基本法」およびこれに基づき1994（平成6）年に定められた「環境基本計画」は，国の環境政策に対する基本的な考え方を示し，環境への負荷の少ない持続的発展（sustainable development）が可能な社会への転換が謳われた．

旧建設省が1994（平成6）年1月に定めた「環境政策大綱」の中で，「環境」を建設行政において「内部目的化」することが示されたように，都市計画・都市政策の分野でも，様々な都市活動に起因する地球環境への負荷の軽減を重要な課題として捉え，その対応を積極的に推進することとした．本大綱の中で，環境負荷の軽減，自然との共生，アメニティの創出を図った質の高い都市環境の形成を目標とする都市環境計画の策定が述べられるとともに，そのリーディング事業として，都市環境計画に基づいたエコシティ（環境共生都市）の整備があげられた．

その後，エコシティはモデル事業として進められ，一定の効果を果たしたが，環境に配慮した都市づくりは，環境問題に対する市民の関心の高まりの中で，より一般化しているのが実態である．たとえば，2000（平成12）年都市計画法改正において，各種都市計画を定めるにあたり，「自然的環境の整備及び保全に配慮しなければならない」という規定が，都市計画法第13条「都市計画基準」に設けられたことからも明らかである．一方，地球サミット等を受け，欧州等では，持続可能な都市（sustainable city）の実現が掲げられ，過度な自動車への依存の是正，再利用可能エネルギーの活用，自然生態系の保全等，環境政策と連携した都市政策が推進されている．環境と共生した都市の実現は，都市政策の分野において，世界的潮流といえる．

2. 環境共生都市の考え方

環境共生都市は，次世代が快適な生活を享受するために活用可能な資源を保全し，また次世代に過大な環境汚染等の負荷を残さないように現世代の生活を発展させる，という持続可能な都市の考え方を踏まえたものといえる．具体的には，都市の活動空間をコンパクトにするという考え方がある（コンパクトシティ，図10-1参照）．土地利用の高度化，コンパクト化により，エネルギー効率が高く環境負荷の小さい都市構造の実現，自動車交通への依存度低下に伴う自動車交通による環境への負荷の軽減，市街地周辺部の田園地域の環境保全等が期待できる．

また，都市における生態系の多様性を確保するため，市街地と市街地周辺部をエコロジカルネットワークにより有機的な連携を図り，生態系の豊かなエコロジカルな都市を実現するという考え方（図10-2参照），都市内で発生した廃棄物等の物質を再利用等を通じ極力地域外に排出しないというゼロエミッションの考え方等，環境共生都市の実現にあたっては，様々な手法が考えられるが，いずれにしても，都市行政だけでなく，環境行政等との連携を図りつつ，市民活動と協働し，総合的な取り組みが求められる．

（栂野良明）

A10 環境共生都市

コンパクトシティのイメージ

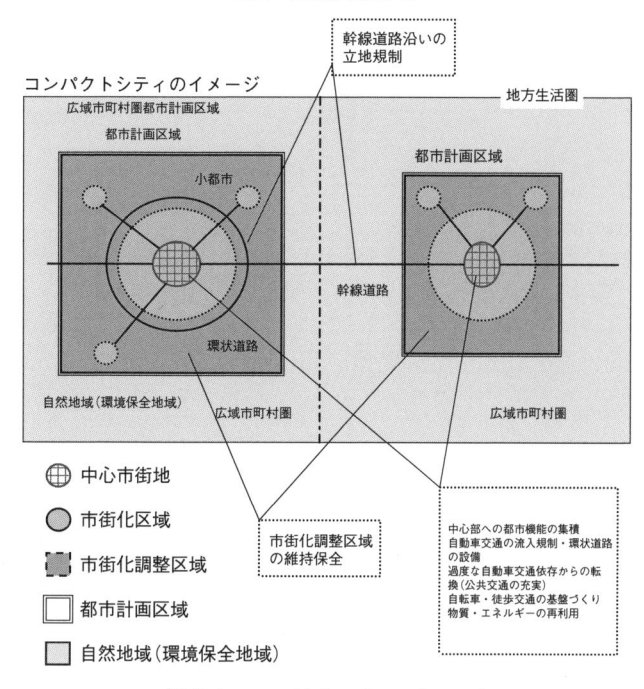

- 広域市町村圏都市計画区域
- 都市計画区域
- 小都市
- 地方生活圏
- 都市計画区域
- 幹線道路沿いの立地規制
- 幹線道路
- 環状道路
- 自然地域（環境保全地域）
- 広域市町村圏
- 広域市町村圏

凡例:
- ⊕ 中心市街地
- ○ 市街化区域
- ▩ 市街化調整区域
- □ 都市計画区域
- ▨ 自然地域（環境保全地域）

市街化調整区域の維持保全

中心部への都市機能の集積
自動車交通の流入規制・環状道路の設備
過度な自動車交通依存からの転換（公共交通の充実）
自転車・徒歩交通の基盤づくり
物質・エネルギーの再利用

図10-1　コンパクトシティのイメージ

ネットワーク（大・中）
ネットワーク（小）

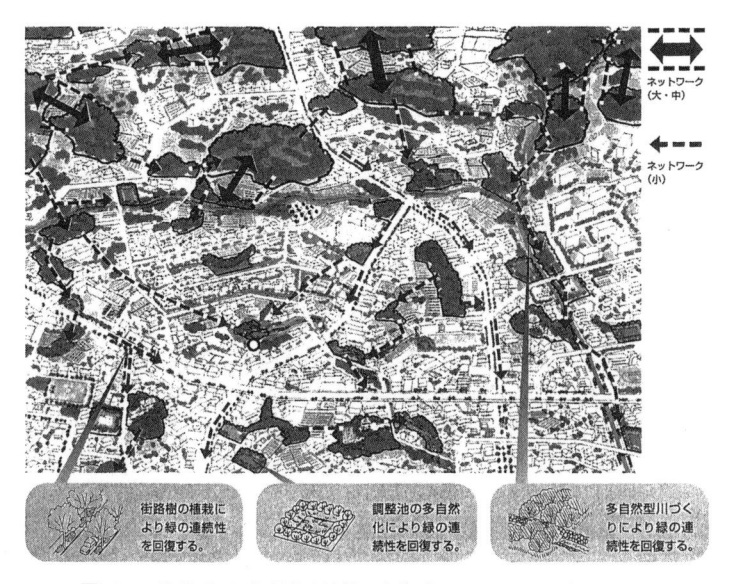

街路樹の植栽により緑の連続性を回復する。

調整池の多自然化により緑の連続性を回復する。

多自然型川づくりにより緑の連続性を回復する。

図10-2　生態系の回復対象小流域の生態系ネットワーク形成イメージ
（町田市エコプラン，町田市，2000.3）

A11 コンパクトシティ
── Compact City

モータリゼーションの進展によるスプロール的な都市拡大は，現在の都市の大きな特徴となっている．これに起因する交通問題，環境問題や都心の空洞化等の様々な課題に対応するために，1990年代初めにヨーロッパを中心とする欧米諸国の環境政策，都市政策における都市形態としてのコンパクトシティが提起されてきた．

わが国でも，継続的な都市化の進展によって，効率的な土地利用がなされない都心部が残ったまま，その周辺から郊外にかけて住宅を中心とする低密度の市街地が薄く広がる拡散型の都市構造となっている．こうした都市構造は，大都市においては都心に向かう慢性的な交通混雑や大気汚染等の環境問題の大きな要因となっている．また，地方都市においては，居住者の減少，大規模店舗の郊外立地等による中心市街地の衰退への対応が課題となっている．

また，少子高齢化の時代を迎え，増大する高齢者の社会参加を支えるためにも交通基盤や居住環境の整備が急がれる一方，人口減少による財政収入減，高齢化による支出増等により，社会資本整備の投資においては，これまで以上の重点化，効率化が必要となっている．

このような状況の中，環境負荷の軽減を図り，都市における良好な環境，コミュニティ，都市の歴史や文化等を維持し，省資源，省エネルギーに配慮した持続可能な都市システムを構築するために，この拡散型都市構造をコンパクトで多様な機能を複合的に有する市街地に改変していくことが，今後の市街地整備の基本的な方向となってきている．

コンパクトな市街地の概念は，次記のとおりである．

・中心市街地や鉄道駅周辺等の各種都市機能が集積している地区を核として，細分化された敷地や街区の統合・共同化を進め，土地利用密度を高める．

・居住機能，就業機能のほか，商業，行政，医療，福祉，教育，娯楽等の多様な都市機能が集積した複合的な土地利用を図り，職住近接を実現することにより，日常の生活活動が比較的狭い範囲で可能になる市街地を形成する．この結果，自動車交通から徒歩，自転車，公共交通利用への転換が図られ，環境負荷が軽減される．

・土地利用密度を高めると同時に，街路，公園・緑地，河川等のオープンスペースを拡大し，都市内生態系の再生や，郊外部における農地，林地の保全，再生を図る．

近年，国や自治体において，コンパクトなまちづくりのための様々な取り組みがなされている．このようなコンパクトシティの実現には，これらハード面での整備のほかに，ソフト面の整備も必要である．特に，中心市街地に回帰した人々が主役となる住民参加のまちづくりや，民間による開発を促す官民協働の仕組みづくり，さらには将来のタウンマネジメントを視野に入れた地域密着型の組織づくり（NPOによる組織など）が重要となろう． （中村正二郎）

文 献
1) 海道清信著：コンパクトシティ 持続可能な社会の都市像を求めて，学芸出版社，2001
2) 国土交通省社会資本整備審議会：便利で快適な都市交通の実現と良好な市街地整備は，いかにあるべきか 中間とりまとめ，2002

A11 コンパクトシティ

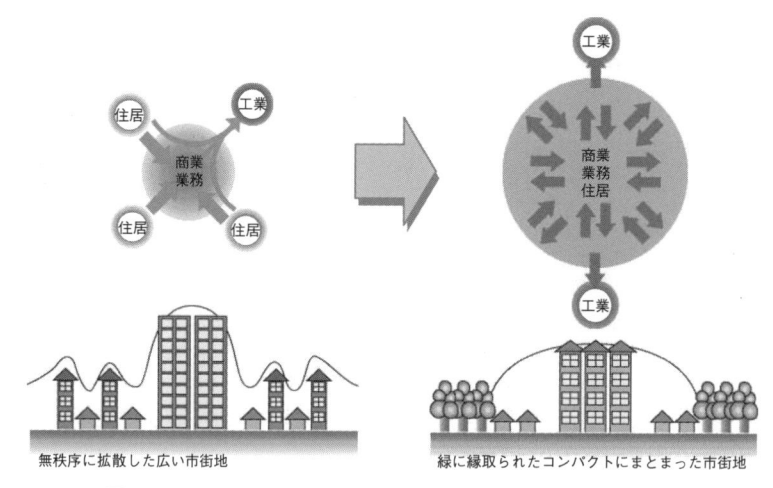

図 11-1　コンパクトシティのイメージ（http://www.thr.mlit.go.jp/）

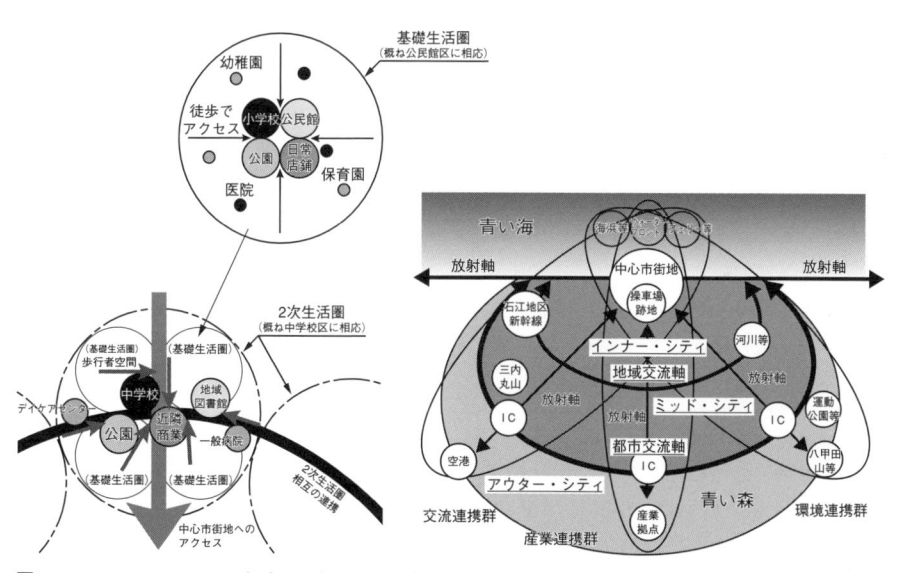

図 11-2　コンパクトシティ概念図（福井市，福井市都市計画マスタープランより）

図 11-3　コンパクトシティ概念図（青森市，青森市都市計画マスタープランより）

A12 都市再生 —— Urban Regeneration

　20世紀末わが国の経済・社会が，急速な情報化，少子高齢化等の変化に対応できず，①国際競争力の低下，②生活・都市環境の悪化，③中心市街地の空洞化，④災害に脆弱な都市構造の顕在化，⑤循環型社会への転換の遅れ等から活力が急速に低下し，その復活を都市の再生に求めたわが国の重要政策の1つをいう．

　20世紀末，わが国は工業化社会から知識情報化社会への転換の遅れ，経済成長期の，産業の地方分散を目指した国土政策に基づく地方優先投資による大都市基盤整備の立ち遅れによる慢性的交通渋滞，緑地の減少によるヒートアイランド現象など異常な都市気候の発生，廃棄物処理の難航等生活・都市環境の悪化など都市生活に過重な負担を強いる「20世紀の負の遺産」が顕在化した．さらに，1990年代に入って，土地神話による，いわゆるバブル経済の崩壊による大量の不良債権の発生とその処理による地下低落等に伴う未曾有の金融不安の発生と企業活動の不振により長期化する不況と失業者の増，犯罪の多発，社会不安の高まりに加え，急速に進む少子高齢化による事業後継者難に伴う地方都市中心市街地の衰退等，わが国の経済・社会は国際的にも未経験の低迷に陥り，国の活力，信用は大幅に低下した．この失われた活力を復活させるには諸活動の拠点である都市の魅力と国際競争力を高め再生させることが重要かつ緊急の課題であるとの認識に基づく政策が，わが国における現在の「都市再生」である．このため政府は「都市再生本部」を設置，①内閣の統一方針に基づき関係省庁が総力で取り組むもの，②民間投資への誘発効果，土地流動化に資するものを柱とする「都市再生プロジェクト選定方針」を定め，第1次から第5次まで計15項目が決定された．また，都市再生には民間の資金，ノウハウなどの活用が不可欠との考えから「民間都市開発投資促進のための緊急措置」を決定，民間都市開発の立ち上がりを支援することとした．民間，自治体から出されたプロジェクトの促進には①手続きの簡素化，②民間の創意を活かす，③関連公共施設整備が必要とされた．このため大都市から地方都市まで時間と場所を限定した大胆な措置を講ずる必要があることから「都市再生特別措置法」が制定され，具体的な施策が動き出した．都市再生はその意義を「急速な情報化，国際化，少子高齢化等の社会経済情勢の変化に対応して，都市の魅力と国際競争力を高め，資金やノウハウ等民間の力を引出し，経済を再生し，土地流動化を通じ不良債権問題の解消に寄与する」としている．また，施策の重点分野を，①活力ある都市活動の確保（交通，流通等），②多様で活発な交流と経済活動の実現（国際交流，成長産業等），③災害に強い都市構造の形成，④持続発展可能な社会の構築（リサイクル，自然との共生など水や緑を活かしたまちづくり等），⑤快適な都市生活の実現（バリアフリー，防犯等）におくとし，具体には「都市再生緊急整備地域」を指定し，諸施策を総合的かつ集中的に推進するものとしている．

　20世紀後半，世界にまれな経済の高度成長を成し遂げたわが国の経済の破綻は，その規模の大きさから世界経済に対し，日本発の世界恐慌の可能性までの影響が懸念されているが，この解決の切札の1つが現在の「都市再生」なのであり，その成否にわが国の再興がかかっているのである．

（伊藤英昌）

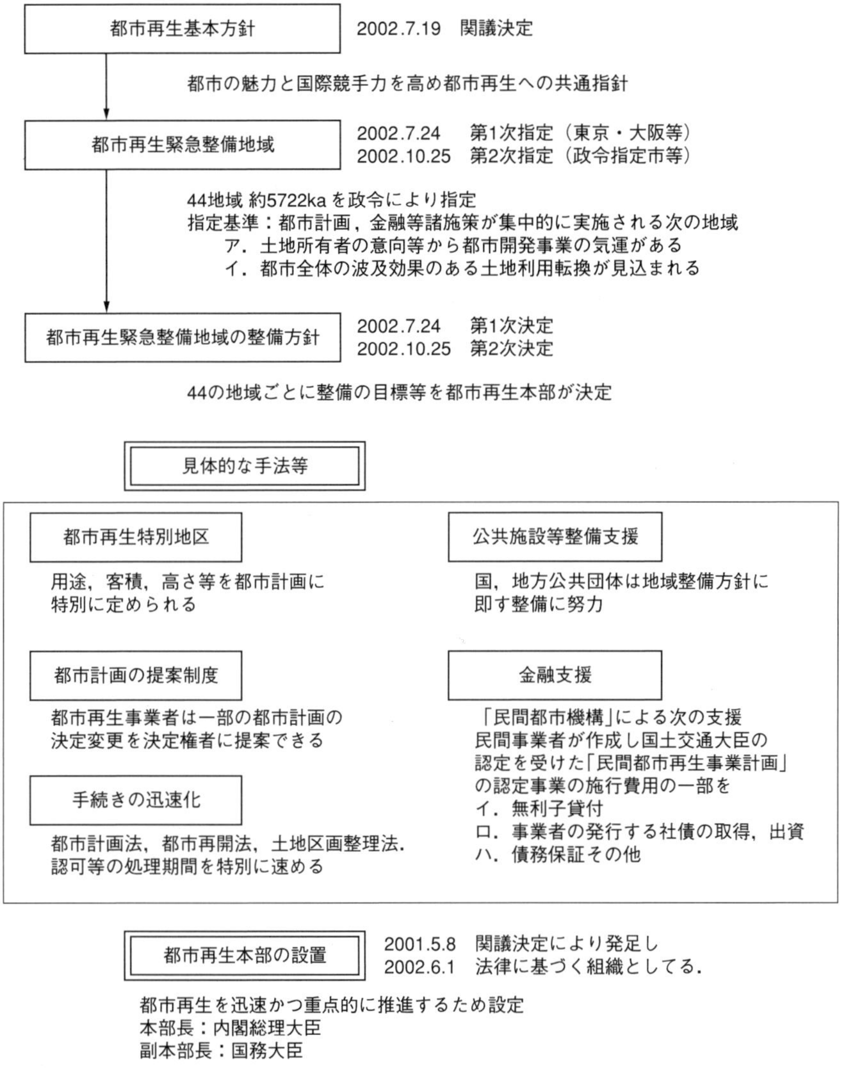

A12 都市再生　　　　　　　　　　　　　　　25

```
┌─────────────────┐
│  都市再生基本方針  │　2002.7.19　閣議決定
└────────┬────────┘
         │　　都市の魅力と国際競争力を高め都市再生への共通指針
         ▼
┌─────────────────┐
│ 都市再生緊急整備地域 │　2002.7.24　第1次指定（東京・大阪等）
└────────┬────────┘　2002.10.25　第2次指定（政令指定市等）
         │
         │　　44地域 約5722ka を政令により指定
         │　　指定基準：都市計画，金融等諸施策が集中的に実施される次の地域
         │　　　　ア．土地所有者の意向等から都市開発事業の気運がある
         │　　　　イ．都市全体の波及効果のある土地利用転換が見込まれる
         ▼
┌───────────────────────┐
│ 都市再生緊急整備地域の整備方針 │　2002.7.24　第1次決定
└───────────────────────┘　2002.10.25　第2次決定

                44の地域ごとに整備の目標等を都市再生本部が決定
```

┌──────── 具体的な手法等 ────────┐

都市再生特別地区
用途，容積，高さ等を都市計画に
特別に定められる

公共施設等整備支援
国，地方公共団体は地域整備方針に
即す整備に努力

都市計画の提案制度
都市再生事業者は一部の都市計画の
決定変更を決定権者に提案できる

金融支援
「民間都市機構」による次の支援
民間事業者が作成し国土交通大臣の
認定を受けた「民間都市再生事業計画」
の認定事業の施行費用の一部を
イ．無利子貸付
ロ．事業者の発行する社債の取得，出資
ハ．債務保証その他

手続きの迅速化
都市計画法，都市再開発法，土地区画整理法．
認可等の処理期間を特別に速める

┌─────────────────┐
│ 都市再生本部の設置 │　2001.5.8　閣議決定により発足し
└─────────────────┘　2002.6.1　法律に基づく組織としる．

都市再生を迅速かつ重点的に推進するため設定
本部長：内閣総理大臣
副本部長：国務大臣

図12-1　都市再生特別措置法の枠組み
（2002年4月5日公布6月1日施行））

A13 自然再生
—— Nature Restoration

　自然再生の定義について，2003（平成15）年1月に施行された「自然再生推進法」では，「過去に損なわれた生態系その他の自然環境を取り戻すことを目的として，関係行政機関，関係地方公共団体，地域住民，特定非営利活動団体，自然環境に関し専門的知識を有する者等の地域の多様な主体が参加して，河川，湿原，藻場，干潟，里山，里地，森林その他の自然環境を保全し，もしくは創出し，又はその状態を維持管理することをいう」とされている。

　また，「21世紀環の国づくり懇談会（2001（平成13）年2月内閣総理大臣決裁により開催決定）」報告書では，「衰弱しつつあるわが国の自然生態系を健全なものに蘇らせていくために，順応的生態管理の手法を取り入れて積極的に自然を再生する公共事業（自然再生型公共事業）を，都市と農山漁村のそれぞれにおいて推進することが必要である。」として，具体的には都市における森づくり，水と緑のネットワークづくり，豊かな海を再生するための干潟や藻場の保全・再生，海域・海岸・河川・農地等における豊かな生態系と自然景観等を保全・回復するための事業をあげている。さらに，2002（平成14）年3月に生物多様性国家戦略にかかる新計画（「新・生物多様性国家戦略」）が策定され，この中でも「種の絶滅，湿地の減少，移入種問題等に対応した「保全の強化」「里地里山等多義的な空間における「持続可能な利用」」とともに，「保全に加えて失われた自然をより積極的に再生修復していく「自然再生」」が，国家戦略の基本方向として示されている。

　このように，環境問題に対する国民的な関心の高まりや公共事業の見直しの中で，我々の生活の中で消失させてきた自然を再生させるという視点が広範に示された。こうした動きは，いわゆるバブル期に造成された埋立て地や開発予定地が放置されていたことなど行き過ぎた自然破壊に対する反動として惹起された。また，一方ではヨーロッパを中心に進められていた自然河川への改変等，自然再生（回帰）への政策転換等も大きく影響している。

　わが国でも，静岡県三島市の柿田川等，市民運動としての自然環境保全の動きが，自然再生の担い手としての市民（団体）をクローズアップし，行政が行う自然環境行政の見直しを迫った面も大きかった。

　公園等における自然の再生は，たとえば立川飛行場を森に変貌させた国営昭和記念公園や環境ふれあい公園として整備された埼玉県の北本自然観察公園等で実施されてきたが，改めて既存の公園についても自然再生という視点から計画を見直すとともに，地球温暖化の防止やヒートアイランド現象の緩和の実現に向けて，単独の公園計画にとどまらず，都市や広域圏での緑地（生態系）ネットワーク計画の必要性が強調されている。

　また，自然再生推進法の基本ともなっている，官と民が参加した自然再生事業が求められており，釧路川の自然再生計画等では，行政，地域住民，NPO，大学等が協議会を設置して事業の推進を図っている。今後，大規模な自然再生計画だけでなく，身近な公園の自然再生等においても地域住民の参加した計画，事業，管理運営に加え，自然再生に関するミティゲーション等の技術開発や専門的な知見に基づくモニタリングの実施等を通じ，着実に自然再生を進める必要がある。

（松本　守）

A13 自然再生

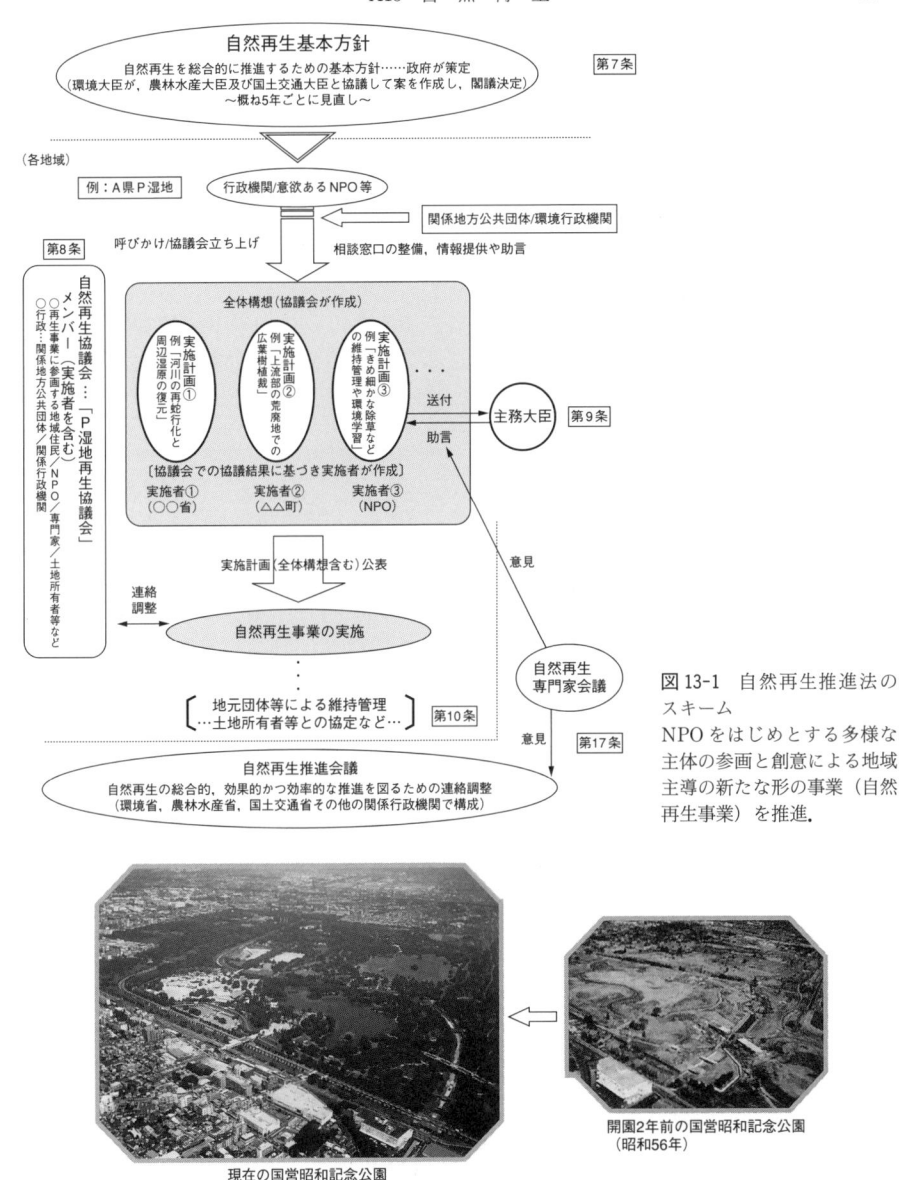

図 13-1 自然再生推進法のスキーム
NPOをはじめとする多様な主体の参画と創意による地域主導の新たな形の事業（自然再生事業）を推進．

図 13-2 飛行場から都市内の森に再生された昭和記念公園[1]
東京都立川市，昭島市．計画面積約 180 ha，事業着手 1978（昭和 53）年．

現在の国営昭和記念公園

開園2年前の国営昭和記念公園（昭和56年）

文献

1) 国土交通省都市・地域整備局公園緑地課：緑の都市づくり，全国都市公園整備促進協議会，2003

A14　環境都市と土木
—— Eco-civil Engineering for Urban Development

　土木の領域で環境都市の政策が本格的に取り入れられたのは，わが国の高度経済成長が一巡した1970年代末期から1980年代にかけてのことである．この象徴が「アメニティ政策の必要性」を提起したOECD (Organization for Economic Cooperation and Development，経済協力開発機構）の日本の環境政策レビュー（1977年）や「人間居住の総合的環境の整備」を目標に掲げた三全総（1977年）であり，ともすれば開発に偏重しがちであった従来の政策の転換が，この時代を境に始まる．個別にみると，

　① 都市計画：　地区計画制度の創設（1976年）や緑のマスタープラン策定の通達（1977年），歴史的地区環境整備街路事業（1982年）や都市景観形成モデル事業の創設（1983年）等

　② 河川事業：　河川環境管理計画の通達（1983年）等

　③ 環境アセスメント：　大規模土木事業への一定の歯止めとしてのアセスメント要綱の閣議決定（1984年）等

　多方面から環境施策が進められることとなったのである．

　1990年代に入ると，環境都市の政策はさらに抜本的な変質を迫られる．類型化すると① 国際的には「リオ地球サミット」（1992年）と相前後する形で地球環境問題への対応モデルを先進国として示す必要が現れたこと，② 国内的には環境保護や市民参加の意識の急速な高まりに伴い従来型の行政主体の計画方式を根本的に見直す必要が現れたことの2つがある．①の国際的な問題は，温暖化防止行動計画の閣議決定（1990年）や環境共生都市要綱の通達（1993年）等，各省庁から環境政策が次々に打ち出され，最近の循環型社会形成基本法（2000年）等の幅広い環境政策につながる．②の国内的な問題としては，自然保護意識への対応面では，事業構想段階での環境アセスメント方式を取り入れた環境影響評価基本法の制定（1996年）や大規模公共事業を評価する「時のアセスメント」（1997年）等がある．また，市民参加意識への対応面では，阪神・淡路大震災（1995年）を契機にしたNPO法の制定（1998年）や河川整備計画に地域意向を反映する新しい方式の採用（1997年河川法改正）等が特筆される．

　将来的な土木の領域における政策課題を掘り下げれば，すでに「公民協働」を中核とする展開が始まっているといえる．

　① 道路事業[1]：　路線決定に新たにパブリックインボルブメント方式が採用される方向が現れている[1]．

　② 河川事業[2]：　河川管理への市民参加の潮流はすでに全国的な広がりをもち「パートナーシップによる河川管理」の提言（1999年）を引きだす結果となった．また，「健全な水循環の確保」（1995年，河川審議会答申）のためには各戸単位での雨水貯留浸透施設の普及促進が課題であるが，実現には公民協働の仕組みを確立することが要請される（図として先導的な水循環再生プロジェクト事例を取り上げ，公民協働の仕組みの基本構成およびプロジェクトの成果を示した）．

〔松田愼一郎〕

文　献
1) 合意形成手法研究会編：欧米の道づくりとパブリックインボルブメント—海外事例に学ぶ道づくりの合意形成手法—，ぎょうせい，2002
2) リバーフロント整備センター編：ともだちになろうふるさとの川—川のパートナーシップハンドブック（2000年度版）—，信山社サイエンテイツク社，2000

A14　環境都市と土木

地域自立型・資源循環型プロジェクトの実現
（水循環再生、ゼロエミッション、環境調和エネルギーコミュニティ等）

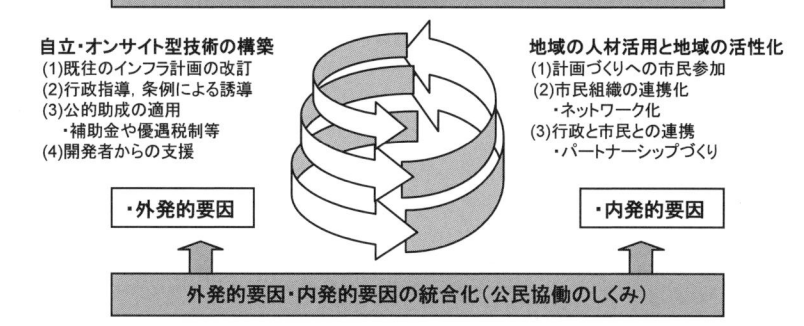

自立・オンサイト型技術の構築
(1) 既住のインフラ計画の改訂
(2) 行政指導、条例による誘導
(3) 公的助成の適用
　・補助金や優遇税制等
(4) 開発者からの支援

・外発的要因

地域の人材活用と地域の活性化
(1) 計画づくりへの市民参加
(2) 市民組織の連携化
　・ネットワーク化
(3) 行政と市民との連携
　・パートナーシップづくり

・内発的要因

外発的要因・内発的要因の統合化（公民協働のしくみ）

図14-1　土木における環境都市づくりのフレーム

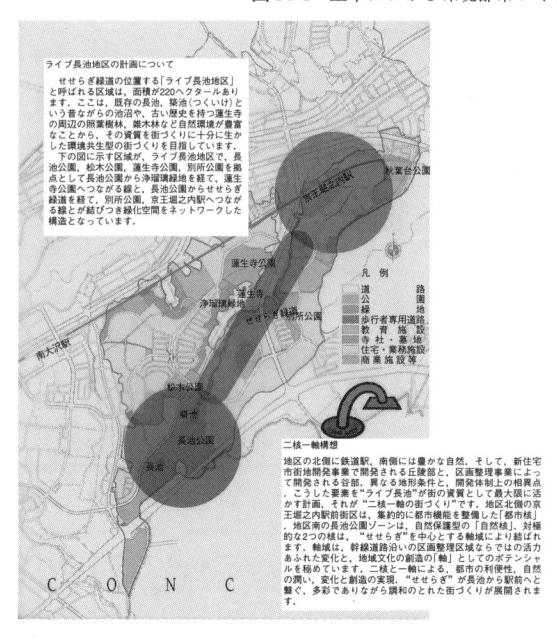

ライブ長池地区の計画について
　せせらぎ緑道の位置する「ライブ長池地区」と呼ばれる区域は、面積が220ヘクタールあります。ここは、既存の長池、築池（つくいけ）という昔ながらの池沼や、古い歴史を持つ蓮生寺の周辺の照葉樹林、雑木林など自然環境が豊富なことから、その資質を街づくりに十分に生かすことのできる環境共生型の街づくりを目指しています。
　下の図に示す区域が、ライブ長池地区で、長池公園、松木公園、蓮生寺公園、別所公園を拠点として長池公園から浄福滝緑地を経て、蓮生寺公園をつなぐ線と、長池公園からせせらぎ緑道を経て、別所公園、堀王堤之内駅へつながる線とが結びつき緑化空間をネットワークした構造となっています。

二核一軸構想
地区の北側に鉄道駅、南側には豊かな自然。そして、新住宅市街地開発事業で開発される丘陵部と、区画整理事業によって開発される谷部、異なる地形条件と、開発体制上の相違が重なっています。こうした要素を「ライブ長池」が街の資質として最大限に活かす計画、それが"二核一軸の街づくり"です。地区北側の京王堤之内駅前街区には、集約的都市機能を整備した「都市核」、地区南の長池公園ゾーンは、自然保護型の「自然核」、対称的な2つの核は、"せせらぎ"が長池から駅前へと繋ぐ、多彩でありながら調和のとれた街づくりが展開されます。

図14-2　里山型公園の整備と源流域の保全

図14-3　せせらぎを軸とするまちづくり

住宅ブロック	開発面積(ha)	計画貯留量(m^3)	形式
公団	5.0	計画貯留量＝開発面積×ha当たり200m^3	砕石貯留
都営	1.6		
都公社	1.3		ボックス型貯留
合計	7.9	約1,500m^3	

● 貯留量　開発面積ヘクタール当たり200m^3
● 補給水　降雨強度30mm/時以下降雨
　　　　　（降雨捕捉率＝60%）
● せせらぎ放流　降雨後約2週間継続

集合住宅地の地下貯留構造断面図

図14-4（左上・左）　公民協働の仕組みをもとに実現された水循環再生プロジェクトの事例：ライブ長池（多摩ニュータウン）

A15 環境都市と都市計画
—— Environment City and City Planning

　環境都市とは，地域固有の自然的・歴史的環境を踏まえて，持続可能な都市経営のシステムを，物的環境，社会システム，文化などの複合的視点から有している都市と定義することができる．都市計画は，このシステムを，法，政策，財源，市民参加から制度的に担保するものである．ここでは，都市計画の手法と対照させ環境都市を類型化し，その特色について述べる．

1. パークシステム型環境都市
　都市の中に個々に存在する公園，緑地，湖沼，河川，海岸，農地，広幅員街路等を都市を支える骨格として位置づけ，ネットワーク化したもの．19世紀中葉，米国のシカゴ，ボストン，ワシントン，ミネアポリス等において生み出され，近代都市計画の誕生の誘引となった．図15-1は，パークシステム型環境都市の代表的事例であるシアトル市の1908年と2003年の現況図を対照させたものである．

2. グリーンベルト型環境都市
　都市と田園の共生を目標とし，都市の拡大を制御し，適正規模に基づく環境都市を目指したものが，グリーンベルト型環境都市である．先駆的事例は，エベネザー・ハワード（Ebeneser Howard）により，実現に移された英国の田園都市である．この考え方は，世界各地の都市計画に大きな影響を与えた．日本の都市計画における市街化調整区域の考え方も，このグリーンベルト思想に起因する（図15-2）．

3. 理想都市・コミュニティ型環境都市
　建築の高層化により，地表を緑地として開放し環境都市を実現しようとするものが，ル・コルビジェ（Le Corbusier）に代表される理想都市の考え方であった．インドのチャンディガールは，近代都市計画の失作と一般には評価されているが，建設後45年を経て，コミュニティの原単位としてのセクターは，豊かな緑に覆われ活況を呈している．環境都市の基本がコミュニティにあるという原点を教えてくれる（図15-3）．

4. 地域生態系型環境都市
　都市における生物多様性の保全を目標とし，詳細な生物調査，土地利用計画を踏まえて，地域生態系の持続的維持と再生を目的とする環境都市である．図15-4は，カールスルーエの緑地計画図である．中心市街地に楔状に緑地が貫入する構造となっており，多様なビオトープの位置，特色が明記されている．その特色は，都市計画と連動させ，新しい都市環境の創出を目標に据えている点にある．

5. 歴史的風土保全型環境都市
　歴史的風土の保全を通して環境都市の実現を目指している都市である．図15-5は，鎌倉市の緑の基本計画である．これは，1994（平成6）年の都市緑地保全法の改正により制度化されたもので，都市における緑の将来像と政策を市民参加のもとにつくりだしていくものであり，環境都市の実現に向けた最も基本となる計画である．

6. パートナーシップ型環境都市
　身近な環境を行政と市民のパートナーシップにより改良し，部分の集積から，環境都市を立ち上げていこうとする試みである．図15-6は，岐阜県各務原市の緑の基本計画であり，将来の目標とする都市像を市民参加によりつくりだし，これを踏まえたアクションプログラムを実践していることが特色である．　　　　　（石川幹子）

文献
1) 石川幹子：都市と緑地，岩波書店，p.291, 2001
2) 鎌倉市：鎌倉市緑の基本計画，1996
3) 各務原市：各務原市水と緑の回廊計画，2001

A15 環境都市と都市計画

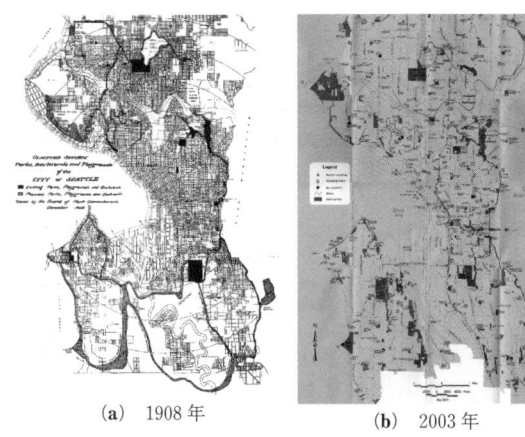

(a) 1908年
(b) 2003年

図15-1 パークシステム型環境都市（シアトルパークシステム，100年の軌跡，Seattle Parks and Recreation 提供）

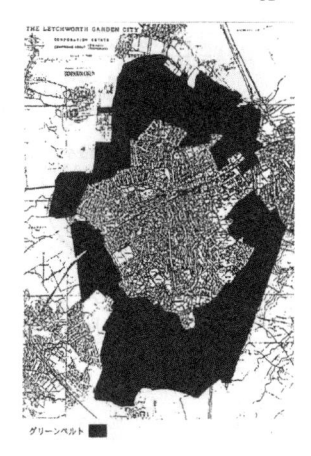

図15-2 グリーンベルト型環境都市（レッチワースのグリーンベルト，2000年）[1]

図15-3 理想都市・コミュニティ型環境都市（チャンディガールの緑地，2003年）

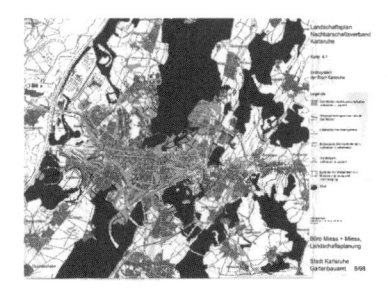

図15-4 地域生態系型環境都市（カールスルーエ，緑地計画図，2002年，カールスルーエ都市計画局提供）

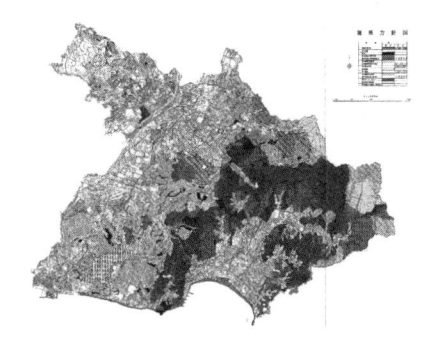

図15-5 歴史的風土保全型環境都市（鎌倉市緑の基本計画，1996年）[2]

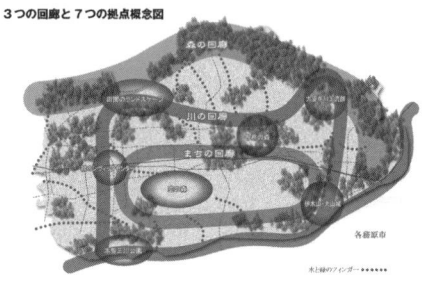

図15-6 パートナーシップ型環境都市（各務原市水と緑の回廊計画，2001年）[3]

A16 環境都市とランドスケープ
── Environment City and Landscape

　環境都市の創造にあたっては，地球的規模での環境保全を視野に入れ，将来にわたって自然と人間活動との循環体系を重視する必要がある．このような局面において，ランドスケープ（landscape）の視点から，欧米での都市整備の特色を概観すると，欧州では，地域古来の風土や文化に根ざした整備が中心となってきた．とりわけドイツでは，その思想が今日の生態学的視点を重視した土地利用計画や都市整備にまで及んでいる．特に連邦自然保護・ランドスケープ保全法（1976年）により，図16-1のように州や都市レベルの「ランドスケープ計画」が策定され，大気や水の循環，生物・生態系の保全等をランドスケープ計画に明確に位置づけ，FプランやBプランと連携させつつ都市計画に組み込むことにより，都市と自然との調和，都市環境の質的向上等が体系的に図られている．また，英国では，表16-1のように環境共生都市の起源ともいえる「田園都市論」，わが国の都市公園施策に大きな影響をもたらした「オープンスペース法」，市民活動を中心としたランドスケープの保護・保全等に特徴がみいだせる「ナショナルトラスト法」「シビックアメニティ法」等が有名であるが，特に近年の「都市・田園アメニティ法」（1974年）等に代表されるように，各時代においてアメニティ（amenity）の充実に視点をおき，都市と農村との整合を図った都市整備が特徴的である．一方，米国では，広大な国土において都市や地域ごとに特徴的な整備や都市デザインの展開が主流となってきた．特に，公園緑地系統による都市デザインの起源となった「パークムーブメント」（1858年）をはじめとして，20世紀前半の「都市美運動」や「近隣住区論」等の思想が脈々と流れてきた．また，表16-2のように20世紀半ばより自然資源や都市景観の視覚的，空間的構造等を詳細に捉えた「ランドスケープデザイン」，人間的なスケールによるコミュニティ形成等を重視した発想が影響力を及ぼすとともに，環境汚染の深刻化に対する法制化が活発となった．このような中で，ランドスケープの科学的分析を土地利用計画に反映させたエコロジカルデザインによる「デザイン・ウィズ・ネイチャー」（1969年）が提唱され，近年GIS技術の進歩に伴い多角的に実用化されている．20世紀後半以降は，大量生産・消費型の経済活動等を前提とする都市整備がもたらした環境悪化への反省から，新興住宅地や再開発等のコミュニティ単位を中心に，都市・地域レベルを対象として"人間的な価値とランドスケープの統合"に規範を置いた「ニューアーバニズム」，健全な都市成長を目指す「スマートグロース」等が提唱され，環境共生都市に向けた包括的な計画や事業手法への転換がみられている．

　すなわち，ランドスケープは都市整備の目標を安全性，健康性，利便性，快適性，経済性が備わったアメニティ豊かな環境創造に視点を置き，都市固有の自然的ポテンシャルをもとに，人間活動の歴史・文化的かかわり合いによって生じる環境条件の科学技術的判断，「美」に関する追求やレクリエーション空間の確保等に重点を置く分野である．特に都市整備に際しては，環境保全，防災，レクリエーション，景観保全等様々な機能・効果を有する緑・緑地の保護・保全，公園緑地の系統的配置等をもって都市のグラウンドデザイン（ground design）を形成し，生態的にも適正な空間

秩序による持続性ある環境都市の形成を目途としている．

わが国においては，近年，緑の基本計画の推進，エコシティ等の環境保全型都市整備や様々な都市緑化施策等が展開されつつある．その一方，都市整備に関する法体系の不備，経済性や利便性の優先，都市景観や市民活動に関する国民意識の歴史的希薄さ等は否めず，環境都市の構築に重要な環境教育・学習等も緒に着いたばかりである．今後，景観法や都市緑地法等の運用をも踏まえ，ランドスケープに視座した積極的な環境都市の追求が必要とされている．

(島田正文)

ランドスケープ計画	都市建設管理計画
課題の解明	
予備調査	予備調査
ランドスケープ計画を伴った都市建設管理計画策定の必要性に対する意志決定	
ランドスケープ要素・自然の質の把握	都市計画現況調査
ランドスケープの機能・解析・評価	都市計画の評価
ランドスケーププランナーの判定（土地利用に対するランドスケープ育成上の総括的コンセプトの作成）	
	都市計画思想案
ランドスケープ計画の立案	
ランドスケープ計画構想	都市建設管理計画構想
主要ランドスケープ計画を伴った都市建設管理計画構想	
地権者等関係者との協議	
公開協議	
制度上の手続き	

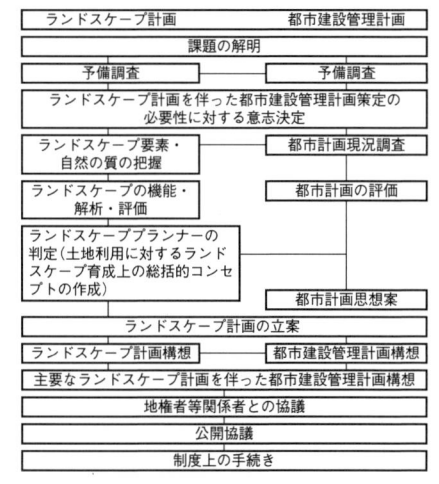

図16-1 ドイツにおけるランドスケープ計画のフロー[1]

文献

1) 丸田頼一：都市緑化計画論，丸善，1994
2) デーヴィッド L・スミス著，川向正人訳：アメニティと都市計画，鹿島出版会，1977

表16-1 英国におけるアメニティ概念の形成と主な環境関係トラストの成立経緯（スミス，1977；丸田，1994 より作成）

年	法・項目	内容
1848年	公衆衛生法	公園の位置づけ等都市環境改善のための法律
1875年	住居改善法	劣悪な住宅建設の規制
1898年	E.ハワード	都市と農村の融合を図った田園都市運動
1906年	オープンスペース法	オープンスペース内の建ぺい率規制
1907年	ナショナルトラスト法	歴史的建造物，優れた風景地等の保護等
1909年	住居・都市計画法	アメニティの考えを取り込んだ都市計画
1925年	都市計画法	住居法と都市計画法の分離・独立
1932年	都市・田園計画法	用途地域，建築物周囲の空地確保，樹木・樹林等の保護等
1946年	新都市建設法	グリーンベルト，職・住・レクリエーション機能が完備した都市整備
1959年	R.M.スタダード	アメニティの定義：美，快適さ，上品さ，豊かな生活を享受する機会
1967年	シビックアメニティ法	シビック・トラスト，都市の美しさ，歴史的建造物・地区の保存等
1970年	BTCVトラスト	里山の自然や田園風景の保護，破壊された自然の回復運動等
1972年	D.スミス	アメニティ定義：公衆衛生，快適さ，保存の3相から概念規定
1974年	都市・田園アメニティ法	アメニティの視点からの樹木，自然保全，建造物の保存
1980年	グラウンドワークトラスト	市民・行政・企業のパートナーシップ，フリンジの環境改善等
1990年	ラーニング・スルー・ランドスケープトラスト	校庭の環境改善，環境教育・学習等の支援等

表16-2 米国における1950～70年代の主なランドスケープデザインの概要

C.ターナード	広域スケールから個人庭園スケールに至る環境形成において系統的ネットワークに基づいたランドスケープデザインの必要性等（"American Skyline" 1955年等）
K.リンチ	都市的なスケールをもつ視覚的形態と都市デザインの原則等をもとにしたアーバンデザインの展開等（"The Image of The City" 1959年等）
G.エクボ	自然と人間生活を中心とした健全な都市景観を創造していくためのランドスケープデザインの重要性等（"Urban Landscape Design" 1964年等）
J.O.サイモンズ	景観を構成する自然，人工要素の的確な分析，デザインの形成プロセスの追求等によるランドスケープデザインの確立等（"Landscape Architecture" 1967年等）
I.L.マクハーグ	自然の本質的な理解を基にしたデザインにあたっての理念と手法，生態学および生態学的デザインによる生物の豊かな生存と人間生活の喜び，生態学的環境都市計画等（"Design with Nature" 1969年等）
R.ハルプリン	自然・芸術・生活とランドスケープデザインのプロセス，集団的創造による人間生態系のデザインの実践，RSVPセイクル，ワークショップ方式によるまちづくりの先駆者等（"Notebooks of Lawrence Halprin" 1972年等）

A17　環境都市と環境デザイン—グラウンドデザインの環境的視点—
—— Environment City and Environmental Design

　ランドスケープにおける環境デザインの根源は，地中の状況コントロールをも含めたグラウンドデザインにある．すなわち，見えがかりのデザインはさておき，地上や地中の生物相を決めるのは土地の状況であり，そこに生育する植物相によって地上の環境諸元である気温や湿度，日照，風通しなどが決められる．したがって，地形に加えて，土地の化学的組成はもとより，保水性，排水性，通気性などの物理的組成をもってしたグラウンドデザインが，真の環境デザインには不可欠である．そこにおいて最も注目すべきは土地の物理的組成によって左右される水の流動である．それはまた空気の流れをも伴うことから，水と空気の流動であるともいえる．ただし，水が移動した後に土中に引き込まれる気体としての空気以外に，水に溶け込んで流れる空気もそれに含まれる．生物生育条件からいえば，土地の物理的組成とは地中の水と空気の流動状況にほかならない．一方の化学的組成とは，水に溶け込んだ物質の状況である．総じて，水は大地の血液である．

　一般に，ランドスケープデザインアイテムとしての水は，上記のような地中を緩やかに移動する水ではなく，地表に水景装置として現れている水を指す．その場合の多くは，防水層によって地面とは完全に切り離された水である．それによっても物理的に環境を緩和する効果もあるが，環境創造と密接な関係にある植物を主体にした生物相の生育にはほとんど寄与しない．環境を自然界の循環システムのレベルで捉えるとすれば，地表に現れている水は地中の水分と一連続であり，相互に関連しつつ存在している．水景装置の水に対して漏水は禁物であるが，自然界の流れでは，地表の本流とともに周囲の土中の水も緩やかに流れている．それはまた，さらなる外周の水分移動へとつながっている．この全体での水の動きが，土中のバクテリアを繁殖させ，小動物を育て，植物の根を肥やす．あらゆる生物はその状況の違いを感知して棲み分けているが，乾湿の違いはあれ水分が停滞せずに移動していることが共通した条件となる．もちろん，蒸散による上部方向への移動もこれに含まれ，特に，小型に切り離された自然地では余剰水の一時的排水以外，日常の水分移動はほとんどこれに頼ることとなる．見えがかりのランドスケープではなく本格的に環境デザインに取り組む場合，このような水の連続性と移動への感覚を常に維持しつつ，グラウンドデザインに取り組む必要がある．

　ところで，都市デザインに上記のような視点をもった環境デザインとして取り組む場合，最も問題になるのは自然地の不連続分散と，地中や地表の不透水性構造物の存在である．したがって，見えがかりのデザイン以前に，自然地の連続性の確保とともに，地中での水分の連続移動や最終的排水性に十分な配慮をもってする必要がある．そこにおいて，わが国の伝統技術である，日本庭園における技術思想が非常に有用である．そこでの擁壁は空積みによって雨水を通過させ，暗渠構造をもたずに地中や流れへと排水される．ときとして，庭園の源流は外部を流れる川であり，地下からの湧水であったりする．まさに日本庭園は水の連続的移動のもとに成り立っているグラウンドデザインであり，管理の方向によっては完璧なビオトープともなるランドスケープデザインである．
　　　　　　　　　　　　　　（大塚守康）

図 17-1　兵庫県三田市深田公園①
森と草地に囲まれた低地を，周辺と環境的関係を保ちつつ，複雑でおだやかな流れの泥田とした．

図 17-2　兵庫県三田市深田公園②
左の泥田に数週間で自然植生が回復した．サンショウウオ等の棲息も期待される環境が形成された．

図 17-3　埼玉県さいたま市さいたま広場
人工地盤上に連続した土壌環境をつくり，樹木が列植されている．舗装面は基盤から浮かせたデッキ構造である．

図 17-4　大阪府堺市泉北ニュータウン花代公園
谷地形の周辺法面からしみ出す雨水を表層流として集め，自然水による小川をつくり出した．大阪層群特有のシルトによる不透水効果が影響し，水は枯れることがなく周辺を潤す．

図 17-5　滋賀県大津市内
空積護岸やコンクリートの割れ目に背後の水を受けて，植生がとりつき小さな自然環境をつくる．

図 17-6　奈良県西大寺市内
川辺にありながらも水環境から切り離された護岸ブロック面は，サボテンの生育環境となる．

B 環境都市計画史

B1　環境都市計画の歴史
―― History of Environment City Planning

　都市計画は，その目指す目的によっていくつかの類型に分けられる．日本でよくみられる例としては，たとえば経済の発展を主な目的とし，観光業や第二次産業の振興等に重点をおいた都市計画，広域にわたる商業や管理中枢機能の充実強化をねらいとした都市計画，人々の健康な生活や多様な自然の保護，ひいては地球環境の保全を目的とする都市計画等々である．

　ここで「環境都市計画」とは，上記のうちの人々の健康な生活や自然の保護保全を計画目的とするものとする．

　環境都市計画の嚆矢としては，英国における田園都市計画をあげたい．

　「田園都市（garden cities）」は，エベネザー・ハワード（Ebenezer Howard, 1850-1928）が，1898 年その著書 "To-Morrow : A peaceful path to real reform" および 1902 年その再版 "Garden Cities of Tomorrow" をもって世に問うたものである．

　当時，産業革命を成功させた英国は，世界中に広げられた植民地政策とも相まって，安価な食料や原材料等の輸入と工業製品の輸出等により，工業化社会の繁栄を謳歌していた．

　しかし同時に鉱・工業の発展は農村からロンドンをはじめとする大都市への人口の著しい集中を惹起し，その結果，貧困と劣悪な住宅，不衛生な環境，大気や河川の水質の悪化等の社会問題を現出していた．

　この頃，英国議会の速記者であったハワードは，このような社会を改革するためには中産階級や労働者階級に健康で快適な環境と低廉で良質な住宅の供給が不可欠であると考えるに至り，「真の改革への道」を目指したのである．1899 年ハワードは田園都市協会（Garden City Association, 現在の Town and Country Planning Association）を設立し，1903 年 The First Garden City, Letchworth の建設に着手した．豊かな緑地に取り囲まれ，人間的尺度と感覚で設計されたまちと伝統的な住居からなるこの都市は，落ち着いた景観を保ち，現在に至るもまちづくりの 1 つのモデルとなっている．第二次世界大戦後策定された大ロンドン計画は田園都市思想に大きな影響を受けている．

　多くの人々の共感を得た田園都市思想は，1913 年国際住宅都市連合（IFHP : International Federation for Housing and Planning，初代会長：ハワード）の発足により，世界的な都市計画の運動を産み出した．

　日本では 1885 年東京市区改正設計の決定，1888 年東京市区改正条例の成立を経て，1919 年（旧）都市計画法および市街地建築物法の施行により全国的に近代都市計画が動き始めたが，重点は都市基盤の整備におかれた．

　1968 年（新）都市計画法の公布，翌 1969 年の施行およびその後の数々の改正あるいはその前後から多くの関連法の制定等により，日本においても，環境や景観の改善，自然の保護保全等に大きな進歩がみられるようになった．

　世界的にみても環境都市計画への関心は近年非常に大きなものがある．その多くは，自然（生態）の保護保全，地球温暖化対策としての緑地の拡大，都市緑化，美しいまちづくりなど都市景観の改善，歴史的建造物や景観の保全，太陽・風力・微小水力・バイオマス・廃熱等のエネルギーの活用，水質浄化，ごみなど廃棄物対策等多岐にわたる．各都市の事例はそれぞれの都市

図 1-1　レッチワースの住宅地の現在（2004 年 6 月坂本撮影）

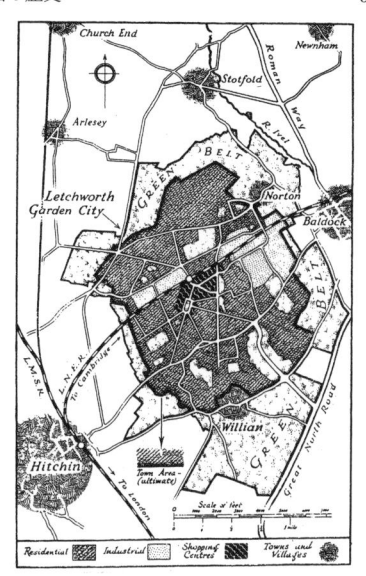

図 1-2　The First Garden City, Letch worth 計画図[1]

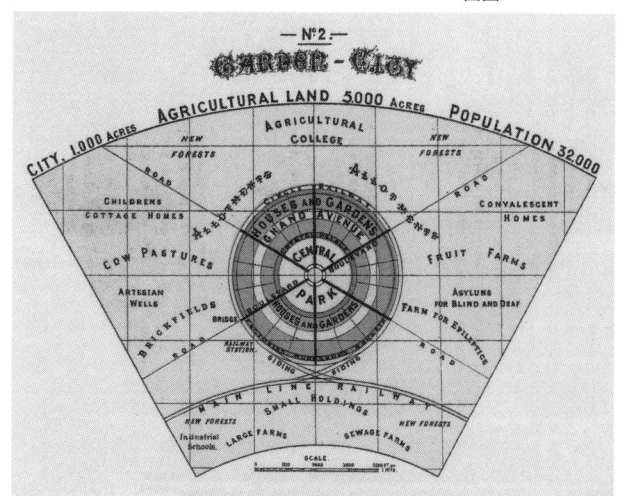

図 1-3　田園都市の模式図[1]

の項を参照されたい．

　環境問題は各国の経済の状況により，その問題点と対応は様々であり，おそらくは先進都市と最もおくれた都市との間隔は 100 年を越える格差があり，いかにして環境都市計画を全世界的に進めるかは大きな課題である．
　　　　　　　　　　　　　（坂本新太郎）

文　献

1) E. Howard : To-Morrow : A peaceful path to real reform, Routledge, 2003
2) E. ハワード著，長　素連訳：明日の田園都市，鹿島研究所出版会，1968
3) 東　秀紀ほか著：「明日の田園都市」への誘い，彰国社，2001

B2 田園都市論 —— Garden City

英国人エベネザー・ハワード (Ebenezer Howard, 1850-1928) が構想した，総合的な大都市変革の理論をいう。英語では"Garden City"であり，日本では「田園都市」と訳している。

19世紀後半，英国では，都市環境の劣悪化と農村の衰退が深刻な社会問題となっていた。これに対して，ハワードは"Tomorrow : A Peaceful Path to Real Reform"（1898年初版：1902年に"Garden Cities of To-morrow"と改題されて再版）を出版し，都市（タウン）と田園（カントリー）双方の優れた点をあわせもつ，まったく新しい生活環境「田園都市（ガーデンシティ）」を建設することを提案した。

著書において示された田園都市の大きさは2400 haであり，中央部の400 haが都市部とされ，それを取り囲むように2000 haの田園部（グリーンベルト）が設置されている。人口は都市部30000人，田園部2000人の合計32000人と計画された。田園都市建設により，都市部居住者は美しい田園景観に囲まれた良好な住環境を得ることができ，田園部居住者は30000人の都市民という市場を得ることができる。大都市と地方の農村という関係を基本としたそれまでの生活形態から離れて，ハワードは，小規模だが自足的な生活環境を建設しようとしたのである。

田園都市においては，公共の利益を第一に考える一民間会社がすべての土地を所有し，分譲ではなく賃貸によって運営することが原則とされた。田園都市の建設は，この会社が開発の手が入っていない田園地域を安価で取得するところから始まる。その後の田園都市建設によって土地価格は上昇するが，その上昇分は建設費とさらなる住環境の改善にあてられる。すなわちハワードは，開発利益を住民に還元することを提案したのである。

ハワードの提案は多くの賛同者を得て，1903年にはロンドンの北約50 kmの地に最初の田園都市・レッチワースの建設が開始された。レッチワースの設計はレイモンド・アンウィン (Raymond Unwin) が担当した。その後，レッチワースは資金不足や会社の買収危機等，多くの苦難を経験してきたが，土地の一括管理という原則は現在まで守り続けている。1995年には，土地の管理がレッチワース・ヘリテージ・ファウンデーション（財団）へと引き継がれ，現在，財団が得る賃貸収入は，環境維持費のほか，高齢者介護や域内シャトルバスの運行費用等にあてられている。また，財団はレッチワース建設開始百周年を契機に，よりいっそうの環境共生を目指して，大規模な田園部保全整備事業（グリーンウェイプロジェクト）に着手した。レッチワースは建設開始から百年を経て，なお，ハワードが描いた理想像に向けて進化し続けているのである。

(村上暁信)

文献

1) Howard, E. : To-morrow : A Peaceful Path to Real Reform, 176 pp., Swan Sonnenchein, 1898
2) Howard, E. : Garden Cities of To-morrow, 191 pp., Swan Sonnenchein, 1902
3) Howard, E. : Garden Cities of To-morrow, Edited, with a preface, by F. J. Osborn. With an Introductory essay by Lowis Mumford, 168pp., Faber and Faber ltd., 1946
4) エベネザー・ハワード：明日の田園都市（長素連訳），276 pp., 鹿島出版会，1968

B2 田園都市論

図 2-1 エベネザー・ハワード[3)]

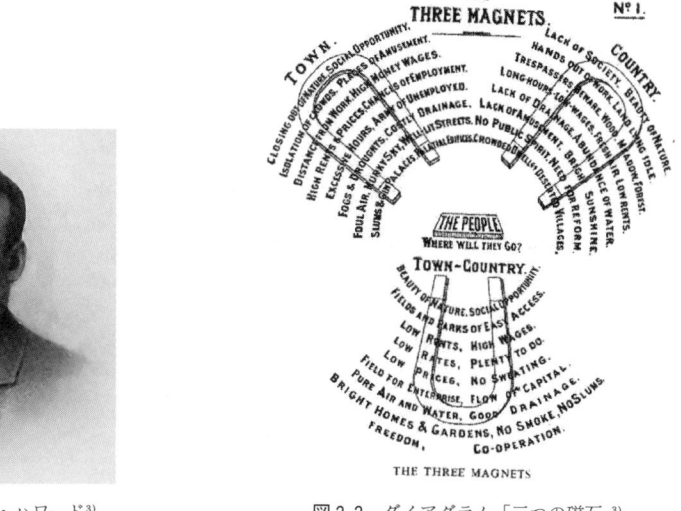

図 2-2 ダイアグラム「三つの磁石」[3)]
ハワードは都市（タウン）と田園（カントリー）それぞれの長所と短所を列挙し，田園都市（ガーデンシティ）は双方の長所をもちあわせるとした．

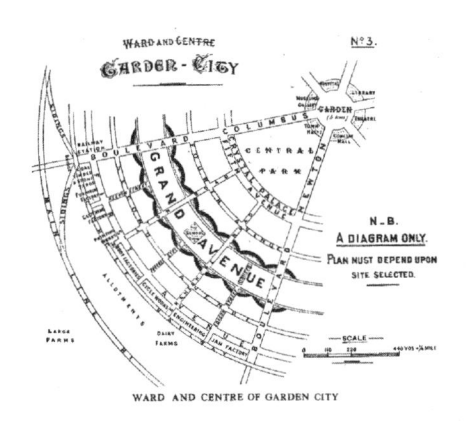

図 2-3 ダイアグラム No.3[3)]
田園都市の一部（1/6）を描いたもの．グランド・アベニューの両側に都市部居住者用の住宅が計画され，その外側には田園部が広がる．

図 2-4 初期のレッチワースの様子[3)]
都市部居住者用の住宅の奥に田園部が広がっている．

B3　近隣住区論

—— Neighborhood Unit

1. 理想的な街の創造

環境都市計画の基本的な理念の1つである，自然環境と共生した居住環境の形成や人間優先の都市づくりの実現を目指そうとした考え方に「近隣住区」という理論がある。

この理論は，20世紀の初頭，モータリゼーションが急速に進んだ米国で，歩行者の安全性を確保するとともに，養育期の子供がいる家族にとって理想的な街のあるべき姿を研究したクレランス・ペリー（Clarence A. Perry）が提唱した考え方である。

2. 「近隣住区」の基本的考え方

小学校区（school district，人口6000人から10000人程度，人口密度にもよるが半径400m程度の範囲）を基本単位として，小学校や教会，公園，コミュニティ施設等を核とし，住宅を周囲に配置して構成されたコミュニティ単位を「近隣住区」と名づけたものである。

この理論は，①小学校を近隣社会の中心に据える，②近隣住区から通過交通を締め出し，内部交通と区別する，③ショッピングセンターを周辺の交差点にまとめる，④オープンスペースと近隣公園のミニマムスタンダードを決めるとともに，住区内に配置する，を基本的な考え方とし，学校，遊び場，商店を対象とした幅広い良好な居住環境の形成を目指している。

近隣住区のモデルプランを示す（図3-1, 3-2）。1戸建て住宅を中心として計画されたモデルプランである。コミュニティセンターとして，小学校1校と2つの教会，1つのコミュニティ建物を配置している。また，周辺の交差点には，商店街地区を配置するとともに，主要幹線道路で囲んで，通過交通を排除している。

3. 近隣住区論の実践（ラドバーンの開発）

英国のレッチワースのように田園都市を米国に，という強い願望を実現することを目的に計画されたのがラドバーン（Radburn）であり，この近隣住区論を実践的に応用して建設された。しかし，グリーンベルトと工業の構成が断念され，田園都市のすべての条件を満たさず，郊外都市としての役割を担うことになった。

この都市は，ニューヨーク近郊24kmのニュージャージー州に位置し，クレランス・スタイン（Clarence S. Stein），ヘンリー・ライト（Henry Wright）が1928年に着手した（なお，1929年に起こった大恐慌により，住宅開発会社（The City Housing Corporation）が倒産し，完成していない）。

12～20haのスーパーブロックを採用し，この街区の中を通過交通が通らないようにしている。街区の中央部には，緑地を配置し，住戸は，この緑地へ通ずる歩行者路に面して配置され，居住者は歩行者路側から出入りする。自動車は，街区の外周道路から分岐する袋小路（クルドサック（cul-de-sacs））を通行し，人と自動車の動線が交差しないように歩車分離を実現している（図3-3）。

なお，配置された緑地は，学校，プールなどの公共用地に連続しているため，児童は，学校や運動場に行くのに通過交通路を横断することがないようになっている。

（小野敏正）

文献

1) クレランス・A・ペリー著，倉田和四生訳：近隣住区論，pp.26-42, pp.121-123, 鹿島出版会, 1975

B3 近隣住区論

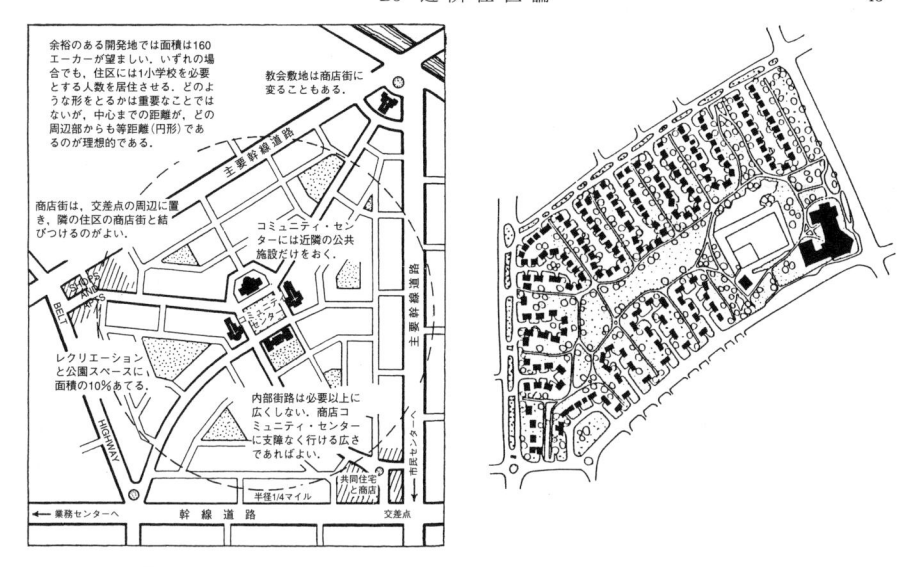

図3-1 近隣住区の原則

図3-3 ラドバーン

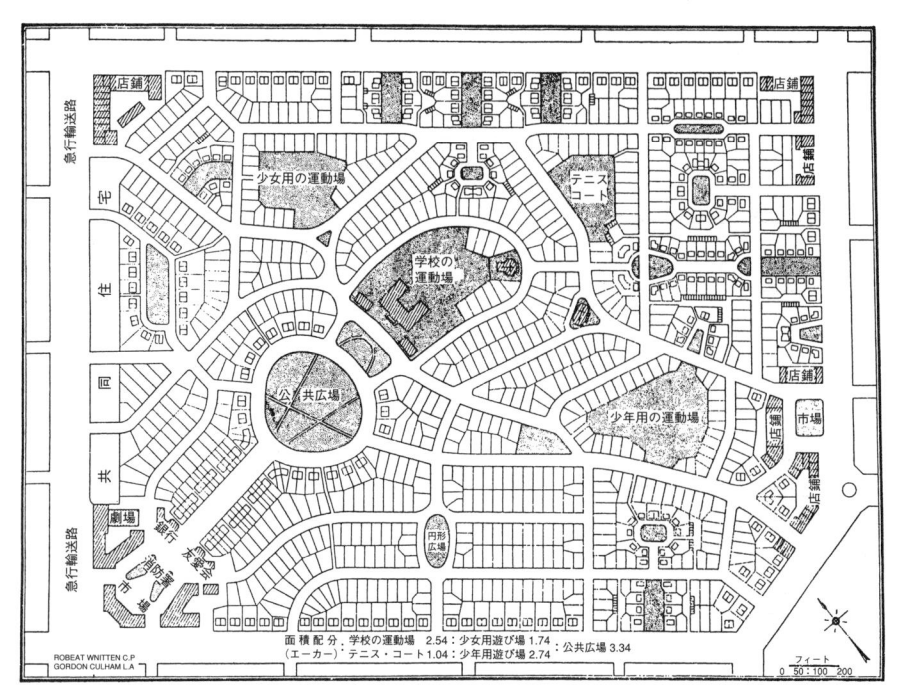

図3-2 住宅地の例

B4　公園緑地系統

—— Parks and Open Spaces System

　都市公園（public park）の誕生は，19世紀中期である。発祥地は英国で，背景には産業革命に伴う都市化と，この都市化がもたらした環境の悪化があった。ロンドンをはじめとするヨーロッパ各国の都市には，共有地としてのコモンや特権階級の狩猟園（パーク）がすでに18世紀から存在していた。そこでまずは，これらの寺院や貴族所有のパークを庶民に開放する動きが起こり，ロイヤルパークのパブリックパーク化となった。しかしこれだけでは不足したので，新しく公園を計画配置するようになった。都市の公園計画の一般的なシステムとして分散配置がなされた。19世紀も終盤を迎えて，ヨーロッパの主要な都市は，急速に都市域が拡大した。セーヌ川の中州であるシテ島から始まったパリは，城郭で都市を取り囲みながら拡大を繰り返していたが，セーヌ県知事に就任したオスマン，B. G. E（Baron Georges Eugene Haussmann）は，ナポレオン以来最大の都市改造を行った。これが有名な「オスマンのパリ改造計画(1852～70年)」である。このプランにおいて，パリ市街の東西に別れて位置する2つの森（ブローニュとバンサンヌ）を連結して系統化するアイデアが出された。その連結路となったのが，旧城壁を取り壊した跡地を利用して造成されたブールバール（並木道）である。同じ頃，米国では南北戦争を経て民主化と都市化が同時並行で進み，都市づくりの幕開けとなった。マンハッタン島の中央にセントラルパーク（340 ha）を建設することが決定されたのが1853年である。この後，用地取得に3年を要し，公園のデザインを設計競技により募集し，オルムステッド，F. L.（Frederick Lan Olmsted）とボー，C.（Calvert Vaux）が共同で提案したグリーンスウォードプラン（1858年）が1位入選となった。これにそって公園の建設が始まり統括監理官にオルムステッドが就任し，約4年の歳月の末に，近代都市公園セントラルパークが誕生した。これが，ニューヨーク市民はもとより，ここを訪れた全米の国民に感銘を与えた。都市の中に雄大に広がる驚きの田舎として，また遊び集う快楽の空間への感銘である。そうしたことから，都市の中に公園を計画建設する動きが全米の各都市に広がり，それぞれに公園計画を立案するようになった。セントラルパークやプロスペクトパークの公園計画で実績を残したオルムステッドは，シカゴ（1871年）やボストン，さらにはバッファロー（1876年）の公園系統に携わった。これらのうち，彼が最も力を注いだのがボストンである。彼が公園計画にかかわる以前のボストンには，ボストンコモン（1634年）とパブリックガーデン（1851年），それにここから西に伸びるコモンウエールズアベニュー（1849年）のほかに公園空間はなかったが，1878年以後は，フェンウェイパーク（1879年），フランクリンパーク（1885年），ジャマイカポンドパーク（1892年）と連続してボストンの旧市街地を取り囲む位置に公園が開設され，その途中にハーバード大学植物園のアーノルドアーボリータム（1879年）も組み込み，延長8 kmのピクチアーレスクのパークウェイで系統化されたエメラルドネックレス（1896年）を達成した。公園を孤立単位に配置する公園計画でなく，ブールバールやパークウェイ（公園道路）で連結した公園系統が，都市の社会資本となった。この時代，オルムステッド以外にもケスラー，G. E.（George E. Kessler）（カンザス市，1893年）やクリーブランド，H.W.S.（Horace William Sahler Cleveland）（ミネアポリス市，1883年）が公園系統を提唱し

ている．20世紀を迎えて自動車社会に突入したことで，さらに都市域が拡大し，やがて大都市抑制の動きとなった．特にエベネザー・ハワード（Ebenezer Howard）の田園都市論が普及浸透し，第8回住宅・都市計画会議（1924年）でグリーンベルトの重要性が決議されて以降，公園概念に加え緑地（オープンスペース）概念がグリーンベルト（緑地帯）の設定として登場し，公園緑地系統という概念に成長した．

(蓑茂寿太郎)

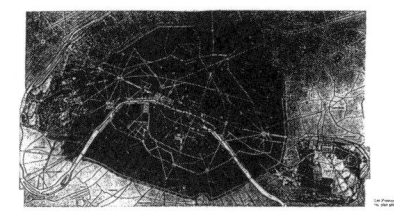

図4-1　オスマンのパリ改造計画（1852～70）

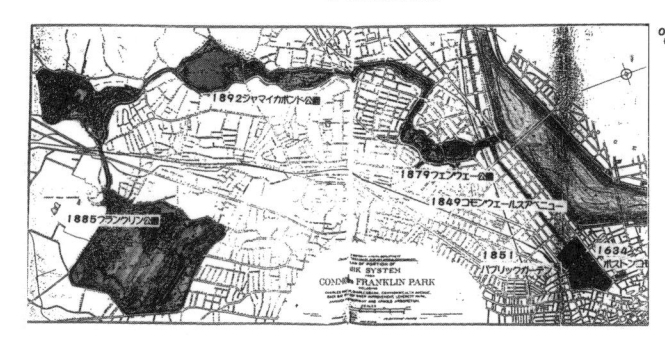

図4-2　ボストンのエメラルドネックレス（1896年）を構成する公園の整備推移

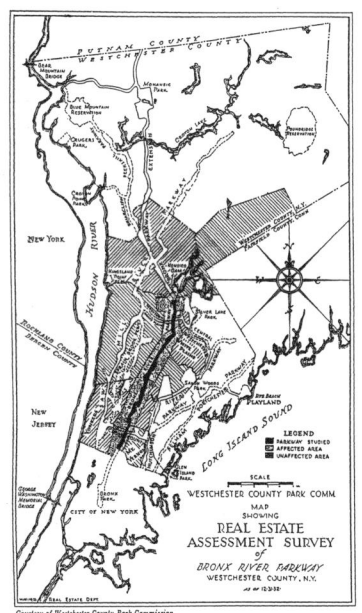

図4-3　ウエストチェスターパークウェイシステム(1930年)

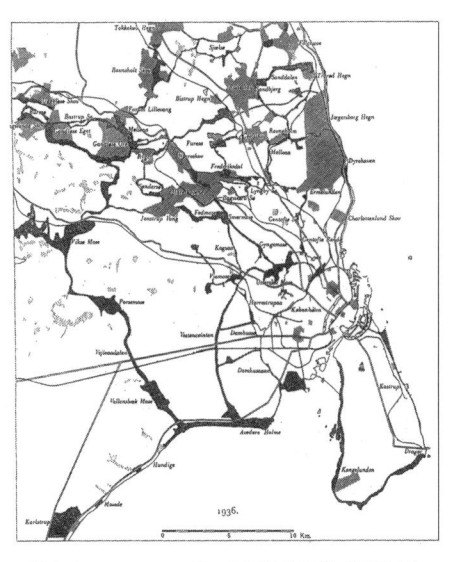

図4-4　コペンハーゲン公園緑地系統（1936年）

B5　ニュータウン

―― New Town

　ニュータウンは，大都市から人口・産業を分散させる政策の一環として計画される場合が多く，したがってこれを母都市と空間的に分離するためにグリーンベルトなど何らかの都市拡大抑制施策が必要とされた．

　エベネザー・ハワード（Ebenezer Howard）が『明日―真の改革への平和的道―』を著した1898年前後から，国際会議等において，過密都市問題を解消するための大都市圏計画の必要性が唱えられるようになった．1924年に開催されたアムステルダムにおける国際都市計画会議では，その成果が7カ条にまとめられたが，その中で大都市の膨張を抑止するグリーンベルトの導入と人口の分散化を図るためのニュータウン建設の必要性が謳われた．

　このような世界的な動きを背景に，英国においては，レイモンド・アンウィン（Raymond Unwin）により大都市ロンドンをめぐる緑の環状帯（green girdle 1927）が提案され，グリーンベルト法（Green Belt Act 1938）が成立し，さらに人口分散と工業再配置に関するバーロウ委員会（1940年），田園地域の土地利用に関するスコット委員会（1942年）の報告等が相次いで出され，これらを背景に，パトリック・アバークロンビー（Patrick Abercrombie）は大ロンドン計画（Greater London Plan 1944）（図5-1）を取りまとめた．この計画は，大都市圏を4つの環状帯（市街地環状帯，郊外環状帯，緑地環状帯，外側田園環状帯）に区分した．巾約8kmの緑地環状帯でロンドンの膨張を抑え，外側環状田園帯にロンドンからの人口・産業移転の受け皿として8つの3～6万人都市を指定し約40万人を収容しようとする計画であった．そして，この開発公社が設立されニュータウン法（New Towns Act 1946）による国家事業として推進されたニュータウン計画も，1960年代に入り，「ロンドンに関する白書」「東南部イングランド調査報告」等により見直され，人口・産業をロンドン圏からより強力に吸収し得る地方都市圏形成の必要性が打ち出され，ミルトン・キーンズ（Milton Keynes, 1967年）等10万人規模のニューシティとも呼ぶべきものが出現するに至った．

　米国においては，1922年に「ニューヨーク地域計画の策定調査」が開始され，その過程でクラレンス・アーサー・ペリー（Clarence Arther Perry）により近隣住区理論が提案された．それはサニーサイド・ガーデンズ（Sunnyside Gardens, 1926年），ラドバーン（Radburn, 1928年）等に適用され，その後，これらをモデルに郊外住宅地開発が各地で盛んに行われた．英国と異なって米国における計画の特徴は，それが民間主導で行われたために中産階級の需要に応じた郊外田園住宅開発に特化する傾向にあったこと，また，こうして進行する都市郊外のスプロールとそれによってもたらされる農地・自然資源の破壊，基盤整備のための自治体の財政負担の増大等から，これを規制するための施策が多くの地方自治体において独自に開発され試みられているのも米国都市計画にみられる特徴である．

　一方，日本においても，第二次世界大戦以前から首都東京の地域計画が，東京緑地計画（1939年）（図5-2），防空空地帯，緑地地域（1947年）等として実現され，さらに首都圏整備計画（1956年）（図5-3）においてはグリーンベルトとして近郊地帯が構想された．しかし，未曾有の高度経済成長を迎えて第二次首都圏整備計画（1968

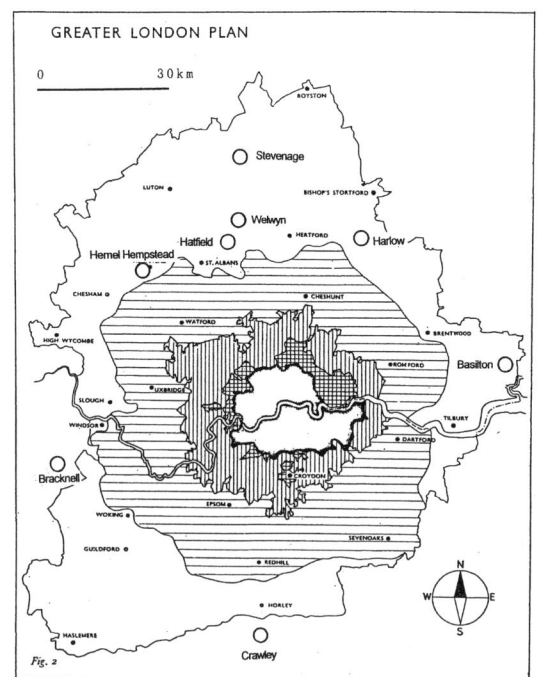

図 5-1 グレーター・ロンドン・プラン (1944年) の4リングとニュータウンの位置 (Abercrombie, 1945年に8つのニュータウンの位置を加筆)

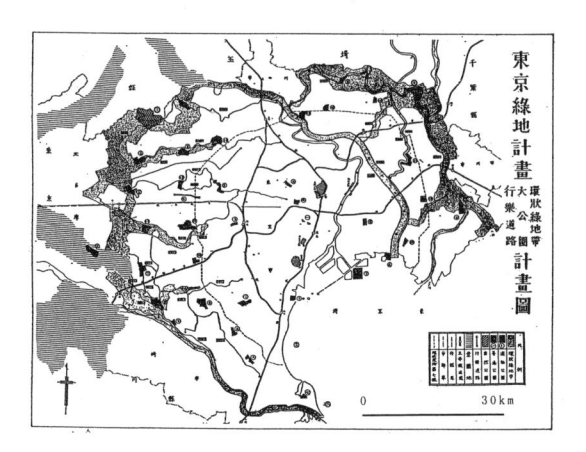

図 5-2 東京緑地計画における環状緑地帯[2]
(東京緑地計画協議会, 1939)

年) においては，この近郊地帯は廃止され近郊整備地帯となり，その外側に高速道路・鉄道と併行して建設される都市開発区域が設定され，ここに東京に集中する人口を吸収すべくニュータウン建設が計画された． (宮本克己)

文 献

1) Abercrombie, P.：Greater London Plan 1944, 221 pp., HMSO, 1945
2) 東京緑地計画協議会, 1939
3) 宮本克己：ランドスケープ研究, 58(5), 229-232, 1995

C 都市計画・マスタープラン

C1　環境都市とマスタープラン・土地利用
—— Environment City and Master Plan/Land Use

　環境都市の構築のためには，長期的な視点から環境都市の将来像や環境都市計画の目標，実現に向けた基本的な方針を明確に定めた総合的なマスタープラン（master plan）の策定が要求される．その枠組みは図1-1のように考えられる．すなわち，総合的なマスタープランは，国土や広域圏における上位計画を受けて各都市において策定される．その内容は，環境都市の理念や目標，全体構想，地域別構想から構成される．全体構想には，土地利用，ランドスケープ・公園緑地，市街地整備，住宅，都市交通，都市景観，水・河川環境，都市防災・防犯，コミュニティ・市民参画等の多岐にわたる部門での基本的な方針等が含まれる．このような総合的なマスタープランは，住民，企業，行政を含む多様な主体の合意と参画を前提に策定され，環境都市計画の総合性や一体性を確保するとともに，おのおのの具体的な取り組みの根拠となりうる．わが国では「都市計画区域マスタープラン」や「市町村マスタープラン」が，総合的なマスタープランとして重要な役割を果たすと考えられる．

　一方，総合的なマスタープランの全体構想における基本方針は，より詳細な部門別のマスタープランへと展開される．これらは，総合的なマスタープランとの整合性・相互関連性の確保を前提にしており，個別の計画の策定や計画の実現性の向上の面で大きな役割を果たす．わが国では，「都市計画区域マスタープラン」等との相互連携・調整のもとで，「緑の基本計画」「都市景観基本計画」「河川整備計画」等が策定されるが，これらが部門別のマスタープランに相当する．なお，地区スケールでは，マスタープランを受けた具体的な行動計画の策定が望まれる．

　以上のようなマスタープランに基づいて，具体的な環境都市計画が進められるが，その際には，土地利用（land use）のコントロールが最も重要な課題の1つとなる．これは，土地利用が，環境都市の基本的な構成要素である大気，気候，水，土や生物相等にかかわる自然環境の態様を決定づける要因になるからである．たとえば，業務・商業系の土地利用が優占する中心市街地では，人工物中心の土地被覆が進むとともに，交通の集中や多大なエネルギー消費に伴って人工排熱が増大し，ヒートアイランド現象が顕在化する．このような土地利用と都市の自然的環境の関係は，様々な場面でみられる．

　従来，わが国の土地利用計画（land use plan）では，交通立地的・経済立地的な視点が重視されてきた．しかし，今後は，土地の有する自然的な潜在能力の適切な評価に基づく自然立地的土地利用（ecological land use planning）を優先する必要がある．また，土地や自然を基盤とする生態学的な性状や秩序を含むランドスケープの持続的な保全・整備・利用を目的としたランドスケープ計画（landscape planning）との連携も重要な課題となる．さらに，表1-1に示すように，具体の土地利用計画や都市施設計画の場面でも，大気の保全，都市気候の改善，水循環の確保，土壌汚染の防止，土地被覆の改善，省資源・省エネルギー，リサイクルの推進，環境学習への対応等に配慮する必要がある．　　（柳井重人）

文献
1) 日本都市計画学会編：実務者のための新都市計画マニュアルⅠ（総合編）都市計画の意義と役割・マスタープラン，pp.130-253，丸善，2002

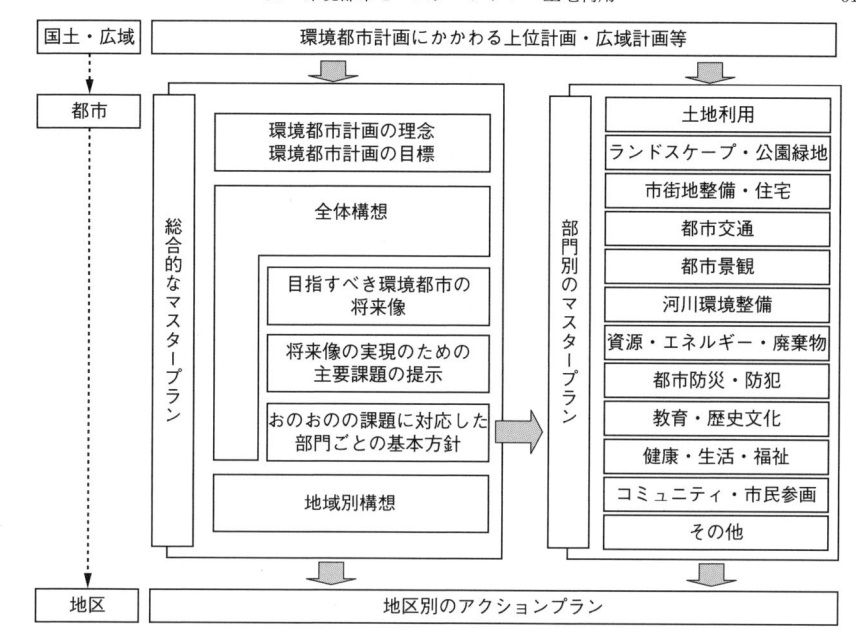

C1 環境都市とマスタープラン・土地利用

図 1-1 環境都市計画にかかわるマスタープラン等の枠組み

表 1-1 主な土地利用・都市施設と環境都市計画において配慮すべき事項

主な土地利用と施設 \ 環境都市計画上配慮すべき事項	大気の保全	都市気候の改善	水循環の確保	土壌汚染の防止	土地被覆の改善	生物多様性の確保	省資源・省エネ	リサイクルの推進	環境学習への対応
住居系市街地	○	◎	○		◎	○	◎	◎	○
業務・商業系市街地	◎	◎	○		○		◎	◎	○
工業系市街地	◎	◎	○	◎	○		◎	◎	○
道路・駐車場等の交通施設	◎	◎	○		○		◎	○	
公園緑地等の公共空地	○	◎	○		◎	◎			◎
水道・電気等の供給施設	◎		◎				◎	○	
下水道・ゴミ焼却場等の処理施設	◎		◎	◎			○	◎	
学校等の教育・文化施設		○			○		○	○	◎
医療・社会福祉施設			○			○	○		○
農地および森林	○	◎	◎	○	◎	◎			◎
水面・河川・水辺地	○	◎	◎		○	◎			◎

注：◎特に配慮すべき事項，○配慮すべき事項．

C2　国土計画

—— National Land Planning

　国土計画は，国土の全域を対象として，国土の利用，開発，保全等に関して策定する総合的な基本計画であり，国土の自然資源の利用，保全，防災性の向上，産業立地の適正化，居住地の規模・位置の調整および重要な公共施設の規模・配置等の基本的方向が示されるものである．国土計画にかかわる計画体系は，国土計画—地域計画—都市計画・農村計画—地区計画へとつながり，国土計画はこれらの各計画の上位計画となるものである．国土計画や地域計画に示される国土や地域の利用，開発，保全の方向を受けて，具体的な都市計画や施設整備計画等が定められることとなる．

　国土計画という計画概念は，大都市問題にその端を発し生じたものである．1924年オランダのアムステルダムにおける国際都市計画会議の決議では，都市計画から一歩進んだ地方計画の必要性が叫ばれた．その後ドイツではその考え方をさらに進めたラウムオルドヌング（Raumordnung）という計画思想へとつながった．わが国では，戦前の1940（昭和15）年に国防を第一の目的におく国土計画設定要綱が制定された．戦後に入り，1946（昭和21）年には復興国土計画要綱が作成されたが，これは戦災による都市復興と資源開発の国土計画の性格をもったものであった．

　その後，1950（昭和25）年に国土総合開発法が制定され，①全国総合開発計画，②地方総合開発計画，③都道府県総合開発計画，④特定地域総合開発計画の4つの計画を策定し，これにより国土の総合的な開発を図ることとなった．これにより国土計画という用語は，国土総合開発計画または全国総合開発計画と呼ばれるようになってきた．本法に基づき1962（昭和37）年に全国総合開発計画（全総），1969（昭和44）年に新全国総合開発計画（新全総），1977（昭和52）年に第三次全国総合開発計画（三全総），1987（昭和62）年に第四次全国総合開発計画（四全総）が策定された．

　1998（平成10）年には第五次全国総合開発計画が策定された．この計画は，地球時代，人口減少・高齢化時代，高度情報化時代の到来等，大きな時代の転換期を迎える中で，現在の一極一軸型の国土構造から多軸型の国土構造への転換を長期構想とする「21世紀の国土のグランドデザイン」を提示したものであり，計画期間（2010～15年）中に「自立の促進と誇りの持てる地域の創造」等の5つの基本的課題を設定し，これらの達成に向けて①多自然居住地域の創造，②大都市のリノベーション，③地域連携軸の展開，④広域国際交流圏の形成の4戦略を推進することを掲げ，今日の国土づくりの指針となっている．なお，この計画には国土計画の理念の明確化，地方分権等諸改革への対応，指針性の充実等の要請に応えうる新たな国土計画体系の確立を目指すことが必要と明記された．これを受けて，現在，国土計画制度の改革等に関して議論が行われているところであり，わが国の国土計画体系は大きな変革期を迎えているのである．　（髙梨雅明）

文　献

1) 国土審議会基本政策部会報告「国土の将来展望と新しい国土計画制度のあり方」，2002

5つの基本的課題

○自立の促進と誇りの持てる地域の創造
- 各地域の主体的取組の推進
- 生活基盤や国土基盤を一定の条件内で整備するなど機会の均等化

○国土の安全と暮らしの安心の確保
- 防災性の向上
- 少子化,高齢化時代の暮らしの安心の確保
- 水,食料,エネルギー等の安定的確保

○恵み豊かな自然の享受と継承
- 自然環境の保全と回復
- 人の活動と自然のかかわりの再編成
- 循環型国土の形成

○活力ある経済社会の構築
- 経済構造改革の推進
- 国際的に魅力ある立地環境の整備
- 新規産業の創出
- 既存産業の高度化

○世界に開かれた国土の形成
- 国際交流を促す制度的取組,国土基盤の整備
- 国際的活動への参画・協力

4つの戦略

○多自然居住地域の創造
　豊かな自然に恵まれた地域を21世紀の国土のフロンティアとして位置づけ,都市的サービスとゆとりある居住環境を併せて享受できる自立的圏域を創造します。

○大都市のリノベーション
　過密に伴う諸問題を抱える大都市において,豊かな生活空間の再生や経済活力の維持を図るため,大都市空間を修復,更新し,有効に活用します。

○地域連携軸の展開
　全国各地域の市町村などが,都道府県境を越えるなど広域にわたり連携することにより,軸状の連なりからなる地域連携のまとまりを形成し,全国土に展開します。

○広域国際交流圏の形成
　全国各地域が世界に広く開かれ,独自性のある国際的役割を担い,自立的な国際交流活動を可能とする地域的まとまりを国土に複数形成します。

図 2-1 「21世紀の国土のグランドデザイン」5つの基本的課題と4つの戦略
(「21世紀の国土のグランドデザイン」戦略指針推進指針(国土庁パンフレット)より)

表 2-1 全国総合開発計画の策定状況(「21世紀の国土のグランドデザイン」戦略指針推進指針(国土庁パンフレット)をもとに作成)

	全国総合開発計画	新全国総合開発計画	第三次全国総合開発計画	第四次全国総合開発計画	21世紀の国土のグランドデザイン
策定時期(閣議決定)	1962年10月5日(昭和37年)	1969年5月30日(昭和44年)	1977年11月4日(昭和52年)	1987年6月30日(昭和62年)	1998年3月31日(平成10年)
目標年次	1968(昭和45)年	1985(昭和60)年	1977(昭和52)年からおおむね10年間	おおむね2000年	2010年から2015年
背景	1.高度経済成長への移行 2.課題都市問題,所得格差の拡大 3.所得倍増計画(太平洋ベルト地帯構想)	1.高度経済成長 2.人口,産業の大都市集中 3.情報化,国際化,技術革新の進展	1.安定成長経済 2.人口,産業の地方分散の兆し 3.国土資源,エネルギー等の有限性の顕在化	1.人口,諸機能の東京一極集中 2.産業構造の急速な変化等により,地方圏での雇用問題の深刻化 3.本格的国際化の進展	1.地球時代(地球環境問題,大競争,アジア諸国との交流) 2.人口減少,高齢化時代 3.高度情報化時代
基本目標	地域間の均衡ある発展	豊かな環境の創造	人間居住の総合的環境の整備	多極分散型国土の構築	多軸型国土構造を目指す長期構想(50年程度先)現実の基礎づくり
開発方式等	拠点開発構想	大規模プロジェクト構想	安住構想	交流ネットワーク構想	参加と連携

C3　地域計画

—— Regional Planning

　地域計画とは，時代時代に発生する諸課題について，一都市の枠を越え，圏域を定め，より効果的，効率的な対応策を求めて，策定する計画といえよう．

　国土をどうするか．国土レベルの計画は，国土総合開発法に基づく，国土総合開発計画がある．地域計画は，これと連動したものも多く，その策定課題も多様である．

1. 計画的な圏域整備を目指して

　1950（昭和25）年に政治，経済，文化等についての機能を，十分発揮しうる首都づくりを目的に「首都建設法」が制定され，「首都建設計画」が策定されたが，対象地は，東京都であった．

　高度経済成長が始まり，首都への過度な産業および人口の集中と，これに伴う環境の悪化に対処するには，東京都とこれと社会的，経済的に密接な関係を有する地域とを一体とした計画を策定し，実施する必要があるとして1956（昭和31）年「首都圏整備法」が制定され，「首都圏整備計画」が策定された[*1]．東京都を中心に，埼玉県，千葉県，神奈川県，茨城県，栃木県，群馬県，山梨県にまたがる区域を首都圏とした．この考えは，首都圏と並ぶ大都市圏である近畿圏，中部圏へ展開した．

2. 地域開発を目指して

　昭和30年代から始まった高度経済成長の時代には，重厚長大産業など工業開発を配置することによって，地域格差の是正を図ろうとの地域計画が展開された．大都市への人口および産業の過度の集中を防止し，地域格差の是正を図るため，地域開発の核となる工業開発拠点を建設しようとした1926（昭和37）年の「新産業都市建設促進法」に基づく，「新産業都市建設基本計画」である．

3. 圏域の設定

　1969（昭和44）年建設省（当時）は，モータリゼーションの進展，住民生活の広域化に対処して，都市，農山村を一体的な生活の場として捉えた地域整備を狙いとして，「地方生活圏」構想を打ち出した．これには，道路，下水道，都市公園等所管公共事業の効果的整備を行おうとの側面もあった[*2]．この構想は，地域計画を発想する際の単位づくりとなったといってもよい．

4. その他

　昭和50年代に入り，わが国も安定期からバブル成長期を迎え，国民総中流意識の時代となると，経済的にも，時間的にもゆとりが生じた国民生活を背景としたレクリエーション需要に応えるための地域計画が発想された．1987（昭和62）年に制定された「総合保養地域整備法」（リゾート法）である[*3]．

　一方，環境の世紀といわれる21世紀の到来は，今後，環境創造に力点を置く地域計画づくりを進めると思うが，国土交通省は，2002（平成14）年都市再生プロジェクトの一環を成す「都市環境インフラ」の再生のため，都市圏において，水と緑のネットワークを構築し，生態系の回復，ヒートアイランド現象の緩和等を目指した「緑の回廊構想」を打ち出した．また，生物多様性の視点からは，生物種の絶滅が，生息地の分断によって加速されるため，その生息地をネットワーク化する国土生態系ネットワークの構築も考えている．

　防災面では，関東大地震，東海沖地震が危険期に入っていることもあり，1978（昭和53）年大規模地震対策特別措置法が制定され，地震防災対策強化地域の指定，地

C3 地域計画

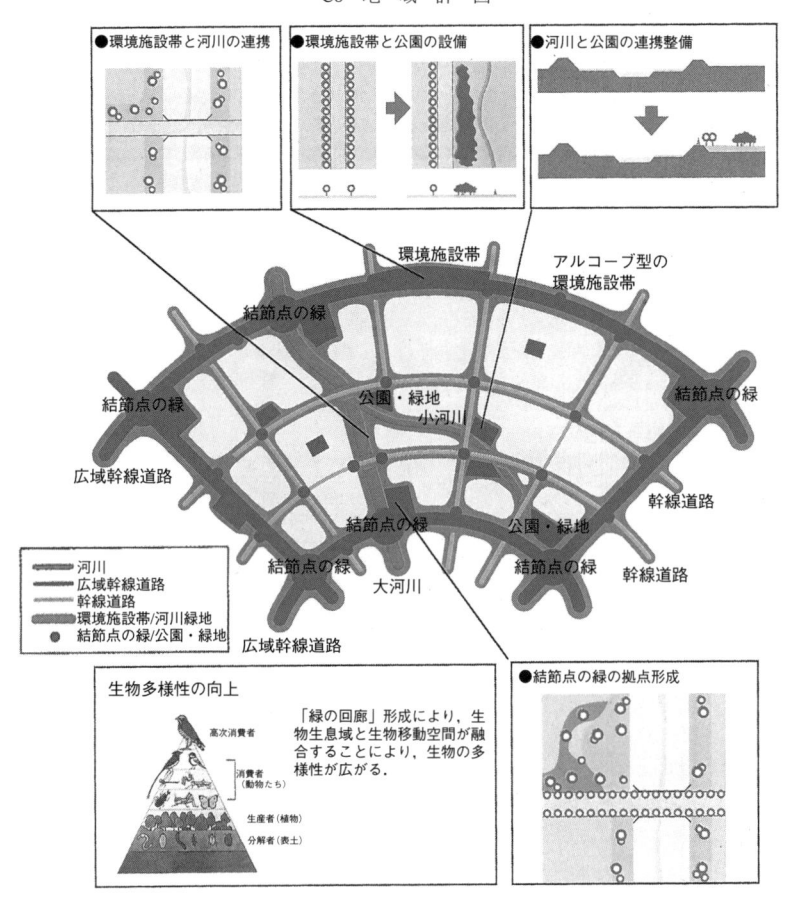

図3-1 緑の回廊のイメージ[1]

震防災基本計画の作成が実施されている．

(五十嵐　誠)

*1：　グレーターロンドン計画（1944年）
　ロンドンを中心とした約50 km圏を，インナーアーバンリング，サバーバンリング，グリーンベルトリング，アウターカントリーリングの4つのリング状の土地利用で構成し，無秩序な都市の拡大を防いだパトリック・アバークロンビー（Patrick Abercrombie）による計画．

*2：　「広域市町村圏」構想（1969年）
　自治省（当時）が，住民サービスの向上や行政の効率化を図ろうと，複数の市町村から成る事務組合，協議会を設置し，消防，ごみ処理，病院等の共同整備，運営管理等行政事務の広域化，総合化を図った．

*3：　「レクリエーション都市」構想
　新全国総合開発計画（1969年）で打ち出された大規模開発プロジェクト構想で，工業や農業等の産業開発が困難で，自然が残された地域の有効な開発方式として，滞在型のレクリエーション開発があげられ，建設省（当時）が取り組んだ．

文　献

1) 鈴木修二：都市再生―緑の回廊計画の推進―，Landscape & Greenery 2003, p.43, インタラクション・環境緑化新聞，2002

C4　都市計画の体系

—— System of City Planning

　わが国最初の都市計画法は，1919（大正8）年に制定（旧法）されているが，1968（昭和43）年に全面的な改正（新法）が行われた．新法の発足当初の都市計画の体系は，都市計画区域の指定，市街化区域と市街化調整区域の区域区分（線引き），開発許可，地域地区，都市施設，市街地開発事業により構成されており，これらは現在も都市計画の体系の根幹をなす制度となっている．その後，予定区域制度，促進区域制度等が順次創設されている．また，1980（昭和55）年には，地区計画制度が導入され，地区レベルのきめ細かな都市計画が進められるようになった．

　1999（平成11）年には，地方分権の流れを踏まえた都市計画制度の改正が行われ，都市計画は自治事務となるとともに，都市計画の決定手続き，都市計画決定権者等の改正が行われた．さらに，2000（平成12）年には，現在は新市街地の形成を中心とする都市づくりを目標としてきたこれまでの「都市化社会」のまちづくりから，既成市街地の整備を中心に都市のあり方を変えていこうとする「都市型社会」のまちづくりへと転換する時期にあるとの認識のもと，こうした経済社会の変化を踏まえた都市計画法の大改正が行われ，都市計画区域マスタープラン制度の創設，三大都市圏・政令指定都市以外での線引きの選択制，特定用途制限地域制度，準都市計画区域制度，特例容積率適用区域制度，立体都市施設制度等が創設されている．その後さらに，都市再生にかかわる制度拡充，都市計画の提案制度にかかわる制度拡充，密集市街地整備にかかわる制度拡充，景観緑三法に関連する制度拡充等が行われ現在に至っている．

　また，この大改正にあわせ，2001（平成13）年には，英国のPPG（planning policy guidance）制度の例にならい，国として，今後，都市政策を進めていく上で都市計画制度をどのように運用していくことが望ましいと考えているか，また，その具体の運用が，各制度の趣旨からして，どのような考え方の下でなされることを想定しているか等についての原則的な考え方を示した「都市計画運用指針」が策定されている．この都市計画運用指針では，その基本的考え方において，「自然的環境の整備又は保全」の項を設け，都市における自然的環境の整備または保全の意義，都市計画を定めるにあたっての基本的考え方，区域区分と自然的環境に関する都市計画との関係などが示されている．このような都市計画における自然的環境の整備・保全を重視する姿勢は，都市計画法における都市計画基準においても明確化されており，同法においては，すべての都市計画は当該都市における自然的環境の整備または保全に配慮しなければならないことが明示されている．

　「自然的環境の整備又は保全」に関連する都市計画は，都市施設としては，公園，緑地，広場，墓園その他の公共空地があり，地域地区としては，風致地区，特別緑地保全地区，歴史的風土特別保存地区，生産緑地地区，緑地保全地域，緑化地域などがある．しかし，「自然的環境の整備又は保全」に関連する都市計画とは，これら単発的なツールの活用にとどまるものではない．環境都市を実現する上では，線引き制度の適用による自然的環境の保全や開発許可制度の適切な運用などのマクロの土地利用コントロールによる良好な都市環境の形成，市街地開発事業や特定街区制度の活用

C4 都市計画の体系

表 4-1 法定都市計画の体系

事項	項目	都市計画の内容
基本計画・区域区分・方針等	基本計画	都市計画区域の整備，開発および保全の方針
	区域区分	市街化区域と市街化調整区域との区分
	都市再開発方針等	都市再開発の方針，住宅市街地の開発整備の方針，拠点業務市街地の開発整備の方針，防災街区整備方針
土地利用	地域地区	用途地域*，特別用途地区*，特定用途制限地域*，高層住居誘導地区*，高度地区*・高度利用地区，特定防災街区整備地区，都市再生特別地区，特定街区，防火地域・準防火地域，景観地区*，風致地区*，駐車場整備地区，臨港地区，特別緑地保全地区，生産緑地地区，歴史的風土特別保存地区，第一種歴史的風土保存地区・第二種歴史的風土保存地区，伝統的建造物群保存地区*，流通業務地区，航空機騒音障害防止地区・航空機騒音障害防止特別地区，緑地保全地域，緑化地域
	促進区域	市街地再開発促進区域，土地区画整理促進区域，住宅街区整備事業促進区域，拠点業務市街地整備土地区画整理促進区域
	遊休土地転換利用促進地区	
	被災市街地復興推進地域	
都市施設	交通施設	道路，都市高速鉄道，駐車場，自動車ターミナルなど
	公共空地	公園，緑地，広場，墓園など
	供給・処理施設	水道，電気供給施設，ガス供給施設，下水道，汚物処理場，ごみ焼却場など
	水路	河川，運河など
	教育文化施設	学校，図書館，研究施設など
	医療・社会福祉施設	病院，保育所など
	市場等	市場，と畜場，火葬場
	一団地施設等	一団地の住宅施設，一団地の官公庁施設，流通業務団地
	その他	電気通信事業施設，防災関連施設など
市街地開発事業		土地区画整理事業，新住宅市街地開発事業，工業団地造成事業，市街地再開発事業，新都市基盤整備事業，住宅街区整備事業，防災街区整備事業
予定区域	都市施設	一団地の住宅施設の予定区域（20 ha 以上），一団地の官公庁施設の予定区域，流通業務団地の予定区域
	市街地開発事業	新住宅市街地開発事業の予定区域，工業団地造成事業の予定区域，新都市基盤整備事業の予定区域
地区計画等		地区計画，住宅地高度利用地区計画，沿道地区計画，集落地区計画，防災街区整備地区計画

＊：準都市計画区域においても適用可能な都市計画．

による市街地環境の形成，地区計画制度の活用によるきめ細かな地区レベルの環境保全など様々な都市計画制度の一体的かつ総合的な運用が求められる．

(浦田啓充)

C5　都市のマスタープラン

—— City Master Plan

　都市計画法に基づき，都市の将来像を方向づけるマスタープランには，都道府県が，都市計画区域ごとに広域的な観点から都市整備等の基本的な方向性を示す「都市計画区域の整備，開発及び保全の方針」（都市計画区域マスタープラン）と，市町村が，住民の意見を反映させながら当該市町村の都市整備等の将来像を示す「市町村の都市計画に関する基本的な方針」（市町村マスタープラン）がある．また，都市の緑とオープンスペースに関する総合的な整備保全に関する計画として，都市緑地保全法に基づく「緑地の保全及び緑化の推進に関する基本計画」（緑の基本計画）がある．

1. 都市計画区域マスタープラン

　都市計画区域マスタープランは，当該都市の発展の動向，当該都市計画区域における人口，産業の現状および将来の見通し等を勘案して，長期的視点に立った都市の将来像を明確にするとともにその実現に向けての基本的な方向を明らかにするものである．その内容は，

①都市計画の目標
②区域区分の決定の有無および区域区分を定める際の方針
③主要な都市計画の決定の方針
　・土地利用に関する主要な都市計画の決定の方針
　・都市施設の整備に関する主要な都市計画の決定の方針
　・市街地開発事業に関する主要な都市計画の決定の方針
　・自然的環境の整備または保全に関する都市計画の決定の方針

となっている．

2. 市町村マスタープラン

　市町村マスタープランは，住民に最も近い立場にある市町村が，その創意工夫の下に住民の意見を反映し，まちづくりの具体性ある将来ビジョンを確立し，地区別のあるべき市街地像を示すとともに，地域別の整備課題に応じた整備方針，地域の都市生活，経済活動等を支える諸施設の計画等をきめ細かくかつ総合的に定め，市町村自らが定める都市計画の方針として定められるものである．策定にあたっては，公聴会の開催など住民の意見を反映させるために必要な措置を講ずることとされている．

3. 緑の基本計画

　緑の基本計画は，市町村が策定する都市の緑とオープンスペースの整備，保全の総合的な計画である．一定の目標のもと，都市公園の整備，緑地保全地区の決定など都市計画制度に基づく施策と，民間建築物や公共施設の緑化，緑地協定，ボランティア活動，各種イベント等の施策を体系的に位置づけ，計画的かつ系統的に緑地の保全・創出を図ることを目指すものである．その内容は，以下の通りである．

①緑地の保全および緑化の目標
②緑地の保全および緑化の推進のための施策に関する事項
③都市公園の整備・保全緑地の確保・緑化の推進の方針に関する事項
④特別緑地保全地区内の緑地の保全に関する事項
⑤緑地保全配慮地区および当該地区における緑地の保全に関する事項
⑥緑化地域における緑化の推進に関する事項
⑦緑化重点地区および当該地区における緑化の推進に関する事項

（浦田啓充）

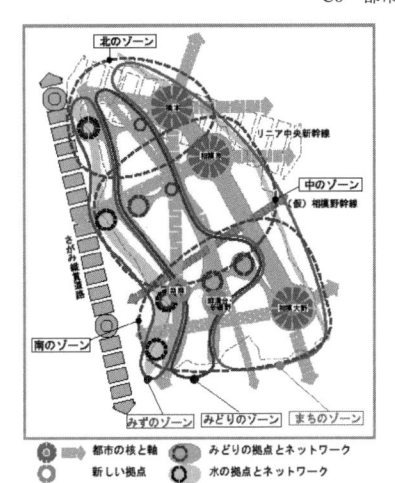

図5-1 相模原市都市計画マスタープランにおける将来都市構造図（相模原市都市計画マスタープラン（1999（平成11）年3月）より）

図5-2 相模原市都市計画マスタープランにおける自然環境形成の基本方針図（相模原市都市計画マスタープラン（1999（平成11）年3月）より）

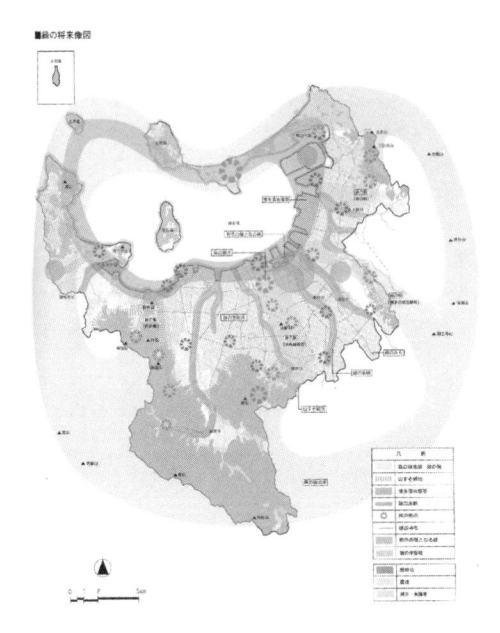

図5-3 福岡市緑の基本計画における緑の将来像図（福岡市緑の基本計画（1999（平成11）年2月）より）

C6　自然立地的土地利用計画
—— Ecological Land Use Planning

　自然立地的土地利用計画は，土地自然のもつ潜在力を有効に生かしながら土地利用を進めていくための計画体系である[1]．これは，土地のもつ生産力を減退させることなく，持続させながら，土地利用を行っていこうとするものであり，地域の風土に応じて，様々な計画手法が培われてきた．

　自然立地的土地利用計画においては，ドイツのランドスケープ（景域）計画がよく知られており，わが国において展開された計画思考にも影響を与えているので，ドイツにおける自然立地的な土地利用の歴史を概観する．

　Landschaftsplanung は景域計画ないしは景観計画と訳されているが，人間の生活・生産活動が行われている動的な地域を保全・開発するための計画論であり，その目的は永続性のある，美しい，健全な地域の建設を目指した，地域の秩序の維持[1]と保全である．この計画は，1960年代に入ってから，景域分析・診断・計画策定という計画プロセスが確立され，さらに，1976年に自然保護および景域保全法の成立により，制度的にも法的な裏づけを得，計画レベル（連邦・州，広域，市町村，地区）に応じた計画体系（表6-1参照）をもつことになった．

　わが国においては，1964年に農林水産技術会議[2]が，農業地域の土地利用に対して，自然立地的土地分類，土地分級，土地利用区分の手法を体系化した．この流れは，手法的には生態学的な手法を濃くしながら，さらには主題を環境にシフトしながら，農村から都市へと展開された．1985年に環境の視点からの計画論として，自然立地的土地利用計画[1]が上梓された．

　自然立地的土地利用の目的は，土地自然を土地利用のための条件と考えるのではなく，土地自然を保全し地域を保全するためにどのような土地利用が望ましいかを考えること，すなわち，地域の健全な環境を持続的に保全することを目的としている．

　この計画体系は，分類，分級，評価のプロセス[3]に次のような特色をもっている．

　分類のプロセスでは，土地自然の単位をどのように捉えるかが重視され，自然立地単位として議論されている．

　土地評価のプロセスでは分級を含むことが多く，たとえば，土地評価のうち，特定の土地利用に対する土地の優劣をいくつかの等級に序列化する方法や，評点で序列化する方法等が検討されている．

　土地評価の結果は，土地利用区分に反映されるが，保全性の高いアイテムから，プライオリティを高めていくのが重要であると考えられている．
　　　　　　　　　　　　　　　（井上康平）

文　献
1) 井手久登・武内和彦：自然立地的土地利用計画，東大出版会，pp.227，1985
2) 農林水産技術会議事務局編：土地利用区分の手順と方法，農林統計協会，pp.239，1964
3) 武内和彦：景域生態学的土地評価の方法，応用植物社会学研究，5，1-60，1976

C6 自然立地的土地利用計画

表6-1 ドイツにおける計画レベルと景域計画との関係

計画レベル	全体計画	景域計画の関与
州(連邦) Land(Bund)	州開発構想(計画) Landesentwicklungsprogramm (-plan) 空間整備構想 Raumordnungsprogramm	景域構想 Landshaftsprogramm
広域 Region	地域計画 Regionalplan	景域基本計画 Landshaftsrahmenplan
市町村 Gemeinde	土地利用計画 Flächennutzungsplan	景域計画(緑地整備計画, オープンスペース計画) Landshaftsplan(Grünordnungsplan, Freiraumplan)
市町村の一部 Teil des Gemeindegebietes	建設詳細計画 Bebauungsplan	緑地整備計画 Grünordnungsplan

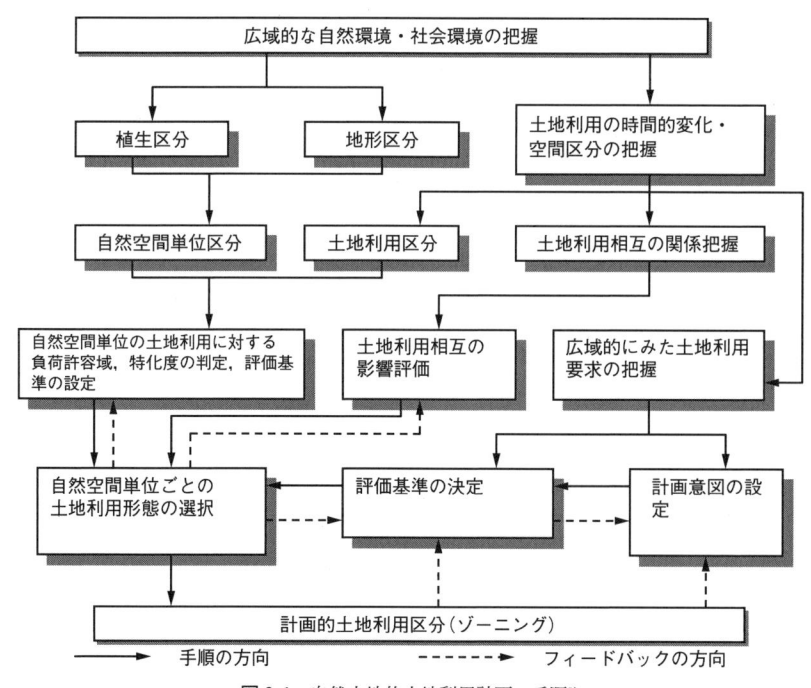

図6-1 自然立地的土地利用計画の手順[3]

C7　線引きと開発許可制度
── Division into Urbanization Promotion Areas and Urbanization Control Areas/Development Permission

1. 線引き制度（区域区分）

都市計画法第7条において，無秩序な市街化を防止し，計画的な市街化を図るため必要があるときは，都市計画区域を市街化区域と市街化調整区域に区分することができることとされている．

市街化区域は，①すでに市街地を形成している区域（既成市街地およびこれに接続して現に市街化しつつある区域），②おおむね10年以内に優先的かつ計画的に市街化を図るべき区域であり，市街化調整区域は市街化を抑制すべき区域である．

都市計画法第13条（都市計画基準）において，区域区分にあたっては，当該都市の発展の動向，当該都市計画区域における人口および産業の将来の見通し等を勘案して，産業活動の利便と居住環境の保全との調和を図りつつ，国土の合理的利用を確保し，効率的な公共投資を行うことができるように定めることとされている．

2000（平成12）年都市計画法改正以前は，区域区分を行うことが前提とされ，都市計画法附則により，当分の間，大都市およびその周辺の都市にかかわる都市計画区域で区域区分を行い，それ以外の都市計画区域については区域区分を行わないこととされていたが，法改正により，区域区分が義務づけられる都市計画区域は限定され，それ以外は選択制となった．

区域区分が義務づけられている都市計画区域は，①首都圏整備法に規定する既成市街地または近郊整備地帯，②近畿圏整備法に規定する既成都市区域または近郊整備区域，③中部圏開発整備法に規定する都市整備区域，④大都市に係る都市計画区域として政令で定めるもの（政令指定都市）となっている．

区域区分の特徴は，①都市的な公共投資・開発行為規制，農地転用規制，土地税制等各種の施策を総合的にバランスさせる上で根幹的なゾーニングであること，②線引きの見直しを通じ，動体的観点から開発需要・市街化に対応するものであること，したがって，市街化調整区域の性格は開発禁止区域ではなく，必要な施設を自ら整備しつつ行う大規模な計画開発を許容していること，③開発許可制度により計画コントロールを行うものであること，等があげられる．

2. 開発許可制度

都市計画区域の土地利用コントロールを担保する手法として開発許可制度がある．開発行為を行おうとする者は，あらかじめ，都道府県知事（政令指定都市等にあっては当該政令指定都市等の市長）の許可を受けなければならない．

開発行為とは，主として建築物の建築または特定工作物の建設を目的として行う土地の区画形質の変更をいい，何らかの物理的行為を伴わない土地の分筆などは含まない．

特定工作物とは，①コンクリートプラントその他の周辺の地域の環境の悪化をもたらす恐れがある工作物（第1種特定工作物），②ゴルフコースその他大規模な工作物（第2種特定工作物）をいう．

開発許可の基準等は市街化区域，市街化調整区域，都市計画区域外で異なり，都市計画事業のように開発許可を不要とするものもある．詳細については表7-1，7-2のとおりである．

（梛野良明）

表7-1 市街化区域および市街化調整区域の決定状況（2003（平成15）年3月31日現在）

線引き都市計画区域数	区域内都市数	線引き都市計画区域面積(a)	市街化区域(b)	市街化調整区域	b/a(%)
337	836	521.9万 ha	144.5万 ha	377.4万 ha	27.6

表7-2 開発許可の基準等

区分	都市計画区域			都市計画区域外	
	市街化区域	市街化調整区域	非線引き都市計画区域	準都市計画区域	都計区域および準都市計画区域外
開発許可が不要なもの	1. 小規模（1000 m²（三大都市圏既成市街地等では500 m²）未満 2. 公益上必要な建築物 3. 国，地方公共団体 4. 都市計画事業 5. 土地区画整理事業等 6. 公有水面埋立事業 7. 非常災害応急措置 8. 通常の管理行為等	1. 農林漁業建築物等 2. 市街化区域の2から8まで	1. 3000 m²未満 2. 市街化調整区域1, 2と同じ	非線引き都市計画区域と同じ	1. 1 ha 未満 2. 農林漁業建築物等 3. 市街化区域の2から4までおよび6から8まで
開発許可を必要とするもの	（技術上の許可基準） 1. 用途地域適合 2. 道路，公園等 3. 排水施設 4. 給水施設 5. 地区計画 6. 公益的施設 7. 防災施設 8. 環境保全 9. その他（地方公共団体条例による規制の不可）	（技術上の許可基準） 市街化区域と同じ （立地上の基準） 1. 日常生活に必要な店舗 2. 鉱物資源，観光資源利用 3. 農林水産物の貯蔵・加工用 4. 中小企業団地・既存工場の関連工場 5. 危険物の貯蔵処理用 6. 市街化区域で建築困難なもの 7. 条例で定める市街化区域に隣接する区域で行われるもの 8. 市街化のおそれのないもので条例で定めるもの 9. 既存権利の5年以内の行使 10. 開発審査会の同意（原則として20 ha以上，市街化のおそれのないもの等）	（技術上の許可基準） 市街化区域と同じ	（技術上の許可基準） 市街化区域と同じ	（技術上の許可基準） 市街化区域と同じ

C8　都市の土地利用

—— Land Use of Urban Areas

1．用途地域

　都市計画法第8条に定める地域地区の1つ．地域地区とは，都市において住宅地，工業地，商業地等の土地利用の全体像を示すものであり，市街化区域および市街化調整区域とともに，都市計画の基本となる土地利用計画を定めるものである．
　その中で，用途地域は，住居，商業，工業等の用途を適正に配分して都市機能を維持増進し，住居の環境を保護し，商業，工業等の利便を増進するものである．用途地域では建築物の用途に関する制限のほか，容積率，建ぺい率，高さ等を定める．用途制限，斜線制限等の内容については建築基準法で定められているが，容積率，建ぺい率等は都市計画で定める．建築物の用途と併せて建築される建築物のボリューム等も定められ，市街地の密度がコントロールされる．

2．用途地域の種類

　用途地域は，住居，商業，工業その他の用途に着目し，12種類の地域により市街地の大枠の土地利用を区分している（表8-1）．

3．容積率

　容積率制限は，建築物の密度を制限することにより，それぞれの地域で行われる各種の経済・社会活動の総量を誘導し，これによって，市街地の良好な環境の確保と建築と道路等の公共施設の整備とのバランスを図ろうとするものである．それぞれの地域の位置，土地利用の現状と将来像，基盤整備の状況等に応じて容積率を選択し，用途地域に関する都市計画で定める．

4．建ぺい率

　建ぺい率制限は，建築面積の敷地面積に対する割合を規制することにより，敷地内の採光，通風を確保するとともに，良好な市街地環境の確保を図ろうとするものであり，地域の実情に応じ建ぺい率を選択し，用途地域に関する都市計画で定める．

（棚野良明）

表 8-1

用途地域の種類	趣　旨
第1種低層住居専用地域	低層住宅の専用地域
第2種低層住居専用地域	小規模な店舗の立地を認める低層住宅の専用地域
第1種中高層住居専用地域	中高層住宅の専用地域
第2種中高層住居専用地域	必要な利便施設の立地を認める中高層住宅の専用地域
第1種住居地域	大規模な店舗，事務所の立地を制限する住宅地のための地域
第2種住居地域	住宅地のための地域
準住居地域	道路の沿道において自動車関連施設等と住宅が調和して立地する地域
近隣商業地域	近隣の住宅地の住民のための店舗，事務所等の利便の増進を図る地域
商業地域	店舗，事務所等の利便の増進を図る地域
準工業地域	環境の悪化をもたらすおそれのない工業の利便の増進を図る地域
工業地域	工業の利便の増進を図る地域
工業専用地域	工業の利便の増進を図るための専用地域

C8 都市の土地利用

図 8-1 用途地域内の建築物の用途制限

例示	第一種低層住居専用地域	第二種低層住居専用地域	第一種中高層住居専用地域	第二種中高層住居専用地域	第一種住居地域	第二種住居地域	準住居地域	近隣商業地域	商業地域	準工業地域	工業地域	工業専用地域
住宅, 共同住宅, 寄宿舎, 下宿												4)
兼用住宅のうち店舗, 事務所の部分が一定規模以下のもの												4)
幼稚園, 小学校, 中学校, 高等学校												
図書館等												
神社, 寺院, 教会等												
老人ホーム, 身体障害者福祉ホーム等												
保育所等, 診療所												
老人福祉センター, 児童厚生施設等	1)	1)										
巡査派出所, 公衆電話所等												
大学, 高等専門学校, 専修学校等												
病院												
床面積の合計が150m²以内の一定の店舗, 飲食店												
上記以外の物品販売を営む店舗, 飲食店 500m²以内												
上記以外の事務所等												
ボーリング場, スケート場, 水泳場等				2)								
ホテル, 旅館				2)								
自動車教習所, 床面積の合計が15m²を超える畜舎				3)								
マージャン屋, パチンコ屋, 射的場, 勝馬投票券発売所等				3)								
カラオケボックス等				3)								
2階以下かつ床面積の合計が300m²以下の自動車車庫				3)								
営業用倉庫, 3階以上又は床面積が300m²を超える自動車車庫 (一定規模以下の附属車庫を除く)												
客席の部分の床面積が200m²未満の劇場, 映画館, 演芸場, 観覧場												
200m²以上												
キャバレー, 料理店, ナイトクラブ, ダンスホール等												
個室付浴場業に係る公衆浴場等												
作業場の床面積の合計が50m²以下で危険性や環境を悪化させるおそれが非常に少ないもの						2)					3)	
作業場の床面積の合計が150m²以下の自動車修理工場												
作業場の床面積の合計が150m²以下で危険性や環境を悪化させるおそれが少ないもの												
日用新聞の印刷工場												
作業場の床面積の合計が150m²を超える工場又は危険性や環境を悪化させるおそれが多いもの												
危険物の貯蔵, ガス等の危険物の貯蔵, 処理の量が非常に少ない施設												
やや多い施設												
多い施設												
火薬類, 石油類, ガス等の危険物の貯蔵, 処理の量が非常に多い施設												

凡例: □ 建てられる用途　■ 建てられない用途

1) については, 一定規模以下のものに限り建築可能。
2) については, 当該用途に供する部分が2階以上かつ1,500m²以下の場合に限り建築可能。
3) については, 当該用途に供する部分が150m²以下の場合に限り建築可能。
4) については, 当該用途に供する部分が3,000m²以下の場合に限り建築可能。
5) については, 物品販売店舗, 飲食店舗を除く。

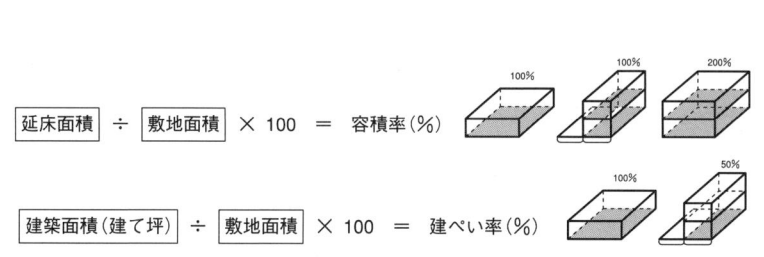

延床面積 ÷ 敷地面積 × 100 = 容積率(%)

建築面積(建て坪) ÷ 敷地面積 × 100 = 建ぺい率(%)

図 8-2 容積率, 建ぺい率の考え方

C9　都市交通

—— Urban Transport

　都市交通は，日常生活が営まれている都市空間における人や物の場所的移動である．住み，働き，憩うといった都市活動を行う上で，住居，事務所・工場などの職場，そして商店・レストラン・公園といった空間的に離れた施設・土地利用相互間を人々は移動する必要があり，また，それらの活動を支えるために食料，原材料，商品，廃棄物等の物資を搬出入する必要がある．このように都市交通は都市活動を支える基本的サービスの1つである．同時に，交通の便のよい場所に住居，商店等の施設立地が進むというように長期的には都市活動・土地利用形態（量，配置，密度等）を誘導し，市街地の発展形態など都市空間形成に大きく影響する．このため交通計画と都市計画との整合ないし統合が重要である．さらに，都市交通の主役が環境負荷が大きい自動車となっている現状では，環境政策との整合が大きな課題となっている．

　都市計画，環境政策との整合を含む統合的都市交通計画・政策は，都市交通の需要と供給，そして需給バランスをとる仕組みにかかわる制度フレームワークという3要素から構成されている．需要サイドは，人と物の移動の意思決定主体としての個人と企業等であり，供給サイドは，徒歩・自転車・バス・鉄軌道・自動車といった各種の交通手段からなるマルチモード交通システムである．個別の交通サービスは，車両等の交通具と交通路，そしてその運用システムと経営システムにより供給されている．そして，交通サービスの需給バランスをとる社会的仕組みとして供給者の資格条件，サービス内容，運賃，安全・環境基準など交通市場の条件・枠組みを規定しているのが制度フレームワークサイドである．都市交通計画・政策はこれらの3サイドでの政策選択肢を組み合わせて計画目的を達成しようとするものである．

　都市交通マスタープランはこれまで都市計画の中で決定される道路，都市高速鉄道，駐車場，自動車ターミナル，空港等の長期的な交通施設計画が主体であったが，現在は施設の利用と運用といった短期的な交通需要マネジメント（TDM）施策や交通管理施策等ソフト面の政策を含むものに発展している．これが，1990年代にわが国でも始まった需要追随型から需要管理型ないし統合パッケージ型アプローチへの都市交通政策のパラダイムシフトである．

　従来の交通需要，特に環境負荷が大きい自動車交通需要の増加に合わせて，道路整備を進めて需給バランスをとるといったアプローチは，財政的にも，市民合意の上でも，また地球温暖化問題等の環境制約からみても社会的に受け入れられなくなった．新しいアプローチは，交通需要サイドも政策対象とする点が特長であり，"持続可能な交通"の視点からは自動車交通の抑制を目的として車利用者に働きかけて交通手段の転換（モーダルシフト），移動距離と回数の削減など交通の仕方の変更を促すTDMが大きな柱となっている．また，供給サイドでは公共交通の整備等TDMの受け皿づくり，そして環境費用の内部化，公共交通整備財源の確保など新たな仕組みづくりといった制度フレームワークの政策も不可欠である．このように交通の需要，供給，制度フレームワークの3側面全体を1つのパッケージとして捉えて，アメとムチの施策を組み合わせてその有効な実施を図ろうとするのが新しい統合パッケージ型アプローチである．　　　　　（太田勝敏）

C9 都市交通

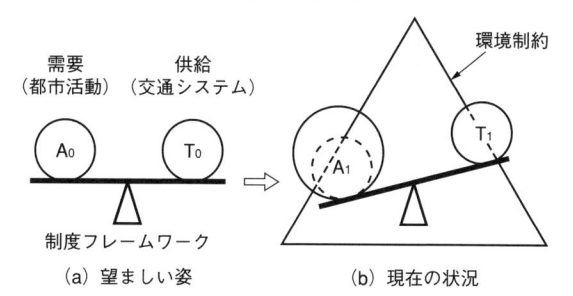

図 9-1 都市交通の望ましい姿と現状
(a) 望ましい姿
(b) 現在の状況

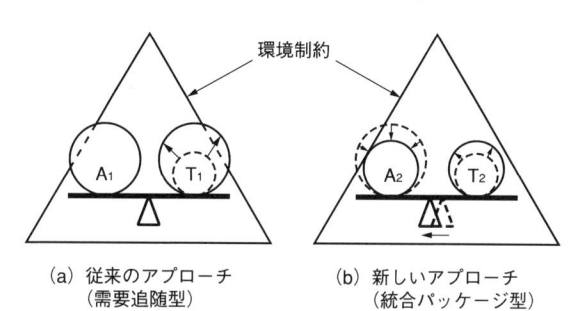

図 9-2 都市交通政策のパラダイムシフト
(a) 従来のアプローチ（需要追随型）
(b) 新しいアプローチ（統合パッケージ型）

表 9-1 都市交通政策の体系

都市活動（需要）	交通システム（供給）
・交通需要マネジメント（TDM） 　ピーク分散・カット， 　モーダルシフト， 　乗用車・トラックの効率的利用 　例：テレワーキング，時差出勤 　　　ロードプライシング	・交通管理・運用 　既存施設の有効利用，交通規制， 　交差点改良，広域交通信号制御 ・代替交通手段の改善 　公共交通・歩行者・自転車環境整備， 　パークアンドライド ・情報案内サービスの改善
・土地利用計画・都市計画 　（成長管理） ・地域計画・国土計画 　（分散化） ・就業・労働政策 　（勤務形態・JIT輸送） ・社会政策 　（レジャー，ライフスタイル）	・交通インフラ整備 　道路・公共交通の階層化，高規格道路・ 　鉄軌道・LRTの整備 ・技術開発 　インテリジェント交通システム（ITS）， 　電気自動車・低公害車，地下利用
制度・フレームワーク	
・市場化（受益者負担，社会的費用内部化・道路直接課金制，規制緩和，民活化） ・基準・規制（交通アセスメント，燃費・排出ガス規制強化） ・計画（総合計画，都市圏での環境・交通・都市の一体的計画） ・制度（分権化，自治体ベースでの計画策定・実施体制と財源確保）	

C10 公園緑地

—— Parks and Open Spaces

1. 都市計画における公園緑地の考え方

都市計画の対象となる緑地は，施設緑地と地域制緑地に分けられる．施設緑地は都市施設としての公園緑地を設置するのに対し，地域制緑地は民有地に一定の制限を課すことにより既存の緑地を保全するものである．

都市施設では，1873（明治6）年の太政官布達による施設としての都市公園が創設され，1919（大正8）年の旧都市計画法で都市施設として位置づけられた．地域制緑地では，1919年の旧都市計画法で初めての地域地区として風致地区が設けられた．1932（昭和7）年には東京緑地計画の策定により緑地を定義づけるとともに公園緑地系統の概念を実現した．その後，戦災復興を目的とした特別都市計画法により設けられた緑地地域制度は開発の圧力に廃止されたが，1968（昭和43）年の新都市計画法の制定に伴い，広義のグリーンベルトとしての市街化調整区域が設けられるとともに，1966（昭和41）年の古都保存法に基づき歴史的風土を保存する歴史的風土特別保存地区，1973（昭和48）年の都市緑地保全法（2004（平成16）年改正により都市緑地法と名称変更）に基づき緑地を保全する特別緑地保全地区，1974（昭和49）年の生産緑地法に基づき市街化区域内の農地を保全する生産緑地地区，2004（平成16）年の都市緑地法に基づく緑地保全地域と，様々な緑地を対象とする地域制緑地制度が創設され今日に至っている．

2. 公園緑地計画標準

現在の公園緑地計画の計画標準は，「都市計画運用指針」（1999（平成5）年12月建設省都市局長通知）に記述されている．同指針には，公園，緑地，広場，墓園といった都市施設，風致地区，緑地保全地区等の地域地区に関する計画の考え方が示されている．

そのうち公園については，街区公園（児童公園），近隣公園，地区公園，総合公園，運動公園，広域公園，特殊公園という分類がされており，それぞれの公園の標準面積，標準の配置が示されている．都市公園等整備五箇年計画（1972（昭和47）年より6次にわたり実施，2003（平成15）年より社会資本整備重点計画に統合）においては，この計画標準に基づき全国の都市公園整備が進められた．なお，この計画標準は，100人/haの住宅市街地での近隣住区論をベースとした考え方であるが，実際には個々の市町村が市街地の状況，地域の事情を反映し，住民の意見を取り入れ策定した緑の基本計画に基づき自由な計画づくりが進められる．

3. 緑の基本計画

都市緑地法に基づき市町村が定める緑地の保全および緑化の推進に関する基本計画は，通称「緑の基本計画」と呼ばれ，現在の都市の緑のマスタープランとなっている．計画は，市町村が緑地の保全および緑化の推進を総合的・計画的に実施するため，目標と実現施策等を内容として定めるもので，都市公園の整備，地域制緑地の決定等都市計画制度に基づく施策と，公共公益施設の緑化や緑地協定等の都市計画以外の取り組みを体系的に位置づけるものである．計画の策定にあたっては，公聴会の開催等住民の意見を反映させる措置が不可欠である．緑の基本計画の意義，対象，内容，住民意見の反映，公表等については，同法の運用指針に示されている．

（舟引敏明）

C10 公園緑地

住区レベル（1近隣住区）
標準面積：100ha（1km×1km）
標準人口：10000人
街区公園4カ所
近隣公園1カ所

街区公園：標準面積0.25ha　誘致距離250m
近隣公園：標準面積　2ha　誘致距離500m

■ 街区公園
▨ 近隣公園

地区レベル（4近隣住区）
標準面積：400ha
標準人口：40000人
街区公園16カ所
近隣公園4カ所
地区公園1カ所

地区公園：標準面積4ha　誘致距離1km

■ 街区公園
▨ 近隣公園
▥ 地区公園

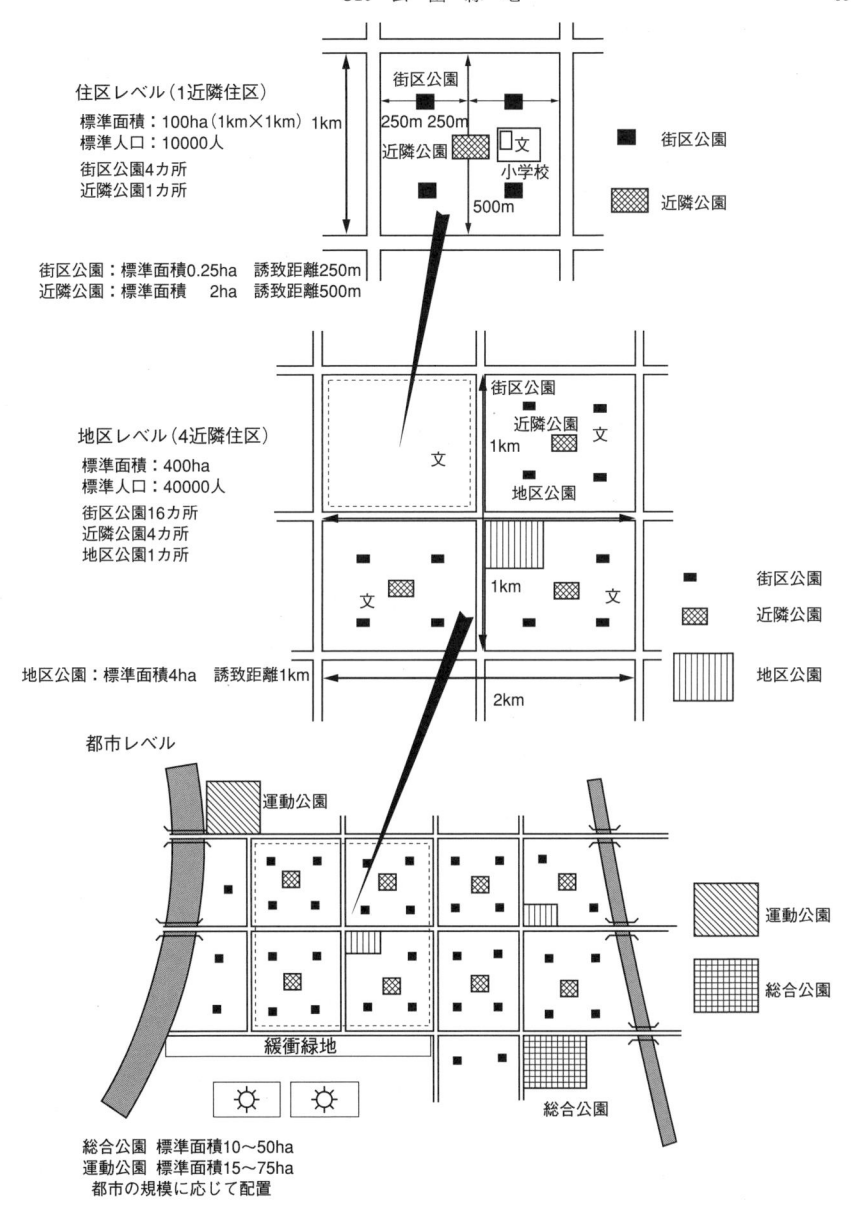

都市レベル

総合公園　標準面積10～50ha
運動公園　標準面積15～75ha
都市の規模に応じて配置

▨ 運動公園
▦ 総合公園

図10-1　都市公園の計画標準（国土交通省資料より）

文献

1) 日本都市計画学会編：実務者のための新都市計画マニュアル（都市施設・公園緑地編），丸善，2002
2) 日本公園緑地協会編：緑の基本計画ハンドブック（改訂版）（建設省都市局・都市計画課監修），225 pp., 1996

C11 都市施設

—— Urban Facilities

1. 都市計画法に定める都市施設

都市には多種多様な施設があり，それらが適切に機能を果たすことにより都市の運営ひいては都市生活が成り立っている．都市計画法第4条では都市施設を定義し，第11条で当該都市計画区域における次に定める施設で，必要なものを都市計画に定めることとしている．これらの施設は，特に必要があるときは当該都市計画区域外においても定めることができる．

①道路，都市高速鉄道，駐車場，自動車ターミナルその他の交通施設．②公園，緑地，広場，墓園その他の公共空地．③水道，電気供給施設，ガス供給施設，下水道，ごみ焼却場その他の供給施設または処理施設．④河川，運河その他の水路．⑤学校，図書館，研究施設その他の教育文化施設．⑥病院，保育所その他の医療施設または社会福祉施設．⑦市場，と畜場または火葬場．⑧一団地の住宅施設．⑨一団地の官公庁施設．⑩流通業務団地．⑪その他政令で定める施設（電気通信事業の用に供する施設または防風，防火，防水，防雪，防砂もしくは防潮の施設）（表11-1）．

2. 公共施設

都市計画法4条ではさらに，道路，公園，下水道，緑地，広場，河川，運河，水路および消防の用に供する貯水施設を「公共施設」として定義づけている．

3. 都市施設の概念

都市施設は次のように区分することができよう．

(1) 行政施設： 国，都道府県，市町村等の本庁舎をはじめとする諸施設，警察や消防の施設である．サービスの圏域に応じて立地の便に配慮するとともに，その都市の風土に合致したデザインが望まれる．一団地として配置する場合には景観形成にも特に配慮が必要である．

(2) 文教施設： 学校，幼稚園，図書館，体育館，博物館，美術館，植物園等の施設である．これらの施設は一般にその周辺の環境が静穏であり，さらに良好な風俗環境が保全されることが望まれる．

(3) 厚生施設： 病院，診療所，保健所等の医療施設と保育所，高齢者や障害者の社会福祉施設等がこれにあたる．周辺環境とともにアプローチにも配慮を要する．

(4) 運営施設： 道路，鉄道その他の交通施設，河川，運河その他の水路，水道，電気，ガスの供給と下水，ごみの処理にかかわる施設は都市の運営を支える基盤的な施設である．流通業務団地もこの範疇に加えることができる．

(5) 生活施設： 公園，緑地，広場さらに市場，と畜場そして火葬場，墓園をあげるほか，(1)～(4)に掲げた施設でも住民の居住地に近く，生活に密着した施設については生活施設という言葉で括られることが多い．

4. 公園施設について

都市公園法第2条に定義されている公園施設の大部分は公園のみならず都市内の公共空地で用いられ，これらは機能性，景観性，耐久性とともに安全性が重視される．このうち遊具については（社）日本公園施設業協会が2002（平成14）年10月に安全規準（案）を公開し，その普及が図られている．

(髙橋信行)

文献

1) 横浜市都市計画局：都市計画資料集 平成14年版，横浜市，2003
2) 日本公園施設業協会：遊具の安全に関する安全規準（案）JPFA-S：2002，日本公園施設業協会，2002

C11 都市施設

表 11-1 都市施設の都市計画決定状況等：横浜市の事例（2002（平成 14）年 4 月 1 日現在）

人口：3470790 人，面積 43473 ha，都市計画区域 43455 ha，市街化区域 32944 ha，市街化調整区域 10511 ha．

都市施設名	都市計画数量		備 考	
都市計画道路		801760 m	完成・概成	507915 m
自動車専用道路		110230 m		91640 m
幹線道路		657060 m		384535 m
区画街路		380 m		380 m
特殊街路		34090 m		31330 m
都市高速鉄道	路線数	6		
	車輌基地	4		
自動車駐車場	箇所数	6	台数	2940
自転車駐車場		11		18190
自動車ターミナル	箇所数	2	一般バス・バース数	33
都市計画緑地	箇所数	19	面積	55.20 ha
広場	箇所数	1	面積	0.24 ha
公園	箇所数	715	面積	1277.12 ha
	広域 3，特殊 10，			
	運動 8，総合 12，			
	地区 35，近隣 98，			
	住区 549			
下水道				
ポンプ場	箇所数	30	面積	233900 m^2
下水貯留施設（処理場）		11		1398400 m^2
雨水調節地		5		47000 m^2
ごみ焼却場	箇所数	7	面積	52.7 ha
河川	本数	22	延長	92790 m
病院	箇所数	4	面積	17.3 ha
市場	箇所数	3	面積	30.1 ha
火葬場	箇所数	4	面積	19.7 ha
一団地の住宅施設	箇所数	3	面積	166.4 ha
地域冷暖房	地域数	3	熱発生施設面積	18030 m^2
ごみ運搬用管路	地区数	1	集塵施設面積	1530 m^2
教育文化施設	箇所数	1	面積	26900 m^2
土地区画整理事業	箇所数	134	面積	6930.2 ha
市街地開発事業・改造事業	箇所数	19	面積	32.1 ha

C12　都市環境

—— Urban Environment

都市づくりの基本法，都市計画法2条に，基本理念として，「…健康で文化的な都市生活を確保すべき…」とある．都市環境とは，そのような都市生活を，人々が送るために必要な要素であると考える．

わが国には，「山紫水明」「花鳥風月」といった美しい言葉があるように，高度経済成長期（昭和40年代）までは，身近に，それなりの都市環境を，都市は具えていた．それが，高度経済成長期の人口・産業の都市への集中によって開発が進み，大都市圏を中心に，自然が減少，さらには，大気汚染，水質汚濁等の公害問題が顕在化した．

1.　公害に対して

1967（昭和42）年公害対策基本法が成立した．公害は，人の健康，生活環境に被害を生じる事業活動等人の活動に伴って生じる大気汚染，水質汚濁，土壌汚染，騒音，振動，地盤沈下，悪臭とされ，人の健康を保護し，生活環境を保全するうえで，維持されるべき望ましい基準「環境基準」が定められた．この思想は，1993（平成5）年環境の保全を目的とした環境基本法の成立へと進んだ．

2.　自然の減少に対して

1966（昭和41）年開発が進む首都圏で，良好な自然環境を有する緑地を，近郊緑地として保全し，健全な生活環境の確保と秩序ある圏域づくりを目指した「首都圏近郊緑地保全法」が成立した．1968（昭和43）年には，近畿圏にも及んだ．また，1966（昭和41）年には，古都（京都市，奈良市，鎌倉市等）の歴史的風土を保存するための古都保存法が制定されている[*1]．このように，首都圏，近畿圏あるいは古都に限られていた緑地保全，歴史的風土保存の思想を，全国に拡大したのが，都市緑地保全法（1973年）である[*2]．

3.　国際花と緑の博覧会を契機として

1990（平成2）年欧米以外の地で，初めて開催された「国際花と緑の博覧会」（大阪）の成功は，わが国における都市緑化の展開に，大きな影響を与えた．同年の都市計画中央審議会答申は，ヒートアイランド現象，砂漠化現象等の都市問題を対象とした緑化の役割を取り上げ，特に市街地部において，土地利用の高度化が生み出す屋上，壁面等の空間を，緑にとってのニューフロンティア空間と位置づけ，緑化技術の必要性を指摘した．

4.　地球サミットをきっかけに

環境問題が，一国，一都市の枠を越えて，地球規模で語られるようになったのは，1992（平成4）年の国連環境開発会議（地球サミット）開催が契機である．都市環境も地球環境につながっていることを意識したまちづくりを行わなければならないということで，1992（平成4）年建設省（当時）は，人と環境にやさしい都市，環境共生都市（エコシティ）構想を打ち出した[*3]．

5.　その他の動き

エネルギー，廃棄物問題も大きな環境課題となり，2000（平成12）年には，循環型社会形成推進基本法が制定され，天然資源の消費を抑制し，環境への負荷が，できる限り低減される社会を，循環型社会と位置づけ，リデュース（発生抑制），リユース（再使用），リサイクル（再資源化）を計画的に社会システムに取り組む動きが出てきた[*4]．

また，最後の建設白書（2000年）は，21世紀は「造景の世紀」として，地域全

C12 都市環境

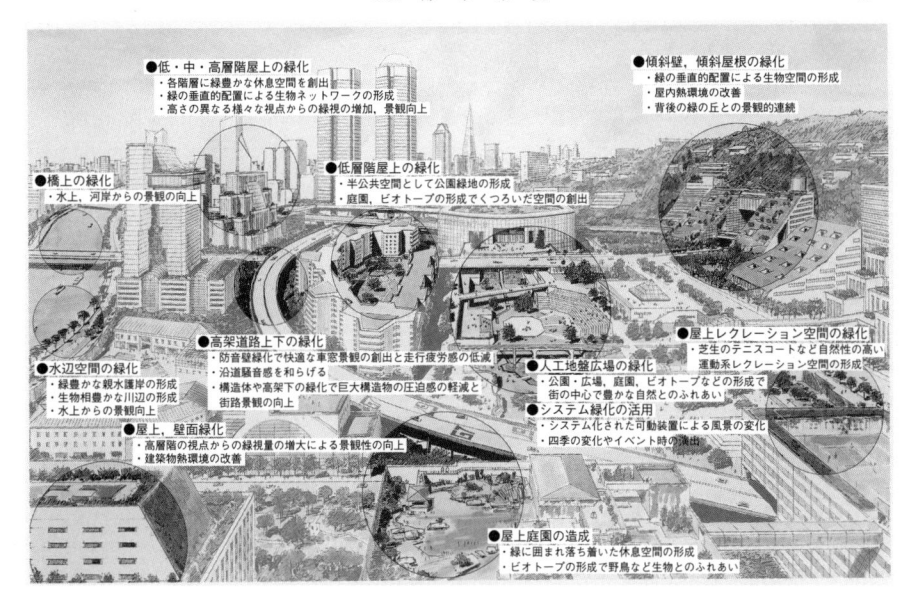

図12-1 「環境の世紀」の市街地（建設省土木研究所・(財)都市緑化技術開発機構資料より）

図中の注記：

- ●低・中・高層階屋上の緑化
  - 各階層に緑豊かな休息空間を創出
  - 緑の垂直的配置による生物ネットワークの形成
  - 高さの異なる様々な視点からの緑視の増加、景観向上
- ●傾斜壁、傾斜屋根の緑化
  - 緑の垂直的配置による生物空間の形成
  - 屋内熱環境の改善
  - 背後の緑の丘との景観的連続
- ●橋上の緑化
  - 水上、河岸からの景観の向上
- ●低層階屋上の緑化
  - 公共空間としての公園緑地の形成
  - 庭園、ビオトープの形成でくつろいだ空間の創出
- ●水辺空間の緑化
  - 緑豊かな親水護岸の形成
  - 生物相豊かな川辺の形成
  - 水上からの景観向上
- ●高架道路上下の緑化
  - 防音壁緑化で快適な車窓景観の創出と走行疲労感の低減
  - 沿道騒音をやわらげる
  - 構造体や高架下の緑化で巨大構造物の圧迫感の軽減と街路景観の向上
- ●屋上、壁面緑化
  - 高層階の視点からの緑視量の増加による景観性の向上
  - 建築物熱環境の改善
- ●人工地盤広場の緑化
  - 公園・広場、庭園、ビオトープの形成で、街の中心で豊かな自然とのふれあい
- ●屋上レクリエーション空間の緑化
  - 芝生のテニスコートなど自然性の高い運動系レクリエーション空間の形成
- ●システム緑化の活用
  - システム化された可動装置による風景の変化
  - 四季の変化やイベント時の演出
- ●屋上庭園の造成
  - 緑に囲まれ落ち着いた休息空間の形成
  - ビオトープの形成で野鳥など生物とのふれあい

体で、美しいまちづくりに取り組む時代となると、景観問題の重要性を指摘した[*5]。

（五十嵐　誠）

[*1]：古都における歴史的風土の保存に関する特別措置法（1966年）

通称古都保存法。わが国の歴史上意義を有する建造物、遺跡等が周囲の自然的環境と一体で古都における伝統と文化を具現し形成している土地の状況（＝歴史的風土）の保存。明日香村については別途特別措置法（1980年）がある。

[*2]：2004（平成16）年の法改正によって、都市緑地保全法は、都市緑地法となった。新たに、都市近郊に残された緑の保全を一層進めるために、届出制による緩やかな行為規制の緑地保全地域が創設された。従来の、厳しい行為規制による現状凍結的な緑地保全地区は、緑地特別保全地区とされた。

[*3]：環境共生都市（エコシティ）

環境負荷の軽減、自然との共生およびアメニティの創出を図った質の高い都市づくりを目指す。そのベースとして都市環境計画を置く。なお、1989（平成元）年に、環境庁（当時）は「環境白書」で環境運動の1つとして、生態系循環型の都市システムを有する都市エコポリスを提言した。

[*4]：すべての廃棄物を新たな分野の原料等に活用し、あらゆる廃棄物をゼロとすることを目指すのがゼロエミッション構想である。その他関連法として、「資源の有効な利用の促進に関する法律」、「建設工事に係る資材の再資源化等に関する法律」（建築リサイクル法）「国等による環境物品等の調達の推進等に関する法律」（グリーン購入法）等がある。

[*5]：美しい街づくり等への国民の関心の高まりを背景として、わが国では初めての景観を対象とした法律、景観法が2004（平成16）年に成立した。

C13 ランドスケープ計画

—— Landscape Planning

　ランドスケープは，風景や景観のような感覚的・審美的な側面のみならず，水，土，大気，動物，植物など，土地や自然を基盤とする生態学的な性状や秩序を含めた概念として認識される．ランドスケープ計画とは，対立しがちな人間の諸活動とその基盤となる自然的環境の相互関係を整序しながら，ランドスケープを持続的に保全・整備し，利用するために策定される計画であり，環境都市計画の基本目標の実現を支援する最も重要な計画の1つである．

　一般に，ランドスケープ計画は，様々な特性を内包する全体空間を主たる対象とし，広域圏，都市および地区のおのおのの空間スケールに対応する必要がある．計画策定にあたっては，計画目的および計画対象範囲を設定した後，ランドスケープにかかわる基礎調査および解析・評価を実施する．調査では，自然的条件（気象，地形，水系，地質・土壌，植生，動物相等），社会的条件（土地利用，公災害，法適用，文化財，緑地の保全志向，レクリエーション志向等），その他（レクリエーション資源・施設，景観等）に関して幅広い調査項目を設定する．次に，主として緑地の諸機能を多様な側面から解析・評価する．環境都市との関係では，都市の生態性にかかわる自然環境保全，健康性にかかわるレクリエーション，安全性にかかわる防災，快適性にかかわる都市景観，その他，教育・文化性や連帯性にかかわる側面からの解析・評価が考えられる．また，解析・評価の結果はオーバーレイによる総合化，シミュレーションによる予測等へと展開される．そして，計画の課題や目標の検討，計画原案の提示，代替案の検討等を経て計画が決定され，緑地の配置パターン，保全・整備の目標，目標実現のための施策等が導き出されるのである．なお，表13-1には，緑地機能とランドスケープ計画の対象空間，調査項目および環境都市計画の目標との関係を示してある[1]．

　自然生態的特性に特に配慮したランドスケープ計画の1つとしては，ドイツの「ランドスケープ計画（Landschaftsplan）」がよく知られている．その特徴としては，調査および解析・評価の段階において，ヒートアイランド現象や大気汚染にかかわる都市気候の改善，ビオトープの保全等の生物多様性の確保の側面が特に重視されていることが指摘できる[2]．また，図13-1に示すように，計画立案のプロセスにおいて，「都市建設管理計画（Bauleitplan）」の中の「土地利用計画（Flächennutzungsplan）」との一体化が義務づけられている[2]．なお，日本の都市における代表的なランドスケープ計画としては，都市緑地法に基づく「緑の基本計画」があげられる．「緑の基本計画」は，緑地機能を環境保全，レクリエーション，防災および景観構成の4系統に分け，各系統の解析・評価を総合化し，緑地の多面的・複合的な機能を最大限に発揮し得る緑地パターン，緑地の配置計画や実現のための施策の方針を導き出す計画手法を採用しており，各自治体においてその策定が推進されている．　（柳井重人）

文　献
1) 丸田頼一・柳井重人：緑地機能解析からのランドスケープ研究（ランドスケープ大系　第1巻ランドスケープの展開，日本造園学会編），pp.191-198，技報堂出版，1996
2) 丸田頼一：都市緑化計画論，pp.84-103，丸善，1994

C13 ランドスケープ計画

表 13-1 緑地機能と対象空間，調査項目および環境都市計画の目標との関係（丸田・柳井, 1996 に加筆・修正）

緑地の機能	対象空間			調査項目 自然的条件					調査項目 社会的条件							その他		環境都市の目標						
	広域圏	都市	地区	気象	地質・土壌	地形	植物相	動物相	土地利用	公災害	法適用	文化財	交通	緑地の保全志向	レク志向	レク資源・施設	景観	安全性	健康性	利便性	快適性	生態性	教育・文化性	連帯性
環境保全機能																								
都市形態規制	○	○				○			○									○	○					○
生活環境保全		○	○	○		○	○		○	○	○		○				○		○	○	○	○		
気象緩和	○	○	○	○		○	○												○		○	○		
ビオトープの保全	○	○					○	○						○								○	○	
史跡文化財保全	○	○	○									○					○						○	○
レクリエーション機能																								
日常的レクリエーション		○	○				○		○		○		○		○	○	○		○	○	○		○	○
広域的レクリエーション	○	○				○	○		○		○		○		○	○	○		○	○	○		○	○
環境学習の場	○	○	○				○	○				○		○		○						○	○	○
コミュニティ活動の場		○	○						○		○		○		○	○				○	○		○	○
防災機能																								
自然的災害防止	○	○				○	○		○	○	○							○						
社会的災害防止		○	○						○	○	○							○						
避難地・避難路		○	○			○			○	○			○					○						
景観形成機能																								
郷土景観形成	○	○				○	○		○			○					○				○		○	○
ランドマーク形成	○	○										○					○				○		○	

○印は，緑地の機能と対応する環境都市の目標，対象空間および調査項目を示す．レクはレクリエーションを示す．

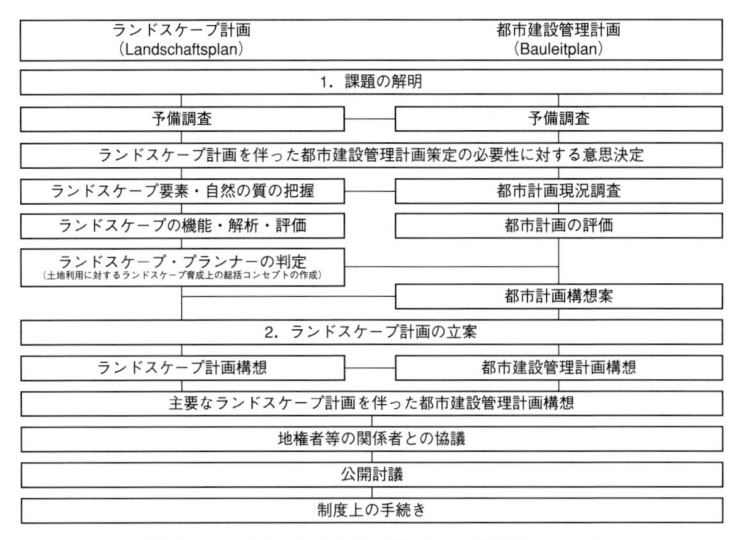

図 13-1 ドイツにおけるランドスケープ計画のフロー[2)]

```
ランドスケープ計画                  都市建設管理計画
(Landschaftsplan)                 (Bauleitplan)
         1. 課題の解明
    予備調査                          予備調査
 ランドスケープ計画を伴った都市建設管理計画策定の必要性に対する意思決定
 ランドスケープ要素・自然の質の把握    都市計画現況調査
 ランドスケープの機能・解析・評価      都市計画の評価
 ランドスケープ・プランナーの判定
 （土地利用に対するランドスケープ育成上の総括コンセプトの作成）
                                      都市計画構想案
         2. ランドスケープ計画の立案
 ランドスケープ計画構想                都市建設管理計画構想
    主要なランドスケープ計画を伴った都市建設管理計画構想
           地権者等の関係者との協議
                 公開討議
                制度上の手続き
```

C14　地区計画制度

—— District Planning

1. 地区計画制度とは

地区計画制度は，一般的な都市計画の存在を前提に，地区ごとに市町村が定める詳細な都市計画であり，一般の都市計画と比べ，土地利用と公共施設の計画を一体的に定めること，計画内容がただちに建築規制とはならないこと，決定にあたっての住民等の意見反映の機会が通常よりも充実されていること等の特徴がある．この制度には，基本的な趣旨・目的により，都市計画法に基づく「地区計画」，密集市街地整備のための「防災街区整備地区計画」（密集法），幹線道路周辺の騒音対策のための「沿道地区計画」（沿道法），営農条件整備と一体となった農村集落の整備のための「集落地区計画」（集落法）の4種類と一般の都市計画による規制内容に対する強化・緩和パターンにより区分される，一般型，再開発促進区，誘導容積型，容積適正配分型，高度利用型，用途別容積型，街並み誘導型の7類型があり，地区計画の種類に応じて適用される類型が異なる（表14-1参照）．

この制度は市街化調整区域を含め，都市の広範な区域において活用できるものである．

2. 地区計画の構成

地区計画は，地区の目標像を示す「地区計画の方針」道路・公園等の配置や建築物の建て方のルール等を具体的に定める「地区整備計画」および2002（平成14）年度に新たに創設された「再開発等促進区」（再開発地区計画と住宅地高度利用地区計画とを統合）の3つの部分から構成されている．「再開発促進区」は土地の合理的かつ健全な高度利用と都市機能の増設とを図るため，一体的かつ総合的な市街地の再開発または開発整備を実施すべき区域として指定することのできるものである．これらはいずれも，方針のみを策定し，熟度が高まった部分から段階的に地区整備計画を定めることもできることになっている．

(1) 地区計画の方針：　地区計画の方針とは，都市計画区域マスタープランや市町村マスタープランをもとに，地区を今後どのようなまちに育てていくかという，地区レベルでのまちづくりのビジョンを定めるものである．地区計画の方針には，地区計画の目標，土地利用の方針，地区施設（道路や公園等）の整備方針，その他，当該地区の整備，開発および保全の方針を定めるものである．

(2) 地区整備計画：　地区計画の方針に沿ってくわしい計画を定めるのが地区整備計画である．地区の特性に応じて，地区施設の配置および規模，建築物の高さ制限や緑化率の最低限度等に関する制限，現存する樹林地や草地の保全等について必要事項を定める．

(3) 再開発促進区：　土地の利用状況の著しい変化，適正な公共施設の不足等に該当する区域について，土地利用に関する基本方針，道路等の施設の配置・規模を定め，容積率制限，建ぺい率制限および斜線制限等を適用除外とすることにより，土地の合理的かつ健全な高度利用と都市機能の増進とを図る．

〔芦澤拓実〕

C14 地区計画制度

表 14-1 地区計画制度の種類・類型と規制の緩和・強化内容（国土交通省都市計画課資料より）

類型・種類	適用区域	規制強化等(緩和の条件)	規制緩和内容	手続	趣旨・目的	創設
地区計画 [都市計画法]	一体的に整備・開発・保全すべき地区	公共施設と建築物規制を一体的に計画	建築物の用途	(確認)	区域特性に応じた良好な環境	S 55 (1980)
		人口地盤等に面した壁面位置の制限	地区施設である人工地盤等の下の部分の建ぺい率不算入	認定		
再開発等促進区	①一体的・総合的な再開発または開発整備が必要 ②公共施設が不足 ③用途地域内	①2号施設 ②土地利用の基本方針	①建築物の用途 ②斜線制限（適用除外）	許可	①合理的・健全な高度利用 ②都市機能の更新	H 14*¹ (2002)
			③容積率 ④建ぺい率（60%以下） ⑤低層住居専用地域の高さ制限	認定		
誘導容積型*³	公共施設が不足	①地区施設 ②公共施設未整備時の容積率強化（暫定容積） ③公共施設整備後の容積率（目標容積率） (②<③)	公共施設の整備後に暫定容積率による規制を解消し、目標容積率を適用	設定	①適正・合理的な土地利用（②公共施設の整備）	H 4 (1992)
容積適正配分型	①公共施設が不足 ②用途地域内	①一部の街区で容積率強化 ②壁面位置の制限 (指定容積の合計の範囲内で、街区ごとに容積を配分)	一部の街区で容積率緩和	(確認)	区域特性に応じた合理的な土地利用	H 4 (1992)
高度利用型	①公共施設が充足 ②用途地域内（低層住居専用以外）	①建ぺい率 ②最低敷地面積 ③壁面位置の制限等	①指定容積率 ②道路斜線制限（適用除外）	(確認) 許可	①合理的・健全な高度利用 ②都市機能の更新	H 14 (2002)
用途別容積型*³	用途地域内（1種住居・2種住居・準住居・近隣商業・商業・準工業）	①建ぺい率 ②最低敷地面積 ③壁面位置の制限等	住宅を含む場合の容積率（最大1.5倍）	(確認)	区域特性に応じた合理的な土地利用（住居供給促進）	H 2 (1990)
街並み誘導型*³	区域特性に応じた高さ・配列・形態の建築物を整備すべき	①壁面位置の制限 ②高さの最高限度等	①前面道路幅員による容積率の制限 ②斜線制限（適用除外）	認定	合理的な土地利用	H 7 (1995)
防災街区整備地区計画 [密集法]	密集市街地内	①公共施設と建築物規制を一体的に計画 ②建築物防火性能等も			①防火機能の確保 ②合理的・健全な土地利用	H 9 (1997)
H 14 から、誘導容積型、用途別容積型、街並み誘導型を導入						H 14 (2002)
沿道地区計画 [沿道法]	沿道整備道路（幹線道路）の沿道	①公共施設と建築物規制を一体的に計画 ②建築物の防音・遮音性能も			①道路交通騒音による障害の防止 ②適正・合理的な土地利用	S 55*² (1980)
H 8 から、容積適正配分型を導入						H 8 (1996)
H 14 から、沿道再開発等促進区、誘導容積型、高度利用型、用途別容積型、街並み誘導型も導入						H 14 (2002)
集落地区計画 [集落法]	市街化調整区域内等の集落地域	公共施設と建築物規制を一体的に計画	市街化調整区域での開発行為が許可される		①営農条件と調和のとれた良好な居住環境の確保 ②適正な土地利用	S 62 (1987)

*1：「再開発等促進区」は S 63 創設の「再開発地区計画」と H 2 創設の「住宅地高度利用地区計画」を H 14 に統合し「地区計画」に包含した．
*2：「沿道地区計画」は、S 55 に「沿道整備計画」として創設し、H 8 に「沿道地区計画」に改正（変更）した．
*3：「誘導容積型」「用途別容積型」「街並み誘導型」は「再開発等促進区」においても適用できる．

C15　中心市街地

—— Town center

　中心市街地は，駅，デパート・商店等の商業施設，会社・銀行・官公庁等の業務施設，公園，市民会館，神社等，人が集まる核を中心にして一定の商圏や通勤圏等の圏域が形成され，人々の生活や娯楽や交流の場となっている．また，長い歴史の中で独自の文化や伝統を育む等，その都市の活力や個性を代表する「街の顔」ともいうべき場所である．しかし近年，多くの都市でモータリゼーションへの対応の遅れや消費者のライフスタイルの多様化等の影響を受け，大都市の中心部である都心や中心市街地での居住人口の減少や高齢化等が進んでいる．このため，大型店の撤退や商店街の空き店舗の増加等により商業機能が低下し，中心市街地の衰退や空洞化という問題が深刻になってきている．

　これらに対処するため，国は1998（平成10）年度に中心市街地活性化法（中心市街地における市街地の整備改善および商業等の活性化の一体的推進に関する法律．以下「法」という）を施行し，各種施策を講じることとした．

1．人を集める魅力づくり

　①空き店舗の活用や再開発による核テナントの誘致や共同店舗の整備．また，カード事業や宅配事業によるサービスの向上等ハード・ソフト両面の事業．

　②図書館，ホール，生涯学習施設，情報体験ギャラリー，大学のサテライト校等公共公益施設の整備により文化，福祉，学習，情報，交流の機能を充実する．

　③お祭り，街角コンサート，朝市，大道芸大会等のイベントを開催する．

2．安全・安心で快適な環境をつくる

　バリアフリーや景観形成に配慮し，核施設を結ぶショッピングプロムナードやコミュニティ道路を整備する．また公園，広場，カフェテラス等の憩いの場をつくり，回遊ルートを設定することにより，歩きやすい環境をつくる．

3．利便性を高め住み心地のよい街をつくる

　関連道路，駐車場，駐車場案内システムを整備するとともに，コミュニティバス，路面電車，パークアンドライド等公共交通の利便を向上させる．また，住みやすい環境を整備し，新たな居住者の住宅を供給するとともに高齢者に配慮したシルバーハウジングも整備する．

4．推進体制を整備する

　地元商業者，住民，企業，商工会議所，行政等関係者が連携して，それぞれの役割を果たすため協議会等の組織をつくる．さらに，具体的な事業に関する合意形成や事業者間の調整を関係者と連携しながら機動的に行うタウンマネジメント機関（TMO）をつくるなど推進体制を整備する．

　2004（平成16）年9月現在，法に基づく基本計画を立案した市区町村は622を数え，その実施機関であるTMOは330を超えた．中心市街地には，これまでの歴史，文化，伝統等を含めた広い意味での社会資本が蓄積されており，こうした既存ストックを有効活用することが環境負荷の小さい町づくりや省エネルギーの観点からも重要である．

　　　　　　　　　　　　　　（宮森直人）

文　献

1) 千葉市企画調整局企画課：千葉市中心市街地活性化基本計画，千葉市，2000
2) 中心市街地活性化関係省庁連絡協議会：中心市街地活性化のすすめ（2001年度版），2001
3) 通商産業省産業政策局中心市街地活性化室，中小企業庁小売商業課編：中心市街地活性化対策の実務，1999

C15　中心市街地

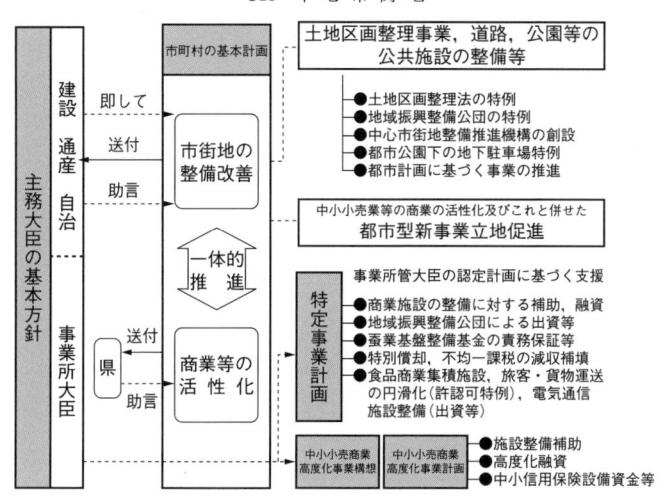

図 15-1　法の仕組（国土交通省中心市街地活性化推進室より）[1]

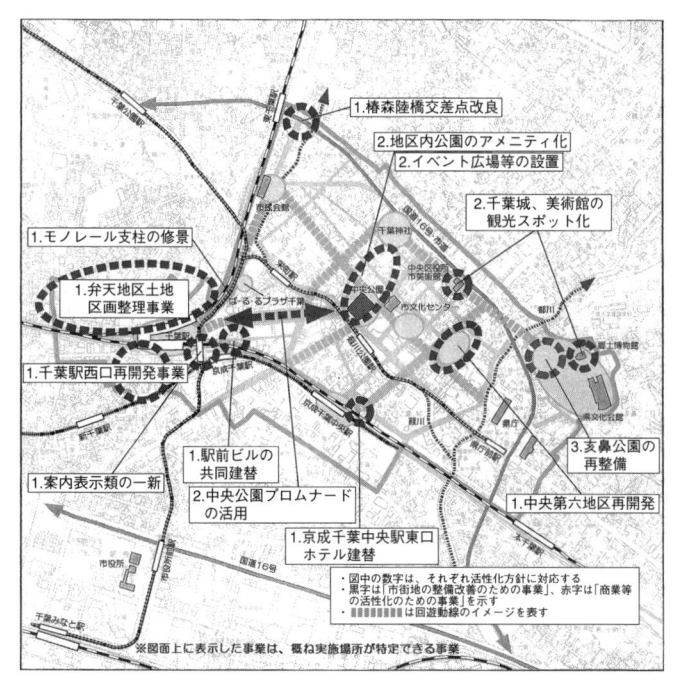

図 15-2　市街地の整備改善および商業等の活性化のための方策（当面取り組む事業）[1]

C16　工業地域

────── Industrial District

　工業地域とは，都市計画区域内において，都市計画法に定める手続きによって指定された用途地域の一種であり，主として工業としての土地利用の利便性を増進するために指定された地域である．

　指定にあたっては，都市全体にわたる都市機能の配置や土地利用構成の観点から検討を行うとともに，工業生産活動の増進，公害の発生の防止等を勘案し，規模，業種等が適切に配置された工業地の形成を図るとともに，当該都市に求められる工業生産活動に必要な規模を確保することが望ましい．

　また，この地域においては，工業の利便の増進を図るため，利便を害するおそれのある施設の混在を防止することが望ましいという観点から，ホテルや学校，病院等の建築が禁止されている．

　同様の用途地域に，準工業地域と工業専用地域がある．

　工業地域の適正かつ，合理的な土地利用の実現にかかる重要な制度に，「工場立地法」がある．

　この法律は，工場立地が環境の保全を図りつつ適正に行われるようにするため，工場立地に関する準則等を公表し，ならびにこれらに基づき勧告，命令等を行い，もって国民経済の健全な発展と国民の福祉の向上に寄与することを目的にするものである．

　本制度の大きな特徴は，敷地面積 9000 m² 以上，または建築面積 3000 m² 以上の工場の新設・増設を届出するとともに，準則の中で敷地面積に対する緑地面積の割合（20％以上）を設定し，公表していることである．

　これは，工場が公害や災害を起こさないように万全な対策をとることはもちろん，自らも快適な環境づくりに積極的に貢献することを基本として，生産施設として使うスペースを敷地の一定割合以下とし，緑地や公園的施設のスペースを十分とらせることにより，工場全体が公園を思わせる，いわゆるインダストリアルパークのような形態を目標としたものである．

　このインダストリアルパークとは，1950年代に米国において生産拠点の1つとして考案されたものであり，都市郊外に空間的なゆとりをもって立地した緑の多い工場，および公園的な工業団地として一般には理解されている．

　米国の全国工業地域委員会（National Industrial Zoning Committee）は，インダストリアルパークを，「立地，地形や地域制の面から工業上の利用に特化し，しかもユーティリティや交通面から適地とみられる管理統制された地域を示す．すなわち，建築物の配置にあたっては，その前面，側面および後面のセットバック（壁面線後退）が図られているばかりか，特に道路に面した前庭および側庭は協定基準に基づいて修景されているべきである．また，地域内での生産活動が円滑に行えるように，都市の総合計画をも尊重し，コミュニティや土地利用と一体的なものでなければならない」と定義している．

　このインダストリアルパークは，産業活動の高度化とともに，大学等の研究機関で開発された科学技術をより効果的に産業分野に技術移転する機能を付加することにより，米国では「リサーチパーク」へと，英国では「サイエンスパーク」へと，その内容・形態を進化させている．

　わが国においても，これらの流れを受け

図 16-1　米国のリサーチパーク（シカゴ）

図 16-2　英国のサイエンスパーク（ロンドン）

図 16-3　日本のテクノパーク（札幌）

図 16-4　日本のハイテクパーク（八戸）

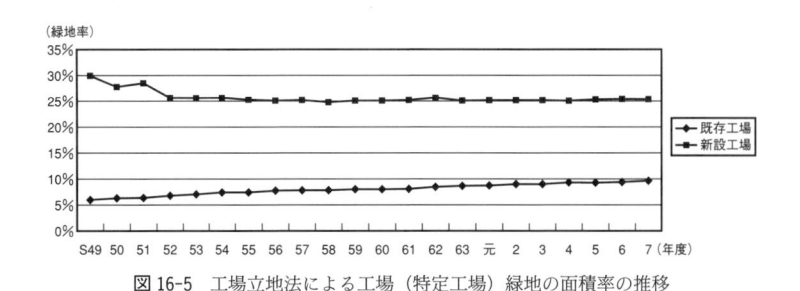

図 16-5　工場立地法による工場（特定工場）緑地の面積率の推移

て工業地域の中に，上記の名前を冠した良好な工業団地も見られるようになってきている。しかし，わが国の工業団地の多くは，最小限の公共緑地の確保はなされているものの，民有地の部分は単なる生産工場の集約地としてのイメージを拭いきれない。

（髙橋信行・山田和司）

文　献

1) 日本立地センター編：工場立地法解説，日本立地センター，1996
2) 丸田頼一：都市緑地計画論，丸善，1983

C17 市街地整備

—— Urban Development

わが国では，2001年3月31日現在，国土の約1/4の範囲に1300あまりの都市計画の対象となる地域（都市計画区域）が存在し，そこには全人口の93%以上が生活している．都市計画区域のうち，用途地域が指定されている地域は20%前後で，このうちDID（人口集中地区）が定義された1960年以前から存在した既成市街地が約21%，1960〜95年にかけてDIDに入った高度経済成長期の成長市街地が46%，残り33%がこれから市街化の進む新興市街地である[1]．

市街地整備は，第二次世界大戦以降の高度経済成長期を通じて，都市への人口や経済の集中による急激な市街化の圧力に対応して，新市街地での住宅供給や，スプロール市街地の環境改善を図る土地区画整理事業，および都心部や駅前での土地の高度利用を図る市街地再開発事業等が進められてきた．

土地区画整理事業は，その市街地整備を代表する手法であり，関東大震災後の東京や横浜の震災復興や，第二次世界大戦後，戦災復興として，全国で実施されてきた．また，既成市街地から新市街地に至るまで面的，総合的な整備手法であり，多様な地域の多様な課題に対応すべく活用され市街地整備で重要な役割を果たしてきている．2001（平成13）年度末までの全国における土地区画整理事業の着工面積は，約39万haとなっており，これは，全国市街地(DID)の約1/3に相当する[2]．土地区画整理事業は，土地の交換分合，いわゆる「換地」手法により，土地の再編成を行う事業であり，市街地整備の中でも特に汎用性の高い総合的な市街地整備手法である．土地区画整理事業では，道路や公園といった公共用地は，地権者の土地の一部が土地利用の増進に応じて全員から公平に提供され（公共減歩）確保され，公共施設の整備改善が図られる．

一方，同じく市街地整備を行う手法で代表的である市街地再開発事業は，借家人等も含め地区内の土地と建物に関する権利を有する者すべてを対象に，従前の権利を建物の床と土地の共有持分に変える権利変換方式という手法を用いる権利者間の利害を立体的に処理することが可能な手法である．1969（昭和44）年に都市再開発法が制定され，これに基づき推進されてきた．2001年3月末までに726地区，1117.5haの進捗をみるに至っている[1]．

その他，市街地整備における事業手法としては，土地区画整理事業や市街地再開発事業といった事業のほか，いくつかの基本的な事業手法を中心とし，様々な事業手法がある．また，このように直接事業を実施することを目的とした事業手法だけでなく，市街化区域と市街化調整区域の区分，用途地域等の地域地区，開発許可等の許可制度，建築基準法の建築確認制度等の規制手法，特定街区，高度利用地区，総合設計，地区計画等の誘導手法等幅広い側面をもち多様な類型化ができる．

高度経済成長，都市の急激な拡大が始まってからは市街地整備の重点は縁辺部での先行整備へと移っていったが，既成市街地の木造密集地域等市街地の抱える課題は広範囲で多様性があり，基盤整備，建築物整備，住宅供給，不燃化や防災，環境との調和，中心市街地の活性化等，様々な課題が存在する．市街地整備は，その時代のニーズや整備テーマに応じて，様々な手法やその組み合わせによって，整備目的の達成を

C17 市街地整備

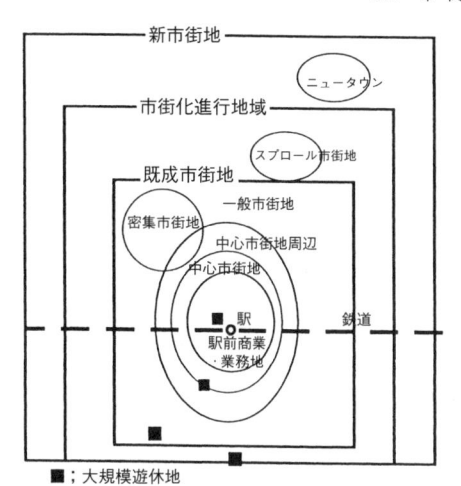

図17-1 市街地類型[3]
都市計画法における整備，開発または保全の方針に準じて，市街地を区分したもの．

図17-2 みなとみらい21中央地区土地区画整理事業
2010（平成22）年度完了予定（横浜都心臨海地区）（都市基盤整備公団（現都市再生機構）の都市機能更新（土地区画整理）事業パンフレットより）．

図17-3 郊外における市街地整備の工事中現場
大阪国際文化公園都市特定土地区画整理事業「彩都」（大阪府北部）．

図17-4 新宿アイランドとその周辺
新宿副都心計画を担う西新宿六丁目東市街地再開発事業，1995年完成（都市基盤整備公団（現都市再生機構）ホームページより）．

図ることが必要である．

近年では，都市再生という位置づけで，都市再生特別措置法における都市再生緊急整備地域や都市再生プロジェクトとしても市街地の整備の促進が加速されてきている．

（藤﨑華代）

文献

1) 日本都市計画学会編：実務者のための新都市計画マニュアルⅡ（市街地整備編）総論・手法選定，丸善，2003
2) 全日本土地区画整理士会：都市再生と区画整理—建築物等関連事業との連携—，講習会テキスト，2003
3) 住宅・都市整備公団街づくり推進室：街づくり事業手法の紹介，p.7，協力：（株）計画技術研究所，1998

D 景観

D1　環境都市と景観
—— Environment City and Landscape

「環境都市」とは，都市経営や都市政策の理念として位置づけられる場合が多く，市町村の「環境都市宣言」や市町村議会の「環境都市決議」といった表現を聞く機会がある．

背景には，地球規模での温暖化現象等が都市における資源エネルギー浪費の拡大に警笛を鳴らし，自然環境の回復，ごみの削減と再利用，省資源型自動車などの開発等，社会的関心が高まってきていることにある．

このような動向と並行して，各市町村は続々と景観条例を制定し，市民・事業者と協調して美しく魅力あるまちづくりを進め始めている．

環境都市づくりと景観づくりは，市民的関心が高くなり市民・事業者と行政が力を合わせて身近な行動から改善しようということでは，同じ進め方である．魅力ある景観として人々に意識されるものの代表は，風光明媚な自然環境であり，これを守ることは，すなわち環境都市の形成そのものといえることになる．

しかし，環境に極めて負荷の大きい超高層ビルについて，ニューヨークの摩天楼のように世界的に愛され，都市の個性を象徴するランドマークとして認識されるような場合もあり（図1-1），現時点での景観施策が必ずしも「環境都市」のみを指向しているとは限らない．各都市の景観は，各都市の文化的環境や都市政策を体感するのに最もわかりやすい指標となる．これは，環境都市の本格的な形成を目指した施策が進められた場合には，街の緑や都市施設の外観にも影響を与えるため，環境都市らしい景観となることが予測される．日本においても，150年程度以前の江戸時代では，大都市江戸においても水循環やリサイクルが発達しており，今日的にいうところの環境都市に近い状況であったと思われるが，明治初期に来日した外国人が絶賛したように，優れて美しい都市や農村の景観を呈していたことが様々な日本紹介の文献に残されている．江戸時代当時，建物の再建には，極力もとの部材の再利用が行われていたのは，現在残されている江戸時代創建の古民家を調査しても確認できる．自然的材料を再利用しながら建物づくりを行う結果，茅葺き民家，街道筋の町屋等の統一感が高く持続性の高い街なみ形成を可能にしていたのである．

すなわち，当時の日本の生活文化そのものが，美しい農村や都市の景観に寄与していたのである．米国のボストン・コモン（図1-2）は，都市内に共有地としての自然環境を1634年に設置している近代の都市計画における環境整備の第1号ともいえる取り組みである．また，近年においてもパリの都市政策の一環として，1972年に45 haの自動車会社用地を再整備し，このうち14 haを国際コンペにより1993年設置された「アンドロ・シトロエン公園」（図1-3）や旧国鉄廃線高架1.4 kmを緑豊かな空中プロムナード（図1-4）に整備する等，環境都市形成に寄与する取り組みが進められている．ドイツでは，フライブルグ等で都心部の交通緩和を目指して，路面電車の復活を図りながら最も環境負荷の高い自動車の都心部流入の抑制策を図ることや，自然環境の回復を目指して「風の道」に着目した土地利用の誘導が図り，景観的な魅力の向上も進んできている．環境都市および景観という概念は，市民の生活スタイル，地域の連帯感等に基づいて身の回り

図1-1　ニューヨークの摩天楼

図1-2　ボストン・コモン

図1-3　パリのシトロエン公園

図1-4　パリの空中プロムナード

の環境を市民自身から向上させようという行動に支えられるものであることから，今後は，環境教育や地域連携の誘導等の施策の強化を進めながら，まちの将来像を市民とともに描いて目標の合意形成を図り，市民・行政・事業者が力を合わせて魅力ある景観を有する環境都市を目指す必要がある．また，パリの事例にあるように，工場跡地や鉄道廃線敷地の緑への有効活用等，成熟し成長しない時代において都市政策の中で知恵と工夫をこらして，経済性を踏まえた事業を進めることが期待され，その結果，環境にやさしい魅力ある景観形成を各都市とも競う時代にきている．　（中野　創）

D2　伝統的景観
―― Traditional Landscape

　日本の代表的な風景として広く認識されている日本三景，安芸の宮島，丹後の天橋立，陸奥の松島は海の風景であり，自然がつくり出した海岸の美しさと，松を代表とする緑豊かな風景で構成される．これは，日本人にとって海の風景が特別なものとして意識されていることをよく表している．

　その中でも白い砂浜と松林の取り合わせ，白砂青松の風景は，万葉集の頃から数多く歌にされ古くから日本人に親しまれてきたように，歴史・文化的に貴重なものであるといえる．一般的に白砂青松とは，風化した花崗岩を中心に形成された砂浜と，クロマツやアカマツを主とする松林を意味する．このうち青松を構成する沿岸部における松林の成立は，防波，防潮，防風等の目的から人工的につくり出されたことに起因すると考えられる．人工的な松林の整備の面には，古来からの白砂青松観が根付いていることや，その景観を好んでつくり出したという点も少なからず影響しているであろう．このようにして形づくられた白砂青松の海岸は，海水浴場等のレクリエーション空間，優れた風景を有する空間，文化性の高い空間として極めて重要であり，加えて松林による防災機能も有している．この白砂青松の風景は，花崗岩が広く分布する瀬戸内海で多く目にすることができる．

　では白砂青松という概念はいつ生まれたのか．前述したとおり，わが国における最初の詩歌集である万葉集にも白砂青松的景観を連想させる内容が多く歌われ，万葉集以後も，詩歌に限らず多くの文学作品で白砂青松的景観を写実した内容は多数存在する．しかし明治以前では，構成要素となる白い砂浜と青い松といった概念は存在していたものの，今日の白砂青松的な表現はされておらず，単に各地の名所ごとの風景として取り上げられていた．

　最初に白砂青松的景観を論述しているものとして[1]，志賀重昂の「日本風景論」(1894年)[2] があげられる．この一節「参河の花崗岩」の中で「獨り参河の境に入り，蒲郡停車場を過ぐや，四囲の山岳皆な花崗岩に係わり，その表面の風化水蝕せしものは，分離して白種雲母片となり，石英粒となり，玻璃状なるもの，珠玉状なるもの，夕陽残照と相映じ，茲に眞成の『白沙』を成し，青松其間に點綴して初めて所謂『白砂青松』の風景を現じ来る．湘南，駿，遠州の風景と實は灰沙青松たり，海道の眞風景たる『白沙青松』は，参河の南部，西武に到らずんば能く眺観すべからず．」と風化した花崗岩からなる砂浜と青松の風景を「白沙青松」と科学的視点から論じ，白砂青松の概念を確立している．また，志賀は白砂青松の景観は主に瀬戸内海地域特有であると位置づけ，瀬戸内海以外の大部分の海岸と松林の風景に関して「灰砂青松」と呼び，瀬戸内海のものと区別して論じている．

　白砂青松海岸の現状は，図2-3に示す須磨浦（神戸市）の明治期から現在に至る海岸の変遷の例のように，治山，河川，海岸改修による砂浜の減退，農地整備や市街化の進展，または松食い虫による松林の減少等により，その多くが失われてしまった．そこで歴史・文化的に貴重な海の風景を守るためにも，白砂青松海岸の保全が強く望まれる．

（山本浩史）

文　献

1) 木村三郎：白砂青松考―その造園史的意義について―，日本造園学会誌，54(5), 37-41, 1991
2) 志賀重昂：日本風景論，岩波文庫本所収，1937

図2-1 須磨海浜公園（神戸市）

図2-2 大浜公園（洲本市）

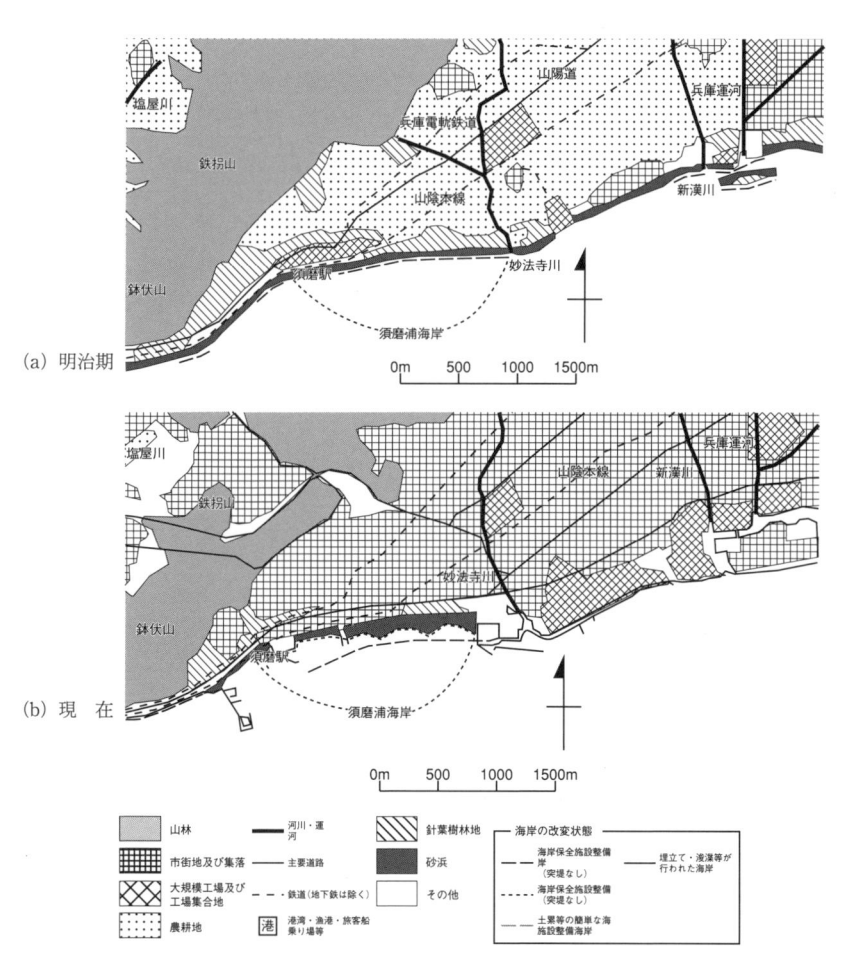

(a) 明治期

(b) 現在

図2-3 須磨浦およびその周辺の空間の変容

D3　街路景観
――― Streetscape

　街路の景観は，土木，建築，造園等，様々な研究分野で景観評価等の調査研究が行われている．これは，土木的な道路構造物としてのつくり方を考える立場においても，沿道の建物の調和を考える立場，道から見える風景としての山河，湖沼の保全を図る立場等，様々な着眼点から研究されるからである．そこでここでは，街路景観の保全もしくは新たな形成を行うためにとられる措置として，建築物の「誘導」，歴史的まちなみの「保全」，緑地や自然等「保全」，道路等の「整備」といった4つの視点から考察する．

　建築物等の誘導として街路景観を捉えるときには，都市景観施策の特定の区域の取り扱いとして取り組まれる場合等が多い．多くの景観条例に基づく景観形成地区等は，その都市のシンボルロードの町並み形成を重点的に取り組んでいる．具体的には，西欧のように建物の軒高をそろえるような規制がわかりやすい．また，屋外広告物の形状や色，場合によっては洗濯物が外に見えないようにすること等まで，各地で独自に取り組まれている．商店街としての街路景観づくりでは，壁面線の後退やショーウインドゥ等の意匠に統一感をもたせる等の地域の自主ルールとして取り組まれているものもある．

　歴史的街並みの保全は，旧街道筋の宿場町等で街道沿いの歴史的景観を保全するよう「伝統的建造物群保存地区」等の制度により改変を抑制し，修復工事を助成する等の支援を行って伝統的な街路景観を保全している（例：大内宿（図3-1））．

　農村や郊外部の街路景観は，自然環境の保全策により魅力的な街路景観を形づくっている．自然環境を事例にすれば，国立公園制度，緑地保全地区等の地域性緑地制度により保全されており，街路樹等緑化施策も街路景観に大きく寄与している．

　最後に，道路等の整備による街路景観の形成は，シンボルロード事業のように象徴的な道路の石畳等の特殊舗装，地域性を生かした照明灯や車止め等のストリートファニチャーのデザイン等を施して整備し，魅力的な街路景観づくりを目指している．また，整備した道路空間の有効活用としてオープンカフェ等も試行されつつあり，街路景観の魅力づくりにソフトな施策も加えられつつある（例：横浜の日本大通りオープンカフェ（図3-2））．

　また，特殊な事例であるがウォーターフロントのもつ魅力を生かすため，港湾部にかかる旧鉄道橋を遊歩道に再整備した横浜の汽車道（図3-3）もこれからの通行空間の魅力づくりに大きな影響を与える事業といえる．

　一般的に，魅力的な街路景観だと認識されているところは，上記の様々な取り組みが相乗効果を上げて調和のとれた事例であり，パリのシャンゼリゼ（図3-4）に代表されるように，道路形状として直線で見通しがよく，そして広い幅の歩道には舗装材，照明灯，車止め等が統一感をもって計画的に整備されており，緑豊かな街路樹が配置されている場合等である．沿道の建築物軒高が揃うよう都市計画的に制限され，建物意匠も歴史的外観に統制されているため，世界を代表する街路景観となっている．

　国内では，彦根市のキャッスルロード（図3-5）が道路整備と沿道の街並み整備をあわせて実施した好例である．6mの既存道路を18mに拡幅する街路整備事業に

図 3-1　大内宿

図 3-2　横浜の日本大通り

図 3-3　横浜の汽車道

図 3-4　シャンゼリゼ

図 3-5　彦根市キャッスルロード

取り組む際に道路拡幅だけではなく，沿道に新築する商店等の建物を歴史的な外観に統一するよう行政と沿道各所有者全員が協議して合意し，魅力的な景観形成と商店街の活性化および都市の象徴的空間形成につながっている．

また，一般的に街路景観形成では，公共が担う公共空間と沿道の民間空間に加えて，セミパブリックな境界部の取り扱いが重要である．横浜市の山下公園通りでは，公道に面した民有地でありながら，公開空地として歩道と同様の空間形成となっており，拠点的に敷地内広場を整備すること等により，豊かな歩行者空間を生み出し，奥行きのある街路景観を有している．住宅地においても，生け垣等の連続した道筋は，多くの市民に親しまれる街路景観と認知される．

今後の街路景観づくりは，このような意味でも公共・民間の共同作業により形成していくような総合的な取り組みが必要である．

(中野　創)

D4　河川景観

—— River Landscape

　景観を捉えるには視点場と対象，その両者の関係等の把握が必要である．河川における視点場と対象の関係についてみると，河川を眺める場所はいくつか存在し，堤防，高水敷，水際，水面，橋梁，周辺眺望点の6つが代表的な視点場となる．このうち堤防は散策，サイクリング，ジョギングなど人の利用が一番多い場所であるとともに，位置的には高水敷や水面より高く，視界を遮るものがないためによい視点場となり，重要な視点場といえる．また，対象としては人工的・自然的な多様な景観対象があり，視点場そのものが主要な景観構成要素となる場合が多い．すなわち，水面景として，水の流れ，河道，河床，砂州，堰・床止め，船，水鳥等があり，水際景として，護岸，根固め・水制，船着場・船溜まり，水門・閘門，水際の植物等があり，高水敷景として，樹木・草花，人，グラウンド，堤防等があり，周辺として，住宅・ビル・工場，鉄塔・煙突，樹木，山・丘陵等があり，その他として橋梁等がある．この際，小河川（都市河川が多い）では周辺景の役割が大きく，大河川では，堤防，水面，水際，高水敷などの河川景が主体となる．

　次に，河川景観の特徴をみてみると，水の流れが存在する風景，地形の中の風景，自然が形づくった風景，堤内地と一体となった風景，水平的な風景，スケールが大きく開放された風景，川の上下流や川ごとに趣が異なる個別性の強い風景，変化する風景，歴史・文化を有する風景などがあげられる．その中でも，地形によって河川景観はその大要が形づけられており，周辺景の遠景は大地形により形成され，中景，近景は治水地形により決まる（川により形成さ

れた地形）といえる．また，河川景自体は，河口部，感潮域，中間地（自然堤防）河道，扇状地河道，山間地河道といったその河道特性により明確に特徴が異なる景観を呈し，これらの景観対象は景観の印象に重要な役割を果たしている．

　さらに，河川特有の流れ，跳水，波，瀬と淵，水の色等が河川景観を特徴づけ，水面幅，水深，流速等の物理的量により景観が変化する．季節・気象状況により流量が日々変動し，水の流れが河川景観の中でも動態要素と位置づけられる．河川構造物は治水・利水の本来の機能を発揮する極めて重要な構造物であるとともに，河川景観においても主要な景観構成要素であることから，質の高い河川景観を創出するためには，景観への配慮は不可欠である．河川の植物は，河川環境を構成している主要な要素であり，湿性植物群落，川原（玉石）植物群落，ヤナギ群落など河川特有の植物群落は，河川景観に彩りを与えている．河川に生息している様々な動物の中では，景観上（人の目につくため），鳥が重要といえる．

　今後，河川環境を総合的に表す河川景観に対して，どのように評価し，どのような河川景観を目指すかが重要な課題であり，検討が必要となる．この際，主要な景観構成要素ごとの状態について目標を設定し，その目標を維持・創出・復元するために必要な方策について，沿川住民と行政が協働して検討していくことが重要となる．

（伊坂　充）

文　献

1) 島谷幸宏編：河川景観のデザイン，山海堂，1994
2) 土木学会編：水辺の景観設計，技報堂，1988

D4 河川景観

図 4-1 河川景観における代表的な視点場と対象

表 4-1 水系における河道景観の特徴[1]

水系での主要な河道分類	河道の特徴			周辺の特徴
	水の表情	河道	河床	
山間地河道 山地部を流下する河川風景である。両側の山、河床の岩、滝等により自然性に満ち、水の動きを感じさせる景観を呈する	動的 ▲急瀬, よどみ, 滝など変化に富む	狭い, 深い ▲流路は幾度も急角的に方向を変える	岩, 急勾配 ▲大きな石や岩が露出	自然的 ・山間部 ・周辺の地形とともに景勝地となることが多い ・自然性に満ちている
扇状地河道 谷あいより平地部に出る河川風景で、澪は複列になり、広大な河原を形成する。 砂礫が支配的な景観	流速は速く、水のしぶきや波立ち	広大な河道 澪筋は複列になる	砂礫堆が発達 1/60～1/250	・谷あいより平地部に出る所
中間地 (自然堤防) 河道 自然堤防帯の河川風景, 河道内には大きな砂州が発達し砂州や瀬・淵などが重要となる	瀬や淵が交互に発達する	河道には大きな砂州が発達する	上砂の堆積 1/400～1/4000	・河道周辺に自然堤防 背後に後背湿地帯 ・水田等の耕地多し ・自然堤防上に集落
感潮河道 感潮域あるいは自然堤防河道の感潮域に対応し、砂州は明瞭でない。水面幅が広く広大であるが、空間的な変化に乏しい	流速も遅く、瀬や砂州の発達は明瞭ではなく、広大である。潮位の影響を受ける	大きな砂州は発達しない。澪筋は1つにまとまり、水深も比較的深い	砂 シルト 1/5000～ level	・感潮区間に対応 ・舟運利用多し ・町が発達
河 口 海に接する部分であり、雄大な風景を呈し、砂し、海の波浪などが重要である	雄大 海の波浪 静的	海に接する 広い, 平たい	砂 シルト シルト, 緩勾配	・港が発達 都会的

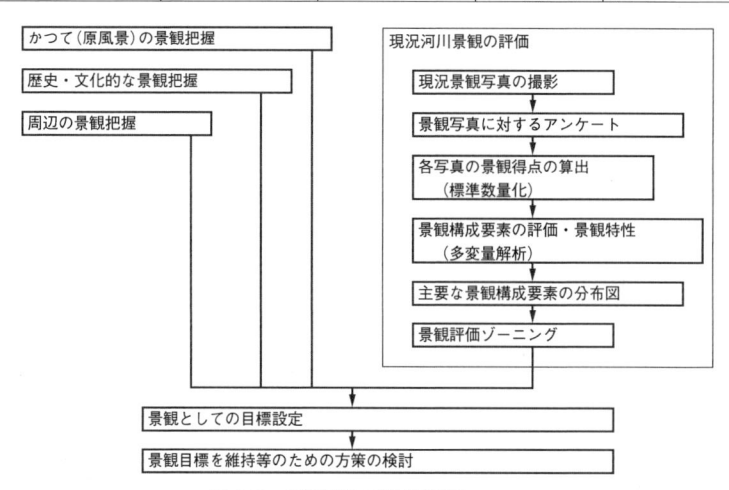

図 4-2 河川景観の評価等検討フロー

D5 親水公園
—— Urban Park with Water

　都市の中における水面にはどんな種類があるのだろうか。国内外の多くの都市が港湾，河川に面していることはもとより，都市の中には湖沼，池，掘り割り，運河，流れ等，様々な形で水が存在している。逆説的にいえば水を介在しない都市は存在せず，オアシスを拠り所とする都市をはじめ，すべての都市は水の存在に依存している。水は文字どおり都市の生命線であり，生存のための最も重要なファクターであり，農耕の基盤であり，都市内交通のネットワークインフラである。同時に水の存在は，都市に暮らす人々にとって大切な生活の彩りであり続けている。

　たとえば東京においても，江戸の昔より水にまつわる名所，庭園は数多くあり，都市住民の憩いの場であった。大名庭園・寺社がもっていた水面は，六義園や不忍池など今でも多くが庭園式の公園として保存活用されている場合も多い（図5-1）。しかし翻って，かつて名所であった河川，港湾との接点でもあった様々な名所はどうであろうか。河川は道路で蓋をされ，港の水面は工業化と埋立で我々の視界から遠く去ってしまった。多くの都市のおいて，かつて表の顔であった水面は裏になり，近代化の流れの中で我々は文字どおり水と親しむ，そういう場所を失ってきたのである。

　しかし，水との接触なしには我々の生活は成り立たない。結果，都市内には多くの新しい親水空間が誕生してきた。うがった見方をすれば都市生活と水が乖離してしまったからこそ生まれてきたのが親水公園という言葉なのかもしれない。近年では循環式の設備を備えた（または中水利用の）せせらぎ公園なども多く見受けられ，さらにはフォグノズルを用いた霧のでる公園，噴水を用いた都市広場等，様々な形での公園や広場というパブリックな場所での水との接点が生まれている（図5-2）。これらはかつて存在していたが今は失われてしまった，水にまつわる名所の代償でもあり，しかし現代の都市形態，テクノロジーに支えられた新しい人と水との関係であるともいえる。

　したがって，親水公園または親水空間という存在には明らかに2つのパターンが存在している。1つは，都市の成り立ちそのものに深く関与している水面との関係の上に成り立つもの。ここでの親水とは単に水と遊ぶだけではなく，都市の文化，歴史，景観とも大きくかかわる行為である。もう1つは先に述べた，まったく新しい，主に水という素材をレクリエーション的に用いた，新しい親水空間をつくりだしている場合である。我々はあるタイプの親水空間を失い，また今までになかったタイプの親水空間を手に入れている。我々は親水公園（空間）という言葉を必要とするほど自ら遠ざかってきた。そしてそのことが新しい水との関係も生み出してきている。都市の中での水の存在は今後より多様になるのではないだろうか。失ったものを取り戻すとともに，新しい水との関係を生み出すことによって。

　最後に，親水公園のデザインが環境都市に貢献できる大きなポイントを指摘したい。異なるエコトーンのインターフェースはしばしば，より多様な自然環境を生み出す。親水公園とはまさしくその1つになりうる領域である。たとえば，横浜に整備されたポートサイド公園において，筆者は水面（河川）との接線にヨシ原の再現を試みている（図5-3）。そのためまずPCブロ

D5 親水公園

図 5-1 不忍池（事例 1）

図 5-2 プラザパーク（事例 2）

図 5-3 ヨシ原の再現（事例 3）

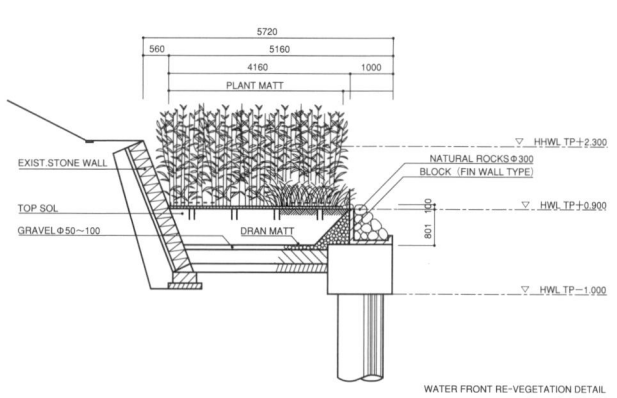

図 5-4 護岸断面

ックによる植栽システムを開発した．自重のみで設置されるブロックがゴロタ石とともに簡単に通水可能な植栽地をつくり出し，ユニット自体の隙間やヨシの群落にはすでに多くの生物が棲みつき始めている（図 5-4）．また，ブロックのフィン形状は消波に高い効果を示すとともに，長い単調な護岸線に細かい陰影を与えてもいる．これは，港湾の土木的景観の中に置かれた小さなユニットであるが，増殖することによって港湾景観と港湾の生態系を同時に変化させていくためのプロトタイプとなることを目指している．これはほんの 1 例だが，生態系への配慮と都市景観への配慮とは同時に考えられるべき問題であり，それを可能にするデザインがこれからの環境都市構築のために求められているのではないだろうか．

（長谷川浩己）

D6　構造物と景観
—— Structure and Landscape

　土木構造物は，その機能・用途に応じて各種存在し，その形態，規模も様々である．これらの構造物は，新たな風景価値を生み出す可能性を有している反面，その構造デザインのいかんによっては周辺景観を阻害する一面も有している．

　形態的な観点からこれらの構造物を分類すると，独立（単独）的構造物，連続的構造物とに大別しうる．

　独立的構造物の典型は，ダムや橋梁，水門・堰等であり，それ自体の形態が比較的完結しており，ゲシュタルト心理学でいう「図」となりやすい，換言すれば目立ちやすい性質を有している．

　ダムは，一般に堤体材料によりコンクリートダムとフィルダムに分類される．また，コンクリートダムは，重力式ダムとアーチ式ダムに分類されるほか，フィルダムもいくつかの構造形式を有している．

　洪水調節や利水などの複合的な機能を有する多目的ダムは，一般的に大規模なものが多いため，ダム本体自体のデザインに加えて，周辺の景観や環境とどのように馴染ませるかが大きな課題となる．また，道路の付け替えに伴う橋梁の架設やトンネル整備，ダム湖岸の修景対策など，ダム域全体のランドスケープの再構成が必要となる場合も多い．

　橋梁は構造形式が豊かな構造物である．桁橋，ラーメン橋，アーチ橋，トラス橋，吊橋，斜張橋など多様な形式がある上，それぞれにバリエーションが存在する．また構成部材でみれば，現在の橋梁は，鋼製橋とPC橋が主流であるが，両者を組み合わせた複合橋も存在する．

　橋梁は，道路景観上の節目となる場所であり，視点場となると同時に景観の一要素として眺められる対象としての性格の両面を有している．架橋位置の特性によっては，景観の主役としての性格を強く求められる橋がある反面，ひとつの景観構成要素として，まわりの風景に溶け込ませる必要のある橋も数多い．

　橋の魅力は，一般にサイドビュー（側景観）と橋上と桁下の空間を形づくる「構造デザイン」によるところが大きい．また，都市内の橋ならば，人々の行動の分岐点となり，かつ落ち着いて風景を楽しむことができる場所としての橋詰空間のあしらい方も極めて重要なデザインポイントとなる．

　これらの独立的な構造物に対して，河川の堤防や護岸，一般区間の道路などは，構造物本来の目的から照らしても連続的な形態であり，完結した形とはなりにくい．しかし，これらは大地と一体となって，新たな風景を想像しうる可能性を有する．たとえば，ドイツのアウトバーンの設計思想を取り入れた名神・東名の高速道路は，地形を巧みに読んだ線形によって，従来の日本にはなかったシークエンス景観に秀でた新しい風景を創出したことで知られている．

　また，連続的に設置される堤防と護岸（水辺）などにおいても，従来のような画一的な形態を連続させるものばかりではなくなってきている．土構造物としてのアースデザインと場所にふさわしい植栽デザインによって，洪水時という非常時対応から，日常の風習を形づくる居心地のよい空間としての再構成が図られつつある．

（伊藤　登）

文　献

1) 建設省河川局開発課監修：ダムの景観設計，山海堂，1991
2) 篠原　修・鋼橋技術研究会：橋の景観デザインを考

D6 構造物と景観   97

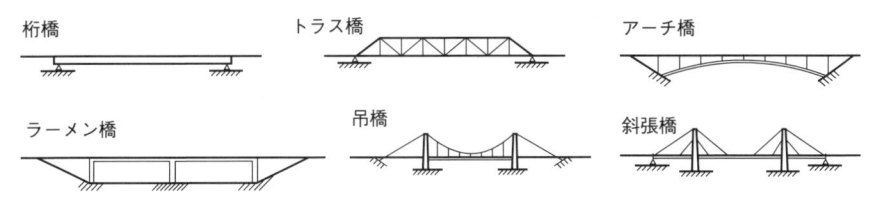

桁橋　　　トラス橋　　　アーチ橋

ラーメン橋　　　吊橋　　　斜張橋

図6-1　橋梁の構造形式

図6-2　中筋川ダム（重力式コンクリートダム，岡田一天(かずたか)氏提供）

図6-3　横浜ベイブリッジ（斜張式，松崎喬(たかし)氏提供）

図6-4　東名高速道路，浜名湖周辺（松崎喬氏提供）

図6-5　阿武隈川渡利地区の水辺（河川空間のアースデザイン）

える，技報堂出版，1994
3)（社）土木学会編：土木工学ハンドブック，技報堂出版，1990

4) 藤原宣夫編著：都市に水辺をつくる，技術書院，1999

D7　港湾・海浜美景創造
―― Beautiful Landscape for Port and Seaside

　わが国は，約4000の島嶼と火山列島からなり，国土の大部分を山地に覆われ，四囲を海に囲まれているところから，入り組んだ海岸線の平地に広がる臨海部に大小の港湾を発達させてきた（表7-1）．中でも特定重要港湾・都市港湾は，海外との窓口として，経済・社会・文化の窓口として，歴史的に長年にわたり港湾都市への人口集積と，経済活動の集中発展を支えてきた．

　この都市港湾地域の海岸は，急速にコンクリート等による人工的構造物化が進められ，人工構築物集積景観へと港湾空間を変化させ，海辺と人とのふれあいの場は失われてきた（表7-2）．このような状況下，1973（昭和48）年に「親しみのある港づくり」「水辺のレクリエーションの場づくり」「人と海の自然との触れ合い」を目的とした「港湾環境整備事業・海岸環境整備事業」がスタートし，臨海部の美景化，海辺の自然回復が進み，そのことが特に都市臨海部の魅力を高めることに奏功し，人々のレクリエーションの場として，都市臨海部の活性化を進めることにつながった．

　首都圏を代表する東京湾岸のウォーターフロントを例にみると，東京ディズニーランド・東京ディズニーシー，葛西臨海公園，お台場海浜公園（図7-1，7-2），横浜みなとみらい21臨港パーク（図7-3），など，緑と，親水護岸，人工海浜，プロムナード，広場，各種の文化施設等の整備が進められた．これら整備地区の特色は，お台場海浜公園の場合，レインボーブリッジとその背後の超高層ビル群，みなとみらい21は，ベイブリッジを景観のポイントにした人工的景観を楽しむ場となっていることであり，大桟橋国際客船ターミナルは，芝生と木製の曲面床が360度の眺望を可能にした眺めの丘になっている等，いずれも港湾の美景鑑賞機能が優先されていることである．今後市民生活と密着したウォーターフロント，レクリエーション空間として，さらなる美景整備が期待される．

　海浜景観についてふれる．海と陸の接する地帯，境界を海岸・海辺・浜辺等と呼び，視覚的に認知できる空間の構造を一般的には海浜景観と呼ぶ．わが国土は，約32800 kmの長大な海岸線を有していることから，その海浜景観は多様で変化に富み，日本人の繊細な自然観・庭園芸術等に影響を与えてきた．

　この海浜景観は，白砂青松，岩礁，転石，磯浜，干潟，湿地など自然な形態のほか，防波堤など人工的な構造のものまで，それぞれ多様な生き物に生息場として，様々な恩恵を与えている．中でも干潟・湿地では水鳥の生息地として国際規模でその保全が重要視され，1971年イランのラムサールで条約が締結されている．しかし，日本列島は地震，台風等による津波・高潮，火山の噴火など自然災害の多発しやすい状況下にあることから，それらの対策として，海岸法に基づく「海岸保全基本方針」「海岸保全基本計画」によって保全が行われているが，自然海岸は全国平均で55.2％と減少傾向にある（表7-3）．

　島国日本の国土運営・管理において，港湾・海浜の存在は最重要事項であり，今後，海岸構造物等の建設・改修にあたっては，それらの形態，規模，色彩など周辺環境との視覚的調和と，視認することができない生態系，時間変化等に配慮しながら，美景創造を目指すものとして進めなければならない．

　　　　　　　　　　　　　（小林治人）

表7-1 港湾数一覧(2002年4月1日現在)

区 分	総数	港湾管理者					56条港湾
		都道府県	市町村	港務局	一部事務組合	計	
重要港湾	128	97	24	1	6	128	―
(うち特定重要港湾)	(22)	(11)	(8)	(―)	(3)	(22)	(―)
地方港湾	960	522	370	―	―	892	68
計	1088	619	394	1	6	1020	68
(うち避難港)	(35)	(29)	(6)	(―)	(―)	35	(―)

資料:国土交通省港湾局管理課調べ.
注1:東京都の洞輪沢港は避難港指定を受けているが,管理者未設立であり,かつ56条港湾ではないので本表より除く.注2:地方港湾の総数欄960港には56条港湾68港湾が含まれる.

表7-2 主要湾岸線の状況(%)

名称	自然海岸	半自然海岸	人工海岸	河口部
東京湾	9.7	3.2	86.1	1.0
大阪湾	0	4.3	93.4	2.2
博多湾	36.6	20.8	42.5	0
仙台湾	62.1	28.3	9.0	0.5

出典:「自然環境保全基礎調査」による.

図7-1 お台場海浜公園(人工海浜の賑わい)

図7-2 お台場海浜公園(親水護岸)

図7-3 横浜みなとみらい21臨港パーク(親水護岸)

表7-3 自然海岸の状況

年度	分類	自然海岸		半自然海岸		人工海岸		河口部		総延長
		延長km	%	延長km	%	延長km	%	延長km	%	km
1978(昭和53)年度		18967.2	59.0	4340.4	13.5	8598.9	26.7	263.7	0.8	32170.2
1984(昭和59)年度		18402.1	56.7	4511.4	13.9	9294.5	28.6	263.8	0.8	32471.9
1993(平成5)年度		18105.6	55.2	4467.5	13.6	9941.8	30.4	264.0	0.8	32778.9

「自然環境保全基礎調査」(環境省, 1997(平成9)年4月版)より.少数第2位を四捨五入.

文 献

1) 栗原 康:海岸と港湾における環境保全のための生態学,土木学会誌(JSCE), **83**, 26-28, 1998
2) 小林治人:「設景」その発想と展開,マルモ出版,pp.110-141, 1996

D8　自然景観

—— Natural Landscape

　南北に細長く連なる島国であるわが国には，亜寒帯性から亜熱帯性までの森林が途切れることなく続くなど様々な自然が広がっている．中でも，富士山や北アルプス（図8-1）等の山岳景観，尾瀬ヶ原の高層湿原，阿蘇の大草原（図8-2）や八重山列島のサンゴ礁等は自然の景観地として多くの人々に親しまれている．また，自然の反対語は人為であるが，この点からも自然景観とは一般的には「人為を連想させるものが入らない景観」を指す言葉といえる．

　これら自然の景観地の多くは，たとえば日本百名山のうち73山が国立公園内（図8-3）にあることからもわかるように，全国で28ヵ所指定されている国立公園をはじめとした自然公園内にある．国土の約14％が自然公園法の規定により公用制限がなされ保護されているわけで，「自然公園法」がわが国における自然景観に関する最も重要な制度といわれるゆえんである．

　しかし，自然公園はその目的を「優れた自然の風景地を保護するとともに…」として指定されているが，決して原生的な自然だけで構成されているわけではない．人工林や採草地等の2次的な自然の場所も多く，風景や自然を楽しむ人々が訪れている地域である．温泉地や古刹等は古くから多くの方々が守り育て集う場所として，むしろ積極的に自然公園内に取り込まれてさえいる．自然公園法では人文的な景観も保護の対象としているわけである．

　事実，人は稜線に建つ山小屋（図8-4）に到着したときに「人工物を発見した不快感」を感じることはなく，また，広大な放牧地（図8-5）を目の前にしたときに「定期的な火入れ等によってつくられた不自然な風景」と感じることもない．むしろ快い自然な風景として感じているはずである．そればかりか灯台や橋梁のように大規模な構造物（図8-6，8-7）であっても，風景の添景として楽しんでしまうきらいすらある．「自然景観」という言葉は必ずしも人為を排除した景観だけではなく，人文的な景観も含みうるということである．国立公園制度の基礎を築いた田村 剛が「風景とはその人の心次第である」と述べているのはそういう点で興味深い．

　これまで，自然景観とは人工物が存在しない景観と一般には解されているが，人文的な景観も含みうるということについて述べてきた．最近，今後の景観論に影響を与える可能性がある法律の制定や改正が，生物多様性や生態系をキーワードとしてなされているので紹介したい．

　2002（平成14）年12月に制定された「自然再生推進法」において「河川，湿原，干潟，藻場，里山，里地，森林」が自然環境の例としてあげられた．これまで農村の地域活動や環境学習（図8-8）の場として捉えられていた雑木林やため池等が，高山植物群落や高層湿原等と同じ自然環境として位置づけられたという点で画期的であり，自然を保全し再生するためには「自然環境を支える生態系に関する科学的な知見」が必要であることが明記されている．

　2002（平成14）年4月には「生物多様性の確保を旨として自然の風景地を保護する施策を講ずる国等の責務」を規定する自然公園法の改正も行われた．自然景観の保全や管理等に携わる者は自然の生態系等にも関心を払わなければならず，人為的な影響を排除するばかりでなく，生態系への積極的な働きかけも必要とされたわけである．

（三村起一）

D8 自然景観

図 8-1 中部山岳国立公園穂高岳（齋藤真知氏提供）
年間 180 万人が訪れる上高地．河童橋から穂高岳方面を望む．

図 8-2 阿蘇くじゅう国立公園草千里（環境省九州地区自然保護事務所提供）
赤牛が牧草を食む様は阿蘇を代表する景色である．

図 8-3 大雪山国立公園大雪山黒岳のお花畑から凌雲岳方面を望む．自然公園全体でみれば日本百名山のうち 97 山が含まれている．

図 8-4 中部山岳国立公園槍ヶ岳（齋藤真知氏提供）
頂上直下稜線部（肩）には槍ヶ岳山荘がみえる．小屋は目立つよう，赤茶色に塗られている．

図 8-5 阿蘇くじゅう国立公園（秀田智彦氏提供）
阿蘇の大草原はこのような火入れ，伐採で維持されている．

図 8-6 西海国立公園大瀬崎
海蝕崖に建つ白い灯台は絶好のビューポイントになっている．

図 8-7 大山隠岐国立公園大山
ダイセンキャラボクの濃緑色の中に木道がのびている．

図 8-8 さとやま活動熱海市（さとやま通信提供）
さとやま活動は自然環境の保全活動でもある．こうして，人工的な自然景観が形づくられる．

D9　田園景観

———— Rural Landscape

　わが国における田園景観は，低地を流れる河川の周囲に拓かれた水田や畑，山裾の住居・集落とこれらを取り囲む山林から構成されるのが典型的である．古来，人々は水と安全を求めて河川氾濫の危険が少ない盆地や山間の谷を生活の場とし（図9-1），山裾に住居を構え，低地に水田を，微高地には畑を耕作した．周囲の山林は水源であると同時に，薪炭林・農用林として維持管理し，また，神々や先祖を祀る場所には樹木を植栽して敬ってきた．土木技術が進歩すると，斜面には階段状の棚田が築かれ（図9-2），河川の氾濫原や台地上の平地にも新たな水田が拓かれるようになった．山林が近くにない平地や台地上では，広大な水田の中に家屋の防風および資材供給の場として利用された屋敷林を伴う住居が点在する，特徴的な景観を形成してきた（図9-3）．

　田園景観の特性は，地形を巧みに生かした食糧生産現場としての土地利用と，山林を含めた樹木・樹林の実用的かつ景観的な利用の中で生み出されたことにある．そして，農業生産を持続させるために周辺の自然地に手を加え維持管理することにより，多様な生物の生育・生息環境を形成させているという側面もある（図9-4）．

　このような田園景観は，産業構造の変化と人口の集中による都市域の拡大をはじめとして，農業人口の減少，都市との経済的格差，減反による遊休地の増加，農業の機械化や化学肥料の使用に伴う山林の荒廃等によって失われつつある．都市に取り込まれた農地や薪炭林，屋敷林は，かつての田園景観の一部を辛うじてとどめ，緑の核として都市住民へ安らぎを与えるとともに，都市の生物にとってもビオトープネットワークの拠点となる等，その重要性が認められている（図9-5）．しかし，これらの緑地は後継者不足や税金対策，近隣住民との関係等によって虫食い状態に失われていく場合も多く，開発予備地との感は否めない（図9-6）．一方で，農業のもつ多機能面の評価，有機農業や地産地消システム等の農業生産への要求，自然とのふれあい欲求の高まりや新規就農者増加等にみられる都市住民の意識変化，農村内部からのまちづくりや地域活性化，伝統農業の再評価等の動きを背景として，田園景観は「里地・里山」として脚光を浴びている．その理由の1つは，この景観が我々の原風景として改めて認識されたことであり，また1つは田園景観が具現化している「人と人，そして人と自然が共に生きる」ことこそ我々の生活の原点であると認識されたことである．

　田園景観とは，長い年月をかけて培われた「農」を中心とする生活技術の総合体であり，1つの文化的景観である．その中には，都市のあり方を考える上で有益な示唆が溢れているといっても過言ではなく，農業を軸とした生活や文化を，いかにして時代に即した形で継承し，都市と融合させていくのかが今後の課題である．　　（野口正顕）

文　献

1) 根木　昭・根木　修・垣内恵美子ほか：田園の発見とその再生—「環境文化」の創造に向けて—，晃洋書店，1999
2) 武内和彦・横張　真・井手　任：田園アメニティ論，養賢堂，1990
3) 日本造園学会編：ランドスケープエコロジー（ランドスケープ大系第5巻），技報堂，1999

D9 田園景観

図9-1 山間の田園景観（長野県長野市）
周囲を山に囲まれ，一目で全体を把握できるまとまった景観である．

図9-2 棚田の景観（島根県津和野町）
地形を生かした独特の景観となっており，文化的価値も認められている．

図9-3 平地の田園景観（埼玉県久喜市）
水田の広がりの中で，屋敷林の高木がアクセントとなる景観である．

図9-4 都市近郊に残る田園景観（埼玉県さいたま市）
地形を生かした土地利用により，水田，畦の草地，樹林，水路等多様な環境が存在する．

図9-5 都市に残る屋敷林の景観（東京都杉並区）
都市における緑の核として，都市住民に安らぎを与える．

図9-6 都市に残る田園風景（東京都調布市）
都市の生物にとっても貴重な緑地だが，開発予備地との感が否めない．

D10 景観評価

—— Landscape Assessment

　景観の評価とは，人間の心・能力・行動・知識あるいは知覚などから成り立つものであり，"景観の質のよさ"といった価値基準を前提としている．特に都市の景観について評価する場合は，都市計画や景観計画のための情報を提供することが大きな目的となる．

　しかし，評価指標や評価基準について客観的で説得力のあるガイドラインを設定することが困難な場合も多い．それは景観の価値が地域特性や経済状況などに左右される面が大きいからである．また，評価の主体によって評価結果は異なる場合が多い．要するに景観にかかわる価値基準について，人間社会としての意思選好を明確にしていくことが求められる．そこで景観評価の構造について分析を行い，一般化しえるような法則を見出す手法がとられている．これを計量心理学的評価手法といい，表10-1に示すような手法に分類することができる．

　計量心理学的評価手法にあたっては，評価実験を行うことが基本となり，評価尺度を伴わない方法と伴う方法に分類される．代表的な測定法について以下に述べる．

　評価尺度を伴わない方法にビデオカメラを用いて，注視点の行動や視覚的興味対象の分布状況等の視覚に関する情報を取得する方法がある．解析例として視線の方向，注視対象を分析することや，特定の静止画からその構成要素を数値的に解析することがある．「想起法」は，被験者の自由な意見を聞いたり，ある対象によって連想される事物や対象を聞いたりする方法であり，アンケートやヒアリングによる方法がある．

　一方，評価尺度を伴う方法に「一対比較法」がある．これは n 個の対象を2つずつの組み合わせにし，その対ごとに上位判定を行わせ，その判定を統計処理によって順位づけする方法である．判定が二者択一であるため，判定に狂いが生じにくく信頼性が高い．この方法では一般に写真を用いた方法がとられることが多いがこの場合は，撮影条件（使用機材，撮影時刻，季節，天候，光線の状況など）を可能な限り統一させることが重要である．また，「マグニチュード推定法」はある刺激のもつ刺激量を直接推定する方法である．まず1つの標準刺激を設定し，その刺激量を100とする．次に比較刺激を与え，標準刺激に対する刺激量を推定させ，この平均を感覚的刺激量として各刺激を位置づける間隔尺度を構成するものである．「SD法」（semantic differential 法）は形容詞対の順序尺度上（質問の回答内容の順序関係を示すもの）に心理反応を反映させる方法である．「SD法」は色彩の心理効果や空間体験で生じる心理反応などを的確に捉える方法として広く応用されている．調査では，対象とする空間または空間を的確に捉えた画像によって被験者にすべての評価尺度上いずれかの位置に○を付けさせる．各評価尺度について「悪い評価～よい評価」に「1～5（例）」の得点を与えた上で因子分析を行う．因子分析は各対象に対する各尺度の評点から各尺度間の相関係数を求め，因子負荷量の高い共通因子を見出すものである．

（荒川　仁）

文　献

1) 土木工学大系編集委員会編：土木工学大系13 景観論，pp.281-324，彰国社，1977
2) 自然との触れ合い分野の環境影響評価技術検討会編：環境アセスメント技術ガイド自然とのふれあい，pp.205-208，2002

表10-1 計量心理学的手法一覧[2]

方法的分類	測定法		目的・対象	方法の概要
評価尺度を伴わない方法	観測的方法	アイマーク・レコーダー ビデオカメラ	注視点行動	直接的な観察、あるいは機材を用いた観察により、注視点の行動や視覚的興味対象の観測を行う方法
	視覚記憶測定法	想起法 再生法（マップ法など） 再認法	情報量、イメージ分析	被験者の自由な意見を聞いたり、イメージマップや絵画を描かせたり、ある対象（事物の名称や写真など）によって連想される事物や対象を聞いたりする方法
評価尺度を伴う方法	分類評価尺度	選択法	分類、位置づけ	n個の対象からある基準によって1つまたは複数個の対象を選択する。選択基準が評価にかかわるものであれば、評価尺度としての意味をもってくる。測定データは、単純に選択頻度によって順位づけ評価を行うのが一般的。その他対象の特性を分析する意味でクロス集計による連関分析、選択の不確実性を測度とする情報理論などの処理法がある
	序数評価尺度	評定尺度法	分類、位置づけ、重み付け	評価尺度を被験者に示し、その対象を位置づけさせる方法。このうち数値尺度法は、何らかの意味で順位づけられたn個のカテゴリーに1〜nといった数値を与えておき、対象をどれかのカテゴリーに配置させる方法で、その尺度を一定の距離（間隔）尺度と見なす
		品等法（順位法）		対象をある基準のもとに順位づけさせる方法。この方法による評価は、各対象の各試行での順位番号、順位値の総和、平均値、メディアンによって行うのが一般的
		一対比較法		n個の対象を2つずつの組み合わせにし、その対ごとに上位判定を行わせ、その判定を統計処理によって順位づける方法。順位づけや距離尺度を構成するデータとしての信頼性が高い。データは主に距離尺度を導くのに用いられる
	距離評価尺度	分割法 系統カテゴリー法 等現間隔法	重み付け	
	比例評価尺度	マグニチュード推定法	刺激量と心理量の対応	ある刺激のもつ刺激量を直接推定する方法。得られる尺度は比例尺度とされる。まず1つの標準刺激を設定し、その刺激量を100とする。次に比較刺激を与え、標準刺激に対する刺激量を推定、この平均を感覚的刺激量として各刺激を位置づける間隔尺度を構成する
		百分率評定法 倍数法		
	多元的評価尺度	SD法	意味、情緒	評価性、潜在性、活力性の3つの主要な因子を代表する形容詞対を選択し、「非常に」「かなり」「やや」「普通」などの重み付けがされた評価尺度に従って測定する。測定の内容や対象により、3〜9段階の評価尺度があり、測定結果は中央値「普通」を0として数値化して分析される
観測的方法あるいは評定尺度による方法		調整法	閾値、等価値など定数の決定	比較刺激を被験者が自由に変化させ、標準刺激と同等に感じる刺激を探っていく方法
		極限法		ある刺激を段階的に変化（上昇/下降）させ、所定の反応を被験者に行わせる方法
		恒常法		程度の違う刺激をランダムに与え、得られた反応から閾値を推定する方法。得られた反応から閾値を求める方法には、直線補間法、算術平均法、加算法、正規グラフ法、最小自乗法などがある

D11 ランドマーク ―― Landmark

1. ランドマークとは

ランドマークはある地域においてひときわ目立ち覚えられやすい特徴をもつところの点的な空間構成要素であり、地域のシンボルとして、あるいは目印として人々に認知されるものをいう。

わが国においては、古代から最近に至るまで集落の中の地域中心性あるいはランドマークとして高木植栽が行われていたが、今日ではこのような思想も消えてしまい、高層ビル等にその機能をゆずってしまったかのようである。

ケビン・リンチ（Kevin Lynch）は「都市のイメージ」の中で、ランドマークとして認識されやすい物理的特色として、明瞭な形状、著しい背景との対照、傑出した空間的配置をあげている。

明瞭な形状とは、人間の視覚を刺激する特徴的な形状を指し、色彩や色調によってさらに強調される。

背景との対照が著しいということは、特に重要な要因であり、リンチはボストンのファナルホールのバッタ型の風見、州会議事堂の金色の円屋根、ロサンゼルス市公会堂の屋根の尖端等をあげ、これらはみな市全体を背景として引き立っているランドマークであるとしている。また、汚れた都市の中の清潔なもの、古い都市の中の新しいもの等もランドマークとして選ばれることもあるとしている。

空間的配置において傑出しているということは、それが多くの場所からみえるように配置されている場合や、周囲の建物のセットバックや高さの変化によって、その周辺の要素と局部的な対照が生じるように配置されている場合等である。

そのほかにランドマークとして認識されやすい要件として、道路の接合点に位置すること等があげられる。

2. 都市におけるランドマークの事例

ランドマークの中には、遠く離れたところにあって、いろいろな角度や距離から眺められるものがある。たとえば、東京タワーは、周囲にいくつもの高層ビルがあるにもかかわらず、昼夜を問わずいろいろな場所からはっきりと認識することができる。これは、東京タワーの形状と色彩が特徴的であり、四角く灰色なビル群を背景に引き立っており、しかもその高さが群を抜いているためである。目印として役立っているとともに、東京のシンボルとして人々に受け止められている。

これに対して、局地的なランドマークとして、図11-2の萬年山青松寺の門、図11-3の芝大門、あるいは図11-4の増上寺の門などがあげられる。萬年山青松寺の門は、周囲の高層ビルに比べると小さいにもかかわらず、その伝統的ともいえる明瞭な形状、近代的な高層ビルからなる背景との対照、さらに周囲のビルとの高さの違いにより、明らかにランドマークとしての特質を備えている。また、芝大門と増上寺の門は道路の接合点に位置しており、一定の方向から接近する時に認識することができる。そして、これら2つのランドマークは人々の行動を容易にするための手がかりとしての役割を果たしている。すなわち、芝大門を認識し、その門をくぐって直進すれば間違いなく増上寺の門まで到達することができるというわけである。このように、局地的なランドマークは、それらがつながりをもって認識されるとき、人々の都市の中での行動を容易にする。　　（山元　誠）

図 11-1　東京タワー

図 11-2　萬年山青松寺の門

図 11-3　芝大門

図 11-4　増上寺の門

文　献
1) 丸田頼一：都市緑化計画論，pp.51-83，丸善，1994
2) Kevin Lynch，丹下健三・富田玲子共訳：都市のイメージ，pp.98-104，岩波，1968

D12 緑視

—— Visibility of Landscape Planting

　潤いの少ない都市環境において，都市景観の質的向上を図る上で，緑視のもたらす役割は大きいものといえる．都市と緑の関係をみる際，一般に，緑地（率），緑被（率），緑化地（率）が平面的な緑の構成を対象とするのに対し，緑視（率），緑視域（率），緑積（率）は，立体的な緑の構成をも対象としている．また，都市の緑と景観を論ずる場合，実際に視認可能な緑の形態的特性や分布特性からの視覚的アプローチとその視覚的経験から派生する印象やイメージといった心理的アプローチに大別できる．そして，居住環境における緑と住民意識の視点から，庭木，生垣，街路樹等の緑は，日常最も接触機会の多い身近な緑として重要であること，公園や社寺林等の緑は，地域のシンボルやランドマークとして有効であること等が把握されている．さらに，近年の緑や花によるまちなみ形成意識の高まりやガーデニングブーム，環境保全に関する理解等により玄関先や敷地周囲等での鉢やプランター等による修景，建築物の屋上や壁面緑化の普及等も緑視の向上に貢献している．

　一方，緑と都市景観の位置関係からは，表12-1のように，庭木，生垣等は近景の緑を，公園，社寺林，斜面林等は中景の緑を，市街地周囲に広がる山並み等は遠景や超遠景の緑を構成する要素として位置づけられ，これらの緑が点，線，面といった形態をもって複合的に存在し，都市における総合的な緑視が創出されていくことになる．

　そこで，住民の日常生活と最も密接な関係を有する住居系市街地を対象に，高木を中心とした緑視の創出方策をみた場合，低層戸建て住宅の屋根越しに視認可能な樹高8m以上を対象とした高木や高木を含む樹林地の周囲には，その高木が視認できるおおむね200～250mの緑視域が形成されること，総体的な緑が少なくても1haあたり10本以上の高木が存在すると，住民の緑に対する満足感や多少感が高まること等が把握されている．一方，図12-1のように，街区公園の配置標準が誘致距離半径250mであるところから，街区公園に高木を植栽，育成することにより，住居系市街地の有効緑視域が確保され，加えて近隣公園や小学校敷地内での存在は，その効果を増幅させることとなる．その結果，地域の緑の核が形成され，ランドマークづくりにも有効に働くこととなる．さらに，接道空間においては，生垣，庭木等の存在によっておおむね20～30%以上の緑視率が確保されることにより，緑の満足感や多少感を高めることも指摘されている．

　以上のように，緑視の向上に際し，高木等の樹木の存在は重要な要素であり，千葉県市川市や神奈川県藤沢市等では，それぞれの歴史的経緯のもと，クロマツの高木を中心とした住宅地景観の形成がみられる．このような高木等の樹木保存に関する制度としては，1962（昭和37）年に制定された「都市の美観風致を維持するための樹木の保存に関する法律」や自治体が独自に定めた条例・要綱等があるが，全国の主要自治体を対象とした保存樹木・樹林の指定基準をみると，幹周1m未満（地上高1.5m），面積100m²といった厳しい基準は東京都等でみられるものの，その数は1桁台にとどまっており，多くの自治体は，樹高10m以上の高木や300m²以上の樹林を対象とした内容にとどまっている．一方，ドイツ諸都市では，地上高1mにおいてカールスルーエ，ミュンヘン等では幹周80

表 12-1　緑の形態と景観の距離の関係（丸田，1983 に補筆）

景観 形態	近　景	中　景	遠景・超遠景
点	宅地の緑，交差点の緑，駅前広場の緑，事業所の緑，市街化区域内農地，壁面緑化	宅地の中高木，屋敷林，社寺林，斜面林，平地林，街区公園等小規模な都市公園の緑，屋上緑化	高峰，屋敷林
線	中小河川の水面や河川沿いの緑，街路樹，連続した生垣・壁面緑化	総合公園等大規模な公園の緑	並木・山並，大河川・河川敷
面	宅地全体の緑		田畑の緑，山地の緑

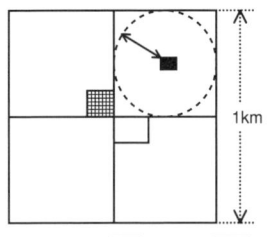

図 12-1　街区公園等の配置標準と緑視域

図 12-2　市街地内のクロマツの高木
　　　　（神奈川県，藤沢市）

図 12-3　高木を生かした宅地開発
　　　　（米国，サンアントニオ市）

cm 以上，フランクフルト，エッセン等では幹周 60 cm 以上の樹木を保存の対象としており，その格差は大きい。また，米国等においても既存の高木を保存した宅地開発の事例も多い。

したがって，緑視に優れた風格のある都市景観を創出するにあたって，景観法，都市緑地法等の運用など総合的な緑視の確保に関する検討が必要であり，このような際にあって，高木等の樹木は重要な要素となり，長期的視野にたった保全と育成方策の展開は，今後とも積極的に取り組む課題といえる。

（島田正文）

文　献

1) 丸田頼一：都市緑地計画論 p.195，丸善，1983

D13 景観マスタープラン/景観計画（景観法）
—— Landscape Master Plan/Landscape Plan

1. 景観まちづくりの背景
都市における景観は，その都市の顔となるものであって，近年，特にその重要性が認識されている．

その背景としては，戦後復興からの経済優先の国土づくりにより，全国均一な都市が創造され，どこに行っても同じような景色の駅前や繁華街，住宅地等が広がることとなったが，時代は高度経済成長期を経て経済が安定し人々の心にもゆとりが生まれると，個性を主張するようになり，まちづくりにも個性を求める機運が生じてきたことがあげられる．その手法の1つとして景観をテーマにしたまちづくりが注目を浴びることとなった．

2. 行政の取り組み
日本における都市景観に関する施策は，1919（大正8）年創設の旧都市計画法による「風致地区」と市街地建築物法による「美観地区」が始まりであるが，今日的な景観にかかわる取り組みは，昭和60年代から先進的な都市で始まり，景観条例や景観形成ガイドラインといったものが策定された．その後，特徴的な自然景観を有する地方公共団体でも景観条例を制定するようになったが，これらは歴史的景観や自然的景観を主として保全，保存することが目的とされていた．

1994（平成6）年に全国景観会議が行った調査によると，都道府県では景観形成ガイドプラン等を13団体で，景観条例等を21団体で策定している（表13-1）．

また，国レベルでは1981（昭和56）年に「うるおいのあるまちづくりのための基本的考え方」（建設省）を，1986（昭和61）年には都市局長の私的諮問機関である都市景観懇談会が「良好な都市景観をめざして」で都市景観の基本的考え方，都市景観形成の施策（景観ガイドプランの策定，各種事業の推進，規制・誘導，市民参加）等について提言している．

3. 景観マスタープラン/景観計画
都市景観の形成は，単に行政が形づくっていくものではなく，地域の課題として，歴史・文化を含めた市民生活に根ざしたものとして考えなければならないものであって，一時的でなく，創り，育てていく必要がある．そのためには市民参加のもと，長期的な永続性のある施策として行うことが必要であることから，これからは，市民，企業，行政とが一体となって，より総合的，計画的に都市の景観を形づくっていくためのマスタープランが重要視されてきている．これが景観マスタープラン（景観基本計画）である．

なお，2004（平成16）年に，景観法が制定され，景観行政団体が景観計画を策定することが可能になった．そして，景観計画区域の策定の提案，景観重要建造物等や景観整備機構の指定等，地域の景観の整備保全に市民やNPOが参加しやすいようにしたり，景観地区においては建築物の形態，意匠の制限を行えるようになった．また，景観協議会，景観協定，景観重要建造物等に係る管理協定等ソフトな景観整備手法も規定されている．本法は自治体の条例により，規制内容を工夫することができるよう配慮されており，今後の各地の動きが期待される．

(寺尾和晃)

文献
1) 建設省都市計画課監修：都市の景観を考える（都市景観研究会編著），pp.3-56，大成出版社，1988
2) 三船康道＋まちづくりコラボレーション：まちづくりキーワード事典，pp.60-81，学芸出版社，1997

D13 景観マスタープラン/景観計画（景観法）

表13-1 都道府県の景観形成ガイドライン・景観条例・景観基本計画等の策定状況

都道府県	景観形成ガイドプラン等	景観条例等	景観基本計画等
北海道	北海道景観形成ガイドライン(H5)	—	—
岩手県	—	岩手県の景観の保全と創造に関する条例(H5)	—
宮城県	—	—	栗駒・船形リゾート地域景観形成調査(H5)
秋田県	—	秋田県の景観を守る条例(H5)	—
福島県	—	福島県リゾート地域景観形成条例(H1)	うつくしま，ふくしま都市景観プラン(H4)
茨城県	—	茨城県景観形成条例(H6)	—
栃木県	栃木県都市景観形成ガイドプラン(H5)	とちぎふるさと街道景観条例(H1)	—
群馬県	—	群馬県景観条例(H5)	—
埼玉県	—	埼玉県景観条例(H1)	埼玉県景観形成基本計画(H3)
千葉県	千葉県景観形成指針(H5)	—	—
東京都	—	—	東京都都市景観マスタープラン(H5)
神奈川県	魅力ある景観づくり指針(S62)	—	—
新潟県	新潟県景観づくり指針(H4)	—	—
富山県	富山県都市景観形成ガイドライン(S62)	—	—
石川県	—	石川県景観条例(H5)	—
福井県	—	—	福井県景観づくり基本計画(H4)
山梨県	—	山梨県景観条例(H2)	—
長野県	—	長野県景観条例(H4)	—
岐阜県	岐阜県景観形成ガイドプラン(H3)	—	—
静岡県	静岡県景観形成ガイドプラン(S63)	—	—
愛知県	—	—	愛知県都市景観マスタープラン(H3)
三重県	三重県公共施設景観形成指針(H2)	—	—
滋賀県	—	ふるさと滋賀の風景を守り育てる条例(S59)	—
京都府	京都府都市景観形成マニュアル(H4)	関西文化学術研究都市における建築物等の整備要綱(H1)	—
兵庫県	—	景観の形成等に関する条例(H1)	—
奈良県	奈良県都市景観形成ガイドプラン(H2)	—	—
鳥取県	—	鳥取県景観形成条例(H5)	—
島根県	—	ふるさと島根の景観づくり条例(H5)	—
岡山県	—	岡山県景観条例(S63)	—
広島県	—	ふるさと広島の景観の保全と創造に関する条例(H3)	—
徳島県	徳島県リゾート地域景観形成ガイドライン(H5)	—	—
愛媛県	愛媛県都市景観形成マニュアル(H5)	—	—
熊本県	—	熊本県景観条例(S62)	—
大分県	—	大分県沿道の景観保全等に関する条例(S63)	—
宮崎県	—	宮崎県沿道修景美化条例(S44)	—
鹿児島県	—	—	霧島景観マスタープラン(H6)
沖縄県	—	沖縄県景観形成条例(H6)	—

全国景観会議：景観対策にかかわるアンケート調査結果(1994)より作成.

D14　景観条例/景観法
—— Landscape Regulation/Landscape Law

街の特徴や個性を大切にして，街並みの保全や調和のとれた街並みの創出を進めようという地方自治体が増えてきている．

都市や地域の個性や魅力あるまちづくりを実現するために，2003年度末で524都市が景観に関する条例を定めており，近年では年間に20都市以上が条例を制定している傾向にある．

景観条例は，そのほとんどが地方自治法に基づく条例であり，景観条例を位置づける法律がない日本では，都道府県や市町村が主体となって取り組んできたのである．もちろん景観に寄与する法制度では，都市計画法に基づく美観地区制度，風致地区制度，文化財保護法に基づく伝統的建造物群保存地区制度等があるが，たとえば市町村全域の景観に関する総合的な考え方を位置づける法制度ではない．

景観に関する制度制定の契機は，1960年代後半に金沢市や倉敷市等の歴史的なまちなみを保全することを目的とした取り組みであり，今日においても多くの景観条例に歴史的建造物を位置づけて，その保全を支援する制度が組み込まれている．1978年に神戸市が定めた都市景観条例は，市域の景観形成基本計画（図14-1，2）を策定すること，神戸らしい地区を「都市景観形成地域」に指定し，その地区内での建築行為等に市長への「届出」を義務づけていること等，今日の景観条例の雛型ともいえる構成を創設したものといえ，北野地区（図14-4）や都心部（図14-5）の景観形成が進んでいる．

具体的に多くの景観条例に基づく誘導内容は，色彩，建物の高さ，配置，設備の配置等である．また，歴史的建造物については，たとえば東京都では，所有者の同意を得て「選定歴史的建造物」に位置づけることと，選定した歴史的建造物には費用助成等を行うことができる制度になっている．また，景観に寄与する建物や市民団体に対して表彰する顕彰制度も，数多くみられる．一方で，この景観条例の課題は，届け出を前提としているため，景観形成を様々な基準や指針に基づいて誘導する制度であることから，事業主への指導が不十分と指摘されていることである．ことに行政手続法が制定されてから，許認可に関する行政指導が「任意の協力」が前提であることが明確化して以降，厳しい状況になってきている．

このようなことを背景に，2000年に倉敷市美観地区景観条例が制定され，都市計画法と建築基準法に連携した法的拘束力を備えた景観条例が施行されたことは，今後の景観行政に大きな示唆を与えるものであるとともに，国立市大規模マンションの訴訟で東京地方裁判所が判決の中で法的保護の対象として「景観利益」を位置づけたこと等は，今後の景観条例のあり方に大きく影響を与えることになると思われる．また，2001年に制定された「関門景観条例」は，関門海峡を挟む北九州市と門司市が県境，市境を越えて連携して制定したもので，画期的な取り組みである．

また，2004年に景観法制定および屋外広告物法の改正が行われ，都市緑地保全法の改正とあわせて「景観緑3法」を構成することとなり，景観に関する国の位置づけが明確化された．今後，自治体が行う景観整備や景観形成に向けたコントロールについて，法律に基づき促進することができるようになる．これから自治体は景観計画区域や景観地区を定めて，建物用途や高さの制限に加えてデザインや色などの規制も可

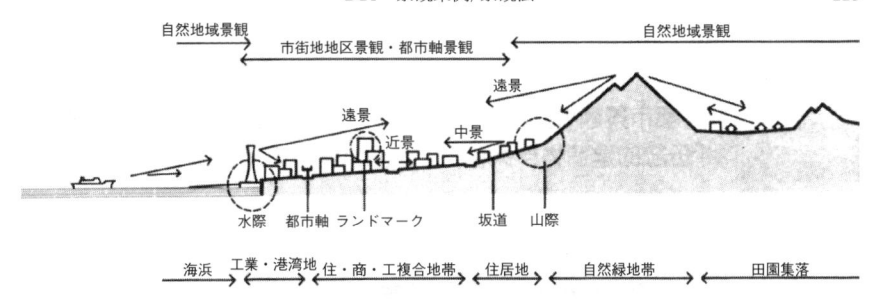

図14-1 神戸市景観形成基本計画（景観区分の考え方）

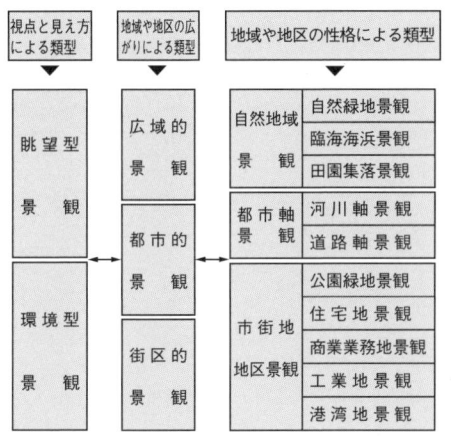

図14-2 神戸市景観形成基本計画（景観の類型）

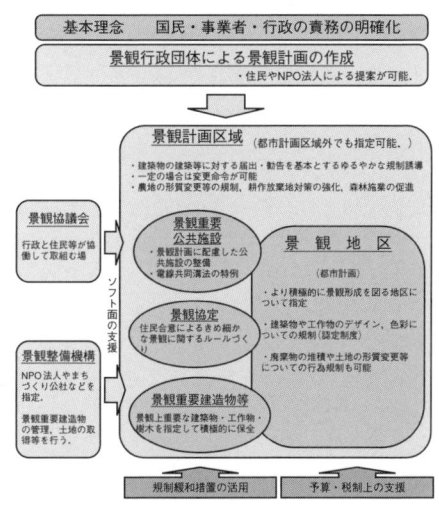

図14-3 景観法の概要（棚野良明氏提供）

図14-4 神戸市（北野地区）

図14-5 神戸市（都心部）

能となるため，景観行政の大幅な前進になると思われる．

都市の拡張が終わり，情報公開や市民意識の向上等を踏まえて，市民共通の意思を具体化する景観条例は，今後ますます拡充されていくものと推察される．　（中野　創）

D15 景観シミュレーション
—— Landscape Simulation

　景観の価値は，これまでの都市開発で評価されにくい価値だった．経済性，効率性の重視は，画一的な都市構造を生み出し，地域ごとの個性や独自性を薄めてしまった．都市計画，大規模な開発の初期の段階から，現状の景観を調査，分析し，事業による景観予測（景観シミュレーション）をビジュアルに見せることが簡易にできれば，計画の熟度に応じて，多数の関係者，地域住民，利用者，行政が共通の理解と判断の材料を手にすることができる．計画が実際に完成するまで，3次元の空間を理解することは，特に利用者市民には難しい．計画の妥当性の説明にも景観シミュレーションは重要な役割を担っている．

　景観シミュレーションのツールは，2次元の図面から起こしたパース，模型の写真撮影，現状の景観を写真に撮り，加工するフォトモンタージュ等，現実にはないものをビジュアルに見せる技術として様々な取り組みがなされてきた．近年，パーソナルコンピュータの進歩が著しく，CG（コンピュータグラフィックス）の利用が一層，身近で安価なものとなってきている．CGによる景観シミュレーションはCAD図面と連携で，複数の代替案をつくり評価することを可能にしている．設計者は計画の途中で関係者の意見を聴取し，新たな視点で新たな提案をすることが容易になった．景観の調査，分析，景観予測，景観の評価，計画へのフィードバックがCGの発達で様々なケースで取り組まれるようになってきている．

　横浜市の臨海公園，山下公園内にあった臨港線（高架の貨物線）の撤去に先立つ景観シミュレーションでは，構造物の撤去によって，視界にどんな変化が現れるかを検証している．これまで見ることのできなかった港の景観との連続性が確認できている．

　CGの発達にあわせて，GIS（地理情報システム）との連動もすでにカーナビゲーションシステム等で一般化しており，道路上の移動に伴う可視景観の連続変化等も体験できるようになった．環境都市の形成の視点では，植物の成長に伴う樹木単体の形態変化，樹林地，植生景観の変化を1年，数年，十数年といった時間幅の中でシミュレーションすることで，植物の環境保全機能の評価等に役立てることが可能になる．

　こうした技術的な進歩は，これまで見ることのできなかった計画を，多くの関係者にビジュアルに見せることにより，景観評価の機会を与えてくれる．景観を評価するためには，尺度として価値のある良好な景観を参照する必要がある．地域独自の良好な景観は，どんなものがあるのか，評価する側の関係者，利用者市民が共有する必要があるだろう．また，評価は，数値で表しにくいものであるとともに，地域，時代，世代で変化する．地域への愛着を育むユニークな街並み景観の保全は，居住者市民の自尊感情を高めてくれる．景観シミュレーションは，都市開発の様々な場面で，多数の関係者の合意を形成しながら進める手法の1つとして確立し，発展していくだろう．
〔槇 重善〕

文献
1) 堀内正弘：何のための景観シミュレーション，ランドスケープデザイン，pp.8-11，マルモ・プランニング，1997
2) 安田佳奈・小栗ひとみ：「国土交通省版景観シミュレーションシステム」を用いた景観設計，国土技術政策総合研究所資料，No.65，pp.187-195，2003

D15 景観シミュレーション　　　　　　　　　　　　　　115

(a)-1 現況（当ポイントでは，臨港線高架とその下の駐車場等が山下公園通りと山下公園および港の景観を分断する要素となっている）

(b)-1 現況（当ポイントは，氷川丸や水の守護神をはじめとする公園のシンボルとなる要素が集中する場であるが，現況では臨港線高架が交差点周辺と山下公園および港の景観を分断する要素となっている）

(a)-2 シミュレーション検討による評価（当ポイントのシミュレーション作業では，高架の撤去や，芝生や緑によって歩行者空間の整備を行った．この検討により，山下公園の緑や，赤い靴はいてた女の子像等のモニュメントが，周囲と一体化した景観としてとらえることが可能となることが予想される）

(b)-2 シミュレーション検討による評価（当ポイントのシミュレーション作業は，公園のシンボルとなる要素が認識しやすくなることや，交差点周辺と公園・港の景観が一体として感じられるよう高架の撤去を行った．この検討により，近景の山下公園の緑，氷川丸，モニュメントや，遠景のベイブリッジ等が，交差点周辺と一体化した広がりのある景観となることが予想される）

図 15-1　横浜市都市景観シミュレーション検討調査（横浜市都市計画局，1999 年）

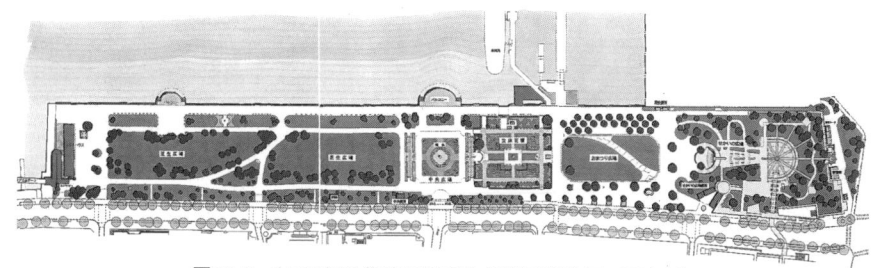

図 15-2　山下公園改修計画平面図（横浜市緑政局，2001 年）

D16 景観資源マップ

——— Map of Landscape Elements

　景観資源マップは，都市レベルの各種マスタープランや地区レベルのまちづくり計画の基礎資料として活用されることが多い．「景観法」による「景観計画」の策定では，重要な景観資源を計画の対象として，整備・保全の方策を示すことができるようになった．この場合，景観資源は，山，川，海などの都市の骨格となる自然的な要素，建物や土木構造物などの地域のランドマークとなる要素，身近な公園緑地や樹木，樹林などの緑など，面・線・点的な要素として捉えられる．

　また，景観資源は，対象としての物的要素の意味だけでなく，視点と対象との位置関係や季節によって景観が変化することも含めた意味をもたせて扱うことが求められる．したがって景観資源を守る場合には対象場の要素を守るだけでなく，対象を視認することのできる視野を確保することも必要であり，場合によっては眺望地点などを確保することもある．また，景観資源は季節や時間によって変化することが常であり，一時期の景観の状態より過去からの景観や年間における変化を捉えることが課題となることも多い．景観写真などによって景観を記録する場合にはどの年月日のどの時間に撮影したものかを記録しておく必要がある．

　次に景観資源を地図に表現することについては様々な手法がみられる．観光地など来訪者によってまちの景観の良し悪しが問われる場合は，その利用者が「好きな景色」「嫌いな景色」を写真撮影してその撮影場所と撮影方向を地図に示し，その写真を地図に貼りつける方法などが実施されている（図16-1参照）．また，都市内の緑を緑被分布や緑の景観写真として地図に貼り付けて緑による景観構成を検討するような場合もある（図16-2参照）．

　さらに平面の位置情報に加えて高さの情報を背景に取り込み，航空写真などの画像情報を合わせると，様々な視点から展開される臨場感のある景観のシミュレーションを実現することができる．このような手法も景観資源やその変化を表現するための重要な手法といえる（図16-3参照）．

　最後に景観資源マップの活用と課題について述べる．1つは美しい町並みへの市民意識の向上を図る点である．「景観計画」では公共施設管理者や地方公共団体と住民等が協働して取り組む場として「景観協議会」が設けられ，景観計画区域における施策を検討することが多くなっている．また，自治体の計画づくりに市民が参加する場合，初期段階で勉強会や見学会を実施することも多い．このような場合参加者が自ら町を歩き，景観資源を地図にまとめる作業は有効な方法である．今後はこのような成果を記録して，市民による景観の診断や景観への監視に継続させていくための工夫が求められる．2つ目は市民，行政がお互いに景観資源について意見を取り交わし，まちづくりに活用していく点である．自治体のホームページをみると，景観資源が地図に表現され，景観資源として選ばれたものやその分布位置や選定根拠などを共有することができるようになってきた．今後はより市民主体の景観資源の発掘や景観資源の創造活動につながるように，データが更新されていくことが望まれる．　（荒川　仁）

文　献
1) 美しい緑のまちづくり研究会編：市民参加時代の美しい緑のまちづくり，pp.270-291，経済調査会，2001

D16　景観資源マップ　　　　　　　　　　　　　　　117

(a) グループ別の調査

(b) 景観資源調査におけるワークショップ活動

図 16-1　市民からみた好きな景観マップの例

図 16-2　緑の景観マップの例
密集市街地では平面的な緑よりも目に入る緑を増やすことが求められる．

図 16-3　景観シュミレーションの例
3次元の地形情報と航空写真による情報を重ねることにより景観を再現する．

D17 屋外広告物規制

—— Regulation of Outdoor Advertisement

　屋外広告物に関する規制は，屋外広告物法に定められている。屋外広告物法によれば，「屋外広告物は，常時又は一定の期間継続して屋外で公衆に表示されるものであって，看板，立看板，はり紙及びはり札並びに広告塔，広告板，建物その他の工作物等に掲出され，又は表示されたもの並びにこれらに類するもの」をいうとされている。

　このように，屋外広告物は，看板，立看板，広告板のような典型的な「広告」だけではなく，ネオンサイン，アドバルーン，建物の外壁等に表示される商標やシンボルマーク等も含む幅広い概念である。一方，「常時又は一定の期間継続して」とあるため，定着して表示されているとはいえないもの，たとえば人が配布するビラやチラシの類は，屋外広告物にはならない。また，「屋外で」とあるため，その広告物が建築物等の外側にあることが必要となり，屋内に存在する広告物であれば，屋外広告物にはならない。さらに，「公衆に表示」とあるため，駅，空港，遊園地等でその構内に入る入場者を対象として表示される広告物は，屋外広告物にはならない。

　屋外広告物に関する規制の内容については，屋外広告物法は，規制を適用する地域・物件や規制の対象について制度の大枠を定め，具体的な規制内容は，都道府県等の条例（屋外広告物条例）に委ねられている。屋外広告物条例を定めるのは，都道府県，政令市または中核市であるが，これら以外の市町村でも，景観行政団体である市町村は，都道府県が条例で規定することにより，屋外広告物条例の制定が可能となる。さらに，景観行政団体以外の市町村も含め，都道府県が条例で定めるところにより，市町村が屋外広告物に関する許可や違反是正措置等の事務を担当している場合も多い。

　屋外広告物条例では，屋外広告物を表示し，または屋外広告物を掲出する物件を設置することを禁止する必要のある地域，場所や物件について定められている。たとえば，住居専用地域，景観地区，風致地区等が禁止地域として定められているとともに，街路樹や信号機等が屋外広告物の表示等を禁止する物件として定められている。なお，禁止地域や禁止物件の概要は，表17-1のとおりであるが，このような地域でも，すべての屋外広告物の表示等が禁止されているわけではない。たとえば，面積や色彩等の屋外広告物の表示の方法が都道府県等の定める条件を満たす自家用広告物（自己の氏名，店名，営業内容等を自己の住所，事業所等に表示する屋外広告物）については，屋外広告物の表示等は可能となっている。

　また，屋外広告物条例では，禁止地域，禁止物件のほか，都道府県知事等の許可を受けることによって屋外広告物の表示等を行うことができる地域や場所を許可地域として定めている（図17-1参照）。

　以上の禁止地域，禁止物件，許可地域等の規制は，良好な景観や風致を維持するための規制であるが，このほか，屋外広告物条例では，公衆に対する危害を防止する観点から，著しく破損し，または老朽した屋外広告物，倒壊または落下のおそれがある屋外広告物等については，その表示・設置が禁止されている。

　屋外広告物条例の規制に違反した場合については，都道府県知事等は，条例に違反した屋外広告物の表示者，設置者または管

表 17-1 屋外広告物法で定める屋外広告物の表示等の禁止地域・禁止物件

禁止地域	・第1種低層住居専用地域，第2種低層住居専用地域 ・第1種中高層住居専用地域，第2種中高層住居専用地域 ・景観地区，風致地区 ・伝統的建造物群保存地区 ・文化財保護法の規定により指定された建造物の周囲 ・保安林 ・道路，鉄道，軌道，索道またはこれらに接続する地域で，都道府県知事等が指定するもの ・公園，緑地，古墳，墓地 ・以上のほか，都道府県等が特に指定する地域または場所
禁止物件	・橋りょう ・街路樹および路傍樹 ・銅像および記念碑 ・以上のほか，都道府県等が特に指定する物件

都道府県等は，上表の禁止地域・禁止物件のうちから，地域の状況に応じ，美観風致を維持するために必要な地域・物件を条例で，禁止地域・禁止物件として定めることとなる．

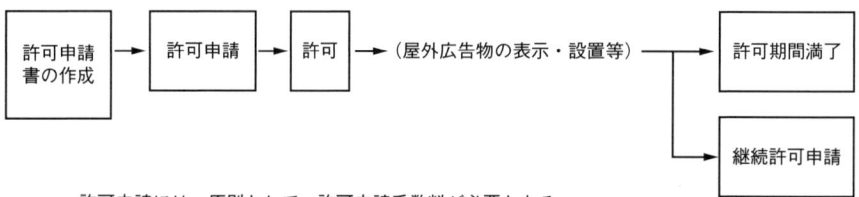

```
[許可申請書の作成] → [許可申請] → [許可] → (屋外広告物の表示・設置等) → [許可期間満了]
                                                                    ↓
                                                              [継続許可申請]
```

・許可申請には，原則として，許可申請手数料が必要となる．
・屋外広告物の種類に応じ，1～3年程度の許可期間が定められている．
・許可期間が満了した場合には，屋外広告物の表示・設置者は，屋外広告物の除去が必要となる．

図 17-1 屋外広告物の許可申請のフローチャート

理者に対し，必要な措置を命ずることができるほか，条例違反のはり紙や立看板などの物件で一定の要件に該当するものについては，都道府県知事等やその委任した者が除却する措置（簡易除却）が認められている．また，屋外広告物条例の規制に違反した者については，罰金や過料が科される場合がある．

さらに，屋外広告物法では，屋外広告物の表示または広告物を掲出する物件の設置を行う営業を「屋外広告業」としているが，都道府県等は，条例で，その区域内において屋外広告業を営もうとする者について，都道府県知事等の登録制を設けることができることとされている． 　　（稗田昭人）

D18 公開空地 —— Public Open Spaces

　公開空地は，都市環境の整備を図ることを目的にして，容積率の緩和などのボーナスインセンティブを活用した建築基準法の総合設計制度や都市計画法の特定街区などにより設けられる公共的な空地である．狭義には建築基準法の総合設計制度に基づき設けられる空地をいう．総合設計制度は，「敷地内に広い空地を有する建築物の容積率等の特例」といい，建築基準法（1950（昭和25）年法律201号）第59条の2の規定に基づき，一定規模以上の敷地面積および一定割合以上の敷地内空地を確保する建築計画について，その容積および形態の制限を緩和する統一的な基準を設けることにより，建築敷地の共同化および大規模化による土地の有効かつ合理的な利用の促進と公共的な空地空間の確保による市街地環境の整備を図ることを目的として1976（昭和51）年の建築基準法改正により創設された．建築物の敷地に一定以上の広さの「公開空地」を設ける場合において，容積率および各種の高さ制限が特定行政庁（建築主事をおく区市町村区域では当該区市町村長，その他の区域では都道府県知事をいう）の許可の範囲内において緩和される．特定行政庁は建築審査会の同意を得て，許可することが必要とされている．この制度は，建物セットバックなど一定の目標や計画を定めてより良いまちづくりを推進しようとする「誘導型のまちづくり行政」であり，各地域の特性を考慮して基準を定めることが可能とされている．そのため各特定行政庁でそれぞれ許可基準を定めていることが多く，地域によって制度活用に相違がみられる．

　公開空地は，計画建築物の敷地内の空地または開放空間（建築物の屋上，ピロティ，アトリウム等をいう）のうち，日常一般に公開される部分（当該部分に設ける環境の向上に寄与する植栽，花壇，池泉その他の修景施設および空地の利便の向上に寄与する公衆便所等の小規模の施設にかかる土地ならびに屋内に設けられるもの等で，特定行政庁が深夜等に閉鎖することを認めるものを含み，自動車が出入りまたは駐車する部分および自転車が駐車する部分を除く）で，歩道状空地，広場状空地，貫通通路，アトリウムから構成される．

　歩道状空地は，前面道路に沿って設ける歩行者用の空地をいう．貫通通路は，敷地内の屋外空間および建築物内を動線上自然に通り抜け，かつ，道路，公園など公共施設相互間を有効に連絡する歩行者用通路をいう．また，アトリウムは建築物内に設ける大規模な吹き抜け空間で，十分な天空光を確保できるものをいう．広場状空地はこれら以外の公開空地で，一団の形態をなすものをいう．

　公開空地は，市街地環境の整備改善，市街地の防災強化，都市景観の創造，緑化の推進などを目的に設置するものであり，一般の人々が自由に通行できる空間でなければならない．利用されにくい敷地の奥の隅に設けたり，外部と接しにくい構造は良好な計画とはいえない．隣接して公開空地が設けられていても各々に連携が図られず景観的な配慮に欠けるケースが見受けられる．また，計画に基づいた適正な管理が前提となり，当該建築物を利用する人々に限らず，公園緑地と同様に誰でも利用できるものでなくてはならない．したがって配置については，「都市マスタープラン」や「緑の基本計画」等に整合し，都市環境に配慮した計画が必要である． （菊池　律）

D18 公開空地

表 18-1 東京都総合設計制度許可実績による公開空地の推移

年度	件数	敷地面積合計 A (m²)	建築面積合計 B (m²)	公開空地合計 C (m²)	備考 C/A (%)
1976 (S 51)	4	52572.41	28562.67	15230.70	28.97
1977 (S 52)	4	40657.17	18604.13	13800.83	33.94
1978 (S 53)	4	184588.84	31655.97	58662.59	31.78
1979 (S 54)	4	48027.42	16460.17	11969.76	24.92
1980 (S 55)	1	9539.32	4744.19	3931.00	41.21
1981 (S 56)	3	22821.64	10270.28	7208.42	31.59
1982 (S 57)	3	20502.05	12980.98	4700.20	22.93
1983 (S 58)	6	76514.66	39542.19	46888.62	61.28
1984 (S 59)	4	27691.86	8149.27	10606.31	38.30
1985 (S 60)	20	143299.33	54625.12	62455.91	43.58
1986 (S 61)	20	136727.84	62030.44	53950.37	39.46
1987 (S 62)	27	137381.03	63998.32	65232.63	47.48
1988 (S 63)	25	142867.92	60132.22	62093.66	43.46
1989 (H 1)	38	139573.55	68567.48	61838.42	44.31
1990 (H 2)	41	219792.01	101292.83	105247.22	47.88
1991 (H 3)	45	284383.11	118233.19	135525.39	47.66
1992 (H 4)	21	88647.40	37769.69	42865.18	48.35
1993 (H 5)	18	136353.30	61364.80	59957.10	43.97
1994 (H 6)	9	95635.28	37395.00	43224.94	45.20
1995 (H 7)	20	185273.50	111187.80	76348.00	41.21
1996 (H 8)	23	86101.40	39212.10	37666.90	43.75
1997 (H 9)	19	70624.00	33662.40	27559.60	39.02
1998 (H 10)	14	88639.90	37416.70	33207.90	37.46
1999 (H 11)	30	210313.39	90959.69	67083.49	31.90
2000 (H 12)	22	162914.62	79474.55	67936.09	41.70
2001 (H 13)	21	73244.74	35776.92	26213.38	35.79
2002 (H 14)	26	133439.62	62501.60	55635.39	41.69
2003 (H 15)	41	244572.75	118215.69	101448.53	41.48
28 年合計	513	3262700.06	1444786.39	1358488.53	41.64

注：変更，増築分は除いている。建築統計年報 2004 年版，東京都都市整備局市街地建築部建築企画課発行より．

図 18-1 建築基準法に基づく総合設計制度により設けられた歩道状と広場状の公開空地（東京都渋谷区：恵比寿ガーデンプレイス）

図 18-2 建築基準法に基づく総合設計制度により設けられた広場状の公開空地（東京都渋谷区：恵比寿ガーデンプレイス）

図 18-3 都市計画法の特定街区によって設けられた広場状の公開空地（東京都中央区：聖路加エスエルタワー）

図 18-4 都市計画法の特定街区によって設けられた通路の公開空地（東京都中央区：聖路加エスエルタワー）

図 18-5 都市計画法の特定街区によって設けられた広場状の公開空地（東京都新宿区：三井 55 広場）

図 18-6 東京都再開発等促進区を定める地区計画運用基準に基づき設けられた庭園（東京都港区：六本木ヒルズ）

D19 アーバンデザイン

―― Urban Design

　アーバンデザインは，都市を形成する道路や建物，川，緑といった構成要素すべてを対象に含めて，都市にかかわる人々の生活，就労，文化といった観点から3次元的な合理性，快適性をもつ都市空間に再構築していこうとする取り組みである．

　具体的には，豊かで快適な歩行者空間の形成を図ることや緑豊かなオープンスペースを確保すること，歴史的建造物等を活用して都市の個性や文化を育むこと，都市のウォーターフロントを生かすこと，そして美しい街並み形成を図ること等を目的にして取り組まれている．このように都市の快適性や美観を高めていくためには，建物を建てる人，道路をつくる人，川や港を管理する人，そして街に住む人，働く人といった様々な関係者の合意形成が必要である．したがって，アーバンデザインには，目的を実現させる実践的な企画調整を行う推進者が必要となり，熱心な都市には，その自治体にアーバンデザインを担う部署が設置されていることが多い．

　アーバンデザインを推進する立場が，地方自治体である場合が多い理由は，個人や企業では総合的な都市政策を担う立場に立ちにくく，国や政治の立場ではアーバンデザインの現場的かつ技術的調整を担うことが困難なことにある．しかし，アーバンデザインは，あらゆる立場で，その利益を享受できるものであり，都市にかかわるすべての個人，事業者が主役であるともいえるだろう．アーバンデザインという概念は，欧州では希薄であり，主に米国で生まれた概念である．参考までに欧州では，長く培った歴史的都市構造をもち，市民にその価値観が共有されているため，再構築するべき都市づくりでは広い意味の都市計画，すなわちプランナーの役割が大きい．アーバンデザインは，1960年代の米国において，都市荒廃への対抗手段として都市空間の再生により活性化を目指して実践され始めた．日本のアーバンデザインは，この米国における取り組みに影響を受け，1965年の東京オリンピックを契機とした都市構造の大幅な拡張時期にあわせて，自治体が防衛的に開発指導や公害防止に取り組み始めたことの延長線上に根づき始めている．横浜市や神戸市等に先進的にアーバンデザインを担う担当が置かれ始めたのは，1970年代に入ってからである．今日では，数多くの自治体に都市景観の担当部署が設置され，街並みの景観的改善に取り組んでいる．アーバンデザインは，高度経済成長期に都市の急速な拡張に伴うハード先行の都市政策に起因する地域における課題解決に一定の建設的な役割を果たし，「魅力あるまちづくり」という市民的な理解を背景に，縦割り行政といわれがちな自治体施策の総合調整機能を期待されながら続いてきている．

　横浜市では，1970年に都市デザイン担当が設置され，日本大通り（図19-1）等歩行者環境と都市軸の形成，西洋館の保全活用（図19-2）等歴史的景観の形成，夜景の演出（図19-3）による魅力的な景観資産のアピール，緑や自然環境の保全（図19-4）等，様々な具体的成果をあげてきている．

　近年では，行政主導から市民参加，市民との協働に時代が移行しており，アーバンデザインの役割も変化してきている．IT化が進み情報公開が促進され，市民の都市政策に対する洞察力も行動力も向上してきたこと等を踏まえて，全国どこにおいても

図 19-1　再整備された日本大通り（横浜）

図 19-2　移築復元された西洋館（横浜）

図 19-3　ライトアップされた歴史的建造物群（横浜）

図 19-4　復元された東山の河川環境（横浜）

都市の個性や活性化が求められていることや，地方分権や自治体内での地域への分権が進む状況の中で，アーバンデザインはこれまでの果たしてきた役割の一層の拡充が期待されている．

（中野　創）

D20 風致と美観

—— Scenery and Sense of Beauty

「風致」と「美観」は、どちらも「趣のある、美しい景観」を指す言葉であるが、都市計画上、市街地の良好な環境を保つために重要なキーワードである。

『都市計画法の運用』によれば、「『市街地の美観』とは、都市の特性に応じ建築物の配置、構造、意匠等が市街地における道路、公園等の公共施設等と調和のとれた形態、意匠を保っていること等をいい、『都市の風致』とは、都市内の人間の視覚によって把握される空間構成（景観）のうち、樹林地・水辺地等の自然的要素に富んだ土地（水面を含む。）における良好な自然的景観をいう。即ち、市街地の美観が<u>都市における建築美が保たれている状態</u>をいうのに対し、都市の風致は、都市において<u>自然的景観が良好に維持されている状態</u>といえる。」と定義されている。この2つの概念に基づく施策として、都市計画法における地域地区制度では、それぞれ「風致地区（scenic zone）」「美観地区（fine-sight district）」が規定されている。

風致地区は、都市計画法（現行）第8条第1項第7号に規定され、良好な自然的景観を形成している土地の区域のうち、都市における土地利用計画上、都市環境の保全を図るための風致の維持が必要な区域について定め、「風致地区内における建築等の規制に係る条例の制定に関する基準を定める政令」で定める基準に従い、地方公共団体が定める条例で建築物の建築、宅地造成、木竹の伐採等に対する規制を行う制度である。1926（大正15）年、明治神宮内外苑付近が初めて指定され（図20-1)、2002（平成14）年3月31日現在の指定状況は表20-1のとおりである。従来はある程度大規模な区域を想定した制度であったが、都市化が進み良好な自然環境が失われゆく市街地内において、小規模な緑地のもつ希少性・重要性に着目し、2001（平成13）年に風致地区の対象として位置づけがなされるよう改正された。これをもって10 ha以上の風致地区は都道府県（指定都市内の場合は指定都市）が、10 ha未満の風致地区は市町村（東京都特別区を含む）が決定することとし、地域の実情に応じ、よりきめ細かな対応が可能になった。

一方、美観地区は、同第6号に規定される。都市計画は市町村が決定し、地区内における市街地の美観の維持のため必要な建築物の敷地・構造・建築設備に関する具体的な制限については、建築基準法第68条に基づき地方公共団体（通常は市町村）が定める政令による。これは、建築確認を通じて当該条例に適合しない建築物の建築防止を図るものである。1933（昭和8）年に皇居外郭一帯が最初に指定され（図20-2）、2002（平成14）年3月31日現在の指定状況は表20-2のとおりである。

しかし、2004（平成16）年の景観法の制定に伴い、美観地区は廃止され、建築物の形態意匠の制限等を定められる都市計画の地域地区としての景観地区になった。そして今後、同地区内で建築物を建築しようとする者は市町村の認定が必要である。

（戸田恵実）

文献

1) 建設省都市局都市計画課監修：逐次問答 都市計画法の運用（増補改訂版）、105 pp.、ぎょうせい、1976
2) 日本都市計画学会編：逐実務者のための新都市計画マニュアルI（土地利用編）地域地区、pp.39-43、丸善、2002
3) 国土交通省都市・地域整備局都市計画課監修：平成14年（2002年）都市計画年報、pp.141-149、都市計画協会、2003

D20　風致と美観

表 20-1　風致地区指定状況[3]
(2002（平成 14）年 3 月 31 日現在)

都道府県名	都市数	地区数	決定面積(ha)
北海道	1	12	3591.4
岩手県	2	3	323.3
宮城県	3	10	438.9
秋田県	6	19	1978.1
山形県	1	2	505.0
福島県	7	27	2175.6
茨城県	5	17	897.5
栃木県	6	14	1623.6
群馬県	9	19	1471.3
埼玉県	1	1	284.0
千葉県	4	16	2302.7
東京都	10	28	3569.9
神奈川県	13	49	14994.9
山梨県	4	10	2032.2
長野県	8	24	4191.6
新潟県	4	7	2183.3
富山県	2	7	1177.0
石川県	4	12	2351.9
岐阜県	5	13	2610.9
静岡県	9	45	10556.3
愛知県	7	44	4927.1
三重県	6	21	3629.0
福井県	1	3	310.6
滋賀県	17	39	13409.1
京都府	6	21	19187.9
大阪府	13	34	3290.1
兵庫県	6	31	14715.3
奈良県	8	19	12378.5
和歌山県	2	15	735.7
鳥取県	1	1	40.0
島根県	1	1	20.0
岡山県	4	3	598.1
広島県	4	10	3980.8
山口県	5	21	1499.3
徳島県	2	6	1220.0
香川県	6	8	658.3
愛媛県	4	15	696.0
福岡県	5	32	13615.6
佐賀県	3	6	590.8
長崎県	8	43	5735.8
熊本県	3	11	1678.7
大分県	2	7	4849.3
宮崎県	7	14	646.4
鹿児島県	2	3	1112.5
沖縄県	3	7	159.0
全国計	230	750	168943.3

表 20-2　美観地区指定状況（2002（平成 14）年 3 月 31 日現在）

都道府県名	都市名	決定面積(ha)	地区名称	地区数	決定(年月日)	条例 名称	条例 制定
東京都	千代田区	294.6	皇居外郭一帯	1	1933(S8).4.6	未制定	—
静岡県	沼津市	0.7	沼津市アーケード街	1	1953(S28).4.7	沼津市美観地区条例	1953(S 28).7.22
三重県	伊勢市	3.2	—	1	2002(H14).10.12	未制定	—
京都府	京都市	1804.0	鴨川、鴨東 I、鴨東 II、鴨東 III、西陣、御所、二条城、洛史、本願寺・東寺、伏見	10	1933(S8).5.24	京都市市街地景観整備条例	1996(H 8).3.24（公布）1996(H 8).5.24（施行）
大阪府	大阪市	134.0	中之島付近、大阪城付近、大阪駅等主要駅付近（南海難波駅・京阪天満橋駅・近鉄上本町駅・阿部野橋駅）、御堂筋等付近	7	1934(S 9).12.18 2001(S13).12.18（最終変更）	未制定 ただし、関係条例として大阪市屋外広告物条例 (1956(S 31).10.1)	
岡山県	倉敷市	21.0	倉敷市美観地区	1	2000(H12).3.23	倉敷市美観地区景観条例	2000(H12).3.21
全国計	都市数 5	2257.5		21			

図 20-1　明治神宮内外苑付近（外苑いちょう並木）

図 20-2　皇居外郭一帯（行幸通りから皇居方向を望む）

D21 歴史的風土保全
―― Preservation of Historical Landscape

　鎌倉市は，12世紀末の鎌倉幕府の隆興から始まる武家社会の台頭という重要な歴史の舞台となり，現在もその遺構を残す．また観光地であるとともに，東京から電車で1時間圏内という好立地であることから，昭和30年代からはベッドタウンとしての開発が進められた．この「昭和の鎌倉攻め」と称される宅地造成が田畑から山林にまで及び，ついには，鎌倉が世界でも稀有な自然を利用した城塞都市であったことを示す旧鎌倉地区，鶴ケ岡八幡宮の背後にある山林まで及んだ．この造宅計画は，署名運動や県市への陳情，寄付金による土地の買取等，市民の熱心な反対運動により中止となったが，これをきっかけに日本初のナショナルトラスト団体である鎌倉風致保存会が設立された．また国会の超党派議員による立法という形で「古都における歴史的風土の保存に関する特別措置法」(通称，古都保存法) が1966 (昭和41) 年に制定された．
　この法律では，「わが国往時の政治，文化の中心等として歴史上重要な地位を有する京都市，奈良市，鎌倉市及び政令で定めるその他の市町村」を「古都」であるとし，その中でも「歴史上意義を有する建造物・遺跡等が周囲の自然環境と一体をなして古都における伝統と文化を具現し，及び形成している土地の状況」いわゆる「歴史的風土」をもつ区域について，歴史的風土保存区域の指定を行っている．現在，7市1町の5区域が指定されており，その総面積は21445 ha (2001 (平成13) 年3月末日現在) に及ぶ．
　歴史的風土保存区域の中で，枢要な地区は歴史的風土特別地区に指定され，特に厳しい法規制となっている．特別保存地区内では，建築物の増改築・宅地造成や土地の開墾，形質変更・木竹の伐採・土石類の採取・建物および工作物の色の変更・屋外広告の表示または掲出等，歴史的風土が損なわれる行為は厳しく規制され，これらの行為を行うものは府県知事の許可を得なければならない．また，府県はこの規制により損失を受けたものに対し，補償をしなければならないとしている．一方，歴史的風土保存区域では，規制は緩やかではあるが，建築物の増改築・造宅や土地の開墾，形質変更・木竹の伐採・土石類の採取等の行為を都府県知事に届けることとしている．
　現在の鎌倉市は，市民運動が盛り上がりをみせていた昭和30年代と同様に樹林地への開発圧があり，歴史的風土保存区域・首都圏近郊緑地保全区域・緑地保全地区等では法規制が行われているものの，市街化区域の山林に対する開発圧は強い．しかしながら，緑保全に対する市民の要望は強く，これら山林の保全が現在は大きな課題である．
　市では1996 (平成8) 年に緑の基本計画を策定し (2001 (平成13) 年改訂)，緑の保全の位置づけやその方向性を示し，この実現に向け緑地保全のための各種施策等を展開している (表21-1，表21-2)．市の独自の制度として，緑地保全契約・保存樹林の指定・緑地保全基金・緑のレンジャー制度等があり，ハード・ソフト両面からの施策を行っており，これにより地域制緑地以外の緑地保全を推進している．
　また，この計画の中で，歴史的風土保存区域をはじめとする，近郊緑地保全区域，緑地保全地区，風致地区等がある地域制緑地の指定を目指し，市の独自の制度を展開しながら，不安定な民間樹林地等を担保制のあるものにしていくこととしている．

〔後藤由歌〕

表 21-1 鎌倉市の主なみどり保全施策の概要

開発緑地の市への無償移管	開発行為等により設置された緑地を，事業者等からの無償寄付として市へ帰属する制度．これらは市の緑地として管理される
開発行為及び風致地区内行為の指導	開発行為および風致地区内行為は行為地内面積20％の緑化を行うよう指導しているほか，既存の樹木も極力活用を図るようにしている
緑地保全基金	1986（昭和61）年から緑地保全基金を設置している．基金の処分の主な内訳としては，緑地の買い入れ・緑地保全契約奨励金・保存樹林奨励金・樹林管理事業等である
樹林管理事業	歴史的風土保存区域・近郊緑地保全区域・自然環境保全地域の樹林地を対象に，所有者の申請に基づき，樹林地の管理作業を市の負担で行い，樹林の保全を図っている
保存樹林等指定制度	美観上優れている樹木・樹林・生け垣を対象として指定を行い，奨励金（樹木 2000円/本，樹林 700円/100 m²，生け垣 1000円/10 m²）が支払われる制度
緑地保全契約	市街化区域の樹林地を対象として，所有者の協力により原則10年間の保全契約を行い，奨励金として税相当額＋20円/m²が支払われている
緑地の買い入れ	緑地保全基金をもとに緑地の買い入れを行っている
緑化啓発業務	緑のレンジャー制度は鎌倉市内で活動する樹林管理ボランティアを養成するもので，1年間計12回講座を開催している． また，緑の学校事業では，自然観察会や各種講座を年間を通して受講させることで，市民が地域のみどりに関心をもちさらに深い理解を得ることを目的としている

表 21-2 計画推進のための施策体系（鎌倉市，1995，pp.123-124 より．廃止した事業を除く）

(a) 緑の保全に係る施策

対象	項目	施策
樹林地等	法制度等の指定	歴史的風土保存区域・特別保存地区の指定 近郊緑地保全区域・特別保全地区の指定 風致地区の指定 緑地保全地区の指定 保安林の指定 自然環境保全地域の指定 文化財の指定 保存樹林の指定
	都市公園としての保全・活用	都市公園・緑地の整備
	土地の買い入れ	歴史的風土特別保存地区・近郊緑地特別保存地区および緑地保全地区での申請に基づく買い入れ 緑地保全基金による土地の買い入れ 緑地管理機構による土地の買い入れ
	法制度・条例等による保全誘導・活用	市民緑地契約の締結 緑地保全契約の締結 緑地使用契約の締結 施策検討地区としての位置づけによる保全
	市民運動による緑の保全	トラスト運動との連携
	樹林の維持管理への支援	樹林事業の推進
	緑地保全財源の充実	緑地保全基金の充実
	世界遺産一覧表への登載	世界遺産一覧表への登録
海浜	法制度の指定	風致地区の指定 文化財の指定
	施設緑地の整備	都市公園の整備
農地	法制度等の指定	農用地区域の指定 生産緑地地区の指定
	農地の活用	市民農園の整備

(b) 緑の整備に係る施策

対象	項目	施策
公園	都市公園等の整備	街区公園の再整備 近隣公園・地区公園の整備 総合公園の整備 風致公園・歴史公園の整備 緑地の整備
歩行空間		遊歩道の整備 歩道の整備・充実 まちづくり空地の整備

(c) 緑の創造に係る施策

対象	項目	施策
市街地	緑化誘導	緑地協定の締結 風致地区・開発区域内での緑化指導 まちづくり推進地区・景観形成地区内での緑化誘導
	緑化事業の推進	緑化モデル地区の指定および地区内での緑化事業
	市民の緑化活動への支援	接道緑化の奨励
	樹木の活用	グリーンバンク制度
公共施設	緑化事業の推進	公共建物の緑化 道路の緑化 鎌倉山桜並木保存計画の推進 公園の緑化 河川環境の整備

(d) 緑の啓発に係る施策

項目	施策
緑化推進団体等の育成	民間の緑化推進団体の育成 地域緑化指導員の育成 緑のレンジャー・森林ボランティアの育成
緑の知識の普及	各種講習会の開催・充実 緑化窓口の充実 学校での環境教育との連携
緑化意識の高揚	緑化キャンペーンの推進 環境フェアの開催 緑の顕彰制度の制定 緑のパンフレット等の配布
地球環境保全への参加	国際的な自然環境保護機関への支援

文献

1) 鎌倉市：鎌倉市緑の基本計画，1995
2) 土屋志郎共著：「都市近郊編」土地利用事典（アーバンフリンジ研究会・建築知識編），pp.104-105，建築知識，1994

D22 伝統的建造物・歴史的建造物
―― Historic Building

伝統的あるいは歴史的建造物は，建築年代は様々であろうが，その時代時代で都市の形成に大きくかかわった貴重な財産であって，現代においてもまちづくりや都市の景観に重要な意味をもつものとして位置づけられている．両者ともに法的な言葉の定義はないが，「歴史的建造物」が現代建造物に対比して用いられる言葉であるのに対し，「伝統的建造物」は主に伝統的建造物群保存地区制度の中で用いられる．

1. 伝統的，歴史的建造物をめぐる動き

わが国におけるこれらの建造物は「文化財保護法」(1950（昭和25）年制定）による「文化財」として保存されてきた．建造物にかかるものは「有形文化財」となり，そのうちで重要なものは「重要文化財」であり，さらに特に価値が高いとして指定されるのが「国宝」である．また，地方自治体の条例による「文化財」として1万件を超える建造物が指定を受けて，その価値を後世に伝えている（表22-1）．

転機となったのは1975（昭和50）年の法改正による「伝統的建造物群保存地区」制度の発足によってである．市町村が地区を定め，価値の高いものは国が「重要伝統的建造物群保存地区」として選定，財政的援助等が行われる．この制度の目的は「伝統的建造物群及びこれと一体をなしてその価値を形成している環境を保存する」ことであり，その土地に暮らしてきた人々の歴史そのものを総体で保存しようとするものである．この"街並み"という"面"としての歴史的資産を，保存するのみでなく活用することにより地域の活性化を図ろうとする動きがあり，この点で都市計画上も重要である．指定を行った各地では観光と結びついた"まち起こし"という新たなまちづくりの一面が現れ，また，統一された街並みが保存されることで都市景観上も向上している．

一方，文化財指定から漏れた建造物の中にも価値の高いものがあり，これらを保存する手だてとして「登録制度」を設け，独自に指定する地方公共団体も出てきている．国レベルでも1996（平成8）年に「登録有形文化財」制度が導入されたが，これは主に近代化に向かう中で一時代を担った建造物（築50年以上）で，社会的評価が高いものを登録することにより，取り壊されやすい近代建造物を残そうとするものである．比較的ゆるやかな保護措置を行うことにより，建造物を利用しつつ保存する道が開けている．

2. 事例

埼玉県川越市は，城下町として江戸時代には江戸の北辺の要衝として重要な位置を占めるとともに物資の一大集散地となり，大いに栄えた．1893（明治26）年の川越大火によりまちの1/3を焼失したが，その復興にあたって耐火建築の土蔵造りを取り入れることで，現在の蔵造りの街並みが形成された．大正時代になると，洋風外観の建築物が多く建てられ，旧八十五銀行本店本館（図22-1）もこの頃建てられた．以後，各時代の特色を反映した建築物が共存するようになった．

昭和40年代後半には市民による蔵造りの保存運動が始まり，「川越蔵の会」が中心となって蔵造りを通した文化財保護とまちの創造を推進してきた．地元商店街でも「町並み委員会」を設け，街並み保存とまちづくりの自主協定である「まちづくり規範」を策定，実施してきた．また，「都市景観条例」(1989（平成元）年施行），「観光

表 22-1 文化財の件数（2004（平成 16）年 8 月 1 日現在）

	有形文化財（建造物のみ）		伝統的建造物群保存地区
地方レベル	有形文化財 　都道府県　2650 件 　市町村　　8679 件		伝統的建造物群保存地区 64 地区
国レベル	重要文化財 2260 件 (3887 棟)	登録有形文化財 4140 件	重要伝統的建造物群 保存地区 64 地区
特に価値の高いもの	国宝 211 件 (255 棟)		

地方の有形文化財件数は 2003（平成 15）年 5 月 1 日現在のもの．

表 22-2 川越市の文化財（2004（平成 16）年 10 月 1 日現在）

	市指定	県指定	国指定
有形文化財（建造物）	28	9	4
登録有形文化財			6
重要伝統的建造物群保存地区			1

図 22-1　登録有形文化財（旧八十五銀行本店）

図 22-2　川越市伝建地区（一番街の蔵造りの街並み）

市街地形成事業」「電線地中化事業」等の導入により，街並みの調和を図ってきた．

しかし，近年になって高層住宅の進出が顕著になってきたため，街並み保存への危機感から 1998（平成 10）年に「川越市伝統的建造物群保存条例」を制定，翌年，保存地区の都市計画決定を行った．同年 12 月には「重要伝統的建造物群保存地区」に指定されている（図 22-2）．

以上のようなまちづくりに対する努力の積み重ねにより，現在では多くの観光客が訪れ，見事に活気ある町へと変身している．

(寺尾和晃)

文　献

1) 川越市教育委員会生涯学習部文化財保護課伝建地区担当：未来に生きる町並み，川越市，2000

D23 街並み保全と中心市街地活性化
—— Historic Landscape Conservation and Revitalization of City Center

町屋や蔵造りあるいは茅葺きの古民家等といった日本の伝統的建造物や，西洋館に代表される西洋建築等，歴史的建造物が立ち並ぶ街並みは，その都市の歴史を示す重要な存在であるとともに，市民や来街者にとっても貴重な資産となっている．一方で，大規模あるいは郊外型のショッピングセンターのオープン等，近年の経済産業構造の変化等によって，中心市街地での商業地としての衰退・空洞化を生み出し，活性化が大きな課題となっている．こうした中心市街地は，その都市の中心として栄えてきた地区であることから，歴史的な街並みであることも多く，街並みを都市の魅力を高める資産として捉え，中心市街地活性化と結びつけて取り組む事例が多くみられるようになっている．

街並み保全と中心市街地活性化に取り組む各都市では，市民や建物所有者と協力しながら，景観条例等の制定により保全地区の指定や歴史的建造物の保全，デザイン誘導等を行う一方，中心市街地活性化基本計画での位置づけや周辺道路等の景観整備等，地域の特性に応じた独自の取り組みをすすめている．

また，国の伝統的建造物群保存地区制度を活用して，地区内での現状変更行為等を規制するとともに，建造物の管理・修理や伝統的建造物以外の建造物の修景にも補助を行っている例も多い．

たとえば，「小江戸」とも呼ばれる埼玉県川越市（図23-1）では，江戸時代以来の商業都市を背景につくられた関東地方随一の蔵造りの街並みが残されており，重要伝統的建造物群保存地区に指定されている．この地区（一番街通り）では商店街が中心になって「まちづくり規範」を策定し町並み委員会のもと個別建物への助言指導を行う一方で，行政も景観条例の制定や景観整備，街並み保全のために都市計画道路の変更等に取り組んでいる．歴史的街並みの保全をするためには，建物所有者である商業者が力をつけることが重要とし，商業の活性化と景観保全を結びつけた結果，他の地域資源と相まって年間約400万人が訪れる活気ある街になっている．

また，豊臣秀吉によって開かれた滋賀県長浜市（図23-2, 3）では，街の中心を貫く北国街道沿いに黒い壁を特徴とする建物が建ち並んだ「黒壁スクエア」と呼ばれる歴史的な街並みが保全され，年間200万人が訪れている．黒壁スクエアの中心となっているのは「株式会社黒壁」である．この会社は，旧第百三十銀行長浜支店の保存運動をきっかけに，市民自らが出資して設立され，同支店を買い取り保存しただけでなく，ガラスをテーマに歴史的建造物を活用した商業展開を進め，現在では直営店12店，年商約7億円にまで育っており，市民の力で街並み保全と歴史的建造物の活用，商業的活性化が一体となって進められている．

幕末の開港以来，日本を代表する港湾都市として栄えてきた横浜市でも「歴史を生かしたまちづくり」に取り組んでいるが，歴史的建造物の集積する都心部の関内地区では，企業の撤退によって歴史的建造物の解体が危惧される状態が生じている．横浜市，地域の商店街や市民は協力しながら所有者に働きかけ，復元等の手法も含めて街並み保全に取り組みを進めているが，地区の中心的な商店街の1つである馬車道通りに面した旧富士銀行横浜支店（図23-4）は，街並み保全，中心市街地活性化の核と

図 23-1　川越の市街地

図 23-2　長浜の街並み①

図 23-3　長浜の街並み②

図 23-4　横浜の歴史的建造物（旧富士銀行横浜支店ビル）

して横浜市が取得し，市民活動センターやコンサート会場として暫定活用をしながら，本格的な活用へ向けた検討がなされている．

（中野　創）

D24 樹木保護
—— Protection of Trees

1. 樹木の役割

樹木は，建築物，道路等の潤いの少ない構築物に覆われた都市において，緑豊かな質の高い都市景観の創出に不可欠な自然資源であるとともに，人に潤いと安らぎを与えてくれるものである．

また，古代より桜花，梅花，紅葉等，樹木にかかわる季題として歌集に詠まれてきたことや『日本書紀』，『万葉集』等の古典において，「樹木からは天なる神聖が降りるとするアニミズム（精魂説）」のほか，「地域の中心地として樹木により囲まれた広場を設け，そこでのけまり等のレクリエーション」や「交易面からの働き」等が記述されており，人文景観にかかわる芸術文化面からの役割も果たしている．

2. 都市における樹木保護の現状と課題

都市景観上特に重視される樹木は，遠くから可視できる公園等の大木，街路樹，丘陵地の樹林地等，様々な形で存在するが，市街地の大半を占める住宅地等の民有地に存在する地域の歴史性，風土性を備えた高木，生垣，屋敷林等の樹木も重要である．

個人の住宅地に存在する巨樹の事例ではあるが，この樹木から100 m圏内の住民は，落葉を迷惑と考えながらも樹冠下を憩いや所有者等との日常的な会話の場所として利用していること，地域のシンボルとしての意識も高いこと，また500 m圏内の住民まで，この樹木の保護を希望していること等が把握されており，古代同様の親しみを感じているようである．

ところが，民有地に存在する樹木は，遺産相続やアパート，マンションおよび業務・商業施設等の建設，増改築等に加え，経済情勢，地価等の要因から敷地の細分化により，切り倒されるケースがあることや，狭小な敷地，建築物の密集等により生育環境の厳しい条件下にある．

また，落葉の清掃，日陰，交通障害の問題等維持管理面において，所有者の負担が大きいことや前述した事例のような周辺住民からの理解が得られず，苦情等により所有者がやむを得ず樹木を伐採するケースもみられる．

わが国の民有地を対象とした樹木保護制度としては，古木等天然記念物に相当する樹木を対象とした「樹木保存法」や古木に準ずる樹木でなくとも，外観に優れ，建造物等と一体となって地域の良好な景観を形成する重要な樹木を「景観重要樹木」として指定し，保護できる「景観法」がある．

「景観重要樹木」は，罰則，現状回復命令等の規定があり，樹木保存に対する効力が比較的強く，景観面からその必要性を国民に訴えるものとなっている．

3. 樹木保護の視点

以上のように，都市景観の向上ため，民有地における樹木保護に留意すべき点は多く，次のような市民，企業，行政が一体となった取り組みが必要である．

既成市街地での新築，都市周辺におけるミニ開発等の小規模敷地に対する規制措置および税制，融資等の優遇措置の検討とあわせ，集合住宅地，業務・商業地の開発において，敷地内の既存樹木の保護や大木の植栽により公開空地等の緑の充実を図ることで開発へのインセティブ（incentive）を付与することなどが考えられる．

その際，都市における樹木の価値を土地評価等の経済的な基準で評価するだけでなく，都市にもたらす樹木の様々な効果を踏まえた市民にもわかりやすい基準の導入により樹木を評価することが求められる．

D24 樹木保護

図 24-1 風格のある都市景観づくりに寄与する高木・巨樹（ハンブルグ，ドイツ）

図 24-2 地域のシンボルである保護すべき巨樹（東京都足立区）

図 24-3 郷土景観を形成するクロマツの生垣（鳥取県米子市）

維持管理面については，「景観法」に基づく「管理協定」の締結等により，NPO法人等が所有者に代わって樹木管理を行なえることとなったが，より多くの市民が自発的に管理活動へ参加できる体制づくり等，支援策のさらなる充実を図るとともに，市民1人1人が総合的に判断すれば，多大な効果を樹木に見出せるという認識のもと，郷土景観や風格のある都市景観を緑の面より長期的に創出する視点から樹木保護に取り組むことが望まれる。

地域ぐるみの樹木保護への取り組みがきっかけとなり，市民，企業，行政が一体となったまちづくり活動等へ発展することで，樹木は自然資源から市民の共有資産として地域社会に位置づけられ，その価値を高めるものと考える。

（松原秀也）

文 献

1) 丸田頼一：環境緑化のすすめ，丸善，2001
2) 丸田頼一：都市緑化計画論，丸善，1994
3) 松原秀也・丸田頼一ほか：造園雑誌，57(5)，355-360，1994

E 都市交通

E1　環境都市と交通
—— Environment City and Transportation

　今日，都市の交通は自動車に大きく依存しており，鉄道・バス等の公共交通サービスが十分でない都市では，自家用車は不可欠な個人交通手段となっている（図1-1）．また，自動車保有台数の増加や都市中心部への人や物の集積は自動車交通の発生集中に拍車をかけ，交通事故，交通混雑・渋滞，大気汚染，沿道騒音といった様々な弊害をもたらし，人々の生活や健康にまで影響が及んできている．こうした状況に対して，道路の拡幅，新規道路の建設，交通安全施設の整備，防音・遮音壁の設置，交通規制等が講じられ，車両や救急医療の改善とも相まって交通事故死者数はピークの1970（昭和45）年の半数にまで削減されたたものの，交通事故発生件数は依然増加傾向にある（図1-2）．

　都市内の発生集中交通を効率的に処理するこれまでの自動車優先の交通施策に対して，環境という視点を交通施策に取り入れ，環境負荷の小さな交通手段に転換していくモーダルシフトという考え方が注目されてきている．この背景には，将来に向けて持続可能な都市に変容していこうとする世界的な潮流があり，都市の交通は環境や市民にとって優しいものであるべきと認識し，新たな交通を発生させないような施策を優先的にとることが求められている．そのため，都市内の自動車交通量の削減とモーダルスプリット（様々な交通手段の割合）を見直し，それにふさわしい交通手段や乗換のシステムを用意し，個人の交通手段選択に多様性を提供するとともに，都市環境の改善を図っていかなければならない．

　その実現のためには，交通需要マネジメント（TDM）計画を策定し，自動車交通の削減方策を明確にすることが必要である．具体的には，図1-3に示すような施策（メニュー）が提案・実践されているが，これらは単なる歩車分離という考えではなく，必要に応じて歩車共存を図り，都市の利便性や都市生活の快適性を満喫できるものでなければならない．こうした施策は，都市構造がコンパクトなヨーロッパの諸都市では早くから導入され，厳しい交通規制やLRTの導入による都市再生に成功し，環境都市を名乗る都市も登場してきている．同時に，駅や停留所，駐車場，街路樹，路面，交通安全施設等の装置や道路景観も，都市環境の構成要素としてよりわかりやすく魅力的なものに改善されつつある．また，人に優しい施策である交通のバリアフリー化では，高齢者や身体障害者をはじめとした交通弱者も不自由なく利用できるための交通施設の改善や，より使い勝手のよい施設の設計を目指すユニバーサルデザインが不可欠なツールになってきている．

　わが国でも道路構造令の改正（2001年）が行われ，自転車・歩行者，公共交通機関（路面電車）の通行空間の確保や植樹帯の増大，低騒音・透水性等の環境負荷の少ない舗装等が導入されつつあるが，将来に向けた都市の交通施策の展開では，環境あるいは持続可能という物差しでの費用効果分析や市民の合意形成も不可欠である．さらに，交通環境はすべてを公共サイドが用意するのではなく，整備・運営に民間資本や経営ノウハウを導入するPFI（private finance initiative）といった新たな手法を取り入れていくことも検討に値する．　　　　（村上　治）

文献
1) 交通事故総合分析センター：交通統計（平成13年版）
2) 山中英生ほか：まちづくりのための交通戦略，学芸出版社，2000

E1 環境都市と交通

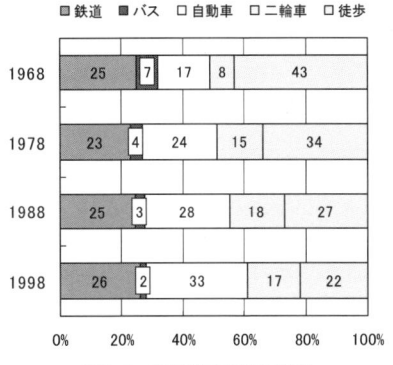

図1-1 利用交通手段の推移
各年国勢調査通勤通学利用交通手段をもとに集計．

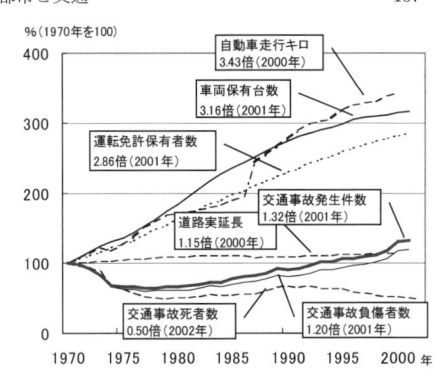

年	鉄道	バス	自動車	二輪車	徒歩
1968	25	7	17	8	43
1978	23	4	24	15	34
1988	25	3	28	18	27
1998	26	2	33	17	22

図1-2 交通関係指標の推移
「交通統計」他より指数として作成．自動車走行キロは1987年から軽自動車分も計上指標により集計方法や期間は異なる．

（%（1970年を100））
- 自動車走行キロ 3.43倍（2000年）
- 車両保有台数 3.16倍（2001年）
- 運転免許保有者数 2.86倍（2001年）
- 交通事故発生件数 1.32倍（2001年）
- 道路実延長 1.15倍（2000年）
- 交通事故負傷者数 1.20倍（2001年）
- 交通事故死者数 0.50倍（2002年）

A.自動車交通の削減	B.公共交通サービスの拡充
a-1.トラフィック・ゾーン・システム a-2.ロードプライシング(都心乗入課徴金) a-3.パーク・アンド・ライド a-4.カープール、カーシェアリング a-5.路上駐車抑制・共同荷捌きスペースの設置 a-6.低公害車の導入	b-1.LRT・路面電車の運行 b-2.バス専用・優先レーン・信号の設置 b-3.トランジットモールの整備 b-4.コミュニティバスの運行 b-5.乗換システムの簡素化・情報案内の拡充 b-6.共通割引運賃制度
C.歩行者・自転車交通の環境整備	D.交通のバリアーフリー化
c-1.モール(歩行者専用空間)の整備 c-2.分かりやすい交通・案内標識・サイン c-3.歩車共存道路の整備 c-4.自転車道路ネットワーク化 c-5.放置自転車対策とレンタサイクルの導入 c-6.街路樹・緩衝緑地などの環境施設帯の整備	d-1.駅舎等の交通施設のバリアーフリー化 　（段差解消、スロープ化、エレベータ、 　エスカレーター、点字誘導ブロック、 　文字・カラー誘導・音声振動誘導等） d-2.施設設計へのユニバーサルデザインの導入 d-3.低床式・ノンステップ車両の導入

図1-3 環境都市を構成する都市交通施策（メニュー）の例

図1-4 環境負荷の少ない路面電車が市民の足となっているヨーロッパの諸都市
左から，大学都市ハイデルベルクの中心部ターミナル，アムステルダムのショッピングゾーン．

E2　大気汚染と騒音
—— Air Pollution and Environmental Noise

1. 大気汚染

都市域における大気汚染の特徴は，集中立地による産業公害型大気汚染から，不特定多数の発生源による都市・生活型大気汚染へと変化してきたことであり，主要な汚染物質も二酸化硫黄（SO_2）から窒素酸化物（NO_x），浮遊粒子状物質（SPM）へと遷移してきた．

自動車から排出される窒素酸化物による大気汚染が著しい地域について，二酸化窒素の環境基準の確保を図るため，1992（平成4）年「自動車から排出される窒素酸化物の特定地域における総量の削減等に関する特別措置法」（自動車NO_x法，2003（平成15）年改正により自動車NO_x・PM法）が公布・施行され，3大都市圏の指定地域内では規制基準不適合車の使用を認めない「車種規制」等が実施される等，都市大気汚染対策の主軸は自動車へと移っている．

粒子状物質（PM：particulate matter）による大気汚染についても，自動車排出ガスによる寄与が大きく，特にディーゼル車から排出される粒径$1\mu m$以下のDEP（diesel exhaust particles）など，PM2.5と呼ばれる粒径$2.5\mu m$以下のPMは，肺の深部に侵入・沈着する割合が大きく健康への影響が大きいと考えられている．

また，自動車から排出されるベンゼンやホルムアルデヒド等の揮発性有機化合物（VOC：volatile organic compounds）は，光化学大気汚染の原因となると同時に，ベンゼン等それ自身も発癌性を有する物質が多く今後大きな問題となることが予想される．2001（平成13）年度PRTR（Pollutant Release and Transfer Register）集計によると，ベンゼンの大気排出量の約74%が自動車・二輪車等の移動発生源で占められており，空間的にも交通負荷の大きな大都市域に分布している（図2-1）．

2. 騒音

都市域の騒音をエネルギーベースの寄与割合でみると，「道路に面する地域」はもとより，「一般地域」においても，都市交通騒音，特に自動車交通騒音がそのほとんどを占める．

騒音に係る環境基準は，1999（平成11）年改定・施行され，環境騒音の評価指標として，従来の統計値である騒音レベル中央値（L_{50}）に代えて，暴露騒音エネルギーの平均値を表し物理量である等価騒音レベル（L_{eq}）が採用された．また，道路に面する地域では，道路端における測定地点ごとの評価（点的評価）から，沿道の個別住居ごとの暴露騒音レベルを測定（推定を含む）し，その達成割合で評価する新たな評価方法（面的評価）が導入された．

「騒音規制法」が騒音の排出（emission）を規制するものであるのに対し，「環境基準」は騒音の暴露（immision）を評価するものである．道路端の騒音レベルを点的に評価する従来の環境基準評価は，その意味で騒音の排出を評価していたにすぎず，新しい評価方法（面的評価）により初めて環境基準評価において暴露評価が取り入れられたといえる．

騒音の「面的評価」は，沿道住居等の立地状況を道路との位置（距離）を含めて把握する必要があり多大な労力を必要とするが，近年の地理情報システム（GIS）の普及により技術的にはPC（パソコン）レベルで可能となっている．また，騒音だけではなく沿道大気汚染の暴露評価への利用，あるいはハザードマップ作成等住民への情報開示手段としての利用が期待される（図2-2）．

（和気信二）

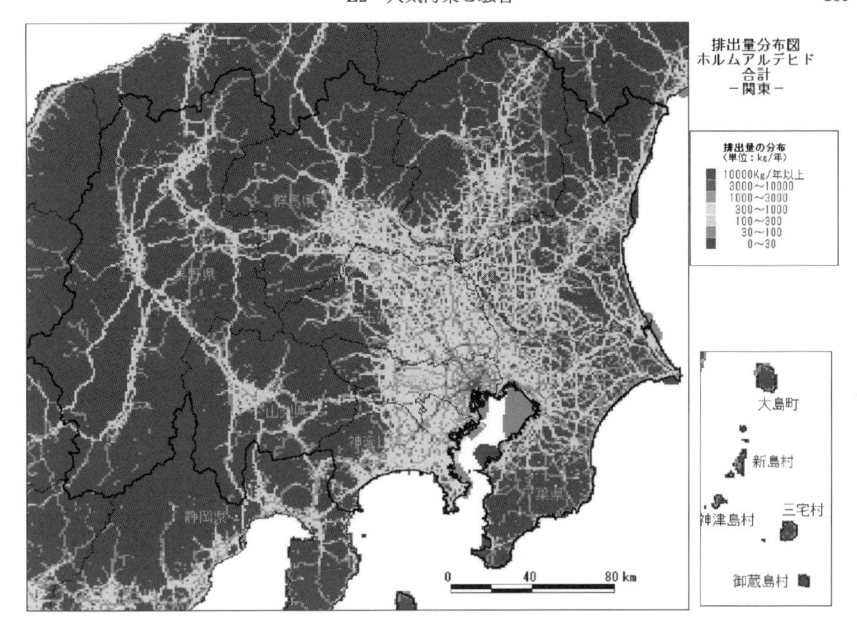

図2-1　PRTRデータによるベンゼン排出量分布（非点源推計値を含む）

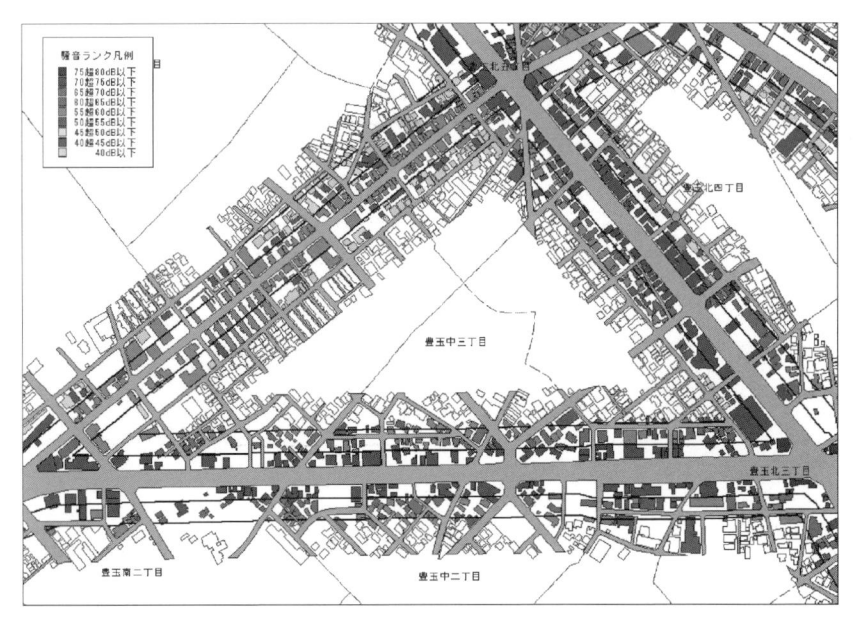

図2-2　ハザードマップとしての騒音マップ表示例

E3　TDM（交通需要マネジメント）
—— Travel Demand Management

1. TDMとは

　TDMは，交通需要と交通供給のバランスを達成する新しい手法である．1990年代以降，世界中の多くの都市が，交通需要の増大に対して，道路網等の交通施設の供給を追いつかせることができない状況に直面した．TDMは，この状況を打破するために開発された手法である．具体的に，TDMは交通行動の頻度，目的地，交通手段，経路，時刻，乗車効率の変更を促すものであり，交通需要を時間的，空間的に平準化することにより，交通需要と交通供給のバランスを回復し，交通渋滞や大気汚染の緩和に貢献する．

2. TDMの実施手順と商品設計

　TDMの実施手順には，設定，設計，実施，評価の4段階があり，このプロセスを関係者の参加を促しながら繰り返すことによって，目標達成に効果的なTDMに到達できる（図3-1）．

　道路整備等の容量拡大が平均的な利用者を対象として設計するのに対して，TDMは，ターゲットを絞り込んでターゲットにとって魅力的な交通サービスを開発するという違いがある．混雑緩和を目的とするTDMの場合，対象交通の大半が従来の交通行動を変更しない中で，対象交通の5〜10%が交通行動を変更するような魅力的なTDMを見つけ出すことが求められる．少数ではあるが，熱烈なファンがつくTDMを構築するという考え方が基本である．

3. 実施体制

　TDMの適用に関しては，その目的設定，代替案設計，実施，評価のいずれにおいても，利用者や関連主体である交通事業者，ならびに雇用主やディベロッパーからの継続的なインプットを確保するとともに，合意形成を図る場として，官民協同の「話し合いの場」が必要となる．商工会議所や自治会等をベースとして，会員制の交通需要管理組合（TMA：transportation management association）を設立することが望ましいといわれている．たとえば，道路利用者がもつ個別の情報を活用しないと，特定の利用者層に受け入れられる魅力的なTDMの構築はもとより，TDMの必要性や財源負担に関する関係者の合意形成も難しくなる．

4. 社会的効果と財源確保

　TDMは，特定の利用者の行動を変更させることによって，行動を変更した利用者と，行動を変更しない大半の利用者の双方に便益をもたらす．たとえば，パークアンドライドによる混雑緩和の場合，対象道路利用者の5%から10%の転換によって，道路混雑を緩和し，道路利用者全体に所要時間短縮の便益をもたらす（図3-2）．その場合，社会的便益を根拠としてパークアンドライドの駐車料金を割り引くという仕組みが構築可能であり，この仕組みがあれば，パークアンドライドの利用促進と継続的な財源確保になると期待される．

　今後，TDMの導入に際しては，社会的便益を測定し，それを根拠に，財源確保の仕組みを構築することが求められる．たとえば，図3-3と図3-4は，財源確保の仕組みでもあるロードプライシングについて，ドライバーの行動変化を想定し，東京の環状7号線を境界として導入する場合の効果計測を行ったものである．鉄道への転換を考慮する場合には，課金する環状7号線の内側とともに外側においても走行台キロが減少することがわかる．ロードプライシン

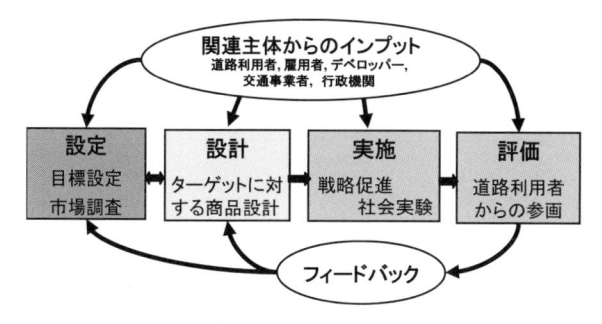

図 3-1　TDM の実施プロセス

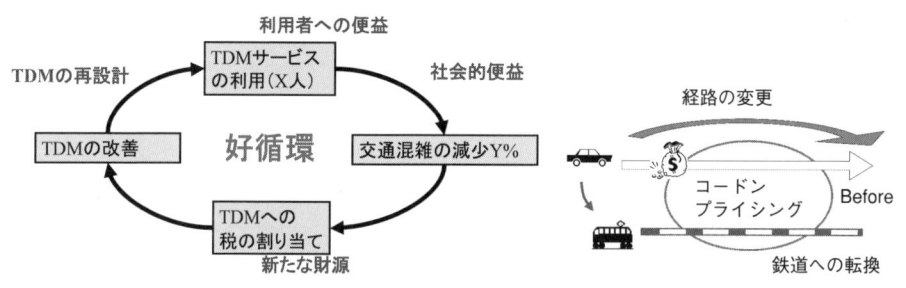

図 3-2　TDM の社会的便益と財源負担

図 3-3　ドライバーへの課金時の行動変化

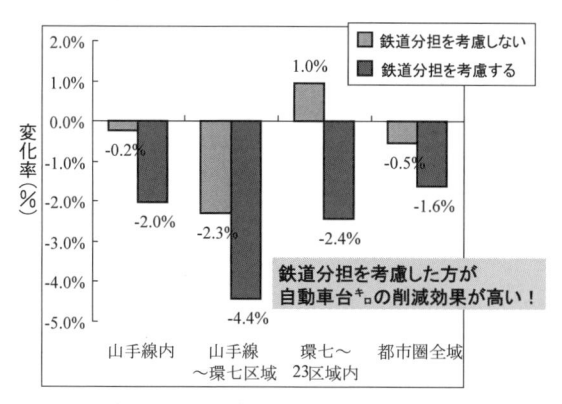

図 3-4　ロードプライシングによる走行台 km の変化

グの収入という新しい財源をどのように配分していくのか，このような効果計測と合わせて検討することが大切である．

(原田　昇)

E4　道路計画

—— Road Planning

1. 環境都市計画と道路計画

道路は，都市や街の骨格を形成し土地利用を誘導するなど，良好な都市空間や街並みの形成に重要な役割を果たしている．これまでは，自動車が円滑に通行できることを重視して整備されてきたことも多く，その結果，自然環境や歴史的風土を大きく改変させ，居住環境を悪化させることもあった．

2. 道路計画

自然環境と共生した居住環境の形成や人間優先の都市づくりを実現するには，自動車の円滑な通行や駐停車について検討するだけではなく，歩行者・自転車の快適な利用や環境改変への配慮等の視点をきちんと加えるとともに，地域の状況を踏まえ，都市環境との調和が図れるように道路計画を策定することが重要である．

一般に道路を計画する際には，①道路の機能分類の決定，②道路区分の決定，③基本構造の決定の手順で行う（図4-1）．道路建設の指針となる道路構造令（construction the law of road, 1958（昭和33）年政令第244号）において，道路区分は，道路が計画される「地域（都市部，地方部）」や「道路の別（高速自動車道国道，その他の道路）」によって道路の種類を第1種から第4種に区分している（例：都市部の地方公共団体が整備する道路は第4種）．さらに，基本構造（車線数等の断面構成）は，「計画交通量」「道路の種類（国道，都道府県道，市町村道）」等に応じ，第1級から第5級に区分され，標準的な道路構造（車道や歩道の幅員，停車帯や植樹帯の有無）が既定されている．

3. 自動車交通と都市居住環境との調和

自動車の急激な普及に伴う都市の居住環境の悪化に対して，歩行者の安全の確保や良好な居住環境の形成のために，様々な取り組みが古くから世界中で行われてきた．

その代表的なものに1950年代の急速な自動車の普及により居住環境が悪化した英国において，自動車交通と居住環境との調和を図るための対策を検討した報告書「都市の自動車交通（"Traffic in Towns"）」（1963年，一般に，"ブキャナンレポート（Buchanan report)"と呼ばれている）がある．

基本的な考え方は，長トリップを担う幹線分散路と地区内交通を担う局地分散路・アクセス道路（通過交通を排除するように通り抜けしにくくしている）等道路を機能に応じて段階的に構成し，歩車交通の分離を図り，自動車交通は住民の生活環境を侵さないようにするものである．

日本においても，都市計画道路に関しては，主として交通機能に着目して道路種別が設定されている．この種別には「自動車専用道路」や「特殊街路（歩行者専用道路等）」のほか，都市内のまとまった交通を処理し，都市の骨格を形成する「幹線道路」と地区内にある宅地へのアクセスとなる「区域街路」がある（表4-1）．

都市計画道路を計画・整備する際には，幹線道路と区画街路等を組み合わせ，道路の段階構成を実現し，地区内から通過交通を極力排除するとともに，歩行者・自転車等の安全の確保や居住環境の悪化を防止することが求められている（図4-2）．

（小野敏正）

文　献

1) 吉岡昭雄著，交通工学研究会編：交通工学実務双書4 市街地道路の計画と設計, pp.70-71, 技術書院, 1988
2) 土木学会編：土木工学ハンドブック, 1464 pp., 技報堂出版, 1989

E4 道路計画

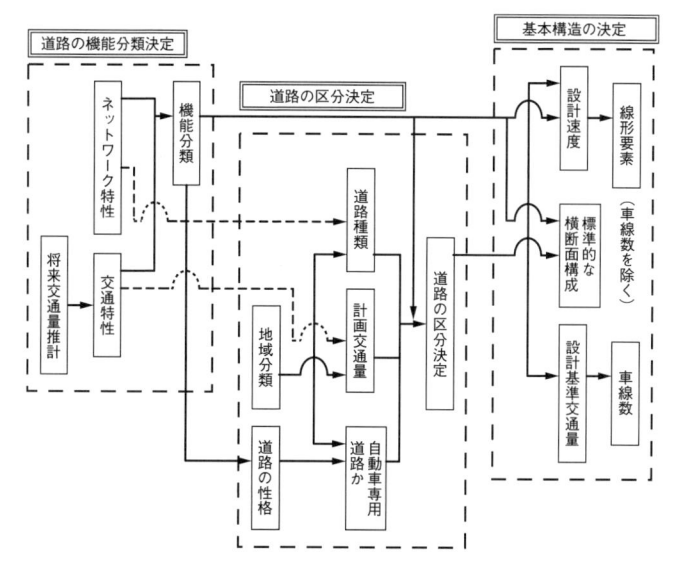

図 4-1 道路計画の基本的な流れ

表 4-1 都市計画道路の段階構成（都市計画運用指針，建設省，平成12年12月より）

種別		道路の機能等
自動車専用道路		都市高速道路，都市間高速道路，一般自動車道等専ら自動車の交通の用に供する道路
幹線街路		都市内におけるまとまった交通を受け持つとともに，都市の骨格を形成する道路
	主要幹線街路	都市の拠点間を連絡し，自動車専用道路と連携し都市に出入りする交通及び都市内の枢要な地域間相互の交通を処理。また，都市構造に対応したネットワークを形成する
	都市幹線街路	都市内の交通を処理する．特に市街地内においては，主要幹線街路，都市幹線街路で囲まれた区域内から通過交通を排除し良好な環境を保全する
	補助幹線街路	主要幹線街路又は都市幹線街路で囲まれた区域内において，交通を集約し適正に処理する
区画街路		地区における宅地の利用に供するための道路
特殊街路		ア 専ら歩行者，自転車又は自転車及び歩行者が利用する道路 イ 専ら都市モノレール等の交通のための道路 ウ 主として路面電車の交通のための道路

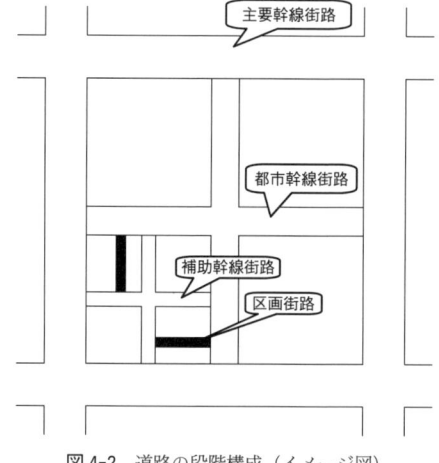

図 4-2 道路の段階構成（イメージ図）

E5　道路緑化

—— Road Planting

1. 道路緑化の役割と変遷

わが国の道路緑化は，街道の並木に起源がみられ，古くは旅人に木陰の休息地を与え，時には果実により空腹を満たした．

近代的街路樹の整備は，明治以降において，西欧の諸都市にならったものであり，都市において緑の存在は，緑陰の形成に加え，新葉や紅葉，花や実により街並みに彩りと季節感を添え，緑に引き寄せられる虫や鳥とともに，都市に潤いをもたらした．

現代では，これらの役割に加えて，交通安全機能や沿道環境保全機能が求められるようになっており，道路緑化の主たる機能は，これらに景観形成機能を加えた3つに大別される．また，より広域的な観点からは，ヒートアイランドの抑制，CO_2 ガスの吸収固定も，道路の緑に期待される．さらには，火災時の防火帯となったり，生態ネットワークのコリドー（回廊）となることも，その機能といえる（図5-1）．

2. 交通安全機能

交通安全機能としては，交通分離，遮光，視線誘導，衝撃緩和の4つがあげられ，都市部では前2者が主となる．交通分離植栽は，歩車道間に低木植樹帯を設けて，歩行者の車道への侵入を防止するものである．遮光植栽は，対向車のヘッドライトを遮る中央分離帯植栽や，沿道の住宅等へのヘッドライトの差し込みを防止する路傍植栽である（図5-2）[1]．

3. 沿道環境保全機能

自動車に起因する騒音，振動，大気汚染等の交通公害から沿道の居住環境を守ることは，現代都市において最も重要な課題である．

植栽による騒音低減量については，実測や実験計測により測定されており，生け垣状の植栽で，距離減衰に加え 2 dB (A) 程度減衰するとの報告がある．効果的な植栽形状としては，音源に近い位置での密植が有効とされている．また，音源となる自動車を，視覚的に遮へいすることにより，圧迫感が緩和されることが報告されている．

植栽による大気浄化は，汚染物質の植物体内への吸収，植物体表面への吸着，上方への拡散といったメカニズムにより発揮される．大気汚染物質の吸収は，汚染ガスが葉面の気孔から進入することによって生じ，NO_x については実験計測結果からの，吸収量試算例がある．また，汚染物質の吸着については，浮遊粉塵の実測例があり，葉の形状が複雑なものや，葉面に毛を有する樹種で効果が大きいことが報告されている．効果的な植栽形状としては，発生源に近い位置に，密な多層構造の植栽をすること，そして，絶対的な緑量を増大させることが有効とされる（図5-3）[2]．

4. 景観形成機能

道路の緑の存在は，視覚的なイメージとして，"殺ばつとした"イメージを低減し，量の豊富さは"静かな"イメージを高め，適切なデザインは"洗練された"イメージを生み出す．また，高木の樹冠が連関するような並木は，好ましい景観として人々に受け入れられている．これらの効果は，緑によって，雑多な沿道の地物を"遮へい"，"装飾"したり，地物と背景を"調和"したり，あるいは，配植デザインの規則性・リズムにより街並みに"統合"感を生み出すことによって発揮される[3]．

また，特徴ある配植・樹種選択は，街並みや都市のイメージを形成しうるものである．

（藤原宣夫）

E5 道路緑化

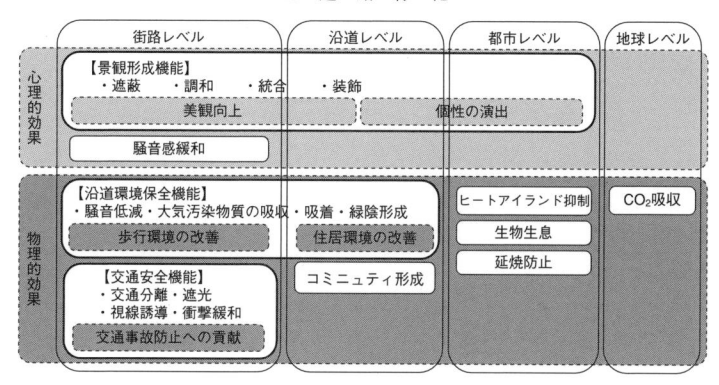

図 5-1 道路緑化の機能

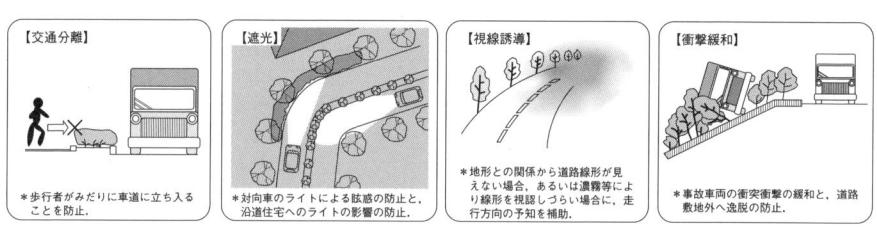

図 5-2 交通安全機能と緑化

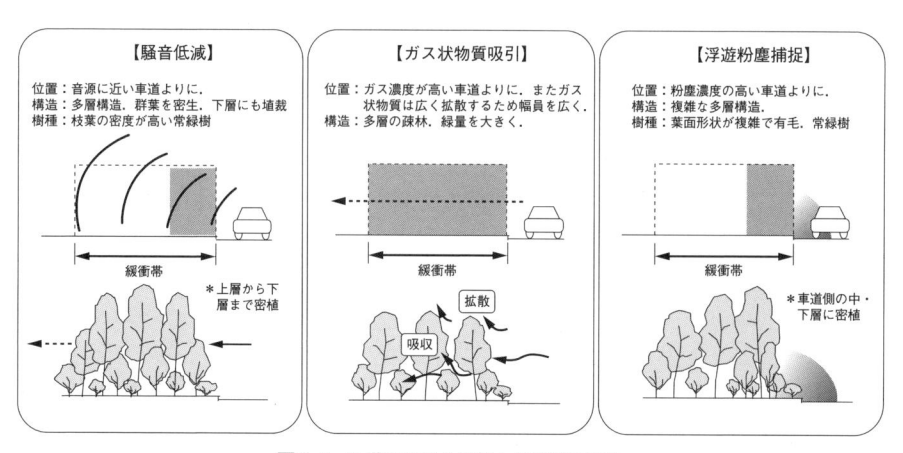

図 5-3 沿道環境保全機能と植樹帯の要件

文　献
1) 藤原宣夫：緑の環境設計（渡辺達三ほか編），NGT，pp.565-570，2002
2) 井上忠佳・藤原宣夫：道路の緑化技術に関する研究 —環境植樹帯計画標準（案）—，道路と自然，45，pp. 40-47，1984
3) 藤原宣夫・田代順孝・小林ポウル：植栽による沿道イメージの形成に関する考察，第18回日本都市計画学会学術研究発表会論文集，pp.103-108，1983

E6　歩行環境整備

—— Pedestrian oriented Road System

　安全性や快適性の面から十分な歩行環境を確保することは，重要な課題である．そのための自然な考え方として，まず歩行者と自動車を分離するという発想があげられる．このような歩車分離の考え方が初めて導入されたのは，1928年にニューヨーク郊外のラドバーン（Radburn）においてである．そこでは自動車と歩行者の動線を完全分離し，それぞれ別のネットワークを構築することで歩行環境が確保された．わが国では，筑波研究学園都市等の計画都市において，同様の歩車分離システムが導入されている（図6-1）．また，ターミナル等の人の集散場所において，人工地盤上に歩行者のためのペデストリアンデッキが整備され，自動車との交錯が回避されている（図6-2）．

　ただ，予算やスペースの制約上，多くの地域では道路断面の端に歩道を設置することで最低限の歩行環境を確保しようとしているのが現実である．しかし，車道と歩道が分離することで通行車両の速度が増加したり，歩道にのりあげて駐車する車両が現れ，むしろ歩行環境が悪化する場合もある．このような問題に対応するため，道路構造を工夫して通行車両の速度や量を抑制しようとする歩車共存の試みも各所で実施されている．たとえば1976年にオランダのデルフトで導入されたボンネルフ（「生活の庭」の意）は，ハンプや狭窄等の交通量を阻害する設備を住宅地の道路に導入し，道路構造を改変することで速度抑制を実現し，あわせて修景を加えて歩行者の生活空間として再構成を図るものであった．わが国でも1980年以降のコミュニティ道路事業にみられるように，このような歩車共存の考え方は積極的に導入されている[1]．また，地区内の道路ネットワークをコントロールすることによって，通過交通をなるべく減少させようという試みもある．この代表として，交差点への障害物の設置等を通じて地区内をいくつかのゾーンに分割し，ゾーン間の自動車通り抜けを禁じるトラフィックゾーンシステムという手法があげられる．

　図6-3にこのような工夫の代表例を示す．写真手前の歩道形状から明らかなとおり，歩行者2人が歩いている所から奥の車道へは，自動車で通り抜けができないようになっている（トラフィックゾーンシステム）．また，この写真の奥では車道が細くなり（狭窄），またあわせて小さな段差（ハンプ）がつけられている様子も読みとれる．このほかにも図6-4に示すように住宅地の街路を意図的に行き止まりにし（クルドサック，フランス語で袋小路の意味），自動車の通り抜けを阻止する例もみられる．

　このような歩行環境整備において要請される事柄は時代に応じて変化しており，ロードテラスの整備や，各種施設における動く歩道の複々線化（図6-5）など，より質の高いものが求められるようになっている．さらに，歩行者は都市における一種の資源であると考えれば，いかに都市空間の中に歩行者を滞留させる環境をつくるかという工夫も重要である．さらに最近では，IT技術を活用した高度情報機器を導入することで歩行支援を行おうとする試みもみられるようになってきた[2]．携帯型端末の活用による都市・交通情報の活用や，ハンディキャップ者への音声誘導システム等がこれに相当する．

　　　　　　　　　　　　　　　（谷口　守）

E6 歩行環境整備

図 6-1　筑波研究学園都市における歩車分離システム

図 6-2　仙台駅前における大規模ペデストリアンデッキ

図 6-3　ハンプ，狭窄，トラフィックゾーンシステムの実際(英国チェスター市)

図 6-4　クルドサックの例（岡山県赤磐市）

図 6-5　動く歩道の複々線化・広幅員化（米国デンバー国際空港）

文　献
1) 山中英生・小谷通泰・新田保次：まちづくりのための交通戦略，学芸出版社，2000
2) 特集 歩行者モビリティ向上策の動向，交通工学 **35**(4)，2000

E7 コミュニティモール

―― Community Mall

1. コミュニティモールの概念

コミュニティモールは，1990年頃から日本の歩行者系道路の計画に取り入れられた歩行空間の概念であり，明確な定義づけはなされていない．1970年代のオランダにおけるボンネルフ（歩者共存道路）の思想を取り入れたコミュニティ道路（歩車融合共存道路）の概念に，歩行者道を単に快適で安全に通過するための道路施設として考えるのではなく，地域特性や沿道の建物・広場・利便施設等を取り込み，テーマ性を強くもたせ，より魅力的で特徴のある歩行空間を演出したモールの概念を組み合わせた造語といえよう．

2. コミュニティ道路とモール

日本のコミュニティ道路は，歩行者が安全で快適に通行できるよう車のスピードを抑制するためのハンプを設けたり，車道をジグザグにしたシケイン，狭窄等を用いるとともに，豊かな植栽を施しているが，計画意図には，車交通の少なくない街路を，かつて街路がもっていた地区住民のふれあいの場，語らいの場として活用し，コミュニティ形式の一編を担う空間として機能させることも含まれている．

一方，モールの語源は「木陰の多い散歩道」という意味であるが，楽しみながら歩く空間として商店街やショッピングセンターに導入されたものにほかならない．わが国では1970年代に入り，旭川市の平和通り買物公園に始まり，横浜市のイセザキモール，仙台市の一番町買物公園等があり，近年では大規模な商業施設そのものを，人間性豊かな街として捉え，各商業施設を連結する歩行空間を，やすらぎやふれあい交流空間として総合的な演出を行い，施設全体を○○モールと総称するものも出てきている（MM 21，クイーンズモールやキングズモール，町田のグランベリーモール等）．

商業モール以外では国友町の歴史的景観を保全したコミュニティモールや，熊谷市星川通りがある．特に星川通りは市の玄関口にふさわしい顔づくりの一環として，市街地中央を流れる星川の景観整備と市民に親しまれるプロムナードづくりを総合的に進めたもので，鯉の放流から始め，各広場に彫刻像を設置し，現在，水と緑と鯉と彫刻のコミュニティモールとして市民に親しまれている．このモールの特徴は，清流保存のために，錦鯉の管理，増渇水対策，ごみ対策等に，地元住民と行政が一体となった維持管理システムをもっていることにある．

3. コミュニティモールへの形態

コミュニティモールの形態は，これまでの歩行者系道路の形態類型に基づき整理すると表7-1のようである．これまでの概念と異なることは，整備目的により深いテーマ性をもたせ，そこでの生活行動そのものが魅力的であり，文化的であり，様々なコミュニティ形成の場となるよう計画された歩行空間にある．総合的なまちづくりと交通体系の一貫として，多様な展開が期待できる歩行者系道路である．特に，市民参加型のまちづくりが大きいウエイトを占める今日，コミュニティモールにおいても，整備後の維持管理も含めた市民参画による安全で快適な歩行空間づくりが望まれる．

(塩原 猷)

文献

1) 土木学会編：街路の景観設計，技報堂出版，1985.
2) 三船康道＋まちづくりコラボレーション：まちづくりキーワード事典，学芸出版社，1997.

E7 コミュニティモール

表 7-1 コミュニティモールの形態

	類系分類	概要	事例
交通形態上の類型	フルモール（歩行者専用道路）	車の進入を禁止し，歩行者向けの舗装，街具，植栽を施す	横浜市 イセザキモール 旭川市 平和通り買物公園
	セミモール（歩行者路＋車道）	ハンプやシケインによって車の通行を抑制した歩行者優先道路	横浜市 馬車道 大阪 天神モール
	トランジットモール（歩行者路＋公共交通）	車道はバス，路面電車等の公共交通のみに規制し歩行空間をゆったりとったもの	米国 ニコレットモール 独 ブレーメンのトラジットモール 英国 オックスフォード街のモール
空間形態上の類型	オープンモール	天蓋のない解放的なモール	埼玉県 星川通り 横浜市 イセザキモール
	セミクローズドモール	歩道部を天蓋で覆うモール．雨，雪，直射日光の対策としてとられている	仙台市 一番町ショッピングモール 平塚市 紅谷パールロード
	クローズドモール	雨，雪，風等の対策から道路全体に屋根をかけたもの．開閉式のものもある	仙台市 サンモール一番街 福岡市 天神モール
	その他（室内モール，地下街）	大規模商業施設の中の歩行空間	MM 21 クインズモール 新宿 サブナード地下街

図 7-1 旭川市平和通り買物公園

図 7-2 ミネアポリス市（米国）ニコレットモール

E8　駅前広場

—— Station Plaza

　駅前広場は，鉄道駅駅舎の，一般的には正面に設けられる公共空間である．駅前広場には交通結節点としての機能とともに，都市の玄関口としての機能，公共的な広場としての防災機能や修景機能等が期待されている．特に，都市内でオープンスペースが不足しているわが国では，駅前広場の広場機能の意義が大きい．しかし一般的には，都市部での道路空間の不十分さのために交通機能の面でも駅前広場に期待される面は大きく，結果的に計画では交通機能が強く重視されている傾向が強い．

　駅前広場の計画では，現在では，1998年に当時の建設省が監修した指針[1]に基づいて，図8-1のような手順での計画が推奨されている．実際の交通施設の計画での論点としては，概略面積の算定，決定された面積内での交通施設のレイアウト（バスや歩行者等，各交通手段の動線の設計方法および空間の割り当て）の考え方，整備費用の負担方法を指摘することができる．

　まず，面積の算定方法については，これまでに昭和28年式や小浪式などいくつかの知られた計算式があり，1998年の指針では，それらを集大成した形での概略的な計算方法が提案されている．気をつけるべき点は，各交通手段が必要とする面積の算定根拠となる条件値の吟味であろう．たとえば，バスについては，降車場と乗車場を分離するかしないかや，運賃支払いをどうするか，待機スペースをどうするかで必要面積が大きく異なる．タクシーについても待機スペースの扱いが大きく影響する．さらには，自家用車送迎では夕方ピークの出迎え時が必要面積最大である反面，バスの必要面積は朝に最大になる等，ピーク時刻のずれの問題もある．これらの問題は駅によって状況が異なるので，面積算定にあたっては現況把握と将来の駅の使われ方の条件設定を丁寧に吟味する必要がある．

　次に，実際の交通施設のレイアウトについては，たとえば，タクシー乗り場とバス乗り場のどちらを改札口に近づけるか，車両動線と歩行動線の錯綜を避けるために，歩道橋やペデストリアンデッキを多用することが本当に望ましい設計かどうか等の問題に対応する必要があり，建築計画に類似した問題構造ともいえ，3次元的なデザインの能力と，優先順位の明確な判断能力が要求される場面である．たとえば，バス乗降施設にしても，乗り換え利用者や不案内な利用者に配慮した島式のものが近年みられるようになる等，工夫の余地は多様にある．ペデストリアンデッキについては，下部空間利用者の評価が下がることが知られており，全面的な利用よりはむしろ部分的に活用して，歩行者の移動の負担をトータルで下げるような配慮が求められている．

　最後に，費用負担については，国鉄時代の取り決めからの歴史があり，鉄道サイドの負担割合は少なくなっている．土地区画整理や市街地再開発といった都市サイドの事業の中で整備する例や，直接的に道路事業として整備する例が近年増えてきている．一方で，整備された空間がバス事業者やタクシー事業者の既得権益化することによって，状況の変化に柔軟に対応できなくなる懸念もあり，費用負担，運用，管理については，十分な議論と関連主体間の合意形成がこれからの課題となろう．　　　（中村文彦）

文　献

1) 建設省監修：駅前広場設計指針，技報堂出版，1998
2) 新谷洋二編著：都市交通計画第二版，技報堂出版，2003

E8　駅　前　広　場　　　　　　　　　　　151

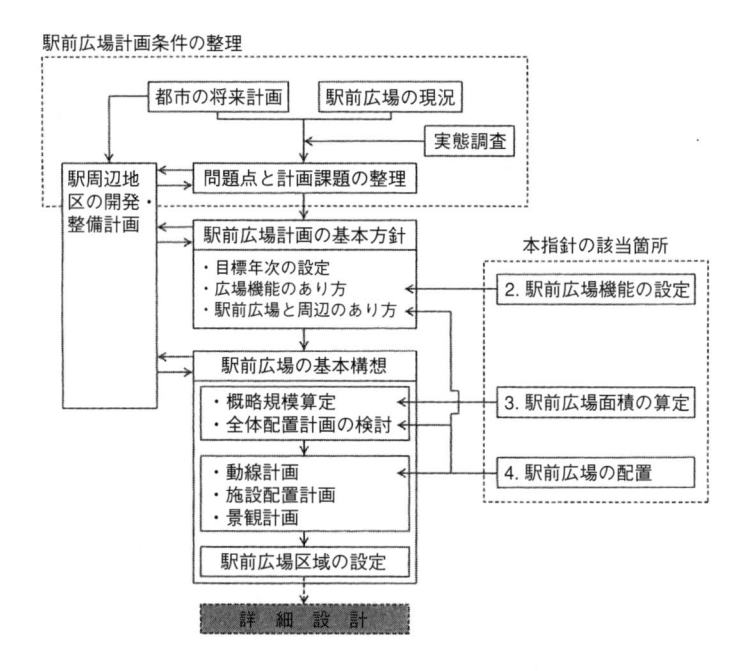

図8-1　一般的な駅前広場の計画手順

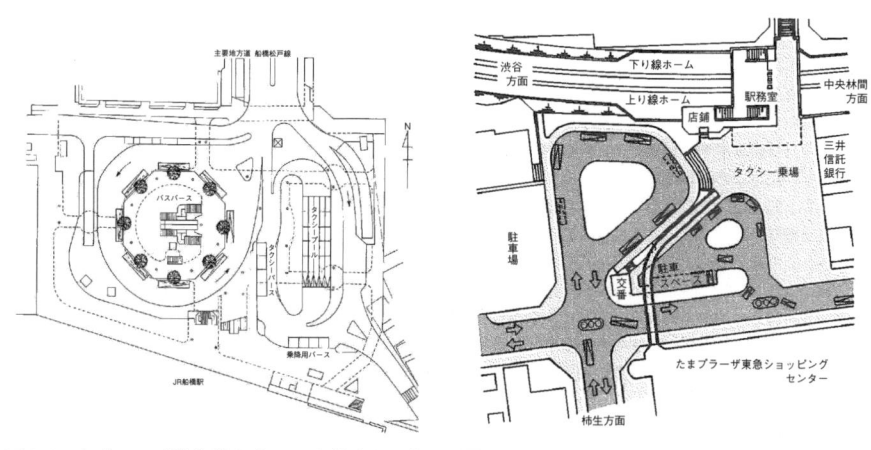

図8-2　島式バス乗降施設を含んだ駅前広場の例（船橋駅）

図8-3　歩行者動線に配慮した駅前広場の例（たまプラーザ駅）

E9　自転車交通

— Bicycle Transportation

　自転車は速度や経路選択の自由度が高く，駐車や走行の必要空間が少なく，また環境への負荷が小さく省エネルギー性にも優れた交通手段である．しかし，雨や風および坂道に弱く，事故の危険性も低くはないという短所もある．モータリゼーション以前には，自転車は個人的交通手段の中心として，道路交通における主要な役割を果たしていた．自家用車の普及につれ，公共交通や徒歩の割合の低下が世界の多くの都市で生じているが，自転車はその利便性により，ポストモータリゼーションの段階に入った諸国でも，短距離交通や鉄道駅との端末交通において広く利用されている．また近年では環境負荷の少なさ，施設整備や資源面での経済性が注目され，自転車交通を政策的に促進する国もある（表9-1）．

　自転車の保有率は，オランダ（1.0台/人）が最も高く，ドイツや北欧諸国（0.8台/人程度）がこれに次ぎ，日本は0.68台/人である．日本の大都市圏では，自転車トリップ割合が15〜25％の都市が多い．この十数年間，駅周辺での駐輪需要が増加を続け，放置問題が発生している．死亡交通事故のうち自転車乗用中の割合は日本では10％程度であるが，近年高齢者を中心に事故件数は急増している．

　自転車交通計画の課題は，第一に都市交通手段としての役割やルールの明確化である．第二に安全な走行環境整備による自転車交通ネットワークの形成である．既存の道路空間の再配分を通して自転車の走行空間を連続的に確保する（表9-2）．現行の「自転車歩道通行可」規制による歩道上走行は歩行者への悪影響が大きいので，過渡的対策と考え将来は縮小する必要がある．第三は駐輪施設の整備であり，鉄道駅周辺地域や商業地区を重点として実施する．

　自転車交通は，モータリゼーションが世界的に拡大する21世紀にはさらに促進されるべきであろう．自転車を交通システムの基本とする計画事例としては，

　①サイクルタウンの建設：オランダのニュータウン「ハウテン（Houten）」は，人口は約3万，面積は420 haと小規模だが，快適な自転車道や歩道を整備し，都市内交通は自転車と徒歩に全面的に任せ，逆に車での市内移動が抑制される道路パターンを採用（図9-1，2）．職場はニュータウンに隣接して設けられ大部分が自転車通勤を行い，緑の多い「自転車都市」となっている．いわゆる「コンパクトシティ」の概念にも近い．また，既存都市で交通システムの中核に自転車を位置づけて街を整備した例として，グローニンゲン（Groningen）やチルブルグ（Tilburg）（オランダ），ミュンスター（Muenster）やフライブルグ（Freiburg）（ドイツ），オーフス（Arhus）（デンマーク）等がある．

　②コミュニティサイクル：登録制の都市型レンタサイクル（練馬区等）は，駐輪スペースの節減と管理の合理化に有効である．コミュニティサイクルは鉄道駅に限らず公共施設等にデポを設置し，全デポでの貸出・返還が自由にできるシステムで，自転車を活用したモビリティ向上を目指す．国土交通省の社会実験の例（台東区，阪神間の連担都市）もある．　　（山川　仁）

文　献

1) 交通と環境を考える会編：環境を考えたクルマ社会，技報堂出版，1995
2) 山中英生・小谷通泰・新田保次：まちづくりのための交通戦略，学芸出版社，2000
3) 特集「自転車の功罪とまちづくり」，都市計画，No. 238, 2002

E9 自転車交通

表 9-1 各国自転車交通政策の比較

		オランダ	ドイツ	日本	英国	米国
自転車交通政策の基本		(さらなる)自転車利用促進	自転車利用促進	放置自転車対策が中心 安全で適正な利用促進	(新たに)自転車利用促進	(新たに)自転車利用促進
自転車交通の位置づけ		持続可能な社会のための自動車交通抑制手段	環境負荷の小さな交通手段	都市交通手段として明確な位置づけ未確定	環境と経済性の観点から自動車依存の軽減に有効	経済的効率が高く、環境保全に有効な交通手段としての自転車
関連する計画等		「自転車マスタープラン」(1992年)	原則として自治体が計画	新道路整備5カ年計画(1998年) 地球温暖化対策推進大綱(1993年)	「国家自転車戦略」(1996年)	「総合陸上交通効率化法」(1991年)
自転車利用の特徴	トリップの割合	28%	11%	15%	2%	0.7%
	主要な利用目的	目的地直行型(通勤通学等)および鉄道端末型		鉄道端末型および直行型(買物等)		レクリエーション
	主要な走行空間	自転車道が中心	自転車道および車道	自転車歩行車道(自転車の歩道通行)		バイクレーン、バイクパス
自転車交通の将来目標		近距離交通: 　車→自転車 遠距離交通: 　車→自転車+鉄道 2010年 自転車走行キロ: 30%増加			2002年:1996年の2倍 2012年:1996年の4倍	自転車と徒歩交通の和のシェア 2000年:1991年の2倍

表 9-2 自転車道の整備状況比較

国名	年度	自転車道延長 (km)	道路に対する割合 (%)	延長 (m/千台)
ドイツ	1985	23100	4.7	660
オランダ	1985	14500	8.6	1317
米国	1988	24000	0.4	240
日本	2003	6693*	0.6	78

＊:自転車歩行者専用道路等である。このほか、自転車が走行できる歩道(=自転車歩行者道)が約9.9万km ある。

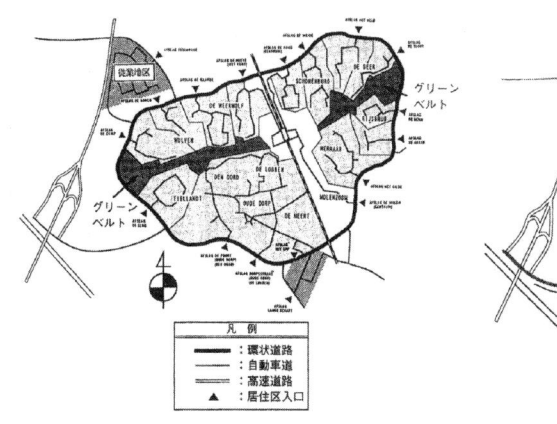

図 9-1 ハウテン市のニュータウンの構成[1]
(ハウテン市資料より IBS 作成)

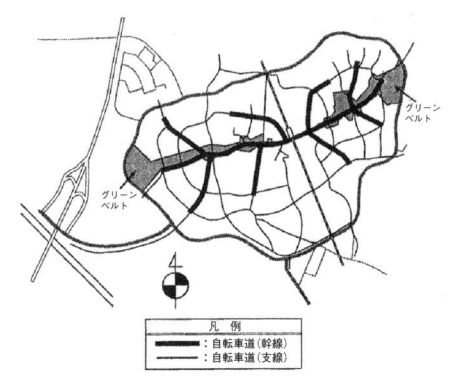

図 9-2 ニュータウン内の自転車道の構成[1]
(ハウテン市資料より IBS 作成)

E10 路面公共交通（バス）
—— Road Public Transportation（Bus）

　路面公共交通の中でも，バスは身近で生活とともにある乗り物である．乗合バスは中量輸送交通機関として市民の足となっており，都市鉄道のフィーダーサービスとしての役割が大きい．しかし旅客人員は年々減少し，経営は厳しくなりつつある．2002年の改正道路運送法施行により，事業への参入や赤字路線からの撤退が自由になる一方で，地域バス交通の存廃は，財政措置を含め各市町村の主体性に委ねられている．乗合バスは都市環境への影響が強い交通機関であり，環境問題への対応を含めた生き残り対策が急がれている．

　走行環境の改善策には，優先レーン，専用レーンなどの方法や，名古屋市交通局の基幹バスシステムのように路面改良を伴うものがあり，TDM（交通需要マネジメント）でマイカー抑制を併用するとより効果があがる．バス停車環境の改善には，パークアンドバスライドシステムのようにマイカーからバスへの乗り換えを促進する工夫や，バスロケーションシステム，接近表示等の情報提供が実施されている．車両改善では連接バスの採用や低床化（ノンステップバス，ワンステップバス）が行われ，環境対策では圧縮天然ガス（CNG）を燃料とするエンジン，電気式ハイブリッドエンジン，アイドリングストップ装置や，DPF（ディーゼル黒煙除去装置）の装着などバスの世界でも技術的な低公害対策が進んでいる．米国でもカリフォルニア州は2002年に州内バスの8500台を対象に排出ガス規制プログラムを開始して，2003年からはDPF装置の装着を義務づけ，2004年にはPM排出量を現在の20％に削減することを決定している．ニューヨーク（NY）市も2000年にNYシティトランジットのバス50台にDPFを取り付けた実験を開始，2001年からは125台の電気式ハイブリッドバスを導入した．ロンドンも低硫黄の軽油を使うことに加え，DPFを約1000台のバスに取り付けている．フランスはCNG，LNG燃料のほか電気バスを導入．スウェーデン他でエタノールを抽出して低公害燃料とする例がある．

　運用面では，ダイヤの合理化や深夜バス，快速バス・急行バスのように停車方式を改善したり，ディマンドバスやゾーンバスのように新路線を設定する例，ワンコインバス，環境定期券，高齢者定期券などの運賃制度の工夫で利用者の回復を目指している．

　高速バスの利用は順調に増加しており，事業者は高齢者・身体障害者へのサービス向上とトイレ等の車両改良に力を注いでいる．貸切りバスの輸送人員は横ばい状態で，新規参入事業者が大幅に増加し競争が激化している．ディマンドバスは，小型バスに無線通信装置を備え，路線やスケジュールを固定せず，客の呼び出しに応じて一定の地域内の輸送を行うものである．バスとタクシーの中間的な機能をもち，人口密度が低い地域で有効な交通手段である．

　コミュニティバスは自治体が計画，支援もしくは事業者となる一定地域内のバス事業の一般名称で，路線バスの通らない地区細街路を小型車両で短距離・少量多頻度運行する地域密着型のサービスである．財政補助を背景とした事業例が多く全国的な流行現象となっている．武蔵野市のムーバスや，金沢市のふらっとバスが広く知られる．

　国土交通省ではオムニバスタウン構想（バスを中心とした快適なまちづくり計画）やPTPS（公共車両有線システム）を導入する環境的に持続可能な交通（EST）モデル事業の中にバスの活性化を位置づけている．　　　　　　　　　　　（青木英明）

文　献
1) 国土交通省：交通白書, 2000
2) 国土交通省：道路交通経済要覧, 2001

E10　路面公共交通（バス）

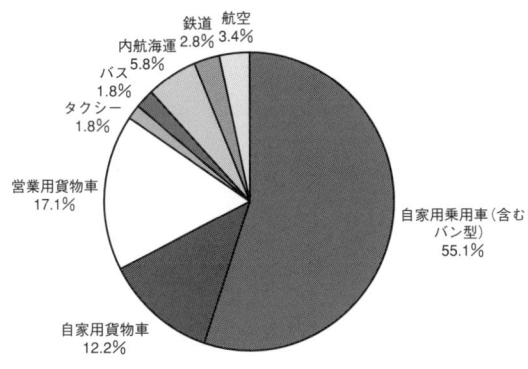

図 10-1　運輸部門における交通手段別二酸化炭素排出量（運輸省，1997）
二酸化炭素総排出量の 21% が運輸部門からの排出と言われる．バスはその中の 1.8% を占める．都市における環境対策では，自家用乗用車や貨物車に比重をかける必要がある．

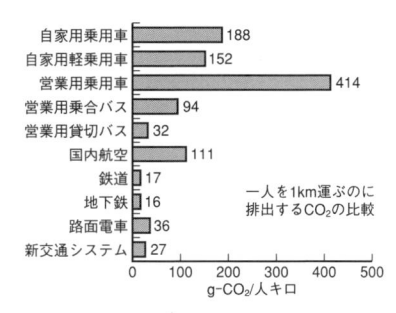

図 10-2　旅客輸送機関の二酸化炭素排出源単位（国土交通省（交通白書），2000）
営業用乗合いバスや貸切りバスは，個人交通すなわち乗用車よりも輸送効率が高いために相対的な CO_2 排出量が少ない．このことから，交通手段の選択を変えることが国土交通政策の課題となっている．

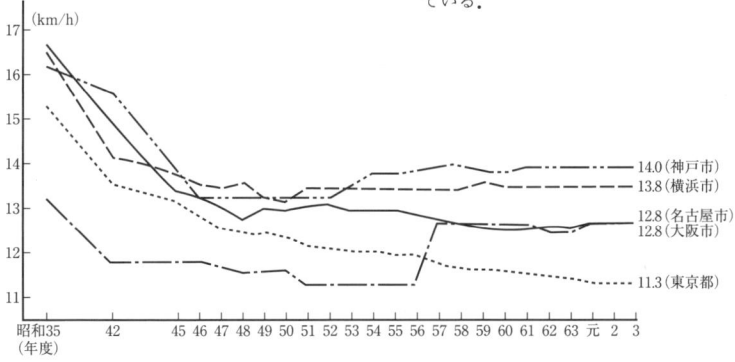

図 10-3　三大都市圏における乗合いバスの平均表定速度の推移（平成 13 年道路交通経済要覧，監修：国土交通省道路局）
東京都における路線バスの走行速度は，交通混雑の影響で年々低下し続けていて，それがバスの魅力を奪う大きな要因ともなっている．

図 10-4　コミュニティバス（(社) 日本バス協会 HP より）

E11 路面公共交通（軌道系）
—— Public Transporation（Track, Guideway）

路面公共交通（軌道系）には，従来からの路面電車（tramway, streetcar）のほかに LRT（light rail transit）すなわち新型路面電車を用いたシステムも含めて考える．LRT は古いイメージを取り払う目的でつくられた言葉[*1]であり，ここでは路面電車と区別しないことにする．

軌道系交通は鉄道と並んで効率の高い大量輸送手段であり，新設軌道（専用軌道）であれば渋滞もない特徴に加えて，エネルギー効率も二酸化炭素の排出量が自動車の約 1/9 で，人 1 人を 1 km 運ぶのに消費するエネルギーは 1/6 である．建設費も 1 km あたりの費用が地下鉄の 1/10〜1/20 となっている．これは，大がかりなトンネル工事や長大な高架構造物の建設の必要がないからである．列車運行に使用されるエネルギーの大部分である電力は，原子力や水力などからも生み出されるため，単位輸送量あたりの CO_2 の排出量は相対的に少なく，地球環境への負荷が小さい交通手段である．また排気ガスを出さないため沿道環境にも悪影響がない．

新型路面電車なら，床高 30〜35 cm 程度の低床式でバリアフリーであり，欧州の 4 両連接では最大約 370 人まで旅客を運べる．また軌道と車両の工夫のおかげで沿道への騒音・振動も少なめである．

わが国の路面電車は，広島市や熊本市がドイツ製新型車両を導入して走らせ話題となったが，本来は車両のみならずシステム全体の更新が望まれる．しかし国内の路面電車の事業体は 18 都市 19 社（かつては 60 都市近くに存在した）で，現在のドイツの 50 都市余りと比較すると衰退している．施設の一部を補助する国土交通省の制度も設立されたが，人口減少や少子高齢化により，収益力の見込める路線は減少気味であり，新設も建設費の高騰や導入空間の確保が障害となっている．それでも建設費用が地下鉄や AGT，モノレールなどの新交通システムより安く，工期が短かく，地域に密着した交通手段となりうることから，LRT を支持する NGO や市民団体があり，まちづくりの目標に掲げる自治体が増えている．

ドイツのフライブルクのように，環境保護定期券を導入したり，市内交通の定期券を地域定期券へと拡充する施策や，フランスのストラスブールのように渋滞解消と大気汚染対策として都心の交通規制にあわせて LRT を導入する例[*2]が知られている．

欧州の場合は，公共交通優先信号の導入，バリアフリーな停留所の整備，停留所からバスや自転車への乗換えを円滑にすること，パークアンドライド用の駐車場の整備，高頻度運行，そしてインフラや車両，運営の公的な財政補助など多くの対策で支援するなど総合的に計画を促進するしくみをもっている．LRT 導入後に自動車交通の減少や人の交通手段選択行動の変化がみられ，都心の活性化にも貢献すると期待される．

欧州のトラムは，排出ガスがないことから幹線道路との立体交差部での地下化や地下ターミナル駅へ直接接続する場合もある．また Tram-Train（トラムトラン）と呼ぶ鉄道とトラムの軌道共有が流行していて，未利用の鉄道線路を有効利用したり，LRT のネットワークを広域に拡大する計画が進んでいる．

（青木英明）

文献
1) 望月真一・青木英明：欧州の LRT 事情とまちづくり，交通工学 5 月号，1999
2) 西村幸格・服部重敬：都市と路面公共交通，学芸出版社，2000
3) 路面電車と都市の未来を考える会（RACDA）編：路面電車とまちづくり，学芸出版社，1999

E11 路面公共交通（軌道系）

*1 LRTとは：LRTは車道から分離された専用軌道をもち、超低床式で高度の加減速性能と走行速度を備え、低騒音の新型車両LRV（軸重10 t以下の軽量車両）が軽量レールを走るものと定義されるが、実際には車道との併用軌道があっても、従前通りの路面電車（トラム）の延長としてみなす場合が多い。

*2：ストラスブール（仏）LRT導入の経緯（交通政策審議会交通体系分科会第4回環境部会資料，2004年）
1. 導入の目的： 渋滞解消と大気汚染対策
   - 1日30万台の車が市内中心部に流入
     →慢性的な交通渋滞の発生，大気汚染の深刻化
   - 住民の郊外への移住
     →都心部のオフィス化の進行，自動車の集中の激化
   - 移動の74%が自動車に依存
     →自転車15%，公共交通機関11%：1988年
2. LRTの利用状況： 交通のシフト
   - 中心地域で自動車が17%減
   - 公共交通機関の機関分担率は11% → 24%に向上
   - 1990年から2000年までの間で公共交通機関利用者は43%増
   - 都心部の歩行者は20%増，同買客数は36%増
   - 中心街，トラム沿線では自動車の利用割合は減少傾向だが、全体でみれば自動車の分担率は依然として圧倒的に高い

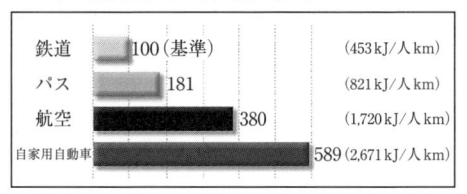

図11-1 1人を1 km運ぶときに消費するエネルギー量の比較（国土交通省，交通関係エネルギー要覧1998年度）

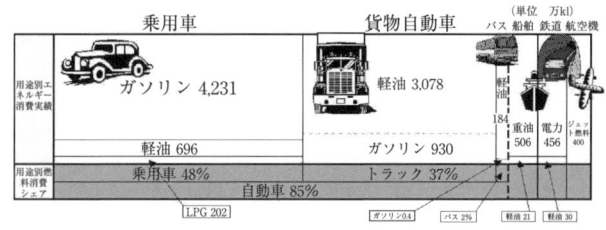

鉄道 100（基準） （453 kJ/人km）
バス 181 （821 kJ/人km）
航空 380 （1,720 kJ/人km）
自家用自動車 589 （2,671 kJ/人km）

図11-2 運輸部門における用途別エネルギー消費内訳
乗物の中でエネルギー消費のほとんどは乗用車と貨物自動車で占められる。鉄道の5%のわずか一部を路面電車が占めている（国土交通省交通関係エネルギー要覧，2000年度）。

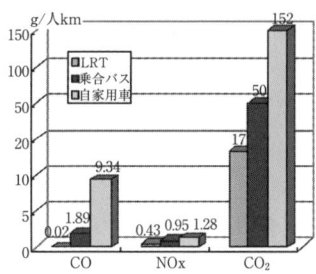

乗用車 ガソリン 4,231
貨物自動車 軽油 3,078
（単位 万kl）バス 船舶 鉄道 航空機
重油 184 重油 506 電力 456 ジェット燃料 400
軽油 696 ガソリン 930
乗用車 48% トラック 37%
自動車 85%
LPG 202 ガソリン 0.4 バス 2% 軽油 21 軽油 30

図11-3 米国 APTA 1994, 運輸政策審議会第13号答申
総排出量 (g) を乗員数で割った米国の数値。COの排出量は自家用車だけが大きく、CO_2 の排出量は、自家用車、乗合バス、LRTの順となっている。

LRT: CO 0.02, NOx 0.43, CO_2 17
乗合バス: CO 1.89, NOx 0.95, CO_2 50
自家用車: CO 9.34, NOx 1.28, CO_2 152

図11-4 フライブルク市の都心部を走行する路面電車
1970年代から始まった歩行者専用ゾーンの導入によって、従来から存在する路面電車との道路共有が始まった。

表11-1 国内の都市内公共交通システムの比較（RACDA，1999に筆者が手を加えた）

	地下鉄	新交通システム 都市モノレール	LRT（予想）	路面電車	路線バス
輸送能力（千人/h）	40〜50	10〜20	6〜20	5〜15	3以下
表定速度（km/h）	25〜30	15〜30	18〜40	10〜15	10〜15
駅間隔（km）	1〜1.5	0.7〜1.2	0.4〜0.8	0.3〜0.5	0.3〜0.5
走行路	地下	高架，地下	高架，路面（地下）	路面	路面
建設費（億円/km）	800〜300	50〜140	15〜20	15〜20	0
大気汚染	○	○	○	○	△（×）
騒音振動	○	○	○	△	△
バリアフリー	△	△	○	△	△（×）

○：良好，△：一部問題があるが，技術的な工夫で改善される，×：問題がある．

E12 新交通システム
—— Advanced Transportation System

新交通システムとは中量規模の輸送力をもつ軌道系交通システムの総称で，旧建設省・旧運輸省通達による標準的 AGT (automated guideway transit，案内軌条式鉄道) を意味することが多いが，モノレールやガイドレールバスも含めて考える．

AGT は，①中量すなわち鉄道とバスの中間の，2000～2 万人/h の輸送能力で，②最高速度が 50～60 km/h，表定速度は 30～40 km/h 程度，③1 両あたりの定員が約 75 人で 4～6 両編成で運行し，④道路占用幅が小さく，最小 2.5 m 幅の分離帯に建設可能，⑤高密度無人運転が可能，といったものである．環境への負荷は，内燃機関の自転車やバスよりも少なく，鉄道のそれをも下回るという．

道路上空の建設は「都市モノレールの整備の促進に関する法律」が適用され，インフラ部は，道路の一部として道路管理者 (国・地方公共団体) が建設するため，費用の一部に道路整備特別会計による国庫補助がある．事業運営は地方公共団体または第 3 セクターが軌道法の免許を得て行う．1985 年に適用第 1 号の北九州高速鉄道が開業，以降千葉都市モノレール，大阪高速鉄道，多摩都市モノレール，沖縄都市モノレールがこの制度で整備された．新交通システムと都市モノレールは，地下鉄の採用ほど人口集積の高くない都心から放射状の交通需要への対応，埋立地やニュータウンから都心部または鉄道駅へのアクセスに適している．

リムトレイン (リニアモーター新交通システム) はリニアモーター駆動で走行する都市交通用電車である．車両は普通鉄道と同じ鉄車輪のボギー台車 2 組を取り付け，鉄軌道を走行する．カナダ・バンクーバーの高架鉄道のほか，わが国では東京都および大阪市で地下鉄として営業運転中である．

ガイドウェイバスは車体に機械式案内装置を備え専用軌道上をガイドレールに案内されて走行するシステムである．走行路の幅員は最小限ですみ，専用走行路の幅員は往復の 2 車線が 7.5 m 程度で，高架の一般道路より幅員が節約できる．

名古屋ガイドウェイバス (2001 年志段味線が開通) は道路空間内 (上空・地下) に設けるときは国土交通省道路局・都市局と鉄道局の共管で，インフラ部分に道路の補助があった．運転は軌道法の免許を得て行う．道路以外で高架か地下に設けるときは，港湾区域の道路の扱いとなり地方鉄道法の免許で，鉄道の補助が適用される．一般街路を走行する箇所は旧運輸省所管の道路運送車両法でバスと扱うことで落ち着いた．車両は鉄道車両と道路運送車両の両方から規制を受けるが，都市環境に関連して排気ガス対策や，高齢者対応で低床ノンステップバスの導入が可能かどうかが課題となっている．先進例にドイツのエッセンやオーストラリアのアデレードのようなディーゼルと架線から電力を得るデュアルモードのものがある．

(青木英明)

文献

1) 都市交通研究会：これからの都市交通，山海堂，2002.
2) 土木学会編：交通整備制度，土木学会，1991.
3) 杉恵頼寧，太田勝敏：自動車交通研究，日本交通政策研究会，2002.

E12 新交通システム

AGT：高架上等の専用軌道をゴムタイヤ付き小型軽量車両がガイドウェイに沿って走行するもの。神戸新交通（株）のポートアイランド線や，広島高速交通（株）のアストラムライン，（株）ゆりかもめ，東京臨海新交通臨海線などがこれにあたる。

ガイドウェイバスの特徴：
① 専用走行路を走行するとき，他の交通手段や交通信号の影響を受けないので定時性が確保できる。
② 高架の一般道路に比べて建設費が安く，新交通システムと比較してもインフラ外部の建設費が少ない。
③ 道路の渋滞空間のみ専用高架軌道でバイパスし，その他の区間では一般バスとして運行できる。
④ 既存のバス事業者を取り込んで整備することが可能であるため，調整が比較的容易。

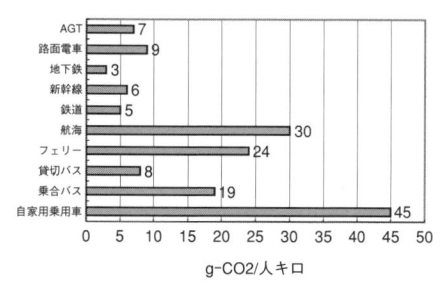

図 12-1 単位輸送あたりの CO_2 排出量の全国平均，2000 年（交通関係エネルギー要覧，国土交通省より）
AGT や路面電車は在来の鉄道並の潜在力をもつが，車両定員や編成長のハンディを負っている．

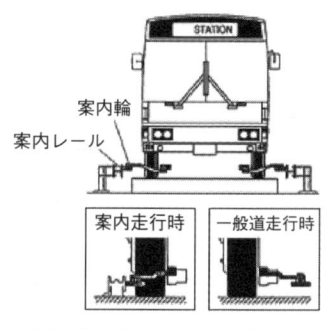

図 12-2 ガイドウェイバスの車両とレールの構造（国土交通省）

図 12-3 ガイドウェイバスの案内輪（名古屋ガイドウェイバス（株）ガイドウェイバス志段味線パンフレットより）

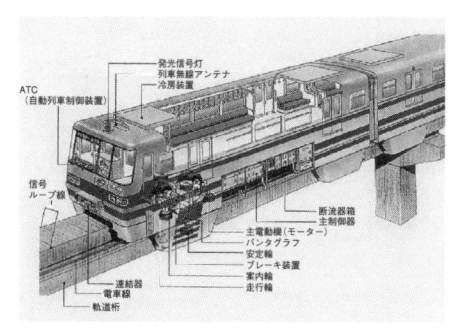

図 12-4 跨座型モノレール（(社) 日本モノレール協会による．http:///www.nihon-monorail.co.jp）
跨座型は，レール（軌道桁）に走行輪・案内輪・安定輪を備えた台車が，上から跨ぐ格好で載るタイプである．

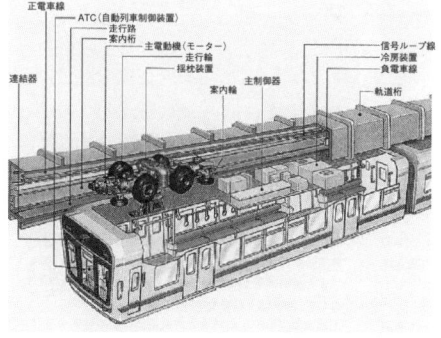

図 12-5 懸垂型モノレール（(社) 日本モノレール協会による．http:///www.nihon-monorail.co.jp）
懸垂型は，軌道桁から走行輪・案内輪を備えた台車車体がぶら下がるタイプである．

E13 カープールとカーシェアリング
—— Car Pool and Car Sharing

　カープール (car pool), カーシェアリング (car sharing) はいずれも乗用車 (car) の新しい使い方を指す言葉である. カープール (英国では lift/car sharing という) はマイカーの相乗りのことであり, 米国では交通需要マネジメントの主要施策として普及してきている. また, カーシェアリング (英国では car club ともいう) はドイツ, スイスなど欧州を中心に展開してきた車の共同所有・共同利用のことである. いずれも1人乗りマイカーと比べ, より効率的で環境負荷が小さく, 渋滞負荷も小さく走行時, 駐車時ともに省空間的な車の使い方として推進されている.

　カープールは通常, 通勤交通を対象としており, 米国ではピーク時の道路交通渋滞の緩和と大気汚染対策として地区の交通管理組合 (TMA) や都市圏計画組織 (MPO) が相乗り相手の照会・マッチングサービス, 急用での帰宅に対して無料のタクシーやレンタカーの使用を用意する帰宅保証サービス等を提供するほか, 参加企業・団体は相乗り用車両の駐車場を便利な場所に優先的に確保し, 場合によっては相乗り用バン型車 (バンプール) を提供する等のインセンティブを用意している. 都市サイドも, 相乗り車については高速道路での HOV (high occupancy vehicle, 多人数乗車車両) レーン, HOV ランプ, 乗り換え用駐車施設 (パークアンドプール), 有料道路, 橋等での割引き等の優遇策を講じており, 公共交通が不備な米国都市では準公共交通手段として優遇している. 現在では, オランダ, 英国などのヨーロッパ都市でも HOV レーンが導入されている.

　わが国では, 帰宅時間が一定でないなど就業形態の相違や特別な優遇策の欠如 (例外は, 金沢市での相乗り車のバスレーンの走行可) 等から相乗りは普及していないが, 今後検討すべき1つの選択肢である.

　一方, カーシェアリングについては, 日本でも関心が高まっており, 各地で社会実験が進み, 一部では事業化が始まっている. カーシェアリングには, 公共と産業界が協働して立ち上げ電気自動車や低公害車など最先端の車両と, 予約・配車・料金収受等の車両管理に ITS 技術を適用して次世代の車システムの開発と市場開拓・普及に向けた社会実験的な性格が強いパブリックカーと, 学生同士や住民が普通の車をベースに自然発生的に始まったものにフォーマルな会員規定を設けて規模が拡大していった組織的カーシェアリングの2つのタイプがある. いずれも車という利便性は高いが高価な移動具を共同利用により費用を分担して効率的に使おうというもので, 前者がハイテク指向で技術開発型であるのに対して, 後者はローテクで草の根の協同組合的な小規模コミュニティ活動型といった特徴があるが, 近年海外では公共交通事業者や自治体との連携, 大規模組織化と ITS 技術の活用, 新ビジネスとしての取り組み等が始まり, 両者の差は縮まっている. 組織的カーシェアリングは団地内など身近な場所に小規模なデポを分散配置して利用時間と走行距離ベースで料金を支払うといった点が従来のレンタカーとの相異である.

〈太田勝敏〉

文 献
1) 青木英明編著：環境を配慮した都市交通システムの運用方策に関する研究, 日交研シリーズ. A-358, 日本交通政策研究会, 2004
2) 交通エコロジー・モビリティ財団ホームページ (http://www.Japan-Carsharing-Forum@egroups.co.jp)

E13 カープールとカーシェアリング

表13-1 わが国におけるパブリックカーの社会実験

システム・実験名	時期	実施場所	運営組織	車両と規模	会員数
ICVS	1998年3月～2000年6月実験	ツインリンクもてぎ	ホンダ	EV，電動車，計20台 アシスト自転車80台	のべ約5万人
クレヨンシステム	1999年6月～社内実験	トヨタ本社周辺	トヨタ	EV 35台 ステーション9カ所	社員 約300人
ITS/EVシティカーシステム	1999年9月～実験	横浜市 MM21	(財)自動車走行電子技術協会，(株)CEGシェアリングが継続中	EV 30台 ステーション8カ所	約80社 約400人
ITS/EV住宅地セカンドカーシステム	1999年9月～2002年2月実験	東京都稲城市 多摩ニュータウン	(財)自動車走行電子技術協会	EV 50台→30台(2000年以後) ステーション8カ所	242人(無償時) 53人(有償時)
ITSモデル地区実験in豊田	1999年10月～実験	豊田市	豊田市	EV 17台 ステーション5カ所	約200人 市職員(約500人) 16法人(約150人)
業務用EVパーク&ライドシステム	1999年12月～2002年3月実験	大阪市	(財)都市交通問題調査会	EV 28台 ステーション8カ所	約500社
海老名エコ・パークアンドライド	2000年1月～2001年3月実験	神奈川県海老名市	海老名市	EV 15台 ステーション5カ所	市民12名，市役所企業6社
京都パブリックカーシステム	2000年12月～2002年11月実験	京都市	(財)日本電動車両協会，(株)最適化研究所	EV 35台(2002年度15台) ステーション7カ所(2カ所)	432人(無償時) 217人(有償時2002年度)
自動車交通社会実験ふじさわ2001	2001年10月～2002年3月実験	藤沢市	神奈川県	EV 15台 ガソリン車5台	個人12人 業務用7社
ITS/CEV共同利用システム運用実験	2002年3月～2003年3月	静岡県浜松市，浜北市→富士市	浜松ITS研究会，スズキ	EV 5台 電動アシスト自転車6台	60人
厚木エコ・パークアンドライド社会実験	2002年8月実験開始	神奈川県厚木市	神奈川県	EV 15台	個人12人，業務利用6社

表13-2 最近のカーシェアリングの事業と社会実験(主要例)

	システム名	時期	実施場所	運営組織	車両と規模	会員数
欧州	Stadt Auto	1990年事業開始 1998年公共交通との連携	ブレーメン(ドイツ)	第三セクター	約80台 ステーション46カ所	約2200人
	Sudbeden	1990年事業開始	フライブルグ(ドイツ)	協同組合	約110台	約1500人
	Auto Delen	1995年事業開始	アムステルダム(オランダ)	有限会社	142台 ステーション35カ所	約800人
	Mobility Car Sharing	1997年事業開始(ATG，CopAutoShareComが合併)	チューリッヒ，ルツェルン等，スイスの400自治体	協同組合	1750台 デポ980カ所	57400人
米国	Flexcar	1999年事業開始	シアトル，ポートランド，ワシントンD.C，LA等	民間会社	250台	14000人
	Zipcar	2000年事業開始	ボストン，ワシントンD.C，ニューヨーク等	民間会社	234台	8350人
	City Carshare	2001年事業開始	サンフランシスコ，バークレー，オークランド等	公益法人	86台	2550人
日本	コスモガーデンズ・カーシェアリング社会実施	2001年9月～12月実験	東京都北区(王子)	交通エコロジー・モビリティ財団	4台 ステーション1カ所	43人
	三鷹シティコート下連雀カーシェアリング社会実験	2001年10月～2002年1月実験	東京都三鷹市	交通エコロジー・モビリティ財団，早稲田大学	2台 ステーション1カ所	28人
	CSNカーシェアリング・ネットワーク	2002年10月事業開始	福岡県福岡市	西日本リサイクル運動市民の会，福岡市，九州電力	EV 14台 ハイブリッド車，低公害車10台 ステーション5カ所	約130人(2003年6月現在)
	けいはんなITS	2002年11月～12月 2003年7月～11月	関西文化学術研究都市	(財)関西文化学術研究都市推進機構	ハイブリッド車9台 ステーション6カ所	52人(2002年10月末)

E14 TOD（公共交通指向型都市開発）
── Transit oriented Development

　都市鉄道やバスなどといった集約輸送型の都市公共交通の利用に重点をおいた計画的な都市開発のこと。TODという言葉は，郊外部のバス停近隣に住宅などを重点的に配置するコンセプトとして，カルソープ（1993）が唱えたものといわれる．

　さて，集約型の都市公共交通は，空間節約性と速達性に優れ，また十分な乗車率が確保される限り大気汚染やエネルギー消費および地球環境負荷などの点でも優位な交通手段である．しかし，ドア・トゥ・ドア性などに劣るため，モータリゼーションの進展と都市の郊外スプロール化とともに客離れが進み，経営悪化と路線撤退などが進んできた．一方で，マイカーによる交通渋滞が深刻化し，環境保全の重要性が認識されるにつれ，マイカーから公共交通への政策転換（モーダルシフト）が唱えられるようになってきた．TDM（Transport Demand Management，交通需要マネジメント）は，その代表的な政策手法である．

　もともと集約型公共交通の利点は，「人を集めて運ぶ」ところにある．したがって，公共交通利用促進という視点に立つと，住宅やオフィスなどの各種都市施設が鉄道駅やバス停などの交通結節点近隣に重点的にかつ高密度に配置された，いわば「メリハリの利いた土地利用形態」が望ましい．ロサンゼルスに代表される薄くて広い土地利用形態は，その対極に位置するものである．TODは，このような視点に立って郊外あるいは都心部の都市開発を進めよう，あるいはそれを指向して都市計画制度を整えようという考え方である．「近隣に高密度に」という考え方は，伝統的近隣住区開発（TND：Traditional Neighborhood Development）や，より一般的にコンパクトシティ（compact city）の考え方とも相通じる．

　TODという名称はともかくとしても，「公共交通の結節点や回廊付近で重点的な開発を行う」という手法は実は決して新しいものではない．東京に代表されるわが国の大都市圏における鉄道沿線開発は，世界的にも優良な先行事例と紹介されることが多い．具体的には，阪急電鉄や東急電鉄などによって創出されてきた，郊外鉄道整備と沿線住宅地の開発を連動させる手法や都心部のターミナル駅に商業施設（駅ビル）を整備する手法などがあげられる．形態的に最も明瞭なTODの事例としては，幹線バスの走る主要な軸線上に開発容積を重点的に貼り付けてきたクリチバ（ブラジル）の例が名高い（N 5 参照）．詳細はたとえば文献3）を参照いただきたい．

　　　　　　　　　　　　　　　　（家田　仁）

文　献
1) Calthorp, P.: *The Next American Metropolis, Ecology, Community, and the American Dream*, Princeton Architectural Press, New York, 1993
2) Thomas, L. and Cousins, W.: The Compact City, Sustainable Urban Form? (Jenks, M., Burton, E., and Williams, K. eds.), pp.328-338, E & FN Spon, 1996
3) 家田　仁編著：都市再生─交通学からの解答─，第1章および第8章，学芸出版社，2002
4) Williams, K. *et al*. eds.: *Achieving Sustainable Urban Form*, E & FN SPON, 2000

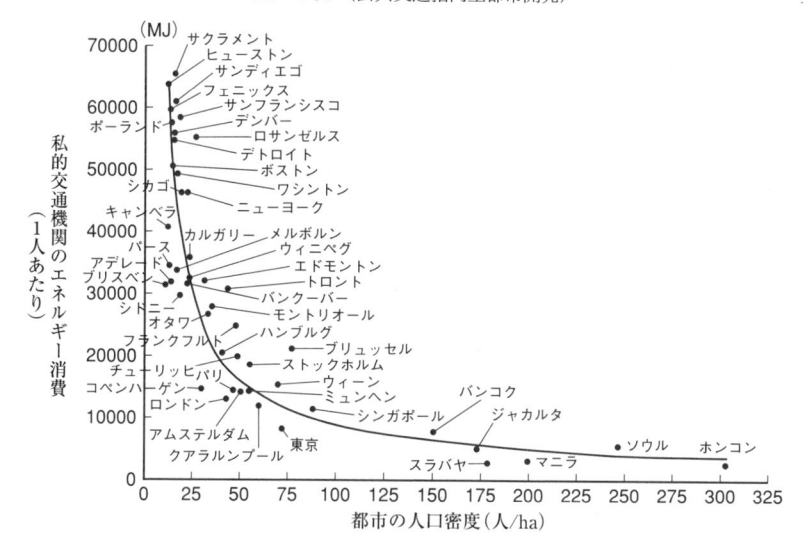

図 14-1 都市の人口密度とマイカーなど私的交通機関のエネルギー消費
(Williams et al., 2000 より作成)

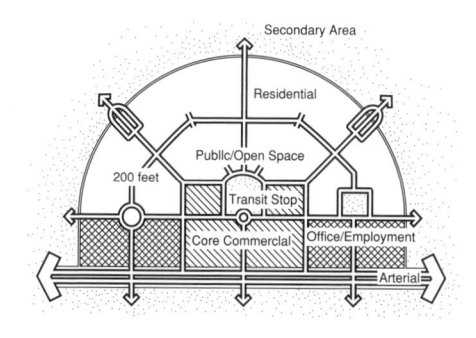

図 14-2 バス停を中心に近隣住宅地などを配置するカルソープの TOD コンセプト[1]

図 14-3 通勤鉄道整備と郊外宅地開発の一体的整備の事例(田園都市線,東急電鉄提供)

図 14-4 都心ターミナル駅に商業施設などを重点的に整備する事例(1960年代の東京渋谷駅,東急電鉄提供)

E15 交通バリアフリー
── Transportation Accessibility Improvement

1. 交通バリアフリーの背景
わが国の全人口に占める 65 歳以上の高齢者割合は 1970（昭和 45）年以降急速に進展し，1995（平成 7）年には 14.5％ の高齢社会となった．国立社会保障・人口問題研究所[1]によると 2025 年には 27.4％ と 4 人に 1 人が高齢者になると予測され，高齢化による社会経済活力の低下が懸念されている．今後，多くの高齢者が若い世代とともに活動できる生活環境等の整備が緊急の課題となっている．

総務庁「高齢者の日常生活に関する意識調査」によると，高齢者の外出手段では，バス・電車が約 53％，家近く徒歩が約 45％，自動車・バイク等が約 39％，自転車が約 38％ と指摘され，公共交通がよく利用されている．また，高齢者の外出時の障害は，道路やバス・電車の問題が指摘されており，それらへの対応が必要となっている（図 15-1）．

交通バリアフリーとは，ノーマライゼーション社会の構築のために高齢者や障害者等を含むすべての人々のモビリティ（移動）において様々なバリア（障害）の改善を行うことであるが，より安全に円滑に快適に利用できることを目指す必要がある．

2. 交通バリアフリー計画の考え方
交通バリアフリー計画は，次のような考え方に基づき進める必要がある[2]．

① 対象地域に関係する人々の交通行動における多様なニーズを把握する．

② 対象交通手段の最短経路等の主動線（主要ルート）で計画する．

③ 建物等個々の施設を誰もが安全に利用できるように整備する．

④ 出発地から目的地までの移動と施設への出入りを連続させる．

⑤ 移動や施設利用上，安全性やわかりやすさを確保する．

3. 交通バリアフリー法
高齢者，身体障害者等の公共交通機関を利用した移動の利便性および安全性の向上を促進するために，高齢者，身体障害者等の公共交通機関を利用した移動の円滑化の促進に関する法律（通称「交通バリアフリー法」）が 2000（平成 12）年 11 月に制定された．

これにより，人の集まる鉄道駅等の旅客施設ターミナルを中心とした一定地区において，市町村が策定する基本構想に基づき旅客施設，周辺道路，駅前広場等のバリアフリー化が重点的・一体的に推進されることになった（図 15-2）．

4. 各施設の整備内容
公共交通機関や歩行空間のバリアフリー化の主な整備内容は，次のとおりである．

① 公共交通機関： 旅客施設では，エレベーター・エスカレーターの設置，改札口拡幅，視覚障害者誘導案内用設備の設置，身体障害者用トイレ設置ほか．

バス等では，ノンステップバス等の車両の導入，低床型路面電車等の導入（図 15-3）ほか．

② 道路における歩行空間： 歩道の新設・拡幅，歩道の段差・勾配等の改善，自転車道の整備，スムース横断歩道の整備（図 15-4），立体横断施設にエレベーターの設置，休憩スペースの設置ほか．

（牧野幸子）

文献
1) 国立社会保障・人口問題研究所：日本の将来推計人口，平成 9 年 1 月推計
2) 秋山哲男ほか：都市交通のユニバーサルデザイン，pp.63-77，学芸出版社，2001

E15 交通バリアフリー

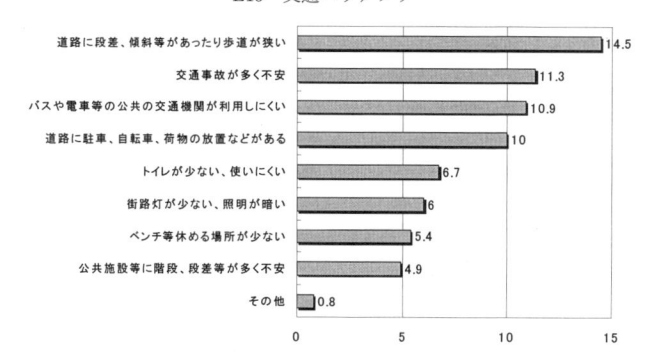

障害	%
道路に段差、傾斜等があったり歩道が狭い	14.5
交通事故が多く不安	11.3
バスや電車等の公共の交通機関が利用しにくい	10.9
道路に駐車、自転車、荷物の放置などがある	10
トイレが少ない、使いにくい	6.7
街路灯が少ない、照明が暗い	6
ベンチ等休める場所が少ない	5.4
公共施設等に階段、段差等が多く不安	4.9
その他	0.8

図 15-1　高齢者の外出時の障害（総務庁「高齢者の日常生活に関する意識調査（平成 11 年）」全国 60 歳以上回答者数 2284 人，単位（％））

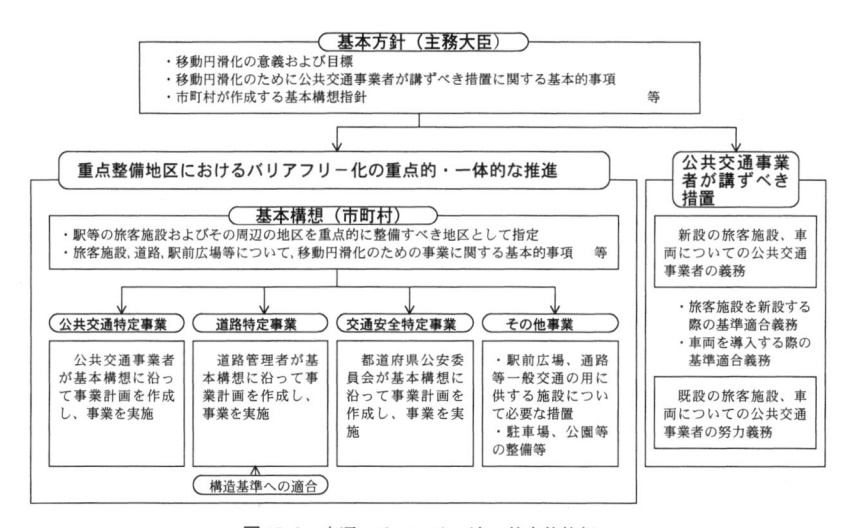

図 15-2　交通バリアフリー法の基本的枠組み

図 15-3　低床型路面電車（鹿児島市の市電）

図 15-4　スムース横断歩道（千葉ニュータウン）

E16 舗　装

—— Improved Environment Pavement

　舗装に求められる機能・性能は時代とともに変化し，最近では構造的な耐久性のほかに，図16-1のように安全機能，円滑・快適機能と環境保全機能が求められるようになってきている．

　舗装は昭和20年代後半から昭和40年頃までは大いに造ることに賛同を得られる社会的な背景があったが，表16-1のように，様々な環境問題が発生し，単なる舗装では受け入れなくなり，それらに対処できる舗装の技術開発が必要となってきた．特に，2002（平成14）年10月には「環境舗装東京プロジェクト」という事業計画が発表され，国と東京都が連携して舗装の総合的な環境対策に取り組むことになった．その中で注目される対策技術にヒートアイランド対策があげられる．

　ヒートアイランド現象は，アスファルト舗装やコンクリート舗装によって地表面の被覆化の進行，空調機器や自動車などによる人工排熱の増大，土地の高密度利用による風通しの悪化などで，都市部の気温が周辺部に比べ上昇する現象で環境問題の一種といえる．東京や大阪，名古屋などの大都市では，高温化による熱帯夜の増加，冷房需要の増大による消費電力とCO_2排出量の増加などが顕在化してきている．特に，東京都などでは都市型特有の気象現象として，短時間集中豪雨の発生や汚染物質を含んだ積乱雲（いわゆる環八雲）の形成などがあるが，これらはヒートアイランド現象と深いかかわりがあるといわれている．同プロジェクトでは，東京の都心部において夏期の日中の最高気温を2℃から3℃抑えることを可能とすることを目標に，2004（平成16）年度までに屋上緑化や水面再生など排熱の削減，あるいは舗装の熱特性の改善などヒートアイランド対策事業の実施や，技術開発を行うことが盛り込まれている．

　主として，道路の沿道環境の改善に寄与できる環境舗装の機能について図16-1に沿って説明する．

・騒音低減舗装：　アスファルト舗装体に細かい空隙を設けることで音（タイヤポンピング音・車両エンジン音）を吸収し，音の路面反射を低減させる舗装．より高い騒音低減効果を目指した材料・構造の工夫（小粒径化，コーティング，2層構造の採用），機能回復工法の開発が進められている．

・振動低減舗装：　道路の振動を低減する舗装．そのためには，路面の平坦性の確保，軟弱な路床，地盤の改良が考えられるが，舗装構造の面から振動発生・伝播の抑制をねらった免振機能をもたせた，いわゆる振動低減型舗装技術も試行中である．

・明色性舗装：　光の反射率の大きな明色骨材や顔料を利用して，路面の輝度を大きくし，路面の明るさや光の再帰性を向上させる舗装．

・景観創生舗装：　人の視覚を満たし，景色に「文化」や「歴史」を加味した「まちなみ造り」を取り入れようとする景観舗装．自然系材料を用いた土系舗装や緑化舗装等がある．

・省資源舗装：　再生材（再生骨材，廃タイヤ，廃ガラス等）をできるだけ多く使用した舗装のことであり，ゼロエミッション，エコロジーを目指す技術を取り入れるものもある．

・地下水の涵養舗装：　普通の舗装より空隙率を大きくした透水性舗装を用いることによって，雨水が浸透しやすく，浸透した水を路盤・路床にまで浸透させ，地下水の涵養に寄与する舗装のこと．

E16 舗　　装

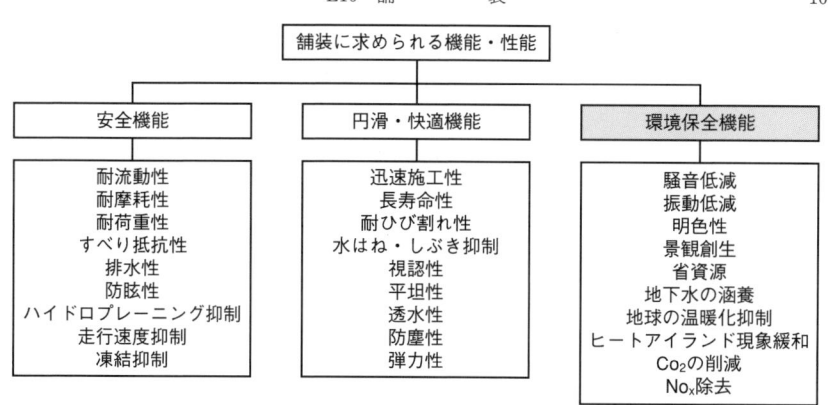

```
                舗装に求められる機能・性能
                          │
        ┌─────────────────┼─────────────────┐
     安全機能           円滑・快適機能        環境保全機能
   ┌─────────┐       ┌─────────┐         ┌─────────────┐
   │耐流動性  │       │迅速施工性│         │騒音低減      │
   │耐摩耗性  │       │長寿命性  │         │振動低減      │
   │耐荷重性  │       │耐ひび割れ性│       │明色性        │
   │すべり抵抗性│      │水はね・しぶき抑制│  │景観創生      │
   │排水性    │       │視認性    │         │省資源        │
   │防眩性    │       │平坦性    │         │地下水の涵養  │
   │ハイドロプレーニング抑制│ │透水性│     │地球の温暖化抑制│
   │走行速度抑制│      │防塵性    │         │ヒートアイランド現象緩和│
   │凍結抑制  │       │弾力性    │         │$CO_2$の削減  │
   └─────────┘       └─────────┘         │$NO_x$除去    │
                                          └─────────────┘
```

図 16-1　舗装の機能分類[1]

表 16-1　環境負荷低減への舗装技術開発（東京都の事例）[2]

環境対策	具体的対策	舗装の種類	適用年代
道路交通振動	環状七号線沿線対策	低振動舗装	昭和 40 年代後半
地下水涵養・洪水抑制	歩道，街路樹育成	透水性歩道舗装	昭和 40 年代後半
循環型社会形成	舗装材料の再利用	舗装再生工法	昭和 50 年代後半
道路交通騒音	環状七号線沿線対策	低騒音舗装	昭和 60 年代
路上工事の縮減	舗装寿命の長期化	長期供用性舗装	平成 6 年度～
CO_2 による地球温暖化	アスファルト混合物の低温化	中温化・常温アスファルト混合物	平成 10 年度
都市型洪水抑制	透水性舗装の車道への拡大	車道透水性舗装	平成 12 年度
ヒートアイランド現象緩和	熱帯夜削減（東京構想 2000）	保水性舗装	平成 13 年度
大気汚染防止	環状七号線沿線対策	NO_x 吸収舗装	平成 13 年度

・地球の温暖化抑制舗装：　半たわみ性舗装，明色舗装，透水性舗装，常温混合物，常温型薄層舗装等，道路にかかわるヒートアイランド問題に寄与する舗装のこと．

・ヒートアイランド現象緩和舗装：　舗装体に保水した水分の蒸発により，路面から大気への放射エネルギーを低減する保水性舗装と舗装表面に太陽熱の一部を反射する特殊な材料を含有した塗料（遮熱塗料）を塗布または充塡させることで蓄熱量を減少させる遮熱性舗装がある．

・CO_2 の削減舗装：　化学発泡剤等を用いて通常の加熱混合物より 30℃ くらい低温で混合物を製造することで発生する CO_2 を削減しようとする舗装．

・NO_x 除去舗装：　光触媒を含む舗装に NO_x が付着し，これに太陽光や紫外線が照射されると，光触媒が活性化して NO_x が NO_3 に変わり，水に溶けて硝酸になりさらに周囲にあるカルシウムイオンと結合して硝酸カルシウムという無害なものになり，NO_x を除去するもの．

このように，舗装の分野でも環境保全機能の創造に向けて研究・開発が続けられている．

（新井時夫）

文　献

1) 多田宏行：語り継ぐ舗装技術―道路舗装の建設・施工・保全―, p.188, 2000
2) 日本道路建設業協会：第 12 回道路技術シンポジウム 21 世紀の舗装技術への期待―都市と環境―, p.4, 2002

F 自然・生態系・緑

F1　環境都市と自然・生態系
—— Environment City and Nature・Ecosystem

1. 人為と自然の関係

人は，自然の恵みを享受するだけではなく，自らの居住に便利なように，自然に改変を加えてきた．その改変は，土木技術や産業・経済活動，都市の発達に伴い次第に増大し，逆に自らの居住に不利益をもたらすようになった[1]．

人為の影響がない原生自然に対し，人が自らの居住のためにつくり上げた環境，それが都市であり，都市と自然とは対立するものとして捉えられがちである．しかし，都市居住者は，冷暖房の整った住宅，洪水のない川，舗装された道路と交通機関等，生活の利便性を求める一方で，豊かな緑，清浄な空気や水，自然の生き物たちとの接点等を求めており，都市の快適性とは，これらのバランスのもとに成り立つ総合的な評価にほかならない．

人為と自然とは必ずしも対立するものではなく，たとえば，人為影響下に成立する2次的な自然である里山は，生物多様性に富んだ環境であると同時に，人がやすらぎを覚える居住空間でもある．居住と自然・生態系は，調和と共生が図られるべきものであり，それは環境都市計画の重要な視点となるものである．

2. 都市化の自然環境・生態系への影響

都市への人口集中と，それに伴う人為活動から発生する排熱，排ガス，排水，加えて建築物や舗装等による人工的土地被覆は，ヒートアイランド現象の発生や，大気・水質の悪化の原因となり，微気象や，水・物質の循環に影響を与える．

これらに加え，里山等の森林，河原・農地等の草地・裸地，ため池・水路等の開放水域の減少や，開発・造成による地表の撹乱は，都市域での野生動植物の衰退をもたらす（図1-1）．種の衰退は，森林や清流に依存するものに顕著であり，一方では，人為環境に適応する都市型生物が繁栄する[2]．そして，それらの中には，ハシブトガラス，クマネズミ等害性の鳥獣とされるものや，セイタカアワダチソウ，ブタクサ等，わが国在来の植物の生育を圧迫する帰化植物が多く含まれる．

3. 都市居住者の自然に対する要望

都市における自然消失は住民の自然とのふれあいに対する要望を増加させている．

2001（平成13）年の「自然の保護と利用に関する世論調査」では，7割を超える国民が，自然とふれあう機会を増やしたいと考えており，その要望は大都市でより大きい（図1-2）．そして，その機会を増やす方法として，自宅や勤務先など身近な場所に，公園や緑地，遊歩道等，自然とふれあえる場を求めている様子が窺える（図1-3）．

また，身近な自然は，子どもの遊び場として重要であり，自然の中での遊びが，子どもの心身を活性化させ，豊かな人間性や情操・感性を養うものとして期待される[2]．

4. 環境都市施策

都市において生物の生息を支える重要な生態的構成要素は，公園・緑地や河川等のオープンスペースであり，それらの保存，再生・創出が必要とされる．そして，それらが有機的に連携する生態ネットワークの形成が，生物多様性を維持し，自然共生を実現する施策とされる．

また，都市整備や自然環境保全にかかわる法令・施策は多様であり，担当する行政機関も多岐にわたる．環境都市計画は多岐に渡る施策・機関を連携し，統合的な実施を推進する役割を果たすものとして期待される．

（藤原宣夫）

F1 環境都市と自然・生態系

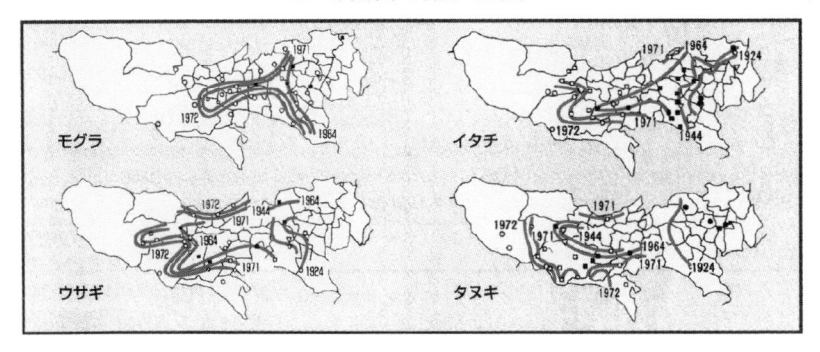

図1-1 東京における昭和の初めから高度成長期以降（1972年）にかけての野生生物の退行[2] 千羽晋示資料，1973年より．

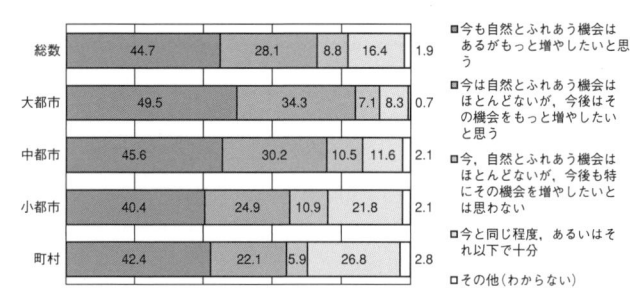

図1-2 自然とふれあう機会をもっと増やしたいと思うか
内閣府，自然の保護と利用に関する世論調査，2001（平成13）年5月より．

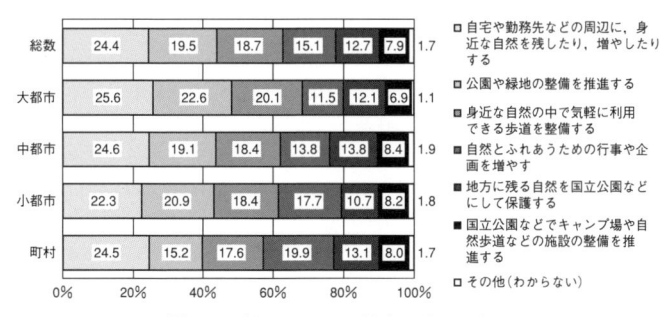

図1-3 自然とふれあう機会を増やす方法
「増やしたいと思う」ものに，2つまでの複数回答．内閣府，自然の保護と利用に関する世論調査，2001（平成13）年5月より．

文 献

1) 藤原宣夫：都市に水辺をつくる—環境資源としての水辺計画—（藤原宣夫編），技術書院，pp.3-30, 1999

2) 笹倉 久・鳥越昭彦・狩谷達之ほか：都市のエコロジカルネットワーク（財団法人都市緑化技術機構編），ぎょうせい，p.10, 2000

F2　都市の大気環境
—— Atmospheric Environment in Urban Area

自然の土地を人間が都市へと変化させたことによって、都市独特の様々な大気環境が出現するようになった。スモッグ等の大気汚染は、その典型例である。これは、喘息等の公害病を発生させる元凶であるとして厳しく糾弾され、改善が重ねられて今日に至っているのである。目に余るような煤煙や悪臭等は都心部から一掃されたが、光化学スモッグや、ディーゼル排気由来の微粒子状物質、窒素酸化物等は、いまだに大きな社会問題として残されている。

都市化によって気候が変わってしまうというのも、よく知られた現象である。気温に関しては、周囲よりも高温化するヒートアイランド（heat island）現象が生じやすくなる。また、極めて高層化した市街地においては、地上部に達する太陽光が遮られてしまうため、逆に周囲よりも気温が低下するクールアイランド現象（cool island）を引き起こすこともある。煤煙等による大気汚染が極度に悪化すると、これも太陽光を遮ることによるクールアイランド現象を引き起こすといわれており、産業革命最盛期のロンドンにおいては、実際にこのような現象が観測されている。

湿度に関しては、都市化によって低下するのが普通である。これは、緑地等の蒸発面の減少による水蒸気量の減少と、ヒートアイランドによる高温化の影響という、2つの原因が考えられる。湿度の低下は体感温度の低下をもたらすため、日本のような湿潤地域ではむしろ好ましいという意見もあるが、実際には気温上昇による体感温度の上昇に打ち消されてしまう場合が多い。

風に関しては、全体としてみれば市街地内の風は郊外よりも弱くなるのだが、高層化された場所では、いわゆるビル風のような突風の害を生じることもある。

日射量に関しては、スモッグ等の影響により低下するのが一般的である。放射収支も大きく影響を受け、目に見えないような小さなダストが夜間の天空放射を妨げることも多い。これは、ヒートアイランドの一因ともなっている。

また、環七雲と呼ばれるような、都市独特の雲の発生様式があることもわかってきており、これが突発的な俄雨の頻度を高め、都市型水害を発生させたり、夜半に大気放射を妨げて、ヒートアイランド化をより加速したりといった弊害を引き起こす。

こういった比較的大きなスケールの気象現象だけではなく、我々の日常生活空間における影響も様々なものがある。直射日光の当たるコンクリート面、アスファルト面等は、夏季には60℃を超えるほどの高温となり、室内犬等を散歩させると、足を火傷させることになる。また、ヒートアイランド化によって気温が上昇した上に、舗装面からの放射が加わると、人体に対する熱負荷が極めて大きくなってしまい、いわゆる熱中症を引き起こす危険度が高まってくる。東京や大阪の市街地内では、夏の晴れた日には、ほとんど毎日、熱的に危険なレベルの温熱環境となっており、都市生活の安全性、快適性を脅かしている。このような様々な都市環境問題に対して、緑地のもつ環境改善効果が期待されるようになってきたのである。
(山田宏之)

文　献
1) 吉野正敏：新版小気候, pp.57-83, 地人書館, 1986
2) 大後美保・長尾　隆：都市気候学, pp.1-197, 朝倉書店, 1972
3) Chandler, T.J.: The Climate of London, pp.19-250, HUCHINSON, 1965

F2 都市の大気環境

図 2-1　高密化した都市（東京・六本木）

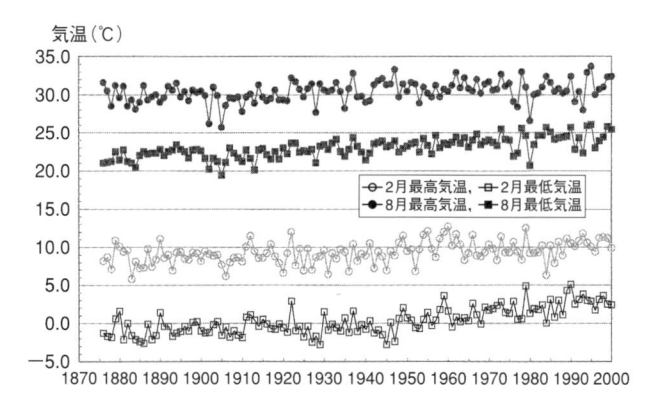

図 2-2　東京における最高気温・最低気温の変化（1876-2000）

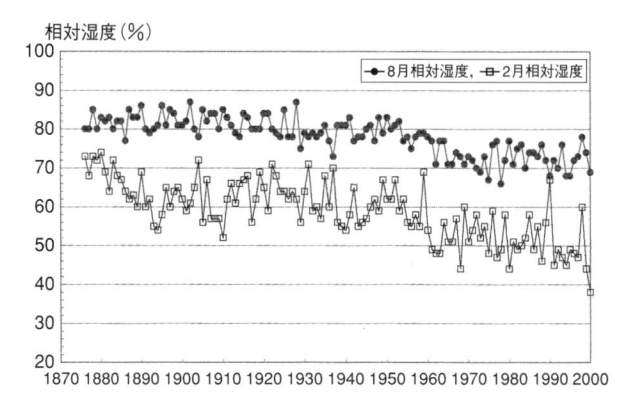

図 2-3　東京における相対湿度の変化（1876-2000）

F3　ヒートアイランド現象
—— Heat Island Phenomenon

　ヒートアイランド（heat island）現象は，産業革命期の英国において初めて観測されたといわれている．ヒートアイランドとは文字どおり熱の島，すなわち等温線の形状が独立した島嶼のように同心円状になり，周辺部よりも高温化した状態を指している．この現象は大都市だけではなく中小都市，あるいは集合住宅地といった小さなスケールでも発現しており，夏の暑熱が厳しい日本においては，都市環境問題の1つとして取り上げられるようになってきた．

　ヒートアイランド化は，最低気温に対して最も顕著に現れる．気象庁が東京の大手町で気象観測を始めた1876年から2000年までの124年分のデータから，冬日（1日の最低気温が0℃を下回る日）と熱帯夜（1日の最低気温が25℃を下回らない日）の年間日数を数えてみると，図3-3のようになる．20世紀の前半には年間60日近くあった冬日は，現在では年1～2日だけのまれな現象となってしまっている．これは宮崎市や鹿児島市よりも少なく，東京都心は，ほぼ亜熱帯化したといっても間違いではないほどである．また，20世紀前半には年に数日程度しかなかった熱帯夜が，最近では年間40日を超えるなど，都市生活の快適性を著しく低下させ，冷房等によるエネルギー負荷の増大をきたすこととなっている．

　気象統計上は，最高気温の上昇は，あまり顕著にみられないのが普通であるが，実際に街中で体感される気温は上昇している．図3-1のように，主要道路の周辺等の人工排熱と舗装面からの放熱が大きい場所で顕著な高温化が観測されるのである．

　ヒートアイランドは，都市気候の代表的な現象の1つであり，その原因には様々なものが複合している．その中の1つに，土や植物で覆われていた土地が，アスファルトやコンクリートに覆われるようになったということがあげられる．不透水性で熱容量の大きなアスファルトのようなものは，自然の地表面が有する蒸発散の作用を失っているため，日中は太陽エネルギーの多くを熱に変えて高温化し，夜間になっても容易に冷えないために，1日中高温を保つことになってしまう．それに対して緑地では，アスファルト等と比べて，はるかに低い表面温度を保っている．また，陽が傾く頃からは気温よりも低温となり，夏季晴天日には，おおむね1日のうち2/3の時間帯で都市大気の冷却面として働いているのである．

　このような緑地の気温低減効果により，都市内の緑地においては，周囲の市街地よりも相対的に気温が低下して，いわゆるクールアイランドを形成する．緑地内の冷涼な空気は気流によって市街地内にも流れ出し，これをにじみだし現象（ooze out）と呼ぶ．したがって，都市内の緑地面積が増えるほど，ヒートアイランドは軽減され，都市気温は低下していくことになる．実測により都市内の緑量（緑被率）と気温との関係を調べてみると，緑被率が10％増加するごとに0.1～0.3℃程度気温が低下しているという関係が把握された．近年のコンピュータによるシミュレーション結果でも，おおむねこれと同等の冷却効果があると算出されている．

（山田宏之）

文　献
1) 吉野正敏：新版小気候, pp.57-83, 地人書館, 1986
2) 大後美保・長尾　隆：都市気候学, pp.1-197, 朝倉書店, 1972
3) 日本建築学会：都市環境のクリマアトラス, pp.1-113, ぎょうせい, 2000

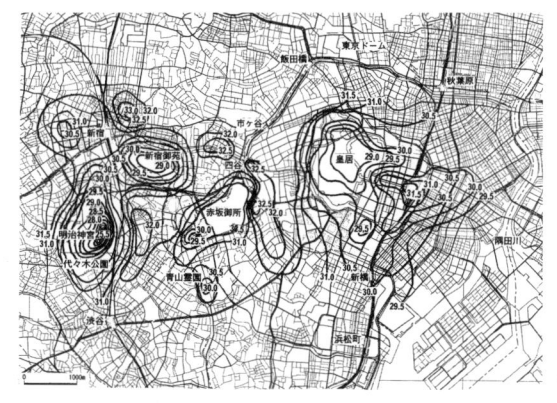

図3-1 東京の気温分布（℃）（1994年9月20日14時）

図3-2 埼玉県幸手市における気温分布（℃）（1989年7月21日14時）

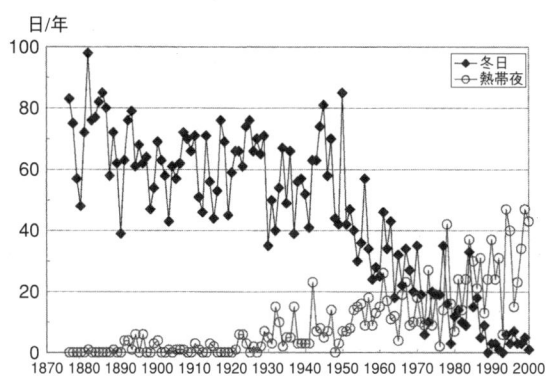

図3-3 東京における年間冬日数と熱帯夜数の変化（1876-2000）

F4　クリマアトラス

—— Klimaatlas

　クリマアトラスはドイツ語の「Klima（気候）」と「Atlas（地図集）」からなる言葉で，日本語では「都市環境気候図」という．クリマアトラスは，対象都市の気候，地形，土地利用等に関する各種の基礎情報を地図集としてまとめたもので，都市の熱環境対策やヒートアイランド対策，大気汚染対策等に用いることを目的に作成される．都市計画や建築計画に際して行政担当者や研究者，地域住民等が検討するときに，クリマアトラスを共通認識として活用することにより，一貫性のある計画を立案し効果的な対策を立てることができる．クリマアトラスは1970年代初頭にドイツで初めて作成され，今日ではシュツットガルトなど諸都市で作成が進んでいる．

　クリマアトラスは，大別して下記の3種類の図集から構成される（図4-1）．

1. 気候要素の基礎的な分布図

　気候要素の基礎的な分布図は，①対象都市の気候条件等を把握した図集と，②対象都市の構造を把握した図集に区分できる．

　このうち，①は気温，湿度，風向，気流分布等の気候条件を図化したものであり，人工排熱，顕熱，潜熱の分布状況等も対象となる．できるだけ実測による調査結果から図化することが望ましいが，実際にはデータの把握状況に応じて補完的に数値シミュレーションを行い，その結果を図化する．また，②は地形，土地利用，植生等対象都市の構造に関する基礎情報を図化したものである．

2. 気候解析図

　気候解析図は，上記1.の気候要素の基礎的な分布図をもとに，各種の情報を総合的に把握し，対象都市の気候的な特徴，熱環境や大気汚染の状況，土地利用との関連性等に関する解析を行った図集である．

　都市の気候は地形や土地利用，植生等との相互作用のもとに成り立っており，対象都市の気候を解析して気温や気流等と土地利用等の状況を重ね合わせることにより，高温域ないしホットスポット等，問題となる区域や冷気のあるクールアイランド等の解析図を作成することができる．

3. 対策・提言のための図面（アドバイスマップ）（図4-2）

　対策・提言のための図面は，上記2.の気候解析図に基づき，都市気候を考慮し熱環境や大気汚染を改善するための，対象都市における計画のあり方や対策手法等，具体的なアドバイスが示された図面である．都市気象，都市計画，建築，ランドスケープ等の専門家によるアドバイスとともに，地元の市民による検討のプロセスも含めながら図面をまとめていくことが望ましい．

　ドイツの，たとえばシュツットガルトのように盆地に存在する内陸都市では，風が弱く，盆地に空気が滞留しやすいため，とりわけ大気汚染と夏の暑さへの対策が必要である．具体的な対策の1つとして，丘陵地の緑地等から地形に沿って下降してくる弱い冷気の流れを活用する方法があり，クリマアトラスをもとに，地区詳細計画（B-Plan）によって建物の配置や形状を規制し，建物が気流の通り道の障害にならないように指導している．また，クリマアトラスは再開発プロジェクトの前提条件としても活用されている（図4-3）．

　日本においてもクリマアトラスがもっと活用され，ヒートアイランド現象の緩和など都市環境の改善につながっていく必要がある．

（半田真理子）

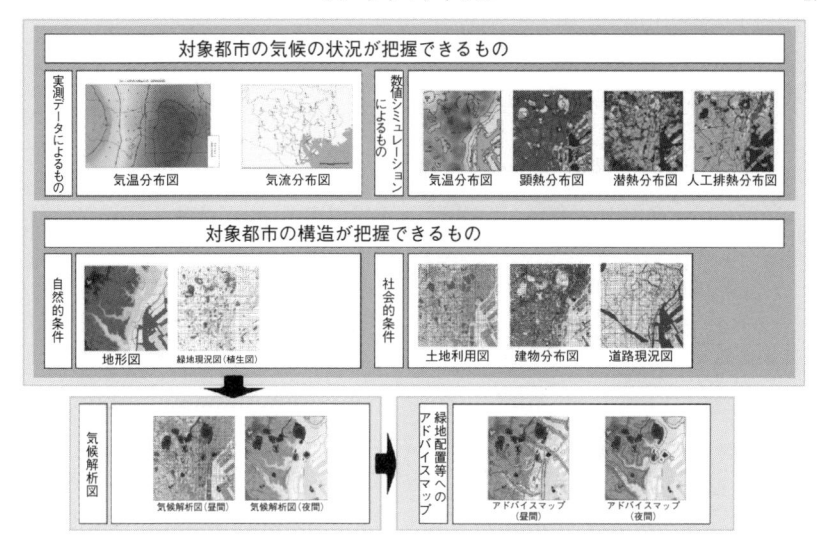

図 4-1 クリマアトラスの例（東京都心；国土交通省都市・地域整備局，2003 より作成）

図 4-2 夜間における緑地配置等へのアドバイスマップの例（東京都心，10 km×10 km；国土交通省都市・地域整備局，2003 より作成）

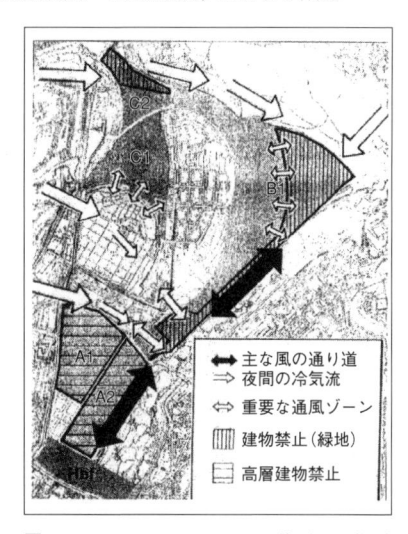

図 4-3 シュツットガルト 21 計画への提言（日本建築学会，2000 より作成）

文 献

1) 日本建築学会編：都市環境のクリマアトラス―気候情報を活かした都市づくり―，ぎょうせい，2000
2) 一ノ瀬俊明：ドイツの Klimaanalyse―都市計画のための気候解析，天気，**46**(10)，71-77，日本気象学会，1999
3) 国土交通省都市・地域整備局：ヒートアイランド現象の緩和に資する緑地等に関する検討調査報告書，2003

F5　都市の水環境

—— Water Environment in Urban Area

「水環境」を構成する要素は，水質，水量，水生生物，水辺地など多岐にわたり，さらに水辺環境，生態系，景観，水文化といった定量化の難しい概念をも含んでいるが，共通概念としては，「水環境は人間を含めた生物が体感，享受する場の状況を示す」と表現することもできる．その対象（場）を都市の水環境として捉えると，河川，用水，運河，堀割，護岸，ため池，湧水地等の水辺地をあげることができる．また，これらの場と人とのかかわりでは，水環境がもつ自然的な側面と都市活動，産業，歴史文化的な側面ももち合わせており，水環境そのものが都市を代表する景観や観光資源となっている場合も多い．

都市化が水環境に及ぼす影響としては，平常時の河川流量の減少，渇水の頻発，都市型水害の多発，非常時の用水確保の困難化，水質汚濁の進行と新たな有害物質による水質問題の発生，地下水位低下，湧水枯渇，地盤沈下，都市気候の変化，生態系への影響，親水機能の低下，水文化の喪失などをあげることができる．特に，最近では，重金属類や農薬に替わって，揮発性有機化合物，様々な化学物質，ダイオキシン類，環境ホルモンといった有害物質が河川や湖沼，地下水を汚染し，人の健康や動植物への影響が懸念されている．最近の公共用水域における水質汚濁の現況は相対的に改善の傾向にあり，健康項目（人の健康の保護に関する環境基準）による汚濁は著しく改善されたが，内海や湖沼等の生活環境項目（生活環境の保全に関する環境基準）については依然として高い汚濁を示している．汚濁の背景として工業排水は規制強化の措置が効果を現している一方，都市域でも下水道の整備等の遅れている地域では，排出負荷量のうち生活排水の占める割合が大きくなっている．こうした状況に対して，国では，生活排水対策の行政と国民の責務を明確にし，重点地域や総量規制地域を指定し，下水道，浄化槽等の整備を地域の実情に応じて計画的に進める等，施策の総合的推進を図るとしている．

こうした個々の水環境問題を効率的に改善するには，都市における総合治水対策の実施と水循環面での障害を取り除いていくことが必要となる．図5-2は自然域と都市域における水循環の変化を示しているが，都市の水環境問題は，都市活動に伴う水循環系の歪みに起因するため，問題の改善にあたっては，河川，下水道，住宅・公園，道路，水資源，環境等の行政部局，住民および企業・事業者が連携して対策にあたることが重要である．

水環境行政の普及・啓発施策である環境省の「名水百選」や国土交通省の「水の郷百選」等も都市の水環境を場として捉え，広く国民に紹介するものであり，前者は湧水の豊かなまち，後者は産業や文化面で水の豊かなまちが多く選定されている．このように，水環境に対する市民や企業意識の高揚や行政的対応が進み，水質汚濁の状況に対しても，元の清流を取り戻そうとする地域住民の運動やきれいな水環境を大事に守ろうとする活動が各地で実施される等，水環境に対する国民の関心が高まっている．

（笹野　茂）

文　献

1) 環境省環境管理局水環境部：水環境行政のあらまし，2002
2) 公害等調整委員会事務局編：平成14年版 全国の公害苦情の実態，大蔵省印刷局，2003
3) (社) 雨水貯留浸透技術協会：都市の水循環再生に向けて，1998

F5 都市の水環境

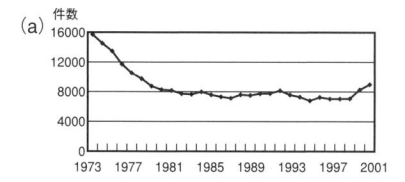

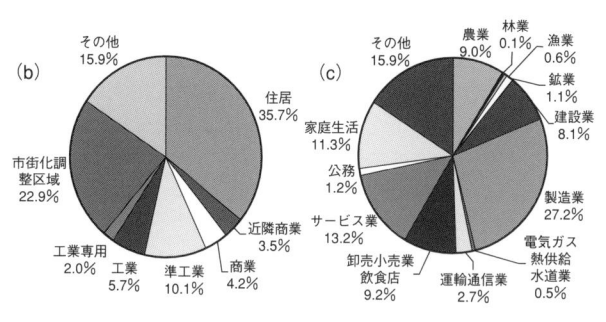

図 5-1 水質汚濁にかかわる公害苦情件数
全国地方自治体の「公害苦情相談窓口」へ寄せられた公害等の苦情の受付状況のうち水質汚濁にかかわるものをまとめたものである.「平成14年版:全国の公害苦情の実態」より作成. (a):1973(昭和48)年度から2001(平成13)年度までの件数の推移. (b):2001(平成13)年度・被害の発生地域別構成比(都市計画区域内). (c):2001(平成13)年度・被害の発生源別構成比(不明除く).

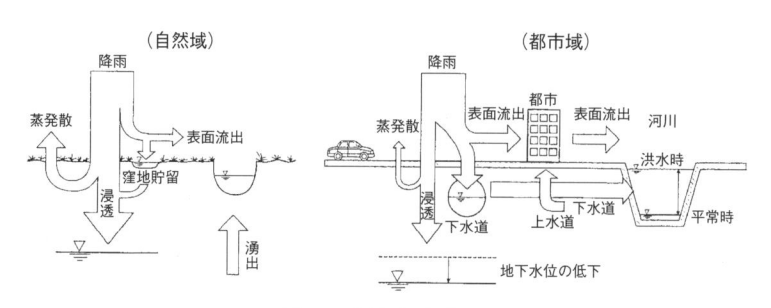

図 5-2 水循環の概念図[3]

水は雨となって地表に降り，地中にしみ込み，地表・地下を流れて海に至り，その過程で大気中に蒸発して再び雨となる一連の動きであるが，自然地では土壌の浸透，蒸発散，窪地での貯留効果等により，表面を伝わって河川へ流出する量が自然な形で抑制されているが，都市化に伴い自然地が屋根や舗装で被覆されると，雨水の浸透量，蒸発散量が減少する一方，表面を伝わって河川へ流出する量が増大する．

図 5-3 名水百選の事例写真（お鷹の道・真姿の池湧水群）
名水百選や東京の名湧水に選定された市街地内の貴重な水環境，選定を契機に周辺の水環境が見直され，初夏にはホタル鑑賞，下流部では清流が復活した（2003年筆者撮影）．

F6　都市河川

—— Urban River

　都市河川は，都市化の進展とともにそれに求められる機能が変化してきた．その昔，江戸は河川や運河等水路がめぐらされた水上都市であった．江戸城を中心とした洪水対策に加え，物資輸送の中心であった舟運のため神田川や日本橋川沿いには多く河岸が整備されるなど，交通機能も有していた．

　近年，中小の河川は，陸上交通の発達や農地の宅地化等土地利用が変化したことで，これまでの交通機能や農業用水等の利水機能が減少し，雨水や生活排水の排出路としての機能が増大した．特に，昭和30年代後半よりの工業の急速な発展や都市の急激な人口集中は，それに対する下水道整備の立ち遅れを招き，工場廃水や家庭排水が未処理で放出された．そのため，都市河川の水質の悪化が進み，そこに生息する生物が減少し，悪臭を伴うドブ川となった．さらに，一部の小河川では，河川に蓋がかけられ都市の下水路と化したのである．

　一方，都市化が進展することで，河川流域が道路や建物の建設により地面がコンクリート等で被覆され，雨水が地下に浸透することなく表面排水として河川に放出された．その結果，台風や集中豪雨により，河川の排水容量を一時的に越え，内水氾濫や溢水等，都市型の水害が頻繁に発生した．東京都では，1963（昭和38）年の水害を契機に区部の中小河川の改修等治水対策が計画的に進められることとなった．

　現在，治水対策については下水道の整備が進められるとともに，河川の改修や調節池，分水路の整備とあわせ，河川流域における雨水流出抑制のための雨水浸透ますの設置，道路の透水性舗装等総合的な治水対策がとられている．中小河川については1時間50 mm降雨対策等の改修（図6-1〜3）が進められている．

　これまで治水対策が優先され，都市河川は早く，大量に排水を行うために標準構造による河川断面の拡大と3面コンクリート張りの整備が進められた．その結果，河川が本来もっていた自然性を喪失し，垂直護岸等で人が水辺に近づくことができない河川構造となったのである．さらに，被覆された土地の拡大と下水道の整備促進に伴い，降雨による表面水が地下にしみ込むことなく，これまで河川に放流されていた生活廃水が減少することで河川の平常時流量が減少し，生物生息数の減少等生態環境の単純化が起き，河川の生物の多様性が減少する大きな要因となっている．

　1997（平成9）年5月河川法が改正され，これまでの治水，利水に加えて，「河川環境の整備と保全」を目的に加えることとなった．都市河川の治水機能の向上に伴い，失われてしまった自然性の回復や，人が水辺に近づける親水機能が求められるようになった．そのため，河川改修と同時に，緩傾斜型親水護岸の整備（図6-4）や人が水辺に近づける工夫，生物の生息環境に配慮した護岸の整備等が各地で進められている．

(細川卓巳)

文　献
1) 鈴木理生：江戸の川・東京の川，井上書院，1989
2) 東京都建設局：東京の中小河川，1988
3) 土屋十圀：都市河川の総合親水計画，大学図書，1999

F6 都市河川

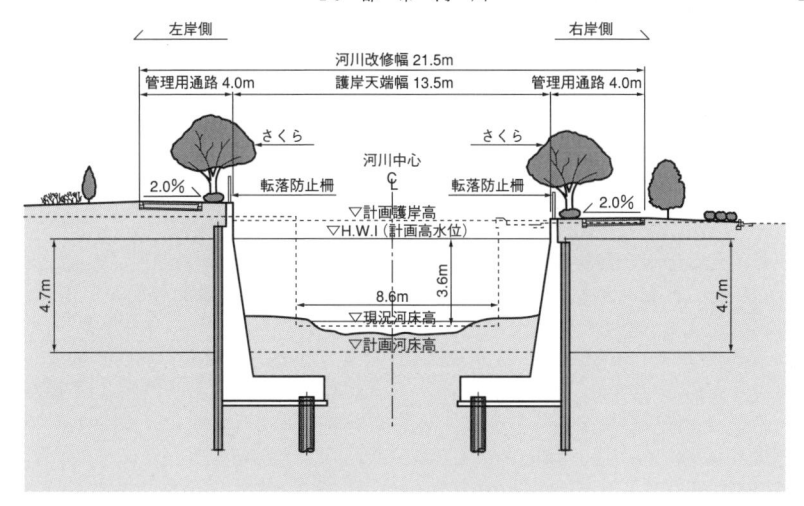

図 6-1　石神井川河川改修標準横断図
石神井川（東京都）における時間 50 mm 降雨対応の河川改修標準横断図（東京都第四建設事務所資料）．

図 6-2　未改修の状況
河川改修前の矢板護岸の状況（石神井川，曙橋付近，2003（平成 15）年 4 月）．

図 6-3　河川改修後の状況
50 mm 改修後のコンクリート 3 面張り護岸の状況（石神井川，高稲荷橋付近，2003（平成 15）年 4 月）．

図 6-4　親水護岸の整備状況
緩傾斜型親水護岸の整備状況（石神井川，練馬区南田中，2003（平成 15）年 4 月）．

F7　多自然型川づくり
—— Nature-oriented River Improvement

　河川の整備はこれまでの利水や治水といった施策が一定の成果をあげる反面，コンクリートによる護岸の整備は，河川の本来もっていた自然性を喪失させるとともに，人を水辺から遠ざけることとなった．その反省から，1990（平成2）年11月の建設省通達「多自然型川づくりの推進について」により，多様な自然を回復する取り組みが開始された．さらに，1997（平成9）年5月河川法の改正により，これまでの治水，利水に「河川環境の整備と保全」を目的に加えることとなり，環境という視点から河川のあり方が見直されたのである．

　多自然型川づくりは，河川の改修等河川整備において，治水面の安全性は確保しながらも，生物の生息・生育環境をできるだけ保全または回復し，景観にも配慮した整備を行う自然と調和した川づくりのことである．従来の治水を重視したコンクリート3面張り構造に替わり，蛇籠や空隙のあるブロック等で河岸を整備し，地上部には植生を回復させ，水中には水生生物の生育環境を創出する．また，直線的な河川整備ではなく，瀬や淵など川独自の蛇行形状も保存する等の手法がとられている．

　多自然型川づくりは，法面保護工，根固工，水制工等の河岸保護工に，蛇籠，布団籠，沈床，粗朶，法枠，自然石，コンクリートブロック，植物材料等，様々な素材を用いた様々な形状の工法が採用されている．特に，籠マット等の上に覆土し植生を回復させる，ブロックや自然石を空積みし隙間に植生の進入を図る，漁礁ブロック等で水中生物空間の確保を行う，ワンドを整備しビオトープをつくり出す等の方法で多様な生物生息空間を生み出すなど自然の保全や回復を行っている．

　主な取り組み事例としては，

　① 自然環境を保全しながら整備を行うものとして長良川（岐阜県羽島市）では，自然のワンドの豊かな環境を保全するために計画変更により低水護岸法線を後退させて整備を行った．また，護岸は施工後，現地の土で埋め戻しを行い，元の環境を再生している（1991，1992（平成3，4）年度，建設省木曽川上流工事事務所）．

　② 自然を再生するものとして精進川（札幌市）では，一度整備したブロックの単調な護岸を崩し，護岸上に覆土した緩傾斜護岸やコンクリート殻の空積護岸とし，在来植生を進入させ自然の回復力で再生を図った（1992〜1994（平成4〜6）年度，北海道札幌土木現業所）．

　③ 新たな自然環境を創出するものとして多摩川（東京都調布市）では，高水敷に多様な生物生息空間をもつ国内最大規模（幅約40 m，長さ約200 m）のワンドを創出した．また，付近に生えていた現存植物を再移植し，法面の植生の早期回復を図った（1990（平成2）年度，建設省京浜工事事務所）．

　多自然型川づくりの展開は多様な生物生息・生育環境の確保のみならず，人を取り巻く環境への配慮や河川と地域の人々との新たな関係を築く契機となることが期待できる．

〔細川卓巳〕

文　献
1) リバーフロント整備センター：まちと水辺に豊かな自然をⅢ，山海堂，1998
2) リバーフロント整備センター：河川と自然環境，理工図書，2000

F7 多自然型川づくり

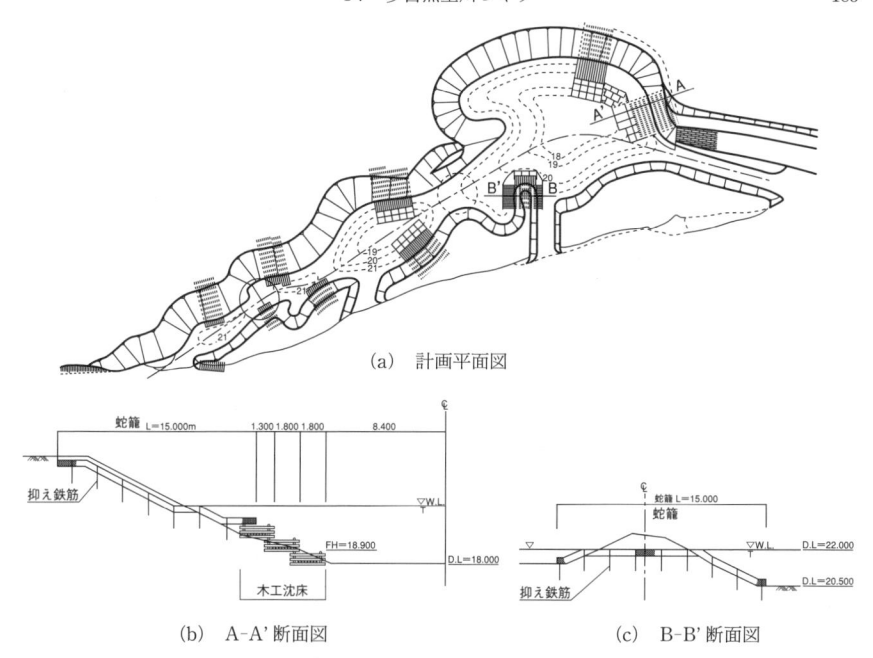

(a) 計画平面図

(b) A-A'断面図   (c) B-B'断面図

図 7-1　多自然型川づくりの例

多摩川（東京都調布市）二ヶ領上河原堰下流左岸高水敷ワンドの当初計画図．施工実施に伴い，伏流水が多量に湧出したため，蛇籠，木工沈床の計画をやめ，池を素掘り，護岸も籠マットに覆土し現況植生を移植した（国土交通省京浜河川事務所資料を修正）．

図 7-2　洪水による護岸の状況
洪水により護岸の覆土が流され，籠マットが剥き出しとなっている（多摩川，2003（平成15）年4月）．

図 7-3　ワンド内池の状況
造成当時（1990（平成2）年度）に比べ，土砂の流入により池が浅くなっている．また，多くの人に利用され，踏み分け道ができている（多摩川，2003（平成15）年4月）．

F8　雨水貯留・雨水浸透
—— Saving of Rain Water・Permeation of Rain Water

わが国の都市化は，それまでの農地や里山の土地利用転換の形をとる場合が多い．農地や里山に比べて，都市の地表の雨水貯留能力（浸透係数）は極端に小さくなる．

このことが，都市を乾燥させ，地下水を枯渇させ，ひいては，ヒートアイランド現象にもつながることになる．

都市計画の中に雨水の貯留・浸透を組み込むようになったのは，都市化が進行した最近のことで，防災上の観点から雨水調整（節）池が計画され，整備されたことに始まる．これは，地表の雨水浸透係数の低下，言い換えれば，流出係数の増大を伴う都市開発区域から流出する雨水をコントロールして，下流区域の洪水を防ぐことが主要な目的であった．

雨水調整（節）池は，計算された放流口（オリフィス）以外からは，水が漏れない防災用の容器として考えられたが，時代とともに，水面だけでなく，草地や樹林地も含む緑地空間としても有効に活用すべく計画されるようになった．ここでは，水の漏れない容器ではなく，草地や樹林地の保水能力や土壌の浸透能力も結果的に水循環に加わることになった．

都市開発は，初めは下流域の洪水対策として，流出抑制を意識した暗渠排水を志向していたが，せせらぎや河川の親水性への関心の高まりと呼応して，下流河川の渇水期の枯渇が問題にされるようになり，上流区域の水源の確保が課題となるようになった．そして，谷戸の源流域をそのまま公園として保存したり，学校の校庭に大規模な雨水貯留施設を構築したりして水源を確保し，せせらぎ緑道等，河川空間を再生するようになった．

河川が，環境インフラの基軸と意識されるようになった現在，河川の水量，水質の確保とコントロールが地域，とりわけ上流地域の保水能力にかかっていることが認識され，その確保が課題となり，雨水の貯留・浸透は，都市計画・地域計画の重要な要素となった．

1993（平成5）年には，環境基本法が制定され，これに基づいて，2000（平成12）年には環境基本計画が策定された．この中で，地球温暖化対策の推進の一環として，健全な水循環の確保に向けた取り組みが打ち出されている．

ここでは，河川の各流域において，地下水と地表水との間の移動状況，降雨の地下浸透等の水収支の変化を可能な限り，定量的に把握した上で，関係主体の意見を集約し，それぞれの流域に応じた目標を設定することが明記されている．そして，都市部においては，都市計画の方針として，地下水かん養機能を増進するため，公園緑地等のオープンスペースや雨水浸透施設の整備を進めることにしている．　　　（笛木　坦）

文　献
1) 住宅・都市整備公団：都市施設技術誌
2) 住宅・都市整備公団：まちづくり技術体系　都市施設編

表8-1　流出係数の標準値（建設省河川砂防技術基準（案））

地　区	流出係数
密集市街地	0.9
一般市街地	0.8
畑原野	0.6
水田	0.7
山地	0.7

F8 雨水貯留・雨水浸透

図 8-1 公園に保存されたため池

図 8-2 ため池からのせせらぎ

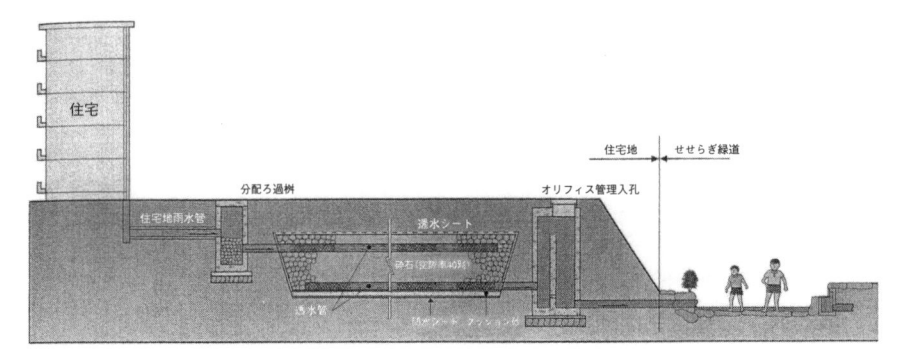

図 8-3 地下貯留の例

表 8-2 水循環保全貯留・浸透施設の導入可能性評価リスト

		貯留型												浸透型											
		地表式 (小堤・小堀込型)						地下式 (砕石空隙貯留)						浸透トレンチ 浸透側溝 浸透ます						透水性舗装					
		安全性	設置場所	担保性	維持管理	量的効果	総合評価	安全性	設置場所	担保性	維持管理	量的効果	総合評価	安全性	設置場所	担保性	維持管理	量的効果	総合評価	安全性	設置場所	担保性	維持管理	量的効果	総合評価
公共用地	道路 (66)	×	×	×	×	×	×	透水性舗装下の砕石で対応						○	○	○	○	○	○	○	○	○	○	○	◎
														幅7m以上の車道沿い						歩道・歩専					
	公園 (25)	○	○	○	○	○	◎	○	○	○	○	○	◎	○	○	○	○	○	◎	○	○	○	○	○	◎
	緑地 (57)	-	×	-	-	-	×	-	×	-	-	-	×	-	△	-	-	-	△	-	△	-	-	-	△
	河川・水路 (3)	-	×	-	-	-	×	-	×	-	-	-	×	-	×	-	-	-	×	-	×	-	-	-	×
施設用地	教育施設 (10)	○	○	○	○	○	◎	○	○	○	○	○	◎	○	○	○	○	○	◎	○	○	○	○	○	◎
	タウンセンター (4) 近隣センター (1)	-	×	-	-	-	×	-	△	-	-	-	△	-	△	-	-	-	△	-	○	-	-	-	○
	幼稚園・保育所 (2)	×	-	×	×	×	×	-	-	-	-	-	-	-	-	-	-	-	-	-	-	-	-	-	-
	誘致施設 (10)	○	△	△	△	○	△	○	△	△	△	○	△	○	△	△	△	○	△	○	△	△	△	○	△
	緑地的施設 (10)	○	○	○	○	○	◎	○	○	○	○	○	◎	○	○	○	○	○	◎	○	○	○	○	○	◎
	寺社・墓地 (1)	-	×	-	-	-	×	-	×	-	-	-	×	-	△	-	-	-	△	-	×	-	-	-	×
	その他施設 (19)	-	×	-	-	-	×	-	×	-	-	-	×	-	△	-	-	-	△	-	×	-	-	-	×
	計画住宅 (25)	○	○	○	○	○	◎	○	○	○	○	○	◎	○	○	○	○	○	◎	○	○	○	○	○	◎
	一般住宅 (124.5)	-	×	-	-	-	×	-	×	-	-	-	×	-	△	-	-	-	△	-	×	-	-	-	×

総合評価　◎：導入可能性が高い（すべて○），　○：導入上の問題が少ない（△が2個以内）
　　　　　△：導入上の問題が多い（△が3個以上），　-：導入不能（×がある）．

F9　都市の土壌環境

—— Urban Soil Environment

都市には人口が集中し，自然が失われていく．その一方で，都市に残された緑地やそれを支える土壌の重要性も高まっている．都市化が急速に進むにつれて，都市における土壌環境も急激に変化している．ここでは都市（主に緑地や街路樹・造成地等）における土壌の物理的環境，化学的環境，生物的環境に分けて述べ，その対処方策にふれる．

1．都市土壌の物理的環境

都市では，発熱量の増加やヒートアイランド化によって気温の上昇や降水量の変化が認められる．また地下水の汲み上げや，地表がコンクリートやアスファルト等の不透水性材質で覆われる面積の増大のために，土壌水分（soil water）は概して低くなる．こうした問題を解決するため，透水性の材質開発や雨水循環システムが注目されている．

都市造成では地盤安定を目的に締め固めを行うため，一般に土壌硬度（soil penetrability）は高まる．土壌の体積当たりの気相割合；気相率（gaseous ratio）や液相割合；液相率（liquid ratio）（両者を合わせて孔隙（porosity）率という）が減少し，固相の割合；固相率（solid ratio）が高まる．土壌硬度が約27 mmを超えると植物の根の伸長が困難になるが，そうした土層が地表付近から出現し，また微細な孔隙が少ないため，水はけ（透水性）が悪いのが都市土壌の特徴である．

2．都市土壌の化学的環境

都市では雨水が下水道を経て河川に流れる割合が高いため，自然環境では雨水によって溶脱するカルシウムやナトリウム等，塩基成分（basic materials）が都市土壌では多く残り，土壌はアルカリ化していることが認められる（表9-1）．また，自然林では豊富に供給される落葉落枝等の有機物（organic matter）が都市土壌では不足しており，農耕地で行われるような施肥も限られているため，植物養分となる窒素・リン酸・カリをはじめとする無機栄養分（mineral nutrients）が極めて欠乏している．一方で，道路脇では自動車の排ガス由来の鉛など重金属（heavy metals）含量が高い場合もしばしば認められる．工場やその跡地等での有害物質による汚染土壌も問題化している（H24項参照）．

3．都市土壌の生物的環境

上述のように都市土壌では地表の改変，水分低下，硬度上昇，養分低下等によって植物の生育が阻害され，緑化樹木等の根系も伸長が妨げられていることが多い[1]（図9-1）．また，植物根や有機物を餌とする土壌動物や土壌微生物の活動も低下していると予想されるが，検証例は少ない．

4．都市土壌の環境改善

これらの都市土壌における劣悪な環境を改善するためには，問題点の的確な評価と対策が求められる．表9-2にその評価項目と対策をまとめた． 〈犬伏和之〉

文献

1) 輿水　肇：都市生活と土壌，緑化基盤，環境土壌学（松井　健・岡崎正規編），pp.106-126, 朝倉書店，1993
2) 木田幸男：緑化のための植栽基盤整備，土の環境圏（岩田進午・喜田大三監修），pp.683-694, フジ・テクノシステム，1997

F9　都市の土壌環境

表 9-1 都市公園内土壌と農耕地土壌の性質比較（輿水，1993を一部改変）

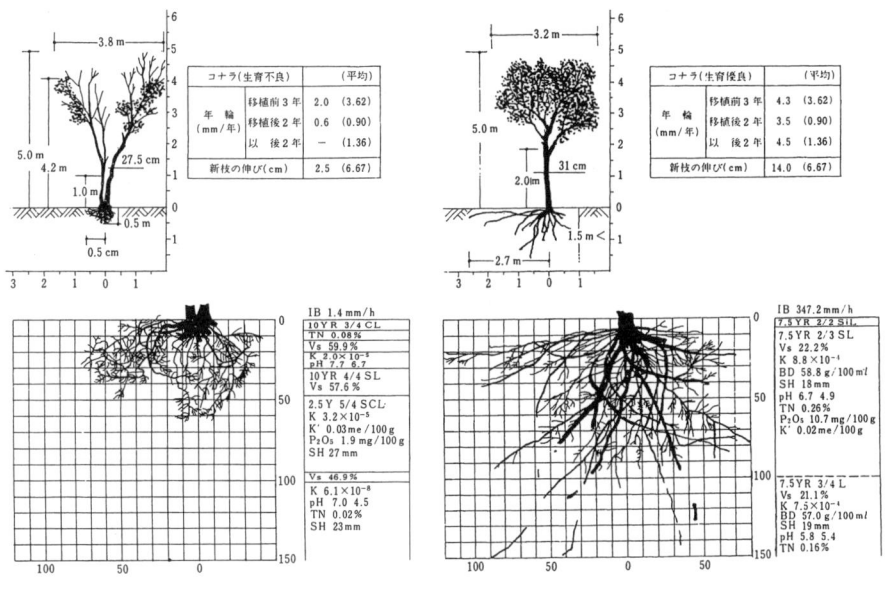

地点		測定地	pH (H$_2$O) 表層	pH (H$_2$O) 下層	硬度 (mm)	アンモニア態窒素 (ppm)	有効リン酸 (ppm)	有効カリ (ppm)
公園	日比谷	芝生	5.0	—	21〜23	1.0	10.0	3.0
		外周植込	7.2	—	20〜22	—	—	—
	上野	植込	6.8	6.5	21〜27	1.0	2.5	2.0
		広場植込	7.3	7.4	30〜38	—	—	—
	井の頭	植込	5.6	6.1	28〜32	1.0	0.1	3.0
		自然林	5.5	—	5〜14	—	—	—
農耕地	八街	野菜畑	5.7	—	10〜20	—	90	—

(a) 締め固められた土層に植栽されたコナラの根系

(b) 黒ボクが保全された地盤に植栽されたコナラの根系

図 9-1　コナラの根系[1]

表 9-2　都市の土壌環境の評価項目とその対策（木田，1997を改変）

物理性	土壌硬度 固相率・孔隙率 透水性	土層工 盛土・客土 排水工
化学性	pH 有機物含量（全窒素含量） 無機栄養分（有効態リン含量）	中和剤 土壌改良剤 施肥・除塩

F10　都市の生物環境

―― Urban Wildlife Habitats

　各地の自然の姿は，地形，気象等の空間的要因および進化，遷移等の時間的要因に加え，人間活動の影響すなわち人為的要因によって大きく規定される．このような自然の中で都市は，人為的要因が最も大きく作用する空間である．都市は，人口が集中し，人為によって緑被が減少，裸地化し，さらにはコンクリートやアスファルト等からなる人工構造物が空間の多くを占める．都市での人間活動を支える資源・エネルギーについては，そのほとんどを外部に依存し，都市は生態系として自立した空間ではない．

　人間にとって，居住や流通経済の拠点でもある都市は，海岸や河岸の平地に多く発達し，またしばしばその拡大・創出のため河口デルタや海岸干潟を埋め立ててきた．この水辺空間は元来，魚類や甲殻類，貝類等の多様な動物相が生息し，また藻類や種子植物においても特有な種の生育等，極めて重要な野生生物の生息・生育地である．このような自然に対する人間による改変・破壊は，そこの生物を消滅させるとともに，多くの生物にとって，陸域環境と水域環境の連続性を分断する状況をもたらす．

　都市の資源・エネルギーの消費と緑地の減少は，温度上昇や乾燥化を生じさせる．また大気や水質を汚染し，土壌をアルカリ化させている．このような都市では，本来の野生生物はごく一部を除いて退行・消失し，生物多様性は大きく減少する．

　大気汚染が深刻な社会問題になっていた1970年代，東京都心では樹幹に着生する植物はみられず，いわば「着生砂漠」の状態になっていた．その後，大気環境は改善され，都心部でも樹幹にコケ植物や地衣類の生育が確認されるようになった．しかし，都心と郊外では大気環境は異なり，都心ほど気温が高く湿度は低い．また二酸化硫黄や窒素酸化物の濃度も高くなる．このような大気環境の違いに敏感なコケは都心と郊外での樹幹着生に明らかな差が確認される．都心の樹幹ではわずかな糸状および球状の藻類の生育のみがみられ，都心から離れるに従って，固着地衣類や蘚類，さらに苔類，葉状地衣類も加わり，都心から30 kmを越えた場所では1本に8～14種のコケが着生するようになる[1]．

　都心でも，公園や緑地では，その緑被によって自然性の高い環境が存在する．既存の植物群落の保全とともに植栽等によって新たな緑被や水辺が創られた公園等では，多様な樹木や草本等のほか，コケ植物等が樹幹をはじめ土上や岩上，倒木上等様々な基物で生育する状況がみられる[2]．広く多様な生息環境を必要とする野生動物にとっては，孤立した都市の公園・緑地は，十分な生息地とはいえないものも多いが，それでも移動の中継地や餌場，ねぐら等として重要である．

　日本の都市は，欧米や中国の都市に比べ都市とその周辺の農村環境とが連続的であり，都市の中にも多くの農村環境が存在する．このような環境は，地域本来の野生生物にとって重要な生息・生育環境である．希少な動植物の生息・生育は，市街地では少ないが，周辺の農村域，それも昔ながらの伝統的農村の自然環境に多くみられる．農村域でも土地改良等によって近代化された地域では，本来の野生生物は著しく減少する[3]．

　人間以外の野生生物にとっては，一見過酷な都市環境であるが，この環境に生理的，生態的に適応し，むしろ都市環境を好条件とする生物もある．その多くは，外来種や帰化種であり，その種にとっては都市環境が本来の生息・生育地の環境と類似するほか，都市環境では捕食者や競争相手となる種が少なくまたは存在しないために，個体群を増大させている場合もある．(中村俊彦)

F10 都市の生物環境

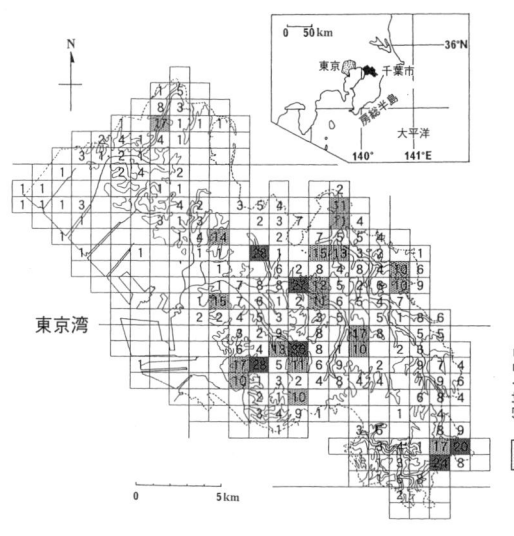

図10-1 千葉市における貴重動植物（絶滅危惧種，危急種）の分布[3]
メッシュの大きさは1.1 km×0.9 km．

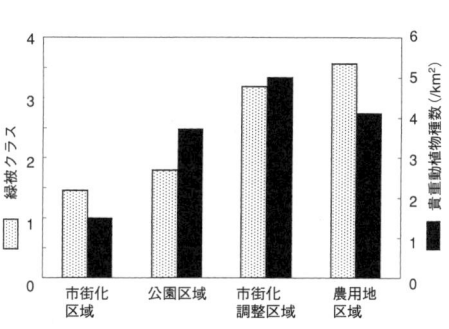

図10-3 千葉市の土地利用区域別の緑被クラスと野生動植物の貴重種の出現種数[3]

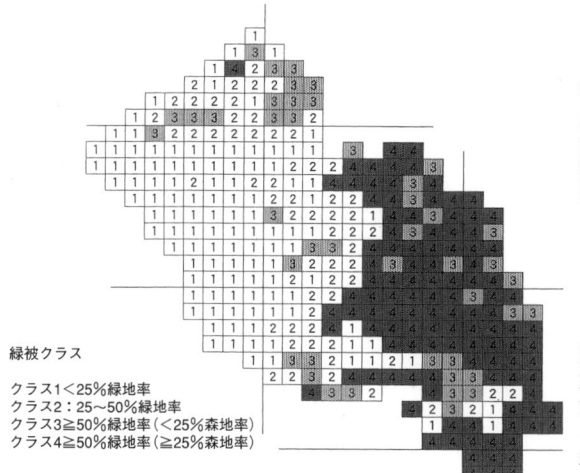

緑被クラス
クラス1 ＜25％緑地率
クラス2 ：25～50％緑地率
クラス3 ≧50％緑地率（＜25％森地率）
クラス4 ≧50％緑地率（≧25％森地率）

図10-2 千葉市における緑被の状態[3]

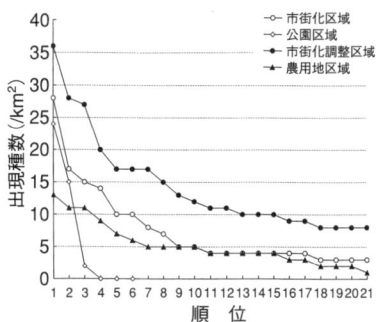

図10-4 千葉市における土地利用別の貴重動植物の出現状況[3]
市域を1 km²メッシュに区切り，各メッシュ内で記録された貴重種の数を，4つの土地利用別に種数の多いメッシュ順に示した．

文献

1) 菅 邦子・大橋 毅・青木一幸・栗田恵子：甲州街道街路樹につくコケの生育と環境要因について，東京都環境科学研究所年報1999, pp.107-115, 1999
2) 中村俊彦・垪和 宏・古木達郎：湾岸陸域の生物—コケ植物—（沼田 眞・風呂田利夫編），東京湾の生物誌．pp.279-290, 築地書館, 1997
3) Nakamura, T. and Short, K.: Land-use planning and distribution of threatened wildlife in a city of Japan, *Landscape and Urban Planning*, **53**：1-15, 2001

F11 ランドスケープエコロジー
—— Landscape Ecology

　ランドスケープエコロジーは「地域生態学」「景観生態学」等とも呼ばれ，ドイツ，オランダ等で始まった学問分野である．景観（landscape）を対象に，これらの管理，保全，回復，創出等の応用的な側面もあわせもち，生態的に健全な地域をつくり出すことを目指している．ここで，景観とは単に風景といった狭義的な意味ではなく，地域の中で人間とのかかわりの中で形成されてきた地域の空間的構造そのものを示している．そのため，ランドスケープエコロジーでは単に生態学的，景観的な要素のみではなく，これらの分布や相互関係について研究・解析することが必要で，土地利用や植生管理等環境に対する人為的な影響等についても明確にし，人間の影響も含めた総合的な視点で保全と管理，環境評価の役割を明らかにすることが求められている．

　また，ランドスケープエコロジーが対象とする景観の最小単位をエコトープ（ecotope）と呼ぶ．エコトープは，生物からみたまとまりのある生息空間（ビオトープ，biotope）の情報（主に生物情報）とともに，地域空間を構成する地形，土壌，地質，水，気候や人間の関与等の情報をオーバーレイし，機能的構造が同質である最小の空間単位として区分したものである．そのため，区分や解析にあたってはそれぞれの地域特性や環境特性について面的かつ同質なデータを的確に把握し，空間的・時間的なスケールを適宜変えながら解析する必要がある．この解析にあたっては，リモートセンシングやGIS（地理情報システム）の技術が有効であり，近年これらの技術を活用した解析が進められ図化が行われている．このような作業で図化した地図を基礎資料として活用し，ドイツでは総合計画や土地利用計画，景観計画策定が行われている．

　ランドスケープエコロジーが発展してきた背景には，環境問題の多様化や国土交通省で進められている多自然型川づくり等の事業における生態的な視点の導入等によって，生態学等自然科学的手法により研究・解析するだけではなく，生態学を基礎としながらも立地環境や，社会的，歴史的な側面も含めた地域の全体システムとして捉えることが必要になってきたことや，画一的な開発・整備や概論的な生物等への配慮ではなく，生態学に裏づけされたきめの細かい生物等への配慮実施が求められてきたことなどがあげられる．

　類似するものとしてハビタットアセスメントがある．ハビタットは特定種からみた生息環境を意味することが多いが，ハビタットアセスメントはハビタットが様々な影響のもとでどのように変化し，またハビタットへの影響を軽減するためにどのような措置が必要かを検証する手法であるといえる．ハビタットアセスメントは，ランドスケープエコロジーに包含される1つの手法といえよう．

　このように，ランドスケープエコロジーは生物や生態系，そして景観や人間活動も含めた幅広い知識や視点をもとに地域ごとに多様な情報を統合することによって，自然保全や自然との調和のとれた各種域計画，事業実施等に寄与する有効な手法として今後の活用が期待されている．（吾田幸俊）

文　献
1) 天竜川上流河川事務所：平成13年度天竜川上流部帰化植物対策調査報告書
2) 沼田　眞編：景相生態学 ランドスケープ・エコロジー入門, pp.1-25, pp.113-117, 朝倉書店, 1996
3) 井手久登・亀山　章編：ランドスケープ・エコロジー 緑地生態学, pp.1-10, 朝倉書店, 1993

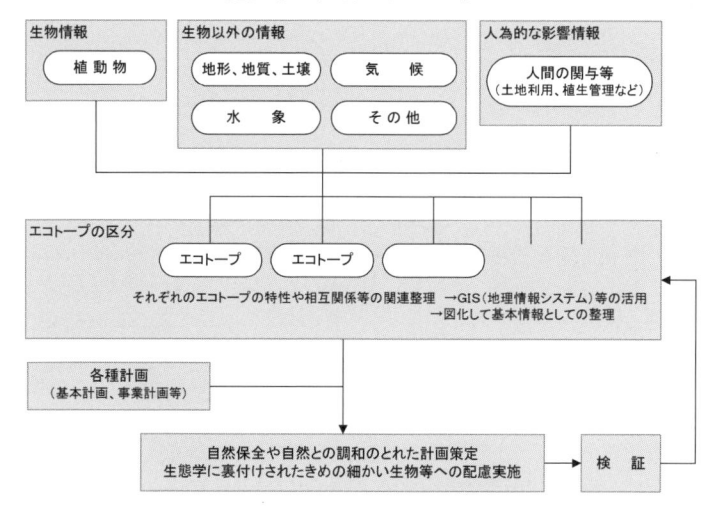

図 11-1 ランドスケープエコロジーの概略イメージ

ランドスケープエコロジーでは，地域に関する多様な情報を整理し生態学的知見を基礎としながらエコトープの区分を行い，それぞれの特性把握とともに各種計画・事業におけるエコトープの具体的な管理，保全策等を検討する．これらの管理，保全策等の結果を検証することによって検討手法の精度を高めることも可能である．

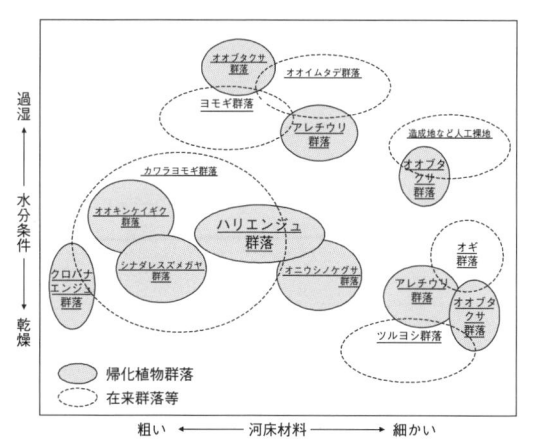

河原ではカワラヨモギやサイワラサイコ等の在来植物とシナダレスズメガヤ等の帰化植物の競合がみられる．このような競合も環境条件を加えて整理すると，一定の指向性が読み取れる．

図 11-2 河川における植物群落（特に帰化植物）と立地環境の整理例[1]

河川敷において植物群落調査とその他環境条件（水分条件，河床材料）の関係を整理した例．在来の植物群落と帰化植物群落がどのような環境で競合しているのかが推察できる．

F12 エコロジカルネットワーク
—— Ecological Network

1. エコロジカルネットワークとその意義

エコロジカルネットワークとは,多種多様なハビタットの適正配置と連続性の確保に関するシステムのことであり,動植物の生息・生育に適した空間を体系的に保全することにより,遺伝子レベル,種レベルおよび生態系レベルにおける生物多様性の保全を図るために必要とされている[1].

エコロジカルネットワークの意義については,おおむね以下のように理解されている.

① 個々の個体に注目した場合:複数の異なる環境を生息範囲の中に必要とする種が少なくないことから,これらの連結性の確保が必要となる.両生類にとっての産卵のための水辺と成体が生息する樹林等のスケールから,渡り鳥にとっての繁殖地としての北半球と越冬地としての南半球の行き来というスケールまで様々である.

② 種としての存続に注目した場合:個体や個体群が移動・分散することで,繁殖・交流の機会が生まれる.このようなことを維持するためには,個体・個体群が生息している生息地が,相互に結びついている必要がある.

2. エコロジカルネットワーク構築のために

エコロジカルネットワークを構築するには,科学的な調査・解析手法と社会的な仕組みや体制が必要となる.

前者については,概念の構築や普及は進みつつあるが,実際の技術的な問題では,いまだ実用段階には至っていない.まず,生息空間そのものを客観的に把握する手法が必要である.すなわち,生息空間のネットワークを考えるための基礎情報を構築しなければならず,個々の種や種群を対象とした分布図や生息予測図の作成が前提となる.現在,鳥類や両生類等を対象として,多変量解析を用いた作成が行われているが,判別式による予測を行っているため,その精度を高めることも必要である.また,生物の生息・生育空間の規模・配置等に関する議論は,加藤・一ノ瀬(1993)によりまとめられ,主に,生息地の面積,形状,連結性・孤立性について評価する視点が述べられている.今後は,具体的な事例を用いた検証が必要になると考えられる.さらに,エコロジカルネットワークを考える際には,空間スケールを考慮することが重要である(表12-1).前述のとおり,国境を越えて渡る鳥類では,大陸や国家スケールで考えなければならず,一方で,地這性の昆虫類や両生類等では,ミクロスケールで考えなければならず,これらの階層性を考え,組み立てていく作業も必要となる.

後者の社会的な問題については,エコロジカルネットワークの把握が行われた,あるいは可能となった段階で考慮すべきものと考えられる.その際には,保全すべき生息空間およびその保全に関する役割分担や責任の所在を明らかにすることにより,長期的・広域的な視点から効率的な対応が可能になるとともに,行政界や国境,官民を越えた協力体制が醸成されやすくなる.

3. 今後の課題

現在は,生物の生息空間の規模・配置の把握を行っている段階である.その把握がなされれば,次にはその適正化へ向けた事業が必要となる.その際の分析手法として,土地の保護・保全状況等との関係をみるGAP分析や都市開発等の将来予測をシミュレーションするシナリオ分析等の解析手法が応用されつつある.

(中村忠昌)

F12 エコロジカルネットワーク

表 12-1　生態環境の空間階層性と空間スケール試案[3]

空間レベル	抽出できる多様性	各事象について対応する空間スケールの階層性			計画スケール	図化スケール	メッシュサイズ	最小抽出ユニット
		地形	植生	動物群				
大構造		大地形 10^4〜10^3 km²〜中地形 10^2〜10^1 km² 山地, 平野, 河川, 湖, 海	土地利用レベル 森林, 草原, 耕地, 市街地	大型鳥類(大型猛禽類) 大型哺乳類(クマ・シカ)	国土計画 国土軸 地勢軸	1/20万	5 km	500 m 25 ha (500 m 四方)
中構造 エコシリーズ	γ多様性	小地形 100〜1 ha 丘陵, 台地, 谷戸, 川, 池	クラス域レベル 常緑広葉樹, 夏緑広葉樹, 針葉樹林, 住宅地	両生・爬虫類 鳥類 中型哺乳類 (タヌキ・ウサギ)	都市計画 生態的土地利用軸	1/2.5万	500 m	50 m 2500 m² (50 m 四方)
小構造 エコトープ	β多様性	微地形 1 ha〜100 m² 尾根, 緑斜面, 山裾, 低湿地, 水田	群落, 群集レベル コナラ林, アカマツ林, 庭園, 大木の社寺林	昆虫(肉食性) 鳥類 両生・爬虫類 小型哺乳類	地区計画 生態環境軸	1/2500	50 m	5 m 25 m² (5 m 四方)
微構造 エコエレメント	α多様性	超微地形 10 m² 畦畔, 土手, 石垣, 細流, 田面	植物個体とその連続 ベランダ緑化, 生垣, 花壇, 植込み, 大木の孤立木	昆虫(植物食性) 鳥類 両生・爬虫類 小型哺乳類	詳細設計 生態環境要素	1/250	5 m	0.5 m 0.25 m² (0.5 m 四方)

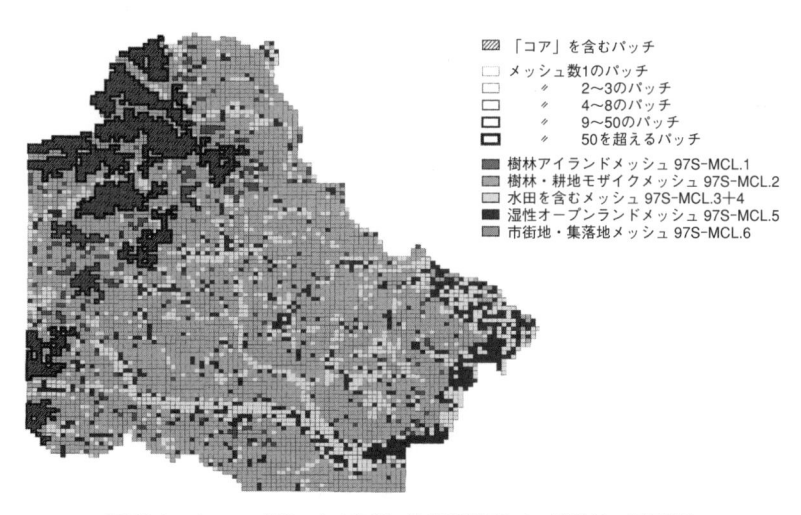

図 12-1　メッシュ単位による鳥類の生息適地図とその連結性の評価例[4]

文献

1) 東海林克彦：国土レベルのエコロジカルネットワークの計画手法と生きものの視点, 2000（平成12）年度日本造園学会全国大会シンポジウム・分科会公園集, pp.93-96, 2000
2) 加藤和弘・一ノ瀬友博：動物群集保全を意図した環境評価のための視点, 環境情報科学, 22(4), 62-71, 1993
3) 小河原孝生・有田一郎：土地的・生物的自然の空間情報の把握と空間スケール, 生態計画研究所年報, 5, 1-20, 1997
4) 建設省土木研究所環境部緑化生態研究室：(株)生態計画研究所：生態系ネットワーク計画のための基礎構築業務報告書, 2000

F13 ビオトープ

―― Biotope

　ビオトープとは，ギリシャ語のbio（生き物）とtop（場所）からなる造語で，ドイツ語でBiotopと書き，生物が住む場所という意味がある．日本では「特定の生物群集が生存できるような，特定の環境条件を備えた均質なある限られた生物生息空間」のことを指し，具体的には干潟，池沼，湿地，草地，里山林等，様々なタイプのビオトープがある．

　ドイツでは1976年の連邦自然保護法制定を契機に，「ビオトープの復元」「生物多様性回復」の概念が法律の中に位置づけられ，生態圏を意識した地域づくりが進められている．

　日本でも，生物多様性の保全の観点から，郊外から市街地まで，あるいは森林から草原，河川，沿岸等，広域的な自然環境の保全・復元・創造を図ることが望まれている（こうしたビオトープを基本単位とし，地域全体に生態的な観点から広域的につなげたものをビオトープネットワークと呼ぶ）．

　ビオトープネットワークとしては，ラムサール条約に関連した干潟等の保全が重要視されてきているが，今後は自然と共生し，生物の豊かな生息環境を保全・創出するために生物の生息・繁殖場所となる砂浜，干潟，磯，緑地等の保全や創出を行い，他の自然環境保全事業との連携を図り陸域から海岸域までのビオトープを形成するための，海と陸の緑のネットワーク事業等の実施が望まれている．

　また，以上のような「保全型ビオトープ」のほかに，「復元型ビオトープ」がある．「復元型ビオトープ」の例としては，「トンボ池」「カエル沼」「水鳥の池」「河川護岸の自然化」「学校林」等があげられるが，「樹木があると必ず何種類かの虫が生息しており，それをねらって野鳥が訪れ，その野鳥が小枝で糞をすると，そこからさまざまな植物が芽生えてくる」[1]と指摘されるように，1本の樹木を自然のままに手を加えない，あるいは枯れ枝や落ち葉を捨てずに積んでおくといった簡単なものでも，ビオトープと考えることができる．

　今後，ビオトープを創出・保全して行く中で，身近な1本の樹木であっても立派なビオトープであることを再認識する必要がある．また，ビオトープは子どもにとって自然観や生命観を育む等の存在効果があることも忘れてはならない．たとえば，図13-1のような，校庭の中央にシンボル的存在として残存する1本のクスノキの巨樹を用いて巨樹にまつわる歴史を紹介したり，種子を植えて芽を出させたり等といった環境教育を行っている小学校の事例がある．卒業生である中学生に対して意識調査を行い，小学校時に巨樹と接した頻度を4段階（毎日，週2～3回，週1回，週1未満）に分けて解析を行ったところ，図13-2のように，小学校時に日々巨樹に接していた児童ほど，卒業後も学校内外を問わず，「木肌にさわる」等といった身近な生活の中で樹木に対する自然接触行動を行おうとする傾向があり，図13-3に示すように，巨樹等に対する保護意識が強くなることが認められる[2]．　　（近江慶光・長友大幸）

文献
1) 菅井啓之：学校ビオトープの展開―その理念と方法論的考察―（杉山恵一，赤尾整志編），p.101，信山社サイテック，1999
2) 長友大幸・近江慶光：小学校校庭の巨樹が卒業生の意識および自然接触行動に与える影響，ランドスケープ研究，66(5)，847-850，2003

F13 ビオトープ

図 13-1　小学校校庭の巨樹[2]

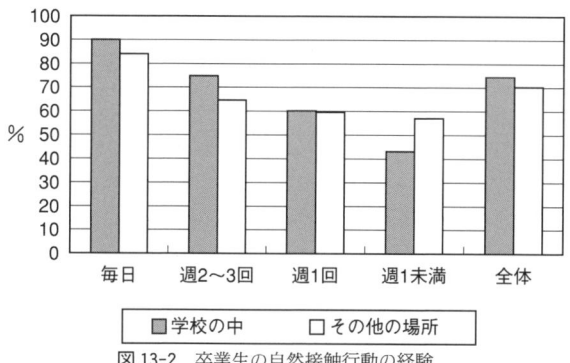

図 13-2　卒業生の自然接触行動の経験
（木肌を触ったことがある経験）

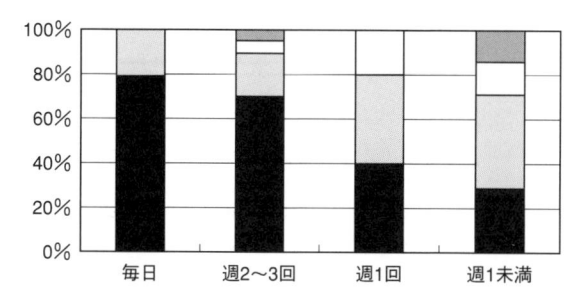

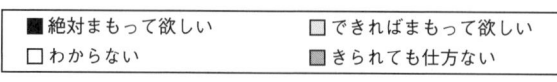

凡例：■ 学校の中　□ その他の場所

凡例：
■ 絶対まもって欲しい　□ できればまもって欲しい
□ わからない　■ きられても仕方ない

図 13-3　卒業生の巨樹に対する保護意識

F14　生物多様性保全

—— Conservation of Biodiversity

1. 生物多様性保全に関する地球規模での動き—生物多様性条約—

1992年，ブラジルで開催された地球サミット開催にあわせて，「気候変動に関する国際連合枠組条約」とともに「生物の多様性に関する条約」（以下「条約」という）が採択された．本条約は，熱帯雨林の減少，種の絶滅の進行への危機感，さらには人類存続に不可欠な生物資源消失への危機感が動機となり，ラムサール条約，ワシントン条約等の特定の地域・種の保全の取り組みだけでは生物多様性の保全は図れないとの認識から，生物全般の保全に関する包括的な枠組みを設けるために提案されたものである．本条約は，1992年5月に採択され，1993年12月に発効し，2003年4月現在で187の国と機関が締結している．

(1) 生物多様性の定義：　条約では第2条で「『生物の多様性』とは，すべての生物（陸上生態系，海洋その他の水界生態系，これらが複合した生態系その他生息又は生育の場のいかんを問わない．）の間の変異性をいうものとし，種内の多様性，種間の多様性及び生態系の多様性を含む．」と定義している．この条文から，生物多様性には，生態系の多様性，種の多様性，遺伝的多様性の3つの概念があり，それぞれの保全が必要であると説明されてきている．

(2) 生物多様性条約の概要：　条約は，目的として，生物多様性保全，持続的利用，遺伝資源から生ずる利益の公正で衡平な配分の3つを掲げ，目的達成のための一般的措置，保全のための措置，持続可能な利用のための措置，技術移転，遺伝子資源利用による利益の配分，共通措置，バイオテクノロジーの安全性等が定められている（図14-1）．

2. わが国における生物多様性保全の取組—生物多様性国家戦略の策定—

条約第6条により，各国政府は生物多様性保全と持続可能な利用を目的とした国家戦略を策定することが求められている．わが国では，条約締結を受け1995年に全閣僚がメンバーである「地球環境保全関係閣僚会議」で最初の「生物多様性国家戦略」を策定，2002年に全面的に見直しが行われ，「新・生物多様性国家戦略」が策定された．

新・国家戦略は，わが国における自然環境保全施策の基本計画ともいえるものであり，わが国の生物多様性の現状等を分析し，人の活動に伴う影響，人間活動の縮小に伴う影響，移入種等による影響による3つの危機に見舞われていること，その危機に対処するための理念，目標と方針，具体的施策等が述べられている（図14-2）．

3. 生物多様性保全の今後の展開

新・国家戦略に基づき，環境省，関係省庁等により様々な取組が行われている．これまでに，自然公園法，鳥獣保護法が改正され，目的等に生物多様性保全の理念が盛り込まれたほか，また，「自然再生推進法」「カルタヘナ法」「外来種法」が制定された．

また，国土面積の約2割を占めていながら従来ほとんど保護施策の手が入らなかった里地里山について，生物多様性の保全面からその存在意義について再検討が行われつつある等，様々な分野における生物多様性保全対策の検討が進められている．

（渋谷晃太郎）

文　献
1) 環境庁自然保護局編：多様な生物との共生をめざして—生物多様性国際戦略—，大蔵省印刷局，1996
2) 環境省編：新・生物多様性国家戦略—自然の保全と再生のための基本計画—，ぎょうせい，2002

F14 生物多様性保全

```
┌─────────────────────────────────────────────────────┐
│                   目    的                           │
│ ┌─────────────┬──────────────────┬────────────────┐ │
│ │生物多様性の保全│生物多様性の構成要素の│遺伝資源の利用から生ずる│ │
│ │             │持続的な利用      │利益の公正で衡平な分配│ │
│ └─────────────┴──────────────────┴────────────────┘ │
└─────────────────────────────────────────────────────┘
```

一般的措置
- 生物多様性国家戦略の策定
- 重要な地域・種の特定とモニタリング

保全措置
- 生息域内保全
- 生息域外保全
- 環境影響評価の実施

持続可能な利用のための措置
- 持続可能な利用の政策への組込
- 利用に関する伝統的・文化的慣行の保護奨励

技術移転, 遺伝資源利用の利益配分
- 遺伝資源保有国に主権
- 提供・利用国間の公正・衡平な配分
- 途上国への技術移転

共通措置
- 奨励措置 ・研究と訓練 ・環境教育
- 情報交換 ・技術上科学上の協力

バイオテクノロジーの安全性
- バイオテクノロジーによる操作生物の利用,放出のリスクを規制する手段を確立

資金メカニズム

図14-1　生物多様性条約の概要（環境省編, 2002より一部改め）

問題意識
- 第1の危機　人間活動に伴う影響
- 第2の危機　人間活動の縮小に伴う影響
- 第3の危機　移入種等による影響

現状分析
- 社会経済状況
- 生物多様性の現状
- 保護制度の現状

理念と目標

5つの理念
- 人間生存の基盤
- 世代を超えた安全性,効率性の基礎
- 有用性の源泉
- 豊かな文化の根源
- 予防的順応的態度

3つの目標
- 種・生態系の保全
- 持続可能な利用
- 持続可能な利用

生物多様性のグランドデザイン
- 国土のマクロな認識
- 国土のあるべきイメージ

対応の基本方針　個別方針

3つの方向
- 保全の強化
- 自然再生
- 持続可能な利用

基本的視点
- 科学的認識
- 総合的アプローチ
- 知識の共有・参加
- 連携・共働
- 国際的認識

生物多様性から見た国土の捉え方
- 国土の構造的把握
- 植生自然度別の配慮事項

主要テーマ別取り扱い方針
- 重要地域の保全と生態的ネットワーク形成
- 里地里山の保全と持続可能な利用
- 湿原・干潟等湿地の保全
- 自然の再生・修復
- 野生生物の保護管理
- 種の絶滅回避　移入種問題への対応
- 自然環境データの整備
- 効果的な保全手法等
- 環境影響評価の充実
- 国際的取組

具体的施策の展開
- 国土の空間的特性・土地利用に応じた施策
- 横断的施策
- 基盤的施策

図14-2　生物多様性国家戦略の概要（環境省編, 2002より一部改め）

F15 都市の緑環境

—— Urban Vegetation

都市が高密化し,効率化するのは,より高度な利便性と快適性を追求する結果であるが,反面,自然が喪失していく.都市の高度化と自然の喪失の関係は,都市の抱える固有の課題であり,自然の喪失の結果,栄えていた文明が忽然と滅びたという例は,歴史上,枚挙にいとまがない.自然の喪失は,自然の量的な減少や,質的な低下をもたらすばかりでなく,人間の生存基盤である生態系を破綻させるので,都市の緑の問題は,我々の人間としての生存の基盤に深くかかわっている.

緑には,厳密な概念規定はないが,それは,都市における人間と自然とのかかわりの結果現れる自然の形態[1]であり,都市の自然に対する歴史的な伝統や社会的な規範によって淘汰された文化的な産物であると考えたい.

都市における環境の劣化は,歴史的にいろいろな様態で現れるが,今日的な事例としては,ヒートアイランド現象がある.これは,都市部のエアコンの排熱や,コンクリートやアスファルトの照り返しで日中の気温が上昇し,夜間に下がらない現象であり,これに対しては,緑化が効果的であるという試算がなされており,都市の気象的な環境形成に緑が重要な役割を担っていることが実証された.

都市の緑環境の問題を総合的な施策として展開していくために,国土交通省は,緑のマスタープランや緑の基本計画を都市計画の柱の1つに位置づけている.都市の健全な緑環境を形成するために,レクリエーション,環境保全,防災,景観等の複合的な視点からその量的な指標として,緑被率,緑視率を提唱した.緑被率については,田畑(1979)は大都市の緑被地の時代的な変遷を解析し,「緑被地率が低く,自然の改変指数と人口密度が高くなれば,市民は生活の利便さよりも豊かな自然を望むようになる」傾向を指摘し,さらに,緑被地率30%を緑被環境限界数値とし,緑環境の計画的な基準を提示した.一方,緑被率は,緑の垂直的なボリュームを表す指数として用いられ,主に街路の緑化の改善の指標等に利用されている.

1992年リオデジャネイロの「環境と開発に関する国際会議」以降,都市の生態系や生物多様性についても積極的に議論がなされるようになり,都市の緑環境は,緑の量の確保ばかりでなく,緑の質として,生態系の再構築や失われた生物の多様性の再生が大切であるという認識がもたれる時代となった.都市の自然再生の基礎として,都市の生物情報の重要性がいわれたが,都市の生物情報は歴史的にみても乏しい現状があった.この点に関して,最近では,新しい情報技術,GIS技術によって,情報の収集・解析が大幅に改善されており,都市の生物情報は環境マップ化[4]され,市民に公開されるようになってきている.このような情報公開により,緑環境に対する市民の理解と価値認識が高まりをみせ,市民参加の形態をとった,緑環境の新しい整備の方向が,徐々にではあるが,広がりつつある.

(井上康平)

文 献

1) 井上康平:植物と人間,ランドスケープの新しい波,メイプルプレイス,pp.269-282, 1999
2) 田畑貞寿:都市のグリーンマトリックス,鹿島出版会,pp.2-39, 1979
3) 三鷹市:三鷹市緑計画策定のための調査, 1987
4) 都市緑化技術開発機構:自然環境情報活用手法検討調査,pp.66-119, 2002

1932 年

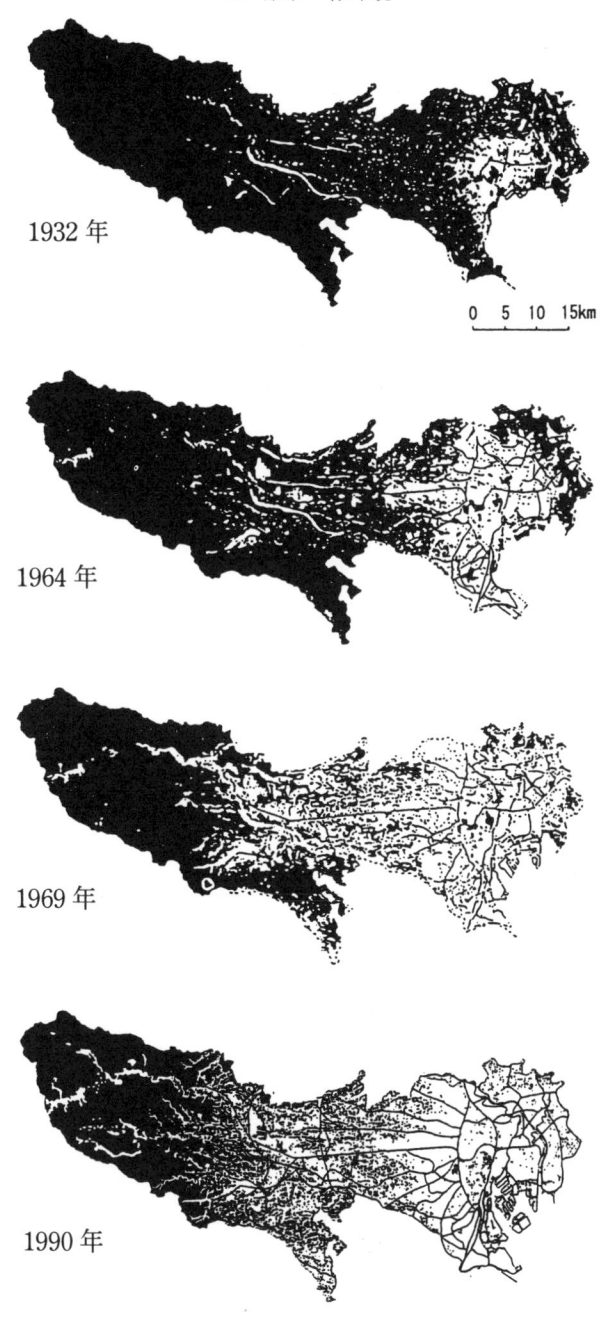

0 5 10 15km

1964 年

1969 年

1990 年

図 15-1　東京都の緑被率の変遷[2]

F16 緑の基本計画
—— Master Plan for Parks and Open Spaces

　緑の基本計画は，公園緑地（緑とオープンスペース）に関する法定計画であり，1994（平成6）年の都市緑地保全法（現都市緑地法（2004（平成16）年法改正により名称変更））改正により創設された．都市における公園緑地に関するマスタープランは，1977（昭和52）年に「緑のマスタープラン」，1985（昭和60）年に「都市緑化推進計画」が建設省（現国土交通省）通達により制度化され，全国の地方公共団体によって策定されるようになり，その実績を踏まえて緑の基本計画制度が誕生した．

　都市の自然的環境の主要要素である公園緑地には，都市公園，生産緑地，水辺地，屋敷林等がある．安全で快適な緑豊かな都市を実現する上で，防災・環境保全・レクリエーション・景観形成など多様な機能を発揮する公園緑地を総合的・体系的に確保する必要があるが，その確保手法は都市緑地法による緑地保全地域・特別緑地保全地区の指定や都市公園法による公園・緑地の整備，都市計画法による風致地区の指定，樹木保存法による保存樹林等の指定，条例による諸施策の実施，道路，河川，港湾，学校等の公共公益施設の緑化など広範・多岐にわたっている．緑の将来像の実現に向けて，これら諸施策を行政・企業・市民等が一体となって総合的・計画的に展開することが不可欠である．

　緑の基本計画は，緑の将来像と一定の目標のもとに，都市公園の整備や緑地保全地域の指定など都市計画による事業・制度，公共公益施設の緑化，民有地における緑地の保全や緑化，緑化意識の普及啓発等のソフト面も含めた幅広い事項を定めるものであり，住民に最も身近な市町村が，住民の意見を反映して策定・公表するものである．策定内容は市町村の自主性に委ねられているが，制度上，定めなければならない事項として①緑地の保全・緑化の目標，②緑地の保全・緑化の推進のための施策に関する事項がある．また，緑の基本計画に基づいたより総合的な緑の保全・創出を推進するため，2004（平成16）年の都市緑地保全法等の一部改正により，必要に応じて計画に定める事項に①都市公園の整備方針，その他緑地の確保および緑化の推進の方針に関する事項，②緑化地域における緑化の推進に関する事項等が追加され，計画内容の拡充が行われたところである．

　緑の基本計画は2003（平成15）年度末現在623市区町村で策定済み，143市区町村で策定中である．緑の基本計画の策定を踏まえて，公園緑地に関する諸施策を強力に推進するため，行動計画（仙台市），審議会答申（札幌市，横浜市）の取りまとめや条例制定（鎌倉市）等を実施した自治体，さらには策定後に次の改定・見直しを行った自治体（鎌倉市，各務原市）も現れている．これは，緑の基本計画制度が定着し，公園緑地行政の基盤として機能し始めていることを示すものである．　　（髙梨雅明）

文　献

1) 日本都市計画学会編：新・都市計画マニュアルⅠ（都市施設・公園緑地編），丸善，2002
2) 日本公園緑地協会編：緑の基本計画ハンドブック2001年版，日本公園緑地協会，2001

F16 緑の基本計画

表16-1 都市緑地法による緑地の保全・緑化の推進制度の経緯

	1973(昭和48)年制定	1994(平成6)年改正	1995(平成7)年改正	2001(平成13)年改正	2004(平成16)年改正
緑の基本計画		制度創設		計画記載事項に「保全配慮区」を追加，住民意見の反映措置を義務化	計画記載事項に「都市公園の整備の方針」等を追加
緑地保全地域					制度創設
緑地保全地区	制度創設	指定対象にビオトープ緑地を追加，買入主体に市町村を追加	買取り主体に緑地管理機構を追加		名称を特別緑地保全地区に改正
管理協定				制度創設	緑地保全地域に適用を拡大
地区計画等緑地保全条例					制度創設
緑化地域					制度創設
緑地協定		制度創設（緑化協定）	隣接地制度創設等	協定事項に緑地保全事項を追加 名称を緑地協定に改正	
市民緑地			制度創設	地方公共団体等からの締結申出を追加	人工地盤等の所有者との締結を追加
緑化施設計画認定				制度創設	
緑地管理機構			制度創設	指定対象にNPO法人を追加	業務を選択制に改正

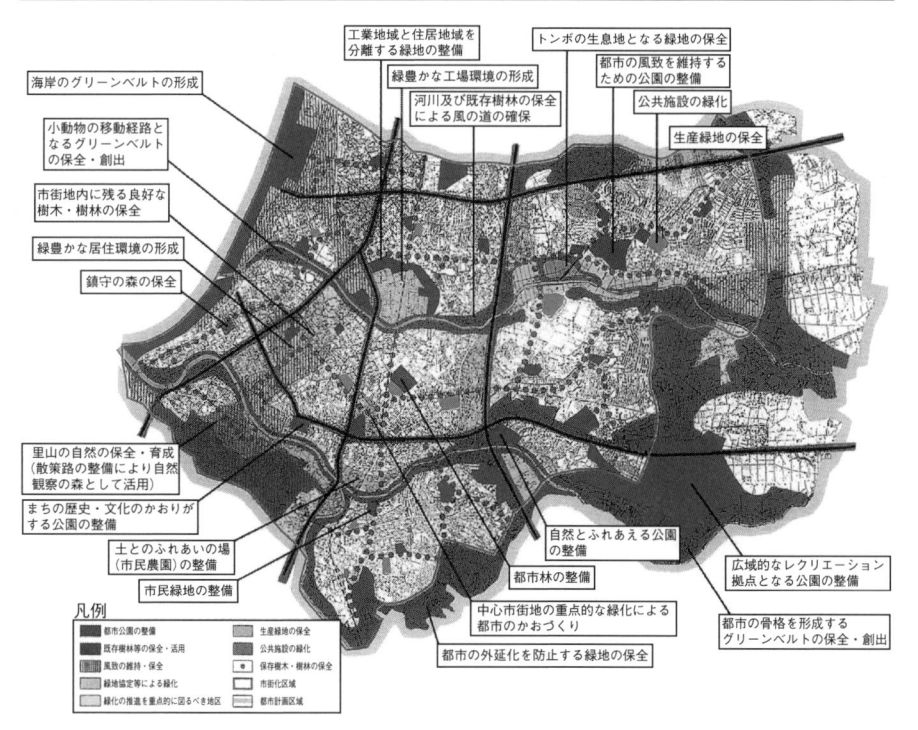

図16-1 緑の基本計画のイメージ[2]

F17 都市緑化
—— Urban Landscape Planting

都市の中における緑の重要性は，美しい景観の形成，大震火災時の避難地・避難路の形成など都市の防災性の向上，多様なレクリエーションの場の形成，地球温暖化対策としてのCO_2の吸収，蒸散作用によるヒートアイランド現象の緩和等都市環境の改善，多様な野生生物の生息・生育環境，人と自然とのふれあいの場の保全・創出等，様々な機能を背景にして，ますます高まってきている．

都市緑化にかかわる法に基づく制度としては，1975（昭和48）年の都市緑地保全法による「緑化協定」がある．緑化協定は，都市計画区域内における相当規模の一団の土地または道路，河川等に隣接する相当の区間にわたる土地について，市街地の良好な環境を確保するため，土地所有者等の全員の合意により，当該土地の区域における緑化に関する事項について協定を締結する制度である．本制度は1995（平成7）年の法改正で緑地の保全も対象とすることとされ，名称を緑地協定と改称された．

以降，急激な都市化に伴う緑の減少による都市環境の悪化に対処するため，1976（昭和51）年に「都市緑化対策推進要綱」が建設省（当時，以下略）により定められ，民間の協力の下に国および地方公共団体が積極的に講ずるべき施策が定められた．この中には翌1977（昭和52）年に策定要綱が定められる緑のマスタープランの策定も含まれていた．

1983（昭和58）年には総合的な関係省庁全体の取り組みとして，「緑化推進連絡会議」が設置され，「緑化推進運動の実施方針」が定められた．これを受け，さらに積極的な都市緑化対策の推進を図るめ，「当面の都市緑化の推進方策」が建設省から通達されている．翌1984（昭和59）年には，都市の緑の3倍増を図る構想が発表され，1985（昭和60）年には道路等の緑化，民間の参加・協力による民有地の緑化等を計画的かつ総合的に展開するため，地方公共団体において「都市緑化推進計画」の策定を促進するための策定要領が定められた．

また，1976（昭和51）年以降，4次にわたり，都市緑化のための植樹等5カ年計画（第5次は1996（平成8）年策定のグリーンプラン2000に吸収）が定められ，計画期間内に植栽する高木本数の目標を定め，積極的な緑化が図られてきた．

こうした流れは，地方公共団体における「緑の基本計画」（1994（平成6）年制度化）制度に集約され，国のレベルにおいては「緑の政策大綱」（1994（平成6）年建設省）として基本的な緑の目標が定められている．

2001（平成13）年，都市緑地保全法の改正により，一定規模以上の緑化（屋上，壁面等を含む）施設の固定資産税の軽減を図る「緑化施設整備計画認定制度」が制度化された．また，2004（平成16）年には，新たな都市計画制度として緑化を義務づける「緑化地域」制度が創設され，法律名も「都市緑地法」と改められた．こうした取り組みに加え，1983（昭和58）年から毎年開催されてきている全国都市緑化フェアや都市緑化功労者表彰制度等，普及啓発施策を展開してきているが，地球温暖化やヒートアイランド現象の緩和，生物多様性の保全等を図るための緑化にかかる諸制度の充実を図っていく必要がある．（町田　誠）

F17 都市緑化

表 17-1 緑施策の全体像における都市緑化関連施策の位置づけ（都市緑化施策で確保されてきた緑の量はまだまだ少ない）

		都市地域	農業地域	森林地域	自然公園地域	自然環境保全地域
面積 （%国土） 重複あり	三大都市圏	2,710千ha(50.5%)	1,613千ha(30.1%)	3,152千ha(58.8%)	1,029千ha(19.2%)	18千ha(0.3%)
	地方圏	7,257千ha(22.7%)	15,664千ha(49.1%)	22,312千ha(69.9%)	4,350千ha(13.6%)	84千ha(0.3%)
	全国	9,967千ha(26.7%)	17,278千ha(46.3%)	25,464千ha(68.3%)	5,379千ha(14.4%)	102千ha(0.3%)

緑の保全

都市地域

都市計画法(2,016都市)
- 都市計画区域　：9,869,500 ha
  - (市街化区域　：1,438,142 ha
  - 市街化調整区域:3,775,038 ha
- 風致地区
  - ：168,856 ha (230都市)
- 開発許可制度
  - 開発区域面積の3%以上の公園、緑地又は広場の確保

都市緑地法
- 緑地保全地区
  - ：1,389 ha (45都市)
  - (相続税軽減措置あり
  - 概ね4割評価減、林地で林業を営んでいない場合、更に5割評価減
  - (土地買入れ制度あり
  - 国庫補助 1/3
- 市民緑地：74 ha (27都市)
  - 相続税 2割評価減
- 緑地協定地区：5,676 ha (173都市)
- 緑化施設整備計画認定制度
  - 建築敷地内の屋上、壁面、その他空地の緑化施設に係る固定資産税の軽減(5年間、課税標準1/2)

農業地域

農業振興地域の整備に関する法律
- 農業振興地域
- 農地法(3,063市町村)
- 農業振興地域：17,199,000 ha
- うち農用地：4,992,000 ha

森林地域

森林法
- 全森林面積：25,100,000 ha
- 保安林：8,930,247 ha
  - (相続税軽減措置あり
  - 禁伐8割、単木選伐7割、択伐5割、一部皆伐3割の減
- 固有林野：7,600,000 ha
- 地域森林計画対象民有林
  - (開発許可制度1 ha以上)

自然公園地域

自然公園法
- 国立公園 28：2,051,179 ha
  - 特別保護地区：269,300 ha
  - (相続税軽減措置8割減
  - 特別地域：1,461,485 ha
  - (相続税軽減措置あり
  - 7割減(第1種)、3~5割減(第2種)
  - (特別保護地区、特別地域(第1種)土地買い上げあり：地方債の償還元金及び償還利息等に要する費用に対して国庫補助あり
  - 海中公園地区：1,164 ha
  - 普通地域：589,694 ha
- 国定公園 55：1,343,723 ha
  - 特別保護地区 66,490 ha
  - 相続税軽減措置 8割減
  - 特別地域：1,250,038 ha
  - (相続税軽減措置あり
  - 7割減(第1種)、3~5割減(第2種)
  - (特別保護地区、特別地域(第1種)土地買い上げあり：地方債の償還元金及び償還利息等に要する費用に対して国庫補助あり
  - 海中公園地区：1,385 ha
  - 普通地域：93,235 ha
- 都道府県立自然公園 307：1,957,732 ha

自然環境保全地域

自然環境保全法
- 原生自然環境保全地域：5,631ha (全て国有地)
  - 立入制限地区 367 ha
- 自然環境保全地域：21,593 ha
  - (特別地区：17,266 ha
  - 野生動植物保護地区：14,868ha
  - 海中特別地区：128 ha
  - 普通地区：4,199 ha
- 都道府県自然環境保全地域：73,739 ha

首都圏近郊緑地保全法・近畿圏の保全区域の整備に関する法律
- 近郊緑地保全区域：96,905 ha
- 近郊緑地特別保全地区：3,373 ha (13都市)

近郊緑地特別保全地区
- 相続税軽減措置あり：概ね4割評価減、林地で林業を営んでいない場合、更に5割評価減
- 土地買入れ制度あり：国庫補助 5.5/10

古都における歴史的風土の保存に関する特別措置法
- 歴史的風土保存区域：15,526 ha
- 歴史的風土特別保存地区：8,323 ha (9都市)

歴史的風土保存区域
- 相続税軽減措置あり：歴史的風土保存区域行為制限の内容を踏まえて評価減、林地の場合、更に3割評価減
- 土地買入れ制度あり：国庫補助 7/10

文化財保護法　史跡：国指定 1,472件(うち61特別史跡)　名勝：国指定 314件(うち36特別名勝)【自然的名勝は137件】　天然記念物：国指定 961件(うち75特別天然記念物)　指定地の買い上げなどに対する国庫補助あり

鳥獣保護及狩猟ニ関スル法律
- 国設鳥獣保護区：54箇所 49万ha (うち特別保護地区：42箇所110,000 ha)
- 都道府県鳥獣保護区：3,829箇所 309万ha (うち特別保護地区：563箇所160,000 ha)
- 国設鳥獣保護区特別保護地区のうち国内希少野生動植物種等の良好な生息地等である土地、生息地等の保護区のうち管理地区に指定された土地については、土地買い上げあり地方債の償還元金及び償還利息等に要する費用に対して国庫補助あり

緑の創出・緑の活用

都市地域

都市の美観風致を維持するための樹木の保存に関する法律
- 保存樹：4,240 本
- 保存樹林：283 件 (39都市)

生産緑地法
- 生産緑地地区：15,321 ha (216都市)
- 相続税納税猶予制度あり
- 土地買い取り制度あり

市民農園法
- 特定農地貸付けに関する農地法の特例に関する法律
- 市民農園：810 ha (2,512地区)

工場立地法　緑地設置の義務(敷地面積の25/100)
- 国民公園：238 ha
- 皇居外苑、新宿御苑、京都御苑等

都市公園法：95,940 ha (1,911都市、80,932箇所)
漁港緑地：1,903 ha
児童福祉法　児童遊園：1,948 ha

農業地域

農村振興総合整備事業
田園居住空間整備、地域環境整備
環境保全型農業の推進

中山間地域総合整備事業

森林地域

森林・林業基本法
- 森林・林業基本計画に基づき森林の有する多面的機能の発揮に関する施策を推進(森林整備・森林の保全等)
- 水土保全林：13,000(千)ha
  - 高齢級の森林及び広葉樹導入を含めた複層林への誘導等
- 森林と人との共生林：5,500
  - 自然環境等の保全及び森林環境教育や健康づくりの場の創出
  - 資源の循環利用林：6,600
  - 適切な施業の選択及び効率的・安定的な木材資源の活用等

中山間地域山村総合対策事業

自然公園地域

自然公園の整備
- 自然公園事業
  - ビジターセンター、登山道、キャンプ場、駐車場等の整備
  - 国庫補助あり

河川・ダム・砂防・急傾斜：河川整備計画、河川水辺の国勢調査、多自然型川づくり、都市緑化等の推進(桜づつみモデル事業、水と緑豊かな渓流砂防事業ダム周辺の緑化の推進)、水辺の学校プロジェクト、子どもの水辺再発見プロジェクト、安全で緑あふれる斜面空間の整備の推進　都市山麓グリーンベルト整備事業 など

海岸・海岸保全基本方針―海岸保全基本計画、海岸環境整備など

道路・道路緑化の推進(幅の広い歩道等の整備、ビオトープネットワークの構築、緑のリサイクルの推進) など

港湾・エコポート政策、港湾環境整備、港湾緑地、パブリックアクセスの促進など

学校環境の整備：環境を考慮した学校施設(エコスクール・自然共生型)パイロットモデル事業

その他：官庁施設の緑化推進、優良宅地開発事業、環境共生住宅(エコシティ)の整備、区画整備事業における緑化の推進、公的住宅における緑化の推進(環境共生住宅市街地モデル事業)

F18 都市公園

—— City Parks

1. 都市公園の定義

都市公園は1956年に制定された都市公園法において「都市計画施設である公園又は緑地で地方公共団体が設置するもの」および「地方公共団体が都市計画区域内において設置する公園又は緑地」と定義されている．公園，緑地に設けられる公園施設や，国が設置するいわゆる国営公園も都市公園に含まれている．

地方公共団体が都市計画に公園や緑地等の公共空地を決定し整備が完了すると，通常は都市公園として供用開始の告示を行い都市公園として管理を行う．また，開発許可の際に設置が義務づけられた公園，緑地等も工事完了後に市町村へ移管され，通常は都市公園として管理が行われる．

1972（昭和47）年に開始された都市公園等整備五箇年計画以降，都市公園の整備は急速に進み，2003（平成15）年3月末現在，全国の都市公園数は8万4994カ所，合計10万968 ha，都市計画区域内人口1人あたり約8.5 m^2 の整備水準となっている．

2. 都市公園の公物管理

都市公園はレクリエーション，環境保全，防災等多様な機能を有しており，都市公園法（以下，「法」という．）にはこれらの機能を永続的に維持し，後世に伝えるための様々な規定がなされている．

具体的には，

① 公園施設の範囲の明確化（公園施設の定義，法第2条第2項），

② オープンスペース機能の維持（建ぺい率制限，法第4条），

③ 占用の許可（法第6条），

④ 公園利用の調整等（行為の禁止・行為の許可，法第10条の2，第10条の3）

等が定められているほか，都市公園の保存義務（法16条），民間事業者が売店・レストラン等の公園施設を設ける際の手続き（法5条）等が定められている．

3. 政策課題に対応した都市公園

最近の経済社会情勢を受け，地球温暖化防止・ヒートアイランド現象の緩和・生物多様性の保全等への対応，震災時の避難地・避難路となる防災拠点，地域の歴史的・文化的・自然的資産の活用による観光振興拠点，市民のレクリエーション活動・文化活動拠点等，都市公園には様々な役割が期待されている．たとえば，自然環境の保全の視点からみれば，都市公園の整備は，地方公共団体が土地の所有権等の権原を取得することから，最も緑地保全の担保力が大きい行政手段とも位置づけられる．

今後の都市公園の整備・管理にあたっては，これらの政策課題に十分対応するとともに，緑の基本計画に基づく緑地の保全，民有地等の緑化等と一体となった総合的・計画的な取り組みが重要である．

〔古澤達也〕

文 献

1) 国土交通省都市・地域整備局公園緑地課：平成16年度都市公園・緑地保全等事業予算概要，2003

F18 都市公園

目的・定義

■目的（第1条）
- 都市公園の設置及び管理に関する基準等を定めて、
- 都市公園の健全な発達を図り、
- もって公共の福祉の増進に資すること

■都市公園の定義（第2条第1項）
- 地方公共団体が設置する都市公園
  - 都市計画施設である公園又は緑地
  - 都市計画区域内の公園又は緑地
- 国が設置する都市公園（国営公園）
  - 広域の見地から設置する公園又は緑地
  - 国家的記念事業等として閣議の決定を経て設置する公園又は緑地

設置に関する基準

■都市公園の設置基準（第3条）
- 地方公共団体が設置する都市公園
  - 各市町村の公園面積標準を住民一人当たり10㎡、また市街地では5㎡
  - 住区公園については、種別ごとに、誘致距離、公園面積の標準を設定
- 広域の見地から設置する国営公園
  - 誘致区域は200kmを越えない区域とし、公園面積はおおむね300ha以上

■公園施設（第2条第2項、第4条）
- 修景施設、休養施設、遊戯施設、運動施設、教養施設、便益施設、管理施設等を明確かつ限定的に規定
- 建築物については、建ぺい率を公園面積の2％に制限
  （例外：運動場、動物園等）

管理に関する規定

■占用物件（第6条、第7条）
- 都市公園の占用には、公園管理者の許可が必要
- 許可の対象となる物件・施設を限定
  （電柱、水道管、地下駐車場等）
- 占用物件ごとに技術的基準を設定
  （地下占用物件と地面等の距離等）

■行為の禁止（第10条の2、3）
- 国営公園の損傷・汚損等の行為を禁止等
- 地方公共団体の設置する公園にあっては、条例で国営公園と同様の措置

■監督処分（第11条）
- 都市公園法の規定に違反した者等に対して現状回復等を命令、命令に違反した者には罰則を適用
- 命ずべき相手を確知できないときは、公園管理者が代執行

都市公園の永続性の確保

■都市公園の保存（第16条）
- 都市公園をみだりに廃止することを禁止

補助金に関する規定

■補助金（第19条）
- 公園施設のうち、補助の対象とするものを規定
- 補助対象施設の新設等に要する費用については、1/2を補助
- 都市公園の用地の取得に要する費用については、1/3を補助

図 18-1　都市公園法の体系[1]

都市公園法には，都市公園の定義，設置基準，管理に関する事項等様々な規定がなされている．

図 18-2　国営武蔵丘陵森林公園（埼玉県）
里山保全にも都市公園整備は多大な効果を発揮している（国土交通省関東地方整備局国営武蔵丘陵森林公園管理所提供）．

F19 都市林・環境林
—— Urban Forest・Environmental Forest

広義の都市林とは，市街地およびその周辺部に存在する，まとまった面積を有する樹林地を中心とした公園・緑地を指す．この意味ではわが国における明治神宮の森等は代表的な都市林といえよう．ドイツ，フランス等のヨーロッパ各国では，市街地郊外に数百～数千 ha にも及ぶ都市林が存在する．たとえば，フランクフルトの空港周辺に存在する都市林は 4200 ha もの規模を有する．これは，元来，カール 24 世の王室林であったものが，王室の財政窮乏により市有財産となり，その後，伐採等により荒廃した時期も経て，1830 年以降は現在のように市民のレクリエーションの場として活用されたものである[1]．一方，わが国において「都市林」は，都市公園法施行令第 2 条第 2 項において，主として，動植物の生息生育地である樹林地等の保護を目的とする都市公園としても位置づけられている．したがって，わが国において都市林には，前述した広い意味と，都市公園の一種別としての狭い意味を指す場合がある．

都市林はその他の公園・緑地と同様に，レクリエーションや防災等の様々な機能を有するが，特に，野生動植物の保護，都市気候の改善等の環境保全の向上に資する機能に期待が高まっている．

他方で，環境保全の機能を期待する森林，樹林地について，広く環境林と称することもある．

近年，大きな問題となっている地球温暖化問題においても，都市林，環境林に対する期待は大きい．

地球温暖化防止において都市の緑に期待される効果には，①植物の光合成作用に基づく直接的な二酸化炭素固定効果，②緑地のヒートアイランド現象緩和効果に伴う省エネルギー効果がある．

まず，①に関しては，松戸市の都市公園の樹木を対象とした研究において，1 ha あたりの累積二酸化炭素固定量（推定時に幹・根に蓄積している二酸化炭素固定量．単木の推定方法を図 19-1 に示す）は，44 公園の平均で 30153 kg-C/ha であること，1 ha あたりの年平均二酸化炭素固定量（累積二酸化炭素固定量を公園の整備後の年数で除した値）は同平均 1072 kg-C/ha・年程度であること，年平均二酸化炭素固定量は植栽密度等の植栽形態によっても影響を受けることが把握されている[2]（図 19-2）．

次に，②に関しては，多くの都市における気温と緑被率の関係を検討した研究結果より，夏季 14 時の緑被率 10% あたりの気温低減率は 0.1～0.3℃/10% 程度であること，植栽形態では樹林地，水面等の気温低減効果が大きいことが把握されている[3]．

以上から，地球温暖化防止において，都市の緑がその役割を担うためには，面積の拡大が必要であると同時に，緑地内の植栽計画等についても配慮する必要があることがわかる．すなわち，従来の形態にとらわれず，環境保全に特化した機能を発揮するための規模や植栽形態を有した公園・緑地の整備についても検討する必要性が高まっている．このような観点からも，今後，都市林，環境林の保全，創出を図る必要性は高い． (市村恒士)

文献
1) 丸田頼一：都市緑化計画論，157 pp., 丸善，1994
2) 市村恒士ほか：日本都市計画学会学術研究論文集，**34**，673-678，1999
3) 山田宏之：ランドスケープ大系第 2 巻―都市環境とランドスケープ計画―（(社)日本造園学会編），pp.64-73, 技報堂出版，1998

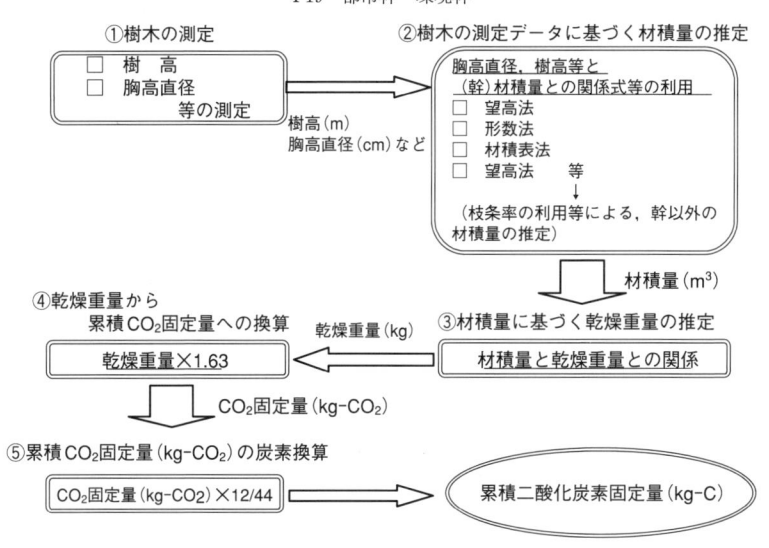

図19-1 単木の累積二酸化炭素固定量の推定フロー

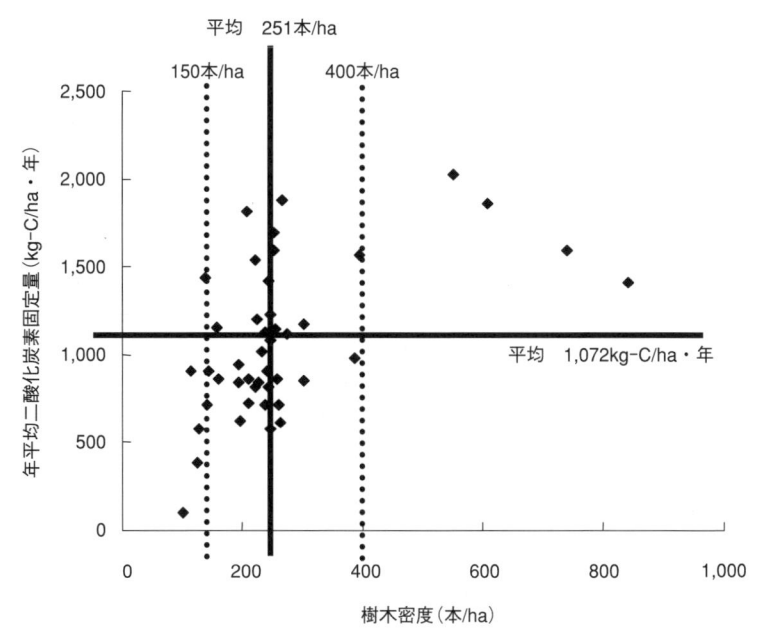

図19-2 都市公園における樹木の年平均二酸化炭素固定量と植栽密度との関連性
(市村, 1999を一部修正)

F20 里地里山保全

—— Satochi-Satoyama Conservation

日本の伝統的な農村には，燃料となる薪炭や肥料となる落ち葉といった，生活や農業のための資材を供給する薪炭林・農用林がみられる．これらを里山と称し，肥飼料用の採草地もしばしばこれに含められる．里山に農地と集落を加えた，伝統的な農村景観が成り立っている地域全体を里地と呼ぶ．里地と里山の使い分けには曖昧な点もみられるとして，こうした地域全体を「里地里山」とする場合もある．

本来，里地里山の生物は多様である．この多様さは，植生管理やため池，用水路の手入れ，水田耕作などの人間活動により維持されてきた．こうした活動が高度経済成長期以降に衰退あるいは変質することで，里地里山の生物多様性は急速に失われつつある．

里山の林は，植生遷移の進行が人為的に中断された二次林であり，落葉広葉樹萌芽林，常緑広葉樹萌芽林，アカマツ林などの相観をもつ．そこには，植生遷移が進行した場合の極相林と比べて多様な植物が生育する．たとえば，落葉広葉樹萌芽林には多様な林床植物がみられる．早春，高木の展葉前に，豊富な陽光を林床の植物が利用できるためとされる．この林床環境は，下刈りや落ち葉かきといった植生管理の結果，維持されてきた．薪炭林・農用林の経済的価値が低下すると，植生管理が行われなくなり，下刈りによって除去され，生育を抑制されていたネザサ類や低木類が低木層において優占する結果，地表付近は暗くなり，光を巡る競争で不利な立場に置かれた草本植物は消失していく（図20-1）．

水田，用水路やため池は，多様な水生生物の生息場所でもあった．近年，用水路やため池の護岸（図20-2）や暗渠化，埋め立て，また水田での農薬の使用や乾田化が進んだ結果，水生生物の生息場所としての価値は損なわれ，以前は普通に見られた生物，たとえばゲンジボタルやタガメといった昆虫類や両生類などの分布の縮小を招いている．

林や水田，用水路などが一体となって存在することで，初めて生息可能な生物も存在する．たとえば，猛禽類の一種であるサシバは，里山の林に営巣し，繁殖期の半ばまでは水田のカエル等を主要な食物とする．サギの仲間のミゾゴイも里山の林で繁殖し，食物の一部は水田でとる．どちらの鳥も，個体数の減少が今日指摘されている．こうした生物にとっては，必要な生息場所が一通り揃っており，かつ，それらの間の移動が円滑に行えることが，生活史を完結させるための条件となる．そのため，個別の生息場所がよい状態であれば生存できる種と比べて，環境の変化の影響を受けやすい．

また，里地里山に生息・生育する生物の個体群を長期にわたって存続させるという観点からは，同種の生息・生育場所が，個体の移動が可能な形で連続して存在していることも重要になる（図20-2）．魚類や両生類など水域に生息する生物にとっては，河川，用水路，水田，ため池などの生息場所が，相互に移動可能なネットワークとして機能していることが，生活史を完結させる上で必須であることが少なくない．

〈加藤和弘〉

文 献
1) 亀山　章編：雑木林の植生管理，303 pp., ソフトサイエンス社，1996
2) 加藤和弘・谷地麻衣子：里山林の植生管理と植物の種多様性および土壌の化学性の関係，ランドスケープ研究，66(5), 521-524, 2003
3) 武内和彦・鷲谷いづみ・恒川篤史編：里山の環境学，257 pp., 東京大学出版会，2001

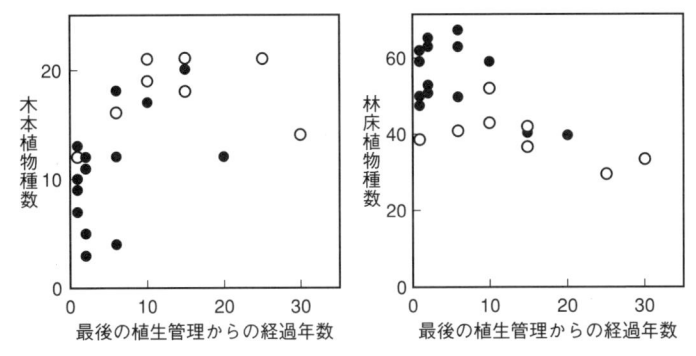

図20-1 栃木県市貝町の里山の林（コナラ二次林）における，最後に行った植生管理からの経過年数と木本植物（高さ1.5 m以上）および林床植物（高さ1.5 m未満）の出現種数の関係
高さ1.5 m以上の木本植物のほとんどは低木層構成種である．●：表層土壌電気伝導度が3.3 mS/m未満の調査区，○：同3.3 mS/m以上の調査区．長期間放置された林ほど，木本植物が増加し，並行して林床植物の種類は少なくなる．このときは，土壌の電気伝導度が高いと林床植物の種類が少なくなる傾向も認められた（加藤・谷地，2003の図を一部改変）．

図20-2 用水路の護岸の壁をはい上がろうとするカエルの集団
壁を登りかけては水路に落下して流され，岸にたどり着いてはまたはい上がり，を繰り返していたが，いずれ力尽き命を落とす個体も多いだろう．用水路の垂直護岸は両生類の移動にとって重大な障害となり，地域個体群の分断化を招くだけでなく，死亡率を高める要因にもなっていると思われる．そうだとすると，これを食物とする上位捕食者の生息にも影響しうる問題といえる．

F21 都市内農地

—— Urban Farm Land

　戦後の高度経済成長期から続く都市化の急激な進展の中にあって，都市内に残された農地は貴重な緑資源となってきており，アメニティ，生態系維持，災害時の避難場所等都市内農地が有する多様な機能に対して都市住民の関心が高まってきている．

　都市内農地を生産基盤とする都市農業の特徴は，消費者に近接する立地特性を生かした軟弱野菜や花卉等の生産であり，近年では生産者の顔が見える安心できる農産物供給の場としての評価も高くなってきている．その一方で，全国的な農業経営課題である後継者不足や高齢化の問題に加え，都市特有の農地の細分化による生産環境悪化，ごみの放置や悪臭問題，農薬使用等の周辺住民とのトラブル，さらには高地価下における固定資産税や相続税負担等の問題に直面している．

　都市内農地，特に市街化区域内農地について，都市整備と農業基盤としての存続とを調整する制度として1974（昭和49）年に「生産緑地法」が制定された．本制度は，宅地供給の促進と，農地と宅地との固定資産税課税の不公平解消を図るため三大都市圏特定市（首都圏整備法，近畿圏整備法，中部圏開発整備法に基づく既成市街地，近郊整備地帯等を含む市）で実施された市街化区域内農地の宅地並課税の実施等を受けて制度化されたものである．しかしながら，都市農業振興のため増税相当分の助成金等交付を行う地方公共団体もあり，1991（平成3）年に保全する農地と宅地化農地を区分するため，長期営農を前提として生産緑地制度の見直しと農地課税の適正化があわせて行われている．

　現行の生産緑地制度は，指定規模500 m^2 以上の農地を，生産緑地地区として市町村が都市計画に定めるもので，建築物の建築等の行為制限が課されるとともに，30年経過後に農地所有者は市町村に対して生産緑地の買取りを申請できることとなっており，市町村はこれを他者に優先して公園等の公共用地として活用できることとなっている．なお，生産緑地地区は固定資産税の宅地並み課税の対象外農地となっている．

　一方，都市農業振興の観点からは，農業経営の健全化を図るとともに，都市内農地が都市の環境や景観，学校教育，レクリエーション活動等の面で都市住民に身近な存在となるような方向への業態転換が進められている．

　学校農園や市民農園への活用もその1つの形態であり，これらの促進のため，農地の貸しつけに関する特例を定めた「特定農地貸付法」（1989（平成元）年）や市民農園の認定制度等を定めた「市民農園整備促進法」（1990（平成2）年）が制定されている．

　また，横浜市「寺家ふるさと村」などにみられるような，農業体験や農業景観を市民に提供する新しい農業経営の展開とともに，NPO等多様な主体の参加による地域づくりを通して，農地とその周辺の自然環境の一体的な利用・保全を図っていこうとする動きも始まってきており，注目されるところである．

（藤吉信之）

文　献

1）国土交通省編：土地白書平成16年版，財務省印刷局，2002

F21 都市内農地

表 21-1　農業地域別経営耕地面積（総農家）

		田	畑	果樹園	計	1戸あたり面積
全国	(ha)	2260625	1354759	268559	3883943	125 a
	(%)	100	100	100	100	
都市的地域*	(ha)	390911	151710	49749	592370	79 a
	(%)	17	11	19	15	

2000 農業センサス．
＊：都市的地域とは人口密度が500人/km²，DID面積が可住地の5％以上を占めるなど都市的な集積が進んでいる市町村のことである（表 21-2，21-4 も同様）．

表 21-2　農業地域別作付け面積（販売農家）

		作付面積	品目別面積				
			稲	麦	工芸農作物	野菜	花卉
全国	(ha)	2379104	1474916	190573	160654	247674	27443
	(%)	100	100	100	100	100	100
都市的地域*	(ha)	384712	244333	28371	13441	61368	7530
	(%)	16	17	15	8	25	27

2000 農業センサス．

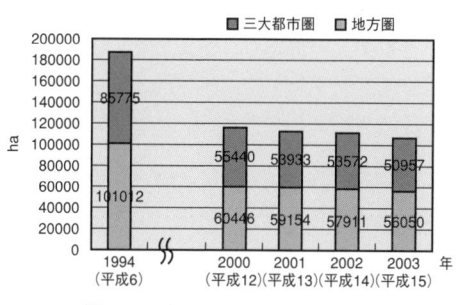

図 21-1　市街化区域内農地の推移[1]

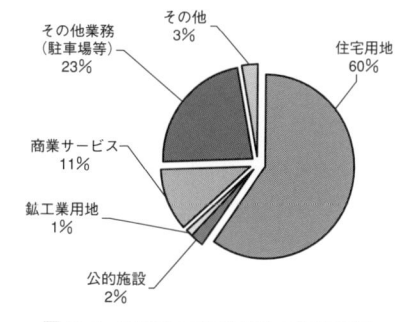

図 21-2　市街化区域内用地の転用状況（平成14年）
農地の移動と転用（農林水産省）．

表 21-3　生産緑地地区の指定状況

	都市数	面積 (ha)	地区数
茨城県	7	74	328
埼玉県	37	1905	7270
千葉県	21	1286	4391
東京都	27	3813	12494
神奈川県	19	1559	9900
石川県	1	2	1
愛知県	28	1514	9900
三重県	2	215	1119
京都府	8	1018	3217
大阪府	34	2411	10481
兵庫県	8	588	2939
奈良県	10	631	3210
福岡県	1	2	7
宮崎県	1	2	1
全国計	204	15020	65258

都市計画年報（2003（平成15）年3月31日現在）．

表 21-4　市民農園地域別開設状況（平成14年度末）

	農園数	区画数	面積(ha)
全国	2819	150555	930
うち都市的地域*	2090	116927	528

農水省農村振興局資料．

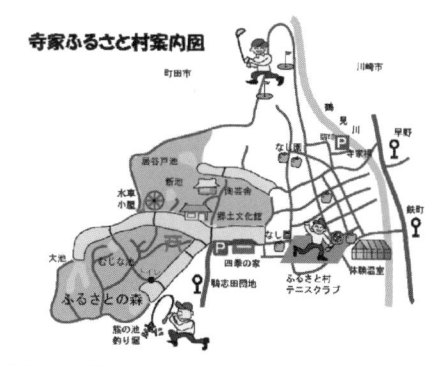

図 21-3　寺家ふるさと村案内図（横浜市緑政局HP）

F22 自然環境調査

—— Natural Environment Survey

　自然環境調査の目的は，自然を保護・保全するために，地域の自然を形成する地形，地質，土壌等の条件や水量や水質の水環境の条件を把握するとともに，生息生育する動植物を把握することである．1992年にリオデジャネイロで開催された「環境と開発に関する国連会議」(UNCED) では，生物多様性の保全を目的とした生物多様性条約の署名が行われた．生物多様性条約によれば，生物多様性の保全とは，遺伝子，個体，個体群，種，生物群集，生態系および景相の保全が含まれ，世界中の様々な遺伝子や種を減少させることなく，また重要な生息地や生態系を破壊することなく生物資源を保護・利用しつつ持続可能な社会を実現することとされている．

　急速に進行する生物多様性が喪失する中で，種の絶滅を防ぐためにはどの種が絶滅の危機に瀕しているかを把握して，絶滅に追いやる要因を解析した上で対策を講じることが必要である．多くの種に絶滅の危険性が高まっていること，絶滅のおそれのある種への関心を喚起するために，絶滅の危機に瀕している動植物種をリストアップしたものがレッドデータブック（以下RDB）である．わが国の国レベルのRDBでは「植物種」，「動物種」，「地形」などについて作成されている．表22-1にはRDBのもとになっているレッドリストの公表状況を示している．また，RDBのカテゴリーとその定義は表22-2に示すとおりである．このRDBが示すように，わが国において絶滅のおそれのある種が数多くなっており，人による積極的な保護対策が急務であるとの答申が1992年に自然環境保全審議会より出され，それを踏まえて「絶滅のおそれのある野生動植物の種の保存に関する法律」が策定され，1993年に施行された．

　絶滅のおそれのある植物が絶滅の危機に立たされる要因は様々であり，植物調査にあたって保護対象とすべき種の生育実態を把握するとともにこれらの要因を把握する必要がある．大規模な開発行為の際，環境アセスメントを実施し絶滅のおそれのある植物が見出された場合は事業による植物への影響の回避・低減を優先することとなっている．移植などの自生地保護の代償手段は，移植地の自然のバランスを崩したり，移植地が必ずしもその植物の生育に適しているとは限らないことから有効でない場合も多い．

　動物の調査については，森林と草原，牧草地と農耕地，都市，さらに河川，湖沼，海岸沿いなど明らかに異なる地域生態系内の種個体群を把握する．しかし，人間は自然から生活物質の素材やエネルギー源を得て生産し生活しているため，野生動物は①地域の生物群集の崩壊，砂漠化，②都市化に伴う野生生物の退行と駆除，家畜，愛玩動物，飼育動物の増大と2次野生動物の出現，③狩猟鳥獣を管理する猟区，あるいは都市内のビオトープのような人工的な自然，④原自然状態が残る自然生態系と人間が利用する地域との境界などの状況下に置かれている．したがって各種がこのような状態にどう適応するかによって，生息状況が定まってくるといえる．

(荒川　仁)

文　献

1) 沼田　眞編：自然保護ハンドブック，pp.102-144, 朝倉書店, 1998
2) 環境省自然環境局野生生物課編：改訂・日本の絶滅のおそれのある野生生物—レッドデータブック—8 植物I, 2000；4 汽水・淡水魚類, 2003

F22 自然環境調査

表22-1 レッドリストの公表状況

環境省は分類群ごとに順次レッドリストをとりまとめ公表している。レッドデータブックは，動植物の分類群ごとに選定・公表したこれらのレッドリストをもとに，それぞれの種の生息状況等をとりまとめ編纂したものである。表中の＊はレッドデータブックとして刊行されている（2004（平成16）年3月現在）。

項目		公表年月日
動物	哺乳類*	1998（平成10）年6月12日公表
	鳥類*	1998（平成10）年6月12日公表
	爬虫類*	1997（平成9）年8月7日公表
	両生類*	1997（平成9）年8月7日公表
	汽水・淡水魚類*	1999（平成11）年2月18日公表
	昆虫類	2000（平成12）年4月12日公表
	その他無脊椎動物	2000（平成12）年4月12日公表
植物	維管束植物*	1997（平成9）年8月28日公表
	維管束植物以外*	1997（平成9）年8月28日公表

表22-2 レッドデータブックの新しいカテゴリーとその定義

動物版，植物版レッドデータブックの見直しにあたっては，1994（平成6）年にIUCN（国際自然保護連合）が採択した，減少率等の数値による客観的な評価基準に基づく新しいカテゴリーに従うこととしたが，わが国では数値的に評価が可能となるデータが得られない種も多いこと等の理由から，定性的要件と定量的要件を組み合わせたカテゴリーを策定している。

新たなカテゴリー	定義	参考；旧カテゴリー
「絶滅（EX）」	わが国ではすでに絶滅したと考えられる種	絶滅種（Ex）
「野生絶滅（EW）」	飼育・栽培下でのみ存続している種	―
〈絶滅危惧＝絶滅のおそれのある種〉		
「絶滅危惧I類（CR+EN）」「絶滅危惧IA類（CR）」「絶滅危惧IB類（EN）」	絶滅の危機に瀕している種　ごく近い将来における絶滅の危険性が極めて高い種　IA類ほどではないが，近い将来における絶滅の危険性が高い種	絶滅危惧種（E）
「絶滅危惧II類（VU）」	絶滅の危険が増大している種	危急種（V）
「準絶滅危惧（NT）」	現時点では絶滅危険度は小さいが，生息条件の変化によっては「絶滅危惧」に移行する可能性のある種	希少種（R）*
「情報不足（DD）」	評価するだけの情報が不足している種	現状不明種（U）**
付属資料「絶滅のおそれのある地域個体群（LP）」	地域的に孤立しており，地域レベルでの絶滅のおそれが高い個体群	地域個体群（LP）*

＊：動物版レッドデータブックのみ。
＊＊：植物版デッドデータブック（わが国における保護上重要な植物種の現状のみ）。

F23 環境指標（陸域）
—— Environmental Indicator（Land）

環境指標は環境の状態を評価するために，調査による数値，機器による計測値，統計データなど環境データとして把握し，目的に応じて加工した"ものさし"と言い換えられる．つまり，直接比較できないものやそのままではわかりにくいものを別の評価値等に置き換え，また，活用目的に応じて，そのものさしの値を付け直したものである．

環境指標の目的と用途は表23-1のように整理されるが[1]，ここで注目すべきは，環境診断としての用途はもとより，「環境対策の進捗状況の評価」や「住民との情報交流」といった広範囲な目的で使用されることである．

たとえば地球温暖化問題では，温度変化では広域的，長期的な施策を管理しにくいため，二酸化炭素排出量を指標として削減目標を設定し，削減施策の進捗評価をしている．また，アマガエルやツバメ，セミの抜け殻といった身近な生き物を指標として住民や子どもたちが参加して行う環境観察は，住民との情報交流や意識啓発にも役立つほか，広域的な生き物の分布状況の解析といった環境学習的な要素も含んでいる．

そこで，以下では陸域の生物を指標とした活用事例を中心に述べるものとする．

大型哺乳類や猛禽類に代表されるように，生態系ピラミッドの最高位に位置する生物はアンブレラ種といい，生息地として面積，生物多様性等の質，餌資源の量等いずれも要求性が大きいことから自然環境の保全の指標に捉えられることが多い．

また，レッドデータブック等の記載種は，絶滅のおそれのあるものを取り上げているが，これらの種の生息・生育するための基盤環境の悪化が種の減少の原因となっている場合が多く，それらの基盤環境を指標する種としても用いられる．湿地環境に生息・生育する種等もこの例である．

環境指標種を用いて環境評価をする場合も上記と同様に1対1の評価に用いられることが多い．たとえば，ゲンジボタルは，緩やかな流れの清流，やわらかい土手，草むら，暗がり，カワニナの生息等の条件が揃っていると判断できる指標昆虫である．

その他の陸域生物に関する主な個別指標としては，人口や土地利用の変化率，植生自然度，指標種出現数，森林面積，森林蓄積量，緑被率，樹木活力度等が代表例であるが，その指標は個々の目的や地域特性に応じて開発，設定する必要がある．

環境行政における地域環境総合計画（環境基本計画）等では，課題と対する施策は，長期的・広域的および網羅的であり，指標群も体系化・階層化される必要がある．たとえば上記計画では到達レベル（目標）を達成すべく施策を体系化し，それぞれの進行状況を測るために指標を設定する．この際単に「緑の豊かさ」といった定性的なものではなく，緑地面積や植生自然度といった環境指標を設定するほうが，より定量的に進捗状況を評価することが可能となる．

また，開発等で減少する自然を別の場所で代替する場合，再現性を高めるため生物，地象，水象といった個別指標からその地域の環境特性や生態系を推定し，「総合化した指標（体系化された指標群）」[2]として活用する場合もある．この総合化指標は図23-1に示すとおり，開発と自然のみでなく，我々が社会経済活動をしていく上で問題となる公害や快適さの追及，さらには，すべての基盤である地球環境や資源に至るまで様々な指標が開発されている．

このほか近年では，環境容量に関連し時

表 23-1 環境指標の目的・用途（環境庁企画調整局環境計画課編，1997 を改変）

	目的・用途	内容	活用例
環境の現状評価	環境の現状把握	環境の実態を把握する	環境調査
	環境改善努力の評価	現時点と過去の時点の比較を行う．市民の環境改善努力を評価する，あるいは環境監査の分野で企業の努力を表す	環境報告書 環境監査・環境家計簿 環境会計
環境に配慮した施策・事業の推進	開発行為・事業計画のチェック	開発行為や事業計画の可否，規模等を決定する	環境影響評価 戦略的アセスメント 適地選定
	施策効果の把握	過去から現在までの施策による環境維持，改善効果を推定する	環境基本計画
環境計画の推進	望ましい環境像等の設定	計画目標として望ましい環境像，まちづくりのイメージ，基本目標の設定等を行う	環境基本条例 環境基本計画
	定量的目標設定	環境基準以外の目標等をあげる	環境基本計画
	施策の方向性・重点課題の抽出	計画における施策の方向性や重要課題等を抽出する	環境基本計画
	計画の進行管理	計画にあげた目標の達成状況等を図る	環境基本計画 年次報告書（白書）
コミュニケーションの推進	他部局との調整	他部局へ指標を提供し，現状評価や政策立案に活用してもらう	事業報告
	住民との情報交流	指標を用いて環境の状況を視覚的に示したり，環境の観察等を通じて環境に対する理解を深める	身近な生き物調査 観察会

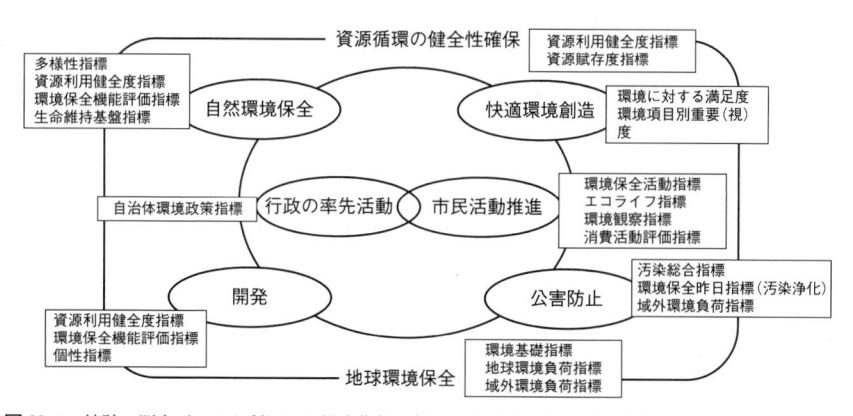

図 23-1 統計・測定データを利用した総合指標の例（環境庁企画調整局環境計画課編，1997 から作成）

間の経過との関係から，「環境持続性指標」といった考え方も紹介されている[3]．

（笠井　睦・島田正文）

文献

1) 環境庁企画調整局環境計画課編：地域環境計画実務必携 指標編，pp.19-100，ぎょうせい，1997
2) 内藤正明・西岡秀三・原科幸彦編：環境指標—その考え方と作成手法—，191 pp.，学陽書房，1986
3) 日本学術振興会未来開拓和田プロジェクト編：流域管理のための総合調査マニュアル，pp.111-191，京都大学生態学研究センター，2002

F24　環境指標（水域）
—— Environmental Indicator (Water)

　日本における環境指標づくりの歴史はおおむね4期に分けられるとされ，まず第Ⅰ期の指標は，昭和30～40年代前半頃の公害問題が頻発した時期の大気や水質等を対象としたいわゆる「汚染指標」ともいうべきもので，法令等に基づき各種の環境基準等が設けられた．次に第Ⅱ期の昭和40年代後半～50年代前半頃には，環境権に対する認識の高まりとともに生活環境整備の重要性が叫ばれて環境アセスメントが実施されるようになり，緑地面積・下水道整備率等の「生活環境指標」が定められた．これに対して，昭和50年代後半以降の第Ⅲ期においては，自然との触れ合い，都市美やゆとり等，特に人々の意識，価値観を重要視した「快適環境指標」づくりが行われるようになった．しかし，地球生態系の保全や貴重生物種の保護等の必要性が叫ばれ，地球環境問題という大きな課題を目前としている現在では，第Ⅳ期の指標として自然と持続的な共生を図っていけるような「環境資源の賦存量（ストック）および持続的利用指標」を目指していく必要があると考えられている[1]．

　近年，全国各地において，公害の防止，自然環境の保全，快適環境の創造という各種の取り組みを，総合的に調整するための環境管理計画が策定されている．また，このような総合的な環境管理を推進するためには，総合的な目標設定や環境質の総合的な評価を行えるような技術的手法，すなわち環境を総合的に評価できる指標の開発が必要不可欠なものとなっている．

　これまでにも住民意識の調査結果等に基づき，宮城県，東京都，川崎市，大阪府，北九州市等において，環境管理計画策定の際等に開発された各種の環境指標が提示されているが，ここでは水域における一例として，海岸・海域環境の改善・創造を図るにあたって必要と考えられる「海らしさ」の指標を表24-1に示した．

　環境指標には，このような人々の利用等を考慮した快適性（親水性）等にかかわる指標以外に，従来からの各種の環境基準等で代表される人々の健康被害や生物等への影響等を考慮した理化学的指標と生物学的指標がある．生物学的指標は，環境の変化を累積的もしくは総合的に捉えることができる点で理化学的指標とは大きく異なる．この中でも特に生物指標は，誰でも見てわかる身近な生物にかかわる指標なので，それだけ広く一般からの理解も得やすい．しかしその反面，再現性に乏しいこと，定量的な把握が困難であるといった欠点をあわせもつ．

　一般に，河川の生物指標としては底生動物を選定している例が最も多く，次いで魚類，藻類が多い．また，海域の生物指標としては魚類，貝類，海藻類等を，湖沼の生物指標としては魚類，小動物，浮遊藻類等をそれぞれ選定している例が多い．

　なお，環境省では1978（昭和53）年度からムラサキイガイ等12種の生物を，水産庁では1997（平成9）年度よりイカ等5種の生物をそれぞれ指標生物として選定し，わが国の沿岸域における生物モニタリング（マッセルウォッチ＆イカウォッチ）を行っているが，このような生物モニタリングは世界でも極めて早いほうである[2]．

（大槻　忠）

文　献

1) 日本計画行政学会編：「環境指標」の展開（日本計画行政学会編），計画行政叢書8，学陽書房，1995
2) 菅原　淳・森田昌敏：生物モニタリング，読売科学選書29，読売新聞社，1990

F24 環境指標（水域）

表 24-1 「海らしさ」の指標

指標	特性		説明変数	観測・測定項目
海らしさ	場の基本的指標	物理的性状	地形・形状 流況 水質	広大な海面（開放空間），海岸線，水深 海流，多方向流，波，潮の満ち干 水温，pH，塩分濃度，DO，栄養塩類
	生物的指標	生物相	生物相の豊かさ	浮遊生物，遊泳生物，底生生物
		生物生産	生物生産力	基礎生産力　生物生産量
	心理的指標	感覚性 視覚性（見る）	広大さ 空間的視界 面的躍動感 景観	広い海面，水平線 水平線，海岸線 波高 船，海岸線，岬，海鳥，浮遊ごみ
		聴覚性（聞く）	音	波の音，海鳥の鳴き声 風の音
		嗅覚性（におう）	におい	潮の香り 磯の香り
		触覚性（触れる）	感触	波しぶき，水，砂，岩礁，生き物
		情緒性	開放感 安らぎ・憩い感 充実（満足）・幸せ感 希望感 驚き・恐怖感 郷愁感 神秘感	広大さ，水平線，海岸線 穏やかな海 広い穏やかな海 ロマン 荒れた海，海の巨大さ，自然の恐ろしさ 生命の起源，ふる里の情景 海の偉大さ・巨大さ・不思議さ
	利用価値的指標	経済便益性	海運 漁業 レクリエーション 海洋・海底資源 海洋エネルギー 新生活圏	船，船舶航路，港湾，航海技術 民族移動，貿易 漁港，漁船，漁業資源，漁場 ボート・ヨット，クルージング，釣り 生物資源，石油・鉱物資源，環境資源 潮汐・波浪発電，水素 海洋牧場，埋め立て地，人工島
	保護・保全的指標	保護・保全性	区域の設定 環境管理 汚染	国立公園，水産資源保護区域，海中公園 環境管理計画 環境基準，油，ごみ，有害物質，放射能
	地域特性的指標	歴史性		神話・伝説
		行事性		宗教行事，祭り，イベント
	環境調節的指標	環境調節	気候緩和	海域面積の大きさ，水深，海流（暖流・寒流）の接近度
			環境調節	気温，水温，塩分濃度
	災害的指標	危険性		台風，嵐，崩壊，遭難，漂流

F25 環境モニタリング

—— Environmental Monitoring

「モニタリング」とは，監視，観察，探知，記録することであり，「環境モニタリング」は環境への影響を測定・監視することにより，環境行政の点検や環境に配慮した活動等につなげていくためのものである．近年では，人力で調査した場合には，時間的にも膨大な労力を要するような地球レベル等の比較的広域的な対象のモニタリング（地球温暖化にかかわるモニタリング，国土レベルの環境モニタリング等）について，ランドサット等を用いた「衛星モニタリング」での測定，監視等が行われている（図25-1）．

別名，「環境監視調査」ともいい，狭義にはある特定の事業を行った結果，事業開始前と比較して，事業開始後にどのように環境が変化したかをモニタリングすることでもある．このほか，環境行政の進捗状況と環境基準等の達成の程度を把握するためにも，特定の場所以外の一般的な環境の状況についてのモニタリングが必要であり，環境基本法第29条は，「国は，環境の状況を把握し，及び環境の保全に関する施策を適正に実施するために必要な監視，巡視，観測，測定，試験及び検査の体制の整備に努めるもの」とする旧公害対策基本法第13条を引き継いだ形で，このことを規定している．

一般的に，環境基準が定められた大気環境質や水質汚濁の状況については，システムの整備により環境質の時系列的な変化や現況の把握が容易になっている（図25-2）．しかし，これまでのモニタリングが公害のおそれがある地域を中心に実施され，データの空白地域があること，生態学的なモニタリングについては，環境汚染物質に関するモニタリングと比較すると，一般的な環境状況把握のためのモニタリングシステムが存在しないといってもよいほどの状況にあること等が問題点として指摘されている．

環境への影響について事業後に不確実な要因があって，環境への悪影響があるかどうかをみる場合には，「環境モニタリング」が不可欠である．「環境モニタリング」の目的としては，その結果により環境行政の点検をして，環境への影響や因果関係を明らかにし，柔軟に対応する（必要な環境保全対策につなげる）ことである．こうしたやり方を適応的管理もしくは順応的管理という．江戸時代の言葉では，「見試し（みためし）：いろいろなことを試しながら全体の折り合いをつけていく」というそうである．さらに，「環境モニタリング」は，公害規制に伴う単なる監視業務から脱却させ，環境行政の成果を点検するための基礎データ提供のシステムに変えるとともに，地域の環境を適切に管理していくためのツールとしていく必要がある．特に，自然環境の分野では，環境保全措置として代償措置を実施するような場合に，長期的な目標としての成立すべき自然の状態に向けて，経年的な自然環境を把握しつつ，必要な手だてを講じながら維持管理や対応を行っていく順応的管理が重要である．

市民参加は様々な場面でさかんになってきているが，「環境モニタリング」においても，簡易な方法については可能である．たとえば，簡易分析法による市民調査で，河川やため池等での水質調査や分析を行ったり，底生動物等を用いた水質分析等を行うことがあげられる（図25-3）．おおまかな環境変化であれば，このような市民調査で環境の変化を把握することもできる．そ

F25 環境モニタリング

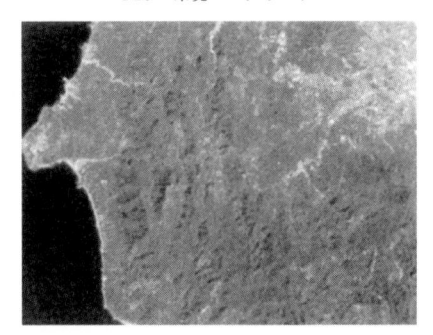

図 25-1 衛星画像からみた植生改変状況（衛星モニタリングの事例）
第4回自然環境保全基礎調査では，2時期の経年変化を衛星画像から捉え，植生図修正の資料としている．画像上植物量が減少したところが赤く，生長等により増加したところは淡い青色に発色している．
・白神山地周辺（1980.9.19 → 1986.8.29）青森県側の赤石川上流にはチシマザサ・ブナ群団の伐採跡地が広がっている．秋田県側は伐採跡地が散在している．右上にみえるのは岩木山（http://www.biodic.go.jp/kiso/vg/img_base.html，環境省自然環境局生物多様性センターホームページ，平成15年2月）．

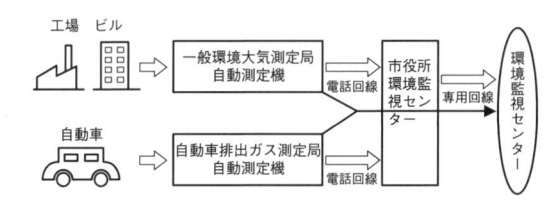

図 25-2 各自治体等で進む大気質等の環境モニタリングシステムの例

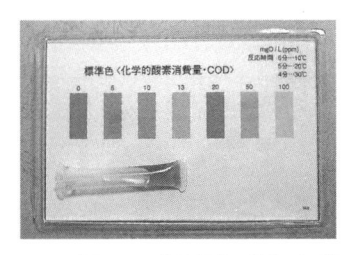

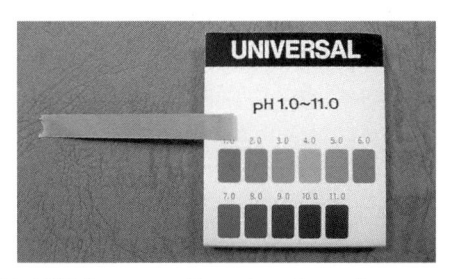

図 25-3 市民調査で実施が可能な簡易な水質調査のツール（左は COD，右は pH）

して何よりも市民調査での「環境モニタリング」では，環境の変化について，直接市民が知るきっかけにもなり，環境行政の普及・啓発等，相乗効果が期待できるほか，総合学習の時間を活用した環境教育等との連携も期待される．

（松井伸夫）

文 献

1) 浅野直人：環境影響評価の制度と法，pp.142-144，信山社，1998

F26 環境アセスメント
―― Environmental Impact Assessment

　環境アセスメント（環境影響評価，environmental impact assessment）は，事業や計画等の実施にあたり，より質の高い環境配慮を行うため，環境への影響を事前に調査・予測・評価し環境保全措置の検討を行う仕組みであり，事業者自らが住民・専門家・地方公共団体・国等と情報を提供し合いながら行うものである．国内外の環境アセスメント制度においては，適用する事業・環境アセスメントの方法・手順等が定められており，許可や審査の基準等は示されていない．このように一律の規制がないため，個別的な環境配慮や規制されていない事項への配慮が可能であり，被害防止のみではなくよりよい環境づくりに貢献することが期待される．

　環境アセスメントの目的を果たすためには①調査・予測・評価を科学的に行う，②環境配慮のための知識・技術等の情報を広い範囲の人々から集め，共有する，③複数の代替案を比較検討してより質の高い環境配慮を目指す，④事後調査を行うこと等が有効である．

　日本では，1984（昭和59）年から環境影響評価の実施要綱（閣議決定）により一部の大規模な事業において環境アセスメントが実施されてきた．そして，1997（平成9）年には環境影響評価法が制定された．環境影響評価法の特徴を表26-1に示す．主な特徴としてスクリーニングおよびスコーピングの導入により個別の事業の条件に合わせて環境アセスメントの実施を決定したり評価項目・手法を検討できるようになったこと，住民参加の機会を拡大したこと等があげられる．環境影響評価法による環境アセスメントの手順の概要を図26-1に示す．また，すべての都道府県および政令指定都市において環境影響評価条例が制定されており，条例の活用により法の対象に該当しない種類や規模の事業への対応，審査会等の手続きの追加も可能となっている．

　しかし，現行制度にはまだ課題もある．環境影響評価法の対象が事業段階であるため，計画変更が難しく代替案や環境保全措置の検討の幅が狭く，累積的・広域的・長期的・総合的影響の評価が行いづらい等である．

　このような課題に対応するため，戦略的環境アセスメント（strategic environmental assessment）が注目されている．戦略的環境アセスメントは，個別の事業実施に先立つ戦略的な意志決定段階である政策・計画・プログラムを対象としており，早い段階から環境アセスメントを行うため幅広い柔軟な対応が可能である．米国，カナダなど海外ではすでに様々な分野で実施されている．国内では環境省が制度化を検討中であり，一部の地方自治体では導入が始まっている．その1つとして長野県では中信地域の廃棄物処理施設についての検討を行うにあたり戦略的環境アセスメントの手法を取り入れている． 　　　　（吾田奈美子）

文献
1) 寺田達志：わかりやすい環境アセスメント，pp.3-38, pp.145-166，学校法人東京環境工科学園出版部，1999

F26 環境アセスメント

表 26-1 環境影響評価法の特徴

位置づけ	行政指導であったものが法制度として定められ、手続きの遵守と・円滑な実施が図られることとなった．
対象事業	対象事業を拡大．法律では発電所を加えた．政令では在来鉄道・大規模林道を加える予定．
スクリーニング	第二種事業の環境影響評価の実施の必要性を個別の事業や地域の違いを踏まえ判断する仕組み（スクリーニング）を導入．
スコーピング	早い段階から環境アセスメント手続きが開始されるよう環境影響評価の項目および手法について意見を求める仕組み（スコーピング）を導入．
環境の保全の範囲	評価の対象となる環境の保全の範囲は「公害の防止及び自然環境の保全」に限定されず，環境基本法での環境保全施策の対象を広く評価対象とする．
準備書の記載事項	環境保全対策の検討経過・事業着手後の調査等を新たに追加．これにより，必要に応じ「代替案」の検討・事後のモニタリングが実施されることとなった．
住民参加の機会	意見提出者の関係地域の住民への限定を撤廃し「環境保全の見地からの意見を有する者」に変更．意見提出の機会を 2 回設けて住民参加の機会が拡大した．
環境庁長官の意見	環境庁長官（現在は環境大臣）は必要に応じて意見を述べることが可能となった．
主務大臣等の意見	環境庁長官や主務大臣の意見が求められる時期が評価書の公告前になり，意見を踏まえて評価書の補正ができることとなった．
環境影響評価の再実施	環境影響評価がすでに行われた事業について，環境の状況が大きく変化している場合に，再実施できる規定を設けた．
許認可等における環境保全の審査	許認可等にかかわる個別法の審査基準に環境の保全の視点が含まれていない場合でも，アセスメントの結果に応じて，許認可等を与えないことや条件を付けることができることとなった．

環境基本法により示された環境の保全の基本的理念に基づいて制定された．
環境アセスメントを必ず行わなければならない事業が第一種事業．第二種事業は第一種事業の規模には満たないが，定められた規模以上の事業である．

1	第二種事業についての判定	事業者	許認可権者に事業の概要等を提出
		当該行政機関	都道府県知事の意見を聴いて環境影響評価を行なうか判定
2	方法書に係る手続き	事業者	方法書を作成して都道府県知事及び市町村長に送付 告知・縦覧して意見を聴取
		都道府県知事	市町村長の意見を聴いた上で，事業者に意見を提出
3	準備書に係る手続き	事業者	受け取った意見を踏まえ項目・手法を選定 環境影響評価を実施して準備書を作成 準備書を都道府県知事及び市町村長に送付 公告・縦覧・説明会の開催を行い意見を聴取 意見概要・見解書を都道府県知事及び市町村長に送付
		都道府県知事	市町村長の意見を聴いた上で，事業者に意見を提出
4	評価書に係る手続き	事業者	評価書を作成して許認可等権者に送付
		環境大臣	必要に応じ許認可等権者に意見を提出
		許認可等権者	事業者に意見を提出
		事業者	意見を受けて評価書を再検討・必要に応じて補正 最終的な評価書を公告・縦覧
5	環境影響評価終了後の措置	許認可等権者	対象事業の許認可の審査を行う
		事業者	事業を実施 必要に応じて事業着手後の調査等を行う

図 26-1 環境影響評価法による手順の概要
図の上から下に向かって順に行う．

F27 HEP（ヘップ）

—— Habitat Evaluation Procedure

　habitat evaluation procedure の略で，ハビタット（生息地）評価手続きの意．BEST, HGM, IBI, IFIM, WET 等とともに，生態系を定量的に評価する手法の1つである．1970年代初期の米国において，陸域と海域における開発事業の影響をハビタットの質と量の評価により定量化する手法として開発されたもので，その後さらに改良が加えられ，近年では環境アセスメントに応用される等，自然の再生や生態系の再構築に配慮の必要な開発行為や自然再生事業の計画立案において，特にその重要性が高まっている．

　1969年に米国で制定された国家環境政策法（NEPA）では，事業の意思決定において環境の快適性と価値を保証する手法と手続きに考慮することが求められていた．このため，生態系の定量化に必要な手法が求められ，多くの研究がなされることになったが，客観的な評価手法が一層求められることとなり，HEP が提唱されるようになったものである．米国においては1980年，Fish and Wildlife Service, U.S. Army Crop Engineers 等の内務省関連組織の協力により，HEP の概念とガイドラインが発表されている．

　HEP は，生態学的な評価を行うものであることから，基本的には野生生物種にとってのハビタットの価値について考慮するものであり，人間にとっての価値についてはまた別の配慮が必要となるものである．その手法の基本は，対象とする生物種の生息地域（ハビタット）がもっている質に，その生息地域の大きさを乗じたものである．すなわち，ハビタットの価値＝ハビタットの質×ハビタットの量ということになる．また，ハビタットの価値を表す基本単位はハビタットユニット（HU）と呼ばれ，次のように示される．

　　ハビタットユニット（HU）
　　＝ハビタット適正指数（HSI）　…質
　　　×ハビタットの面積　　　　　…量

　ハビタット適正指数（HSI）は，野生生物を支えるための環境収容力により，0.0（ハビタットなし）から1.0（最適ハビタット）までの値をとるが，米国では200以上の HSI モデルの集積が進み，これにより適正指数を求め，簡略化を図っている．HEP を影響評価の手段として用いる場合は，空間的な要素のみでなく，時間的要素も含めた累積のハビタットユニットを求める必要があり，最終的には人為的影響や自然の遷移等も要素に加えることとなり，実際の HEP の分析期間は60年から100年となる．

　時間的要素を考慮するには，影響評価の対象となる事業の工事開始時，供用開始時，供用中，供用終了時，事業終了時等の HU 予測時点を設定し，それぞれの HU を決定した上で累積的 HU を算出することが必要である．

　この手法の問題点としては，生物種間の関係が考慮されていない，種の選定が難しい，適正指数の算出過程に専門家の主観が入りやすく，適正指数のモデルがない場合は，膨大な生態学的調査が必要となる等があげられる．　　　　　　　　　（福山　俊）

文　献
1) 田中　章：生態系評価システムとしての HEP. 環境アセスメントここが変わる（島津康男他編），環境技術研究協会・大阪，1998
2) 環境影響評価技術検討会編：環境アセスメント技術ガイド生態系，自然環境研究センター，2002

F27 HEP（ヘップ）

```
┌─────────────────────────────────────────────────────┐
│ ①事前準備                                           │
│ ・手続きに要する時間，資源，費用等を検討する．      │
└─────────────────────────────────────────────────────┘
                         ⇩
┌─────────────────────────────────────────────────────┐
│ ②事前調査                                           │
│ ・調査区域を環境類型（カバータイプ）ごとに区分する．│
│ ・対象となる種を選定する．                          │
└─────────────────────────────────────────────────────┘
                         ⇩
┌─────────────────────────────────────────────────────┐
│ ③HSIモデルの構築                                    │
│ ・対象とする生物種に関する環境要因を選定する．      │
│ ・環境類型ごとに適正指数（SI）を算出し，それらの結合│
│   によりハビタット適正指数（HIS）を算出する．       │
└─────────────────────────────────────────────────────┘
                         ⇩
┌─────────────────────────────────────────────────────┐
│ ④HUの算出                                           │
│ ・HSIにハビタットの面積を乗じてハビタット・ユニット │
│   （HU）を算出する．                                │
│ ・HUに時間的要素である工事開始時点，供用開始時点，  │
│   供用中，供用終了時点，事業終了時点等を設定し，    │
│   累積的HUを算出する．                              │
└─────────────────────────────────────────────────────┘
                         ⇩
┌─────────────────────────────────────────────────────┐
│ ⑤HUに基づく環境保全策の検討                         │
└─────────────────────────────────────────────────────┘
```

図 27-1　HEP の手順あらまし

```
┌─────────────────────────────────────────────┐
│   評価対象種に影響を及ぼす環境要因の選定    │
└─────────────────────────────────────────────┘
                     ⇩
┌─────────────────────────────────────────────┐
│         環境要因ごとに SI を決定            │
└─────────────────────────────────────────────┘
                     ⇩
┌─────────────────────────────────────────────┐
│ それぞれのSIを算術平均法・幾何平均法などにより結合 │
└─────────────────────────────────────────────┘
                     ⇩
┌─────────────────────────────────────────────┐
│              HSI の算出                     │
└─────────────────────────────────────────────┘
```

図 27-2　HSI の算出手順

F28 自然環境の経済評価
—— Economic Valuation of Natural Environment

　20世紀の経済社会は，自然よりも，拡大成長を支える経済開発を優先し，各所で生態系を脅かしてきた．しかし，環境に対する国民意識の高まりとともに，自然保護を主張する立場の人々と経済開発を主張する立場の人々との間での対立が目立ち始めた．

　経済開発を行う立場からは，水源かん養，多様な生物の生息の場など，ヒトが直接的に恩恵を被らない自然の機能の重要さは認識しづらいものであった．経済開発による効果は，貨幣換算による定量的な価値判断がなされてきたが，自然環境への影響は，様々な困難のために定量化できなかった[1]．この点が自然環境の評価に対する認識が遅れた原因の1つであると考えられる．つまり，自然保護の立場では定性的な評価による自然環境の価値が主張され，経済開発の立場では貨幣換算された開発の効果が主張されるといった，異なる土俵での価値判断によって対立が生じたのである[2]．この対立の解消には，両者を同じ土俵で評価すること，すなわち自然環境の価値を貨幣換算で評価することが必要となった．

　貨幣換算による評価は，市場での売買を通して与えられるが，自然環境は市場で売買されるものではない．このため，自然環境の価値は，主に表28-1に示す手法で評価されている．これらは，人々の経済行動から得られるデータをもとに間接的に環境価値を評価する顕示選好法（revealed preference）と，人々に環境価値を直接たずね評価する表明選好法（stated preference）とに大別される[2]．なお，自然環境の価値は，一般に，利用価値（use value）と非利用価値（non-use value）に分かれ，さらに直接利用価値（direct use value），間接利用価値（indirect use value），オプション価値（option value），遺贈価値（bequest value），存在価値（existence value）に分類される（図28-1）．

　自然環境の経済評価の先進国である米国では，損害賠償請求の基礎付けとして環境評価手法が活用されている．スーパーファンド法で損害額評価の必要性が示されたことを契機に，妥当性が疑問視されていたCVM（contingent valuation method, 仮想評価法）の有効性が，判決（オハイオ裁判）として認められた．その後，CVMを用いて原油流出事故で生じた生態系破壊の損害額が算出されている[2]．

　自然環境の貨幣換算による価値は，人々の環境に対する選好に影響されるため，時空を超えた絶対的なものではない[4]．しかし，自然保護と経済開発が同じ価値判断のもとで評価され始めたことは，経済開発に際しての大きな転機であり，大いに評価されるべきである．これからの経済開発にかかわる人々は経済，社会，環境面を総合的に判断できる知識が必要であり，そのためには学際的に人材を登用し，相互の専門領域を理解しあう姿勢が求められる．

〈金岡省吾〉

文献
1) ジョン・ディクソン，ルイーズ・ファロン・スクーラ著，環境経済評価研究会訳：新環境はいくらか，pp.10-13，築地書館，1998
2) 栗山浩一：公共事業と環境の価値，pp.1-3，pp.11-12，pp.48-50，pp.18-19，築地書館，1997
3) 大野栄治編：環境経済評価の実務，pp.5-12，勁草書房，2000
4) 鷲田豊明：環境評価ワークショップ（鷲田豊明・栗山浩一・竹内憲司編），p.16，pp.18-19，築地書館，1999

表 28-1　環境価値の主な評価手法（栗山，1997；大野，2000 を参考に作成）

評価手法	表明選好法 (stated preferences)	顕示選好法 (revealed preferences)		
	仮想評価法（CVM：contingent valuation method）	代替法（replacement cost method）	トラベルコスト法 (travel cost method)	ヘドニック法 (hedonic price method)
評価内容	環境の変化に対する支払意志額や受入補償額を，アンケートにより直接受益者に尋ねることで環境価値を評価する方法	評価対象の価値を，それに相当する別の市場財の費用に置き換えて環境価値を評価する方法	評価対象を訪れるための旅行費用をもとに消費者余剰を算出し，環境価値を評価する方法	環境資源が地代や賃金に及ぼす影響を計測することで，環境価値を評価する方法
対象範囲	レクリエーション，景観，野生生物，種の多様性，生態系等幅広い	水質改善，土砂流出防止等に限定	レクリエーションや景観等に限定	地域アメニティ，水質汚染，騒音等に限定
メリット	対象範囲が幅広く，存在価値や遺贈価値等の非利用価値も評価が可能	直感的に理解しやすい情報収集が比較的容易	必要な情報が少ない	情報入手コストが少ない 市場データを活用できる
デメリット	アンケートを行うにあたり，情報入手コストが大きい アンケートの質問方法やサンプルに問題があると，バイアスが生じて評価結果の信頼性が低下する	全国レベルで評価する場合，特定の代替材を用いるため地域特性が無視され，評価結果の誤差が大きくなる 評価対象の適切な代替材が存在しない場合，評価できない	存在価値や遺贈価値等の非利用価値の評価は困難 多目的旅行の費用分類，機会費用の推定等が困難	対象範囲が地域アメニティ等の地域限定的なものに限られる 住宅市場や労働市場は完全競争市場ではない

```
                          環境価値
                             |
            ┌────────────────┴────────────────┐
        利用価値                    非利用価値  あるいは  受動的利用価値
       (use value)                (non-use value)    (passive use value)
            |
   ┌────────┼────────┐              ┌────────┼────────┐
 直接利用価値  間接利用価値  オプション価値    遺贈価値      存在価値
(direct use  (indirect use  (option value) (bequest value) (existence value)
  value)      value)
```

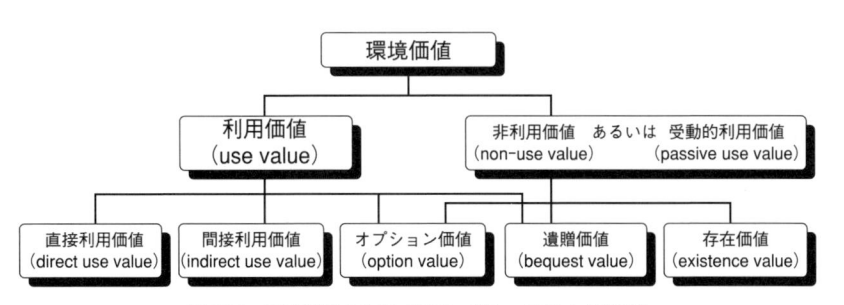

図 28-1　環境価値の分類（鷲田・栗山，1999 より作成）

F29 環境行政

—— Administration on Environment

 環境省（ministry of the environment）は2001年，政府の省庁再編成時に旧環境庁が格上げされ誕生した．環境庁からの部門はすべて引き継ぐとともに，旧厚生省が所管していた「廃棄物行政」が移管された．また，各省庁の環境行政に関する調整権限も付与された．

 現在の環境省の業務は，第一に「環境省が一元的に担当する業務」，たとえば政府全体の環境政策の企画立案，環境基本計画，公害対策，自然環境の保全と整備等がある．第二に「環境省が他の省庁と共同で担当する業務」で，化学物質の審査，リサイクル，地球温暖化対策，森林や緑地の保全，河川・湖沼・海岸の保全，環境アセスメントの実施等がある．第三に「環境省が環境の保全の視点から勧告等により関与」する業務の3つに大別される．これら業務の遂行のため現在の環境省は，1官房4局3部で構成され，さらに独立行政法人化された国立環境研究所等を有して相互的な環境行政を目指している．

 環境行政の発足は，1971（昭和46）年の環境庁の創設により始まる．当時の厳しい公害の対策と自然破壊対策が求められ，1970（昭和45）年に開かれたいわゆる公害国会において「環境庁設置法」が成立し新設されたものだが，これは当時公害行政を所管していた厚生省，通産省，経済企画庁等の関係部門が統合され大気汚染，水質汚染の公害対策部門を構成し，自然保護部門として厚生省の国立公園行政と林野庁の鳥獣保護行政が統合され，さらに政策部門の企画調整局を設置し，長官官房とあわせて構成された．

 その後公害対策や自然保護行政は大きく前進したものの，1992年にリオデジャネイロで開催された「国連環境開発会議（地球サミット）」に代表される全世界的な地球環境問題に対処する必要が高まり，環境基本法の制定，環境基本計画の策定がなされ，「公害対策」および「自然保護」から新たな「環境」行政へと前進した．さらに長年の懸案であった環境影響評価法の制定を経て政府内において環境政策を本格的にリードする体制が整ってきた．そこに起こった橋本内閣の行政改革の柱として大規模に実施された省庁再編成で，「環境省」の誕生となった．

 環境省は21世紀初頭において，目指すべき新しい社会のデザインとして，「環の国」「環のくらし」「環の地球」を掲げているが，これは環境問題の根本的な解決には，社会の改革が不可欠で，持続的な社会構築に向けて「簡素」で質の高い「環のくらし」を可能とする国づくりに取り組むとしている．また「協同」を柱に市民，企業，自治体，さらには諸外国と連携して環境問題に取り組むとしている[1]．

 今後の環境行政の重要な課題として[3]，

① 地球的規模の環境問題に対しては国際的なイニシアチブを発揮すること

② 生物多様性という概念の元で自然環境を保全していくこと

③ 人間環境と自然環境の共存を図ること

④ 大量生産，大量消費，大量廃棄の20世紀から，最適生産，最適消費，最小廃棄の循環型経済社会への構造改革を図ること

⑤ 行政，事業者・住民などの役割分担と積極的な参加により環境保全を進めていくこと

等々があげられよう．（参考資料：環境省ホームページ）

（菊地邦雄）

F29 環境行政

(1) 高度成長期　深刻な公害問題への対応
　1950年代～60年代
　　　四大公害病（水俣病、新潟水俣病、イタイイタイ病、四日市ぜん息）をはじめ、全国各地で公害問題が深刻化
　1967年　公害対策基本法の制定

(2) 公害・自然保護行政の整備・強化
　1971年　環境庁発足
　1972年　自然環境保全法の制定

(3) 地球環境問題の顕在化
　1980年　ラムサール条約、ワシントン条約、ロンドン条約等発効
　1987年　ブルントライト委員会東京会合。「持続可能な開発」の概念を提唱
　1989年　オゾン層保護のウィーン条約、モントリオール条約発効
　1992年　自動車NOx法制定

(4) 循環型社会の形成推進
　1992年　リオデジャネイロで第一回地球サミット
　1993年　環境基本法制定
　1995年　容器包装リサイクル法制定
　1997年　環境影響評価法制定
　　　　　京都会議、京都議定書
　1999年　ダイオキシン類対策特別措置法制定

[公害対策 → 自然保護 → 地球環境保護 → 有害化学物質対策 → 温暖化対策 → 環境ホルモン、PCB、ダイオキシン等対策 → 大幅な予算増加]

図 29-1　環境行政の変化
経済政策は、産業・社会のありよう（変化と実態）を示す。

これらを効率的に進めていくため、各地域に拠点を置く自然保護事務所、国立水俣病総合研究センター、国立環境研究所、特殊法人である環境事業団、公害健康被害補償予防協会などが協力して施策を実行していく。

❶ 環境省が一元的に担当
　政府全体の環境政策の企画立案をはじめ、環境庁が行ってきた仕事を引き継ぐことに加え、廃棄物・リサイクル対策を一元的に行う。

❷ 環境省が他の府省と共同で担当
　環境保全を目的として併せ持っている施策について、環境省は政府全体の環境政策を企画立案する観点からこれらの基準、方針、計画づくりや規制措置などを担当する。これに基づいて各府省がそれぞれの施策を実施していくことになる。

・政府全体の環境政策の企画立案・推進
・環境基本計画、公害防止計画
・廃棄物対策、有害廃棄物の輸出入規制
・大気汚染、水質汚濁等の公害を防止するための規制、監視測定
・自然環境の保全・整備、野生動植物の種の保存
・公害健康被害の補償
　　　　　　　　　　　　　　等

化学物質の審査・PRTR・製造規制
リサイクル
公害防止のための施設整備
工場立地の規制
放射性物質の監視測定
地球温暖化対策、オゾン層保護、海洋汚染の防止
森林・緑地の保全、河川・湖沼・海岸の保全
環境影響評価
　　　　　　　　　　　　　　等

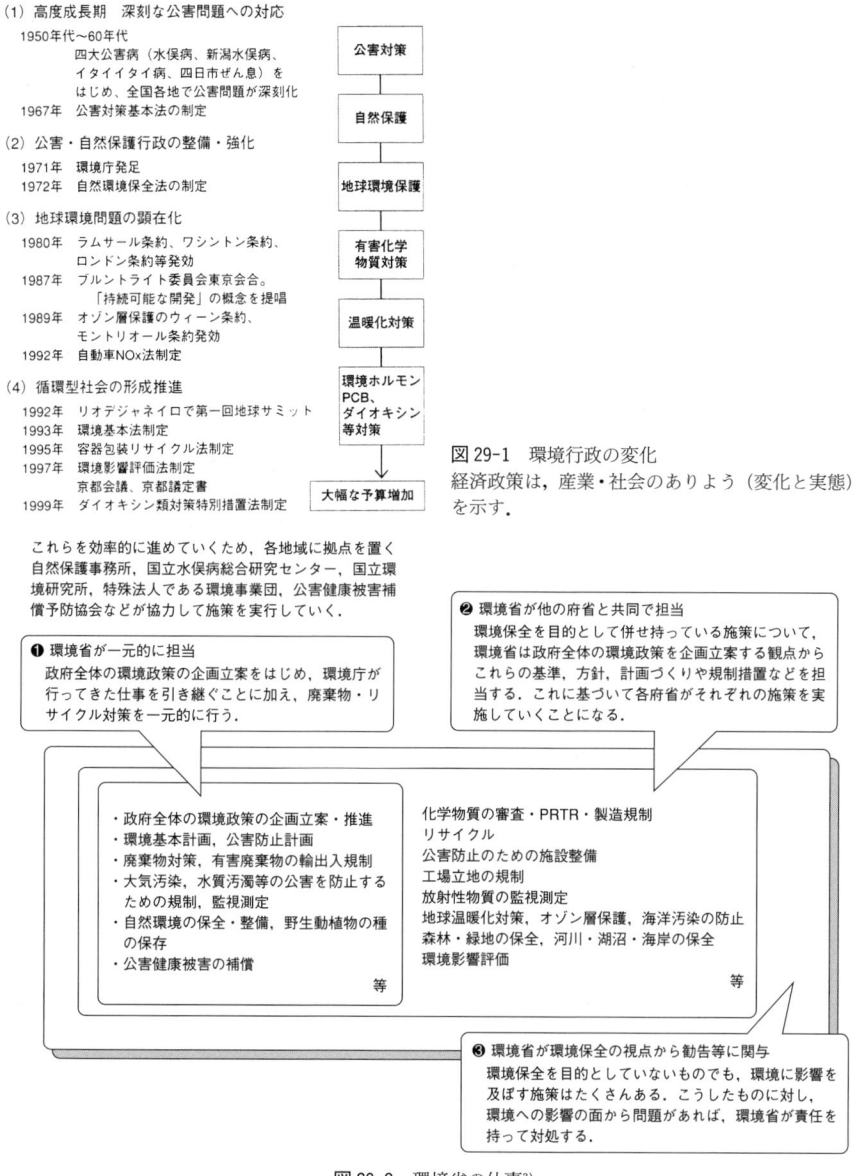

❸ 環境省が環境保全の視点から勧告等に関与
　環境保全を目的としていないものでも、環境に影響を及ぼす施策はたくさんある。こうしたものに対し、環境への影響の面から問題があれば、環境省が責任を持って対処する。

図 29-2　環境省の仕事[3]

❶：環境省が一元的に担当する分野、❷：環境省が他の府省と共同で担当する分野、❸：環境省が環境保全の立場から勧告等により関与する分野.

文献

1) 鳶　信彦監修：新省庁のしくみと仕事が面白いほどよくわかる本, p.185, 中経出版, 2000
2) 鴨志田公男・田中泰義：環境省, p.6, インターメディア出版, 2002

F30 環境基本計画
—— Basic Environment Plan

　環境基本法（1993年成立）は，従来の公害対策基本法と自然環境基本法（基本法部分）を統合し成立したわが国の環境政策の骨格を示す極めて重要な法律である．この法律は，両基本法を統合し新たな「環境」概念を国民に示すこと，気候変動枠組条約（地球温暖化対策）や生物多様性条約の批准に備えることを含めた地球環境問題に対応する法律であること，および長年の環境行政の懸案である「環境影響評価法案」の成立への道を開くことの3つを主たる目的とし立案，成立した．

　環境基本法は基本理念として，「環境の恵沢の享受と継承等（第3条）」「環境への負担の少ない持続的発展が可能な社会の構築（第4条）」，および「国際的協調による地球環境保全の積極的推進（第5条）」を掲げているが，これは地球サミットで示された世界共通の理念「sustainable development（持続可能な開発）」の実現に向けてわが国の社会構築の方向性を示している．

　特に重要な点としては，環境保全施策の指針として次の3点を示している（第14条）ことである．①人の健康が保護され，および生活環境が保全され，ならびに自然環境が適正に保全されるよう，大気，水，土壌その他の環境の自然的構成要素が良好な状態に保持されること，②生態系の多様性の確保，野生生物の種の保存その他の生物の多様性の確保が図られるとともに，森林，農地，水辺地等における多様な自然環境が地域の自然的社会的条件に応じて体系的に保全されること，③人と自然との豊かな触れ合いが保たれること．特に②および③はわが国の環境法の中でも初めて取り入れられた概念であり，生物多様性条約の批准にもつながっていった．また環境保全の理念を示すのみならず，保全の手法としても新たに経済的な手法や民間の積極的な活動を新たに位置づけるなど新たな方向を示した．

　環境基本計画は，この環境基本法の趣旨を受け国の環境施策の骨格を示すものとして翌年ただちに策定され，長期的目標として「循環」「共生」「参加」および「国際的取組み」の4つを掲げ方向性が示された．この計画は包括的かつ斬新な内容で大きな影響を各種環境政策に及ぼし，関係省庁および地方の各種施策において自然との共生，住民参加，リサイクルやリユース等が盛り込まれ実行されていった．また生物多様性国家戦略の策定（1995年），環境影響評価法の成立（1997年），循環型社会形成基本法の制定（2000年）等々国全体の環境保全施策に大きな役割を果たした．

　だが，温暖化問題に代表される地球環境問題の推移や廃棄物問題や生物多様性問題等の深刻化等の新たな展開に対応するため，「新環境基本計画」へと2001年12月に改定発表された．

　新環境基本計画は，21世紀初頭における環境政策の基本的な方向と具体的な取り組みを示したもので，長期的目標としては旧環境基本計画の4つの項目を踏襲している．その上でそれを達成するための環境政策の方針として，新たに総合的アプローチ（環境，経済，社会の3側面を総合的に捉えること）や規制および税財的手法等の手段を組み合わせること等を採用した．また11の重点分野に関する戦略的プログラム（現状，目標，重点的取り組み事項）を提示しているが，それらは地球温暖化，循環型社会，交通，水循環，化学物質，生物多様性，環境教育，環境配慮，環境投資，地域づくり，国際的寄与となっている．　　（菊地邦雄）

F30 環境基本計画

第1部	環境の現状と環境政策の課題

第2部　21世紀初頭における環境政策の展開の方向

- ●目指すべき社会　＝　持続可能な社会
- ●4つの長期的目標

【循　環】 循環を基調とする社会経済システムの実現	【共　生】 健全な生態系を維持，回復し，自然と人間との共生を確保	【参　加】 すべての主体の参加の実現	【国際的取組】 国際的取組の推進

- ●環境政策の基本的な指針

総合的アプローチ，生態系配慮，汚染者負担の原則，環境効率性，予防的方策，環境リスク

あらゆる場面における環境配慮の織り込み	あらゆる政策手段の活用と適切な組み合わせ ・規制的手法，経済的手法等	あらゆる主体の参加	地域段階から国際段階まであらゆる段階における取組

第3部　各種環境保全施策の具体的な展開

戦略的プログラム

環境問題の各分野に関するもの
① 地球温暖化対策
② 物質循環の確保と循環型社会形成
③ 環境への負担の少ない交通
④ 環境保全上健全な水循環の確保
⑤ 化学物質対策
⑥ 生物多様性の保全

政策手段に係るもの
⑦ 環境教育・環境学習
⑧ 社会経済の環境配慮のための仕組の構築
⑨ 環境投資

あらゆる段階における取組に係るもの
⑩ 地域づくりにおける取組
⑪ 国際的寄付・参加

環境保全施策　（各論）

第4部　計画の効果的実施

○推進体制の強化
・政府への環境管理システムの導入の検討
・各省庁における環境配慮方針の策定

○計画の進捗状況の点検
・各省庁による自主的な点検の実施
・これを踏まえた中央環境審議会の点検，政府への報告
・政府からの点検結果の国会への報告（環境白書），環境保全経費への反映

図30-1　新環境基本計画の構成（環境省資料より）

F31 環境基準

—— Environment Quality Standards

　環境基準は，人の健康の保護および生活環境の保全の上で維持されることが望ましい基準として，終局的に，大気，水，土壌，騒音等をどの程度に保つことを目標に施策を実施していくのかという目標を定めるので，環境基本法第16条の規定に基づいて定められることになっている．

　環境基準は，「維持されることが望ましい基準」であり，行政上の政策目標である．これは，人の健康等を維持するための最低限度としてではなく，より積極的に維持されることが望ましい目標として，その確保を図っていこうとするものである．

　また，環境基準は，現に得られる限りの科学的知見を基礎として定められているものであり，常に新しい科学的知見の収集につとめ，適切な判断が加えられていかなければならない．

　この環境基準が確保されるよう，政府は，環境基本法に基づきあらゆる施策（環境基本計画，公害防止計画，環境保全施設等の整備事業，環境教育・学習，情報提供等）を実施し，公害の防止に関係するものを総合的かつ有効適切に講ずるように努めなければならない．

　環境基準は，一般住民の健康への悪影響を招くことなくまたは生活環境を損なうことのないような汚染レベルを示すもので，環境基準を一部超えることがあったからといって，ただちに住民の健康が脅かされたり病気になったりするものではない．

　現在定められている環境基準は，次のとおりである．

○ 大気	・大気汚染に係る環境基準
○ 騒音	・騒音に係る環境基準
	・航空機騒音に係る環境基準
	・新幹線鉄道騒音に係る環境基準
○ 水質	・水質汚濁に係る環境基準
	・地下水の水質汚濁に係る環境基準
○ 土壌	・土壌の汚染に係る環境基準
○ ダイオキシン類	・ダイオキシン類による大気の汚染，水質の汚濁及び土壌の汚染に係る環境基準

　なお，これらの環境基準は，地方公共団体等が策定している環境基本計画，緑の基本計画等において，目指すべき環境水準の数値目標にも設定されている．

　また，環境アセスメントにおいては，環境への影響を評価する際の目標値が設定されるが，環境基準等の数値目標をクリアするだけでなく，事業者ができる限り環境への影響を小さくするかどうかも，判断の基準になる．

（冨田祐次）

F31 環境基準

表 31-1 大気汚染に係る環境基準

物質	環境上の条件（設定年月日等）	測定方法
二酸化硫黄 (SO_2)	1時間値の1日平均値が0.04 ppm以下であり，かつ，1時間値が0.1 ppm以下であること．(S 48.5.16 告示)	溶液導電率法又は紫外線蛍光法
一酸化炭素 (CO)	1時間値の1日平均値が10 ppm以下であり，かつ，1時間値の8時間平均値が20 ppm以下であること．(S 48.5.8 告示)	非分散型赤外分析計を用いる方法
浮遊粒子状物質 (SPM)	1時間値の1日平均値が0.10 mg/m^3以下であり，かつ，1時間値が0.20 mg/m^3以下であること．(S 48.5.8 告示)	濾過捕集による重量濃度測定方法又はこの方法によって測定された重量濃度と直線的な関係を有する量が得られる光散乱法，圧電天びん法若しくはベータ線吸収法
二酸化窒素 (NO_2)	1時間値の1日平均値が0.04 ppmから0.06 ppmまでのゾーン内又はそれ以下であること．(S 53.7.11 告示)	ザルツマン試薬を用いる吸光光度法又はオゾンを用いる化学発光法
光化学オキシダント (O_x)	1時間値が0.06 ppm以下であること．(S 48.5.8 告示)	中性ヨウ化カリウム溶液を用いる吸光光度法若しくは電量法，紫外線吸収法又はエチレンを用いる化学発光法

備考
1. 環境基準は，工業専用地域，車道その他一般公衆が通常生活していない地域または場所については，適用しない．
2. 浮遊粒子状物質とは大気中に浮遊する粒子状物質であってその粒径が10 μm 以下のものをいう．
3. 二酸化窒素について，1時間値の1日平均値が0.04 ppmから0.06 ppmまでのゾーン内にある地域にあっては，原則としてこのゾーン内において現状程度の水準を維持し，またはこれを大きく上回ることとならないよう努めるものとする．
4. 光化学オキシダントとは，オゾン，パーオキシアセチルナイトレートその他の光化学反応により生成される酸化性物質（中性ヨウ化カリウム溶液からヨウ素を遊離するものに限り，二酸化窒素を除く）をいう．

表 31-2 ダイオキシン類による大気の汚染，水質の汚濁（水底の底質の汚染を含む）及び土壌の汚染に係る環境基準

媒体	基準値	測定方法
大気	0.6 pg-TEQ/m^3 以下	ポリウレタンフォームを装着した採取筒をろ紙後段に取り付けたエアサンプラーにより採取した試料を高分解能ガスクロマトグラフ質量分析計により測定する方法
水質（水底の底質を除く）	1 pg-TEQ/l 以下	日本工業規格 K 0312 に定める方法
水底の底質	150 pg-TEQ/g 以下	水底の底質中に含まれるダイオキシン類をソックスレー抽出し，高分解能ガスクロマトグラフ質量分析計により測定する方法
土壌	1000 pg-TEQ/g 以下	土壌中に含まれるダイオキシン類をソックスレー抽出し，高分解能ガスクロマトグラフ質量分析計により測定する方法

備考
1. 基準値は，2,3,7,8-四塩化ジベンゾ-パラ-ジオキシンの毒性に換算した値とする．
2. 大気および水質（水底の底質を除く）の基準値は，年間平均値とする．
3. 土壌にあっては，環境基準が達成されている場合であって，土壌中のダイオキシン類の量が250 pg-TEQ/g 以上の場合には，必要な調査を実施することとする．

F32 ミティゲーション

——— Mitigation

　ミティゲーションとは，1970年代後半米国において，導入された環境政策の1つであり，「人間の行動は環境に何らかの影響を及ぼすこと」を前提とし，それを緩和することを目的とした行為である。わが国では，環境影響評価法（1997年）が制定されたのに伴って，事業による環境影響が極めて小さいと判断される場合を除いて，事業者は環境への影響を回避し，低減し，必要に応じて代償措置を行うなど，環境の保全目標を達成するために環境保全措置を検討することとされている。

　ミティゲーションの手順は表32-1に示すように調査，分析，保全目標の設定，計画，設計，施工，管理の各段階に分けることができる。

　調査は大きく生息生育状況調査と生息生育環境調査に分けることができる。生息生育状況調査では，対象地域に生息生育する動植物相のリストと分布図を作成する。また，生息生育環境調査では植生や地形，水環境などの調査や図化が行われる。

　次に分析段階では，生息生育状況と生息生育環境との関連を分析する。この結果は生態系を類型区分することや，特定の種に関する生息生育条件を絞り込むことになる。保全目標の設定段階では，生態系の類型区分による各類型ごとの空間が抽出・図化される。また，動植物の保全目標種が希少性，象徴性などの観点から選定されるとともに，生態系保全の方針が構成種の上位性，典型性，特殊性などの観点から検討される。さらに生息生育環境類型と保全目標種の対応関係が把握され，保全されるべき生態系が明らかにされる。

　計画段階では，事業とミティゲーションがセットになった複数の計画案が作成され，それぞれについて生態系に及ぼす影響を予測する。計画段階では，生息地としての一体化を図り，推移帯と呼ばれるエコトーンを保全することを原則とする。また，自然的攪乱を維持するために，増水や侵食，堆積といった自然の営力による地形変化を許容することも重要である。

　設計・施工・管理段階では，採用されたミティゲーション計画を具体化するために，復元する生態系の設計が行われる。施工では施設の設置や生態系復元の工事が行われる。生物を扱う工事では，まず試験施工が行われ，その結果をもとに工法などに改良を加えた上で，本格的な施工が行われる。また，ミティゲーションによる生息生育状況や生息生育環境の変化を追跡するためにモニタリングが開始される。図32-1は，事業の実施に伴いハッチョウトンボの生息地が消失されることが予測され，本移植の前に仮移植地による試験を実施した事例である。この地域のハッチョウトンボは，谷戸地形における水田上部の休耕田で発生を確認しており，この休耕田では，年に数回の草刈りおよび耕運が行われ，発生時期の6月から8月にかけて低茎湿性草本の草丈がおおむね30 cm以下に保たれていた。また，水が浸る程度の水深で滞留し，水温が高い状態を維持している。仮移植地では，造成と導水を行い，その後水量・水深管理及び草刈りおよび耕運を実施しながらハッチョウトンボの発生を誘導している。

（荒川　仁）

文献

1) 森本幸裕・亀山　章編：ミティゲーション―自然環境の保全・復元技術―，pp.2-42，ソフトサイエンス社，2001

F32 ミティゲーション

表 32-1 ミティゲーションの手順
設計・施工・管理段階ではモニタリング結果によって施工や管理の変更を実施する．

段 階	作 業 内 容
1. 調査	① 生息生育状況調査 ・動植物リスト，分布図，確認位置図 ・想定される保全目標種に関する情報（個体数，行動など） ・想定される保全目標種と関連性のある種の情報（食餌木，共生する種など） ② 生息生育環境調査 ・地形図，植生図などの基盤条件図 ・水環境条件（地表水，地下水にかかわる水量，水深，水温，水質など） ・人為的な管理条件（枝打ち，下草刈りなど）
2. 分析	・生息生育状況と生息生育環境条件の関連性を把握 ・オーバーレイ解析による生態系の類型区分
3. 保全目標の設定	・保全対象とする動植物種の設定（学術性，希少性の観点） ・生態系保全の方針（上位性，典型性，特殊性に配慮）
4. 計画	・複数の計画案に対する影響要因と影響内容の比較 ・計画案の評価（生態学的評価，経済的評価）
5. 設計・施工	・復元する生態系の設計 ・試験施工・本施工
6. 管理	・施工された生態系の管理 ・モニタリングによるミティゲーション手法の評価

▼生息環境整備．ハッチョウトンボの保全

整地前 　　　　　　　　　　整備後

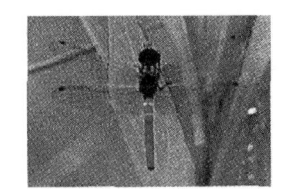

▲ハッチョウトンボ．

図 32-1　仮移植地の整備によるハッチョウトンボの保全
事業により消失されるハッチョウトンボの生息地を復元する例．

F33 レストレーション

—— Ecological Restoration

1. レストレーションの概念

レストレーションとは，物事を回復させるといった意味に使われるが，環境分野では生態系のレストレーション（ecological restoration）を指し，復元や再生の視点から生態系を保全する技術の1つと解釈できる．劣化した自然環境や，失われた自然環境を対象にして，人為によって健全な状態に復元することを目的とした技術である．

復元生態学会は，生態系のレストレーションについて「生態的復元とは，特色を持った従来の歴史的な生態系を確立するために，特定の場所を意図的に変えるプロセスと定義される．その目標は，特定の生態系の持つ構造，機能，多様性，動態をまねることにある」としている．

したがって，過去に存在した生態系をできるだけ忠実に復元することが重要視され，完全な復元ができない修復レベルや，消失した自然を別の場所で代償することも生態系の復元と見なすこともできるが，レストレーションはその復元目標に大きな違いがあると考えるべきである．

2. わが国におけるレストレーションの動向と先進事例

昭和30年代からの高度経済成長期における経済最優先の国策により，多くの自然が失われてきたわが国において，自然復元政策への転換は極めて重要であり，2002（平成14）年3月，地球環境保全に関する閣僚会議が決定した「新・生物多様性国家戦略」にみられるように，21世紀の国策の柱として期待されるものである．とりわけ究極的な生態系復元を目標としたレストレーションは，生態系の破壊が進んだ都市部においては極めて重要な技術であるといえる．

レストレーションは，わが国では歴史が浅く，他の地域から安易に種を導入して生物多様性への配慮を欠いたり，また，理論的・技術的に途上であったことから，多くの問題を残してきた．しかし最近では，里山や水辺等の生態系や，ある場所に生育・生息する種を対象としたレストレーションが実施されるようになり，良好な成果を得ている例も増えてきている．

先駆的事例として，多摩川における絶滅危惧植物であるカワラノギクのレストレーションの事例報告を以下に示す．

カワラノギクは絶滅危惧植物の多くと同様に，個体群が分断化されており，メタ個体群（新生や消滅を繰り返す相互作用のある個体集団）の視点から復元のための計画を立てることが有効と考えられ，カワラノギクの絶滅の危険性をなくすような最終的な保全策を検討する一方，その実現には河川環境そのものの復元や砂利採取等の人為的活動をも制限するなど長期的な取り組みが必要であることから，最終的なゴールまでに絶滅させないための保全策を提案し実行している．

事業は，実験地における実生の定着試験を行い，その結果に基づき生育地となる丸石河原を造成し，個体群の定着と絶滅が繰り返されるようなカワラノギクのメタ個体群の動態を復元する植生管理が行われ，カワラノギクの実生が定着し短期的な保全策として成功を収めている．

また図33-1～4は，ドイツのイザール川（ミュンヘン）のレストレーション事例であり，目標とする河川環境復元計画に基づき復元された河川の姿である． （霊山明夫）

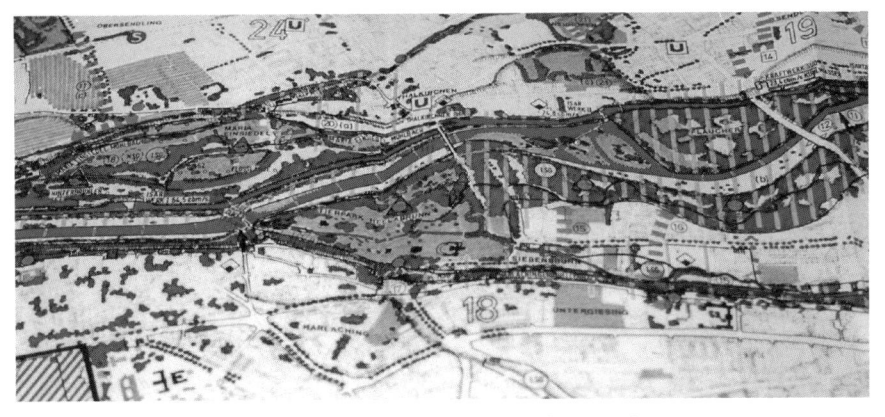

図 33-1 イザール川の河川環境復元計画図の一部

図 33-2 復元された河岸植生と礫質の河原と自然の流路

図 33-3 支流に復元されたワンド

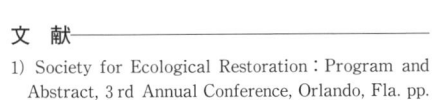

図 33-4 架け替えられた木製の橋（遊歩道）市民の自然のふれあいの場としても活用されている．

文献

1) Society for Ecological Restoration：Program and Abstract, 3 rd Annual Conference, Orlando, Fla. pp. 18-23, 1991
2) 日置佳之：生態系復元における目標設定の考え方，日本造園学会誌ランドスケープ研究, **65**(4), 278-281, 2002
3) 倉本 宣・小林美絵：多摩川におけるカワラノギクのレストレーション，日本造園学会誌ランドスケープ研究, **65**(4), 298-301, 2002

F34 ミティゲーションバンキング
―― Mitigation Banking

　ミティゲーションバンキングは，米国における湿地保護のための国家政策レベルでの取り組みの中から生み出された概念である．

　米国のミティゲーションバンキングにかかわる主な湿地保護政策は表34-1に示すとおりであるが，1990年に陸軍工兵隊と環境保護庁（EPA）との間で交わされた「水質浄化法404条のミティゲーション措置運用に係る合意メモ」[*1]において，ミティゲーションバンキングが代償措置の1つの手段として選択可能であることが示された．その後，1992年にはカリフォルニア州など17州で46のバンクがつくられたが，1993年のクリントン大統領によるミティゲーションバンキング制度の支援宣言を受け，2000年時点で34州230以上に急増したと報告されている．

　さらに，1995年には「ミティゲーションバンクの設立，使用，運営に関するアメリカ合衆国連邦政府ガイダンス」[*2]が出されている．

　同文書には，ミティゲーションバンキングに関する用語の定義が示されている．

- ミティゲーションバンク：湿地またはその他の水環境資源に対する影響を与えることを認める代わりに，事前に同様の環境資源の修復，新たな創出，もしくは機能の増強（特例的に，現況保護）を実施する場所のこと．なお，事業の許認可に際してミティゲーションバンクの利用が認められるのは，問題となる影響が回避できない場合に限られる．
- クレジット：ミティゲーションバンクにおいて新たに創出された水環境の機能を表す単位．
- デビット：開発事業によって消失する水環境の機能を表す単位．

　ミティゲーションバンキングとは，上記の定義に示されたとおり，再生事業等によって創出された水環境の機能を債権（クレジット）に見立てて，事前に銀行（バンク）に貯蓄しておき，開発による水環境機能の消失が回避できない事業者（クライアント）が銀行からクレジットを引き出したり，購入したりすることで，事業の許認可要件を満たすことができるという仕組みである．

　ただし，ミティゲーションバンクの利用は，事業者が事業地において水環境に与える影響の回避，低減，代償措置を行うことが不可能な場合，すなわち，オンサイトのミティゲーションが不可能な場合に限り許されることになっている．

　ミティゲーションバンキングは，事業地から離れた場所での代償措置（オフサイトミティゲーション）であるが，原則として，バンクの再生事業が成果を達成して初めてクレジットが有効となるため，事業に対する許認可を与える時点ですでに代償すべき水環境の機能が確保されているという点に特徴があり，代償措置につきまとう不確実性を取り除く手段として効果的である．

　なお，事業によって消失する環境資源の消失程度（デビット）とミティゲーションバンクから購入するクレジットが同等であるかどうかの判断は，許認可官庁（湿地の場合は陸軍工兵隊）もしくは当該官庁から委託された第3者が行うクレジット評価によって行われる．評価には，HEPやWETのような客観的，定量的評価手法が用いられる場合もあるが，専門家による判断を採用している場合（これをBPJ：Best Professional Judgmentと称する）や単純に面積によって評価を行う場合も少なくない．

表 34-1 米国湿地保護関連年表

年	項目	備考
1977	大統領命令 第11990号 湿地の保護 「湿地の破壊・改変による長期的影響・短期的影響を可能な限り回避」	カーター大統領
1987	大統領の諸問機関，国家湿地政策フォーラム（NWPF）が設置され，no net loss 政策を提唱 「国内に残る湿地が全体として減少することがなく，可能であれば，湿地を創出，修復し，国内の湿地資源を量的，質的に増大させる」	レーガン大統領
1988	湿地の no net loss 政策を採用	ブッシュ大統領
1990	水質浄化法404条のミティゲーション措置運用に係る合意メモ	
1993	湿地保護政策におけるミティゲーションバンキング推進 「当政権は，湿地に対する影響を代償する手段として，適切な条件の下にミティゲーションバンキングを使用することを支持する」	クリントン大統領
1995	ミティゲーションバンクの設立，使用，運営に関するアメリカ合衆国連邦政府ガイダンス	

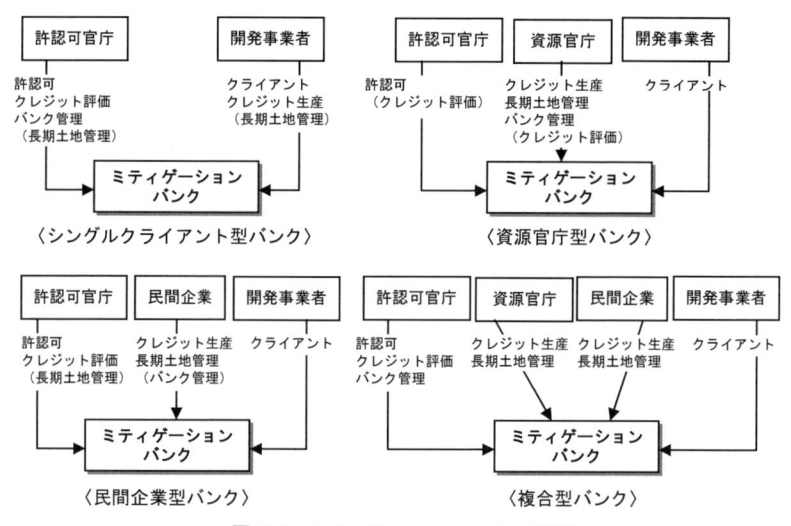

図 34-1 ミティゲーションバンクの形態[3]

クレジットの生産は，図34-1に示すとおり，開発事業者が自ら行う場合もあれば，再生事業等を担当する資源官庁が行う場合，民間企業が行う場合，複数の主体が共同して行う場合など様々である．

近年では，湿地を対象として発展してきたミティゲーションバンキングの概念を生物種の保護のために適用した，コンサベーションバンキングという手段が導入され始めている．たとえば，テキサス州のヒコリーパス牧場では，貴重鳥類の生息地を永久保護区とするかわりに，企業や地方自治体に売ることができるクレジットを土地所有者に与えている．　　　（松井孝子・大野　渉）

*1: Memorandum of Agreement Between the Environmental Protection Agency and the Department of the Army Concerning the Determination of Mitigation under the Clean Water Act Section 404 (b) (1) Guidelines, 1990

*2: Federal Guidance for the Establishment, Use and Operation of Mitigation Banks, 1995

文献

1) Mitsch, W.J., James G.G. : Wetlands (3 rd edition), John Wiley & Sons Inc., 2000
2) Strand, M.N. : Wetlands Deskbook (2 nd edition), Environmental Law Institute, 1997
3) Environmental Law Institute : Wetland Mitigation Banking, Environmental Law Institute, 1993

G 資源・エネルギー・廃棄物

G1 環境都市と資源・エネルギー・廃棄物
—— Environment City and Resouces・Energy・Waste Management

　20世紀の都市は，経済社会の拡大成長を目指し，大量生産，大量消費，大量廃棄を基本とする考えのもとに形成され，生活面におけるモノの豊かさ，欧米諸国との競争に負けない企業の立地環境を獲得した．しかし，環境に負荷を与えることを意識せず，自然の物質循環を超えた資源，エネルギー，廃棄物の排出は，環境に多大な影響を与え始めている[1,2]．このため，20世紀型の都市形成の考え方は見直しを余儀なくされ，我々は，地球規模の環境問題を考慮し，持続可能な開発（sustainable development）としての都市を形成することが求められている．つまり，都市形成のためのコンセプトが循環を考慮した持続可能な環境都市づくりへと転換した．

　ここで，環境都市を考える上での基本的な考え方である循環型社会（recycling society）について，循環型社会基本法の定義を踏まえながら整理すると次のようになる．図1-1に示すように，循環型社会とは，資源を効率的に利用し，ごみは資源としての再利用をまずは考え，やむをえず利用できないごみは適正に処分するとの考え方が基本原則である．したがって，「循環」を考慮した環境都市は，天然資源の消費抑制，発生した廃棄物等を「循環資源」としてとらえ，再使用，再生利用，熱回収等の循環的利用を実践することが条件となる[1]．そのため，環境都市の形成にはこれらを支えるインフラの充実が必要となる．

　また，循環型社会を実現するためのシナリオとして，環境省では，①技術開発推進型シナリオ（図1-2），②ライフスタイル変更型シナリオ，③環境産業発展型シナリオを検討している．①では，廃棄物等は品目別に，高度化した静脈物流システムにより収集され，廃棄物発電等のサーマルリサイクルが活発に行われることが想定されている．②では，生活のペースを少しスローダウンし，ものを修理しつつ大事に使う生産的消費者への変化，地域活動への参加や地産地消など小さな経済で充足感を得る社会が想定されている．③では，環境産業の発展が経済成長を導き，環境産業が供給する環境に配慮した製品やサービスにより，くらしの面でも環境負荷の低減が進む社会が想定されている[1]．国民が上記のシナリオのどれを望むかはまだ判断できないが，①から③のシナリオを実現するためには，資源の有効利用，循環的利用（再利用，再生利用，熱回収）により，資源，エネルギー，廃棄物を極力，地域循環させながら，一方では供給・代謝される資源・エネルギーのイン，アウトに際しての量的な減少を導くことが必要である[3]．環境都市形成に携わる者は，都市内での循環をみる目と，都市と外界との物質循環をみる目を育むことが必要不可欠であり，環境都市の諸インフラを充実するとともに，企業行動や生活行動の変化を誘導しうるソフト（仕組み）を構築する能力も養わなければならない．

〈金岡省吾〉

文　献
1) 環境省：平成14年版 循環型社会白書，pp.32-38, pp.73-76, ぎょうせい，2002
2) 盛岡　通：環境共生の都市づくり4（平本一雄編），p.161, ぎょうせい，2000
3) 武内和彦：持続可能な地域づくり，pp.44-45, 環境情報科学，**29**(3), 2000

大量生産・大量消費・大量廃棄型社会

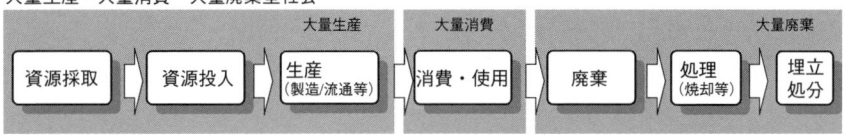

資源採取 → 資源投入 → 生産(製造/流通等)【大量生産】→ 消費・使用【大量消費】→ 廃棄 → 処理(焼却等) → 埋立処分【大量廃棄】

循環型経済

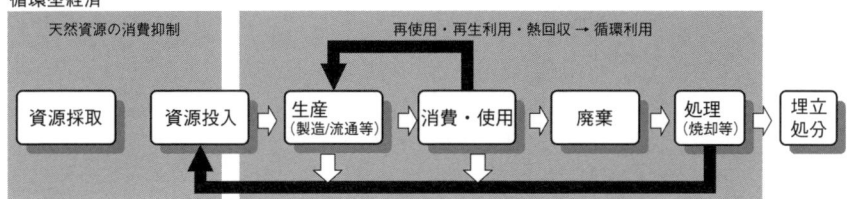

天然資源の消費抑制／再使用・再生利用・熱回収 → 循環利用

資源採取 → 資源投入 → 生産(製造/流通等) → 消費・使用 → 廃棄 → 処理(焼却等) → 埋立処分

図1-1　循環型社会の姿（環境省，2002より作成）

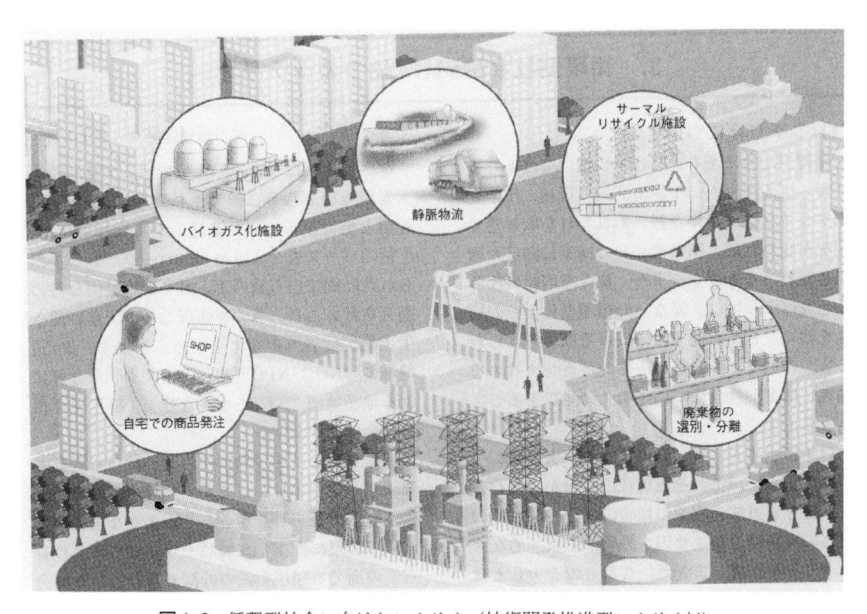

図1-2　循環型社会に向けたシナリオ（技術開発推進型シナリオ）[1]

G2　環境都市と資源循環
— Environment City and Recycling

都市は自立的な存在ではなく，生活行動や企業行動を支えるため，資源の供給と代謝により成立し，供給と代謝のバランスは環境へと影響を与えるものである．循環を考慮した環境都市を実現するためには，資源をどれだけ採取，消費，廃棄しているのかといった資源循環を認識し，そのバランスを維持することが必要である．そのためには，都市内だけではなく，都市外との関係を知り，良好なバランスを維持する目を養うことが求められる．そこで，資源循環の代表的なものとして，物質循環 (material recycling)，資源回収 (resource recovery，循環資源利用)，水循環 (hydrological cycle) について概観する．

まず，わが国の物質収支 (material balance) は，図2-1に示すように，総物質21.3億tが投入されており，自然界からの資源採取は国内5割 (11.2億t)，輸入3割 (7.1億t) を占める．投入された総物質の約5割にあたる量 (11.5億t) が建物，社会インフラとして蓄積され，約4割にあたる量 (8.0億t) がエネルギー消費や廃棄物として排出され，約1割にあたる量 (2.3億t) が再生利用されている．わが国の物質収支の特徴は，総物質投入量，資源採取量，総廃棄物発生量，エネルギー消費の多さ，資源・製品の流入量と流出量のアンバランスさ，再生利用量の少なさがあげられる[1]．以上のように，わが国の経済社会はいまだ大量生産，大量消費，大量廃棄型の構造であり，循環を考慮した環境都市形成の必要性をうかがい知ることができる．

資源回収 (循環資源利用) では，図2-2に示すように，年間6.2億tの廃棄物，副産物等が排出され，約5割 (3.1億t) が再使用，再生利用などの循環的利用がなされ，焼却・脱水等により減量化され，約1割 (0.7億t) が最終処分されている．再使用された循環資源はごくわずか (500万t) であるが，製品リユースがその8割 (400万t) を占める．直接再生利用された循環資源と，中間処理・再資源化処理等を行った上で再生利用された資源を合わせた再生利用 (マテリアルリサイクル) は，排出された廃棄物，副産物等のうちで約5割 (3.0億t) を占める．なお，熱回収 (サーマルリサイクル) については，一般廃棄物ではかなりの割合で発電，蒸気・温水利用等が行われているが，産業廃棄物ではわずかである[1]．前述のように，わが国の再生利用量は少なく，循環を考慮した環境都市の形成により，再使用，再生利用 (マテリアルリサイクル)，熱回収 (サーマルリサイクル) を高めることが必要となる．

最後に水収支についてみると，図2-3に示すように，わが国の降水量は6500億m^3であり，雨水は地下水や河川水として流れ，都市で農業用水，工業用水，生活用水として利用され，海に戻る循環を形成している．我々は河川水として767億m^3，地下水として111億m^3を利用しているが，上下水道，工業用水などの人為の給排水施設は，自然の循環経路に大きく影響を与えており，自然と人為の双方のバランスを図ることが必要となる．　　　　（金岡省吾）

文献
1) 環境省：環境白書 平成14年版, p.4, ぎょうせい, 2002 a
2) 環境省：平成14年版 循環型社会白書, pp.39-41, pp.41-42, ぎょうせい, 2002 b
3) 国土交通省：平成14年版 日本の水資源, p.43, p.261, 財務省印刷局, 2002

G2　環境都市と資源循環

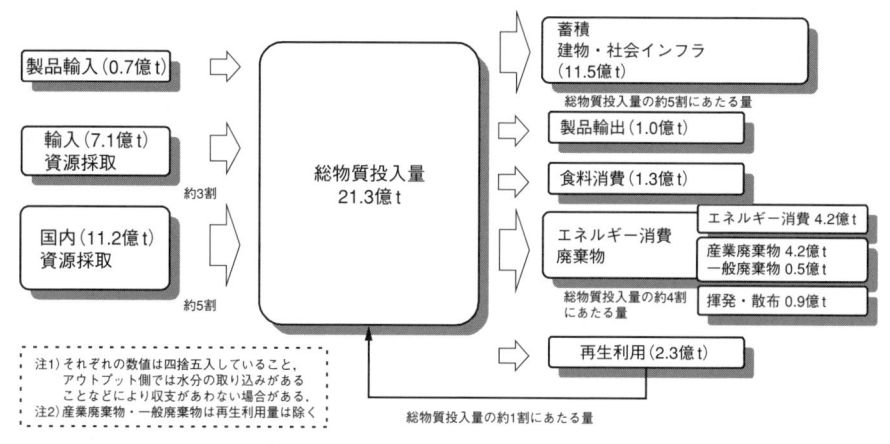

図2-1　物質収支（環境省，2002bより作成）

インプット側：
- 製品輸入（0.7億t）
- 輸入（7.1億t）資源採取　約3割
- 国内（11.2億t）資源採取　約5割

→ 総物質投入量 21.3億t

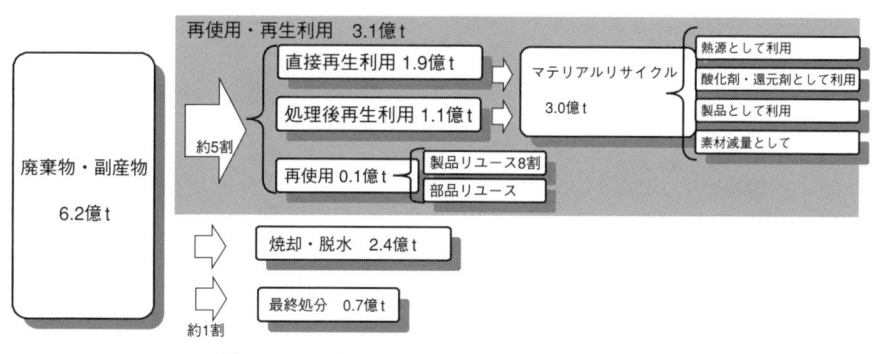

アウトプット側：
- 蓄積　建物・社会インフラ（11.5億t）　総物質投入量の約5割にあたる量
- 製品輸出（1.0億t）
- 食料消費（1.3億t）
- エネルギー消費廃棄物　総物質投入量の約4割にあたる量
  - エネルギー消費 4.2億t
  - 産業廃棄物 4.2億t
  - 一般廃棄物 0.5億t
  - 揮発・散布 0.9億t
- 再生利用（2.3億t）　総物質投入量の約1割にあたる量

注1）それぞれの数値は四捨五入していること，アウトプット側では水分の取り込みがあることなどにより収支があわない場合がある。
注2）産業廃棄物・一般廃棄物は再生利用量は除く

図2-2　循環資源フロー（環境省，2002bより作成）

廃棄物・副産物 6.2億t

- 再使用・再生利用 3.1億t　約5割
  - 直接再生利用 1.9億t
  - 処理後再生利用 1.1億t
  - 再使用 0.1億t（製品リユース8割／部品リユース）
  - マテリアルリサイクル 3.0億t
    - 熱源として利用
    - 酸化剤・還元剤として利用
    - 製品として利用
    - 素材減量として
- 焼却・脱水 2.4億t
- 最終処分 0.7億t　約1割

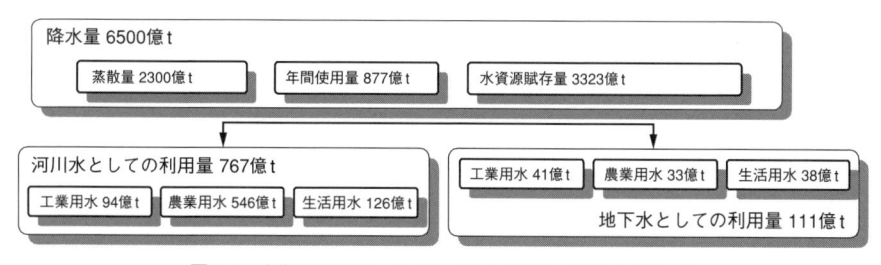

図2-3　水資源賦存量と使用量（国土交通省，2002より作成）

- 降水量 6500億t
  - 蒸散量 2300億t
  - 年間使用量 877億t
  - 水資源賦存量 3323億t

河川水としての利用量 767億t
- 工業用水 94億t
- 農業用水 546億t
- 生活用水 126億t

地下水としての利用量 111億t
- 工業用水 41億t
- 農業用水 33億t
- 生活用水 38億t

G3　環境都市とエネルギー
—— Environment City and Energy

　地球温暖化とエネルギー消費には密接な関係があり，温暖化の原因となる温室効果ガスのうち最も影響の大きい二酸化炭素の8割は，エネルギー起源の排出となっている．また，エネルギーは上下水道と並び，必要不可欠なライフラインであり，ライフラインが甚大な被害を受けた1995年の阪神・淡路大震災は記憶に新しい．

　エネルギーの視点から望ましい都市のあり方をみると，環境負荷が小さい省エネシステムや，震災時に対応可能な自立型の自然エネルギーなどが求められる．一方，わが国のエネルギー政策の基本目標は，「環境保全や効率化の要請に対応しつつ，エネルギーの安定供給を実現する」こととしているが，その対策は，産業，民生，運輸といったエネルギー消費部門別の基本方針にとどまり，地域や都市の視点が不足しているため，地域および都市における具体的な展開には，地方自治体が主体となり策定する計画が必要である．

　このため，1990年代初頭に建設省（当時）が提唱したエコシティ事業において，地方自治体が次世代の都市システム（①自然エネルギー活用システム，②都市エネルギー活用システム，③防災街区安全システム）を展開する地方自治体を支援しており，全国で20都市がモデル都市となっている．

　また，エネルギーの所管省庁である経済産業省資源エネルギー庁では，NEDO（新エネルギー・産業技術総合開発機構）を窓口として，地域レベルでの省エネルギー対策ならびに新エネルギー導入を推進するため，地方自治体が行う地域エネルギー計画の策定に対し補助を行っている．これら地域エネルギー計画は，地域エネルギービジョンと呼ばれ，「省エネルギーにかかわる地域省エネルギービジョン策定等事業」（以下，省エネビジョン）は，2002年度時点で全国で94の地方自治体がビジョン策定に取り組んでいる．一方の地域新エネルギービジョン策定等事業（以下，新エネビジョン）は，新エネルギーが自然環境等，地域資源に規定される地域分散型のエネルギーであり，より地域レベルでの取り組みが重要であることから，省エネビジョンに比べ5年早い1995年に創設され，2002年度までに全国の2割弱に及ぶ555の地方自治体で策定されている．

　地域エネルギービジョンの具体事例として，東京都三鷹市と鹿児島県鹿児島市をみてみる．三鷹市では，1999年に「三鷹市地域新エネ・省エネビジョン」を策定し，翌2000年には，ビジョンの事業展開を図るため，「三鷹市省エネビジョンフィージビリティスタディ」を実施，中心市街地活性化の担い手であるTMO (town management organization) の(株)まちづくり三鷹が事業主体となり，市コミュニティセンターの省エネ対策事業が具体化している．

　鹿児島市は，2003年に「鹿児島市地域新エネルギービジョン」を策定し，新規に整備される清掃工場への廃棄物発電の導入や，小中学校への太陽光発電および小型風力発電の導入などハード整備事業に加え，市民や事業者との連携による市民共同発電所の設置など自然エネルギー導入促進のためのソフト施策も位置づけ，市民団体を中心に取り組んでいる（表3-1）．

　徹底した地方分権が進むスイスでは，建築設計，交通運輸などエネルギーにかかわるクオリティマネジメントカタログを作成し，達成状況により自治体に「エネルギー

表 3-1 鹿児島市地域新エネルギービジョンにおける施策メニュー一覧

① 地域資源を最大限生かした新エネルギーの導入	市	・小中学校への太陽光発電など自然エネルギーの導入 ・今後の更新を含め新たに整備が予定される公共施設への新エネルギーの導入可能性の検討
	市民	・住宅への太陽光発電や太陽熱温水器等の積極導入 ・市民共同発電所への積極参加
	事業者	・事務所において利用可能な新エネルギーの導入
② 循環型社会形成に資する新エネルギーの導入	市	・新北部清掃工場への廃棄物エネルギーの導入 ・鹿児島市低公害車等導入計画の推進によるクリーンエネルギー自動車の導入
	市民	・自家用車の買い換えや新規購入時におけるクリーンエネルギー自動車の購入
	事業者	・事業用途でのクリーンエネルギー自動車の導入
③ 公民パートナーシップによる導入に向けた環境づくり	市	・環境等に取り組む市民団体との連携による市民共同発電所の展開 ・マンション等の屋上への太陽光発電など自然エネルギー導入システムの検討 ・今後の更新を含め新たに整備が予定される公共施設への普及啓発を目的とした新エネルギーの導入 ・環境等に取り組む市民団体との連携による地域の環境リーダーの養成や推進懇談会等を運営する体制づくり ・産学官連携によるエネルギー教育の推進体制づくり ・新エネルギー導入者への優遇措置など導入支援策の検討 ・新エネルギー導入に関する各種情報提供と相談窓口の設置
	市民	・市民共同発電所への積極参加 ・マンション等の屋上への太陽光発電など自然エネルギー導入への協力 ・地域の環境リーダーの養成や推進懇談会等を運営する体制づくり ・産学官連携によるエネルギー教育への積極参加 ・市が行う各種支援策の積極活用
	事業者	・ISO 14001 の認証取得済み事業者などによる率先的な新エネルギーの導入 ・新規に建てる住宅への太陽光発電など自然エネルギー導入への協力（建設業） ・地域の環境リーダーの養成や推進懇談会等の運営への協力 ・産学官連携によるエネルギー教育への積極参加 ・市が行う各種支援策の積極活用

鹿児島市「鹿児島市地域新エネルギービジョン」2003（平成15）年2月より．

都市」証明書を授与している．わが国でも今後，第三者機関によりエネルギービジョンの達成状況が評価され，証明書などを授与することにより，ビジョンの具体化に弾みがつくことが期待される． （金谷　晃）

G4 環境都市と廃棄物
── Environment City and Waste Management

わが国においては，これまでの大量生産，大量消費，大量廃棄型の社会経済活動を見直し，天然資源の消費を抑制し環境への負荷を低減するとともに，できる限り廃棄物の排出を抑制し，廃棄物となったものについて適正かつ効果的な循環的利用や，適正処分が行われるような循環型社会への転換が課題となっている．

わが国の循環資源フローの現状（1998（平成10）年度）をみると，1年間に6.1億tの廃棄物（一般廃棄物0.8億t，産業廃棄物4.1億t），副産物等が排出され，そのうち3.1億tが再使用，再生利用等により減量化され，2.4億tが焼却・脱水等により減量されることにより0.7億tが最終処分されている．

廃棄物の排出量が高水準で推移している状況下において，循環型社会形成に向けた基本的考え方である排出抑制（リデュース），循環的利用（リユース，リサイクル）および適正処分を推進するため，廃棄物処理法，資源有効利用促進法，各種リサイクル法（容器包装リサイクル法，家電リサイクル法，建設リサイクル法，食品リサイクル法等）等の法制度が整備されてきている．

廃棄物は，市町村の処理責任である一般廃棄物と事業者の処理責任である産業廃棄物に区分されるが，循環型社会形成のためには，国，地方公共団体，事業者および国民が，それぞれ適切に役割を分担するとともに，互いにパートナーシップを組んで協働して取り組むことが重要である．

環境負荷の少ない循環型の社会を形成するためには，特に生産，流通，消費の拠点でもある都市での取り組みが特に重要である．このため，都市環境を適切に管理する視点に立ち，各種の施策を統合した環境基本計画の策定，環境マネジメント体制を確立するとともに，新しい技術を活用した都市環境管理システムの導入等が必要となっている．こうしたことから，国においても環境都市を目指した施策の推進を図っている．国土交通省では，環境共生都市（エコシティ）づくりの推進を図るため，各都市において都市環境計画の策定を促すとともに，これに基づく都市施設の積極的な整備を促進することとしている．このため，都市に関する新しい技術を複合，統合化して先導的に都市への適用を図る次世代都市整備事業の推進や，民間における取り組みを支援する融資・税制等の制度を活用することとしている．

また，経済産業省と環境省は，廃棄物をゼロにすることを目指すゼロエミッション構想推進のため，「エコタウン事業」の実施を支援している．地方公共団体が推進計画（エコタウンプラン）を作成した場合，それに基づくハード面での施設整備への助成やソフト面での各種メニューへの支援を実施している．

なお，建設分野においては，わが国の資源利用量の約40％を建設資材として消費する一方，産業廃棄物全体の最終処分量の30％程度を建設廃棄物として処分している現状から，廃棄物の減量化とリサイクルの推進が不可欠になっているため，建設リサイクル法に基づき，一定規模以上の工事について，特定建設資材（コンクリート，アスファルト，木材等）が廃棄物になったものを対象に，分別解体および再資源化等が義務づけられている． （冨田祐次）

文献
1) 環境省：平成14年版 循環型社会白書，ぎょうせい，2002

G4　環境都市と廃棄物

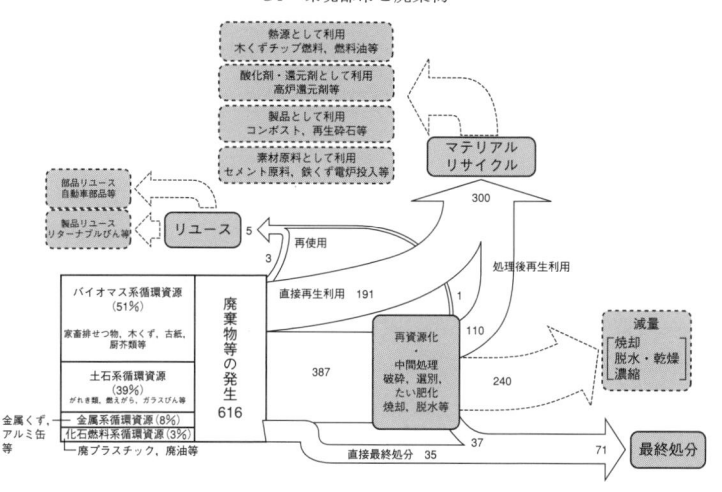

図 4-1　わが国における循環資源フロー（1998（平成 10）年度，単位：百万 t，資料：環境省）

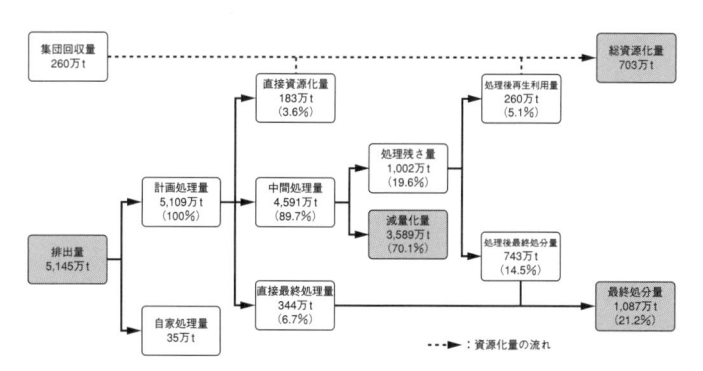

図 4-2　一般廃棄物（ごみ）の処理の流れ（1999（平成 11）年度，単位：万 t/年，資料：環境省）
四捨五入のために合計値が一致しない場合がある．

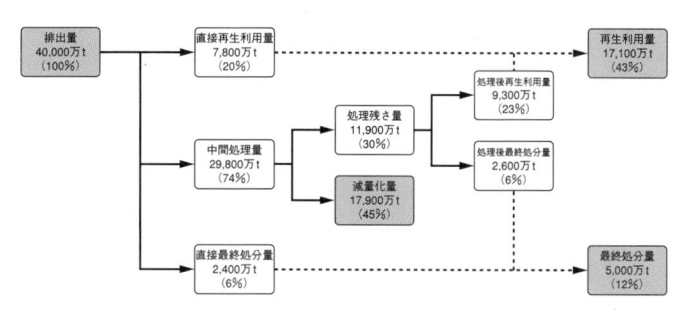

図 4-3　産業廃棄物の排出量および処理の流れ（1999（平成 11）年度，資料：環境省）
各項目の数値は，四捨五入してあるため収支が合わない場合がある．

G5 ゼロエミッション ——Zero Emission

1. 概要

廃棄物をできる限りゼロに近づけて，環境への影響を減らすゼロエミッション（zero emission）は，限りある資源を大切に活用して廃棄物の発生を抑える，循環型社会（sustainable society）実現のキーワードとして，広く使われている．

2. 背景

20世紀の大量生産・大量消費・大量廃棄型の一方通行の産業活動と，その中で定着した我々の使い捨て型ライフスタイルは，資源採取・生産・流通・消費・廃棄の様々な過程で環境汚染を引き起こしてきた．地球の自然浄化能力はすでに限界に達しているといわれており，自然と人間がいつまでも共存できる経済社会システムへの早急な転換が，21世紀の緊急課題となっている．

この持続可能な資源循環型社会を実現する手段として，1994年に国連大学が示したのがゼロエミッションの考え方であり，学長顧問グンター・パウリを中心にした「国連大学ゼロエミッション研究構想」で提唱された．

3. 内容

具体的には，産業活動から排出される廃棄物等を，資源として別の産業で生かす資源循環の環をつなぎ，最終的に社会全体から排出される廃棄物の発生を抑制しようというものである．先進的取り組みとして知られるデンマークのカルンボー（Kalundborg）工業団地では，1970年頃から火力発電所（図5-1）・製油所・石膏ボード工場・製薬工場・土地改良会社の5社と市役所が連携して，産業共生型資源循環（industrial symbiosis, exchange of resources）ネットワーク（図5-2）を構築．火力発電所の蒸気を製油所，製薬工場等で利用し，灰を石膏ボード工場で再資源化，市と協力して水やエネルギーの循環利用も進めることで，廃棄物や排水，未利用エネルギーの発生をできる限りゼロに近づけている．また，地域全体での資源・水・エネルギーの使用量も減っており，環境負荷の削減とともに各企業が経営効率を上げ，利益を増やしている．

一方，国連大学の提唱の後，工場の廃棄物発生をできる限り減らす「ごみゼロ工場」の取り組みをする企業が増えた．これまで廃棄物として処分していたものを，たとえば金属，プラスチック，ガラス，紙，植栽の剪定くず，食堂の生ごみ等と，素材ごとに細かく20〜30種類に分別．おのおのを資源として専門業者に引き渡し，最終的に素材別に資源化できないものをRDF（ごみ固形燃料）化してエネルギーとして利用．結果的に廃棄物処理費用も大幅に減り，企業にとっての経済効果は大きい．

4. 法律

法制度も，廃棄物の発生抑制と資源の循環的利用を促進するため，生産者責任と排出者責任を強める法律が1990年代以降次々と整った．1991年には再生資源利用促進法(2001年資源有効利用促進法に改正)，1995年容器包装リサイクル法，1998年家電リサイクル法，2000年には食品リサイクル法，建設資材リサイクル法，グリーン購入法，そして個別法をまとめる基本理念として「循環型社会形成推進基本法」も制定された．この基本法は，発生抑制から始まるリデュース（減量）・リユース（再使用）・リサイクル（再利用）の3Rと，熱回収・廃棄物適正処理の優先順位が明文化されたことが特徴で，製品のライフサイ

G5 ゼロエミッション

図 5-1 アスネス火力発電所 (Asnæs Power Station)
デンマークのカルンボー市内にある，産業共生型工業団地の中核企業．

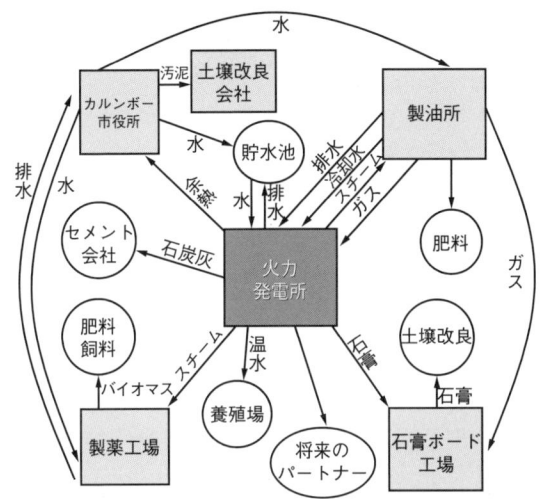

図 5-2 カルンボー工業団地・産業共生型資源循環の内容
5つの企業と市役所がネットワークをつなぎ，水・熱・灰等の資源・エネルギーを循環させ，効率的に活用するゼロエミッション先進事例．カルンボー産業共生センター (Kalundborg Center for Industrial Symbiosis) 発行パンフレットをもとに作成．

クル全体で環境負荷を減らす社会的機運が高まってきている．

5．今 後

また，各事業者の取り組みの進展に伴い，地域内の資源循環を目指すゼロエミッション構想も定着し始め，リサイクル関連事業等を集約して整備するエコタウン事業が，1997年以降北九州市や川崎市など17地域に広がっている．

地域社会の暮らしをつなぐ資源循環も進んでおり，生活者・NPO・事業者・行政等が連携して生ごみの回収・堆肥化・飼料化等を行い，農家と協力して野菜を育て，あるいは菜の花を育てて菜種油をつくり，家庭やレストランで活用し，廃食油は回収してバイオ燃料にして使い切る等，新たな展開を見せている．

今後は，単に産業活動だけでなく，循環型地域づくりや快適に暮らせるまちづくり等，新しい経済社会システムやライフスタイルを創造するキーワードとしての広がりが期待されている．

〈崎田裕子〉

文 献
1) 三橋規宏：ゼロエミッションのガイドライン，海象社，2001

G6　自然エネルギー利用
────── Renewable Energy

　自然エネルギーは，有限な化石燃料や原子力とは異なり，尽きることなく再生が可能であることから，欧米では一般に再生可能エネルギー（renewable energy）と呼ばれる．太陽光発電や太陽熱，風力，バイオマス，地熱，水力などのエネルギーが対象となるが，わが国における利用形態は，太陽光発電と風力発電が代表格である．太陽光発電システムは，国の導入支援制度と技術開発により設置コストが2001年で8年前に比べ1/5の水準まで低下しており，2001年度末の日本の導入実績は，約45.22万kWと世界の46%を占め世界一の太陽エネルギー王国となっている．風力発電は，世界の1.8%を占め順位は10位にとどまるが，1997年で2.1万kWだった導入量は，2001年12月末には31.2万kWと約15倍に急増している（表6-1，図6-1, 6-2）．

　自然エネルギーは，環境に与える負荷が小さく，純国産のクリーンエネルギーであるが，一般的にエネルギー密度が小さく，安定供給性の面で課題がある．具体的には，太陽光や風は自然条件に左右されることに加え，太陽光発電であればエネルギー変換効率が十数%と低い．また，風力発電は，変換効率は4割と比較的高いが，経済性を有するためには6m/s以上の安定的な風速を必要とするため，導入適地は山間部や沿岸部等に限られてしまう．

　このため，都市における自然エネルギー利用を考えた場合，生ごみや下水汚泥，廃木材，剪定枝など都市生活や産業活動によって排出される有機性の廃棄物を資源として利用する，バイオマスエネルギーが最有力なものとしてあげられる．バイオマスエネルギーは，生物資源を原料としたエネルギー資源および工業原料などの総称で，「カーボンニュートラル」の特性（バイオマスを燃料にすることにより大気中に放出される二酸化炭素は，生物の成長過程で光合成により取り込まれたものであることから，バイオマスを燃焼しても，大気中の二酸化炭素は増加させないという特性）を有し，その活用は，欧米でも注目されている．すでに欧州連合（EU）では，域内総エネルギー供給の再生可能エネルギー比率を，2010年までに12%とする倍増計画を打ち出しており，米国でも1999年にバイオマス研究を国家戦略に位置づけ，2010年に供給量の1割を賄い，2015年以降は自動車燃料の15%をバイオマスからつくったエタノールで代替する目標を立てている．

　わが国でも2002年12月に，文部科学，農林水産，経済産業，国土交通，環境の5省により，バイオマスの総合的な利活用（動植物，微生物，有機性廃棄物からエネルギー源や生分解素材，飼肥料等の製品を得ること）に関する「バイオマス・ニッポン総合戦略」を策定し，2010年の新エネルギー供給目標量1910万kl（原油換算）の約31%をバイオマスエネルギーの数値目標としている．また，食品リサイクル法や建設リサイクル法等の法整備もあり，バイオマスエネルギーの技術開発に関する実証事業が進展している．都市における具体例の1つとして，神戸市のポートアイランドにおける生ごみ発電があげられる．当該事業は，周辺のホテルから発生する生ごみを収集し，メタン発酵槽によりメタンガスを発生・回収，回収したメタンから水素を精製の上，100kWのリン酸型の燃料電池で発電する都市型のバイオマス発電システ

G6 自然エネルギー利用

表 6-1 太陽光発電および風力発電の国際比較

設備容量（万 kW）

太陽光発電（2001 年度末）				風力発電（2001 年 12 月末）			
①	日本	45.22	46.0%	①	ドイツ	875.3	49.4%
②	ドイツ	19.47	19.8%	②	米国	424.5	24.0%
③	米国	16.78	17.1%	③	スペイン	333.5	18.8%
④	オーストラリア	3.36	3.4%	④	デンマーク	241.7	13.7%
⑤	オランダ	2.05	2.1%	⑤	インド	150.7	8.5%
⑥	イタリア	2.00	2.0%	⑥	イタリア	69.7	3.9%
⑦	スイス	1.76	1.8%	⑦	英国	48.5	2.7%
⑧	メキシコ	1.50	1.5%	⑧	オランダ	48.3	2.7%
⑨	フランス	1.39	1.4%	⑨	中国	39.9	2.3%
⑩	スペイン	0.91	0.9%	⑩	日本	31.2	1.8%
⑪	カナダ	0.88	0.9%	⑪	スウェーデン	28.0	1.6%
⑫	オーストリア	0.66	0.7%	⑫	ギリシャ	27.2	1.5%
⑬	ノルウェー	0.62	0.6%	⑬	カナダ	20.7	1.2%
⑭	韓国	0.48	0.5%	⑭	ポルトガル	12.7	0.7%
⑮	スウェーデン	0.30	0.3%	⑮	アイルランド	12.5	0.7%
⑯	フィンランド	0.28	0.3%	⑯	エジプト	12.5	0.7%
	世界合計	98.22	100%		世界合計	1770.6	100%

風力発電の日本の数値は，NEDO 調べ（2002 年 3 月末現在）による．太陽光発電の 2001 年度末実績は，IEA 統計より NEDO 調査による．風力発電の 2001 年 12 月末実績は，"Wind Power Monthly April 2001" による．

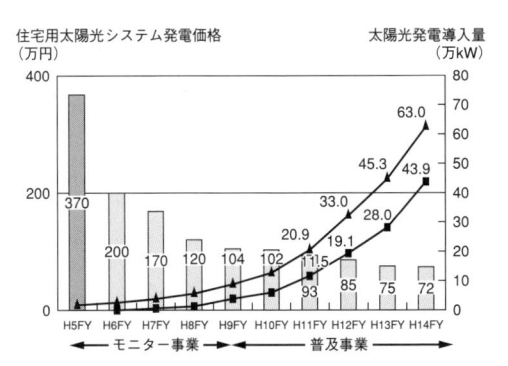

図 6-1 住宅用太陽光発電システム導入量と価格・発電コストの推移（資源エネルギー庁）
メーカーヒアリング等により経済産業省にて試算．

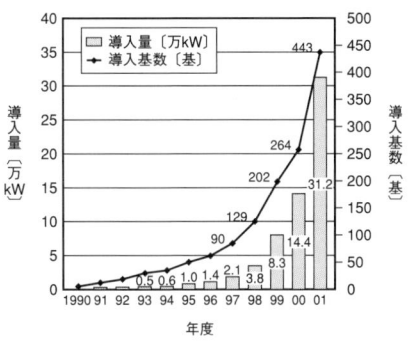

図 6-2 日本における風力発電導入量の推移（資源エネルギー庁）

ムのプロジェクトであり，2000 年より 3 カ年にわたり環境省が温暖化防止を目的に行ったものである．バイオマスエネルギーの利活用は，循環型社会の形成や特色ある地域づくりにも資することから今後一層の展開が期待される．

（金谷　晃）

G7　省エネルギー

—— Energy Conservation

　2001年7月の総合資源エネルギー調査会の予測によれば，わが国のエネルギー需要量は，原油換算で1999年度の4億200万klから2010年度には4億900万klへと増加し，部門別でみると，産業部門・運輸部門で減少するが，民生部門で増加するとしている．民生部門のエネルギー消費量は，人口・世帯数の増加や家電製品の多様化等を背景に増加傾向にあり，民生部門に対する今後一層の対策が求められるといえる．

　実施すべき身近な対策としては，省エネルギー対策（以下「省エネ対策」）があげられる．国民経済上できる限り効用を変えない範囲での最大限の省エネ化を図ることが必要であり，これは最も優れたエネルギーの安定供給確保であると同時に，最も優れた環境対策でもあることに加え，省エネ技術の開発や新たな省エネ設備等への投資を生むことも期待される．

　省エネ対策は，経団連環境自主行動計画の実施，トップランナー方式の導入等で推進されており，2001年6月策定の「今後の省エネルギー対策について（総合資源エネルギー調査会省エネルギー部会）」（表7-1）では，現行対策での省エネ効果（原油換算約5000万kl）に，民生業務部門への追加対策（同換算約700万kl）を実施するとしている．このうち，都市に関連する省エネ対策を具体的にみると，民生業務部門では，「住宅・建築物の省エネ性能の向上」が，運輸部門では，「交通システムに係る省エネ対策」があげられる．

　住宅・建築物の省エネ性能の向上については，性能表示制度の活用推進や誘導的措置の拡充（住宅への助成制度の拡充や建築物に対する税制等の拡充），規制的措置の運用強化をあわせて実施することとしている．また，交通システムにかかわる省エネ対策としては，ITを活用した公共車両優先システムの整備や地方公共団体による交通需要マネジメントやデマンドバスの実証等の支援などが対策強化の例としてあげられている．

　東京都三鷹市では，市役所本庁舎の省エネ対策として，照明やエアコンのインバーター交換や電力自動監視装置の設置などを行い，年間210万円の光熱費を削減している．また，省エネによるエネルギー削減量は，リアルタイムに市役所の1階市民ホールで表示され市民への普及啓発に役立っている．

　一方，交通システムにかかわる省エネ対策のモデルは，ドイツ南部の都市フライブルク市にみることができる．フライブルク市は，LRT（路面電車を軸とした交通システム）を導入しており，中心市街地の交通手段は自転車，歩行者，そしてLRTが中心となっている．同市では基本的な放射路線をLRTが担い，これを補完する路線の終点からさらに郊外への路線はバスが担うというように，明確な役割分担が行われている．郊外におけるLRTとバスの乗換駅では，平面で同一ホーム構造となっており，階段等を利用した上下運動をすることなくバスとの乗り換えができる．これらと合わせて，郊外のLRT駅には大規模なパークアンドライド駐車場が整備されていて，自動車利用者の利便性も十分に図られている．中心市街地では，歩行者専用道路が広範囲に設定され，トランジットモール（歩行者専用のモールまたはショッピングモールにLRTなどの公共交通を導入した都心商業空間）により，人口20万人の都

表7-1 現行の省エネルギー対策および今後の省エネルギー対策の概要[1]

部門	対策名	省エネ量(原油換算)
産業	現行対策	2010万kl
	○経団連環境自主行動計画等に基づく措置	(両方の対策で)
	○中堅工場等における省エネルギー対策	2010万kl
	新規対策	40万kl
	◎高性能工業炉（中小企業分）	40万kl
	小計	2050万kl
民生	現行対策	1400万kl
	○トップランナー規制による機器効率の改善	540万kl
	○住宅・建築物の省エネ性能の向上	860万kl
	新規対策	460万kl
	◎トップランナー機器の拡大	120万kl
	◎高効率機器の加速的普及	50万kl
	◎待機時消費電力の削減	40万kl
	◎家庭用ホームエネルギーマネジメントシステム（HEMS）の普及	90万kl
	◎業務用ビルエネルギーマネジメントシステム（BEMS）の普及	160万kl
	小計	1860万kl
運輸	現行対策	1590万kl
	○トップランナー規制による機器効率の改善	540万kl
	○クリーンエネルギー自動車の普及促進	80万kl
	○交通システムにかかる省エネ対策*	970万kl
	新規対策	100万kl
	◎トップランナー基準適合車の加速的導入	50万kl
	◎ハイブリッド自動車等車種の多様化等の推進	50万kl
	小計	1690万kl
分野横断	○技術開発	100万kl
	・高性能ボイラー（産業関連技術）	40万kl
	・高性能レーザー（産業関連技術）	10万kl
	・高効率照明（民生関連技術）	50万kl
	・クリーンエネルギー自動車の高性能化（運輸関連技術）	──
	*ハイブリッド自動車等車種の多様化等の推進の内数	
	小計	100万kl
計	現行対策	5000万kl
	新規対策	700万kl
	合計	5700万kl

なお，新エネルギーの目標ケースにおける家庭用燃料電池コージェネレーションの増分の省エネ効果を評価すれば約20万kl（参考値）．＊：これらの省エネルギー対策については，省エネルギー部会報告書のほか，運輸政策審議会答申「21世紀初頭における総合的な交通政策の基本的報告について（2000（平成12）年10月19日）」等を参照．

市と思えないほどのにぎわいをみせている．こうした交通ターミナルの多機能化による都市構造の見直しによる省エネ対策は，中心市街地の再生に取り組むわが国に多くの示唆を与えてくれる．

（金谷 晃）

文献

1) 経済産業省：総合資源エネルギー調査会総合部会/需給部会 報告書, 2001

G8　屋上緑化と壁面緑化
── Roof Planting and Wall Planting

　都市のヒートアイランド化の抑制，建物内部熱環境の改善等の点で注目を集めているのが屋上緑化（roof planting/roof garden）や壁面緑化（wall planting/vegetation covering on wall surface）といった人工構造物表面の緑化技術である．植物による都市環境の改善を考えた場合，大地に根づいたもののほうが安定的に高い効果を発揮することが期待できるのだが，都心部の高騰する地価は，地上に大面積の緑地を新たにつくることを許さない状況である．そのような中で，新たな土地取得を伴わずに緑地面積を増やす手法として，屋上緑化や壁面緑化は非常に有効であり，高密都市部においては，ほとんど唯一の緑地の増加手段であるといっても過言ではない．

　建築物や土木構造物の表面を緑化することによる効果には様々なものがある．それらをまとめたものが表8-1である．このように，屋上緑化，壁面緑化の効果の最大の特徴は，その多様性にある．これらの効果1つ1つを検討してみると，たとえば建物の遮熱効果は，発泡スチロールのような人工的な断熱材に一歩及ばない面がある等，他の代替装置よりも劣ることも多い．しかし，こういった多彩な効果を，屋上緑化，壁面緑化といった，たった1つの装置で獲得できるという点が優れているのである．屋上緑化，壁面緑化というのは，何か1つの環境問題に対する対策として実施するという発想ではなく，都市に失われた自然地表面を新たに復活させることによって，過度の都市化に伴う様々な都市環境問題を，自然の力を利用して緩和するためのものであると考えることが重要である．そのような環境改善効果のうち代表的なのは以下のようなものである．

　緑化によるヒートアイランド軽減効果は，コンクリートやアスファルト面からの，大気に対する顕熱（sensible heat）の移動を，植物や土壌からの蒸発潜熱（latent heat）によって消去する，というメカニズムによって発揮される．水分が潤沢で日陰にある緑被では，蒸散による放熱が放射や伝導による吸熱量を上回っており，表面温度は気温よりも低下する．これによって大気の冷却面として働くようになり，都市大気の積極的な冷却装置としての効果が期待できる．

　建物内部の熱環境の改善効果も，蒸発散による効果と，放射の遮へい効果によってもたらされる．緑化による屋内側での室温の低下効果，冷房にかかわるエネルギー消費量の軽減効果等は，建物構造によって大きく異なり，一般化することはむずかしいが，プレハブ建物や木造家屋のように，もともとの断熱性が低い建物のほうが大きな効果が期待できる（図8-1, 2）．

　雨水貯留効果は，主に屋上緑化によって発揮される．土壌は体積比で20〜70％の水を含むことができる．したがって，土壌が乾いた状態であれば，完全に飽和するまでの水分はすべて貯留することになる．これを超える分は流出してしまうが，土壌層を通過するのに要する時間がタイムラグとなって，下水道への流出の遅延効果として現れるのである．　　　　（山田宏之）

文　献
1) 山田宏之：屋上緑化のすべてがわかる本，pp.63-94, 環境緑化新聞社，2001
2) 都市緑化技術開発機構：新・緑空間デザイン技術マニュアル，pp.25-54, 誠文堂新光社

G8　屋上緑化と壁面緑化

表 8-1　屋上・壁面緑化による効果一覧

大分類	小分類	屋上	壁面
I　物理効果	1. 空気浄化効果	○	○
	2. ヒートアイランド軽減効果	○	○
	3. 建築物の熱遮へい効果	○	○
	4. 雨水流出緩和効果	○	
	5. 加湿効果	○	○
	6. 騒音低減効果	○	○
	7. 防火・防熱効果		○
	8. 建築物の保護効果	○	○
II　生態的効果	1. 鳥類の誘致，繁殖効果	○	
	2. 昆虫類の誘致，繁殖効果	○	
III　生理・心理効果	1. リラックス効果	○	○
	2. リフレッシュ効果	○	○
	3. 景観向上効果	○	○
	4. 植物揮発成分による複合的な効果	○	
IV　その他の効果	1. 宣伝・集客効果	○	○
	2. 環境教育効果	○	

各緑化空間ごとに効果が明確なものを○とした．

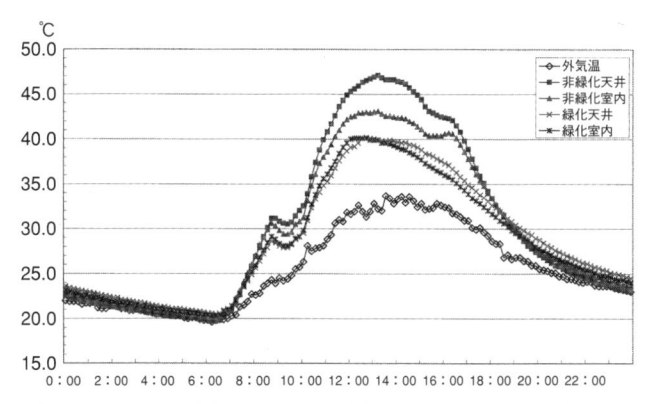

図 8-1　屋上緑化の有無によるプレハブ建物内での天井面温度，室温の差

図 8-2　木造建築物の屋根緑化例

G9　廃熱利用・余熱利用

—— Waste Heat Utilization

　地球温暖化等の環境問題に対処するためには，化石燃料燃焼によるエネルギー消費を削減し，排熱や二酸化炭素（CO_2）排出を低減しなければならない．都市から排出される熱を利用することは，ヒートアイランド抑制，CO_2等の温室効果ガスの排出を低減できる地球温暖化防止策であり，有効な省エネルギー手法の1つである．そこで注目視されているのが，未利用エネルギーである．

　未利用エネルギーとは，一般に現在捨ててしまっているエネルギー・熱であり，家庭・工場からの「下水排熱」，ビルからの排熱および地下鉄・変電所等の地下施設からの「都市排熱」，ごみ焼却場からの「焼却排熱」等があげられる．未利用エネルギーを活用したシステムは，熱需要と未利用エネルギーの時間軸のずれを吸収できる蓄熱システムを併せて導入したほうが有効である．

　下水排熱は高温ではないが，各家庭・工場施設から大量の排熱がある．1990（平成2）年4月に日本で初めて下水排熱を有効に活用した地域冷暖房施設（以下 DHC）が，「幕張新都心ハイテク・ビジネス地区」である．供給面積は約49 ha で，オフィス・ホテル等の約49万 m^2 に供給している．花見川第二終末処理場から下水処理水を熱源水管によって搬送し，ヒートポンプおよびターボ冷凍機の熱源水として熱交換後，再び下水処理場へ返送している．

　下水は，冬の外気温0℃のときに約15℃，夏の外気温35℃のときに約25℃と年間通じて温度変化が少なく，ヒートポンプの熱源としては大気より高効率で冷暖房を行うことができる．下水処理水利用の省エネルギー効果は，空気熱源ヒートポンプに比べて約20%が削減されるものと試算されている．この幕張地区でのエネルギー効率は年間1.29と高効率である．これは年間温熱製造熱量のうち，約8割を熱回収ヒートポンプで賄っており，効率向上に大きく寄与している．年間 CO_2・NO_X 排出量とも，空気熱源ヒートポンプに比べ約40%削減効果がある．

　都市排熱として主に変電所排熱が利用されている例が多い．都心部の地下にある変電所からの排熱が低温ではあるが，安定的に発生しているので，ヒートポンプの熱源として有効に利用されている．

　また，ごみ焼却場の排熱を隣接した温水プール施設や老人福祉施設への熱供給，DHC，発電所等数多くの例がある．ごみの焼却による排ガスは，約900℃と高温なことから熱利用は容易で，安定供給が可能なため，排熱を利用する例は非常に多い．

　このように，積極的に廃熱・余熱を利用されている施設もあるが，まだまだ世間認知度が低い．今後はエネルギーもリサイクルの時代．つくったエネルギーを捨てるのでなく，今後も積極的に活用していくことを期待する．　　　　　　　　　（濱村誠彦）

文　献
1) 長谷川　実：未利用エネルギー活用地域 熱供給システム，電気設備学会誌，2000
2) 新エネルギー財団地域エネルギー委員会編：最新 未利用エネルギー活用マニュアル，オーム社，1992

G9 廃熱利用・余熱利用

表 9-1 排熱・余熱を利用した DHC

	利用元	地区名
焼却排熱	RDF	札幌市都心
	ごみ焼却	札幌市厚別
	ごみ焼却	札幌市真駒内
	再生油	北海道花畔団地
	再生油	北広島団地
	ごみ焼却	千葉ニュータウン都心
	ごみ焼却	東京臨海副都心
	ごみ焼却	光が丘団地
	ごみ焼却	品川八潮団地
	ごみ焼却	大阪市森之宮
都市排熱	地下鉄	札幌駅北口再開発
	工場	いわき市小名浜
	工場	日立駅前
	変電所	宇都宮市中央
	地下鉄	新宿南口西
	変電所	日比谷
	変電所	銀座2・3丁目
	変圧器	芝浦4丁目
	変電所	新川
	変電所	神田駿河台
	変電所	りんくうタウン
	変電所	西鉄福岡駅再開発
下水・河川水・海水排熱	下水(中水)	千葉問屋町
	下水	幕張新都心ハイテク・ビジネス
	地下水	高崎市中央
	下水	後楽一丁目
	河川水	箱崎
	河川水	富山駅北
	海水	大阪南港コスモスクエア
	河川水	天満橋一丁目
	地下水(中水)	高松市番町
	海水	サンポート高松
	海水	シーサイドももち
	下水(中水)	下川端再開発
都市排熱・下水排熱	下水・変圧器	盛岡駅西口

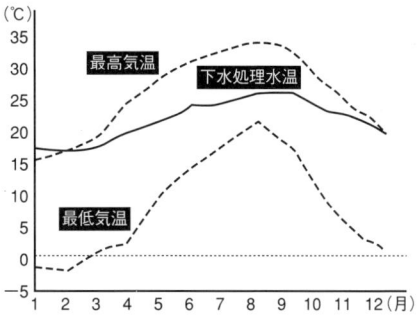

図 9-1 下水処理水温と外気温の比較（千葉県気象月報・花見川終末処理場調査より）

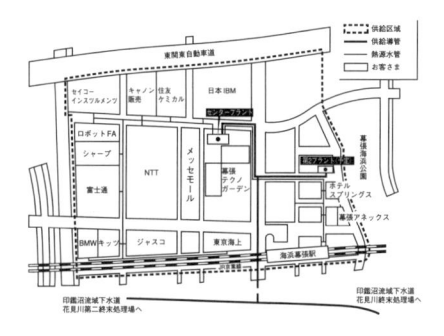

図 9-2 幕張地区熱供給エリア

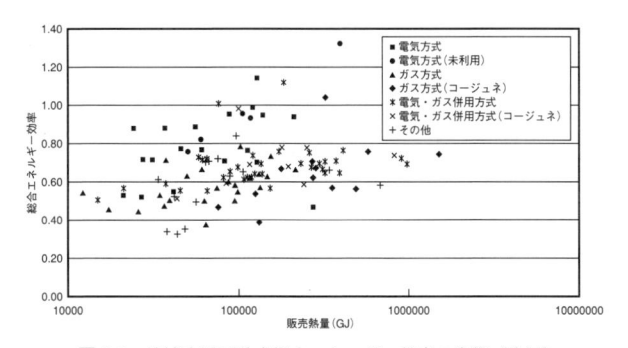

図 9-3 地域冷暖房地点総合エネルギー効率の実態（全国）
熱供給事業便覧（平成14年度版）熱供給区域別の概要より算出．

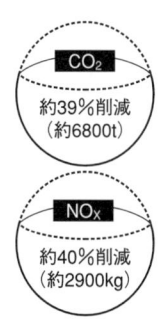

図 9-4 環境負荷の軽減効果
未利用エネルギーおよび蓄熱システムを活用しない場合（空気熱源ヒートポンプ）との比較（発電所から排出される燃焼ガスを考慮した試算値）．

CO_2 約39％削減（約6800t）

NO_x 約40％削減（約2900kg）

G10 緑のリサイクル

―― Recycle Use of Plant Materials

　公園緑地，道路，河川などの植物管理作業や造成工事に伴う伐採作業からは，膨大な植物性発生材（＝緑の発生材：剪定枝葉，刈草，刈芝，落ち葉，幹材，根株などをいう）が発生する．これらは，従来「ごみ」として焼却や埋め立て等により廃棄処分されてきた．しかし，廃棄物の処理及び清掃に関する法律の改正や，建設副産物のリサイクル推進などの動向から，今後「緑の発生材をエコロジカルにリサイクルする」というゼロエミッションシステムの構築が，重要な課題である．

　(1) 緑の発生材の特性：　リサイクルは，利活用の目的に合わせた発生材の分別が重要である．しかし，緑のリサイクルの原材料となる緑の発生材は，様々な組成をもっている．たとえば樹木の剪定枝葉の場合，樹種（落葉樹，広葉樹，針葉樹など）・剪定部位（枝葉，太枝など）・剪定時期などが違えば木質部の材積や含水量なども異なるなど，リサイクルするための原材料を選べない（分別が困難である）のが現状である．また，伐採樹木などの場合，樹種や形状によっては原木そのままで再利用できる場合がある．

　緑の発生材を有効にリサイクルさせるために，最近定着してきた方法として，チップ化（tipping）してからチップ材を活用する手法がある（図10-1）．

　緑のリサイクルシステムを構築するために重要なことは，「現場（地域）で処理する」ことである．緑の発生材は，嵩張るためにその運搬量は膨大になる．A地点からB地点へのトラック運搬行為は，エネルギー消費およびCO_2排出等による環境負荷が大きくなる．

　地域循環型リサイクルの実現には，大型プラント方式のビッグスケールによるリサイクル方法ではなく，現場における循環が可能となるスモールスケールにおける実践が重要である．

　(2) パークリサイクルシステム：　公園緑地・街路樹等の剪定枝葉や刈草を現場から搬出せず，同一の現場でチップ化する．そしてチップ材も現場で活用するシステムを構築する．この基本的な手法により剪定枝葉は，発生した植栽地へ緑の資源として再び還元される．また，現場単位の循環方法は発生量の把握およびチップ材利用の計画が立てやすく，緑の循環システム実現の基本といえる．

　(3) エリアリサイクルシステム：　現場単位でリサイクルさせることを基本とするが，小規模な公園（街区公園）や緑地，街路樹など必ずしもその現場でチップ化の処理ができないケースがある．これらの対応として，その地域単位で（小さなエリアで）集約してチップ化およびチップ材の活用を図るシステムが有効である．

　(4) 緑の戸籍とグリーンバンク：　スモールスケールにおけるリサイクルの最大のメリットは，緑の戸籍（green register）がわかりやすく緑の発生材が「いつ」「どこで」「どれだけ」発生したかが把握できるグリーンバンクの機能と同時に，チップ材の利用計画が立てやすくなる．

　(5) チップ材の利活用：　チップ材を有効に活用するにはいくつかの方法がある．目的別に整理すると以下のようになる．

　① マルチング（mulching）：　植栽地へ敷き均すことにより，土壌の乾燥防止，霜除け，踏圧緩和や雑草抑制の効果がある．敷き均し後約3年を経過するとチップ材は分解され腐植に富んだ表土が形成される．

図10-1　緑の発生材チップ化状況

図10-2　アスレチック広場のクッション材

図10-3　園路の舗装材

図10-4　イベントにおける堆肥無料配布

　②クッション材：　アスレチック広場など公園の遊器具等の周辺へ敷き均すことにより，安全性の高いクッション材としての効果がある（図10-2）．

　③舗装材：　園路や広場の舗装材として敷き均すことにより，クッション材と同様景観・歩行性の向上効果がある（図10-3）．

　④土壌改良材：　堆肥化させることにより，植栽基盤や花壇管理等の土壌改良材活用として活用できる（図10-4）．また，各種イベント等におけるプレミアムとしての利用や，一般市民へリサイクルの取り組み情報の提供や啓発活動のツールとして，付加価値を高める効果がある．さらに近隣農家との提携により，堆肥の利用拡大を図るなどリサイクルのシステムづくりが期待できる．

（荻野淳司）

G11 雨水・処理水の循環利用
—— Recycling of Rain Water and Treated Water

　都市は，蒸発散や降雨を中心とした自然本来の水循環と，上下水道，工業用水等の給排水施設を中心とした人為の水循環とが，複雑に絡み合ったシステムを形成しており，環境都市の実現には自然と人為の双方の循環を考慮しなければならない。

　都市化による水循環への主な悪影響や問題としては，水需要の増加による「水不足」，供給向上のための過剰な地下水利用による「地盤沈下」，工場排水や生活排水等水使用量の増加に伴う「水質汚濁」，不浸透面の拡大と雨水排出の強化に伴って洪水流出量が増加することに起因する「都市型洪水」，用水路等の直線化や三面張りの護岸整備による「生態系や親水性への悪影響」，不浸透面の拡大や緑地の減少による「都市気候の変化」等があげられる。このような問題の解決に向けて，従来は，下水道の整備，河川の整備等が多く行われてきたが，新たな対策として「排水の再利用」や「雨水利用」が着目されてきている。

　「排水の再利用」は，水資源の有効利用，下水道への負荷軽減等の目的から普及が期待されるシステムである。このシステムでは，排水や雨水を再生処理し，雑用水あるいは中水と呼ばれる水に再生し，これを水洗トイレ用水や散水用水等として用いるものである[1]（図11-1）。

　「雨水利用」は，主に雨水の流出抑制による都市型洪水の防止等治水面での利用を主たる目的としており，水資源の活用や，不浸透面の拡大によって発生する様々な問題に対応する有効なシステムである。また，このシステムは，水の再利用等の水循環に関する市民意識を高める教育的な役割についても期待されている[2]。

　雨水利用は，雨水貯留槽へ雨水を貯留しそれを利用する場合と，貯留したものを地下に浸透させる場合に分かれ，それぞれの役割は異なる[3]（図11-2）。また，雨水利用のための施設のうち，一般に，利水を主目的とする施設は雨水利用施設，流出抑制を主目的とする施設は雨水貯留施設と呼称される。さらに，雨水浸透施設は雨水貯留施設の一部とされる場合が多い[2]（図11-3）。

　雨水利用システムの導入にあたっては，単に利水機能のみの効率性だけでなく，流出抑制や水質改善等の「治水」「環境維持」の機能も発揮できるよう工夫する必要がある。すなわち，最も基本的な「雨水を貯留し，それを利用すること」のみを考えたシステムから，①「利用のみならず貯留施設に流出抑制機能を持たせる」，②「貯留後の余剰水を浸透させる」，③「貯留施設と浸透施設と組み合わせる」，④「利用，流出抑制，浸透のすべての機能を複合させる」ことを検討する必要がある[2]。一方，①～④の機能の複合化は，①では利用と流出抑制，両者の貯留を明確に区分する必要があること，②では利用量が多い場合には余剰水が出ないこと，③では大規模施設のみで考えられる方式であること，④では利用量や貯水漕の大きさ等計画上のバランスが困難になること等，おのおので課題を抱えている[2]。したがって，設置場所等の条件を検討し，最適な施設を整備することが必要となる。　　　　　　　（市村恒士）

文　献
1) 日本建築学会編：建築設計資料集成—総合編—, p. 38, 丸善, 2001
2) 雨水貯留浸透技術協会編：雨水利用ハンドブック, 380 pp., 山海堂, 1998
3) 空気調和・衛生工学会編：雨水利用システム設計と実務, p.10, 丸善, 1996

G11 雨水・処理水の循環利用

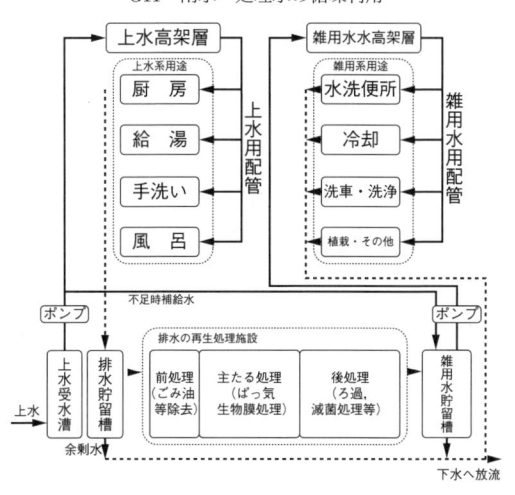

図 11-1 雑用水の利用（日本建築学会編，2001 より作成）

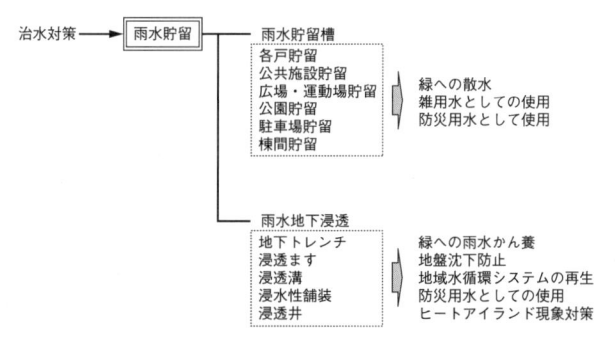

図 11-2 雨水利用システム（空気調和・衛生工学会編，1998 より作成）

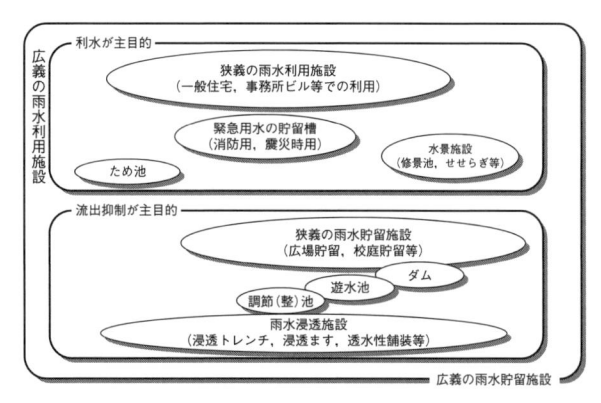

図 11-3 雨水利用施設の分類（雨水貯留浸透技術協会編，1998 より作成）

G12 焼却灰の有効利用
―― Recycle Technology for Incinerated Ash

　ごみや下水汚泥の焼却灰の有効利用方法は，土木資材，建設資材としての利用が主流となっている．具体的には，1400℃以上で焼成後，石膏を加えて製造されるセメント原料（以下エコセメント）と，1200℃以上の高温で焼却灰を溶融スラグ（以下エコスラグ）化し，路盤・路床材，骨材，インターロッキングブロック，タイル，コンクリート2次製品用材料等として利用するものの大きく2つがあげられる．

　エコセメントは，1400℃以上の高温で焼成するため，廃棄物に含まれるダイオキシン類等有機化合物は，水，二酸化炭素，塩素ガス等に分解されセメントの安全性も確保されている．また，性状は普通セメントに比べ，圧縮強度が若干劣るがJIS規格は満足しており，コンクリートとして使用する場合の性質・強度は普通セメントと同様である．

　2001（平成16）年4月には，千葉県市原市にあるエコセメント専用の製造工場が稼働を始め，年間9万tの煤塵（ばいじん）や燃え殻から11万tのエコセメントが製造されている．また，東京都三多摩地域廃棄物広域処分組合では，2006年度から年間13万tの焼却残さ等からエコセメントを製造する計画である．

　焼却灰を原料とするエコセメントは，セメント品質のネックとなるリンと塩素の含有量を適切にコントロール（P_2O_5の理論許容値0.5%以内，Clの理論許容値0.02%以内）が必要なため，地方自治体等各方面からエコセメントの規格化が強く要望されていた．このため，2002（平成14）年7月，経済産業省では，エコセメントをJIS化し，資源リサイクル型のセメントの一種として，品質，原材料，製造方法，試験方法，検査，表示，報告事項等を規定している（表12-1）．

　一方，エコスラグは，1991（平成3）年度に東京都がスラグの有効利用を試験的に行ったことをきっかけに，多くの自治体とメーカーの間で有効利用方法が研究されてきた．利用方法である建設資材利用の多くは需要量が多く，最終処分場の延命効果が高いことに加え，天然資源の代替としての循環利用が図られることから，自然環境の保全・維持にも貢献できると期待されている．

　エコスラグ利用普及センターのまとめによると，エコスラグは合計19万t（2001（平成16）年）生産されており，今後も増加傾向にあると予測されている．エコスラグの内訳は，ごみスラグが49自治体の51事業所の溶融施設において年間約15万t，下水スラグが10都道府県15事業所において年間約4万tであり，建設事業をはじめ多くの分野で利用が図られているが，鉄鋼スラグや再生砕石，砂利・砂と比較して製品コストが高いこと，不均一な粒度分布等の理由により未だ試験的な利用が多い（表12-2）．

　このため，経済産業省では，もともと性状が不均一な廃棄物を原料としているエコスラグの標準化を図るため，2002（平成14）年7月に，TR（標準情報：JIS制度を補完する制度であり，新技術にかかわる標準を早期に情報提供し，関係者のコンセンサスの形成の促進等を図るものとして位置づけられている）A 0016「一般廃棄物，下水汚泥等の溶融固化物を用いたコンクリート用細骨材（コンクリート用溶融スラグ細骨材）」およびTR A 0017「一般廃棄物，下水汚泥等の溶融固化物を用いた道路

表 12-1 エコセメントの JIS 規格 (JIS R 5214)

品質		種類	普通エコセメント	速硬エコセメント
密度 (g/cm³)			—	—
比表面積 (cm²/g)			2500 以上	3300 以上
凝結	始発 h-m		1〜00 以上	—
	凝結 h-m		10〜00 以下	1〜00 以下
安定性	パット法		良	良
	ルシャテリエ法 (mm)		10 以下	10 以下
圧縮強さ (N/mm²)	1 d		—	15.0 以上
	3 d		12.5 以上	22.5 以上
	7 d		22.5 以上	25.0 以上
	28 d		42.5 以上	32.5 以上
化学成分 (%)	酸化マグネシウム		5.0 以下	5.0 以下
	三酸化硫黄		4.5 以下	10.0 以下
	強熱減量		3.0 以下	3.0 以下
	全アルカリ		0.75 以下	0.75 以下
	塩化物イオン		0.1 以下	0.5 以上 1.5 以下

表 12-2 国の建設事業等における主要エコスラグの適用事例

区分	No	地域	年度	適用場所	適用資材	利用法等
他産業	1	東北	1999	一般国道 45 号線	一廃焼却灰(溶融スラグ)	アスコン用細骨材(保護砂)
	2	東北	1999	三陸縦貫道山田道路	溶融スラグ(ごみ)	ベンチフリューム用細骨材
	3	東北	1999	一般国道 108 号線	溶融スラグ(ごみ)	ベンチフリューム用細骨材
	4	東北	2001	鹿島台堤防	溶融スラグ(ごみ)	U 型側溝用細骨材
	5	東北	2002	一般国道 13 号線	溶融スラグ(ごみ)	落蓋式 U 型側溝細骨材
	6	関東	1999	宇都宮道小山	溶融スラグ(ごみ)	車道路盤材
	7	関東	1999	宇都宮道小山	溶融スラグ(ごみ)	歩道路盤材
	8	関東	2000	宇都宮道小山	溶融スラグ(ごみ)	擁壁用骨材
	9	近畿	1999	歩道工事	溶融スラグ(下水)	舗装材用骨材
	10	近畿	2001	歩道工事	徐冷スラグ(下水)	平板ブロック用骨材
	11	四国	1999	一般国道 32 号(歩道)	一廃焼却灰(溶融スラグ)	アスコン用細骨材
リサイクルモデル	12	関東	2000	上野原改良工事	一般廃棄物(溶融スラグ)	リサイクル材として使用
	13	九州	2001	通学路等	溶融スラグ	歩道工の表層材,路盤材
	14	九州	2002	歩道等	溶融スラグ	表層材,路盤材
その他	15	東北	1997	一般国道 283 号線	溶融スラグ(ごみ)	アスコン用細骨材
	16	東北	1997	一般国道 283 号線	溶融スラグ(ごみ)	アスコン用細骨材
	17	東北	1997	一般国道 283 号線	溶融スラグ(ごみ)	アスコン用細骨材
	18	東北	1997	一般国道 340 号線	溶融スラグ(ごみ)	アスコン用細骨材
	19	東北	1998	一般国道 283 号線	溶融スラグ(ごみ)	アスコン用細骨材
	20	東北	1998	一般国道 283 号線	溶融スラグ(ごみ)	アスコン用細骨材
	21	東北	1999	立根道路舗装工事	溶融スラグ(ごみ)	表層材,上層路盤材,基層材
	22	中部	2000	一般国道 243 号線	溶融スラグ(ごみ)	アスコン用細骨材

資料:社団法人日本産業機械工業会エコスラグ利用普及センター.

用骨材(道路用溶融スラグ骨材)」を公表した.TR が公表され,関係者のコンセンサスが得られた場合には,2005 年を目処に JIS 化される予定である. (高野健一)

G13 環境共生住宅
── Environmentally Harmonious Housing

「環境共生住宅」とは，「地球環境を保全するという観点から，エネルギー・資源・廃棄物などの面で十分な配慮がなされ，また，周辺の自然環境と親密に美しく調和し，住み手が主体的に係わりながら，健康で快適に生活できるように工夫された住宅およびその地域環境」[1]のことである．

環境共生住宅の概念や基本方針，技術，評価手法等は，1991（平成2）年の「地球温暖化防止行動計画」を契機に設立された「環境共生住宅研究会」において検討された．この研究会の活動は，1994（平成6）年に組織化された「環境共生住宅推進会議」に引き継がれ，現在では，1997（平成9）年に改称された「環境共生住宅推進協議会」が，技術の開発や調査，普及啓発活動を展開している．この間，国土交通省の「環境共生住宅市街地モデル事業」や，住宅金融公庫による融資の優遇措置等，環境共生住宅を推進するための公的支援制度も創設された．最近では，(財)建築環境・省エネルギー機構の「環境共生住宅認定制度」をはじめ，自治体独自の助成措置等も設けられるようになり，全国各地で環境共生住宅の建設が展開されている．

環境共生住宅には，①「地球環境の保全」，②「周辺環境との親和性」，③「居住環境の健康・快適性」の3つの基本要件がある．①は，生産，流通，建設，廃棄に至るライフサイクルの各課程において，省エネ，省資源，廃棄物の削減，リサイクル，自然・未利用エネルギーの活用等を推進することで，最も基本的な要件である．②は計画や管理運営の内容を，自然条件や人文社会条件等の地域性に十分に反映させることであり，③は居住環境の安全・安心，健康性や快適性を追求することである．そして，これらの基本要件を実現するため，環境共生住宅には，表13-1に示すような環境配慮技術が導入されている．たとえば，代表的先駆事例である「世田谷区深沢環境共生住宅」では，透水性舗装，屋上緑化，壁面緑化，ビオトープ，コンポスト，ソーラーコレクター，風光ボイド等が整備されている．

環境共生住宅の今後の課題としては，入居後の管理運営のあり方[2,3]と，建設にかかわるコストアップ[3]があげられる．

環境共生住宅の計画には，「育成管理・運営計画」の検討も位置づけられているが，当初計画どおりに管理運営を行うことの難しさが，いくつかの事例から指摘されている[3]．環境共生住宅の継続的な発展には，住民が高い意識をもち，環境共生型のライフスタイルを実践することが必要である．このため，計画段階から住民を巻き込んで育成管理・運営計画を検討する等，住民主体の管理運営体制の構築が望まれる．

環境共生住宅は，環境に配慮する諸機能を導入したり，事前の検討に時間を要することから，一般に通常の住宅よりも建設コストが高く，それに伴って家賃等居住コストも高い．このため，環境共生住宅の意義やメリットを理解してもらうための環境教育や，各種支援制度の充実等が期待される．

（小谷幸司）

文献

1) 環境共生住宅推進協議会編：環境共生住宅A-Z, p. 12, ビオシティ，1998
2) 髙田光雄：環境共生住宅の課題―ヨーロッパ3ヵ国における調査と NEXT 21 の居住実験を通して―，都市計画 No.232, 30-33, 2002
3) (財)都市農地活用支援センター：平成12年度宅地化農地等を活用した計画的なまちづくり方策検討調査, pp.113-115, 2001

G13 環境共生住宅

図 13-1 世田谷区深沢環境共生住宅

表 13-1 環境共生住宅における環境配慮（環境共生住宅推進協議会編，1998 より作成）

基本要件		項目		具体的項目
地球環境の保全	エネルギーの消費削減と有効利用	・建物や居室の適切な配置や，内外の緩衝ゾーンによって熱負荷を低減 ・通風および採光に効果的な建物配置，間取り ・建物の断熱性・気密性能を高め，冷暖房負荷を低減 ・季節に応じて建物の日射取得を調整し，冷暖房負荷を低減 ・効率のよい省エネルギー型設備機器を採用 ・コージェネレーションシステムの採用 ・エネルギーの浪費を改め，有効に利用するライフスタイルの推奨		・建物配置，建物形状，間取り ・採光，通風 ・断熱化，適切な断熱材の選定，気密化，開口部の高断熱・高気密化 ・庇と軒，開口部の日射調節，壁面緑化，屋根・屋上緑化 ・省エネ型照明・動力機器の採用，熱交換型換気システムの採用，高効率給湯器の採用
	自然・未利用エネルギーの活用	・太陽エネルギーをパッシブに活用 ・太陽エネルギーをアクティブに利用 ・太陽エネルギーをハイブリッドに利用 ・風力を電気的，機械的に利用 ・未利用エネルギーを活用		・パッシブヒーティング，パッシブクーリング ・太陽光発電システム，太陽熱利用給湯システム ・生活廃熱の回収利用
	資源の有効利用	・水資源を有効に利用 ・雨水を有効に利用 ・建物の耐久性の向上 ・構・工法の合理化を徹底 ・森林資源の保全と有効活用 ・リサイクル資材・建材を活用 ・環境負荷の小さい建材を採用		・節水型機器や節水装置の採用，生活排水の再利用，中水の利用 ・耐久性の高い材料・構法の採用，長期耐用性のある構法の採用，メンテナンスのしやすい材料・構法の採用 ・構・工法の合理化，プレハブ化による合理化 ・合板型枠の消費削減，未利用木材の活用 ・リサイクルしやすい建材の選定と廃棄時の適切な分別収集，コンクリート塊のリサイクル活用，リサイクル資材の活用 ・環境負荷の増大を招く資源採取の回避，生産・流通過程における環境負荷の小さい建材の採用，廃棄処分時に安全な建材の採用
	・廃棄物の削減	・建設残土の場外処理の抑制 ・建設残材の削減・再利用 ・生活ごみの減量・減容化を徹底		・プレハブ化による合理化 ・生活ごみの分別，落葉・落枝や生ごみの堆肥化と再利用
	オゾン層の保全	・特定フロンの使用を回避		
周辺環境との親和性	地域・地区の生態的豊かさと循環性への配慮	・地区や敷地の生態基盤を整備 ・敷地を地域の緑化拠点とする ・野鳥誘致環境を創出 ・地域の緑のネットワーク化を図り，地区にグリーンコリドーを形成 ・地区内の水循環に配慮 ・魅力ある親水空間を創出		・表土の保全と土壌の改良，雨水の地下浸透の促進 ・緑化の効果，緑化の目的に応じた緑化計画手法，屋根・屋上の緑化，植種の選定，生物の生息環境（ビオトープ）の整備
	周辺地域と親和する配慮	・周辺への日射阻害や風害に配慮 ・周辺の景観形成に配慮 ・地域の社会・文化・産業資源との調和や活用		・地域の歴史・文化の理解と調和，地域の産業や人材・技能の活用
	内外の関連性への配慮	・地域社会との交流促進 ・内外の関連性に配慮		・半戸外空間の形成，中間領域的空間の形成，集合住宅における緩衝空間の確保
居住環境の健康・快適性	住宅内外のアメニティ	・外部空間のアメニティ向上 ・内部空間のアメニティ向上		・心の癒しとしての緑化，安全で快適な歩行空間の形成 ・遮音・防音性への配慮
	住宅における安全・快適性	・結露やカビ，ダニ等の発生を防ぐ ・室内空気汚染を防ぐ ・ヒトに安全な建材・部材を使用 ・高齢者・障害者への安全性に配慮 ・輻射冷暖房システムを採用		・安全な建材の使用，家庭内事故を未然に防ぐ建材の選択
	豊かな集住性の達成	・美しく調和したデザイン ・快適な共用施設を魅力的につくる ・多様な住み手の集住を支援		

G14 エコタウン

——Eco Town

　資源循環型経済社会の形成を目指し，廃棄物をゼロにする「ゼロエミッション」(zero emission) への取り組みが，各方面で活発に展開されている。「ゼロエミッション」とは，1994 年に国連大学が提唱した「ゼロエミッション研究構想」に端を発するもので，「A という産業が排出する廃棄物を，別の B という産業が原料として利用することで，社会全体の廃棄物をゼロに近づける」という概念である。すなわち，多種の産業集団や広域行政区域で廃棄物ゼロ排出に取り組むといった，新たな循環型生産システムを示したものである。

　現在，廃棄物の処理施設や処分場は飽和状態にある一方，施設の新設や他地域からの廃棄物の受け入れは難しい状況にあり，リサイクルの推進とごみの減量は急務の課題となっている。また，環境保全コストを見越した経済活動も重要性を増している。このような状況の中，「ゼロエミッション」を実現すべく，経済産業省と環境省との連携により，1997（平成 9）年度に創設されたのが「エコタウン事業」(Eco-Town) である。その目的は，①個々の地域におけるこれまでの産業蓄積を活かした環境産業の振興を通じた地域振興，②地域における資源循環型社会の構築を目指した産業，公共部門，消費者を包含した総合的な環境調和型システムの構築である。地域振興を基本として，地域の産業特性を活かした環境調和型まちづくりを推進し，民間による環境対策の効率化を目指すことが，当該事業の特徴といえる。

　「エコタウン事業」は，都道府県や政令指定都市等が推進計画（エコタウンプラン）を作成し，それを経済産業省および環境省が承認するものである。承認された地域には，表 14-1 に示した「資源循環型地域振興事業費補助金」および「資源循環型地域振興施設整備費補助金」のメニューから，地域特性に応じた総合的・多面的な支援が実施される。承認地域は，図 14-1 に示すとおり，1997（平成 9）年の長野県飯田市，岐阜県，川崎市および北九州市に始まり，2002（平成 14）年 3 月末現在で 15 地域となり[1]，地域の産業特性に応じた取り組みが展開されている。

　たとえば，北九州市では「モノづくりの街」として蓄積された人材・技術・ノウハウや産業インフラ，公害問題を克服する際に培われた市民・企業・行政の連携等の地域特性を活かした事業展開が図られている。具体的には，ペットボトルリサイクル事業や家電製品リサイクル事業等を展開しており，それらに対応する各種施設も整備されている。既存の産業集団の活用，地域住民への情報公開，産学官の連携等が特徴としてあげられ，産官学による「北九州環境産業拠点推進機構」を事業推進母体として設置する等，先駆事例の 1 つである。

　地域特性や事業内容によって異なるが，いくつかの課題も指摘できる。たとえば，再生品の開発支援や販路拡大および市場へ浸透させるための情報提供等があげられる[2]。すなわち，再生品を市場に送り込み，地域の環境産業の自立化を図ることが課題であり，そのためには，ビジネスマッチング等のソフト施策を展開させ，特定の地域や工業団地の枠を超えた，より広域かつ多様な産業集団を形成することが必要といえる。

〈小谷幸司〉

G14 エコタウン

表14-1 エコタウン事業の補助メニュー

資源循環型地域振興事業費補助金（エコタウン・ソフト補助金）	プラン策定等事業費	構想，システムのプラン設計のためのフィージビリティースタディ，調査費用
	展示商談会開催事業費	環境産業のためのマーケティング共同事業費（環境産業見本市，技術展，共同商談会の開催等）
	地域情報整備事業費	情報提供事業（関連事業者・住民に対するリサイクル情報等の提供，地元への環境関連産業の誘致PR，企業のネットワーク化等）
資源循環型地域振興施設整備費補助金（エコタウン・ハード補助金）	リサイクル関係施設の整備	ペットボトルリサイクル設備，エコセメント製造プラント等

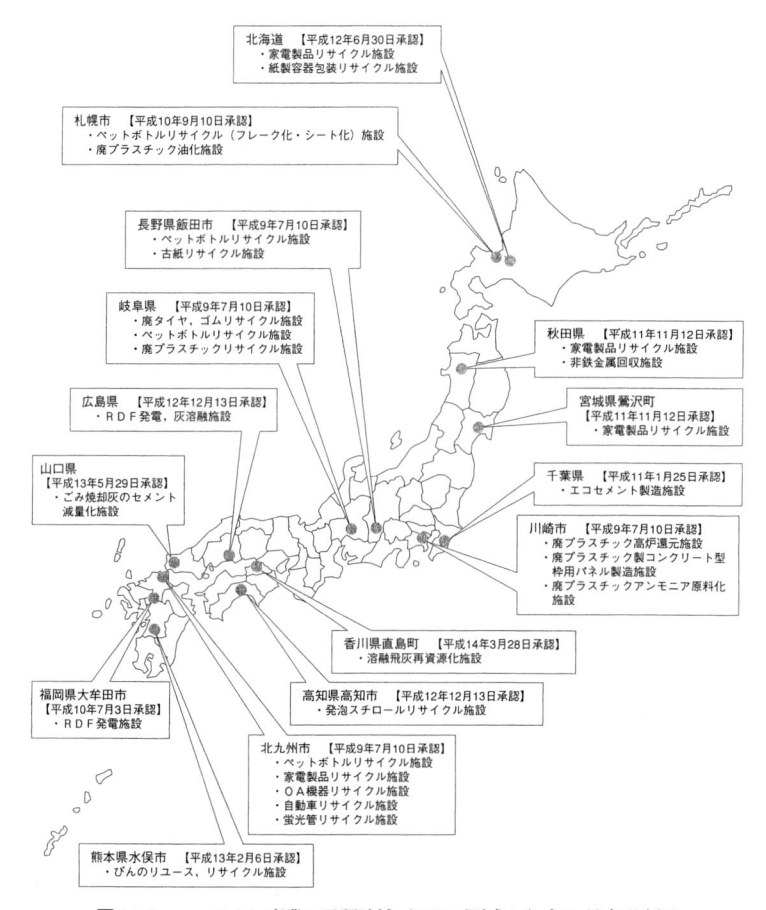

北海道 【平成12年6月30日承認】
・家電製品リサイクル施設
・紙製容器包装リサイクル施設

札幌市 【平成10年9月10日承認】
・ペットボトルリサイクル（フレーク化・シート化）施設
・廃プラスチック油化施設

長野県飯田市 【平成9年7月10日承認】
・ペットボトルリサイクル施設
・古紙リサイクル施設

岐阜県 【平成9年7月10日承認】
・廃タイヤ，ゴムリサイクル施設
・ペットボトルリサイクル施設
・廃プラスチックリサイクル施設

秋田県 【平成11年11月12日承認】
・家電製品リサイクル施設
・非鉄金属回収施設

広島県 【平成12年12月13日承認】
・RDF発電，灰溶融施設

宮城県鶯沢町 【平成11年11月12日承認】
・家電製品リサイクル施設

山口県 【平成13年5月29日承認】
・ごみ焼却灰のセメント減量化施設

千葉県 【平成11年1月25日承認】
・エコセメント製造施設

川崎市 【平成9年7月10日承認】
・廃プラスチック高炉還元施設
・廃プラスチック製コンクリート型枠用パネル製造施設
・廃プラスチックアンモニア原料化施設

香川県直島町 【平成14年3月28日承認】
・溶融飛灰再資源化施設

福岡県大牟田市 【平成10年7月3日承認】
・RDF発電施設

高知県高知市 【平成12年12月13日承認】
・発泡スチロールリサイクル施設

北九州市 【平成9年7月10日承認】
・ペットボトルリサイクル施設
・家電製品リサイクル施設
・OA機器リサイクル施設
・自動車リサイクル施設
・蛍光管リサイクル施設

熊本県水俣市 【平成13年2月6日承認】
・びんのリユース，リサイクル施設

図14-1 エコタウン事業の承認地域（2002（平成14）年3月末現在）[1]

文献

1) 環境省：平成14年版 循環型社会白書, pp.107-108, ぎょうせい, 2002
2) 中部通商産業局：中部国際空港等を活用した広域国際交流圏整備計画調査―補論「循環型経済社会に対応した産業基盤整備」―, pp.12-31, 2000

G15 一般廃棄物の処理とリサイクル
—— Treatment and Recycling of Nonindustrial Wastes

廃棄物は産業廃棄物と一般廃棄物に分類され，さらに一般廃棄物は，家庭からの廃棄物と事務系の廃棄物に分類される（図15-1）．1999（平成11）年度の一般廃棄物の総排出量は5145万tとなっており，これは国民1人あたり1日に約1kgの排出にあたる[1]（図15-2）．一般廃棄物の処理は廃棄物処理法上，市町村の事務として位置づけられ，市町村が処理計画の策定，区域内の一般廃棄物の収集，処理，処分を行うこととなっている．

一般廃棄物の処理方法については，基本的には収集，回収から中間処理，最終処理（埋め立て）あるいは再利用等（リサイクル）の流れをたどることになる[2]．

ここで，戦後以降の一般廃棄物問題や取り組みについて整理する．1950年以降，「廃棄物量の増加」「プラスチック製品の普及」「テレビ等の家電製品の登場・普及による粗大ゴミの増加」「容器類のワンウェイ化」等が，中間処理能力不足による大量廃棄による「最終処分場の窮迫化や不適正化」「不燃性廃棄物の増加」，スプレー缶等の「適正廃棄困難他の増加」等の廃棄物問題をもたらした[2]．これらの廃棄物問題の多くは，大量生産・大量消費・大量廃棄を基本として生産されてきた商品が使用後の処理について配慮されていなかったこと，結果的にその処理を処理責任の担う市町村に委ねられることになったが処理能力が及ばなかったことにより生じたものといえる．

このような廃棄物問題に対し，全国の市町村は多くの検討を図り，様々な取り組みを行った．

代表的な事例には，燃焼施設等のごみの減量化やリサイクルのための「中間処理施設（清掃工場）の整備」，中間処理における焼却の「熱エネルギーの活用」「市民参加の集団回収」事業や「ゴミの有料化」等がある．

このように廃棄物問題に対し多くの対策が各市町村レベルあるいは市民レベルで行われてきたが，特に最終処分場の問題等が窮迫化する状況等から，国レベルにおける「循環型社会」構築に向けての法体制が整備されたこととなった．

2000年5月には，「循環型社会形成推進基本法」，同法と一体的に改正廃棄物処理法，資源有効利用促進法（改正リサイクル法），建設リサイクル法等の各種リサイクル法（一部は2000年5月以前に制定），グリーン購入法が制定された．

「循環型社会形成推進基本法」では，循環型社会とは，廃棄物等の「発生抑制」「循環的利用」「適正利用」の順に取り組み，天然資源の消費抑制「環境への負荷の低減」がなされる社会であること，ゴミ減量とリサイクル対策の優先順位を定めたこと，製品のライフサイクルにおける使用後の段階まで生産者の責任を拡大し，廃棄物の再資源化等について製造者や販売者に責任（拡大生産責任，extended producer responsibility：EPR）を負わせること等を定めている．

このように，今後の一般廃棄物の処理やリサイクルのあり方についても明確にされてきた状況にあるが，これらの対応を含め「循環型社会」形成の実現が望まれる．

（市村恒士）

文献
1) 環境省：平成14年版 循環型社会白書, 165 pp., ぎょうせい, 2002
2) 山谷修作ほか：循環型社会の公共政策（山谷修作編）, 253 pp., 中央経済社, 2002

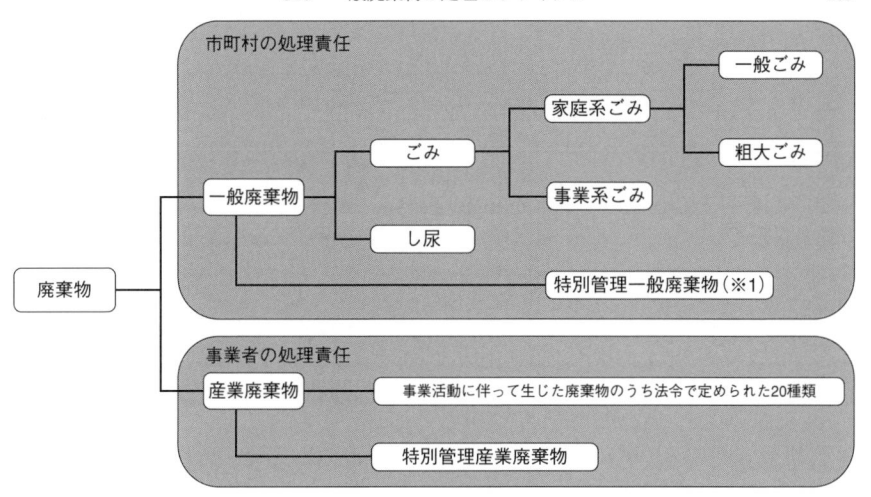

G15 一般廃棄物の処理とリサイクル

※1 爆発物，毒性，感染性その他，人の健康又は生活環境に関わる被害を生じるおそれのあるもの

図 15-1　廃棄物の種類（環境省，2002 より作成）

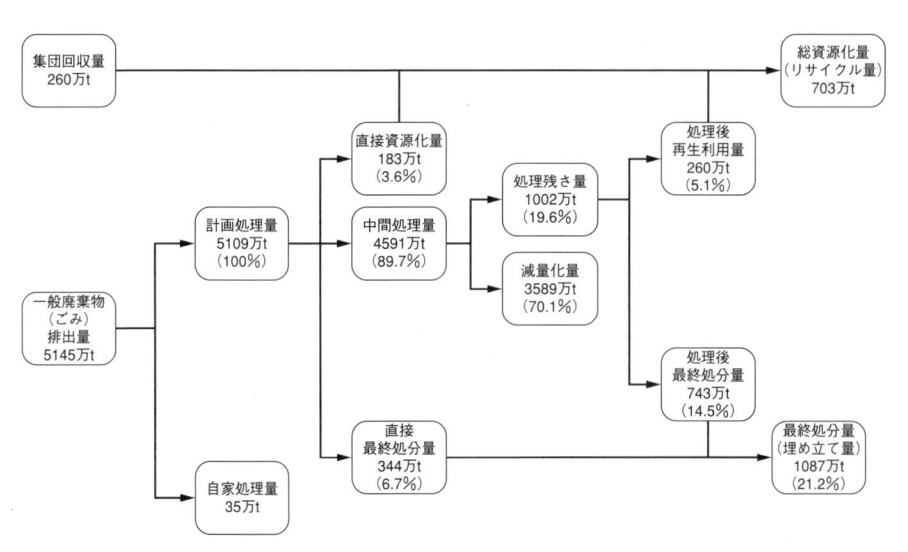

図 15-2　一般廃棄物の処理の流れ（環境省，2002 より作成）

H 防災・防犯

H1　環境都市と防災（地震・火山）
—— Urban Environment and Disaster Reduction (Earthquake・Volcano)

1. 災害と安全な都市づくり

火山国，地震国であるわが国は，過去多くの災害に苦しんできた．特に人口が集中する都市域や都市域近傍で大地震が発生すると，①震動による建物倒壊や道路・鉄道等の都市インフラの破壊，②電気・ガス・上下水道等のライフライン途絶，③沿岸部の津波被害，④火災，⑤斜面崩壊や埋め立て地の地盤流動化などが瞬時に多発し，多大の人的・物的被害が生じることは，関東大震災，阪神・淡路大震災等が示すとおりである．また，雲仙普賢岳・有珠山・三宅島等の噴火では，①火山砕屑物・火山灰による田畑や建物被害，②火山泥流・火砕流・溶岩流による集落・道路等の破壊，③火山性地震による各種災害などが，広範囲に発生した．

このように自然災害の危険性を常に内包するわが国にあっては，災害要因を完全に除去することは極めて困難である．したがって，安全な都市づくりは，地震や火山噴火からの直接・間接の被害をいかに軽減するか，すなわち都市の災害対応力（応災力）をいかに高め得るか，という視点から取り組まれる必要がある．

2. 都市防災計画の目的と動向

わが国の人口集中地区（densely inhabited district：DID）は，国土面積の3%を占めるにすぎないが，人口では7割弱が集中し，複雑なシステムからなる高密度な都市空間を形成している．政治，経済，文化，情報の中心でもある都市社会にひとたび災害が起きれば，直接的な一次災害のみならず，都市の諸活動の麻痺による二次的災害，三次的災害の危険性も大である．

このように災害ポテンシャルの極めて大きい都市の防災対策は，災害発生の危険性をできるだけ小さくし，被害の拡大を極力防ぐ総合的な対策を内容とする都市防災計画として，すなわち災害時の対策だけでなく防災都市づくりの一環として取り組まれる必要がある（表1-1，図1-1）．

また，従来の防災計画は，行政が立案し，行政が取り組む施策として実行されてきたが，阪神・淡路大震災以降，市民1人1人の防災意識に支えられた計画の必要性・有効性が広く認知され，市民参加による防災まちづくり計画が各地で広く取り組まれるようになっている．

3. 災害と環境都市

大地震等の発生により，都市活動が麻痺した際には，市民による自主的な救命・救援活動，消火活動等の防災活動が必要となる．自然生態系を保全し，循環系システムを内包する環境都市は，災害に対する危険性が少ないばかりでなく，市民による救援・復旧・復興活動が展開できる水，緑，オープンスペースといった環境基盤を豊かに有している安全な都市と評価される．

応災力の高い都市づくりの観点からも，自立的，安定的な生態系循環都市を目指す環境都市の実現が待たれる．　　（糸谷正俊）

文献

1) 建設省都市局都市防災対策室監修：都市防災実務ハンドブック，p.4，ぎょうせい，1997
2) 都市緑化技術開発機構編：防災公園計画・設計ガイドライン，p.31，大蔵省印刷局，1999

H1 環境都市と防災（地震・火山）

表 1-1 主な都市防災対策[1]

大分類	小分類	個別対策
ハード対策	治山	砂防，急傾斜地保全
	治水	ダム，分水路，堤防，護岸
	活動拠点整備	防災センター，緊急通信施設
	物資供給	備蓄基地，防災倉庫，緊急輸送路
	避難対策	避難地，避難路
	建築物・土木施設	不燃化，耐震化，免震化
	ライフライン対策	耐震化，地下化，ネットワーク強化
	延焼防止	延焼遮断帯，消防水利
	積雪対応	除雪，融雪，流雪
	復旧・復興	災害復旧，降灰除去，復興事業
ソフト施策	常時活動	防災計画，都市計画，建築制限，訓練，地域コミュニケーション，教育，情報提供
	緊急活動	水防，除雪，消防，救出，救急，警備，警報，交通規制
	復興	ビジョン策定，ボランティア支援，民間連携

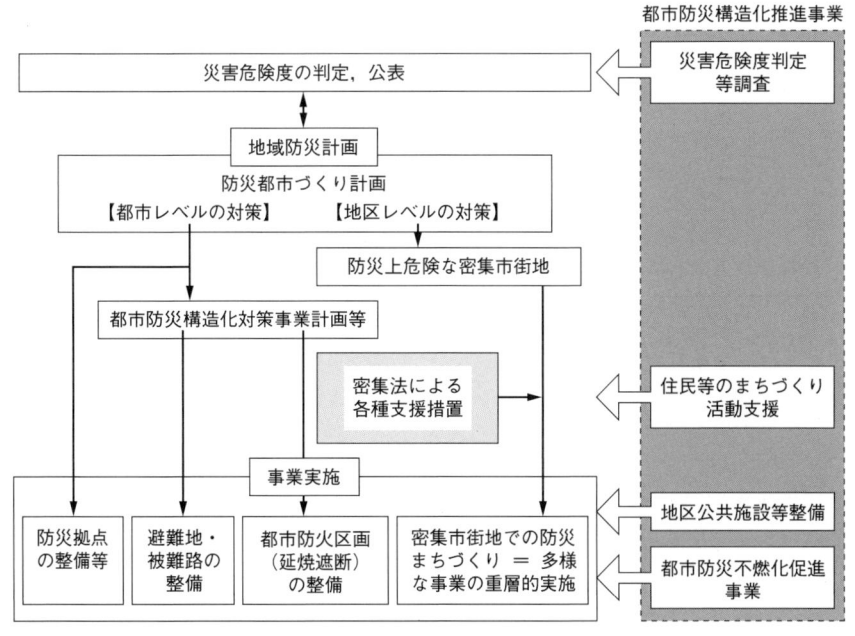

図 1-1 防災都市づくり計画[1]
ハッチで色塗された部分は，1997（平成 9）年度の新制度．

H2　環境都市と防災（風水害）
—— Urban Environment and Disaster Reduction (Storm Disasters)

わが国の都市では自然現象としての災害に加えて，地球の温暖化のような人為的な誘因変化や都市過密化などの被害拡大要因の増加によって，社会現象としての災害が発生し被害が拡大する危険性が増加している（表 2-1）．それでは，一体何が都市を脆弱にしているのだろうか．まず，わが国で 1960 年代に本格化した都市化とそれを適切に制御できなかった土地政策の失敗があげられる．過剰な人口と人口密度はそれ自体が災害の激化要因である．また，自然環境に手を加えすぎた場合もその反動として災害が発生・激化する．発展途上国では，急激な工業化が環境を悪化させ，ひいては災害激化の原因となっている．さらに，都市サービスが向上すると，市民生活は過度の依存体質となってしまうだろう．夜，突然，自然災害が引き金となって広域停電になった場合を想定してみるがよい．2003 年 8 月 14 日に発生した米国北東部とカナダに及ぶ大停電事故では 5000 万人以上の住民が不自由な生活を送り，ニューヨークの都市機能が麻痺した．首都圏のように人，もの，情報，金融などあらゆるものが集中すると，それだけで災害に脆弱となる．それは相互依存性が高まるからである．土地所有権の過剰な保護も，公共事業の進捗を阻害し，その狭間で災害が発生するようになろう．建物の耐災性は災害を繰り返すごとに被災地でのみ改善されてきた経緯があり，全国的にはいまだ十分であるとはいえない状態である．また，防災・減災を公共事業のみで進めるのは財政的のみならず，維持管理などの理由から不可能であって，自助や共助と公助とのパートナーシップが必要となる．

これらの都市の災害に対する脆弱な体質は，都市がすでに糖尿病に陥っていると考えるとよく理解できる．これらは災害を含む都市環境の悪化といってよい．偶然のきっかけで色々な病気になりやすい体質になっている．表 2-2 にはわが国の都市が巨大災害に見舞われる具体例を示した．外力の大きさを制御できない地震，火山噴火などが巨大化することによって被害は大規模化するが，一方では，洪水，津波，高潮や土砂災害のように，外力の制御がある程度可能であるにもかかわらず，素因の状況との組み合わせによって被害はさらに大規模化する．すなわち，近年の都市の災害特性とは，誘因主導の災害ではなく，素因主導の災害ということであり，巨大都市の出現は，被害規模の巨大化の可能性を高めているのである．

災害は人命への危害と財産への損失であるとすれば，被害としての財産の損失は，直接被害を被らなくても発生する．これを間接被害とすれば，都市災害は，直接被害が巨大化すると同時に，間接被害を巨大かつ広域的に波及させる可能性をもっていることに注目しなければならない．それは，現代の都市社会が表 2-3 に示す危機発生要素と表 2-4 にまとめた被害増幅要因にかかわっているからである．

こうして間接的な負の影響の波及によって，被災地とまったく関係ないような地域や連担する都市群を取り込んでいく危機的状況は，「スーパー危機」ともいうべきものである．情報化時代，ネットワーク化時代をさらに進展させる今日，「スーパー広域災害」と同時に，それがもたらす地球規模に達する間接的な「スーパー危機」も，新たに対応が求められている課題となってきている．
　　　　　　　　　　　　　　　（河田惠昭）

H2　環境都市と防災（風水害）

表 2-1　何が都市を脆弱にするのか：都市の糖尿病化

1. 急激な都市化と不適切な土地利用管理（防災力の時間的・地域的不均衡）
2. 過剰な人口集中と人口密度
3. 自然環境との不調和（水循環の寸断，不浸透舗装，ヒートアイランド現象）
4. 社会インフラや公共サービスへの過度の依存
5. 政治・経済・情報の一極集中（東京首都圏の肥大化・都心の過密化）
6. 土地所有権の過剰保護（土地利用の過剰な自由）
7. 建物・施設の耐災性の不足
8. 公共事業としての防災対策への過度の依存

表 2-2　日本の都市における災害の誘因と素因

災害の誘因	都市における素因の特徴（例示都市）
地震	人と建物の過密（巨大都市：東京，大阪）
土砂災害	扇状地・山麓・崖地（斜面都市：神戸，京都，長崎，広島，仙台）
火山噴火	山腹居住・泥流・火砕流・火災サージ地域（山麓都市：苫小牧，富士）
洪水	氾濫原・流域の都市化（沖積都市：福岡，札幌，千葉）
津波・高潮	臨海低平地・ゼロメートル地域（臨海都市：名古屋，大阪，横浜，東京）
市街地火災	木造建物の密集・複合巨大ビル（高密都市：東京，大阪，京都）
産業災害	エネルギー・施設，生物・化学物質（工業都市：川崎，四日市，北九州）

表 2-3　現代社会がもつ危機発生要素

危機発生要素	事象
1. 複雑性	多重のサブシステムで構成されているシステムは，多くの部分と過程をもち，サブシステム間の因果関係が理解できず，全体の理解も困難である
2. 連結性	一見何も関係ないような他の地域やものと結びついている
3. 範囲と規模	想像以上に拡大し，グローバル化している
4. スピード	ますます加速されている
5. 顕在性	マイナス面を内密にすることがますます困難になっている

表 2-4　最近の風水害被害の増幅要因

1. 高齢者の体力と判断力の低下
2. 住民の自助努力の不足と公助への過度の依存
3. 自治体関係者の災害に対する切迫感・責任感の欠如
4. 地域コミュニティの崩壊と高齢者の地域内孤立
5. 地球温暖化による集中豪雨の激化と多発
6. 地球温暖化による台風上陸数の増加と経路の不安定
7. 公共事業費の削減による防災力の低下と維持管理の困難
8. 地下空間を含む都市構造の複雑化と土地利用計画の失敗

H3　環境都市と防犯

—— Environment City and Crime Prevention

1. ゆらぐ都市の安全と防犯環境設計

犯罪，とりわけ刑法犯は，1974（昭和49）年を底として1975年以来増え続けているが，1996（平成8）年以降，連続して戦後のワースト記録を更新している（2001（平成13）年の認知件数は358万件余り）。一方で交通業過を除く刑法犯（＝一般刑法犯：その約86％を窃盗，5％を器物損壊が占める）の検挙率は，2001（平成13）年に戦後初めて20％を下回った[1]。今日の都市化社会において，犯罪は全体として都市犯罪の傾向をもつが，過密，人々のつながりの希薄化，匿名性などが尖鋭化して現れる首都圏や阪神をはじめとする大都市では，過去5年ほどをみても，神戸市・小学生殺傷事件（1997年），東京豊島区・路上通り魔事件（1999年9月），大阪教育大・池田小学校児童殺傷事件（2001年6月）など衝撃的な事件が多発している。犯罪に強く，人々が安心して暮らすことのできる環境都市の構築は急務であるといえよう。

こうした中，施設の設計や都市計画の分野においても，防犯の視点からの検討が求められており，欧米に起源をもつ「防犯環境設計」（CPTED：crime prevention through environmental design）の考え方が広く注目されつつある。CPTEDの指針は，できるだけ自然な形で，被害対象の防犯力の強化，監視性の確保，領域性の強化やアクセスの制御を図ること，さらには空間利用促進の支援，人々の参加・帰属意識の高揚などをあげている。わが国では警察，建築・都市工学の研究者，防犯関係の事業者等の協力のもとに，基礎的な調査研究が昭和50年代に着手された。近年の体感治安の悪化を反映して，個々の施設・空間のセキュリティ対策はもとより，まちの人々が防犯診断に取り組み，公園の改善につなげたりする防犯まちづくりの事例や防犯モデル道路，防犯モデル団地等の実践的な試みも行われている。

2. 交通事故防止は国民的な課題

犯罪と同様，我々の生活を脅かしている交通事故をみると，政府は，第7次交通安全基本計画で，道路交通事故について「平成17年度までに，年間の死者数を交通安全対策基本法施行以降の最低であった昭和54年の8466人以下とすることを目指す」との目標を掲げ対策を進めている。この結果，2001（平成13）年の死者数は，1981（昭和56）年以来20年ぶりに9000人を下回ったが，事故件数，死傷者数は，ともに過去最悪を更新し続けている。道路交通事故以外についても，政府は，日航機ニアミス事故（2001（平成13）年1月），JR九州の列車衝突事故（2002（平成14）年2月）の発生等，交通事故をめぐる情勢は依然として厳しく，交通事故防止は，国民的な課題である，としている[2]。

こうした状況を踏まえ，政府は，自治体や，民間団体等と協力して，深刻化している高齢者の交通安全，シートベルトやチャイルドシートの着用促進等，様々な対策を推進している。2002（平成14）年6月に飲酒運転・飲酒事故に関する罰則を強化した改正道路交通法が施行されたが，2003（平成15）年3月末の飲酒運転による死亡事故件数（全国）は，前年同期比較で約56.7％減少したとされ（警察庁交通事故統計），罰則強化の事故抑止効果が大きいことが明らかとなった。政府の動きに合わせ，各自治体においても，警察や関係行政機関との連携により，道路交通安全対策の

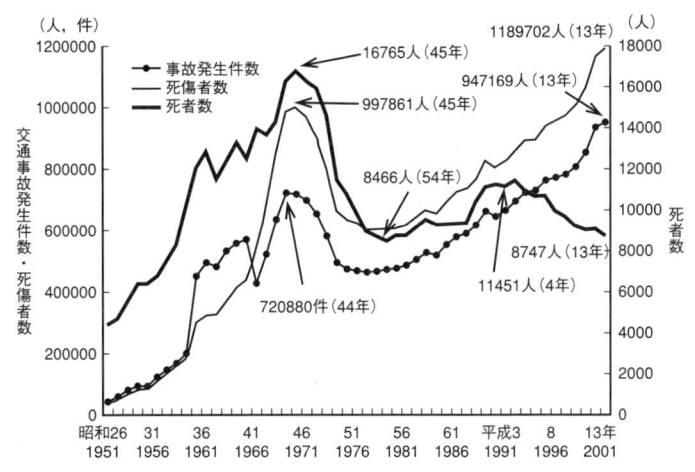

図 3-1 道路交通事故による交通事故発生件数，死傷者数および死者数の推移[2]
警察庁資料による．1996（昭和 41）年以降の件数には，物損事故を含まない．1971（昭和 46）年までは，沖縄県を含まない．

図 3-2 2002 年 3 月東京・上野
犯罪と交通事故の防止は国民的な課題．

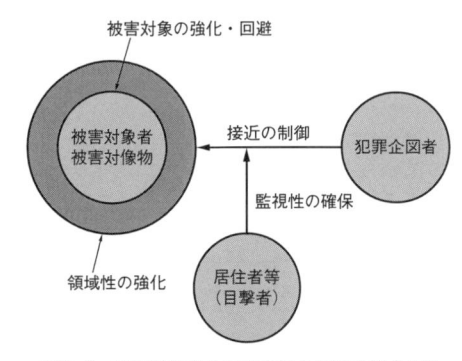

図 3-3 防犯環境設計の基本的な手法の概念図[3]
山本俊哉：『犯罪と非行 特集：現代犯罪予防論』（日立みらい財団，2003.2）

取り組みを進めている．道路交通安全対策の柱は，一般に，①道路交通環境の整備，②交通安全意識の啓発，③道路交通秩序の維持，④安全運転と車両の安全性の確保，⑤救助・救援体制の整備，⑥被害者救済の充実とされる．実際の対策は，自治体の地域特性等により重点の置き方は異なってくる．高齢者の交通安全確保のほか，飲酒運転の防止，自転車や若者のオートバイ事故の防止を重点として掲げる自治体も多い．

（鳥山千尋）

文 献

1) 法務省法務総合研究所：犯罪白書 平成 14 年度版，2002
2) 内閣府編：交通安全白書 平成 14 年度版，2002
3) 山本俊哉：『犯罪と非行 特集 現代犯罪予防論』住環境の整備を通した犯罪予防，日立みらい財団，2003

H4　環境都市と公害防止
—— Environment City and Pollution Control

　わが国の公害は第二次世界大戦前から直面していたが，戦後の高度経済成長期，昭和20～30年代には重化学工業を主体とした"産業公害"が相次いで起こり，水俣病など四大公害病の発生を招くなど大きな社会問題にまで発展した．昭和40～50年代は，都市化の時代で，都市への過度な人口集中による騒音や日照障害，家庭排水による水質汚濁等，いわゆる"都市生活型公害"による生活環境の悪化が深刻化された．そして，昭和60年代からは地球環境問題が認識され始め，フロンガスによるオゾン層の破壊，炭酸ガスによる地球温暖化など地球規模の環境問題へと広がりをみせている．一方で日常生活や事業活動に伴う"都市生活型公害"も多様化し，廃棄物・リサイクル，土壌汚染，環境ホルモンといった新しい環境問題も生じてきた．

　産業公害については，主に法律による規制，企業の努力等により収束をみせつつあるが，都市生活型公害は地球環境問題も含めて，新たな課題として対策が求められている．言い換えるなら，公害から環境問題へ変わってきているといえよう．

　このように，公害から環境問題への質的変化に対応するため，従来の公害対策基本法が廃止され，環境基本法が1993(平成5)年に制定された．翌1994(平成6)年には環境基本計画が定められ，新たな課題への基本的な方針を示すとともに，各種対策を急速に整備することとなった．

　環境問題への対策は，公害発生源の除去・規制，公害の影響の緩和・遮断といったこれまでの公害防止対策だけでなく，持続可能な社会経済システムへの転換等，広域的，総合的対策が必要となる．都市型社会に転換したわが国においては，環境都市すなわち，環境共生型の都市の創造であり，環境負荷の少ない，自然と共生した，アメニティの質の高い，持続可能な循環型都市を創造することにほかならない．省庁によって名前は異なるが，エコポリス，エコシティ等いずれも環境都市を目指す施策である．ドイツのフライブルグ市では環境都市を実現している．

　また，都市計画マスタープラン，緑の基本計画，環境基本計画等においてもそのような視点が重要になっている．これまでも都市計画的な観点からの公害の影響の緩和・遮断は，土地利用による対応，緩衝緑地や道路緑化等による物理的遮断，汚染物質吸着効果等を期待した植樹・緑化，また，地球温暖化，ヒートアイランド対策に対する緑地の配置を行ってきたが，それらをより総合的な施策として展開したのが緑の基本計画である．

　このように，公害防止から転換した環境都市づくりは，都市環境の整備を総合的に推進するものであり，都市環境の創造・改善のために必要な施策を総合化，体系化し，これに基づき各種の都市環境施策が展開されるべきものである．

　すなわち，環境都市づくりは，人口問題，交通問題，住宅問題等の都市政策，都市システムの総合的な対応が不可欠である．土地利用計画，都市施設整備，市街地開発等の都市構造にかかわるハード施策と，都市環境に関する地域住民の自主的活動や教育，普及啓発活動等のソフト施策の双方を対象として，総合的に策定するものである．

〔川尻幸由〕

文　献
1) 環境省：環境白書 平成14年版，ぎょうせい，2002
2) 柳下正治：20世紀の環境・公害行政を振り返る，生活と環境，45(12)，2000

表 4-1　わが国の環境問題の変遷（環境省，2002 を基に修正）

	年	社会経済と科学技術	環境の状況および国際的な動き	国内の環境対策
産業型公害期	昭和30年 (1955)	・「経済白書」もはや戦後ではない(S31) ・国連加盟(S31) ・首都高速開通(S34)	・イタイイタイ病(神通川流域)発生(S30) ・水俣病発生(S31) ・工場排水への抗議行動(東京湾)(S33)	・地方公共団体初の公害防止協定(S27) ・公共用水域の水質保全に関する法律(S33) ・工場立地法制定(S34)
	昭和35年 (1960)	・全国総合開発計画(S37) ・東海道新幹線開通(S39) ・東京オリンピック開催(S39)	・四日市公害深刻化(喘息等) ・1週間にわたりスモッグ発生(東京)(S37) ・第二水俣病発生(阿賀野川流域)(S40)	・ばい煙の排出の規制等に関する法律制定(S37)
	昭和40年 (1965)	・欧州共同体(EC)成立(S42) ・GNP世界2位(S43) ・人類初の月面着陸(S44)	・赤潮発生の広域化 ・新潟水俣病訴訟，四日市公害訴訟(S42)	・公害対策基本法制定(S42) ・大気汚染防止法・騒音規制制定(S43)
	昭和45年 (1970)	・大阪万国博覧会開催(S45) ・沖縄返還協定調印(S47) ・「日本列島改造論」発表(S47)	・光化学スモッグ被害，東京で頻発(S45) ・国連人間環境会議で人間環境宣言採択(S47) ・国連環境計画(UNEP)設立(S47)	・第64回国会(公害国会)で公害関連法案成立(S45) ・尾瀬自動車道路の工事中止(S46) ・自然環境保全法制定(S47)
都市生活型公害期	昭和48年 (1973)	・変動相場制へ移行(S48) ・第四次中東戦争-第一次石油危機(S48) ・第二次石油危機発生(S54) ・スリーマイル島原発事故(米国)(S54)	・ワシントン条約採択(国連)(S48) ・フロンによるオゾン層破壊の可能性指摘(S49) ・ロンドン条約発効(S50) ・瀬戸内海で赤潮大発生(S51)	・瀬戸内海環境保全特別措置法制定(S48) ・化学物質審査規制法制定(S48) ・日本版マスキー法の告示(S49) ・省エネルギー法制定(S54)
	昭和55年 (1980)	・日本の自動車生産台数世界一に(S55) ・イラン・イラク戦争(S55) ・米初のスペースシャトル打ち上げ(S55)	・SOx環境基準ほぼ達成される(S55) ・光化学オキシダント発生減少傾向 ・全国の地盤沈下面積広がる	・NOx排出総量規制制度の導入(S56) ・湖沼水質保全特別措置法制定(S59)
	昭和60年 (1985)	・つくば科学万博開催(S60) ・国鉄分割・民営化実施(S62) ・青函トンネル開通・瀬戸大橋完成(S63)	・オゾン層保護のためのウィーン条約採択(S60) ・モントリオール議定書採択(S62) ・気候変動に関する政府間パネル(PCC)設立(S63)	・オゾン層保護法制定(S63)
地球環境問題期	平成元年 (1989)	・東西ドイツ統一(H元) ・湾岸戦争(H3) ・ソ連邦崩壊，CIS創設(H3) ・週休2日制度の定着(H4)	・バーゼル条約発効(H4) ・気候変動枠組条約採択(H4) ・生物多様性条約採択(H4) ・地球サミットがリオデジャネイロで開催(H4)	・地球温暖化防止行動計画閣議決定(H2) ・再生資源の利用の促進に関する法律制定(H3) ・自動車NOx法制定(H4) ・政府開発援助大綱閣議決定(H4)
	平成5年 (1993)	・製造物責任法(PL法)制定(H7) ・阪神大震災(1月) ・消費税率5%に引上げ(H9)	・廃棄物最終処分場のひっ迫 ・砂漠化条約採択(H8) ・京都議定書を採択(COP3)(H9)	・環境基本法制定(H5) ・環境基本計画閣議決定(H6) ・容器包装リサイクル法制定(H7) ・環境影響評価法制定(H9)
	平成10年 (1998)	・単一通貨「ユーロ」スタート(H11) ・完全失業者300万人突破(H11) ・中央省庁再編(H13) ・米国同時多発テロ(H13)	・PIC条約採択(H10) ・所沢ダイオキシン野菜問題(H11) ・「気候変化2001」IPCC第三次評価報告書(H13) ・COP7(マラケシュ合意)(H13)	・家電リサイクル法制定(H10) ・地球温暖化対策推進法制定(H10) ・省エネルギー法改正(H10) ・ダイオキシン類対策特別措置法制定(H11) ・グリーン購入法制定(H12) ・循環型社会形成推進基本法制定(H12) ・新環境基本計画閣議決定(H12)

資料：環境省作成を基に修正

H5　安全と安心

—— Safety and Security

　都市における生活環境は，しばしば急激かつ過激に変化し，その結果人間の社会生活上，相当程度の影響を及ぼすこととなる．この影響が負の場合，環境の変化に対して，人々は生命，財産に関して危険を感じ不安を覚える．まちづくりでは，このような危険を防除し不安を排除するよう配慮しなければならない．これが都市の安全と安心である．

　まず変化する「環境」について考えてみよう．環境とは，人間のみならずあらゆる動植物が生息し，相互作用を及ぼし合う世界のことで，自然的環境と社会的環境とに分けることができる．日本における環境に関する法律の元締である環境基本法（1993（平成5）年）では，環境についての明確な定義はないが，法第2条の「環境への負荷」「地球環境保全」の定義によって，この法律の対象とする環境は，人間の活動により汚染や悪化の影響が及ぶおそれのある範囲とされている．したがって，地震や火山等の自然災害が及ぶ範囲は含まれていない．

　次に，環境の変化への対応について考えてみよう．

　昭和30年代後半から40年代にかけて，わが国の高度経済成長期に，全国的規模で公害の発生が社会問題化した．このため，1967（昭和42）年に公害対策基本法が制定された．環境基準が強化され，おのおのの公害発生源での技術上の対策が講じられる一方，土地利用上からも工場地帯や石油コンビナートと住宅地を分離し，公害や災害の防止に資する緩衝緑地の整備推進を図った．これは，社会環境が公害という人為的な原因によって変化する社会災害の危険を防止しようとするものであった．

　一方，大規模地震による災害に対しても，様々な防災対策が講じられてきた．大震火災時に発生する災害から，国民の生命と財産を守るため，防災機能を有する公園緑地やそれらをつなぐ避難路等を系統的に配置整備し，避難困難区域の解消を図ってきたのも，その1例である．これは主として，自然現象が原因となって起こる自然災害（天災）に対する危険を防止しようとするものである．

　2003（平成15）年4月の統一地方選挙では，東京都知事選挙が行われた．この選挙で再選を果たした石原知事は，選挙公約の中で「安心，安全の確保」を掲げた．この具体的内容は2つであった．1つは80年前に経験した関東大震災や1995（平成7）年に起こった阪神・淡路大震災に鑑み，首都東京における大震火災時の防災，避難，救援活動対策である．もう1つは，最近増加傾向にある都市凶悪犯罪に対する防犯，治安対策である．ここで明らかなように，安心と安全の確保のために，自然災害と犯罪という社会災害の両面への対策を講じようとしていることである．

　以上の事例からわかるとおり，生活環境は何らかの自然現象か社会（人為的）原因によって，急激かつ過激な変化が起こり，災害をもたらす．これら災害を防ぐための対策も簡単ではない．環境都市構築に際しては，安全と安心をキーワードとして，自然災害にも社会災害にも強いまちづくりを推進する必要があり，そのために知識，知恵，技術，システムを網羅的有機的につないだ環境計画の総合プロデュースが望まれる．

（服部明世）

H5 安全と安心

表 5-1 災害と現象・原因事例

災害	現象・原因
自然災害（天災）	地震，津波，火山，台風，豪雨，火災（一部）等
社会災害（人災）	テロ，（都市）犯罪，交通事故，危険物事故，公害，光害，廃棄物，各種地球環境問題，疾病，火事（一部）等

(a) 阪神・淡路大震災によって災害を被った山陽新幹線高架（西宮市）

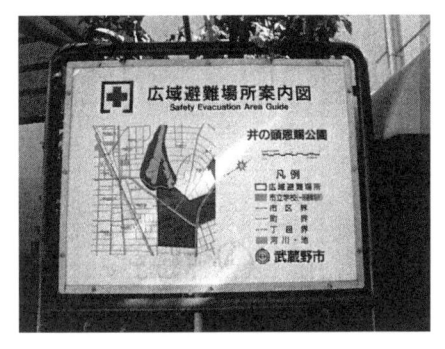

(b) 地震等の災害が起こったときの対策として設けられた避難場所案内図（武蔵野市）

図 5-1 自然災害

(a) 社会災害（人災）―交通事故―が何時起こっても不思議ではない道路．歩行者の中を自動車が通る（武蔵野市）．

(b) 歩行者の安全確保のために自転車専用レーンを設けた広幅員歩道．自転車と歩行者のマナーが問題（東京都港区）．

図 5-2 社会災害

H6　自然災害と社会災害
―― Natural Disasters and Social Disasters

　一般に災害発生の素因（契機となった要因）が自然現象の場合を自然災害，人為的要因が契機となった場合を社会災害と呼んでいる．災害対策基本法では，災害を「暴風，豪雨，豪雪，洪水，高潮，地震，津波，噴火その他の異常な自然現象又は大規模な火事若しくは爆発その他その及ぼす被害の程度においてこれらに類する政令で定める原因により生ずる被害をいう」としており，異常な自然現象を原因とする被害を自然災害，大規模な火災，爆発等の人為的要因を発端（起因）とする被害を社会災害，と解することのできる定義がされている．

　こうした素因によって災害を区分することは，防災上重要でないとする考えもある．素因としての自然現象が起こっても必ず災害になるとは限らないこと，自然現象が契機となって震災，噴火災害，水害等が発生した場合でも，そこには無計画な開発等による不安定地盤や耐震性に欠けた構造物，活火山の山麓での土地利用，低地への都市化と河川改修の遅れ等の社会的背景があり，災害は人間の社会活動との関係において発生するとみることができること，また，地球的自然と人類の知見との大きな隔たりの中で，何をもって異常な自然現象とするかなどの問題もある．一方，人為ミスによる火災が大火に拡大する場合などは，強風や大気の乾燥等の気象条件が影響していることが多い．このように災害は常に自然的要因と社会的要因が複雑に交錯して発生することから，防災的見地からは素因を問わずすべて社会災害（あるいは社会現象）であるということもできる．

　実際，災害認識（災害観）は時代とともに深化しており，それは防災対策の視点からの研究によるところが大きく，災害規定の意義もここにある．たとえば，経済学者の佐藤（1964）らは『災害論』の中で，災害を「人間とその労働の生産物である土地，動植物，施設，生産物が何らかの自然的あるいは人為的（破壊力）によって，その機能を喪失し，または低下する現象」と定義し，その構造を「素因」「必須要因」「拡大要因」に分け，災害は「この三つの要因が，離れ難く連鎖的に結合した構造をもってあらわれる」とした．また，住居・都市計画学者である西山（1968）は『地域空間論』において，災害は社会の発展の中で形成・成長する被災要因の発展，被災基盤の拡大によって準備され，そこに起因が働くことによって初めて発生する．起因には自然的・社会的因子があり，被災要因ないし基盤は人間社会の発展がもたらした，まったく社会的なものであるとし，特に都市における災害に関して災害化に至らしめるものは「被災要因」あるいは「被災基盤」であると特徴づけている．さらに，地質学者である木村（1977）は『法律時報臨時増刊・現代の災害』の「災害総論」において，「災害は人間が環境の変化に対し，対応しなかった場合に起こる生活の破壊」と定義し，災害原因について「人間社会に何らかの現象が発生する原因というものは，単純な因果律によるものでなく，複雑に絡みあっている．災害の発生条件となる自然と社会のしくみを詳細に分析しなければならない」として，自ら「災害原因の因子分析」を試みている（図6-2）．

　なお，近年よく使われる都市災害は，高度・高密度に空間利用され，様々なライフラインによって機能維持されている都市における災害の複合性・波及性を総称した災害概念である．すなわち，都市の被害特性

H6　自然災害と社会災害

表6-1　災害分類の例

一般的に災害を引き起こした起因（素因）によって自然災害と社会災害に区分される．

自然災害	「異常な自然現象を原因とする災害」暴風，豪雨，豪雪，洪水，高潮，地震，津波，噴火，冷害，干害，雹害，霜害，旋風，地滑り，山崩れ，崖崩れ，土地隆起，土地沈降等による被害
社会災害	「人的事故等を発端とする災害」大規模な火事，爆発，放射性物質の大量放出，多数者の遭難を伴う船舶の沈没・旅客列車の衝突転覆・航空機の墜落，極端な雑踏等による被害

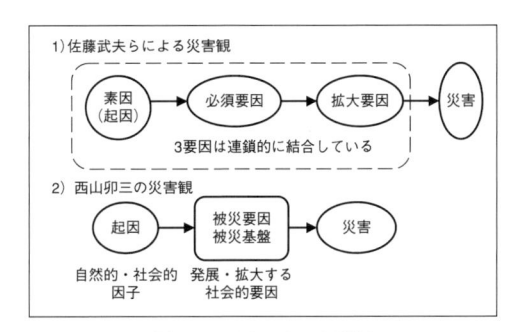

図6-1　災害発生の認識例

1) 佐藤武夫らによる災害観
　素因（起因）→ 必須要因 → 拡大要因 → 災害
　3要因は連鎖的に結合している

2) 西山卯三の災害観
　起因 → 被災要因・被災基盤 → 災害
　自然的・社会的因子　　発展・拡大する社会的要因

佐藤武夫らは災害の発生原因について3要素の連鎖的結合として社会性を導入したが，西山卯三はこれの曖昧性を批判し，被災要因または基盤が災害に至らしめるとした．

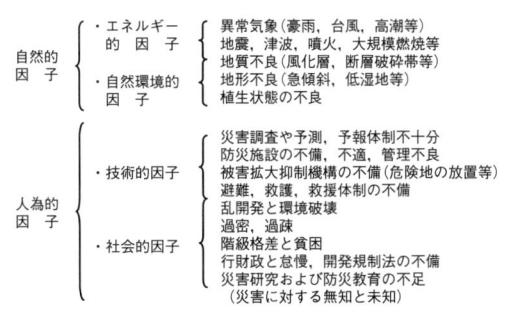

図6-2　災害原因の因子分析（木村春彦）

- 自然的因子
  - エネルギー的因子
    - 異常気象（豪雨，台風，高潮等）
    - 地震，津波，噴火，大規模燃焼等
  - 自然環境的因子
    - 地質不良（風化層，断層破砕帯等）
    - 地形不良（急傾斜，低湿地等）
    - 植生状態の不良
- 人為的因子
  - 技術的因子
    - 災害調査や予測，予報体制不十分
    - 防災施設の不備，不適，管理不良
    - 被害拡大抑制機構の不備（危険地の放置等）
    - 避難，救護，救援体制の不備
  - 社会的因子
    - 乱開発と環境破壊
    - 過密，過疎
    - 階級格差と貧困
    - 行財政と怠慢，開発規制法の不備
    - 災害研究および防災教育の不足
      （災害に対する無知と未知）

災害原因は様々な因子が複雑に絡み合っているとして，因子分析を試みている．

による概念であって，上記の災害要因や特定の災害事象を指すものではない．

（中村八郎）

文　献

1) 佐藤武夫ほか：災害論，勁草書房，1964
2) 西山卯三：地域空間論（西山卯三著作集第3），勁草書房，1968
3) 木村春彦：災害総論，現代の災害（法律時報臨時増刊），1977
4) 防災行政研究会編集：逐条解説・災害対策基本法，ぎょうせい，1999
5) 大屋鐘吾・中村八郎：災害に強い都市づくり，新日本出版社，1993

H7 震災

—— Earthquake Disasters

震災とは地震活動のみならず，その背景となった地質，気象等の自然条件，および都市構造，生活構造等の人為的条件によって発生する損害である．したがって自然の働きに対して，人間活動をいかに構築するかが重要であり，それが震災対策である．

1. 関東大震災と阪神・淡路大震災

わが国の震災対策は，1923（大正12）年の関東大震災を原点とし，その後各地で起きた大火を参考にして組み立てられてきた．つまり，火災を重視した対策であったが，阪神・淡路大震災では，表7-1のとおり，被害の様相は大きく異なった．

このように阪神・淡路大震災の被害が軽かったのは，発生の季節や時刻のほか，津波や風がなく，大火に至らなかったことが考えられる．また都市の不燃化，交通や物流の広域化，高速化が進み，情報手段等の社会システムの近代化も大きくかかわっている．

2. 震災対策

震災対策はこのような因果関係から普遍すべき条件を抽出し，それに備えることにある．施設や「もの」にかかるハードの確保，およびそれと一体となったシステムの構築，さらに発生に備えた資機材の備蓄と対処マニュアル等であるが，一般的にはその段階に応じ，予防対策，応急対策，復旧対策に分けられる．

(1) 予防対策：　構築物やシステムなど単体の安全性を確保する方策と，被害の拡大を阻止する都市計画等の対策である．他の対策と異なって被害そのものを軽減する対策で，個人や企業の対策を別にすれば，まちづくりそのもの，とりわけ地域地区や緑地計画，防災拠点等が重視される．

阪神・淡路大震災では表7-2のとおり，約60％もの人が近隣に避難し，ここをベースに情報収集を行い，近隣の救助，自宅の片付け，避難等の行動に移った．そのため住区基幹公園の重要性が実証され，さらなる整備が求められるようになった．

(2) 応急対策：　平素からの備蓄のほか，救急，救援，避難等にかかる公共的システムの構築である．阪神・淡路大震災では，社会一般のシステムの進歩が印象づけられ，逆に公共の受け入れの不備が浮き彫りになった．とりわけボランタリー活動が目覚ざましく，これを機に社会的に認知されることになった．

このような中で，ここでも公園の果たした役割は大きく，図7-1のとおり，建物では果たせない多様な活動が展開された．加えて市街地周辺には後方支援型の基地が設けられ，自衛隊など組織的な駐屯，広域的な物資の受け入れ，仕分け，配送などが行われた．近代的な社会システムに欠かせぬ，新たな機能として登場したのである．

(3) 復旧対策：　道路やライフライン等の公共的な施設から，個人の住宅，商業労働等を従前と同等に復することにある．しかしこの中で，個人の生活の復旧が容易ではなく，最後まで課題として残った．

この復旧の過程で重要なのは仮設住宅であるが，従前の生活の近くに求められ，箇所数で30％，戸数で20％が公園に設けられた．しかし高齢者をはじめ，福祉面からの要請にさえ応えられず，この面からも市街地内の公園の重要性が指摘された．

（辰巳信哉）

H7 震災

表7-1 大震災の比較

項目		関東大震災	阪神・淡路大震災
地震	日時	1923(大正12)9.1/11時58分	1995(平成7)1.17/5時46分
	震源	相模湾, 地下15 km	淡路島, 地下20 km
	強さ	M 7.9, 震度6(烈震)	M 7.2, 震度7(激震)
	タイプ	プレート型	活断層型
	津波	最大10 m	—
天候	天気	直前に強い雨	晴れ
	風	S, 10〜15 m/sec	2 m/sec
火災	発生件数	134件*	259件
	焼失面積	34.66平方km*	0.67平方km
人的被害	死者・不明	142807人(焼死90%)	6312人
	負傷者	103733人	38495人
家屋被害	全焼壊	576262棟(焼失78%)	99996棟(焼失7%)
	半焼壊	126233棟	100996棟
その他	社会的事象	デマ, 虐殺発生, 戒厳令	ボランタリー活動

注:*は東京都内のみのデータである.

表7-2 被害と直後の行動

被害の状況			直後の行動			左のうち屋外避難	
種別	世帯数	割合(%)	避難先等	世帯数	割合(%)	世帯数	率
全焼壊	1036 (133)	39.5	学校	214	10.0	96	0.45
			公園	136	6.4	131	0.96
半焼壊	666 (29)	25.4	公共公益施設	42	2.0	8	0.19
			道路	102	4.8	534	0.38
一部焼損壊	766 (57)	29.2	その他	227	10.6		
			自動車	136	6.4		
無被害	154	5.9	自宅	941	44.0		
			避難計	1798	84.2	769	0.43
合計	2622	100.0	救助活動	339	15.8	—	—
			合計	2137	100.0		

1995(平成7)年度, 建設省土木研究所, 建築研究所の共同調査「公園緑地に関する避難者意識調査」による. 神戸, 西宮, 芦屋3市の震度7区域のアンケートによる調査(サンプル数6000, 回収数2664). 被害の( )書きは, 火災による被害を示す(内書き). 合計数は回収数のうち, 「無回答」「忘れた」を除いた数値である.

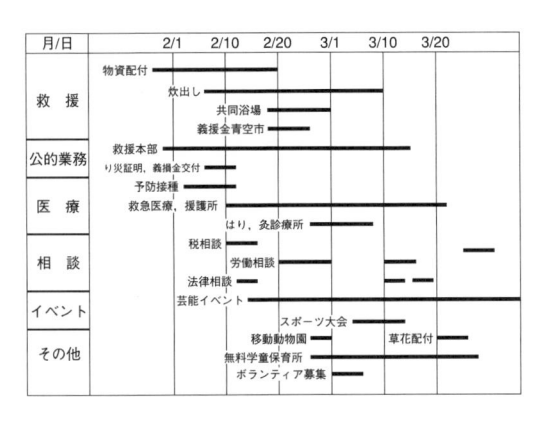

図7-1 市街地内の公園の主な利用
地元紙朝刊の告知から採録した. 単発の利用は省略した.

H8　ライフライン

—— Lifeline

　ライフラインの英語本来の意味は,「命綱, 生命線」と訳されるが, これが転じて生きていく上で必要不可欠なものという意味で使われている. 特に現代の都市生活を支える電気, ガス, 上下水道, 鉄道, 道路, 港湾, 通信等の基本的インフラ施設を総称してライフライン施設といっている.

　大都市直下型の大惨事となった1995（平成7）年1月の阪神・淡路大震災（以下「大震災」）では, 停電, ガスの漏出・供給停止, 水道管の破裂・断水, 水洗トイレの使用不可, 鉄道・地下鉄や電話の不通等ライフラインが大きな被害を受けた. その被害額は鉄道・道路他公共土木施設で1兆2千億円, 港湾施設で1兆円, 電気・ガス・通信施設で5千4百億円にものぼった（建築物も含めた大震災の被害総額は10兆円）. 本来, 安全・安心で快適であるべき都市生活がまったく麻痺し, 救助・救急や援助への支障等, 災害に強いライフラインシステムの重要性が改めて強く認識された.

　一方で, 災害状況の伝播や情報伝達では, インターネットによる全国・全世界への情報発信・交換等, ライフラインとしての情報インフラ整備の必要性と重要性も認識された.

　大震災でのライフラインの復旧は, 国庫補助等による財政支援, 全国からの公共団体職員や関係事業者の応援等, 集中的な投資により行われ, 主なものはほぼ4カ月以内で完了したが, 高架道路倒壊という衝撃的被害を受けた阪神高速道路神戸線や, 壊滅的被害を受けた神戸港はそれぞれ1年9カ月後, 2年4カ月後に復旧が完了するなど時間を要した[1]).

　また, 災害対策基本法に基づく「兵庫県地域防災計画（地震災害対策計画）」では, 電力, ガス, 電気通信, 水道, 下水道, 共同溝等をライフライン関係施設としてあげているが（交通関係施設は別掲）, これは, 大震災後の1996（平成8）年の同修正計画において初めて「ライフライン」の用語が使用された. また, これらについて, 災害予防計画の「堅牢でしなやかな地域防災基盤の整備」において, 被害を受けにくく, 被災しても機能全体が麻痺せずに迅速な復旧を可能にする施設整備とそれに関連する防災対策について定めている[2]).

　ライフラインについて河田（1995）[3)] は,「その特徴は, 点と線で構成されていることであって, どこか一点の破損が全体に影響する恐れがある. そのために, エネルギーや情報に関するものはネットワーク化」が必要であるとし, 生体と都市の類似性に着目した生体防御の考え方を都市防災に応用することを提案するとともに, ライフラインの整備ではガス管, 水道管, 電力線, 通信ケーブル等の共同溝整備については疑問視し,「私たちの体で, ライフラインである神経も血管もそれぞれ別々に走っており, どこにも"共同溝"がないのが何よりの証拠」であり, 地下空間の浸水の危険性等も考慮するとそれぞれ別々に通すほうが「合理的であり, 安全」と指摘している.

（橘　俊光）

文　献

1) 兵庫県：阪神・淡路大震災の復旧・復興状況について, pp.1-11, 2003
2) 兵庫県防災会議：兵庫県地域防災計画（地震災害対策計画）（平成8年修正）, pp.1-353, 1996
  および同計画（平成13年修正）, pp.1-398, 2001
3) 河田惠昭：都市大災害―阪神・淡路大震災に学ぶ―, pp.157-222, 近未来社, 1995
4) 兵庫県・神戸市ほか：阪神・淡路大震災からの創造的復興―フェニックス兵庫2003―, pp.1-30, 2003

H8 ライフライン

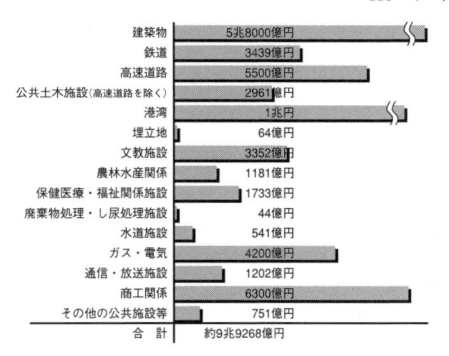

図 8-1 阪神・淡路大震災におけるライフライン等の被害総額と内訳（1995(平成7)年4月5日推計）[4]

被害額の大きさから阪神・淡路大震災のような都市直下型地震では，ライフラインの災害対策の重要性が改めて認識される．

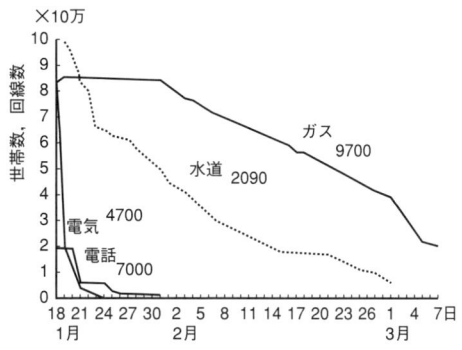

図 8-2 阪神・淡路大震災におけるガス，水道，電気の復旧状況と作業従事者数[3]

電気，電話に比べ，ガス，水道の地下埋設物の復旧に時間を要した．また，復旧のために全国から応援にかけつけた多くの技術者により作業は行われた．

表1 阪神・淡路大震災におけるライフラインの被害と復旧状況[1]

電気，ガス等はほぼ4カ月以内に復旧したが，鉄道，高速道路では被害程度により大幅に遅れたものもあり，社会，経済に大きな影響を与えた．

(a) 電気・ガス等の状況

区分	主な被害	復旧年月日
電気	約260万戸が停電（大阪府北部含）	1995（H7）．1.23　倒壊家屋等除き復旧
ガス	約84万5千戸が供給停止	1995（H7）．4.11　倒壊家屋等除き復旧
水道	約127万戸が断水	1995（H7）．2.28　仮復旧完了 1995（H7）．4.17　全戸通水完了
下水道	被災施設：18処理場，47ポンプ場管渠延長約316km	1995（H7）．4.20　仮復旧完了 1999（H11）．4.27　復旧工事完了
電話	交換機系：約28万5千回線が不通 加入者系：約19万3千回線が不通	1995（H7）．1.18　交換設備復旧完了 1995（H7）．1.31　倒壊家屋等除き復旧

(b) 鉄道・道路の状況

鉄道	復旧完了日	道路	復旧完了日
JR山陽新幹線	1995（H7）．4.8	阪神高速道路（神戸線）	1996（H8）．9.30
JR東海道・山陽線	1995（H7）．4.1	阪神高速道路（湾岸線）	1995（H7）．9.1
阪神電鉄	1995（H7）．6.26	阪神高速道路（北神戸線）	1996（H7）．2.25
阪急電鉄	1995（H7）．6.12	名神高速道路	1995（H7）．7.29
神戸電鉄	1995（H7）．6.22	第二神明道路	1995（H7）．2.25
山陽電鉄	1995（H7）．6.18	中国自動車道	1995（H7）．7.21
神戸市営地下鉄	1995（H7）．2.16		
神戸新交通	1995（H7）．8.23		
神戸高速鉄道	1995（H7）．8.13		

H9　都市防災計画
—— Urban Planning for Disaster Prevention

　都市防災計画とは都市の防災に関する計画全般を意味するが，狭義として都市計画における防災関係施設の設計等を指すと解することができる．都市の防災計画には情報の収集伝達，救助救急，医療・救護，延焼防止，避難誘導，消防活動，緊急輸送，そして事前復旧・復興等々があり，これらは災害対策基本法を根拠とする地方公共団体の地域防災計画，指定行政機関や指定公共機関等の防災業務計画において計画される．これらの計画は都市に限定されるものではないが，法定の総合的かつ具体的な防災計画である．

　地域防災計画には，都道府県防災会議が作成する「都道府県地域防災会議」と市区町村防災会議（または市町村長）が作成する「市区町村地域防災計画」があるが，いずれも中央防災会議が作成する「防災基本計画」に基づき作成，修正することとされている．なお，国および指定された地方行政機関，公共機関は防災計画として「防災業務計画」の策定が義務化されている．

　防災計画と都市計画との関係でいえば，延焼火災を防止するための市街地の防火区画計画（不燃建築物や緑地等による延焼遮断計画），災害時に防災活動の中心機能を担う防災拠点施設計画，大規模公園や広幅員道路等の避難地・避難路を指定または整備する広域避難計画，一次避難地等の各種避難地や避難所（収容施設）を包含した避難計画，物資・人員等を搬送するための緊急輸送路計画・輸送拠点施設計画，地域社会の防災性の向上を図るための防災まちづくり計画，被災市街地再建のための事前復興市街地計画等，都市を構成する施設に関する各計画がある．

　しばしば使用される新語に「防災都市計画」がある．都市計画に関しては，都市計画法に「都市の健全な発展と秩序ある整備を図るための土地利用，都市施設の整備及び市街地開発事業に関する計画」と定義（法第4条）されていることから，「防災都市計画」は，防災的観点を加味あるいは災害時を想定して都市計画を推進することといえる．また，類似語の「防災都市づくり計画」については，「都市防災構造化対策の推進について」（1997（平成9）年10月建設省都市局長通知）において「総合的な都市防災構造化対策を推進するためのマスタープランであり，根幹的な防災施設である避難施設，延焼遮断帯（都市防災区画）等の整備に関する事項の他，老朽密集市街地等防災上危険な市街地の整備に関する事項を盛りこむ」こととされている（従来の「都市防災構造化対策事業計画」）．なお，この計画の策定者は市町村長であり（2以上の市町村区域に及ぶ場合は都道府県知事），策定した計画は地域防災計画に位置づけるとともに，市町村の都市計画に関する基本方針等に反映させるとされ，三大都市圏の既成市街地，政令指定都市，県庁所在都市および大規模地震発生の高い地域について重点的に実施すべきとされている．

　なお，阪神・淡路大震災を契機として，地震防災対策特別措置法（1995（平成7）年）が制定され，都道府県知事は著しい被害発生のおそれがある地区について「地震防災緊急五箇年計画」を策定できるとされ，各種の地震防災施設の整備が推進されている．また，密集市街地の整備を総合的に推進するための密集市街地における防災街区整備促進法（1997（平成9）年）が制定され，地区レベルで再開発や地区計画が進められることとなった．　　（中村八郎）

H9 都市防災計画

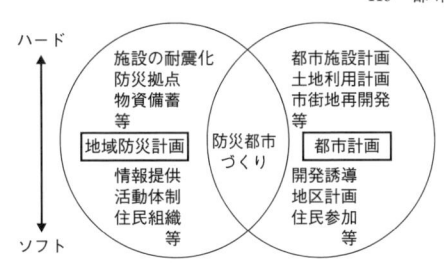

図9-1 防災分野と都市計画（資料：建設省都市局『新しい防災対策の展開に向けて』，1998）
都市防災計画を「都市の防災に関する計画」と広義に解した場合，左図の中の地域防災計画，都市計画，防災都市づくりの全般を指す．

図9-2 東京都区部の避難場所および避難道路概念図[1]

凡例：
- 行政区域境界
- 町丁目境界
- 137 避難場所（5〜198）
- 地区内残留地区
- 避難圏域境界

図9-3 延焼遮断帯の配置図（資料：逃げないですむまちづくり，1985（昭和60）年3月，東京都都市計画局）
東京都は防災生活圏を構成する延焼遮断帯整備計画を推進している（現在，23区と多摩地区の1部市）．遮断帯は道路，河川，鉄道，公園等の都市施設によって構成される．

凡例：
- 道路
- 河川
- 鉄道
- 公園（緑地）
- 主な公園・不燃空間等　延焼遮断帯を構成する都市施設
- 区界

文献
1) 日本都市計画学会：安全と再生の都市づくり，学芸出版社，1999
2) 建設省都市局都市防災対策室監修：都市防災実務ハンドブック・地震防災編，ぎょうせい，1997
3) 東京都防災会議事務局編：東京都地域防災計画 震災編 平成10年修正，東京都総務局災害対策部，1998

H10 ハザードマップ（防災診断地図）
── Hazard Assessment Map

　防災対策は，将来の発生事態を対象とすることから，事前にそれを予測あるいは想定することが重要となる．この場合，発生するであろう被害を定性的に把握する危険性（度）予測と被害を定量的に把握する被害想定が一般的に行われている．いずれも被害の種別を特定することに変わりはないが，前者では発生位置が，後者では被害総量が明らかにされ，防災機関あるいは地域の防災対策に役立てられる．ハザードマップ（防災診断地図）は前者に該当する．

　ハザードマップには，地震被害地域危険度図（建物倒壊危険，火災出火危険，延焼危険，倒壊落下物危険等），地震災害危険箇所図，津波浸水予測地図，急傾斜地崩壊危険区域図，浸水予想区域図，高潮危険地域想定図，噴火災害危険区域図，雪崩危険予測図等がある．また，過去の災害履歴情報図（浸水実績図，土砂災害発生分布図等）や地形・地質の特性を示した地滑り地形分布図，土石流危険渓流図，液状化予測地域図，アボイドマップ等も災害の繰返し性という点からハザードマップに含めることができる．なお，一般に防災施設等の整備状況や災害時の行動指針を示した防災対策用地図を「防災マップ」と称することがあるが，これらは該当しない．

　ハザードマップ作成の意義は，様々な原因によって発生する災害（傾斜地の崩壊，河川決壊や津波の浸水害，火山噴火による影響，地盤の液状化，家屋倒壊，火災延焼等々）について，その被害が予測される地域が日常から特定できていれば，災害対策上極めて有効であることによる．すなわち，発生被害の場所性（地図表示）と影響内容（事象の特定）の予測情報は，予防・応急・復旧復興のいずれのフェーズに関する事前対策にも有効であり，対策の具体性が担保される．ハザードマップは，自治体等の行政用あるいは住民向けとしても作成されるが，重要な点は事前情報として公表することである．

　国の防災基本計画では，災害予防対策の1つとして「国，地方公共団体等は，平常時より自然情報，社会情報，防災情報等防災関連情報の収集，蓄積に努め，総合的な防災情報を網羅したマップの作成等による災害危険性の周知等に生かす」とし，さらに「地方公共団体は，地域の防災的見地からの防災アセスメントを行い，地域住民の適切な避難や防災活動に資する防災マップ，地区別防災カルテ，災害時の行動マニュアル等をわかりやすく作成し，住民等に配布する」と規定している．

　一般的なハザードマップの作成方法としては，作成しようとする主題（災害種，目的別）に応じた地形や地盤・地質等の自然要素，災害の繰り返し特性に着目した災害履歴（過去の発生履歴），土地利用や生活・施設等の人文要素，都市構造に関する文献や実踏調査による情報資料の収集を行い，それらを地形図や国土基本図等の基図を活用して整理（災害危険要因別図）した上で，実験や経験則に基づく知見および地域に加えられる自然外力等の規模と種類から判断される被害発生力や地域を特定（危険性診断）し，地図上に表示する．　（中村八郎）

文　献
1) 東京都都市計画局都市防災部防災都市つくり推進課編：あなたのまちの地域危険度，2002
2) 地域防災データ総覧・防災地図編，消防科学総合センター，1990
3) 東京都都市計画局都市防災部防災都市つくり推進課編：地震に関する地域危険度測定調査報告書，東京都都市計画局，2002

H10 ハザードマップ（防災診断地図）

表 10-1 被害想定と災害危険診断について

災害被害想定	被害種別の定量的推定であり，予想被害量は過去の経験値をもとにした確率によって算定され，母数値が大きいほど精度が高まることから，一般に行政区域単位で示されることが多い．したがって，特定被害の発生場所や地区を特定した被害量予測は難しい
災害危険診断	被害の定性的予測（危険度予測）であり，災害による被害の種別に，地図上に危険エリアや箇所等を特定し表示する，あるいは発生危険の度合を等級や数量等によって表示する

図 10-1 地震災害危険度図・総合危険度「東京都」[1]

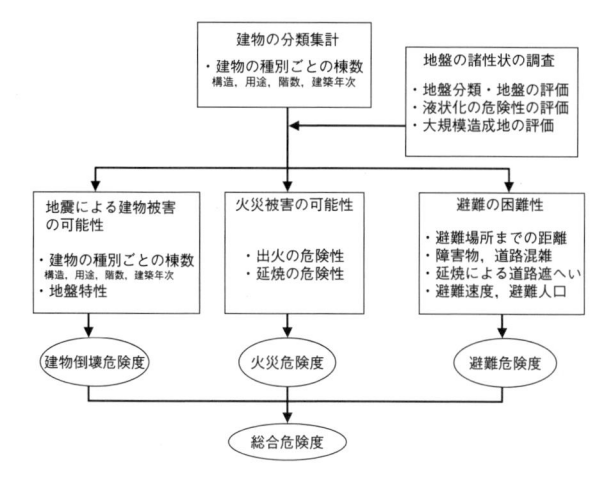

図 10-2 東京都地域危険度の測定調査のフロー[1]

H11 防災拠点と防災街区
—— Center and Block for Disaster Prevention

わが国の都市は，地震災害等に脆弱な都市構造を有しており，都市の防災対策は都市政策上重要な課題となっている．政府の都市再生本部においても，都市再生プロジェクトとして，「東京臨海部における基幹的広域防災拠点の整備」「密集市街地の緊急整備」を決定している．

こうした都市の防災対策を進める上で，防災上安全な市街地（防災街区）の整備と災害時に様々な活動等の拠点として機能する防災拠点の整備は重要な課題である．

1. 防災街区

「密集市街地における防災街区の整備の促進に関する法律」（密集法）は，密集市街地を防災上安全な街区へと整備することを目的とするものであるが，この法律では，「防災街区」は「特定防災機能が確保され，及び土地の合理的かつ健全な利用が図られた街区」と定義されている．

地震時に大きな被害が想定される危険な密集市街地は，全国で約25000 ha，東京，大阪でおのおの約6000 haとされている．このうち，特に大火の可能性の高い危険な市街地は，全国で約8000 ha，東京，大阪でおのおの約2000 ha存在し，上記の都市再生プロジェクトにおいては，こうした防災上危険な市街地について，今後10年間で重点地区として整備することにより，市街地の大規模な延焼を防止し，最低限の安全性を確保することとしている．

2. 防災拠点

防災拠点は，地域や圏域の様々な防災活動の拠点となるものであるが，活動の対象となる空間圏域に対応し，地域防災拠点，広域防災拠点，基幹的広域防災拠点等のように分類することが可能である．防災拠点は，地震災害時に避難活動，救援・救護活動，復興・復旧活動等として機能する拠点であり，都市公園をはじめ，学校等の公共公益施設が一体となって構成されている事例が多い．

都市公園は，都市の空間圏域構成に対応して配置されることから，防災拠点として活用されるケースが多い．地域防災拠点としては，住区基幹公園や都市基幹公園が対応し，広域防災拠点としては，広域公園や都市基幹公園が対応する．また，首都圏においては，国営公園事業による基幹的広域防災拠点の整備が進められている．

最近では，防災街区と防災拠点を一体として整備する都市公園事業も創設されている．独立行政法人都市再生機構（旧都市基盤整備公団）が実施する防災公園街区整備事業は，防災街区と防災拠点を一体的に整備する新しいタイプの公園事業である．

また，近年策定されている各都市の防災計画においては，「防災生活圏」という考え方が導入されている事例が多い．阪神・淡路大震災後に策定された神戸市復興計画（1995（平成7）年6月）においては，生活の広がりに応じて，「近隣生活圏」「生活文化圏」「区生活圏」の3つの生活圏を位置づけ，生活の基本となる近隣生活圏での自立的な諸活動を，より広い生活圏が支援する体制を形成し，災害に強い重層的な生活圏（防災生活圏）を構築することとしている．こうした圏域単位で防災拠点と防災上安全な街区を整備することが都市防災対策上有効な手法となっている．　（浦田啓充）

文　献
1) 都市緑化技術開発機構編：防災公園計画・設計ガイドライン，大蔵省印刷局，1999
2) 浦田啓充：防災公園街区整備事業の推進，土木技術，58(1)，26-33，2003

H11 防災拠点と防災街区　　　293

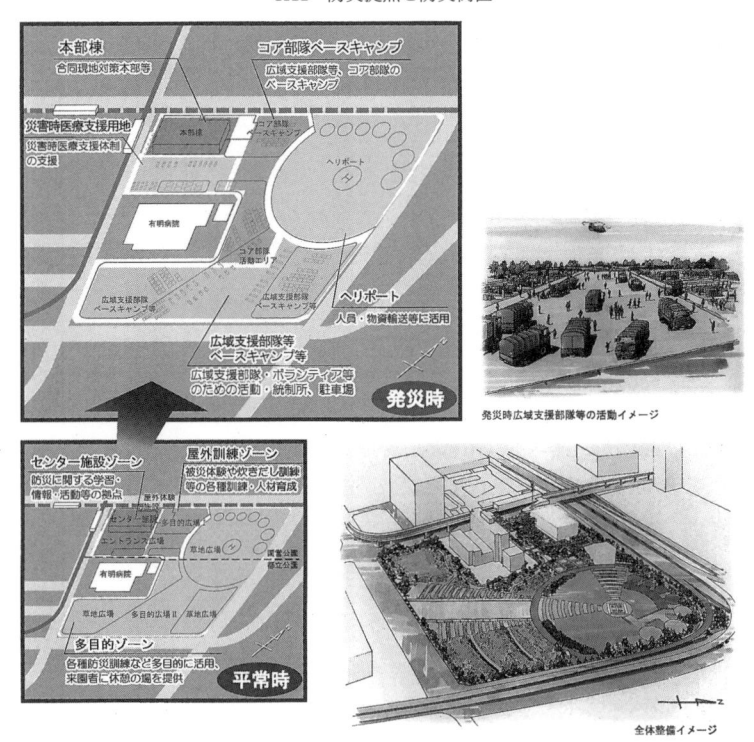

図 11-1　東京湾臨海部における基幹的広域防災拠点有明の丘地区の活用イメージ（国土交通省関東地方整備局資料より）

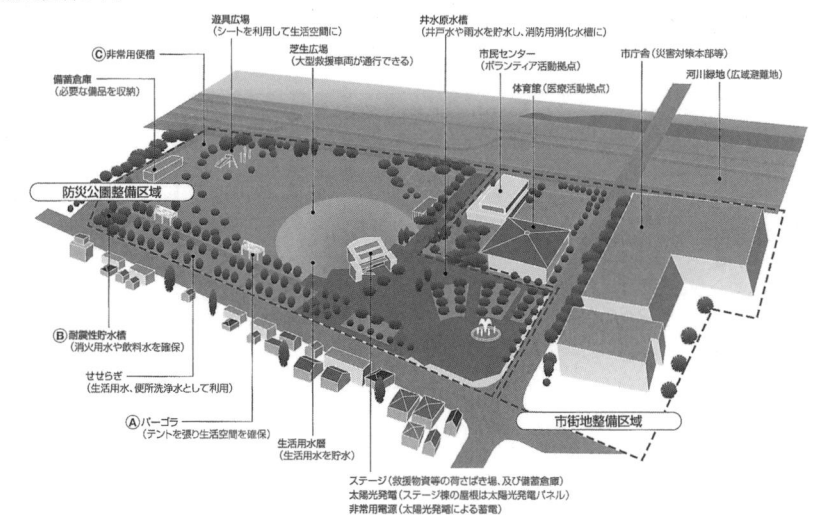

図 11-2　防災公園街区整備事業の整備イメージ（都市機構資料より）

H12 避難地と避難路
—— Place for Disaster Refuge・Route for Refuge

1. 避難地・避難路の必要性

関東大震災(1923年)では,火事に追われた多くの市民が安全な避難場所を求めたが,避難路となる道路幅員が狭くて大火に用をなさず,また本所被服廠跡(面積2ha弱)では逃げ込んだ避難民のほとんどが焼死するなど,大都市での避難地・避難路の欠如という都市防災上の欠陥が浮き彫りにされた。阪神・淡路大震災(1995年)でも,被災者の多くが避難地を求めた。この場合避難地は,火災を避けるという役割のほかに,余震被害を避ける,安否確認等の情報を集める,震災直後の救助活動や消火活動等の拠点となる等の役割を果たし,さらにその後も応急生活の場所,救援活動や復旧活動の拠点として大いに利用された(神戸市磯上公園,図12-1)。さらに台湾集集地震(1998年)では,火災はなかったがマンション等のビルの倒壊,亀裂が多かったため,被災した台中市等の市民は数日屋外で避難生活を送り,余震の危険等に備えた(図12-2)。

このように地震災害時の避難地は,災害の規模,火災の発生状況,地震からの時間の経過等により利用のされ方は異なるが,都市防災の上で極めて多岐にわたる役割を果たすことになる。同時に避難地に確実に逃げ込むための避難路の確保も欠かすことはできない。

2. 避難地・避難路の種類

大震災の場合,時間が経過するに従い,求められる避難地も変化してくる。地震直後にとりあえず避難する場所は,比較的身近にある空地である。これは第一次の避難の場となることから一次避難地(面積1ha以上)といわれる。そして大火等により,その場の避難が危険になると,より安全な大面積の空地に避難場所を移す。これが二次避難地である。場合によっては第三次の避難地,第四次の避難地に移動することもあるが,大火の場合,短時間に安全な避難地に逃げ込む必要があることから,第二次の避難地が最終避難地となる。この最終避難地は通常広域避難地(面積10ha以上)と称され,避難民1人あたり2 m^2 の有効面積が必要とされる。

一次避難地,広域避難地は,緊急避難が終了した段階で,救援・復旧活動拠点や応急生活の場所となるなど,多様な用途に使われることになる。

避難路に関しても,安全で支障なく移動できるように一定の幅員が必要である。阪神・淡路大震災では,倒壊建築物や落下物等により,幅員6m以下の道路はほとんど車両通行ができなかった(図12-3)。また,避難住民を短時間に広域避難地に収容するには,歩行者だけの避難路の場合は幅員10m以上,緊急車両と併用する避難路の場合は15m以上と算定される。

3. 避難地・避難路計画の課題

都市防災計画では,避難圏域を想定して,一次避難地,広域避難地,避難路をいかに圏域内に適切に確保していくかが問題となる。特に大規模な木造密集地域を抱え震災に対して脆弱な東京・大阪大都市圏では,安全性を高める防災まちづくり事業や都市再生事業の推進が待たれる。

(糸谷正俊)

文献
1) 建設省都市局都市防災対策室監修:都市防災実務ハンドブック, pp.59-61, ぎょうせい, 1997
2) 糸谷正俊:阪神・淡路大震災にかかる公園利用実態調査, 公園緑地, 55(6), pp.11-35, 1995

H12 避難地と避難路

図 12-1 神戸市磯上公園（ガレキの収集場所となった）

図 12-2 台湾集集地震で倒壊したマンション

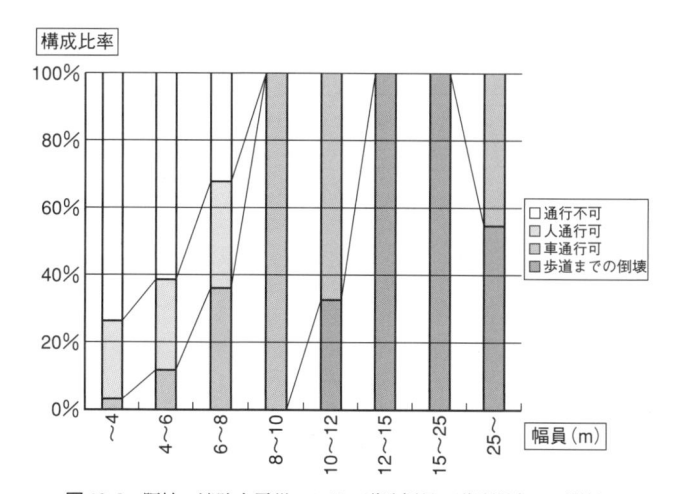

図 12-3 阪神・淡路大震災における道路幅員と道路閉塞との関係[1]
車通行可とは，車道（車道，歩道の区別がない場合も含む）上に倒壊建築物があるが通行可能なもの，歩道まで倒壊とは，歩道上に倒壊建築物があるが，それが車道までは及んでいないものを指す．

H13 延焼遮断帯
—— Prevention Barrier for Spreading of Fire

1. 延焼遮断帯とは

延焼遮断帯とは，市街地における火災の延焼を防止する目的で設置する施設である．主に道路，河川，鉄道，公園，緑道等の都市施設を組み合わせて帯状に連続させ，必要に応じて沿道等にも不燃建築物を連続して構築するもので，大都市では根幹的防災施設として非常に重要である．

阪神・淡路大震災では，小規模公園でも火災の焼け止まり線となった（図13-1, 13-2）．これは道路，河川，公園緑地，耐火建築物，樹林地，空地等が小規模でも組み合わさって存在すれば，一定の延焼遮断効果，延焼遅延効果を発揮することの証拠となった．しかし，火災当時風速が弱かったこと，家屋倒壊によって破壊消防の効果があったこと等を考慮すると，強風時にも延焼遮断帯として機能する防災軸を都市の中枢部に確保し，その上で，木造密集地区等火災の危険性の高い市街地内にミニ延焼遮断帯を形成する防災都市づくりが必要である．

2. 延焼遮断帯の幅員

延焼遮断帯は，背後の市街地の状況（不燃領域率[*1]，市街地係数[*2]）や火災時に想定する風速によって必要な幅員が決定される．通常，空地として確保する場合は60～100m，周辺の建築物の不燃化とあわせて整備する場合は45～60m程度が必要となる（図13-3）．

[*1]： 不燃領域率（F）は空地率と耐火率で定義される係数．
$$F = 空地率 + (1-空地率) \times 耐火率$$

[*2]： 市街地係数（ψ）は可燃物量を示す係数．同時炎上領域がすべて木造建築物ですきまなく建てられている場合を1として，耐火建築物やオープンスペースが増加するに従い低下する係数で
$$\psi = (1-0.6 \cdot c) m$$
c：耐火率，m：建蔽率

3. 延焼遮断帯の植栽計画

延焼遮断帯における火災被害を軽減するための植樹（防火植樹）は，道路，河川，公園緑地，建築物周囲等の立地条件を考慮して，配置，植栽構成，樹種，植栽規模等を検討する．特に樹種に関しては，①耐着火性（火が着かない），②難燃焼性（燃え広がらない），③高遮蔽性（輻射熱を遮る）の観点から選択すべきであるが，生育条件が当該敷地の気象，土壌に適合していること，また日常的に景観が良好であること，生物生息環境として優れていること，維持管理が容易であること等の，総合的な評価のもとに選択されるべきである．

また高幅員街路等の植栽計画では，近年，地球温暖化の防止効果（温室効果ガスの吸収源）やヒートアイランド現象の緩和（地表面温度低下）という観点からも植栽樹種の選択，植栽構成，配植，規模設定等が重要となる．

環境都市における延焼遮断帯は，防災軸のみならず，エコロジカルネットワーク，風の道，景観軸等をも構成する都市環境基盤として整備する必要がある．　　（糸谷正俊）

文　献
1) 建設省都市局都市防災対策室監修：都市防災実務ハンドブック, p.13, p.70, ぎょうせい, 1997
2) 都市緑化技術開発機構公園緑地防災技術共同研究会編：防災公園技術ハンドブック, pp.70-72, 公害対策技術同友会, 2000

H13 延焼遮断帯

図 13-1 神戸市長田区西代通公園

図 13-2 神戸市長田区大国公園

①空地のみで確保する場合

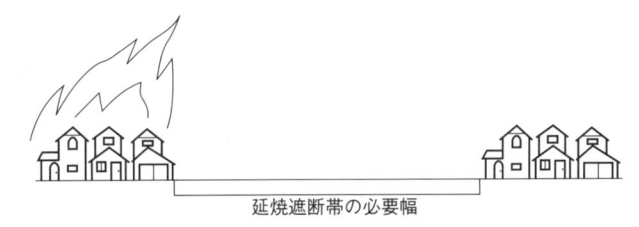

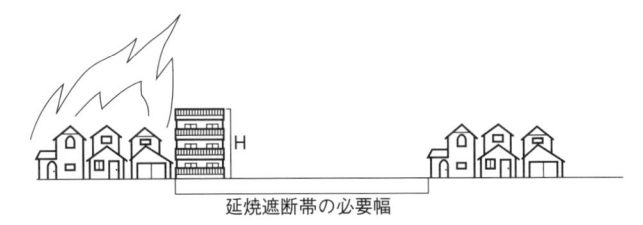

延焼遮断帯の必要幅

②空地＋耐火建築物で確保する場合（片側耐火）

延焼遮断帯の必要幅

③空地＋耐火建築物で確保する場合（片側耐火）

延焼遮断帯の必要幅

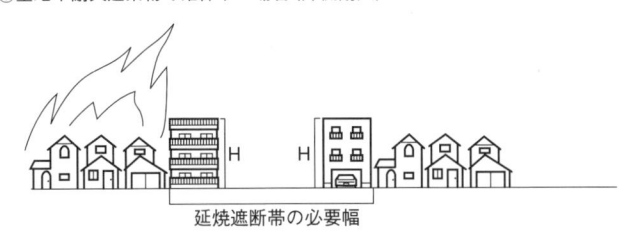

図 13-3　延焼遮断帯の整備イメージ[1]

H14 耐火・耐震建築化
―― Promotion of Fire and Earthquake Resisting Building

　1995（平成7）年1月の阪神・淡路大震災（以下「大震災」）では，6400余人の人命が失われ，24万棟・44万世帯の建築物が全半壊となるなど甚大な被害を受けた．しかし，多くの犠牲者がでた最大要因は，全死者数の8割以上を占める，いわゆる1981（昭和56）年以前に建築された建築基準法上の「既存不適格住宅」の倒壊による圧死および密集市街地等の火災によるものであった．特に，神戸市長田区，兵庫区で発生した大火災では多数の死者がでた．また，倒壊建築物は市街地内の道路を塞ぎ，避難路としての機能やその後の円滑な救命・救助活動にも支障をきたした．

　このことから建築物の地震に対する安全性向上の重要性が改めて強く認識され，1995（平成7）年12月，「建築物の耐震改修の促進に関する法律」が施行され，学校，病院，劇場，百貨店，事務所等多数の者が利用する特定建築物の所有者の耐震診断（地震に対する安全性を評価すること）と耐震改修（地震に対する安全性の向上を目的とした増築，改築，修繕または模様替）の努力義務化等が定められた．また，1997（平成9）年5月，「密集市街地における防災街区の整備の促進に関する法律」が制定され，老朽化した木造の建築物が密集し，かつ十分な公共施設がないため，大規模災害時に市街地の延焼等が予想される防災上危険な密集市街地の整備が促進されることとなった．

　このほか，国おいて大震災の教訓も踏まえ道路橋，鉄道，港湾施設，河川堤防，砂防設備，官庁施設，建築物，学校施設，水道・下水道施設等建築物，土木構造物の共通設計概念の下での耐震基準の見直しと耐震診断・耐震改修，都市の不燃化・難燃化等の推進にかかわる各種施策も進められている．これら耐震診断・耐震改修にかかわる補助，融資や税制上の優遇措置，防災上危険な密集市街地にある住宅・建築物等の防災安全性に関する調査等も国，地方公共団体等により取り組まれている[1]．

　兵庫県では，大震災の教訓を踏まえ，既存建築物の耐震性の向上を図るための施策の基本的枠組みとなる「兵庫県既存建築物耐震改修促進計画」および「同促進実施計画」を2000（平成12）年3月に定め，市町および建築関係団体と連携し，既存建築物の耐震診断・耐震改修の各種施策を計画的，総合的に取り組んでいる[2]．

　しかしながらその一方で，わが国全体では，耐火・耐震建築化の促進率の低さも指摘され，2001（平成13）年12月の都市再生プロジェクト第三次決定では，地震時に大きな被害が想定される危険な密集市街地（東京，大阪おのおの6000 ha，全国で25000 ha）の緊急整備が掲げられ，密集市街地全体を大きく貫く緑のオープンスペース機能をもつ連続した骨格軸の形成を図るとともに，特に大火の可能性の高い危険な市街地（東京，大阪おのおの約2000 ha，全国で約8000 ha）を重点地区として空地の確保や建築物の耐震不燃化に向け整備を行うこととなっている．　　　（橘　俊光）

文　献
1) 内閣府：平成14年版 防災白書, pp.38-75, 財務省印刷局, 2002
2) 兵庫県まちづくり部建築指導課：兵庫県既存建築物耐震改修促進計画, pp.1-17, 同促進実施計画, pp.1-38, 2000
3) 建設省住宅局建築物防災対策室監修：あなたの建物は安全ですか, 日本建築防災協会, 1999
4) 建設省住宅局監修, 兵庫県南部地震被災度判定体制支援会議編：地震に強い住宅・建築をめざして, pp.1-14, 日本建築センター, 1995

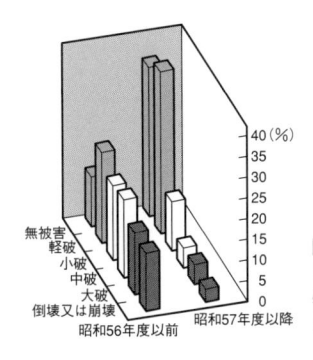

図 14-1　阪神・淡路大震災における建築物の被害状況と建築年代
（建築震災調査委員会中間報告・1995（平成 7）年 7 月 28 日）[3]
特に 1981（昭和 56）年以前に建築された現行の建築基準を満たさない建築物に被害が多くみられる．

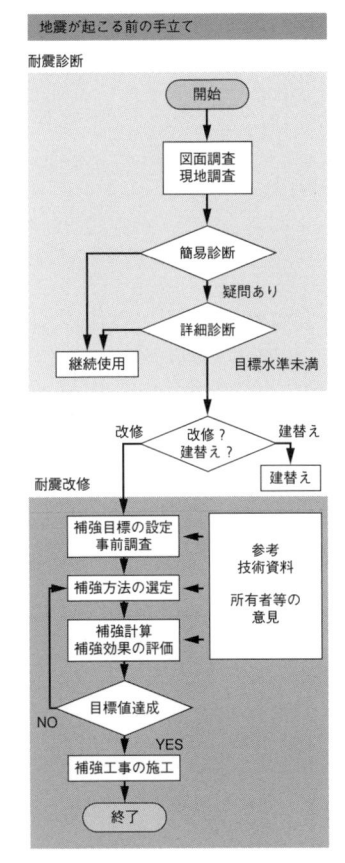

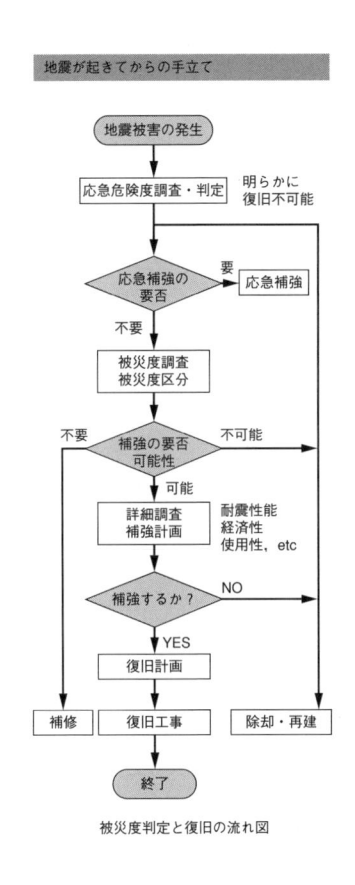

図 14-2　耐震診断・耐震改修と被災度判定・復旧の流れ[4]

耐震診断，被災度判定には建築専門家の判断，判定が重要になるとともに，所有者側も常日頃からの地震災害の認識をもった対応が必要である．

H15 防災公園
―― Disaster Prevention Parks

　安全で安心できる都市づくりを進めていくためには，大震火災時に避難地，避難路となる都市公園の整備が有効である．このため，国土交通省では，高い防災機能を有し，緊急に整備が必要な都市公園を防災公園として位置づけ，重点的に整備を進めてきている．特に，1995（平成7）年の阪神・淡路大震災では，中小規模の都市公園について，避難地としての機能に加え，延焼防止，救援活動や復旧活動の拠点として，あるいはボランティア活動の場としての機能が高く評価され，これらを踏まえ，事業制度や法制度面での充実が行われている．

1．防災公園の種類
　都市公園は，そのオープンスペース等により本来防災機能を有するものであるが，特に地方公共団体が定める地域防災計画に避難地避難路として位置づけがある都市公園を一般的に防災公園と称している．

2．防災公園の配置
　防災公園には，各都市の地域特性や市街地の状況等を考慮した計画的な配置が求められるが，特に避難困難地域（①歩行距離2km以内で広域避難地に到達できない地域，②広域避難地の有効避難面積が避難人口あたり2m²/人未満である地域）を解消する位置に重点的に配置していくことが必要である．

3．防災関連施設の計画整備
　防災公園には，備蓄倉庫や耐震性貯水槽等の施設が公園施設として設置できるが，木造密集市街地等の緊急に防災対策を講じるべき地域は一般に都市公園の整備率も低いことから，平常時の公園利用に配慮しつつ，公園施設の多機能化，高度化等により，防災機能の充実・強化を図ることが必要である．

　主な防災関連施設を次にあげるが，これらは周辺の市街地状況や防災施設との適切な役割分担を図りつつ，公園ごとに求められる機能を踏まえ，設置されるものである．

　①園路広場：　避難地や避難路，救援諸活動等に対応できるよう園路幅員や舗装構成，規模等を決定する．

　②防災植栽：　市街地からの火災の延焼遮断帯を形成するように植栽の配置構成，樹種選定，規模を決定する．

　③水関連施設：　耐震性貯水槽，非常用井戸，防火樹林への散水施設等を用途に応じて設置する．

　④非常用トイレ：　被災時の断水等に備え，非常用便槽付トイレや汚水管兼用トイレ等を設置する．

　⑤情報関連施設：　避難者等への情報提供システム整備のほか，避難誘導のためのサイン・照明への配慮等が必要となる．

　⑥エネルギー関連施設：　ライフライン被災時にも防災関連施設が稼働できるよう自家発電機の設置等を行う．

　⑦その他：　救急避難活動のための備蓄倉庫の整備や，拠点施設として活用できる管理事務所等を整備する．

　さらには，これらの防災関連施設が被災時に十分に機能できるよう地元住民の平常時からの維持管理，運営体制を構築していくことも重要である．

〔藤吉信之〕

文　献
1) 大蔵省印刷局：防災公園技術ハンドブック，1999
2) 公害対策技術同友会：防災公園設計ガイドライン，2000

H15 防災公園

表 15-1 都市公園の大震火災時における機能（阪神・淡路大震災における都市公園が果たした役割）
（神戸市の被災の1週間後）

防災機能	公園種別	公園数	震災関連利用のある公園	都市公園が果たした役割		
				避難拠点	救援活動拠点	復旧・復興拠点
1次避難地 (1 ha 以上)	近隣公園	31 [8%]	27 (87%) [15%]	20 [17%]	41 [33%]	6 [40%]
広域避難地 (10 ha 以上)	総合公園 地区公園 （周辺も含め10 ha以上）	7 [2%]	6 (86%) [3%]	2 [2%]	8 [6%]	4 [27%]
その他	街区公園 都市緑地等	329 [90%]	143 (43%) [82%]	95 [81%]	76 [61%]	5 [33%]
合計		367 [100%]	176 (48%) [100%]	117 [100%]	125 [100%]	15 [100%]

注1：公園数は神戸市内の既成市街地6区の全公園（ただし山間部、人工島を除く）．
注2：避難拠点は、緊急避難跡のある公園、テント等避難利用のある公園．
注3：救援活動拠点は、救援物資の分配、保管給水、仮設トイレ、救急医療、ヘリポート、救急車両基地、救援本部等のある公園．
注4：復旧・復興拠点は、自衛隊の駐屯地、復旧資機材等の置場となる公園．
注5：仮設住宅は、1995（平成7）年12月現在約120公園で設置．

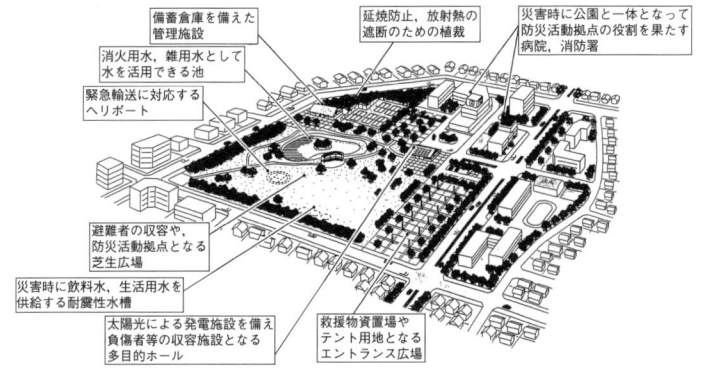

図 15-1 防災公園のイメージ

表 15-2 防災公園の種類（いずれも地域防災計画等に位置づけられるもの，国土交通省資料より）

機能区分	公園種別	面積要件等	対象都市	対象地域等	補助対象となる災害応急対策施設
広域防災拠点	広域公園 等	面積おおむね50 ha以上	条件なし	条件なし	・備蓄倉庫 ・耐震性貯水槽 ・放送施設 ・情報通信施設 ・ヘリポート ・係留施設 ・発電施設 ・延焼防止のための散水施設 ［1次避難地で防災活動拠点の機能を有さない場合は、備蓄倉庫、耐震性貯水槽に限る］
広域避難地	都市基幹公園 広域公園 等	面積10 ha以上 ［周辺の空地と一体となって10 ha以上となるものを含む］	下記*の防災公園対象都市に限る	40人/ha以上 ［広域避難地の面積が避難人口あたり2 m²/人未満］	
1次避難地	近隣公園 地区公園 等	面積1 ha以上 ［周辺の市街地等と一体となって1 ha以上となるものを含む］	条件なし	DID区域 ［1次避難地の面積が避難人口あたり2 m²/人未満］	
避難路	緑道	幅員10 m以上	条件なし	40人/ha以上	
緩衝緑地	緩衝緑地	石油コンビナート地帯等と背後の一般市街地を遮断するもの	条件なし	40人/ha以上	

*：広域避難地となる防災公園の対象都市
　① 三大都市圏の既成市街地等およびこれに隣接する区域に含まれる都市．
　② 大規模地震対策特別措置法に基づく地震防災対策強化地域に含まれる都市．
　③ 地震予知連絡会による観測強化地域または特定観測地域に含まれる都市．
　④ 県庁所在都市，政令指定都市または人口10万人以上の都市．

H16 防災植栽

—— Plants for Disaster Prevention

災害対策基本法では，災害とは，暴風，豪雨，豪雪，洪水，高潮，地震，津波，噴火，その他の異常な自然現象または大規模な火事，爆発等により生ずる被害と規定しており，防災とは，災害を未然に防止し，災害が発生した場合において，被害の拡大を防止し，災害の復旧を図ることと規定している．

防災の目的とするところは，自然の理のもと火山の活動や断層・陥没等で発生する地震，地理的条件から集中豪雨に起因して発生する洪水等の災害に対して，可能な限りの対策を講じ，個々の生命，財産を守るとともに，全体として，社会秩序の維持と公共の福祉の確保に資することにあるといえる．

各種災害の中で，大規模な地震が大火災を併発した場合，あるいは，石油コンビナート等の危険物が多量に集積している地域で大規模な爆発が発生した場合，これらの災害に対して，最善の消防方法に加え火災を食い止める，あるいは，緩和する有効な対策の1つとして，古くより「防災遮断帯」を設置することが行われてきた．

植物は，この「防災遮断帯」の機能を高める上で有効となる特色ある性質を具備しており，関連する各種の調査研究そして実践的な取り組みが行われている．

植物がもつ火に対する特色ある性質としては，耐火性能と防火性能がある．耐火性能とは植物が火によるダメージを受けても枯死することなく生存し続ける火に対する抵抗力，回復力である．また，防火性能とは植物が燃焼の勢いを弱めるもので，火の延焼を防ぐ，火に対する抵抗力，遮熱力である．

これらをより詳細にみると，植物体はその多くが水分によって組成されているという生理的な特性をもっている．イチョウ，ムクゲ，サンゴジュ等の植物は，樹葉等の含水率が70％を超えており（表16-1，16-2参照），この水分が火災等の熱を受けた場合，着火を遅らせたり防止する働きをする．

しかし，植物の耐火性能には限界もあり，樹葉等の含水率がおおむね20％以下になると樹種には関係なく着火の危険性が高くなる．また，植物の耐火性能は，単に含水率で決まるのではなく，樹葉の形状，蒸散の持続力等の違いにより異なるほか，同一の樹種でも生育状況，樹齢，生育状況，季節，昼夜等の要因によっても変化することが実験結果として確認されている．

さらに，樹種別の含油率をみると，アオキ，イヌマキ，サンゴジュ等は，含油率が低い樹種であり，これらは防火性能が強い樹種として，知られてきた樹種と一致している（表16-3参照）．

具体的な防災植栽の計画にあたっては，植物がもつ防火性能を最大限活用するため，樹種の選択，植栽構成（樹高，葉張り等），配植，植栽密度，植栽地形態（盛土等）等を総合的に勘案し計画することが肝要である．また，道路等の公共空間，その他のオープンスペースと連携を図りつつ防災植栽を計画することは，遮断帯の機能を高めることからも有効である．　（椎谷尤一）

文　献
1) 木村英夫・加藤一男：樹木の防火性に関する研究，造園雑誌，11(1)，1949
2) 斉藤庸平：防災植栽の設計とその課題，ランドスケープ研究，62(3)，1999
3) 中村彰宏：樹木の葉の水分特性と耐火性および震災後の樹木の生育評価，ランドスケープ研究，62(3)，1999
4) 谷田貝光克：植物が放出する香りとその働き，都市緑化技術，20，1996

表 16-1 樹種別樹葉の含水率（木村・加藤による，一部改変）[1]

含水率		樹　　種
60% 未満のもの	針葉樹	コノテガシワ(59.5)　アカマツ(59.5)　ドイツトウヒ(59.4)　クロマツ(59.3)
	常緑広葉樹	アセビ(59.5)　ヒイラギナンテン(59.1)　クス(58.9)　ビワ(55.9)　ゲッケイジュ(55.9)　シラカシ(55.0)　カナメモチ(54.7)　マテバシイ(54.5)　ウバメガシ(48.6)
	落葉広葉樹	モミジ(59.3)，ケヤキ(57.7)，カシワ(48.9)
60% 以上70% 未満のもの	針葉樹	コウヤマキ(66.4)　アスナロ(66.1)　スギ(64.5)　ヒノキ(63.3)　ヒムロ(63.0)　サワラ(62.7)　ヒマラヤシーダ(62.1)　カヤ(61.7)　タマイブキ(66.7)
	常緑広葉樹	アオキ(69.6)　ヤツデ(68.9)　カクレミノ(67.7)　マサキ(68.8)　ユズリハ(66.4)　モッコク(66.1)　ネズミモチ(64.7)　ツバキ(63.5)　トベラ(63.0)　モチノキ(62.5)　サカキ(61.9)　リュウキュウツツジ(60.9)　サザンカ(60.7)　イヌツゲ(60.0)
	落葉広葉樹	ヒュウガミズキ(69.8)　ミズキ(68.3)　ムラサキシキブ(67.7)　スズカケノキ(67.6)　ヤマザクラ(67.0)　サルスベリ(67.1)　ボケ(67.0)　ニセアカシア(66.9)　マルバマンサク(66.2)　アオギリ(66.0)　ヤマブキ(66.0)　カツラ(65.6)　ハウチワカエデ(64.8)　フジ(63.3)　ハクウンボク(63.1)　コデマリ(62.5)　トチノキ(60.7)　ナラ(60.4)　ボダイジュ(61.9)
70% 以上のもの	常緑広葉樹	シキミ(72.1)　ジンチョウゲ(72.1)　フイリアオキ(71.5)　サンゴジュ(70.6)
	落葉広葉樹	アジサイ(88.0)　ムクゲ(74.9)　イチョウ(74.6)　モクレン(72.8)　キリ(72.3)　ハコネウツギ(72.6)　ホウノキ(70.3)　ウメ(70.2)

表 16-2　21樹種の葉の含水率，比葉重，単位面積あたりの葉の生重量，含水量[3]

	樹種名	含水率(%)	比葉重(g/m²)	FW(g/m²)	WW(g/m²)
常緑	サンゴジュ	68.8	125.8	402.5	276.7
	カラタネオガタマ	67.4	109.8	336.9	227.2
	モッコク	63.7	151.4	416.5	265.1
	トウネズミモチ	62.1	149.2	394.9	245.7
	タラヨウ	56.3	198.8	454.4	255.6
	マテバシイ	53.1	146.7	312.2	165.6
	カナメモチ	51.9	134.8	280.4	145.6
	アラカシ	51.3	126.2	258.6	132.3
	クスノキ	50.9	127.3	259.4	132.1
	ウバメガシ	50.1	133.1	264.2	131.1
落葉	ユリノキ	71.9	43.9	156.1	112.3
	ムクゲ	69.9	44.9	148.1	103.2
	アカメガシワ	63.0	61.6	166.3	104.7
	ポプラ	63.0	71.8	194.0	122.2
	コブシ	61.1	58.0	148.5	90.5
	ジャヤナギ	57.8	78.1	186.7	108.5
	ニセアカシヤ	57.1	—	—	—
	プラタナス	54.2	84.5	185.4	100.9
	ムクノキ	50.2	89.2	179.1	89.9
	ケヤキ	45.2	88.9	161.9	72.9
	イチョウ	65.7	88.6	257.8	169.2

注：葉の含水量は夜明け前および日中の含水率の平均値，比葉重（比葉面積の逆数）は単位面積あたりの葉の乾燥重量，FW は単位面積あたりの生重量，WW は単位面積あたりの水分量を示す．

表 16-3　樹種別含水率，含油率[4]

樹　種	含油率	含水率	樹　種	含油率	含水率
常緑広葉樹(中高木)			落葉広葉樹		
アラカシ	0.1	58.0	イチョウ		75.2
キンモクセイ	1.1	51.2	ケヤキ		54.0
クスノキ	2.4	57.9	コブシ		67.2
サザンカ	0.1	63.4	サクラ類		68.8
サンゴジュ	0.03	70.0	カツラ		
シラカシ	0.08	52.6	ハナミズキ		
スダジイ	0.12	55.1	コナラ		55.3
タイサンボク		55.1	サルスベリ		68.7
タブノキ	0.08	60.8	エンジュ		67.8
マテバシイ	0.06	66.7	プラタナス		63.7
モチノキ		62.2	シダレヤナギ		
モッコク		64.0	ドウダンツツジ		
常緑広葉樹(低木)			針葉樹		
カクレミノ		69.1	アカマツ	0.7	58.2
イヌツゲ		67.1	イヌマキ	0.1	63.0
アオキ	0.01	75.5	コウヤマキ	0.7	64.8
ウバメガシ	0.21	54.6	サワラ	1.4	61.6
シャリンバイ	0.1	65.5	ヒマラヤスギ	0.3	61.0
トベラ	0.08	66.6	カイズカイブキ	0.9	65.5
ヒイラギナンテン	0.04	52.2	メタセコイア		67.0
ヒラドツツジ		51.1	クロマツ		

H17 復旧・復興
—— Restoration・Reconstruction

　日本自然災害学会では，復旧とは「被害や障害を修復して従前の状態や機能を回復すること」とし，道路，橋梁，上水道管，住宅等「被災した施設や建築物を物理的に修復したり原状に再建するとともに，施設の被災により失われた機能に対して暫定措置を講じて必要な機能を確保し，人々の生活や経済活動を維持すること」も復旧の概念に含まれるとしている[1]。一方，「復興」は「単に従前の状況に復旧するのではなく，長期的展望に基づき，市街地構造や住宅形態のみならず社会経済を含めた地域の総合的な構造を抜本的に見直し，新しい市街地や地域の創出」を目指すもので，「復旧」と「復興」は「対比的な概念」であるとしている[1]。

　これらから，「復旧」は従前の状態を超えない，従前と同じものに修復，維持状態とすることであり，ある意味では限定的である．それに対して「復興」は，従前の状態や従前と同じものにとどまらず，新しい都市づくり・地域づくりの創出と新たな社会経済の発展も図っていこうとするもので，新たな考えや長期的視点，展望をも含み総合的，包括的であるといえる．しかし，災害対策基本法に基づく災害復旧等では従来の原形復旧主義を超えた積極的な考え方もあると同時に，あえてこれらを使い分ける必要がないこと，あるいはどちらも対応する必要があること等から，一般的には「復旧・復興」と一語にして用いられることが多い．

　明治期以降わが国は，関東大震災からの帝都復興，第二次世界大戦後の戦災復興，諸都市の大火からの復興等，都市における復興をいく度となく経験してきたが，基本的にはハードの復興を基本にしてきたといえ，この意味では1995（平成7）年1月に発生した阪神・淡路大震災（以下「大震災」）はこれまでの復興のあり方を問い直す意義をもったといえる．大震災の被災地の知事であった貝原前兵庫県知事は，大震災が高齢化社会・成熟社会下での大都市災害であったことから，自力復興だけではない「協力復興」の理念が主流となったとし，単に震災前の状態に回復するだけでなく，21世紀の成熟社会にふさわしい経済構造の確立等をも見据えた「創造的復興」を主張し[2]，被災地域の10年後の復興を目指す「阪神・淡路震災復興計画（ひょうごフェニックス計画）」（1995（平成7）年7月）の策定をはじめ各種の復興方策の策定，推進においてはこの考え方のもとに取り組みが進められている．

　災害対策基本法による国の防災基本計画や地域防災計画は，災害対応の時期区分として「災害予防」「災害応急対策」「災害復旧」「災害復興」の形で構成されるが，大震災以前には「災害復興」という考え方はなく，国の防災基本計画においても大震災の教訓を踏まえ1995（平成7）年7月の改定において追加された．ここでは「防災の基本方針」の「適切かつ速やかな災害復旧・復興」において，災害復興の重要事項として，①被災地域の復旧・復興の基本方向の早急な決定と事業の計画的な推進，②被災施設の迅速な復旧，③再度災害の防止と快適な都市環境を目指した防災まちづくり，④迅速かつ適切ながれき処理，⑤被災者に対する自立的生活再建の支援，⑥被災中小企業の復興等経済復興の支援，が示されている[3]．
　　　　　　　　　　　　　　（橘　俊光）

表 17-1 「阪神・淡路震災復興計画（ひょうごフェニックス計画）」の概要と取り組み[4]
復興計画は，10 カ年の基本計画で，これを踏まえた短期の推進プログラムや分野別の支援プログラムが策定され復興のための各種施策等が展開されている．

阪神・淡路震災復興計画〈フェニックス計画〉	
	未曾有の大災害をもたらした阪神・淡路大震災．震災からの復興は，単に震災前の状態に戻すというものではなく，来るべき高齢社会への備えや産業構造の転換等，私たちが抱えるさまざまな課題に全力で取り組みつつ未来を創造するという視点に立ったものでなければならない．復興計画（ひょうごフェニックス計画）は，このような認識のもと新たな視点から都市を再生する創造的復興をめざしている．
策定時期	1995（平成7）年7月
目標年次	2005（平成17）年 復興事業のうち，住宅，インフラストラクチャー，産業の3分野については，緊急復興3カ年計画を策定
対象地域	兵庫県内の災害救助法対象地域の10市10町 神戸市　尼崎市　明石市　西宮市　洲本市　芦屋市　伊丹市　宝塚市　三木市　川西市 津名町　淡路町　北淡町　一宮町　五色町　東浦町　緑町　西淡町　三原町　南淡町 ※復興事業の内容は，被災市町を超えた地域も含む
基本理念	人と自然，人と人，人と社会が調和する「共生社会」づくり
基本目標	(1) 21世紀に対応した福祉のまちづくり (2) 世界に開かれた，文化豊かな社会づくり (3) 既存産業が高度化し，次世代産業もたくましく活動する社会づくり (4) 災害に強く，安心して暮らせる都市づくり (5) 多核・ネットワーク型都市圏の形成
取り組み状況	2000（平成12）年11月「阪神・淡路震災復興計画後期5か年推進プログラム」策定 2002（平成14）年12月「阪神・淡路震災復興計画後期3か年推進プログラム」策定

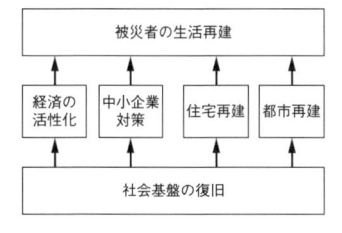

図 17-1 阪神・淡路大震災からの復興事業の構造（兵庫県，生活復興調査・調査結果報告書（2001（平成13）年度）より）
「創造的復興」は社会基盤の「復旧」を基底に，住宅や都市の，いわゆる「まちづくり」と「経済活性化」，最終的に被災者の「生活再建」を達成するという3層構造になっている．

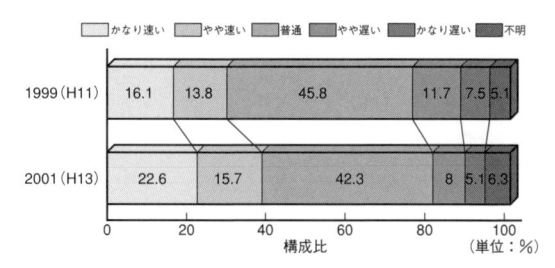

図 17-2 阪神・淡路大震災からの復興感
（資料は（2001（平成13）年度生活復興調査）[4]
高齢者等社会的弱者の問題はあるものの，時間が経つごとに，被災者のまちは復興したと感じている人の割合は増加している．

文献

1) 日本自然災害学会：防災事典，p.230，pp.339-342，築地書館，2002
2) 貝原俊民：美しい兵庫をめざして，pp.259-272，兵庫ジャーナル社，2001
3) 中央防災会議・国土庁防災局：防災基本計画（平成7年7月），pp.1-6，大蔵省印刷局，1995
4) 兵庫県・神戸市ほか：阪神・淡路大震災からの創造的復興—フェニックス兵庫2003—，pp.1-30，2003

H18 自然災害 —— Natural Disasters

災害の全過程では，まず自然現象としての災害が起こり，それに続いて社会現象としての災害となる特徴がある。言い換えれば，復旧から復興の段階は社会現象そのものである。災害の進化は，自然災害を大規模化・広域化・長期化させるのみならず，社会災害という新しい災害形態をもたらしていることがわかる。

自然災害は，素因としての地域の人口規模と人口密度に応じて，田園災害，都市化災害，都市型災害，都市災害をもたらす[1]。近代都市においても被災地域が広域化すると，モザイク状にこれらの災害が地域的に混在するという事態となる。ここでは，都市災害として，自然災害の近年の発生特性とその課題をまとめると，表18-1～18-3のようになる。

近年の都市型水害の被害様相を表18-1にまとめて示した。特に避難勧告に従わない住民が増えており，表中に示した数字は避難者数と該当住民数の比で，2000年東海豪雨時の愛知県における値である。全国的にこの値は10％を下回る。都市ごみも，1世帯あたり床下浸水で0.7t，床上浸水で4.4tという値が見出されている。市街地に降った雨水のポンプ排水については，排水先の河川がすでにあふれる危険がある場合が多く，前者の内水と河川水である外水の処理が競合することが目立ってきた。これに対処する，いわゆる都市新法が2004年4月に施行されることになった。近年発生した洪水災害では，数百年に一度の低頻度の異常豪雨のために，河川激特事業の終了後も同種の被害を繰り返すおそれが大きい。表18-2はその課題であって，特に地下街を含む都市水害対策は遅れている。

表18-3は地震災害の現状と課題である。ここでは技術的課題のみを示したが，いずれの項目も不完全な状態である。これは財源の問題もさることながら，地震災害対策を進める上で，工学的技術手法と社会科学的知見との融合が必須であることを示している。津波については，発生の切迫性の高い東海・東南海・南海地震によって，世界で初めての大港湾と臨海低平地を直撃する都市巨大津波災害の発生が懸念される。

土砂災害についてはとくに都市周辺の山麓の住宅地における発生が目立ってきている。この災害は50年から60年ごとに繰り返す特性をもっており，基礎的な知識が常識化しない限り被災するという宿命がある。2003年7月の水俣市の土石流災害はその典型である。特に，土砂災害に対する市町村の対応レベルの向上が必須である。高潮災害については，1999年に台風18号によって八代海沿岸で大きな被害が発生し，決して忘れてはいけない災害であることを教えてくれた。わが国では沿岸部に山が迫っているため，台風接近前に風の場を精度よく予測できないために，高潮推算精度は高くない。したがって，現状では局所的に高潮被害が発生することが避けられないことに注意しなければならない。最後に噴火災害の課題は，火山にそれぞれ個性があり一般化が困難ということにある。有珠山の場合はたまたま爆発前に火山性地震が先行するという事実があったために，噴火予知に成功したわけであるが，ほかの火山では予知はそれほど簡単ではない。

(河田惠昭)

文 献

1) 河田惠昭：都市大災害, 233 pp., 近未来社, 1995

表 18-1 都市型水害の被害様相

- 市町村役場など防災拠点施設の浸水による対策の困難
- 備蓄倉庫の浸水,避難所へのアクセス寸断などによる資機材,物資の不足
- ライフラインの耐水性欠如による生活支障
- 地下鉄・地下空間の浸水,水没
- 大量の自動車の水損と復旧作業の阻害
- 高齢者の避難困難
- 帰宅困難者の大量発生
- 避難勧告軽視による被害拡大,救助作業の増大(6万人/58万人)
- 大量の都市ごみの発生
- ポンプ排水の限界
- 抜本的解決策の欠如

表 18-2 洪水災害対策技術の現状と課題

1. 総合治水対策	1) 施設整備による対策(河動改修,ダム貯水池・遊水地,地下河川): 高コスト,長期,環境問題,密集市街地での施工困難 2) 流出抑制対策(多目的遊水地,防災調整池): 既存市街地に適用困難 3) ソフト的対策(土地利用規制,ハザードマップ,洪水情報システム,地域防災体制): 物的被害は発生
2. 超過洪水対策	1) 高規格堤防(普及に長期間を要する) 2) 被害軽減策(多種多様で効果の定量化困難) 3) 二級河川の対策(都道府県知事管理の河川に対して超過洪水対策はない)
3. 都市水害対策	1) 洪水(外水)制御と市街地の雨水(内水)処理との競合 2) 地下空間(ショッピングモール,食堂街,地下鉄,地下通路,ビルの地下階,ガレージなど)の水没対策の遅れ 3) 情報システムの遅れ 4) 危険の認識の欠如(防災関係者,従業員,利用者)

表 18-3 地震災害対策技術の現状と課題

1. 耐震設計法としての性能設計	阪神・淡路大震災以後,建築物,都市基盤施設の性能設計(安全限界,修復限界,使用限界を考慮)の導入とレベル2地震動の設定
2. プレート内地震とプレート間地震の発生メカニズムと対策	設計地震動の設定,地震発生パターン,事前対策,伏在断層による地震被害想定
3. 地震による地盤変状の解明	液状化,大規模海岸流出,断層破壊による地盤変位
4. 都市基盤施設および構造物の耐震診断・改修	既存不適格構造物,建築物,学校建築の耐震診断,耐震改修
5. ライフラインの地震対策	ネットワーク上での優先順位,広域・長期停電が他のライフラインに及ぼす影響
6. 広域地震被害対応	都道府県レベルの地域間連携,広域応援体制の構築と訓練
7. 住宅の地震前耐震補強と住宅再建支援制度	住宅耐震化における負担問題,地震保険の高掛金,長期的な住宅耐震化政策の欠如

H19 雪に強いまちづくり

—— City without Snow Damage

1. 雪・生活・雪対策

雪国では衣食住の様々な場面で，雪とうまくつきあう暮らしの知恵を生み出してきたが，生活の近代化とともに，雪害という言葉も生まれ，雪は邪魔者との意識が強く働くようになった．確かに，雪害は最小限にすることが望ましい．一方，雪の利点を生かす発想に立ち，雪国らしい生活を新たに創造していくことも必要である．つまり，雪の害を克服する「克雪」に加え，雪を資源として活用する「利雪」，雪に親しみ，これを楽しむ「親雪」等を総合した雪対策が必要とされるのである．

雪対策の目標は，降積雪時においても非降積雪時と変わらない安全性，利便性，快適性を備えた魅力ある生活環境を創造し，雪の中でも活気にあふれた人々の生活を実現することにあるとされる．たとえば，富山県では1981（昭和56）年のいわゆる56豪雪時の手痛い経験を踏まえ，1985（昭和60）年には都道府県で初めて総合雪対策条例を設け，総合雪対策基本計画も策定した．この雪対策の内容としては，雪害のないまちづくり，産業（農林業や商工業）における雪害防止，雪災害対策の推進，雪の利用の促進等がある．

2. 雪害のないまちづくり

雪害のないまちづくりのためには，雪に強い都市構造と拠点都市間を連絡する幹線道路を整備し，雪に強い都市ネットワークの形成に努めること，公共交通体系や雪情報システムの充実，除排雪の質的向上を図ること等が必要とされる．特に，重点的に推進すべき施策としては，雪国らしい都市空間の創造，屋根雪処理対策，歩道除雪の強化，高齢化社会への対応，雪対策技術の研究開発の推進等があげられる．また，都市公園等においては，積雪に左右されずに屋外スポーツが楽しめる無雪空間を確保するため，膜構造によるドーム建築等が設けられてきている．

3. 雪国文化の創造

親雪の発想で新しい雪国文化を創造していく面については，たとえば雪を生かした都市公園のあり方の考案もその1つである．まずは，雪上運動会，雪合戦，歩くスキー大会等，冬のスポーツ・レクリエーション振興の方向がある．また，札幌の雪祭のように雪像づくりのイベントが全国各地で冬の観光として定着している．一方，自然の雪の美しさに着目する発想もある．富山県では1990（平成2）年から2000（平成12）年まで「冬の県庁前公園を雪の実験劇場に」を合言葉に"雪美の庭"の事業を実施した．それは刻々と変化する積雪の姿・形を冬の公園において楽しめるようにすることをねらいとするものであり，雪吊り，雪囲いなど伝統的な造園技術を応用し，現代のアート空間の創出を意図した多彩な「雪美造形」が設置され，着雪したケヤキ並木をライトアップする「雪美照明」，雪中でも散歩を楽しめるよう無散水消雪装置を施した「雪美園路」等も整備された．冬の都市公園を現代の雪見の庭に変貌させようとする実験的試みであったといえる．

（埴生雅章）

文献
1) 富山県：新富山県総合雪対策基本計画，1991.3
2) 国土庁・富山県：雪を活かした公園づくり調査報告書，1988.3

(a) 56豪雪（1981年）（高岡市内，富山県提供）
排雪車両と一般車両が混在し，交通マヒ状態となっている．

(b) 散水消雪装置が施された道路（高岡市内，富山県提供）
地下水を路面散布し無雪道路としている．最近では地下水の枯渇が問題となっている．

(c) 雪のない歩道（富山市内，富山県提供）
地下水の水温を活用した無散水消雪装置が設置され快適な歩行空間を提供．

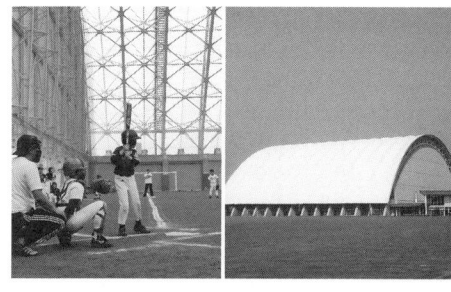

(d) 全天候型スポーツ空間（富山市，富山県提供）
富山県総合運動公園の屋内グラウンド，冬期や雨天時にも屋外スポーツが可能．

(e) そばまつり（富山県利賀村，利賀村提供）
毎年2月には雪像がつくられ，雪上を利用して材木を引く「牛引き」も行われる．

(f) 雪美の庭（富山県庁前公園，富山県提供）
伝統的な雪吊りの技法を活用し，照明による演出を加えて現代の雪見の場を創出．

図 19-1 雪に強いまちづくり

H20 近隣公害 —— Neighborhood Pollution

公害問題は，昭和30年代からの高度経済成長期の産業公害から，昭和60年代以降の都市化社会における都市生活型公害へと移りかわり，最近では地球レベルの環境問題へと広がりをみせている．しかしながら，日常生活より生じる公害も依然として多く，質的にも変化しており，住宅の過密化，生活様式の多様化によりその内容も多種多様にわたっている．

中でも，工場や建設現場等に属さない作業場，飲食店，商店，一般家庭に起因するものをいわゆる「近隣公害」といっている．明確な定義はないが，具体的には，ピアノ，クーラー等の近隣騒音，高い建築物等による日照阻害，あるいは電波障害，通風阻害やプライバシーの侵害等をいう．

わが国の公害苦情の実態（平成15年度公害苦情調査結果報告書：公害調整委員会事務局）をみると，1995（平成7）年には全件数が最低であったが，その後年々上昇し，2003（平成15）年度には過去最大となった．そのうち，典型7公害（振動，騒音，地盤沈下，大気汚染，水質汚濁，悪臭，土壌汚染）が7割，それ以外（日照権，交通公害，電波障害，風害，眺望権，プライバシー，採光阻害，飛散（粉塵煤煙），圧迫感，通風阻害，廃棄物等）が3割をそれぞれ占めており，ともに前年より増加している．

典型7公害では大気汚染が，典型7公害以外では廃棄物の不法投棄が最も多く，それぞれ5割程度を占めている．

また，発生源としては建設業が1位であるが，家庭生活も多く，年々増加している．まさしく身近な近隣公害が増えているといえる．被害の内容も健康被害や財産被害でなく，感覚的・心理的被害が最も多く，7割強となっている．

これらに対する処理あるいは防止対策を考えるにあたって，騒音等の典型7公害に該当するものについては，積極的な生活侵害という特徴があり，公害基本法等の法的規制や基準があるが，典型7公害以外は消極的な生活侵害で，必ずしも法的な規制や明確な基準はない．したがって，近隣騒音については環境基準，騒音規制法等に基づいて対策が進められているが，日照阻害，電波障害，通風阻害等は物理的な対策もさることながら，感覚的・心理的な面でのフォローが重要となる．

たとえば「日照権」については，法律上では明文化されていないが，日照阻害が社会生活を営む上で，お互いに我慢し合う程度（受認限度）を著しく超えているときには保護される場合がある．裁判例では，日影規制の適合性，日照阻害の程度，地域性や損害回避の可能性等を判断の基準としている．

日常生活に伴って発生するこのような近隣公害は，比較的小さく限られた近隣の生活者にだけ影響を与える場合が多く，被害感が近隣とのつきあいの程度にも左右されるといった特徴をもっている．したがって，法的に明快な解決がつきにくく，紛争が生じることも多々ある．逆にいえば，日頃から近隣関係を良好に保つことによって，問題が起きるのを未然に防ぐこともできる．

（川尻幸由）

文　献

1) 公害等調整委員会事務局：平成15年度公害苦情調査結果報告書の概要，官報資料版，2004
2) 柳下正治：20世紀の環境・公害行政を振り返る，生活と環境，**45**（12），2000

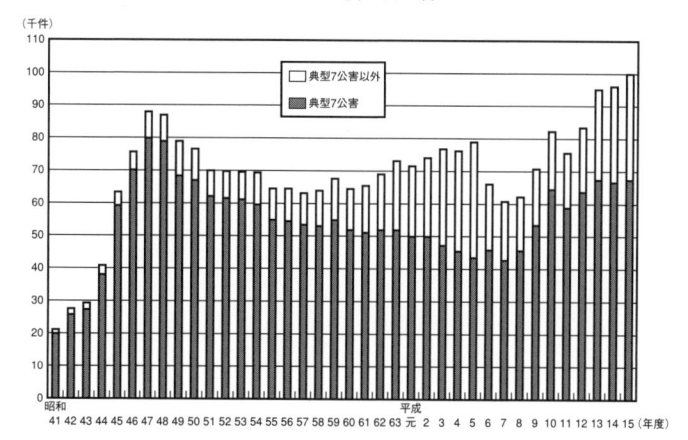

図 20-1 典型7公害および典型7公害以外の苦情件数の推移[1]
1994（平成6）年度から調査方法を変更したため，件数は不連続となっている．

表 20-1 公害の発生源別苦情件数の推移（単位：件）[1]

公害の発生源	1996 (平成8) 年度	1997 (平成9) 年度	1998 (平成10) 年度	1999 (平成11) 年度	2000 (平成12) 年度	2001 (平成13) 年度	2002 (平成14) 年度	2003 (平成15) 年度	対前年 度増減 数	対前年 度増減 率(%)
総数	62315	70975	82138	76080	83881	94767	96613	100323	3710	3.8
建設業	10191	12214	14816	14316	15563	16062	15787	15297	−490	−3.1
製造業	10388	12393	14002	12559	13497	13220	12462	12073	−389	−3.1
家庭生活	5620	5963	7522	7458	9315	11690	12115	13503	1388	11.5
サービス業	6342	8088	9157	7758	8106	8468	8178	7906	−272	−3.3
空地	6469	6713	7329	6702	7350	8315	8582	9036	454	5.3
農業	4275	4389	5125	5328	6032	6973	7190	7344	154	2.1
道路	3050	3305	3512	3359	4048	6362	8131	9770	1636	20.2
卸売・小売業，飲食店	4594	4943	5871	5176	5438	5712	5561	5485	−76	−1.4
運輸・通信業	1159	1440	1862	1517	1586	1686	1603	1670	67	4.2
事務所	311	430	591	482	471	565	497	491	−6	−1.2
神社，寺院等	152	327	528	441	457	546	558	572	14	2.5
公務	280	337	429	441	385	500	538	560	22	4.1
公園	208	205	243	230	304	423	540	490	−50	−9.3
鉱業	238	264	266	293	352	412	397	372	−25	−6.3
電気・ガス・熱供給・水道業	255	291	352	266	265	320	297	270	−27	−9.1
漁業	76	105	132	125	128	160	159	165	6	3.8
林業	48	61	56	98	93	134	150	142	−8	−5.3
その他	4254	4929	5254	4754	4978	6842	7467	8789	1322	17.7
不明	4405	4578	5091	4777	5513	6377	6401	6388	−13	−0.2

H21 都市犯罪

―― Urban Crimes

 2001 (平成13) 年6月に内閣府が実施した『国民生活に関する世論調査』(1万人対象・回答率72.5%) の政府に対する要望 (複数回答) では, 犯罪対策をあげる者が24.6%で, 景気対策, 高齢社会対策, 自然環境の保護等に次いで8位となっている. それを都市規模別でみると, 大都市部での要望 (30.0%) が町村部 (18.4%) をはるかに上回っている. 都市住民の犯罪への不安は大きい. 都市犯罪を防止し, 「安全・安心大国」を取り戻すことは焦眉の課題であり, 建築や都市づくりの分野にも犯罪防止の視点からの検討が求められている.

 空間のあり方と犯罪の発生や防止には一定の関係があり, 都市における犯罪を防止する上で, 犯罪の起きやすい空間をできる限りなくす工夫が必要であるとする「防犯環境設計」(CPTED) の考え方に基づき, 米英では1970年代から本格的な調査研究が行われてきた. 米国の建築・都市計画家オスカー・ニューマン (Oscar Newman) は, 犯罪に悩むニューヨークの住宅団地を調査し, 1950年代に数多く建てられた低・中所得階層向けのエレベーターつき中廊下式高層住棟で凶悪犯罪が多発していること, また, 建物が高く, 規模が大きい団地で犯罪の発生率が最大になることなどに着目した. 彼は, 住宅団地のつくり方によっては, 都市住民の匿名性・孤立・無責任等の感覚が増幅し, 犯罪を促すと考えたのである[1].

 わが国においても, ニューマンらに影響を受けつつ, 防犯環境設計の基礎的な取り組みが進められてきた. たとえば, 先駆となる試みを行った高野・山本らは, わが国における都市防犯の歴史を踏まえ, わが国固有の建築・都市のあり方に合った柔らかな防犯環境設計の必要性を提起しつつ自閉的な防犯システムの尖鋭化に疑問を投げかけている[2]. また, 中村らは, 千葉県松戸市等における子どもたちへの犯罪危険の実地調査から, 公園や広場, 街角の緊急な点検・改善の必要性, さらに, 子どもたちにとっての豊かな生活空間づくりを主張している[3].

 近年, 一段と悪化している都市の体感治安を背景に, 行政が防犯環境設計の考え方を普及・啓発する取り組みも多くみられるようになった. 新たな市街地の整備にあたって防犯環境設計の考え方を積極的に取り入れる事例, 住民みずからが防犯をテーマに身近な生活空間を点検 (防犯診断) し, 改善に向け立ち上がる事例も増えつつある. 名古屋市のベッドタウンである春日井市では, 1993 (平成5) 年に市, 警察, 市民団体からなる「安全なまちづくり協議会」が発足し, まちの「くらがり診断」や公園の安全度の点検を実施している. この防犯診断の結果は, 地図にまとめられ, 公園の改善や街灯の適正な配置など市街地整備に役立てられるが, 防犯活動を新たな地域コミュニティづくりに結びつける試みとして注目される. このほか, まちの有志が国有跡地の防災公園化をきっかけに, 安心・安全のための見回り・見守り, 放置自転車の防止活動等に乗り出すとともに, 震災対策を念頭に置いた地域交流の祭りを開催したり (杉並区・蚕糸の森公園周辺), 商店街が一丸となり, シャッター等への落書きを消す取り組みを通して, まち全体の防犯の意志を明確に示す (世田谷区・下北沢) 等の事例も生まれている. 近年の「安全・安心大国」のゆらぎを受け止めた上

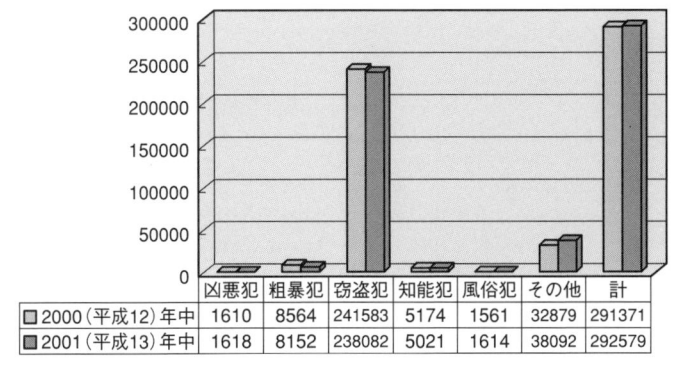

H21 都市犯罪

図 21-1 東京の犯罪発生状況（警視庁資料）

	凶悪犯	粗暴犯	窃盗犯	知能犯	風俗犯	その他	計
2000（平成12）年中	1610	8564	241583	5174	1561	32879	291371
2001（平成13）年中	1618	8152	238082	5021	1614	38092	292579

一般刑法犯（全国の発生件数）の1割強が東京で発生している．

図 21-2 環七通り周辺に広がる木造住宅密集地域
東京の中でも空巣ねらいや放火事件が多く発生している地域（杉並区高円寺北）

図 21-3 地域安全活動
杉並区の児童館と小学校のPTAが共催した子供たちへの暴力防止の講習会．講師は，NPO/CAPセンターJAPANの登録メンバー．

で，防犯環境設計の考え方を「破壊に対して強固，しかし，人々の自由さを損なうことなく柔軟な側面をもつ」[2] 都市づくりに生かしていくことが大切である．

（鳥山千尋）

文献

1) オスカー・ニューマン，湯川利和・湯川聰子訳：まもりやすい住環境，鹿島出版会，1976
2) 都市防犯研究センター・マヌ都市建築研究所：防犯住環境デザインガイド，1994
3) 中村 攻：子どもはどこで犯罪にあっているか，昌文社，2000

H22 防犯まちづくり
── Community Design for Crime Prevention

1. 防犯協会と地域防犯活動

わが国では、犯罪の防止は、空間の物理的制御というより、地域の人と人とのつながりのあり方、つまり社会的制御によって実現するものとされてきた。町会・自治会など伝統的な地域団体を母体にした防犯協会は、その典型的な現れであるといえる。

防犯協会は、事務局である警察署ごとにつくられる任意組織である。町会・自治会のほか、職業団体(パチンコ店、質店等の業界)の会員が主体となり、警察と協力して地域での防犯活動を展開している。防犯協会の運営は、会費、寄付金、自治体の補助金等によって賄われる。活動の内容は、犯罪防止の普及・啓発(PR誌の発行、防犯相談、防犯診断の指導等)、少年の非行防止および有害環境の浄化(少年補導、健全育成事業の実施、不良図書の排除活動等)、ひったくりやピッキングの防止キャンペーン等と幅広い。当然ながら、町会・自治会の活動と重なり合う部分も多い。交通安全協会等とも連携して駐車違反対策に取り組むなど、地域における人々のつながりの希薄化、高齢化に苦しみながら、身近な安全・安心活動の担い手となっている。こうした地区の防犯協会の連合組織として都道府県レベルの防犯協会連合会、さらに、全国組織である(財)全国防犯協会連合会が結成されている。

2. 防犯モデル道路

一方、空間の物理的制御である防犯環境設計の考え方を都市づくりに取り入れる事例も徐々に増えている。名古屋市の守山区白沢小学校の学校区における防犯モデル道路は、連続通り魔事件をきっかけに、住民、自治体、警察が協力して周辺の犯罪、市街地環境、道路のありさま等を調査し指定(1981(昭和56)年)したもので、わが国での最初の試みである。歩道、ガードレール・街灯の整備やモデル道路であることの表示、一方通行等の交通規制、非常ベルの設置をはじめ、パトロールの強化や防犯訓練、モデル道路推進協議会の設置等が進められ、大きな効果が得られた。この白沢小学校区の取り組みは、空間の物理的制御を柱にしながらも、地域での人々のきずなを再生することを通じた防犯力の強化がねらいとされている。愛知県は、こうした防災モデル道路の取り組みを県下に拡大している。

3. 防犯モデル団地と建築ルール

新たな市街地の開発・整備にあたって、積極的に防犯環境設計の視点を取り入れた防犯モデル団地が生まれている。山口市の小京都ニュータウンは、全国初の防犯モデル団地として県警察本部の認定(1989(平成元)年)を受けたが、緑化協定で垣、柵の構造に関する制限が行われ、見通しを確保するほか、防犯灯など効果的な防犯設備の配置、自治会、市、警察等による推進連絡会議の設置と防犯訓練、パトロールの実施を進めている。

同様に、防犯モデル団地の認定(1992(平成4)年)を受けた福島市の美郷ガーデンシティは、一戸建て住宅を主体とする新しい団地で、福島県警察本部が県防犯協会連合会等と協力し、まとめた「犯罪のない街づくり懇談会の提言」を生かしたケースである。街路の設計、街路灯の配置等の基盤整備を踏まえ、良好な住環境の維持・保全を目指し、建築基準法に基づく建築協定で建物の用途、形態、構造等を制限しているが、合わせて、防犯環境設計の考え方を取り入れ、個々の住宅の見通しを確保し

図22-2 スーパー街灯
公園の周囲に設置されているケース（杉並区浜田山）．

図22-3 スーパー街灯の仕組み
警察への緊急通報装置，赤色回転ランプ，警報等が一体化されている（杉並区浜田山）．

図22-4 防犯モデル団地（福島市美郷ガーデンシティ）
見通し確保のため，建築協定が結ばれている（(株)細田工務店提供）．

たり，侵入犯を防ぐため，生け垣の高さ，建物と道路からの距離，物置の位置等についてもきめ細かく規定している．こうした建築ルールを定める一方，自治会が警察の協力のもとに定期的に防犯診断を行うなど，団地住民の防犯環境，防犯意識の維持・向上に努めている．これら山口県，福島県における防災モデル団地は，防犯環境整備と地域コミュニティづくりとを結ぶ試みといえよう． 　　　　　　　　（鳥山千尋）

文 献

1) 山本俊哉：連載　防犯設計の基本と実践，日経アーキテクチュア，2002.7.22～12.9
2) 福島県犯罪のない街づくり懇談会・福島県警察本部：犯罪のない街づくりのための提言，1991

H23 緩衝緑地

—— Open Spaces for Buffer Zones

　緩衝緑地は，都市公園の種類の1つで，大気汚染，騒音，振動，悪臭等の公害防止，緩和，もしくはコンビナート地帯等の災害の防止を図ることを目的とする緑地であり，公害，災害発生源地域と住居地域，商業地域等とを分離遮断することが必要な位置について，公害，災害の状況に応じて配置することとなっている．また，下水処理場や廃棄物処分場等の周辺緑地のように，他の施設に付随して計画されるものもある．

　規模は，何を目的にするかによって異なり，道路，鉄道等のバッファーゾーンとして計画する場合と，石油コンビナートの公害災害を遮断，緩衝を目的とする場合とでは，まったく変わってくる．計画される緩衝緑地が何を目的としているかによって，位置，規模が定まるものであるから，公災害の発生源対策との関連によって計画されるものである．

　緩衝緑地の機能は，オープンスペースとしての機能，発生源からの距離を離すことにより公災害を緩和し，防止する機能と，植物，特に樹木のもつ機能，すなわち，汚染物質の吸着や大気の清浄化機能，発生源の遮へい機能とがある．このため，緩衝緑地の施設整備にあたっては，緩衝効果を十分発揮できるようにするために，十分な幅員と密度をもった植樹帯が必要である．

　緩衝緑地は，公災害の防止および緩和の機能が中心であるが，周辺に利用できる公園整備が遅れている地域にあっては，スポーツ広場等のレクリエーション機能をもたせることも少なくない．こういった場合でも，運動施設や遊戯施設の整備は，緩衝緑地としての機能を損なわないように最小限にとどめなければならない．

　緩衝緑地の事業手法として，環境事業団による共同福利施設建設事業がある．これは，環境事業団の前身である公害防止事業団が1966（昭和41）年から行っているもので，産業公害が著しい地域，または著しくなるおそれがある地域において，その発生を防止するために緩衝帯となるとともに当該地域の工場等の従業員および住民の福祉に資する都市公園として設置される緑地を整備するものである．事業団が地方公共団体の要請を受けて，直接事業主体となり財投資金等を活用して整備した後，地方公共団体に譲渡するという手法をとっている．

　また，緩衝緑地の整備については財政上の特別措置が決められており，公害防止計画において定められた公害防止事業として実施するものについての補助率の嵩上げや，事業費の一部を公害の原因となる事業活動を行っている事業者に負担させる制度も定められている．

　全国の緩衝緑地の整備状況は，2003（平成15）年度末現在1552 haで，このうち環境事業団事業によるものが約3/4にあたる約1120 haとなっている．

　なお，環境事業団は特殊法人等整理合理化計画の一環として事業，組織の見直しが行われ，2004（平成16）年4月に独立行政法人環境再生保全機構に移行している．これに伴い，旧環境事業団が行ってきた緩衝緑地の整備事業は同法人に引き継がれているが，新規の緩衝緑地の事業採択は行わないこととなっている．　　　（冨田祐次）

文献

1) 平野侃三編：公園緑地の計画と実施, pp.47-81, 全日本建設技術協会, 1981

表 23-1　環境事業団の緩衝緑地整備事業実績一覧（2003（平成15）年3月現在）

都道府県名	市町村名	地区名	譲渡先	事業期間（年度）	事業面積（ha）	備考
宮城県	多賀城市	多賀城地区	宮城県	S45〜S50	24.7	
山形県	酒田市・鶴岡市	庄内空港地区	山形県	H元〜H6	60.8	
茨城県	鹿島町・神栖町	鹿島地区	茨城県	S45〜S50	72.5	
千葉県	市原市	市原地区	市原市	S41〜S45	39.8	
	君津市	君津地区	君津市	S53〜S55	18.7	
	習志野市	習志野地区	習志野市	S59〜H6	63.3	
	富津市	富津地区	富津市	S60〜H元	41.1	
神奈川県	横浜市	横浜地区	横浜市	S55〜S58	15.0	
富山県	高岡市・新湊市	富山地区	富山県	S51〜S57	25.0	
	富山市	富山空港地区	富山県	S59〜S63	12.9	
福井県	福井市	福井地区	福井県	S52〜S59	134.4	
長野県	松本市・塩尻市	松本空港地区	長野県	H3〜H12	67.8	
静岡県	清水市	清水（横砂）地区	清水市	S63〜H5	3.4	
愛知県	東海市	東海地区	東海市	S45〜S58	27.7	
三重県	四日市市	四日市中央地区	四日市市	S41〜S44	27.7	
		霞ヶ浦地区	四日市市	S45〜S47	22.9	
大阪府	堺市・高石市	泉北一区	大阪府	S41〜S44	10.0	
	東大阪市	東大阪地区	東大阪市	S62〜H3	12.6	
兵庫県	赤穂市	赤穂地区	赤穂市	S42〜S51	37.1	
	姫路市	姫路地区	姫路市	S44〜H12	71.0	
和歌山県	和歌山市	和歌山地区	和歌山県	S57〜H16	20.1	事業実施中
岡山県	倉敷市	水島地区	倉敷市・岡山県	S46〜S61	64.3	
山口県	徳山市	徳山地区	徳山市	S43〜S61	79.6	
	小野田市	小野田地区	小野田市	S49〜S62	28.9	
	下松市	下松地区	下松市	S51〜S54	5.1	
香川県	坂出市	坂出地区	香川県	S49〜S54	20.9	
福岡県	北九州市	北九州地区	北九州市	S54〜S60	25.8	
大分県	大分市	鶴崎地区	大分市	S46〜S48	16.0	
		大分地区	大分市	S49〜S55	70.5	
計		29 地区		53 件	1119.5 ha	

H24 土壌汚染対策

—— Countermeasures of Soil Pollution

都市における人間活動が高まった結果,経済や生活を支える基盤である土壌の汚染が進んだ.土壌汚染 (soil pollution) の歴史は古く明治初期の足尾銅山に由来する渡良瀬川流域の農地汚染に始まる.昭和40年代には神通川流域のカドミウム汚染が明らかになり典型7公害の1つに数えられたが,その後,農用地の汚染対策が進みその面積は減少している[1].これに対して都市では工場跡地の調査や地下水の監視強化等で重金属に加えて揮発性有機化合物 (volatile organic compounds) 等による土壌汚染が急速に顕在化してきた[2](図24-1,24-2).

1. 土壌環境基準

土壌汚染に関する環境基準は1992(平成3)年に制定され,その後,見直しが重ねられ,現在は以下の27項目について定められている.重金属類 (heavy metals)(カドミウム,鉛,六価クロム,砒素,水銀,銅,セレン,フッ素,ホウ素,シアン),農薬類(有機リン,シマジン等),PCB,有機塩素系化合物(ジクロロメタン,四塩化炭素,トリクロロエチレン等),その他揮発性有機化合物(ベンゼン)など.

その基準は2つに大別され,土壌のもつ水質浄化機能や地下水かん養機能を保全するために定められた溶出基準と,農用地で食料生産機能にかかわる土壌含有量あるいは作物吸収量による基準とがある.

2. 土壌汚染対策法

この法律は土壌汚染の状況把握と人の健康被害の防止に関する措置を行うため,2002(平成14)年5月に成立し,2003(平成15)年2月に施行された.対象物質(特定有害物質)は溶出基準を設けた鉛,砒素,トリクロロエチレン等の25物質と,汚染土壌を直接摂取することによる健康被害のおそれがあるものとして土壌含有量基準を定めた9物質がある.この法律によって,特定有害物質を使用する施設等がある土地の所有者は,土壌汚染の調査を実施し都道府県知事に報告する義務を負う.また周辺で飲用に使う地下水汚染が発見されたり土壌汚染地に一般の人が立ち入る可能性のある場合,その土地の所有者も同様に調査報告の義務を負う.

3. リスクと対策

土壌汚染の調査は試料採取方法等に影響されるため,適切な技術的能力をもつ指定機関が汚染状況を調査する.土壌中に基準を超える特定有害物質が検出された土地について,都道府県知事は指定区域として指定・公示するとともに,指定区域の台帳を作成し,閲覧に供する.土壌の直接摂取リスクに対する対策としては,立入禁止,盛土,舗装,浄化等を,また,地下水経由の健康影響リスクに対する対策としては,地下水汚染がある場合には封じ込め,浄化等を,地下水汚染がない場合には地下水モニタリングを行う.(環境省ホームページ:土壌環境の保全,水環境行政のあらまし参照. http://www.env.go.jp/water/water_pamph/index.html) 〔犬伏和之〕

文 献
1) 岡崎正規:都市化による汚染,環境土壌学(松井健・岡崎正規編), pp.126-133, 朝倉書店, 1993
2) 環境省:環境白書, ぎょうせい, 2004

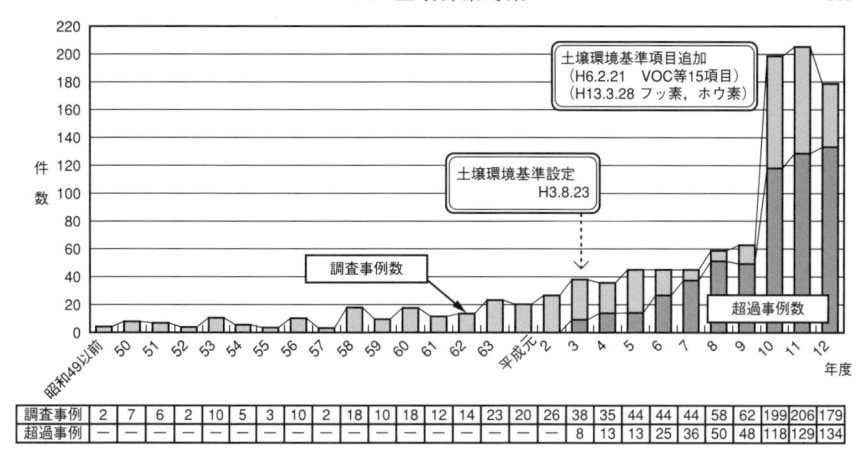

図 24-1 市街地土壌汚染事例の判明件数の推移（環境省ホームページより）

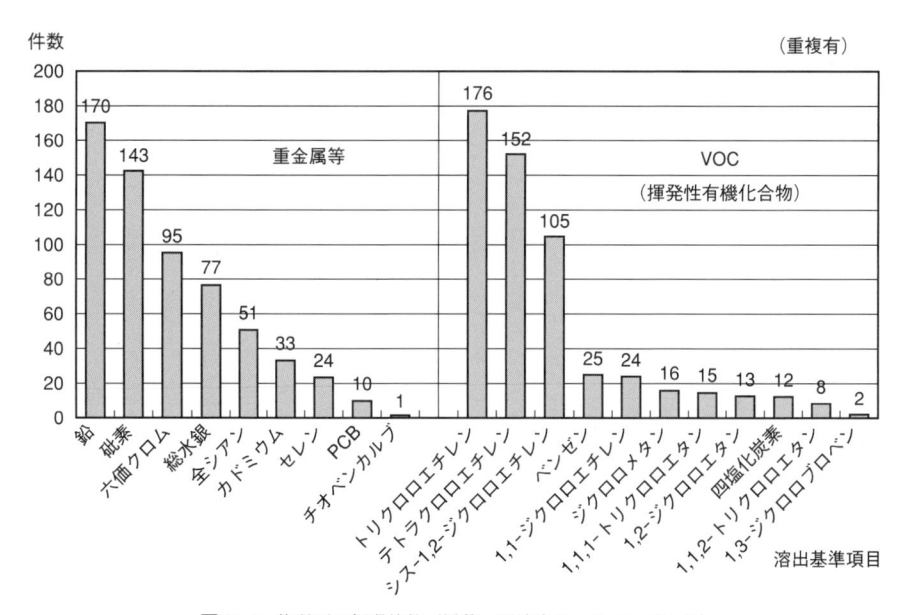

	昭和49以前	50	51	52	53	54	55	56	57	58	59	60	61	62	63	平成元	2	3	4	5	6	7	8	9	10	11	12
調査事例	2	7	6	2	10	5	3	10	2	18	10	18	12	14	23	20	26	38	35	44	44	44	58	62	199	206	179
超過事例	−	−	−	−	−	−	−	−	−	−	−	−	−	−	−	−	−	8	13	13	25	36	50	48	118	129	134

図 24-2 物質別の超過件数（累積，環境省ホームページより）

H25 事故防止

—— Accident Prevention

　人口や,建築物等の密集した都市では,その発展や成長過程,維持活動状態において予見の有無にかかわらず,突発性や大きな被害をもたらす様々な事件,事故など自然的,人為的災害が発生する.高層ビル,地下鉄・地下街や地下トンネル,高速道路・鉄道など高架構造物等の建設に伴う事故,建築物,土木構造物等ハード構成と電気・ガス等の都市施設が原因・関係し発生する崩落,火災,爆発等の事故,交通事故,その他,都市活動や都市生活上での事件や事故等がある.

　交通事故防止は最も身近で重要な課題の1つであるが,2002(平成14)年度では全国で人身事故件数は約94万件,死者数は約8300人となっている.死者数は「第一次交通戦争」と称された1970(昭和45)年と比較すると半減しているものの,生活道路の死傷事故率は幹線道路の2倍以上と高く,幹線道路での事故は6%の特定区間に事故の53%が集中,また,歩行者・自転車の事故が多く,中でも歩行中,自転車乗用中とも死者の6割が高齢者であった(警察庁,国土交通省等資料による).このため,事故多発地点や事故危険箇所等の緊急対策や生活道路を中心とした歩行者・自転車安全対策等,高齢化社会等を踏まえ道路管理者,警察,関係団体等と連携した交通事故防止対策が急務となっている.

　また,2003(平成15)年2月に韓国で発生した地下鉄火災事故の惨事を受け,国土交通省は全国40鉄道の684地下駅について,火災対策として義務づけている「避難誘導」「排煙」「消火」等8種類の設備について調査したが約4割の駅で基準を満たしていなかった.しかしながら,都心のビルや道路の地下にある駅等が多く,改修等における構造上の問題,資金制約等の課題が指摘されている[1,2].

　2001(平成13)年7月に発生した兵庫県明石市花火大会の歩道橋事故は,イベント時の痛ましい事故として記憶に新しい.市主催の花火大会会場の大蔵海岸に至る歩道橋上で,多数の見物客が折り重なって転倒する「群衆なだれ」が起き,子供と高齢者11人が死亡,247人が重軽傷を負った.市が設置した事故調査委員会は「事故は容易に予見できた」と報告し,市職員,警備会社社員とともに兵庫県警警察官の刑事責任も初めて問われた[3].限られた場所に多くの市民が同時集中するこのようなイベントでは,十分な雑踏警備計画とその実施など安全管理対策は不可欠である.また,同じ明石市大蔵海岸の人工海浜では,2001(平成13)年12月,砂浜陥没事故により子供1人が死亡した.土木構造物としての人工海浜の安全性と管理のあり方等が指摘されている.

　企業等や組織やプロジェクト等では,潜在するリスクを把握しその効果的な対処方法を検討し実施するリスクマネジメント(危機管理)の考え方があるが,安全で安心な21世紀の環境都市においてもこれらに学び,行政・市民・企業等が連携した事故の予測,未然予防,防止や事故発生時の対応のあり方等について広く検討し,実施,対応していくことが必要不可欠といえる.

(橘　俊光)

文　献

1) 国土交通省:地下駅における火災対策設備の現況について,2003
2) 朝日新聞,2003(平成15)年4月26日(土)づけ記事
3) 朝日新聞,神戸新聞,2003(平成15)年4月25日,26日づけ記事

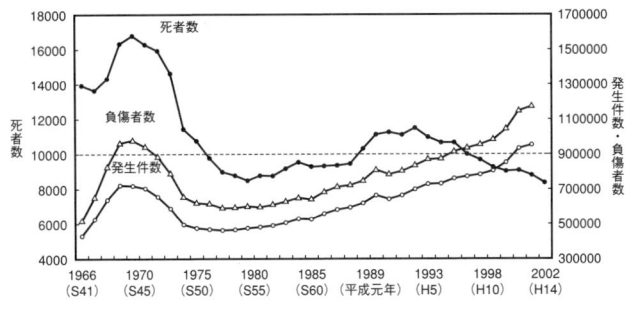

図 25-1 わが国における交通事故の発生件数・死者数・負傷者数の推移（警察庁交通局資料，2003（平成15）年2月より）
死者数はピーク時1970（昭和45）年の半減となっているが，発生件数，負傷者数は増加し続けている．

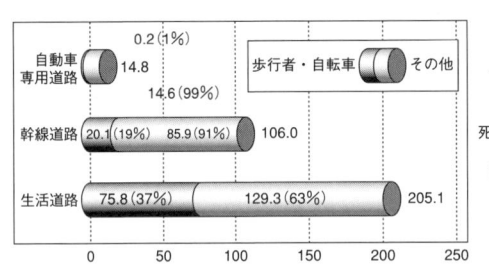

図 25-2 道路種類別の死傷事故率の比較（2001，国土交通省資料より）
生活道路の死傷事故率は，幹線道路の2倍となっている．

死傷事故率（件/億台キロ）

注）死傷事故率 = 死傷事故件数 / 総走行台キロ

幹線道路：都道府県道・政令市主要市道以上
生活道路：全道路－（自動車専用道路＋幹線道路）

表 25-1 わが国の地下駅における火災対策設備の現況（国土交通省鉄道局資料，2003（平成15）年4月より）
地下駅の4割は，国の安全基準を満たしていない．安全，安心な都市の輸送機関として機能するためには早急な対応が必要である．

事業者	火災対策基準の適合状況		
	地下駅総数	すべて適合している駅	一部適合していない駅
札幌市交通局，帝都高速度交通営団等全国40事業者	684駅	416駅	268駅
	(100%)	(60.8%)	(39.2%)

駅数は，2003（平成15）年2月28日現在の数字．火災対策基準とは，国土交通省の通達に基づく，排煙，避難誘導，消火，通報等の各設備および，防火戸等の整備をいう（名称は当時のもの）．

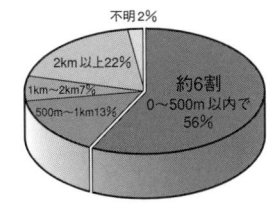

図 25-3 自宅からの距離別死亡事故発生状況（2001，交通事故総合分析センター資料より）[4]
歩行中の事故の6割は，自宅から500m以内で発生している．

4）国土交通省道路局地方道・環境課：ひろがる安全，やすらぐ暮らし―今後の道路交通安全施策について―，道路広報センター，2002

I 情報システム

I1 環境都市と情報
—— Environment City and Information

　地理情報システム（GIS：geographic information system）は，1960年代半ばに米国の地理学研究から発達した．GISは，地理空間を電子化させる情報技術で，コンピュータによる空間的な解析を可能にし，政策決定支援や地域・地球環境の解析，マーケティング等に利用されている．また，国土基盤を形成する高度道路交通システム（ITS：intelligent transport system）は，人・道路・車両を情報通信技術によってネットワーク化することにより，交通事故や渋滞等の道路交通問題を解決する新交通システムである．その1つとして，現在，全国の有料道路事業間で共有化されるノンストップ自動料金支払いシステム（ETC：electronic toll collection systems）は，2001年度末までに全国800カ所の料金所で利用が可能となっている．一方，人工衛星で地球上の位置を測位する汎地球測位システム（GPS：global positioning system）は，地球上の位置を時間差で測位するためや，自動車や飛行機等の移動体の位置取得，船舶や車のナビゲーション等に利用され，最近は土木測量分野でも利用されるようになった．全国約1000カ所に設置されている電子基準点は，国土の骨格情報であり，2001年の測量法の改正により日本の測地系が世界測地系へ移行するに伴い，GPS利用の拡大の進展が見込まれている．
　このように，GIS，ITS，GPSは，国土や交通に関連する情報技術（IT：information technology）であり，これらを統合した多様な情報の提供が21世紀において発展すると考えられる．そして，これを支えるインフラ整備の1つが国土空間データ基盤整備[1]である．国土空間データ基盤は，空間データ基盤（基盤的な電子地図や，住所等の位置参照情報），基本空間データ（統計・台帳等），デジタルオルソ画像（航空写真，衛星画像等）の3種類から構成される国土の社会情報基盤である．「国土空間データ基盤標準及び整備計画」（1999年3月発表）では，国土のフレームワークとして表1-1に示すように基本的な地理情報項目をまとめた国土空間データ基盤標準と，技術的な標準である地理情報標準（ISO/TC 211に準拠した日本の地理情報標準）の2種類の標準が定められ，整備方針が決定された．
　また，総務省自治行政局は，2001年7月に「統合型の地理情報システムに関する全体指針」をまとめ，公開した．図1-1に示すように，統合型GIS[1]は地方公共団体が利用する空間データのうち，共用可能なものを共用空間データとして整備し，空間データの重複投資を回避して行政業務の効率化，住民サービスの向上，地域産業の活性化を図ろうとするものである．
　今後は，日常的に更新される国土空間データ基盤の維持・管理の仕組みの整備と，環境情報（environmental information）の整備とが相まって，3次元GIS解析による景観評価に基づく快適な都市空間の創出や，各種シミュレーションの予測評価による施策の検討とその効果分析に基づいた環境負荷の低減や循環型社会の構築による持続可能な発展（SD：sustainable development）を目指した環境都市づくりが期待される．

〔伊藤泰志〕

文献
1) 経済産業省商務情報政策局：情報サービス産業白書 2002, コンピュータ・エージ社, 2002

I1 環境都市と情報

表 1-1 国土空間データ基盤標準

分類項目	データ項目	普及期にさらに検討するもの
測地基準点	国家基準点，公共基準点	標高点，参照点
標高，水深	格子点の標高，水深，島嶼の標高	
交通	道路区域界，道路中心線，鉄道中心線，航路	道路橋，横断歩道橋，車・歩道界，鉄道区域界，対面通行道路と一方通行道路の区別，キロポスト，鉄道橋，跨線橋，停留所，港湾区域界，係留ブイ，プラットフォーム，検疫錨地
河川・海岸線	河川区域界，水涯線，海岸線，湖沼低潮線（干出線），河川中心線	桟橋，防波堤
土地	筆界等，森林区域界	農地境界
建物	公共建物および一般建物	宅地・敷地
位置参照情報	地名に対応する位置参照情報 行政区名，統計調査区 標準地域メッシュ 住所に対応する位置参照情報	
（公園等）		公園，飛行場
（画像情報）		画像情報

資料：「国土空間データ基盤標準及び整備計画」（1999 年）．

統合型 GIS と共用空間データ

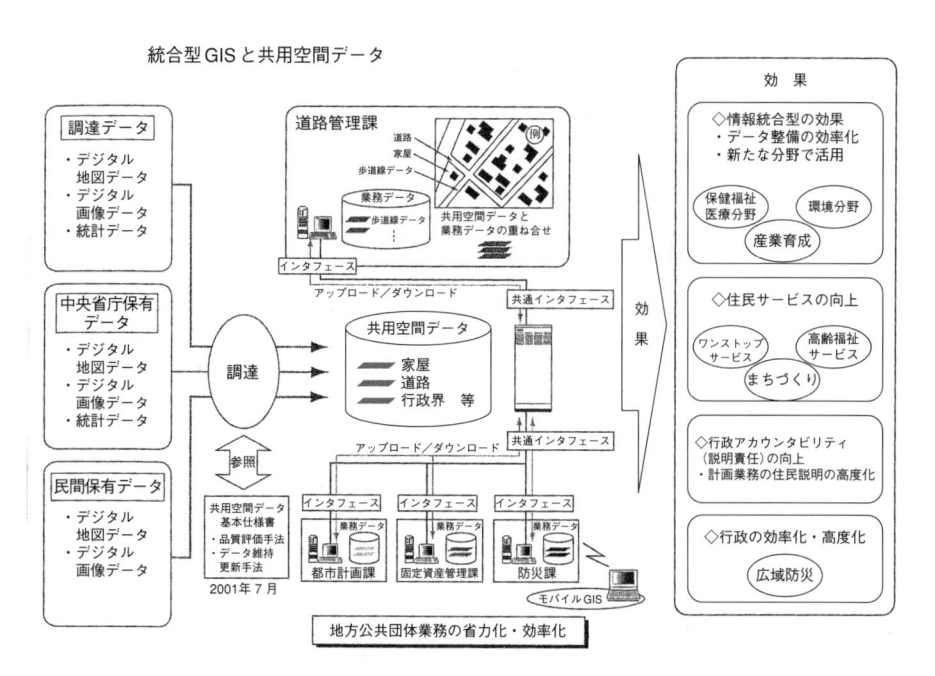

図 1-1 統合型 GIS と共用空間データ（資料：総務省自治行政局地域情報政策室）

12　高度情報化

—— Information Technology

社会の仕組みは，交通による人や物の移送，電力やガスによるエネルギーの移送を中心としたインフラ整備を行ってきた工業化社会から，情報の生産・加工・流通・分配が高い価値を生み出す情報化社会へ大きく，急激に生まれ変わろうとしている。

1993年にクリントン政権は，米国全土に光ファイバーによる高速通信網を整備し，州を超えて家庭・企業・教育・医療等のネットワーク化を図るという，情報スーパーハイウェイ構想を提唱し，推進してきた。わが国においても，2001年1月に政府が「5年以内に世界最先端のIT（information technology）国家」になることを目指して「高度情報通信ネットワーク社会形成基本法」を施行するとともに，「e-Japan戦略」と名づけられた戦略を決定し，国をあげてのIT革命が急速に進められている。

我々の身のまわりにおけるIT革命をみてみると，デジタル情報の記憶媒体としては文書・音声・映像等が記憶可能なCD-ROMの普及が顕著であり，さらには映画等の大規模動画情報を記憶することができるDVDの普及等マルチメディア化が進んでいる。これに加え，パソコンの普及率とインターネットの普及と利用方法の開拓により，情報の受発信の仕組みは大きく変わってきている。

さらに，一度に大量のデジタル情報を高速に，しかも「双方向」で送受信できるネットワークであるブロードバンド通信の整備も進められており，通信インフラが大きく変わることで，産業界の枠組み等も激変するといわれている。

通信ネットワークの大容量化，通信速度の高速化，通信料金の低廉化により誰もが自由な媒体を利用して双方向型の情報受発信ができる姿が高度情報化であるといえる。

高度情報化は様々な情報通信技術（IT）により支えられているが，環境都市計画を進める際，ITは「コンピュータによる情報処理技術を活用して，情報の送り手と受け手が自由に，かつ双方向的にコミュニケーションを行う」ための道具であるということを明確にするべきである。

経済状況やライフスタイルの変化等により人々の価値観・意見等の多様化が進む中で，行政施策や公共事業を進める上では市民との合意形成が極めて重要である。ホームページの利用による情報公開，電子メールによる広聴，電子会議室の運営等は，コミュニケーション型行政サービスを展開する上で有効なIT活用方法である。

環境都市計画に関連する課題を抽出・整理しその解決を図るためには，膨大かつ多様な情報をもとに分析・考察を行い，なおかつ市民との合意形成を図りながら今後のシナリオを描いていくことが極めて重要である。そのための情報技術として地理情報システム（GIS）の活用が有効である。

行政がこれまで紙媒体（台帳）で管理してきた，道路，河川，上下水道，林地等についての情報は，電子媒体としてGISで管理することにより，より効率的な現況把握と分析が可能となる。これまで各課で個別に保有していた情報を全庁的に共有し，行政サービスの効率化・高質化を進めるための統合型GISの導入を進めることで，環境都市計画にかかる様々な情報を総合的に重ね合わせ，今後の環境都市形成へのシナリオづくりが効果的に行うことができる。同時に，市民に対しても視覚的にわか

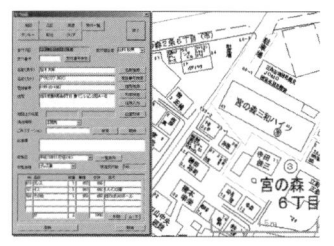

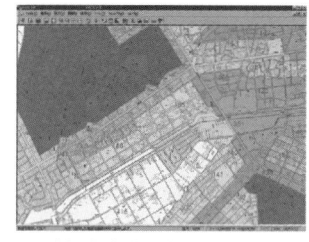

(a) 大型ごみ収集受付
(b) 光ケーブル(心線設備)管理
(c) 都市計画支援システム
(d) 固定資産税システム

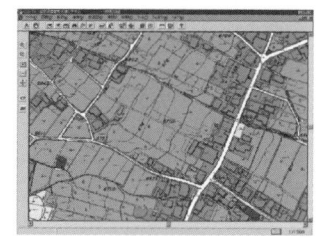

図 2-1 自治体における GIS((株)創建提供)
各自治体では地図を用いる業務の効率化のため，様々な GIS アプリケーションが導入・活用されている．

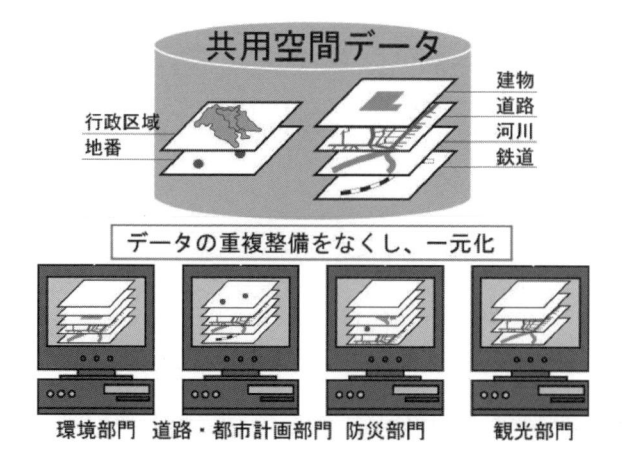

図 2-2 統合型 GIS((株)創建提供)
統合型 GIS とは，複数の部署で共用できる空間データを一元的に整備・管理し，各部署が自部署のみのデータ作成時の基盤データとして利用する庁内横断的な GIS のこと

りやすい情報を提供することができる．
繰り返しになるが，IT は「コミュニケーションの道具」「問題解決のための道具」であるということを明確にして環境都市計画に携わることが重要である．　　(小林　新)

I3　都市づくりと情報化
―― City Planning and Information Technology

　高速で大容量の通信ネットワークが国や地域の垣根を超えて，ボーダレスになり，仮想空間における情報交換や取り引き等が容易に行うことができるようになっていく一方で，地域に根差した生活を支援するための情報化への取り組みも積極的に行われている．情報基盤整備が進み，パソコンの普及率が著しく伸び，インターネットの利用率も高くなっている現在においては，IT（情報技術）を活用して地域ニーズを把握することが可能となってきている．これまでの大量生産・大量消費・大量廃棄を集約的・効率的に進めてきた成長型の都市づくりから，生活者1人1人が「生活しやすい」成熟型の都市づくりを目指した情報化の取り組みが各地で進められている．

　その取り組みの1つとして，電子会議室があげられ，2001年1月に神奈川県大和市が電子会議室ポータル「どこでもコミュニティ」を開設し，同年4月には同じく神奈川県藤沢市が「市民電子会議室」を，2002年5月には三重県が「e-デモ会議室」を立ち上げている．

　これらの電子会議室では，住民や行政それぞれの立場から，多様な情報が発信されるとともに，住民と行政の間にコミュニケーションを行う機会が創出され，様々な地域ニーズの抽出，把握が行われている．電子会議室で出された意見等は行政の施策に反映され，政策への市民参加の1つの形となっている．

　一方，地域活性化という視点でみると，地域内の市民，NPO，企業，行政等が連携し，情報や知識を共有して，それらを地域内外へ発信することが有効となる．そのためには，地域内における情報基盤の整備，CAN（community area network）を構築することが重要となる．CANとは，地域コミュニティの住民ニーズに合った地域主導の高度情報通信網のことで，各地域の「産，官，学，市民」等の構成員が全員参加して，お互いにつながり合うような地域単位の情報ネットワークを意味する[1]．CANを構築することで，情報通信ネットワークを利用して地域内の人々に地域の生活に関する様々な情報を，使いやすい形で提供でき，また，地域外の人々に観光資源や産業等についての情報を積極的に発信することもできる．様々な地域情報を地域住民主体で広く，しかも積極的に発信することにより，地域内の交流もさかんになり，地域活性化へとも結びつく．

　このような取り組みの1つに，長野県諏訪市を中心とした諏訪圏域において行われている「スマートレイク」がある．ここでは1997年5月に発足し，地域の若者が講師となったシニア向けのパソコン講座等を行っている．2001年3月には，パソコン講座の生徒であるシニア世代が，自分たちの経験をもとにした様々な知識や知恵を持ち寄り，情報発信を行う「シニアネットすわ」が設立され，ITに長けた若者とシニア世代の交流が行われている．

　IT革命により，空間（距離）を超えて様々な人々（見知らぬ人々）との情報交換が容易になりつつある．その反面，都市という空間に生活する人々のニーズや思いを踏まえた，きめの細かいサービスを行うために，地域情報化を進め，人々の交流と連携を支援することが極めて重要である．

〔小林　新〕

文　献
1) 宮尾尊弘：日本型情報化社会―地域コミュニティからの挑戦―（ちくま新書233），p.46, 筑摩書房, 2000

I3 都市づくりと情報化　　　329

図3-1　三重県「e-デモ会議室」ウェブサイト
(http://www.e-demo.pref.mie.jp/)

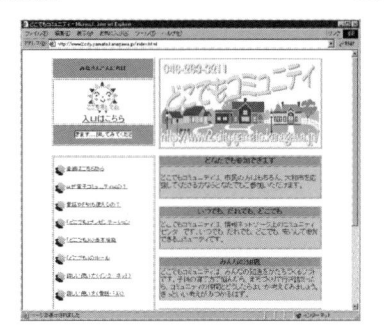

図3-2　神奈川県大和市の電子ポータル・サイト
「どこでもコミュニティ」(http://taifu.city.
yamato.kanagawa.jp/)

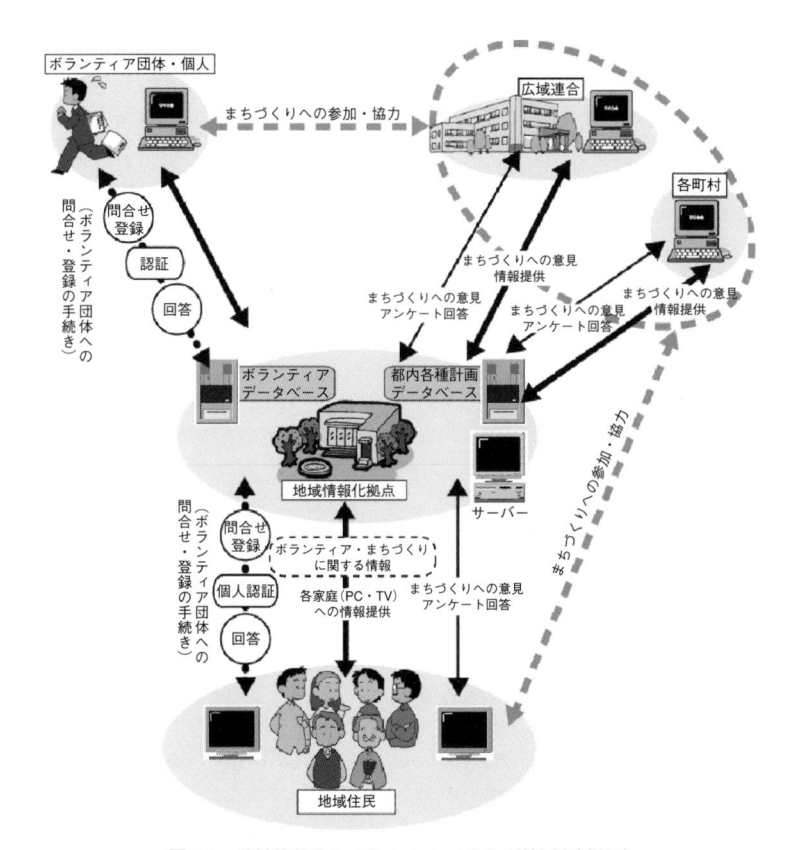

図3-3　地域情報化システムイメージ図（(株)創建提供）

I4　環境情報

—— Environmental Information

　環境情報とは，大気・水質等の環境質のデータ，地形・地質・動植物・植生等の自然資源データ，環境に関する法令・条例等に基づく環境基準や地域指定等環境に直接かかわる情報などだけでなく，人口や土地利用状況などの社会データ，エネルギー消費量や製造品出荷額等の産業データ等，環境政策の決定や事業経営の支援に必要な情報までをも含むものである．

　環境情報は，調査対象地域内における詳細な調査による環境調査（environmental research）や環境モニタリングによって得られる．環境調査では，調査の時期，期間，地域範囲や測定法，サンプリング法，踏査方法，調査回数，代表値の算出方法の前提条件，引用した文献名，調査の実施日時等について明らかにするとともに，その妥当性についても積極的に示すことができるようにし透明性を確保することが重要である．

　また，環境モニタリング（environmental monitoring）は，広域から地球規模にわたり継続的にデータ収集がなされる．地域レベルでは，大気，水質，土壌，騒音・振動等の環境質，さらに景観などの感覚的要素や生物種の数や分布など広範囲にわたっている．代表的なシステムとしては，環境省が日本全国を対象に大気常時監視局でモニタリングし，データをホームページ上で一般に公開している「大気汚染物質広域監視システム（そらまめ君）」（AEROS：atmospheric environmental regional observation system）がある（環境省環境管理局大気環境課 http://w‐soramame.nies.go.jp/）．一方，地球規模レベルでは，国連環境計画（UNEP：United Nations Environment Program）では地球環境モニタリングシステム（GEMS：global environment monitoring system）が，世界の①気候，②健康，③再生資源，④海洋汚染，⑤越境汚染をカバーしている．

　このように，環境情報は行政レベルから国レベルまで，将来の環境保全計画を立案するために不可欠なシステム要素となっている．

　また，これらの環境調査や環境モニタリングで得られたデータは，環境データベース（environmental database）として蓄積されている．代表的な環境データベースとしては，国土数値情報と地球資源情報データベース（GRID：global resource information database）とがあげられる．国土数値情報は，1974年国土庁（当時）の発足とともに，国土情報整備事業が開始され，地形，土地利用，道路，鉄道，行政界などの国土に関する地理情報の数値化が図られた．これまで整備された国土数値情報は，①国土の自然条件に関するデータ，②各種法規制指定地域などに関するデータ，③各種施設などに関するデータ，④経済・社会に関するデータに分類される．表4-1は，国土数値情報の主なデータファイルの一覧を示したものである[1]．また，首都圏，近畿圏，中部圏では，国土地理院によって実施されている宅地利用動向調査の結果をデータベース化した細密数値情報が整備されている．ここでは土地利用データが，10 mメッシュで提供されている．

　一方，GRIDは，GEMSが収集・加工したデータや人工衛星によるリモートセンシングデータなど，環境に関する多種・多様なデータを統合し，世界中の研究者や政策決定者へ提供すること，また，環境データ処理技術を開発途上国へ移転することを目

表 4-1 国土数値情報の主なデータファイル[1]

No.	ファイル名	ファイル名称	レコード単位
1	KF-3	海岸線延長ファイル	3次メッシュ毎
2	KF-5	海岸線位置ファイル	点毎
3	KF-8	島台帳ファイル	島毎
4	KS-16-1	海岸線位置ファイル	2次メッシュ毎
5	KS-110-1	標高データファイル	2次メッシュ毎
6	KS-114-1	平均，最高，最低，起伏量ファイル	3次メッシュ毎
7	KS-124-1	傾斜度高度データファイル	1/4メッシュ毎
8	KS-156-1	地形分類・表層地質・土壌ファイル	3次メッシュ毎
9	KS-283	湖沼面積ファイル	3次メッシュ毎
10	DNL-FL-E	湖沼位置ファイル	2次メッシュ毎
11	KS-20	湖沼位置ファイル	2次メッシュ毎
12	DNSG-FL-E	行政界位置ファイル	点毎
13	KS-618	1/10細分区画行政区ファイル	3次メッシュ毎
14	KS-200	土地利用面積ファイル	3次メッシュ毎
15	KS-202	土地利用1/10細分区画データファイル	3次メッシュ毎
16	KS-471-1	都市計画区域位置ファイル	アーク毎
17	KS-472-1	自然公園位置ファイル	アーク毎
18	KS-473-1	自然環境保全地域位置ファイル	アーク毎
19	KS-474-2	農業地域位置ファイル	点毎
20	KS-475-2	森林地域位置ファイル	点毎
21	KS-476-2	1/10細分区画指定地域ファイル	3次メッシュ毎
22	KS-477-2	3次メッシュ別指定地域面積ファイル	3次メッシュ毎
23	KS-270	河川台帳ファイル	河川毎
24	KS-272	流路位置ファイル	点毎
25	KS-273	流域界非集水域界位置ファイル	点毎
26	KS-713	一般道路位置ファイル	アーク毎
27	KS-714	一般道路ノードファイル	ノード毎
28	KS-715	一般道路路線台帳ファイル	路線毎
29	KS-720	鉄道位置ファイル	アーク毎
30	KS-721	鉄道ノードファイル	ノード毎
31	KS-722	鉄道路線台帳ファイル	路線毎
32	KS-564-3	地価公示ファイル	標準地毎
33	KS-290-6	公共施設台帳ファイル	施設毎
34	KS-291-6	公共施設位置ファイル	施設毎
35	N 80310	農業センサスメッシュデータファイル	3次メッシュ毎
36	SYOGO・MESH 57 F 01	商業統計メッシュデータファイル（規模別）	3次メッシュ毎
37	KYOGO・MESH 57 F 01	工業統計メッシュデータファイル（規模別）	3次メッシュ毎

的として1985年，ナイロビのUNEP本部内に設置され活動している．　（伊藤泰志）

文　献

1) 国土庁計画・調整局，建設省国土地理院編：国土数値情報，大蔵省印刷局，1987

I5 情報システム

—— Information System

　情報システムとは，目的となる業務を遂行するために体系化され，まとまって機能するハードウエアとソフトウエアの組み合わせを指す．

　意思決定支援システム（DSS：decision support system）は，様々な経営情報をシステムに蓄え，大量のデータをユーザ自身が，検索・分析・加工することによって，意思決定するための情報処理の環境を意味し，データの検索，データの表示・出力，シミュレーション，モデルの分析，代替案の創出・選択などの機能をもつ．DSS は，1960 年代から存在する概念であるが，システムの処理性能のレベル等問題点も多く，1990 年代のデータウエアハウスなどの新しい情報系システムの概念が生まれる原因となった．ウエアハウスは，"倉庫"という意味で，データを大量に蓄え，整理し，ビジネス上の意思決定に利用するという発想で生まれた．DSS は，このデータウエアハウス（図 5-1 参照）をインフラとして活用することにより，ユーザ自身による情報の検索，分析，加工と意思決定への活用が可能となった[1]．

　戦略的情報システム（SIS：strategic information system）は，情報技術を企業戦略の一環として積極的に活用し，競争優位を獲得するための情報システムを意味する．特にその情報システムそのものが，競争優位に結びつくものを SIS と呼ぶことが多い．航空会社の座席予約システム，運送会社の宅配システム，一般消費財メーカーの販売物流システム，コンビニエンスストアの販売時点情報管理（POS）分析システムなどがある[1]．

　CALS（commerce at light speed）は，当初，米国防総省の兵たん支援のための情報システムとして構築された．通商産業省（現経済産業省）では，CALS を「生産/調達/運用支援統合情報システム」と定義している．具体的には，部門間，企業間で，技術情報や取引情報をデジタル化したままやりとりしたり，開発/設計，調達から保守/運用まで関連するすべての部門，企業がインタラクティブに情報をやりとりしたりすることにより，生産性の向上とコスト削減を図るためのシステムを指している．CALS は，超高速の電子商取引（EC：electronic commerce）として位置づけられ，EDI（electronic data interchange）を取り込んだ上位コンセプトとなっている．また，今日，EC インフラの拡大とインターネット技術を使ったオープン化 Web-EDI（Web-electric data interchange）により，自動車業界等で SCM（supply chain management）による原材料調達，生産管理，製品物流の効率化が進められており，環境負荷低減やエコ効率改善等の環境面からも注目されている．

　これらの情報システムは，軍事関連や企業経営の上で発展してきたものであるが，わが国における環境情報システム（environmental information system）は，DSS の概念のもと，環境情報に GIS（geographic information system）を取り込み，各種環境データの検索，データの表示・出力，大気・水質等のシミュレーション，土地利用等のモデル分析，各種代替案の検討などの機能を合わせもち，1980 年代以降各地方自治体において策定された地域環境管理計画策定のための支援システムとして活用された[2]（図 5-2 参照）．

〈伊藤泰志〉

I5 情報システム

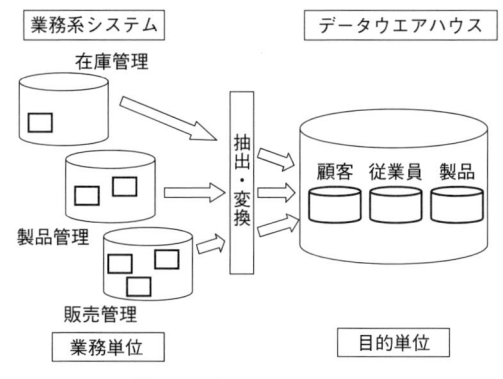

図 5-1 データウエアハウス[1]

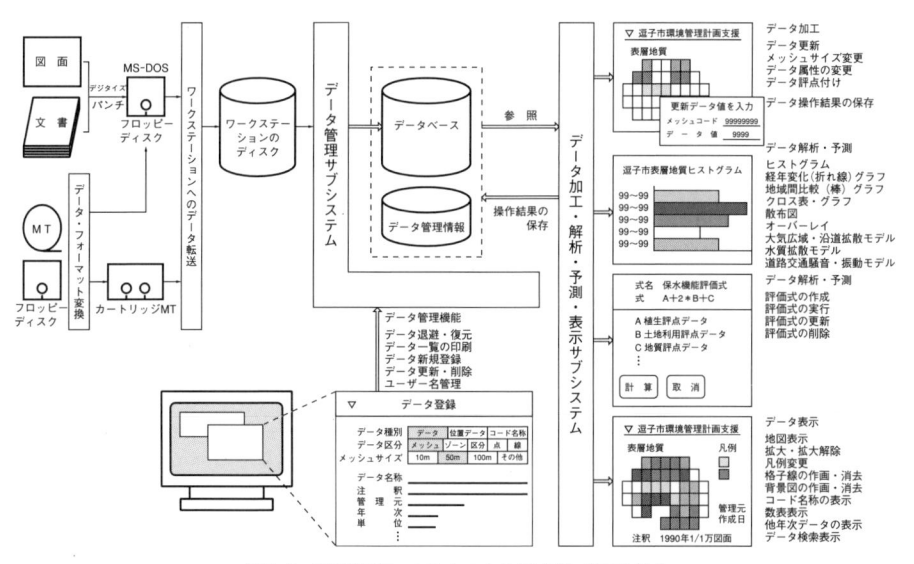

図 5-2 環境情報システムの全体構成例（逗子市）[2]

文献

1) 日経 BP 社出版局編：日経 BP デジタル大事典 1999-2000 年版，デジタル大事典（1999〜2000 年版），日経 BP 社，1999

2) 武内和彦・恒川篤史編：環境資源と情報システム，古今書院，1994

I6　テレワーク

—— Teleworking

1. ITの進展とワークスタイルの多様化

　テレワークは，インターネットや，パソコン，携帯電話等の普及によって，いつでもどこでも働くことを可能にした新しいワークスタイルである．一般的には「IT（情報通信技術）を活用して，場所と時間を自由に使った柔軟な働き方」[1]と定義され，テレワークを実践する就労者をテレワーカーという．企業等の組織に雇用されている「雇用型テレワーカー」と，雇用関係をもたない「自営型テレワーカー」とに大別され，自宅を就労場所としたホームオフィスや，環境を重視したリゾートオフィス，テレワークセンターを活用したテレワークのほか，移動中や出先でのモバイルワークも，テレワークの1つである．

　就業者にとっては，働き方の選択肢が広がり，業務の効率や質の向上，通勤の解消による精神的・時間的余裕など，利点が多い．企業・組織では，オフィスコストの削減や生産性向上，大規模災害時のリスク分散等が利点としてあげられる．

　社会的には，テレワークの普及による大都市圏への集中緩和や是正，地球環境負荷の軽減，地域活性化等が期待されている．

2. 多様な人材との交流による質の向上

　都市環境関連の計画・設計においては，様々な生活体験を有する人との協働は大変重要である．通勤型の勤務形態ではかかわることができなかった障害のある人や育児中の女性，遠隔地の人ともネットワークの活用によって協働が可能となった．

　また，地域を越えて人材を求めることができ，地域に根ざした技術や自然に精通した人々との協働による，設計が可能となる．

　こうした人材の交流は，より現実に即した計画・設計を可能とし，企業の技術力の向上にもつながる．

3. テレワークと地域社会

　テレワークは，「仕事」と「家族や地域社会とのつながり」とのバランスのとれた生活を可能とすると期待されている．まちづくりを支える人材が地域に戻ることで，地域づくりのエネルギーが地域に生まれると考えられる．

4. テレワークと技術

　業務のルールや業務管理・技術管理・評価手法等は，テレワークを行う上で大きな課題である．設計業務においてテレワークを実践する場合も，多量の資料やCAD等のデータが集中する本社では，多大な情報管理作業が発生し，管理の効率化を迫られている．

　また，企業は，より安く，早く，高い技術を求められており，技術力の向上を図り，成長を続けることが不可欠である．

　雇用型テレワークにおいては，技術の習得，技術の継承を可能とするような，人材育成制度が必要と考えられる．一定期間，組織内に戻るなど，技術力向上の機会を設けることは重要である．一方，自営型テレワークでは，社会から必要とされる技術の習得・向上への努力が不可欠である．

5. 望まれる情報インフラの整備

　ITが進化を続ける一方で，テレワーカーとの協働を支える技術は，現段階ではまだ未熟で，テレワーカーがストレスなく業務を推進するためには，データを安全に共有でき，高速な情報インフラが必要といえる．

6. グローバル化

　時間や空間にとらわれない就業形態は，国境を越えて進行している．スピード化，24時間化，コスト削減の潮流の中，第三次産業においても海外への業務の移転という形でテレワークが発展している．テレワーカーは，こうした海外との競争に次第に

I6 テレワーク

表6-1 2002年時点における日本のテレワーク人口推計（週8時間以上テレワークを実施）[3]

テレワーク人口			テレワーカー比率		
雇用型テレワーカー	自営型テレワーカー	合計	雇用者に占める割合	自営業者に占める割合	全体
311万人	97万人	408万人	5.70%	8.20%	6.10%

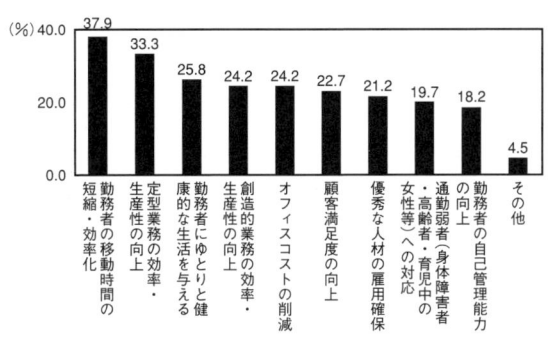

図6-1 企業がテレワークを実施する目的[3]

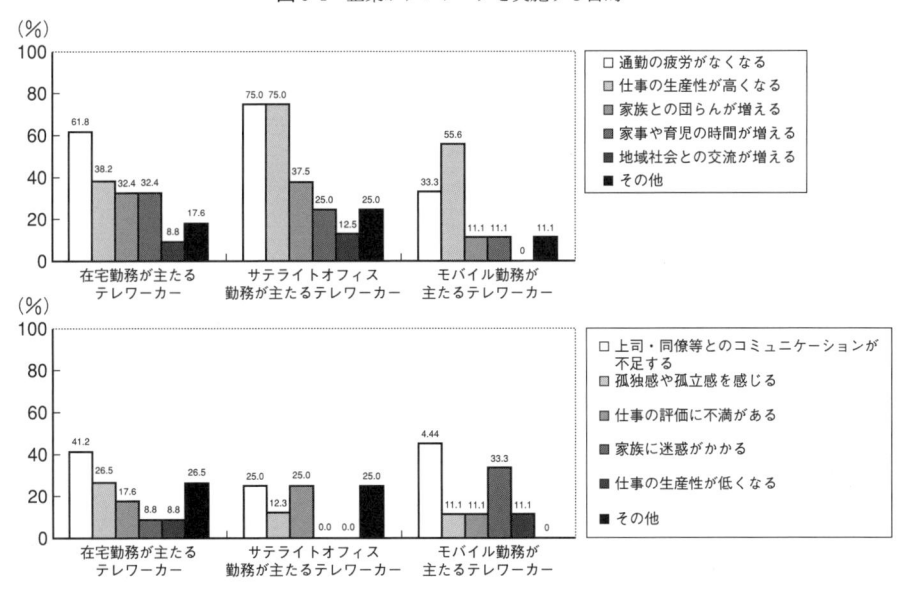

（勤務者の移動時間の短縮・効率化 37.9、定型業務の効率・生産性の向上 33.3、勤務者にゆとりと健康的な生活を与える 25.8、創造的業務の効率・生産性の向上 24.2、オフィスコストの削減 24.2、顧客満足度の向上 22.7、優秀な人材の雇用確保 21.2、通勤弱者（身体障害者・高齢者・育児中の女性等）への対応 19.7、勤務者の自己管理能力の向上 18.2、その他 4.5）

図6-2 テレワークのメリット・デメリット（実施形態別）[3]
テレワーク実施者が感じているメリット（上）とデメリット（下）．

さらされることになると考えられる．

（岡島桂一郎）

文献

1) 日本テレワーク協会：テレワーク白書2003, 2003
2) 総務省：平成13年度国民生活白書, 2003
3) 「2001年度テレワーク人口等に関する調査」総務省委託調査, 日本テレワーク協会（調査対象：雇用型テレワーカー）

I7　CAD（キャド）
────── Computer Aided Design

　当初は，設計作業の効率化を目的とした製図やトレースにかわる道具として使われることが主であったが，現在では2次元・3次元の膨大な情報を扱うことができるうえ，検討段階での多角的なシミュレーションも可能となるなど，計画設計に欠かせないソフトとなっている。また，3次元CADの活用によって，多くの人に理解しやすい表現でプレゼンテーションを行うことが可能となり，一般市民も含めた設計内容協議の場に活用されるなど，その用途も広がりつつある。

1．環境計画設計において有効なCAD
　公園や緑地等，環境に大きくかかわるランドスケープ設計では，微妙な地形や植生などへのきめ細かい配慮が必要である。また，計画地だけでなく，周辺を含めた環境全体を捉えることが重要である。このように，多種多様な情報や関係性を扱う環境設計において，絶対位置情報としての座標値の役割は重要である。個々の様々なデータは，座標値を有するCADデータ化することによって，それらの情報をシームレスなものとして取り扱うことが可能となる。

2．CADによる環境設計事例
　事例として取り上げる公園の設計では，測量等の基礎データから設計・デザイン検討，シミュレーション，そして最終的な完成図面やプレゼンテーションまで，一連の工程ほぼすべてにおいてCADを活用している。計画地は，日本の原風景といわれる里山景観を色濃く残す場所であり，現況を活かした設計が求められていた。

　①基礎データ：　測量成果である3次元地形情報（等高線，法面，既存構造物）とオルソフォト（座標情報を有する航空写真または衛星写真画像）の2つを基礎データとした。このほか，貴重種分布，植生の状況，景観資源等や現地の多様な情報についても，CADデータ化して取り込んだ。

　②設計：　CADソフトを利用することにより，たとえば現況情報と計画情報といった時系列の異なる情報を一元的に扱えるなど，1つのファイルで，多岐にわたる設計情報を把握しながら，計画設計を行うことができる。また，これらのデータを活用して，造成や景観，保全等の各種シミュレーションも可能である。

　事例の設計では，オルソフォトに等高線情報を重ねて園路の検討を行い，3次元CADに基づく地形モデルを用いた検証によって，既存林を避けた園路ルートの設定を行っている。また，造成については，シミュレーションを何度も繰り返し行い，植生の保全と土量の抑制，利用性のバランスを比較し，フォーメーションを設定した。

3．課　題
　CADの効果を高めるためには，より精度の高い情報が不可欠である。しかし，現状では精度の高い情報を得るためには，人力による部分が多く高コストである。比較的低コストのGPSやレーザー測量なども，環境計画の対象となる樹林などの自然地では誤差が大きいため，現状では得られる精度に限界がある。また，GIS等も含めて多様なソフトが流通しているが，互換性に問題がある場合が多く，様々な分野から集まる情報を管理するために多大な労力が必要となっている。

　また，設計データの共通化を図るため，国土交通省を中心としてSXFというファイル形式が開発されている。CADがより有効な道具となるためには，これらの技術開発が不可欠である。　　　　（岡島桂一郎）

I7 CAD（キャド）

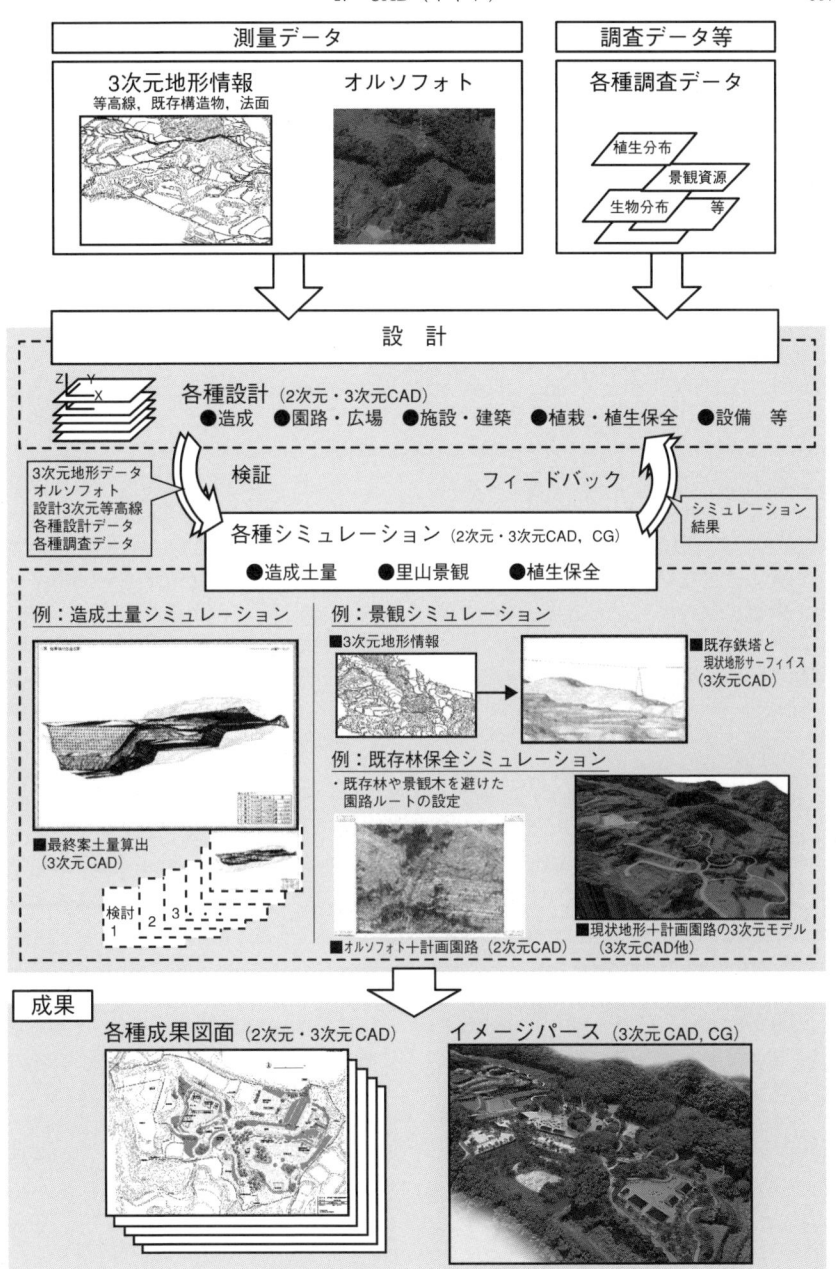

図7-1 CADを活用した環境設計事例（データ：国営明石海峡公園工事事務所提供）

I8　GIS（地理情報システム）
―― Geographic Information System

「地理情報システム」としてのGISは，米国国防総省がNASA(航空宇宙局)とともに衛星画像の解析評価として開発したのが最初である．1970年頃，技術の民生化が進み，資源探査，土地利用，環境調査・解析技術として定着していった．

GISは，デジタルデータ化した地図上に，人口密度，道路や建築物，水道管，ガス管，電話線等のライフラインや土地の所有権，土地利用に関する規制情報等の人為的要素ならびに気温，降水量等の気象条件や地形，地質，土壌等の自然的要素をビジュアルにオーバーレイ(重ね合わせ)して表現し，解析するシステムをいう．このシステムは，データ管理を行うのみでなく，地域開発や都市計画のための各種データ分析やシミュレーション等の予測・解析機能を含む．

図8-1にGISを構成する地理データベースの概念構造[1]を示す．地理データベースには，ラスタ(画像)データとベクタ(座標)データの2通りの図形情報のほかに，地図要素の属性データ(数値，テキストデータ)が含まれる．ベクタデータの場合，位置データは点(ノード)，線(セグメント)，面(ポリゴン)の2次元ないし，3次元の座標で表され，デジタイザと呼ばれる装置を用いてデジタル化される．ラスタデータはスキャナー装置によりデジタル化される．また，ラスタデータをベクタデータに変換(ラスタ・ベクタ変換)，ベクタデータをラスタデータに変換(ベクタ・ラスタ変換)にすることも行われる．

近年は，企業によるエリアマーケティングへの応用や商圏分析，新規の顧客開拓・管理等に利用されるとともに，不動産・建築業界では，物件管理・施工管理に関する施設情報をGISにマッピングし，情報共有の手段としても活用されている．

また，位置測定手段として汎地球測位システム（GPS：global positioning system)と連動し，カーナビゲーションによる自動車の走行位置や携帯電話による発信者の居場所の地図上への表示等に広く活用されている．

このGPSは，米国の国防総省が開発した軍事的な設備ではあるが，開発当初から民間にも利用できるように検討されてきた．現在，その一部が無料開放されるに至っている．GPSの測位原理は，4個の衛星から測距電波を同時に受信することにより，それぞれの衛星から利用者のいる受信点までの距離とその伝搬遅延時間を測定し，利用者の現在位置(緯度，経度，高度)と速度，方位を求めるものである(図8-2参照)．このシステムでは全天候下で24時間，陸，海，空での利用が可能である．陸，海においては，高度を考慮する必要がないので，3個の衛星からの電波を受信できればよいことになる[2]．

GPSの特徴は，自動車にGPS受信機を搭載するだけで地上設備を利用することなく，広域的に位置情報を提供できるところにあるが，トンネル内あるいは，都市のビル街のようなところでは，GPSからの電波が遮断され，測位できないといった欠点もある．

(伊藤泰志)

文　献
1) 武内和彦・恒川篤史編：環境資源と情報システム，古今書院，1994
2) 情報処理学会編：情報処理ハンドブック，オーム社出版局，1997

I8 GIS（地理情報システム）

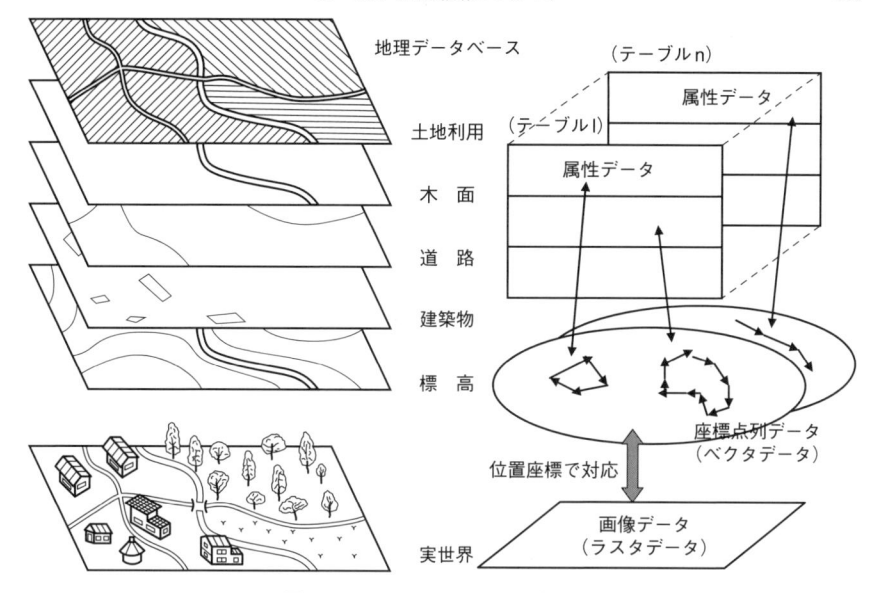

図 8-1 地理データベースの概念構造[1]

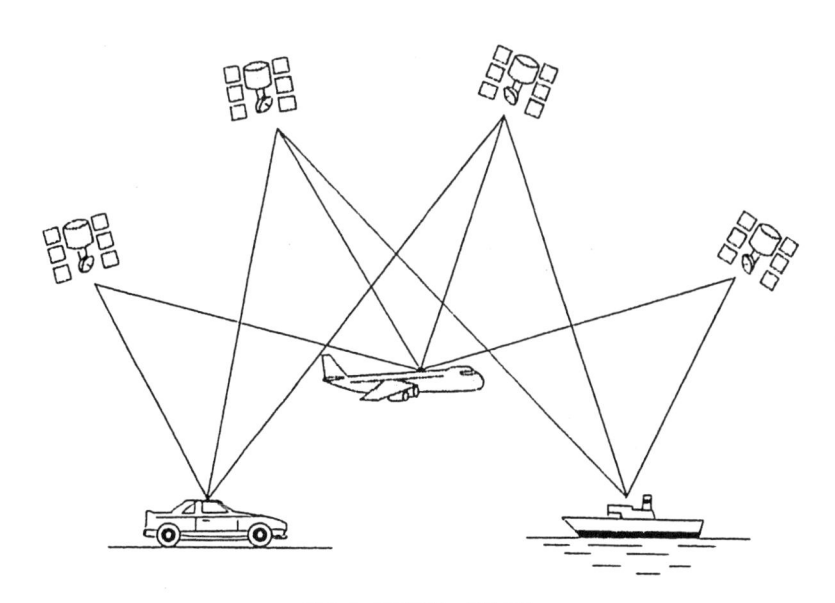

図 8-2 衛星航法の概念図[2]

I9　リモートセンシング

—— Remote Sensing

　リモートセンシングとは，離れた対象物に直接的に接することなく，何らかの方法で対象物からの電磁波の反射，放射，散乱等を観測することにより対象物に関する形質や，性質に関する情報を収集する技術で，遠隔計測，隔測等と訳されている．これは，すべての物体が，その性質に応じて反射または放射している光線等の電磁波を利用するもので，この電磁波を受信するものがリモートセンサーである．リモートセンシングによるデータ収集の状況を図9-1に示す[1]．

　衛星リモートセンシングで利用されている電磁波を図9-2に示す．このうち，地表を対象とするリモートセンシングでは，可視光線，赤外線の一部（近赤外域，中間赤外，熱赤外）にマイクロ波が用いられている．地上局で受けたデータは，濃度補正や幾何学的ひずみ補正とともに，コンピュータ処理され，画像として利用に供される．

　衛星の物体の識別は，それぞれの物体の反射強度による．したがって，いくつかの代表地点において識別された画像と地表あるいは地表付近で収集された実測値との間で，正確さや整合性のチェック（グランドトルース，ground truth）が必要となる．

　衛星データから地表面分類を行う際によく用いられる指標では，NDVI（Normalized Difference Vegetation Index）の植生指標がある．

　衛星のセンサーは，地上の一定面積ごとの情報を受けている．この単位，画素（ピクセル）の大きさが地上（空間）分解能で，識別の限界を示している．これは，搭載しているセンサーの性能によるもので，通常利用されているのは，1〜30 m程度である．可視〜近赤外域の波長を利用する場合は，夜間や雲の下のデータは取得できない．

　リモートセンシング技術は，米国が1972年に世界で初めて打ち上げた本格的な地球観測衛星であるLANDSAT（Land Satellite）により飛躍的に発展した．TM（Thematic Mapper）は，LANDSAT 4号以降に搭載されたセンサーの名称で，可視から短波長赤外までの6バンド（地表面分解能30 m）と，1つの熱赤外バンド（同120 m）をもち，観測幅は約185 kmである．衛星の飛行高度は約700 kmで，17日目に同じ地点の上空に戻る太陽同期準回帰軌道を描く．また，気象衛星では，1960年のTIROS（Television and Infrared O'bservation Satellite），1979年のNOAA（National Oceanic and Atmospheric Administration）から日本の静止気象衛星ひまわり（GMS：Geostationary Meteorological Satellite），近年では，宇宙開発事業団（NASDA）（現宇宙航空研究開発機構（JAXA））が開発・運用する地球観測プラットフォーム技術衛星（ADEOS：Advanced Earth Observing Satellite）「みどり」がある．

　NOAAは，米国の極軌道気象衛星シリーズである．AVHRR（Advanced Very High Resolution Radiometer）は，可視から赤外までの5つのチャンネルをもつセンサーの名称である．地表面分解能は1.1 kmでTMに比べて劣るが，観測幅は2800 kmと広く，1つの衛星（高度約850 km，周期約100分）で地上の同一領域を1日に2回観測できる．

　また，「みどり」は，多くのセンサーを用いて地球物理学のパラメータを統合的に観測することにより，①大気，海洋間のエネルギーの流れ，②気温と水蒸気の3

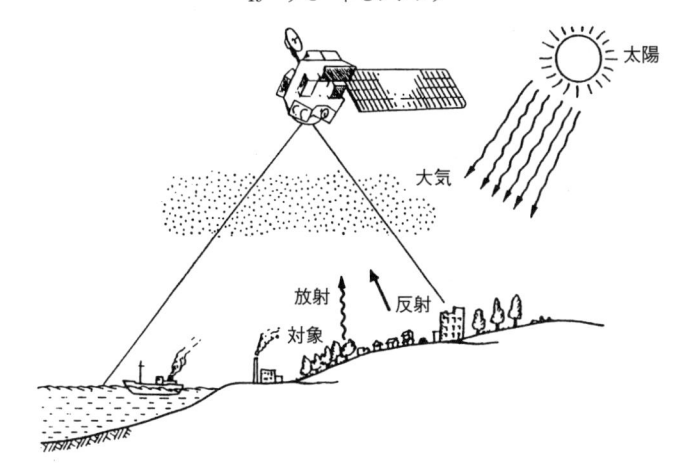

図 9-1　リモートセンシングによるデータ収集[1]

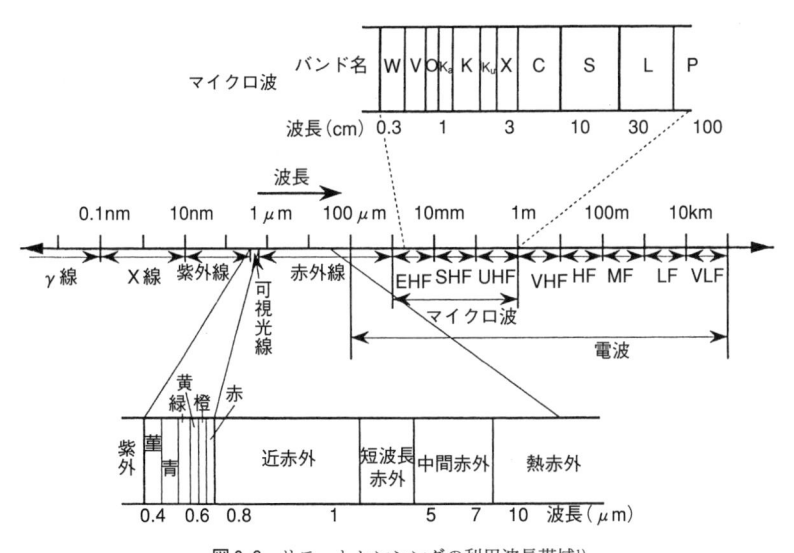

図 9-2　リモートセンシングの利用波長帯域[1]

次元分布，③海洋上のエアロゾル分布等，地球システムの諸現象の解明に寄与している．
　　　　　　　　　　　　　　　（伊藤泰志）

文　献

1) 日本リモートセンシング研究会編：図解リモートセンシング，日本測量協会，1994

110 CG（コンピュータグラフィックス）
── Computer Graphics

　CGは，形状を作成するモデリングと，光等の計算によるレンダリングにより作成される．

　都市環境を考える上において，CGを用いた景観シミュレーションによって，建物，公園施設の建設等で，景観がどのように変化するかを予測，評価することは，計画を立案するにあたり重要なプロセスの1つである．

　景観設計に用いるCGの歴史を振り返ると，まず2次元画像の編集によるモンタージュ手法へと応用されている．また，図10-1のようなテキスチャマッピングによる，地域景観の可視化も行われている．このようなCGによる可視化は，地球環境の理解する道具として有用である．図は，富士山をCGで作成したものであるが，標高データをもとに作成した地形に衛生リモートセンシング画像のテキスチャデータを張りつけ3次元的な表示を行っている．より写実的な表現をするためには，図のように霞，雲など付加してCGの作成を行うと効果的である．特に，雲の表現は重要である．視点の比較的近くにある雲の表現は，平面に半透明の雲のテキスチャを張りつけ，地形のオブジェクト上に配置してレンダリングすることにより可能となる．単純な手法ではあるが，様々な雲量の表現が可能である．これらは，優秀なCGソフトウェアが普及した現在では容易に行える．最近の景観設計は，建物，地形，樹木等の3次元データをすべてコンピュータに入力し，その可視化によって景観画像を得るものへと進歩してきている．この手法では，よりリアルな画像が得られることや，視点の変更が容易に行える等の様々な利点がある．

　景観の中では植物の重要性が高く，リアルな植物を可視化し表現できることが重要であるが，1980年代から発達した植物モデリング，すなわち植物のすべての枝，葉にわたる複雑な3次元形状を再現できるようなモデリング手法により，非常にリアルな景観のCGが作成可能となってきている[3]．

　植物の形状は，分枝の繰り返しパターンが多くみられる．このような繰り返しのパターンをモデル化するには，リンデンマイヤー（Lindenmayer）のL-SYSTEMや，マンデンブロー（Mandenbrot）のフラクタル理論が初期には使用された．景観設計の立場からは，実存する樹木がモデル化されることが重要であり，近景では樹種が特定できるレベルのモデルが望ましい．ド・レフィ（De Reffye）ら（1988）のモデルは，植物学的知見や実測データに基づいてモデルを作成しており画像のレベルも高く，商業用の景観設計システムであるAMAP（Atelier de Modelisation pour l'Architecture des Plants）へと発展してきている．図10-2には，AMAPの植物モデリングソフトウェアのメニューと植物の例を示す．植物モデリングとGISとを景観設計に応用し，図10-3のような森林景観のシミュレーションも行うことができる[2]．

(本條　毅)

文　献
1) De Reffye, P. et al. : Plant models faithful to botanical structure and development, *Computer Graphics*, 22, 151-158, 1988
2) 斎藤　馨・熊谷洋一・本條　毅・石田裕樹・Lecoustre, R.・De Reffye, P.：リアルな森林景観シミュレーション―GISおよび植物モデリングの利用―，第9回NICOGRAPH論文集，226-236，1993
3) 本條　毅：樹木成長シミュレーション，ランドスケープデザイン（ランドスケープ大系第3巻），技報堂出版，pp.135-140，1997

I10 CG（コンピュータグラフィックス）   343

図 10-1　テキスチャマッピングによる地域景観の可視化例

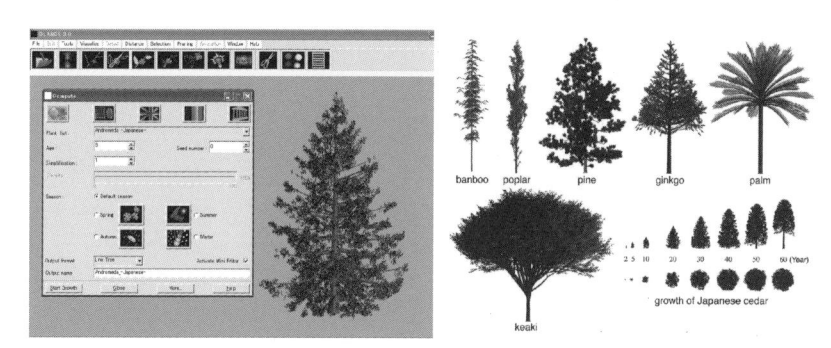

図 10-2　AMAP（glance）のメニューと植物の例

図 10-3　植物モデリングと GIS による森林景観シミュレーション例[2)]
上：写真，下：シミュレーション画像．

I11 インターネット
—— Internet

　インターネットというとWebページの閲覧が，まず思い浮かぶ．しかし，インターネットの正確な定義は，「TCP/IPをプロトコルとするネットワーク」である．TCP (transfer control protocol) とIP (internet protocol) は，どちらもネットワーク内での通信プロトコル（情報交換等の手順を定めたもの）である．

　インターネットは，多数のネットワークがお互いに結合する分散型ネットワークであり，接続しているすべてのコンピュータが固有のIPアドレスをもっている．IPアドレスは，インターネットで用いられる住所に相当する．現在の規格であるIP Version 4 では，IPアドレスは，32ビットの数字で表される（たとえば，216.239.57.99 というように8ビット（0から255）の数字4つで表す）．32ビットで表せるアドレス数は，$2^{32}≒43$億個であり，現在爆発的に増加しつつあるインターネットに接続するパソコンの数を考えると，IPアドレス数の不足が懸念されている．次期IPアドレスの規格であるIPv6は，128ビットの数字で表すため，$2^{128}≒10^{38}$個のIPアドレス数が使用でき，アドレス数が枯渇する心配はなくなる．

　1つのIPアドレスを使用できるコンピュータは，世界中で1台のみであるが，IPアドレスは数字なので，コンピュータの名前としては憶えにくい．そこで，IPアドレスと対になっている「ホスト名」で，各コンピュータの名前を表すようになっている．たとえば，検索エンジンとして有名な「google」の www.google.co.jp というホスト名は，216.239.57.99というIPアドレスと対になっている．ホスト名のうち，上の例でgoogle.co.jpの部分はドメイン名という．ドメイン名は，インターネットにつながっているネットワークの名前である．ドメイン名を構成する組織の性格や，国名等のサブドメインの意味を表 11-1 に示す．米国のみは，国記号をつける必要がなく，組織の性格を3文字で表す．

　IPアドレスとホスト名やドメイン名の対応関係は，DNS (domain name system) というシステムにより調べられる．DNSを実行しているコンピュータは，DNSサーバー（ネームサーバー）と呼ばれる．我々が，パソコンからホスト名を入力しただけで，Webページをみることができるのは，DNSがホスト名をIPアドレスに変換してくれるおかげである．

　インターネット上の代表的なサービスは，現在ではWWW (world wide web) や，電子メールが主なものだが，他にも様々なサービスが存在する．また，各サービスはそれぞれプロトコルをもつ．主なインターネット上のサービスの名称やプロトコルを表11-2に示す．

　インターネットの重要な要素に通信速度がある．通信速度は毎秒送ることのできる情報量bps (bit per second) で表される．近年の通信速度の高速化は目覚しく，一般家庭に光ファイバー回線が引かれ，100 M（メガ）bps以上の通信速度が実現しつつある．それとともに，メディアとしてみたインターネットの役割も変容しつつあり，電話，新聞，テレビを含めたすべてのメディアが，インターネットに統合されることが予測される．
　　　　　　　　　　　　　　（本條　毅）

11 インターネット

表 11-1 サブドメインの意味

組織の性格（米国以外）	組織の性格（米国）
ac：教育機関 ad：ネットワーク管理組織 co：会社組織 go：政府機関 ne：ネットワークサービス or：その他の法人	edu：教育機関 net：ネットワーク管理組織 com：会社組織 gov：政府機関 org：その他の法人 mil：軍事機関

記号	国名	記号	国名	記号	国名	記号	国名	記号	国名
at	Austria	eg	Egypt	in	India	mc	Monaco	ro	Romania
au	Australia	es	Spain	iq	Iraq	mn	Mongolia	se	Sweden
be	Belgium	fi	Finland	ir	Iran	mx	Mexico	sg	Singapore
br	Brazil	fr	France	is	Iceland	my	Malaysia	sz	Swaziland
ca	Canada	gl	Greenland	it	Italy	nl	Netherlands	th	Thailand
ch	Switzerland	gr	Greece	jp	Japan	no	Norway	tr	Turkey
cn	China	hk	Hong Kong	kh	Cambodia	nz	New Zealand	tv	Tuvalu
cu	Cuba	hu	Hungary	kr	Korea	ph	Philippines	tw	Taiwan
de	Germany	ie	Ireland	kw	Kuwait	pl	Poland	uk	England
dk	Denmark	il	Israel	lk	Sri Lanka	pt	Portugal	vn	Vietnam

表 11-2 インターネット上の主なサービスの名称とプロトコル

サービス名	プロトコル名	説　明
WWW (world wide web)	http (hyper text transfer protocol)	Web ページを配信するサービス http://www. …は http というプロトコルで読みなさいの意味
電子メール	SMTP (simple mail transfer protocol) POP (post office protocol)	メールの送受信 メールサーバーからのクライアントへのメール受信
FTP	FTP (file transfer protocol)	ファイルのアップロード（ファイル送信）およびダウンロード（ファイル受信）
Telnet	Telnet	遠隔地から他のコンピュータの遠隔操作を行う
DHCP	DHCP (dynamite host configuration protocol)	IP アドレス等の設定を自動的に行う．DHCP サーバーへの接続の際には，自動的に IP アドレスが割り当てられ，IP アドレスの設定等の必要がない

I12　情報化まちづくり
—— Community Design in Highly-Developed Information Society

1. 高度情報化社会の到来

IT（情報通信技術）の急速な進展によって，個人の生活スタイルから社会経済構造に至るまで，世界的規模で大きく変わりつつあり，日本においても高度情報通信ネットワーク社会（高度情報化社会）の形成に向けた様々な取り組みが進められている．

2. 高度情報化社会を支えるインフラ整備

高度情報化社会の形成を目指して日本政府によって2001年1月に打ち出された「e-JAPAN戦略」では，IT革命による知識創発型社会への移行と新しい社会にふさわしい法制度や情報通信インフラなどの国家基盤を早急に確立する必要があるという理念に基づき，「日本が2005年に世界最先端のIT国家となる」ことを目標としている．さらにその後の「e-JAPAN戦略II」(2003年7月)では「元気・安心・感動・便利社会を目指す」ことを目標として，インフラ・人材・電子商取引・電子政府・情報セキュリティの重点政策5分野を柱とした取り組みが推進されている．

このようなインフラ整備と平行して，国民のIT能力向上や専門的人材の育成を目指し，情報弱者や地域情報格差をなくすような教育・学習の振興や，情報社会の安全および信頼構築に向けた情報セキュリティ・情報犯罪・著作権問題等に関する技術開発や法整備等が進んでいる．

3. 都市環境情報の整備

都市環境計画においては，都市における様々な情報を収集，検討し，計画が推進される必要がある．自然環境，緑地の状況，公害の発生状況，景観，市民生活，人口動態など，検討すべき分野は非常に多岐にわたり，最も情報化の恩恵を受ける分野である．

また，都市環境計画については，都市に生活する人が納得できる形でなされなければならない．このため，情報を数値化し，客観的に評価し，誰もが理解できる形で情報ネットワークに載せ，誰もが都市環境情報にアクセスできる環境を整えることが重要である．これにより，あらゆる人との情報の共有を行いながら，より公平できめの細かい環境計画を推進することが可能となる．

一方で，都市環境情報は，刻々と変化する場合が多く，情報の更新には多大な労力を要する．効率的な情報の管理技術の開発が望まれる．

4. 都市整備システムのIT化

建設事業においては，「e-JAPAN戦略」の一環として工種体系の整備（各種コードの標準化），電子納品，電子入札などが進められている．

工種体系の整備によって今まで未整備だった全国的な規格の統一が図られ，かつ情報が全国レベルで共有されることとなった．

電子納品においては，成果品の納入方法も統一されたものとなり，測量，計画，設計から管理に至るまで共通の基盤の上にデータの交換ができるようになってきている．しかし，データの互換等に課題も多く，国土交通省が推進する建設CALS (computer-aided logisic supportの略) の実現に向けてさらなる技術開発が望まれる．また，こうした規格の標準化，統一によって都市整備情報が一部の専門家や担当者だけでなく，誰もが理解でき，アクセスできるものとなる可能性がある．

また，電子入札では，入札に参加するも

図 12-1　電子納品の CD-R　　　図 12-2　テーマパーク化する都市（六本木ヒルズ）

のにとってもコストの軽減となり，行政においても効率的に業者の選定を行うことが可能となる．同時に今まで不透明な部分の多かった建設事業が，公正で効率的なものへと変化するきっかけとなっている．

5. 都市環境整備技術の向上

今後，ますます「情報化された情報」がネットワーク上を流れることになる．

都市環境整備においては，これらの情報の価値を判断し，活用して進める必要がある．そのためには，IT 機器の操作技術だけでなく，多様な情報から必要な情報を抽出する技術，膨大な情報を整理し，その価値を判断し，活用するための技術，情報の背景にある意味や情報化されなかったものについても深い洞察力で検討できる力やシステムが要求される．

加速する情報化の流れの一方で，「情報化されない情報」「情報化しにくい情報」もより重要度を増してくると考えられる．

実体験に基づく技術，長い年月磨き上げられた技術を基本にすることで，これらは，氾濫する情報を統合し，判断する力を高めることができる．

6. 高度情報化で変わる地域社会

IT 発展の中で，テレワーク等の就業形態が増え，今まで仕事中心の生活から，生活のゆとりや地域とのつながりを重視したライフスタイルが生まれてきている．

一方，電子自治体や電子商取引利用が進む中で，行政や銀行等の窓口業務は，縮小し，店舗という地域社会と企業を結びつけていた絆は希薄なものとなっている．電子端末が利用可能であれば，店舗機能は不要という世界がやってくる．

こうした変化によって地域社会を構成する住民，企業・組織等のあり方も大きく変化し，実体としての家や街の構造にも大きな変革をもたらすと考えられる．まちづくりにおいても，高度情報化社会への対応が必要となっている．住生活地域での生活時間の増大は，働く人に憩いや休息，リフレッシュといった環境整備が求められるようになる．特に，情報を扱うことが多い現代人にとっては，全身で実感することのできる生の体験や緊張感を解放してくれるような空間が求められると考えられる．

一方で，人が集まる街は実務的な機能を離れた祝祭的空間としてより特化したものとなっていくと考えられる．六本木ヒルズや丸の内などに見られるように，街自体がテーマパーク化していく傾向が，現実に現れているといえよう．

〔岡島桂一郎〕

文　献

1) 高度情報通信ネットワーク社会推進戦略本部：e-Japan戦略，2001（平成 13）年 1 月 22 日
2) 高度情報通信ネットワーク社会推進戦略本部：e-Japan戦略 II，2003（平成 15）年 7 月 2 日
3) 国土交通省：CALS/EC アクションプログラム，2002 年 3 月 26 日策定

I13　仮想現実感

—— Virtual Reality

　仮想現実感とは，ある場に居ないにもかかわらず，その場の体験ができる感覚である．景観シミュレーションでは，たとえば設計した公園の中を，実際に歩き回るような疑似体験（walk-through simulation）のできることといえる．

　仮想現実感技術を応用したCGの場合には，視点移動とほぼ同時に，視野に入る画像のCGが作成されるリアルタイム性が要求される．そのため，1990年頃までの仮想現実感システムは，極めて高価な入出力機器と高速の計算機が必要であった．代表的なシステムとしては，CAVEが有名である．

　一方，インターネット上で3次元情報を可視化するための言語であるVRML（virtual reality modeling language）により，従来に比べて容易にシステムが構築できる環境が整ってきた．VRMLの規格は，1994年にVRML 1.0，その後VRML 2.0（97）が1996年に策定されている．

　VRMLの利用では，インターネットによりVRMLプログラムおよび必要なデータをユーザがダウンロードして，ユーザ側のコンピュータでプログラムが実行され，3次元画像をみることができる．3次元画像をみるためには，一般的なWeb閲覧のためのブラウザに加えて，VRML対応ブラウザが必要である．VRML対応ブラウザとしてはCosmoPlayer（Silicon Graphics社）やCORTONA（Parallel Graphics社）が有名である．

　VRMLの開発環境としては，これらのVRML対応ブラウザさえあれば，プログラムの開発や景観予測を行うことが可能であり，経済的に3次元グラフィックシステムを作成できる．

　VRMLを用いた景観シミュレーションでは，図13-1のように地形，植物，建物のモデリングと，それらを配置しVRMLプログラムへ変換する機能が必要である[1],[2]．地形のモデリングについては，標高データ（DEM）から，地形を簡単に作成することができる．植物のモデリングでは，快適なスピードで歩く疑似体験のできるシステムの構築のためには，平面に樹木のテキスチャを張りつけるなど，複雑な樹木を少ないデータで表現する手法をとる必要がある．建物に関しては，CADソフトウェアで作成した建物データを，VRML形式に変換することが可能である．

　図13-2には，VRMLによる可視化の例として，小石川後楽園の景観シミュレーションを示す．小石川後楽園の地形データは，400分の1の地形図を元に，等高線上の点など約2000点をデータとして読み取った後，3次元の地形をVRMLで表現した．植物のデータは，環境調査の結果をもとに，約3000個体の樹木の位置，樹種，樹高を記録したデータをもとに，VRMLで表現した．小石川後楽園のVRMLで作成した景観画像と，実際の写真とはよく一致しているのがわかる．このようなVRMLの都市景観，庭園景観中を歩く体験は，インターネットにより，世界中どこからでも可能である．　　　　（本條　毅）

文　献
1) Honjo, T., Lim, E.：Visualization of landscape by VRML system, *Landscape and Urban Planning*, 55, 175-183, 2001
2) Lim, E., Honjo, T.：Three-dimensional visualization forest of landscapes by VRML., *Landscape and Urban Planning*, 63, 175-186, 2003

I13 仮想現実感

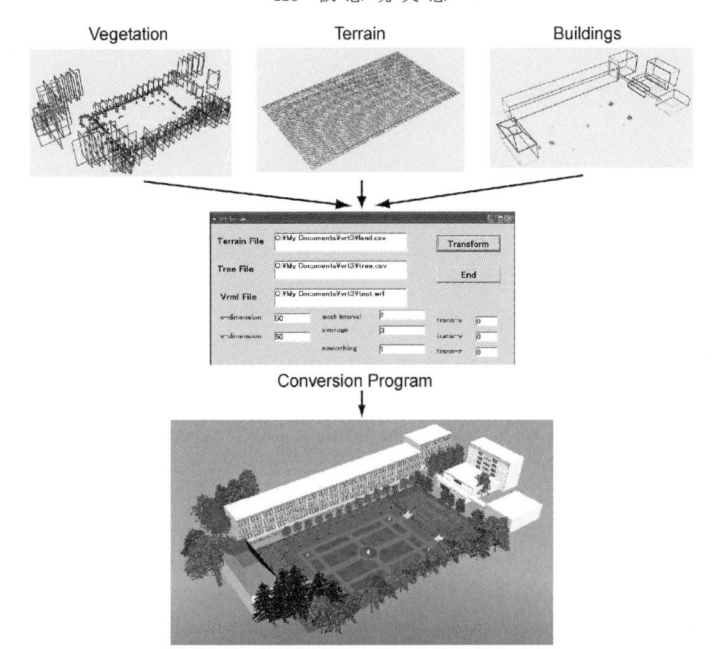

図 13-1 地形，植物，建物のモデリングと VRML 画像の作成手順

図 13-2 VRML による小石川後楽園の景観シミュレーション
上：VRML 画像，下：写真．

J 健康・生活・福祉

J1　環境都市の生活・健康・福祉
—— Life, Health and Welfare in Environment City

1. 環境都市と生活

環境都市における市民の生活は，大量生産，大量消費，大量廃棄から，資源やエネルギーを効率よく循環させ，持続可能なものとするパターンへの転換が求められている．

言い換えれば，市民1人1人が，「エネルギー」「水」「ごみ」等といった自分の日常生活に密着した問題を認識し，それに対処して少しずつでも具体的な行動を起こす生活スタイル，つまり「エコライフ」を心掛けることが求められているのである．

2. 脅かされる健康・シックハウス

環境都市は当然健康都市であるはずであるが，逆に今，警鐘が鳴らされているのが，内分泌攪乱化学物質（環境ホルモン），PCBやダイオキシン類等の残留性が高い有機汚染物質の害である．そして，この大気・地下水・土壌の汚染と並んで，すでに大きな社会問題となっているものに，「シックハウス」がある．

戸建て・共同に限らず，住宅を新築・リフォームや購入した住人が，目・鼻・喉の刺激，頭痛，呼吸困難といった身体の不調いわゆるシックハウス症候群に襲われるという問題であり，今や住宅にとどまらず，保育園や学校をはじめ，建築全体に広がっている．

これらの原因としては，合板等の接着剤として使用されているホルムアルデヒドや，接着剤・塗料の溶剤として使用されている，トルエン，キシレン，ベンゼン等の揮発性有機化合物（VOC）等があげられている．

これに対し，これまで関係各省が濃度の指針を定めてきているが（表1-1），さらに今年の7月には，「ホルムアルデヒドを発散する建材の，内装仕上げに使う面積を制限する」「全ての建築物に原則として，機械換気設備の設置を義務付ける」等に始まる改正建築基準法が施行されることになっている．また，並行して経済産業省でも，シックハウス対策のためのJISの整備が進められている．

3. 高齢者の住宅と福祉

さて，視点を超高齢社会におけるお年寄りの「すまい」に移すと，その安定確保が極めて重要な課題といえよう．これに対し，2001(平成13)年3月「高齢者の居住の安定確保に関する法律」が制定された．

その法律の柱の1つが「高齢者円滑入居賃貸住宅制度」である．民間の賃貸住宅市場では，家賃の滞納，病気や事故そして孤独死等に対する家主の不安から，高齢者を敬遠する傾向がある．そこでこの制度により，高齢者であることを理由に入居を拒まない賃貸住宅（高齢者円滑入居賃貸住宅）を登録し，これら物件情報を提供するとともに，登録を受けた賃貸住宅については，入居者が一定の保証料を払い込むことにより，国の指定した機関である「高齢者居住支援センター」による家賃債務保証を受けることができることとなった（表1-2，図1-1）．登録簿の閲覧は，(財)高齢者住宅財団のホームページでみることができる．

法律にはこのほか，民間・公社・公団による高齢者専用の賃貸住宅の供給を助成する「高齢者向け優良賃貸住宅制度」（表1-3，1-4，図1-2）や「終身建物賃貸借制度」および「バリアフリー改修資金，死亡時一括償還制度」等も盛り込まれている．

未曾有の超高齢社会を迎えるにあたって，一歩一歩，地道な環境の整備が必要である．

(山本忠順)

J1　環境都市の生活・健康・福祉

表 1-1　シックハウス症候群に関する主な指針[1]

物質名	室内濃度指針値（厚労省）	学校環境衛生基準（文科省）	住宅品質確保促進法（国交省）
ホルムアルデヒド	0.08	濃度検査が必須	濃度検査が必須
トルエン	0.07	必須	任意
キシレン	0.2	任意	任意
パラジクロロベンゼン	0.04	任意	―
エチルベンゼン	0.88	―	任意
スチレン	0.05	―	任意

厚生労働省の指針値の単位は ppm（ppm は 100 万分の 1）．―は特になし．

表 1-2　高齢者円滑入居賃貸住宅の登録事項[2]

① 賃貸人（家主）の氏名又は名称，住所
② 連絡先（物件紹介者：仲介事業者等）
③ 賃貸住宅の概要（住宅の位置，戸数，広さ，空き室の有無等）
④ 賃貸住宅の構造・設備（バリアフリーに関すること等）

表 1-3　高優賃の供給計画の内容[2]

① 住宅の位置，戸数，規模，構造，設備
② 整備に関する資金計画
③ 管理期間
④ 入居者資格，募集選定方法
⑤ 家賃，賃貸条件
⑥ 管理会社，管理方法

表 1-4　高優賃の供給計画認定基準[2]

① 戸数が 5 戸以上（一団地内の一部でも可）
② 単身 25 m²，世帯 29 m² 以上（知事が認める場合 18 m² 以上：グループホームの整備を想定して設定され，一般的な賃貸マンションから，限りなく施設に近いものまで適用可能となった）
③ 概ね品確法の住宅性能評価基準値
「高齢者への配慮：レベル 3」相当以上のバリアフリー整備（具体的には，段差のない床，幅広の廊下，手すり設置）

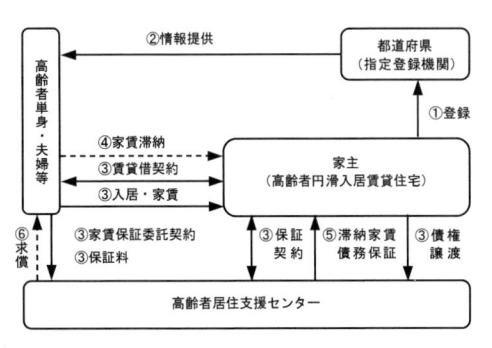

図 1-1　高齢者円滑入居賃貸住宅制度[3]

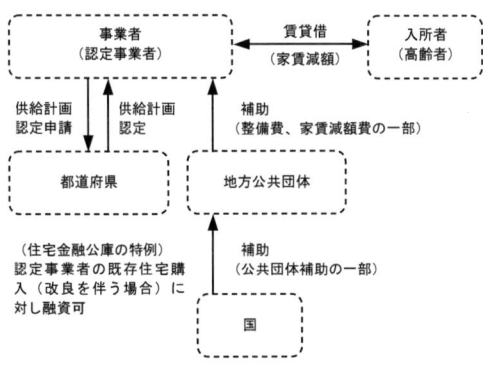

図 1-2　高齢者向け優良賃貸住宅制度[3]

文　献

1) 日本経済新聞記事，2003 年 4 月 15 日
2) 鈴木かおる：都市・建築・不動産企画開発マニュアル 2002～3，pp.326-327，エクスナレッジ，2002
3) 園田眞理子：月間福祉，pp.18-19, FEBRUARY 2003

J2　ストレス社会

——Society under Stress

　世界保健機構（WHO）の健康についての定義は「身体的・精神的・社会的に完全に安寧な状態」としている．つまり，「こわれた身体（ill-Health）」の反対概念が健康ではない．complete well-being（完全なる安寧）の状態を獲得する積極的心の動きと行動を，wellness-sprit またはactivity といい，そこから総合化された積極的な健康を「ウェルネス」という．しかし「完全な安寧な状態」には，ストレスのコントロールが不可欠であることはいうまでもない．

　ストレスは，1936年ハンス・セリエ（Hans selye）[1]がラットを用いた侵襲的・悪性刺激を与えたときに生じる一定の身体変化（主としてホルモン変化）の研究から体系化された．物理学では，主体の物体に荷重が作用した場合，その物体の中にそれとつりあう応力（ストレス）とひずみ（ストレイン）が生じるとしている．この作用を採用し，ストレスという言葉を生物学的・医学的に用語化した．セリエは生体にストレスを引き起こすものをすべて「ストレッサー（stressor）」と名づけ，その結果生じた状態をストレスとしたのである．

　一般に，遺伝性・感染症・外傷性の疾患を除いた相当部分の疾病は，このストレスに起因しているといわれ，前述以外のおおむね80％がそれに相当するという主張もある．そのような現象は，先進工業国社会の高度化・高密度化に起因している．

　ストレス関連疾患は，1980（昭和55）年の労働省のストレス小委員会のレポート[2]によれば，消化器疾患から頭痛・関節炎・各種神経症に至るまで31に及んでいる．また，疾病が「発症や経過に心理社会的因子が密接に関与し，器質的ないし機能的障害が認められる病態をいう（ただし神経症やうつ病等，他の神経障害に伴う身体症状は除外）―日本心身医学会の定義―」の定義に結びついたとき，これらは心身医学（psychometric medicine）の対象とされる．

　すなわち，「完全で安寧な状態」を健康とするならば，生物的存在よりむしろ文明的存在を強いられるヒト，とりわけ生物的器質の限界をしばしば超えた多様なストレッサーにさらされ，ストレスを昂じさせられる都市生活者にとって居住する都市の環境それ自体が，安寧な環境であるか否かにより，健康であり続けられる都市か否かが問われてやまない．

　景観つまりランドスケープは，しばしば視覚的環境の総和といわれる．よって，健康都市やウェルネス社会の実現を図るためには，ヒトにとって望ましく好ましい定量的な緑視率が確保され，かつ軽作業から相当量の運動負荷に至るまで，各種レベルの運動量の参加を受け入れる非侵襲的な景観，すなわちヒトの心を安らがせるのみならず，そこで個々人に適合した適度な参加運動量が確保できるような（園芸療法的参画を含め）しかけや仕組みが用意された環境の整備が望まれる．それが合わせて都市生態系としての生物多様性の確保につながるのであれば，なお望ましい．　（涌井史郎）

文献

1) Selye, H.：A syndrome Produced by Diverse Noxious Agents, *Nature*, **138**(32), 1936
2) 梅澤　勉：ストレス小委員会報告，ストレスと人間科学1，pp.66-69, 1986
3) 金子　聡ほか：桐蔭学園メモリアルアカデミウム・アクアテラスの快適性と心理的効用，日本造園学会関東支部大会事例・研究報告集第21号，2003

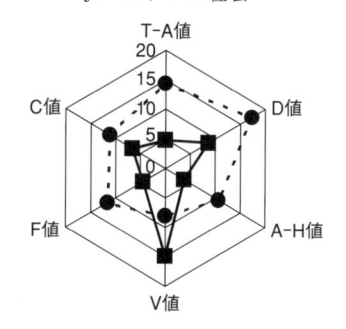

J2 ストレス社会

(a) 男子11人, 女子13人の合計平均値, 2002年11月実施

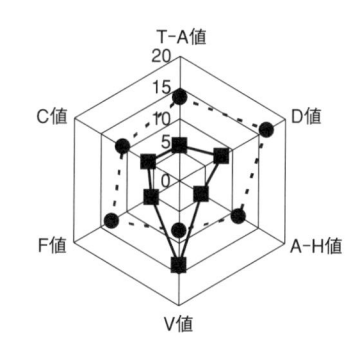

凡例: - ● - メモリアルアカデミウム特号法廷 / ― ■ ― メモリアルアカデミウムアクアテラス

(b) 男子13人, 女子9人の合計平均値, 2003年1月実施

凡例: - ● - 桐蔭学園坂上バス停 / ― ■ ― メモリアルアカデミウムアクアテラス

図2-1 POMS診断結果平均値[3]

環境とりわけ空間質は我々の心理的影響を左右する重要な要因となるため，予防医学的な見地からも，良好な環境整備のありようが問われる．ここに示した図は，快適性のある外部空間すなわちストレスが軽減される空間の特徴を把握することを意図して，桐蔭学園メモリアルアカデミウム・アクアテラス（水景を伴う開放的な場所）を対象に空間体験時の心理面効果について感情プロフィール検査（POMS）により検証を試みたものである．被験者は，事前に心理的負荷を受ける体験をし，その後にアクアテラスを利用してもらって心理的効果を調査した．心理的負荷を受ける体験として，①非日常的な裁判所の法廷で裁判の状況を聞く，②日常的な混雑しているバス停利用の2条件を設定した．POMS診断結果のT-A値は緊張・不安，D値は抑うつ・落込み，A-H値は怒り・敵意，V値は活気，F値は疲労，C値は混乱を表し，その数値が増加するほど負荷が大きいことを示す．法廷室内からアクアテラスの空間体験比較は図(a)に，バス停からアクアテラスの空間体験比較は図(b)に示した．とりわけT-A，D，A-H，F，C値において法廷やバス停に対してアクアテラスでは顕著に低い値が得られ，緊張，不安の緩和や除去効果が非常に大きいことが明らかとなった．すなわち空間質は心理面に大きく作用するものであり，都市内においてはその休息空間を含め，居住，就労の空間を良質に整備することが重要である．

J3　少子高齢化
—— Depopulating and Aging Society

1. 日本の将来推計人口

　国立社会保障・人口問題研究所が，2002（平成14）年1月に出した「日本の将来推計人口」の数字は，改めてわが国の少子化の進展と，超高齢社会の到来を予測する，驚異的なものであった．

　まず，総人口の推移について上記報告書をみてみよう．2000（平成12）年のわが国の総人口1億2693万人を基準として，中位推計の結果によると，2006年に1億2774万人でピークに達した後，減少過程に入る．そして2050年にはおよそ1億60万人になるものと予測されている．

　次に，年少人口（0～14歳）の推移について中位推計の結果をみると，2050年には1084万人の規模に落ち込むものと予測されている．そして一方，老年（65歳以上）人口の中位推計の結果は，現在のおよそ2200万人から2050年には3586万人となる，とのことである．

　これを老年人口の割合でみてみると，2000（平成12）年現在の17.4％から2014年には25％台に達し，4人に1人が65歳以上となる．その後も持続的に上昇が続き，2050年には35.7％の水準に達する．つまり，2.8人に1人が65歳以上となるであろうというおそるべき数字が出ているのである（図3-1，3-2）．

　その時点でのわが国の人口ピラミッドは，少子高齢化を明瞭に示す逆三角形へと姿を変えることになる（図3-3）．

　それではこの少子高齢化に対し，どのような対策がとられているのであろうか．

2. 少子化対策・新エンゼルプラン

　まず，少子化の主な原因としては，子育ての負担感の増大等を背景とした，晩婚化の進行，未婚率の上昇に加えて，結婚した夫婦の出生児数の減少があげられている．

　これに対し，子育て支援を総合的かつ計画的に推進する必要から，1999（平成11）年12月「少子化対策推進基本方針」が決定され，続いて「重点的に推進すべき少子化対策の具体的実施計画（新エンゼルプラン）」2000～2004（平成12～16）年度の5カ年計画が策定された．

　この中で，①保育サービスなど子育て支援サービスの充実，②仕事と子育ての両立のための雇用環境の整備，③働き方についての固定的な性別役割分業や職場優先の企業風土の訂正，④母子保健医療体制の整備，⑤地域で子どもを育てる教育環境の整備，⑥子どもたちがのびのび育つ教育環境の実現，⑦教育に伴う経済的負担の軽減，⑧住まいづくりやまちづくりによる子育ての支援について事業を推進していく，等が盛り込まれている．

3. 高齢者施策・ゴールドプラン21

　また，高齢者に対する施策については，1999（平成11）年12月に「今後5か年間の高齢者保険福祉施策の方向（ゴールドプラン21）」が策定された．

　この中で，今後取り組むべき具体的施策として，①介護サービス基盤の整備，②痴呆性高齢者支援対策の推進，③元気高齢者づくり対策の推進，④地域生活支援体制の整備，⑤利用者保護と信頼できる介護サービスの育成，⑥高齢者の保健福祉を支える社会的基礎の確立，を総合的に推進することとしている．

　これらの施策が継承され，今後さらに実態に即した形で実施されなければならない．

〔山本忠順〕

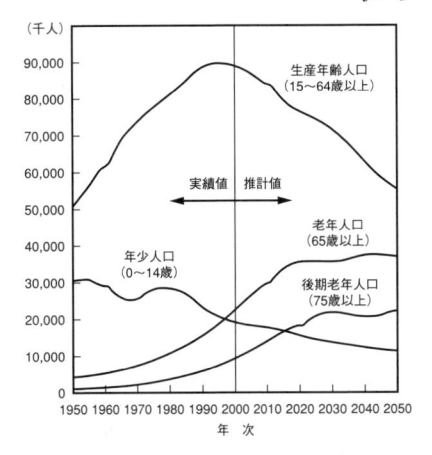

図 3-1　年齢3区分別人口の推移（中位推計）[1]

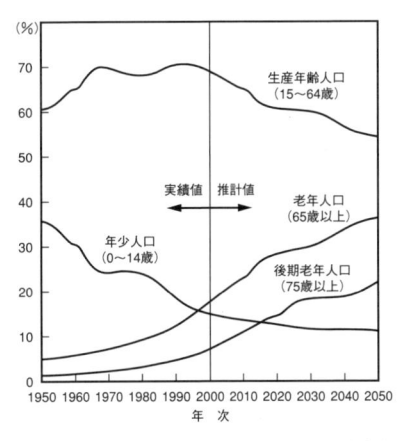

図 3-2　年齢3区分別人口割合の推移（中位推計）[1]

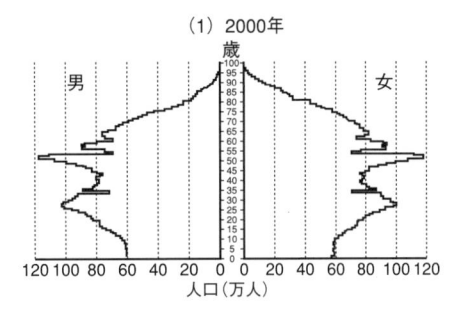

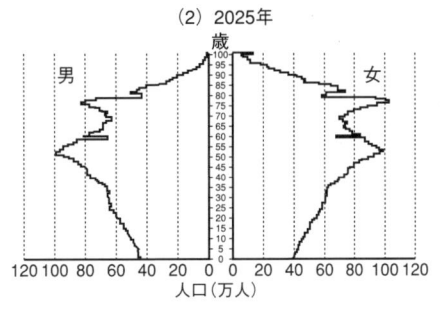

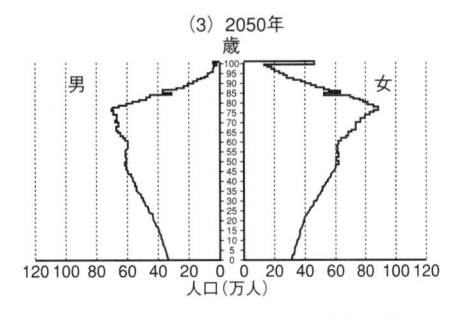

図 3-3　人口ピラミッドの変化（中位推計）[1]

文　献
1) 国立社会保障・人口問題研究所編：日本の将来推計人口，pp.2-5，厚生統計協会，2002
2) 社会福祉の動向編集委員会編：社会福祉の動向 2002，pp.10-25，中央法規，2002

J4 都市疾病

—— Diseases in Urban Environment

英国の産業革命時代に人口の都市集中と劣悪な環境がそこに住む人々の健康を蝕むことに気づいて以来，都市環境を構成する様々な因子が健康を脅かし続け，時には都市公害による健康被害，時には都市での職業病の原因として語られてきた．医学用語に都市疾病という言葉は見あたらないが，都市環境が人々の健康を阻害し，その結果，発症する疾病を都市疾病と称して差し支えないであろう．

現在の日本の都市疾病としては，ストレス性疾患，感染症，公害病の3分野の疾病があげられる．

1. ストレス性疾患

生き物は外部からの刺激に対して神経，内分泌，免疫系が適切に働いて安定状態が保たれる仕組みになっている．しかし，外界からの刺激（ストレッサー）が強く，長く働くと生体のバランスが崩れ，病気になってしまう．都市ではこのストレッサーが多く，しかもバランス回復に有効なストレス発散や癒しの環境が乏しい．その結果，都市住民は心身ともに過緊張状態となりやすく，イライラ，無気力，食欲不振，不眠，頭痛，肩こり，胃の不快感など体と心に様々な異常が現れ，さらに進むと，ストレス病を発症する．ストレス病とされるものについては，表4-1を参照されたい．

2. 感染症

感染症が都会に入ると，大流行になりやすい．特に呼吸器感染症は過密人口を背景に一挙に広がる．2003（平成15）年春に香港や中国に広がった新興感染症のSARS（重症急性呼吸器症候群）はその例である．インフルエンザも人が多く集まるところで，飛沫感染として広がっていく．制圧間近と思われていた結核は，最近再び増えており，免疫力の落ちた人や社会的弱者の間で広がっている．表4-2に結核罹患率の高い地域上位から20位と，逆に低い地域上位20位を示した．結核罹患の多い地域は人口密度が高い都市で，路上生活者の暮らしやすい地域でもあることがわかる．

3. 公害病

第二次世界大戦後，多くの工場が都市周辺に集中する一方，下水道等の公共施設整備の立ち遅れで，大気汚染や水質汚濁による健康被害が発生した．このような公害による健康被害を公害病と呼ぶ．1967（昭和42）年の公害対策基本法の制定等により，古典的な公害病は徐々に姿を消してはいるものの，新たな環境悪化による公害病は後を絶たない．車の排気ガス等による大気汚染（NO_x, CO, 浮遊粉塵，光化学オキシダント等）は呼吸器障害や花粉症を増加させ，生活排水による河川等の汚染・水質汚濁では環境ホルモンや生態系破壊による健康被害を引き起こす．車や航空機やカラオケ等の騒音等は精神的な健康障害を，残留化学物質（ホルムアルデヒド，トルエン等）ではシックハウス症候群の原因となり，これらは原因不明とされる多様な病像を引き起こす．便利で快適な生活を求める人々の生活の営みそのものが公害病発症の原因をつくっていること，生活者が被害者であると同時に加害者であることを肝に銘じたい．

都市疾病防止は，個人や一企業や行政等の個々の努力では成し得ない．そこに暮らす人々が学び，生活を見直し，互いに協力して環境を変える必要がある．世界の多くの都市では，各施策を健康の観点から総合的に推進する動きが広がっている．健康都

表 4-1 代表的ストレス疾患

		身体のストレス病（心身症）	心のストレス病（神経症等）
疾病の概要		ストレスが引き金となって、身体上に器質的な病変を呈する、あるいは身体的因子によって発症し、途中の経過でストレスの心理的因子が加わって複雑化・慢性化する	ストレスが引き金となって、不安・抑うつ状態・適応障害・行動異常など様々な精神症状を呈する
診断治療		診断や治療は身体症状を中心に行われるが、診断・治療の過程で心理的因子についての配慮が必要である	個々のケースの発病誘因や素因を究明するとともに、精神科的薬物療法や心理療法や行動療法等を行う
疾病分類と疾患名	消化器系	消化器潰瘍、過敏性腸症候群、食道機能異常症	神経症	不安神経症、心気神経症、パニック症候群、強迫神経症
	循環器系	本態性高血圧症、虚血性心疾患、不整脈	うつ病	神経症性うつ病、反応性うつ病、疲はい性うつ病
	呼吸器系	気管支喘息、過換気症候群、神経性咳そう	行動障害	幼児がえり、チック、自傷、暴走、ひきこもり
	神経系	緊張性頭痛、自律神経失調症、痙性斜頸	嗜癖	アルコール依存症、薬物依存症、ギャンブル依存症、買い物依存症
	皮膚系統	円形性脱毛症、慢性蕁麻疹	適応障害	
			PTSD（外傷後ストレス障害）	

表 4-2 結核罹患率の高い地域、低い地域（2003（平成 15）年度結核統計による）

	結核罹患率の高い地域			結核罹患率の低い地域		
	都道府県市	保健所名	罹患率	都道府県市	保健所名	罹患率
1	大阪市	大阪市西成	363.186	長野県	大町	4.455
2	大阪市	大阪市浪速	125.012	北海道	根室	6.048
3	東京都	東京都台東	114.584	沖縄県	八重山	6.089
4	大阪市	大阪市中央	79.887	北海道	留萌	6.14
5	大阪市	大阪市此花	78.599	静岡県	御殿場	6.548
6	京都府	周山	77.942	新潟県	十日町	7.241
7	大阪市	大阪市港	76.807	長野県	飯田	7.305
8	名古屋市	名古屋市中	74.977	広島県	芸北地域	7.793
9	大阪市	大阪市西淀川	73.162	山梨県	石和	8.162
10	大分県	国東	69.283	秋田県	大曲	9.124
11	横浜市	横浜市中	68.212	北海道	渡島	9.249
12	大阪市	大阪市住之江	67.788	長野県	松本	9.567
13	名古屋市	名古屋市中村	67.329	群馬県	富岡	9.653
14	大阪市	大阪市住吉	65.383	埼玉県	深谷	9.827
15	名古屋市	名古屋市熱田	64.816	埼玉県	東松山	10.198

結核の届出先が保健所であるため、地域名は保健所単位となっている。罹患率とは、人口 10 万人に対する罹患者数である。

市達成には、人々の健康を第一に考えた環境改善が大切である。　　　　　（大倉慶子）

文献

1) 河野友信ほか編：ストレス診療ハンドブック，MEDSI, 2003
2) 日本医事新報, No.3857（平成 10 年 3 月 28 日），No.4047（平成 14 年 11 月 17 日）

J5　環境ホルモン

—— Endocrine Disrupter

1. 定義

環境白書（2002（平成14）年）によれば我々の生活は化学物質の原材料とした，様々な製品に支えられている．これらの化学物質の一部は，人体に摂取の他環境中に放出され蓄積し食物連鎖を通じて，生物体内へ濃縮され，複合かつ長期的な影響に対する懸念が高まっていると，化学物質問題における取り組みを述べている．

同書によれば，内分泌撹乱物質，いわゆる環境ホルモンとは，野生生物のオスがメス化したり，人の精子が減っているという報告があり，その原因として体内に入った，ある種の化学物質が正常なホルモン作用に影響を与えると考えられている．このように生体に障害や有害な影響を及ぼす化学物質を内分泌撹乱物質と呼んでいる．

また，世界保健機構（WHO），国際化学物質安全計画（IPCS）は内分泌の機能を変質させ，それによって無処置の個体やその子孫あるいは集団（もしくは一部の亜集団）に有害な影響を引き起こす．外因性化学物質またはその混合物と定義している．科学的には未解明な点が多く，有害評価のために調査・研究が進められているのが現状である．

2. 研究者からの報告

加藤順子[1]は，レイチェル・カーソン（Rachel Carson）の『沈黙の春』（1962（昭和37）年）を生態系への影響の原点であると考えている．農薬から食物連鎖を通じた観点は「私たちの住んでいる地球は，人間だけのものでない」によるものであり，化学物質の環境中での運命で，生分解が受けにくく，長期的残留，生体内での濃縮を問題としている．浦野紘平[2]は1950年代から増加した人工化学物質について，害を与える可能性すなわち「リスク」について正しく理解することからも，予防的対策や必要以上の使用および不適切な使用を止め，全対的にリスクを減すことを提言している．予防のための管理は，規制だけでなく，企業・行政・市民による「リスクコミュニケーション」を提言している．自分で避けることが難しいリスクは，情報を正しく利用できることと提言する．紫芝良昌[3]は，内分泌系の働きは生殖にかかわり，内分泌撹乱物質はホルモン（臓器活動を目覚めさせる意味）になりすまし，発育成長の生体の仕組みに影響を与えると指摘する．近代科学が生活利便性のために合成した物質の中には，このように，見誤り，かきみだしの可能性を指摘する．井上達[4]も生体作用に内分泌撹乱物質は複雑なメカニズムが潜んでおり，化学物質側，生物側からの研究を関連づけ，今後研究に時間がかかるが，環境サイドで現実に起きている事実と，原因の解明を徹底的に行うことを提言している．

3. 計画者として配慮すること

環境負荷の少ない循環を基調とする社会システムの実現には，化学物質のリスク対策が，温暖化・オゾン層保護・水，土壌地盤環境の保全・廃棄物リサイクル対策・自然と人との共生の確保とともに重要である．食物連鎖からの生物濃縮（初期的には微量だが長期的には濃縮されるビオマグニフィケーション，biomagunification）は，次世紀への超長期課題である．

人の健康，生態系に対する影響について，環境の目標を踏まえ，化学物質についての課題を，構想計画設計に配慮することは大切である．そのときのキーワードとしては，リスク低減ではないだろうか．

（満園武雄）

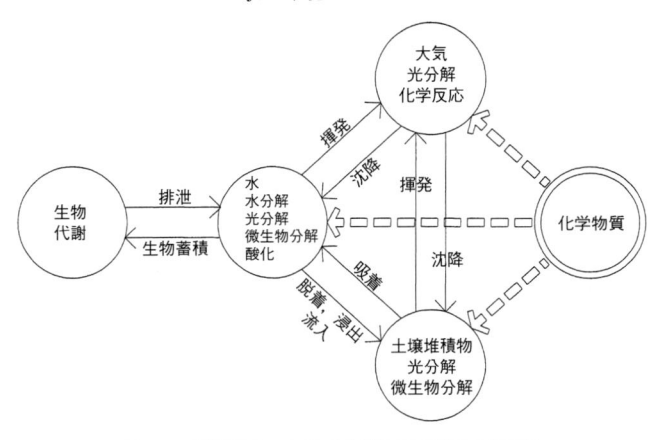

図 5-1　環境媒体における化学物質の移動と変換[5]

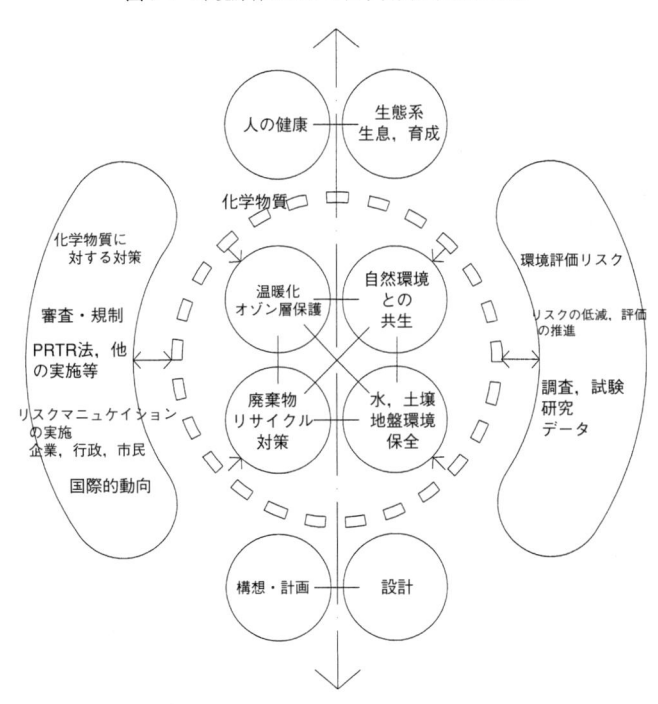

図 5-2　プランニング・ダイヤグラム

文　献

1) 加藤順子：有害性（生体系への影響），化学物質アドバイザー音成講習別冊テキスト（http://www.ceis3.jp/adviser/text/seitaikei-pdf）
2) 浦野紘平：化学物質の有害性について，環境ホルモン情報集第1章（http://www.k-erc.pref.kanagawa.jp/hormone/hormone.htm）
3) 紫芝良昌：環境ホルモンの理解のために，環境ホルモン情報集第1章（同上）
4) 井上　達：環境ホルモンとは何か，環境ホルモン情報集第1章（同上）
5) 岩井久人：化学物質の動態，毒性学（藤井正一編），朝倉書店，1999

J6　食の安全性

—— Safety of Food

　近年，BSE（牛海綿状脳症）罹患牛の発見，病原性大腸菌O157による食中毒の集団発生，輸入野菜からの国の安全基準を超える残留農薬の検出，無許可香料の不正使用，増加する遺伝子組換え食品に対する懸念，牛肉・鶏肉・米・カキ等の表示偽装，等々食の安全性に関する疑念や食品関連企業（輸入，流通，加工）に対する不信感が従来にも増して国民の間に拡大している．

　食の安全性を損なう背景には，安全性に優先する経済合理性の重視（BSE，不許可香料等），大量かつ多様な食料輸入と追いつかない安全チェックの体制（輸入野菜の残留農薬），遺伝子操作による新品種の人為創出に対する不安（組換え食品）等が伏在していよう．さらに，その根底には，先進国中最低の食料自給率（熱量ベースで40％）を招来している食料資源確保のグローバリゼーションと低コスト化システムの確立がみられる．国内にあっても，かつての地産地消（地域・地元で生産した農産物をその地域・地元で消費すること）は広域流通システムの発展によって希薄化し，生産者と消費者の顔のみえる関係はほとんど成立しないという，食と農の乖離状況が現在も続いている（もっとも最近は，JAグループが消費者に信頼される農産物を"フード・フロム・JA"運動展開の中で供給するようになった）．

　リスク（危険性）の逆数ともいえる安全性は，栄養性や機能性以上に食品に求められる要件であるが，これの阻害要因を食品衛生学的あるいは環境衛生学的にみれば，次のように分けられる．①微生物による腐敗，②病原性微生物，③食品害虫（病原微生物やカビの伴入）や寄生虫，④重金属，⑤残留農薬，⑥有機溶剤，⑦漁網防汚剤や船底塗料，⑧抗生物質や成長ホルモン剤，⑨放射性物質，⑩食品添加物等である．これら食品の安全性を損う諸因子の人体に及ぼす影響の解明は難しいとはいえ，従来ともすると生産・加工面での利点が強調されてきた傾向を改める必要があろう．

　ところで，BSE問題等を契機に，不十分であった食品安全行政の充実を図るため，政府は2003（平成15）年度中に食品安全委員会を設置し，西欧なみの安全性確立を目指して，食品安全基本法の制定を行った．

　その大枠は，①リスク評価機関としての同委員会（数人の専門科学者より構成）を内閣府に設置し，②リスク管理機関としての農林水産省および厚生労働省に具体的施策を勧告し，さらに③生産者や消費者との意見・情報交換によるリスクコミュニケーションを推進するというものである．これによって，国・自治体・食品関連企業の責任の明確化と消費者への適切な情報提供が進展するものと期待される．

　また，さらなる食品不正事件を防止するため，販売されている食品がいつ・どこで・どのように生産・流通されたのかを消費者が把握できるよう，2003年度に「食品履歴表示制度（トレーサビリティシステム）」が導入された．　　　　　（吉田一良）

文　献

1) 山崎農業研究所編：食料主権—暮らしの安全と安心のために—, pp.1-220, 農文協, 2000
2) 小野　宏・小島康平・斎藤行生ほか：食品安全性辞典, pp.1-505, 共立出版, 1998
3) 農林水産省：食料・農業・農村白書：平成15年度, 農林水産省, 2004

J6 食の安全性

表 6-1 食の安全・安心の確保関連施策 2004（2004（平成 16）年度)[3]

(a) 食品安全委員会（リスク評価機関）

リスク評価	リスクコミュニケーションの実施	緊急の事態への対応
・厚生労働省, 農林水産省等からの要請を受けて行うリスク評価 ・自らの判断により行うリスク評価	・リスク評価の内容等に関するリスクコミュニケーション ・関係機関との調整	・緊急事態が発生した場合のマニュアル策定 ・危害要因ごとのマニュアル策定

(b) 厚生労働省・農林水産省等（リスク管理機関）

① 産地段階から消費段階にわたるリスク管理の確実な実施	
農畜水産物・食品の安全性確保の強化	・農薬, 飼料等の生産資材の安全性確保策の強化 ・実態調査, 検査機器整備等による有害物質対策強化 ・より安心な病害虫防除手法の確立 ・食品供給の各段階における監視・検査体制の強化 ・食品事故等の情報の迅速・的確な収集・提供体制の整備 ・HACCP 手法等の高度な手法の導入促進 ・輸出国のリスク管理対策の状況調査 ・食肉の安全確保のための BSE 全頭検査の実施
家畜防疫体制の強化	・家畜の伝染性疾病の機器管理体制の整備 ・生産者の飼養衛生管理の向上 ・24 か月齢以上の死亡牛全頭の BSE 検査の実施 ・鳥インフルエンザウイルス病の監視 ・コイヘルペスウイルス病のまん延防止
危機管理体制の整備	・危機管理マニュアルの策定等による緊急事態への対処・発生防止体制の整備
② 消費者の安心・信頼の確保	
食品表示・JAS 規格の適正化の推進	・「共同会議」における表示基準の見直し ・適正な食品表示のための監視指導の強化
トレーサビリティシステムの確立	・牛肉に関する個体識別番号等の管理体制の整備 ・生鮮食品等のシステム開発, 自主的システム導入
消費者等とのリスクコミュニケーション	・消費者・生産者・事業者等への積極的な情報提供 ・関係者の意向を反映するための取組（意見交換等）の推進
「食育」の推進	・「食を考える国民会議」や「食を考える月間」を中心とした国民全体に対する食育活動の推進
産地と消費者の信頼を深めるための取組	・直売所での地域産物の販売等による地産地消の推進
動植物検疫の着実な実施	・防疫官の適切な配置等による検査体制の整備・強化
③ 研究開発の充実	・食品の安全性に関係する分析・検出技術の高度化・迅速化, リスク低減技術の開発 ・有害物質の生態系における動態の把握, 影響評価 ・食品中の汚染物質の長期摂取による健康影響調査
④ 食の安全・安心を確保するための環境保全の取組	・有害物質の発生・排出抑制, 環境に優しい生産活動 ・農薬による生態系への悪影響の未然防止の強化

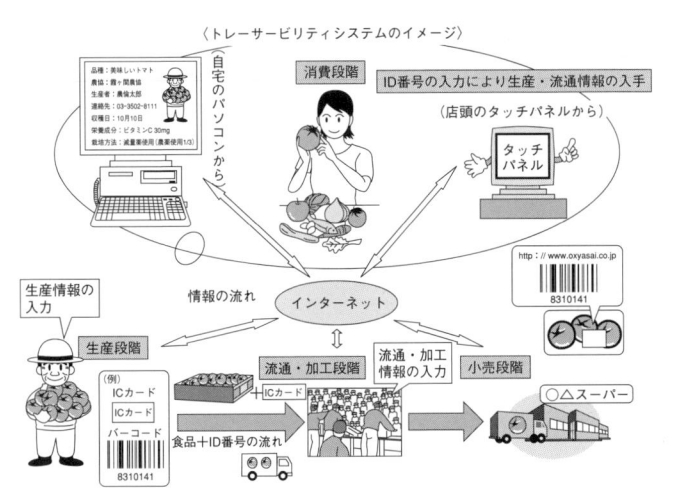

図 6-1 トレーサビリティシステムのイメージ[3]

J7　エコライフ
—— Eco Life

　1960年代以降，自然破壊や大気・水質汚染等国内および地球規模の生態学的問題が深刻化の様相を呈するに伴い，反公害を掲げる住民運動は大きな盛り上がりをみせるようになった．このような状況の中で，西欧工業文明の見直しの気運が醸成され，かつて生物とその環境の関係科学と定義されたエコロジー（生態学）がその鍵概念として浮上し，人間と自然の共存の重要性が主張されたのであった（こうした理念に基づく運動—エコロジー運動は，その後環境保護・保全，反公害，反原発のみでなく有機農業や産直運動の推進，食の安全重視，差別や抑圧に対する反対等，その実践範囲を広げている）．

　さらにその後，地球環境問題が大きくクローズアップされるに従い，特に先進国国民のライフスタイルが問題の根幹にかかわっているとの指摘から，よりエコロジカルな生活の必要性が喧伝されるようになった．これがいわゆる「エコライフ」（筆者の造語，エコ・ライフ研究会編，1983初出）であるが，その概念規定は未だ明確ではなく，その実践内容のイメージも一様ではないが，筆者なりに次のように定義したい．

　「生態学原理と地球・環境倫理を価値意識の基底にすえる環境調和型ないし低環境負荷型の生活のあり方」

　生態学原理は，生態学という関係科学の知見であり，フリッチョフ・カプラ（Capra, F.）は，①相互依存，②持続可能性，③生態学的循環，④エネルギー流，⑤パートナーシップ，⑥柔軟性とゆらぎ，⑦多様性，⑧連携進化（共進化），という8つのキーワードで表現している（表7-1）．

　一方，地球・環境倫理とは，①過去世代の文化遺産の尊重，②将来世代の生存・生活可能性に対する配慮，③貧困・差別・不公正等に対する挑戦，④人間至上主義の再考と自然に対する畏敬の念の回復，等がその骨子をなすであろう．

　さらに環境とは，自然系，施設・物財系，社会系およびこれらの複合系より構成されるものであり（情報は各系に付随する），これらと調和し，あるいは負荷を軽減する共生型生活がエコライフということになる．

　また，エコライフの実践内容例は，個人・家庭・地域・職場等の各レベルで以下のように多岐にわたるであろう．
①省エネルギー（省エネ機器の採用，待期電力の節減，エアコンの設定温度変更，不要照明の消灯等），②自然エネルギーの活用（太陽光・熱，風力，バイオマス等），③資源の有効利用と循環（雨水利用，包装材・容器・衣料等のリサイクル，生ごみのコンポスト化等），④自然や文化にかかわる地域資源の保全・利用（自然景観保全，体験学習，グリーンツーリズム，地縁技術等），⑤合成化学物質の使用厳格化（建築資材（部材），食品，衣類等），⑥食と農の見直し（産直，自家菜園，安全性重視，スローフード的感覚等），⑦地域共同体の再構築（相互扶助，防犯，地域芸能・行事の伝承等）．

　最後に，3つのライフスタイルの比較を記しておくことにする（表7-2）．

〔吉田一良〕

文献
1) エコ・ライフ研究会編：新田舎暮らしへの招待—エコ・ライフブックガイド—，楽游書房，1986
2) A.プラムウェル（金子　務監訳）：エコロジー—起源とその展開—，pp.1-400，河出書房新社，1992
3) 吉田一良：生の充実を重視する生活—エコライフとは何か—，pp.22-25，Vol.3，"SALVEO"，WHO国際共同研究センター，1992

表7-1　生態学原理（F. カプラによる）

① 相互依存	生態系の全構成メンバーは関係の織物によって結ばれ，そこにおけるすべての生命プロセスは互いに依存している
② 持続可能性	生態系に含まれる各生物種の長期的存続（持続可能性）は限りある資源基盤に依存している
③ 生態学的循環	生態系の構成メンバー同士の相互依存は，物質とエネルギーをたえず循環させることによって成り立つ
④ エネルギー流	太陽エネルギーが緑色植物の光合成によって，化学エネルギーに変換され，すべての生態学的循環の原動力となる
⑤ パートナーシップ	生態系の全構成メンバーは，微妙な競争と協力の相互作用を行いながら，無数のパートナーシップで結ばれている
⑥ 柔軟性とゆらぎ	生態学的循環はめったなことでは柔軟性を失わないが，その際，様々な変数は相互依存的にゆらぐ
⑦ 多様性	生態系の安定性は，そこに含まれる関係のネットワークの複雑さ，つまりその生態系の多様性によって決まる
⑧ 連携進化（共進化）	生態系の中のほとんどの生物は創造と相互適応を繰り返しながら連携進化する

表7-2　3つのライフスタイルの比較（筆者による）

	伝統的な農村型ライフスタイル	現代的ライフスタイル（非エコライフスタイル）	エコライフスタイル
価値意識	永続的安定性／循環性／全体性　の漠然とした認識	短期成長性／非循環性／部分合理性／物神崇拝　の重視	生態学的認識に立脚した共生観
生活目標・課題	基礎的生活物質の確保	物的水準の上昇	生の充実
生活手段	地域資源の利用／手づくりの道具類	移入資源への大幅依存	自然（地域）資源の活用／移入資源の効率的利用
生活行動	生活行動にかかわる生活各局面の相互連関	各局面の分断化／消費行動の肥大化	各局面の相互連関の認識と行動

J8　環境家計簿

—— Household Eco-Account Books

　1994年に気候変動枠組条約[*1]が発効し，不可避の環境問題として行政や産業界での地球温暖化への取り組みが活発化し始めた頃，ようやく市民レベルでこの問題が認識され始めた．もともと産業界では，主に経済効率の面から省エネが積極的に推進され，わが国は世界でも有数のエネルギー効率のよい生産活動を実現していた．しかし，国民の消費生活に目を向けると，物質的豊かさを満喫する生活習慣があたりまえのように浸透し，家庭生活からの二酸化炭素（CO_2）の排出は増加の一途を辿っていた．そこで，家庭生活からのCO_2排出削減も，わが国における地球温暖化対策の1つの柱として捉えられたのである．

　しかし，家庭での対策を考えたとき，CO_2排出源があまりにも多岐に渡り，また生活の隅々まで関係していることに唖然とする現実があった．それまでの規制型環境対策が通用しないタイプの典型的な環境問題として捉えられた．

　そこで，発想を転換し，それまで個人レベルで行われていたいわゆる「心がけ省エネ」を支援し，さらに効果的に推進することを目論んで登場したのが，地球温暖化対策用の環境家計簿である．

　環境家計簿は，家計を管理する家計簿を応用し，家庭から発生する環境負荷を把握してその合理的な削減方法を家庭で考えるためのツールとして考案されたものである．そもそもは地球温暖化対策用ではなく，びわ湖生協が周辺住民の生活雑排水削減のために作成したものが発祥とされている．

　その後，環境保全の視点から市民の生活を見直すために様々なタイプの環境家計簿が登場したが，1996年に環境庁（当時）から，家庭生活に関連して排出されるCO_2を定量的に把握するタイプの環境家計簿が登場し，一躍，全国的に「環境家計簿」という言葉が注目を集めるようになった．具体的には，家庭での電気，ガス，ガソリン等のエネルギーの消費量や，ビン・缶・トレー・可燃ごみ等の廃棄物の量を週や月といった一定の単位期間で計測し，これにCO_2排出係数を乗じることにより，家庭からのCO_2排出量を把握できる点が特徴であった．

　このタイプの環境家計簿のねらいは，それぞれの家庭で「どのような省エネ・省資源の取り組みができるか」を考え，その実践を通じた効果の確認にある．各家庭での生活スタイルはそれぞれ異なるので「こうすればよい」とか「こうすべき」といった画一的な省エネや省資源の取り組みの提示は，それらを受け入れられない家庭も多く，また取り組みを始めたとしても長続きしない場合が多い．試行錯誤しながら，各家庭で実行可能でしかも効果のある取り組みを探していくことが必要である．

　つまり，エネルギー消費量や廃棄物発生量の計測は，各家庭での行動目標を決める際に必要な作業であるが，計測を長期間継続することは必ずしも必要ではない．「環境家計簿は面倒くさいことを続けなければならないのでやる気が起きない」といった誤解は払拭されることが望まれる．各家庭での行動目標が決まってしまえば，効果の程度や季節によるエネルギー消費量変動の把握，あるいは新しい行動目標を決める際に，再度，計測に取り組めばよい．

　環境庁版環境家計簿が提示されて以降，これをモデルとして自治体やNGO等で独自の環境家計簿を作成・配布し，利用を呼

J8 環境家計簿

図8-1 環境家計簿（環境庁版）

項　目	単位	消費量		係数		CO$_2$排出量
電気	kWh	×		0.12	=	
都市(LP)ガス	m^3	×		0.64(1.8)	=	
水道	m^3	×		0.16	=	
灯油	L	×		0.69	=	
ガソリン	L	×		0.64	=	
アルミ缶	本	×		0.05	=	
スチール缶	本	×		0.01	=	
ペットボトル	本	×		0.02	=	
ガラスビン	本	×		0.03	=	
紙パック	本	×		0.04	=	
食品トレー	枚	×		0.002	=	
可燃ごみ	kg	×		0.24	=	
合　計						

図8-2 環境家計簿（環境庁版）の記入フォーム
アルミ缶〜食品トレーについては，リサイクルに出さずにごみとして捨てた量を記入．

びかける事例が増えている．家庭生活のありとあらゆる場面から排出されるCO$_2$を削減するためのツールといった性質に鑑み，草の根運動的に各地で利用されることが期待される． （髙松邦明）

＊1：大気中の温室効果ガスの濃度を安定化させることを目的として，1992年の地球環境サミットで署名のため開放された条約．1994年に発効し，2003(平成15)年2月25日現在，わが国を含む187カ国および欧州共同体が締結．

文　献

1) 環境情報科学センター編：DAILY環境家計簿，環境庁，1996

J9　生活の質（QOL）

―― Quality of Life

　焼土と食料不足に直面しながら，第二次世界大戦後の復興に向けて動き出したわが国は，滑走期を経て1956（昭和31）年のいわゆる神武景気を期に，経済の高度成長へと離陸を開始した．それ以降GNPに代表される経済規模は順調に拡大し，それに伴い国民所得の向上や物質的な豊かさは先進国の中でもトップクラスの座を占めることとなった．

　しかし，その半面，大衆消費が支える大量生産・大量消費・大量廃棄のメカニズムは，自然破壊や各種環境汚染の問題を招来し，また経済至上主義の風潮の中で，労働疎外や人間関係の希薄化等の現象も深刻さを増していった．

　このような問題は，経済的尺度では把握できないものであり，"生活の質（QOL：quality of life）"の概念は，人間の満足感，安心感，幸福感といった生活評価意識が所得や商品の「量」だけでは充足されず，自然環境や社会福祉，人間関係といった「質」によっても規定されることを意味する．"生活の質"は，自然環境，食生活，住生活，家族，労働，余暇・レクリエーション，近隣関係，治安等，多様な生活領域に対する生活者（単なる消費者ではなく，個人として自立・自律し，他者との協調を重視する存在）の評価意識の総体といえよう．

　「生活の質」は，欲求，生活意識，生活行為，生命の状態等といった「生活者の質」を中核に，個人の生活経験，生活様式，生活史を背景にもち，さらに生活者は外部的な環境と相互作用するという図式を描くことができる（図9-1）．

　従来，生活の程度や状態（生活水準）は，GNP等の経済指標で示されることが多かったが，物的充足がある程度達成された後の質的な側面への関心の増大と，前述のような経済拡大に伴うマイナスの側面が顕在化したため，これらを総合的に考える必要に迫られた．そこで考案されたのが福祉指標であり，環境維持費や環境汚染の適正処理に要する経費あるいは通勤時の悪化を平均賃金で評価した金額など質的にマイナスの福祉をGNPから差し引き，逆に余暇時間の増加や主婦の家事労働等を貨幣換算して加えるものである．わが国では，こうした福祉への経済的アプローチによる尺度構成を行った先例として，1973年に経済企画庁経済審議会から発表された国民福祉指標（NNW：Net National Welfare, 国民純福祉）がある．さらに，所得や消費といった経済的側面のみでなく，教育・余暇等文化的側面や施設環境，コミュニティ生活の質，主観的な生活満足度までをも含めた，より包括的な社会状態を示す指標として「社会指標」も複数考案されている．「豊かさ指標」とみなされる「新国民生活指標」（1992年より毎年公表）はその代表例である（図9-2）．

　なお，以前より医療・看護の分野で，健康が「生活の質」の中心概念であるとの主張がなされており，回復が早く痛みも少ない短期での社会復帰を目指す医療がQOL重視の医療とみなされている．また，厚生労働省が健康増進と生活習慣病のため望ましい食生活のあり方を提示した"食生活指針"の中で，QOLの向上に食生活が大きな役割を果たしていることを強調している．

〔吉田一良〕

文献
1）三重野卓：生活の質と共生, pp.1-234, 白桃書房, 2000

J9　生活の質（QOL）

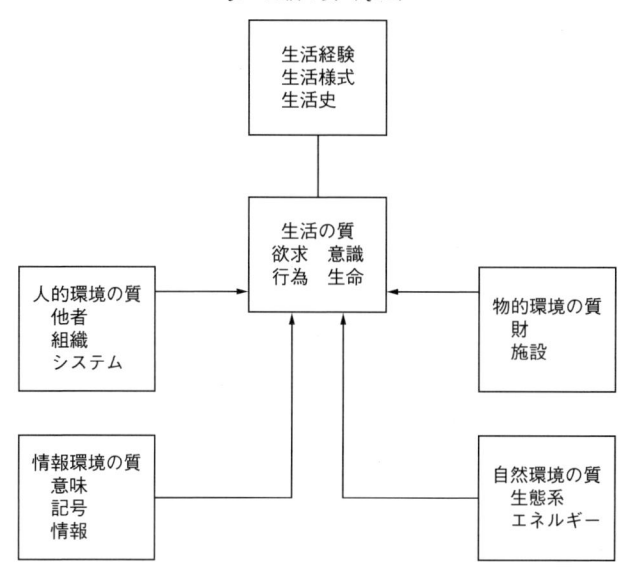

図 9-1　「生活の質」をめぐる関連図[1]

図の構成:
- 中央：生活の質（欲求　意識　行為　生命）
- 上：生活経験／生活様式／生活史
- 左上：人的環境の質（他者／組織／システム）
- 右上：物的環境の質（財／施設）
- 左下：情報環境の質（意味／記号／情報）
- 右下：自然環境の質（生態系／エネルギー）

活動領域	安心・安全	公正	自由	快適
住　む				
費やす				
働　く				
育てる				
癒　す				
遊　ぶ				
学　ぶ				
交わる				

図 9-2　新国民生活指標のフレーム（資料：経済企画庁国民生活局，1992 年）
ここでは詳しい内容は省略し，枠組みのみを示した．

J10 余暇 —— Leisure

　「あまった時間」と定義（『広辞苑』）される余暇だが、これは、基本的に人間生活の重要な一部を構成している。「遊びせんとや生まれけん」とうたわれる幼少から死に至るまで余暇は人生の過半を占めている。にもかかわらず、この余暇を、近代産業社会は長い間冷淡に扱ってきた。それは生産に対比するレクリエーションの時間として捉える立場である。こうした立場からみえる余暇は、余暇全体ではなく活動的・個人的な余暇活動である。しかしながら、高齢化社会の進展は余暇をレクリエーションとしてではなく、人生の一部として生活に組み込むこと、社会の一部として重要であることを認識させるに至った。わが国では人口の3割が65歳以上を迎え、その多くが無業者になろうとしている中で、人々はその余暇をどう過ごすか、その余暇を社会がどう受け止め位置づけるのか、それは今後の大きな課題ということができよう。

1. 余暇の様態

　総務省では我々の生活様態を1次活動（睡眠や食事等）、2次活動（仕事や学業等）、3次活動（余暇活動・受療等）に分類し、それら分類の活動類型にあてられた生活時間を調査している。おのおのの様態の時間の割合は1次活動4割、2次活動4割、3次活動2割程度である。図10-3はそれを示している。この図で注目すべき点は、①有業者と無業者との相違、②男女の相違である。①の中で、このグラフにはないが、1人親を持つ夫（夫婦）の2次活動時間がその他の世帯構成の場合に較べて1.5時間ほど多く、これは介護に要している時間である点が注目される。3次活動では世帯形態ごとの差はみられない。

　有業、無業の時系列的な推移では、有業者の割合が次第に高まっている。常勤労働時間の減少とあわせて考えると、女性、高齢者の非常勤有業者が増加しているものと考えられ、介護や医療を含む余暇のあり方について、社会の側からの手だてを講ずる必要があろう。②では、有業の場合はさほど相違はない。無業の場合は2、3次活動に曜日の差はなく、有業の土・日曜は1時間30分程度の差がある。この差の縮減も課題である。

2. 余暇時間の推移

　国民の労働時間はこれまで次第に減少し、1990年には2050時間であった年間総労働時間が2001年には1850時間ほど（従業員30人以上の事業所）になっている。非常勤雇用の拡大など労働形態の多様化を考慮すれば、国民全体の労働時間は、かほどの時間短縮はなかろうと思われ、また、労働時間減少分の時間が介護あるいは医療時間の増加分になどに当てられている面もある。とはいえ、労働時間の減少自体は進んでおり、これが余暇時間の増加につながる動きになっていると考えられる。余暇の内容としては社会的な奉仕等これまでに少なかった余暇活動が広がってきている点等、余暇時間の増大が新しい内容で拡大している面がみられる。

　望ましい環境社会の構築に向けて、余暇の量（時間）だけでなく、余暇の質（内容）についても、個人の余暇が社会の余暇につながるような展開、たとえば、介護方式の改善、医療時間の縮減等から生み出される時間を個人の余暇や、奉仕活動に振り向けることといったような流れの加速を通して継続的に3次活動の増加が進むことが期待される。　　　　　　　　（木村　弘）

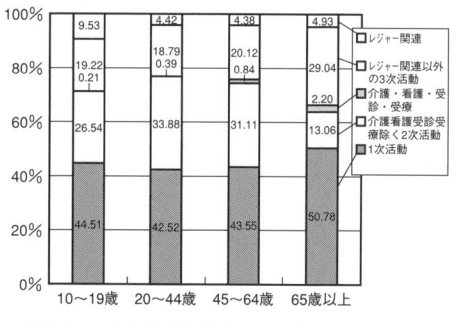

J10 余暇

図10-1 生活時間の構成（男女週平均（%））

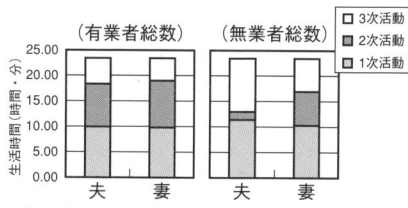

図10-2 生活時間の構成（総務省「社会生活基本調査」2001年より作成）

1次活動：睡眠・食事・身の回りの用事．
2次活動：仕事・学業・通勤通学・家事・介護など．
3次活動：新聞・TV・休養・趣味娯楽・スポーツ・社会活動・交際など．

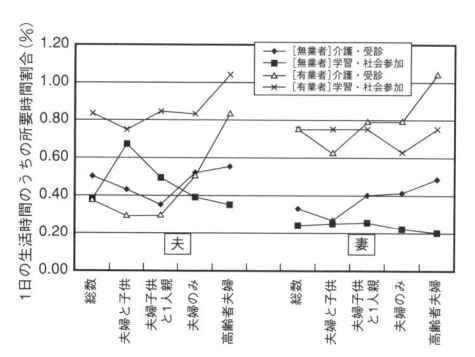

図10-3 介護・受療等と学習・研究・社会活動参加等との関係（総務省「社会生活基本調査」2001年より作成」

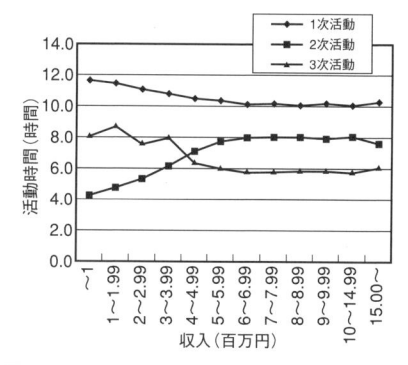

図10-4 世帯収入と活動時間（総務省「社会生活基本調査」2001年より作成）

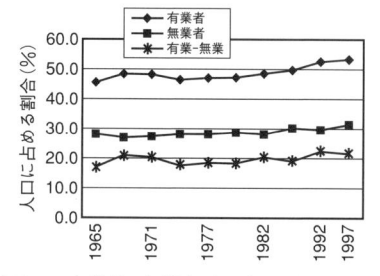

図10-5 有業者，無業者（15歳以上）の全人口に占める割合（総務省「就業構造基本調査」より作成）

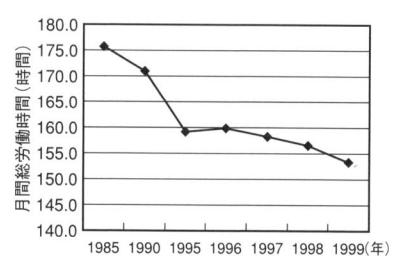

図10-6 月総労働時間の推移（厚生労働省「毎月勤労統計調査」（30人以上の事業所））

J11　園芸療法

—— Horticultural Therapy

1. 園芸療法とは

園芸療法とは，心や体に病や障害をもった人，あるいは高齢者などを対象に「園芸作業」によって，治療やリハビリテーションもしくは生活の質の向上を目指すことである．

園芸療法は，「生きた植物」「目的」「対象者」が必要である．図 11-1 が示すとおり，輪が重なる部分の①はコミュニティガーデンでも学校園でも当てはまる．②は乗馬療法や音楽療法の領域とも言い換えられる．③はアダプティブホーティカルチャーすなわち対象者に合わせた園芸といえる．この3つの輪の重なりの中心に園芸療法士の介在がある．

園芸療法の歴史は，18世紀末から，米国も英国も特に精神病院において，園芸作業が患者に薬物投与以上に効果があると認められてきた．積極的に活用されるようになったのは第二次世界大戦以後の米国で，1973年には米国園芸療法協会が発足した．

「園芸」と「園芸療法」の違いは何であろうか．花を育てることによって，ストレスの解消やヒーリング効果があるといわれる．園芸は，自分自身でストレス解消できる人や，ヒーリングを行える人が，自ら進んで行う行為である．一方園芸療法は，自分1人では治療やリハビリテーションあるいは生活の質の向上を目指せない人が対象となり，その手助けをする園芸療法士などが重要な役割を果たす．

また，音楽療法や，絵画療法など，レクリエーション活動を手法とした療法は，他にもある．それらの療法と園芸療法とは，何が違うのだろうか．園芸療法の際だった特徴は，「植物の時間に身をゆだねる」ことである．したがって，急ぎすぎることも，遅すぎることも，禁物である．植物の生育リズムに合わせることから，園芸療法が始まるのである．

2. 園芸療法の効果

園芸療法がもたらす様々な効果には，以下のものがあげられる．

① 身体的効果：リハビリテーションを必要とする人や，機能の維持増進を目指す高齢者など，植物を育てるあらゆる行為を用いて，運動機能や感覚意識を刺激する．

② 知的効果：好奇心の目覚め，観察力の向上，判断力や責任感，コミュニケーション機能が高められる．

③ 感情的効果：満足感，達成感による自信の創出や植物に合わせることによる自己抑制の力が培える．

④ 社会的効果：生きがいの創出，グループ活動による社会性の向上，シェア（分かつ）意識が芽生える．

3. 園芸療法の活用の場

現在，大学・短期大学や専門学校，高等学校，関係団体などが園芸療法に関心をもち，様々な養成コース，講座を開講している．わが国に様々なレベルの園芸療法士が社会に誕生しようとしている現状は今後，園芸療法の職能を明確化し，全国的に統一した園芸療法士の資格として整理していく必要があると思われるが，またそのための雇用機会をつくりだすことも必要である．今後，園芸療法士は，特別養護老人ホームや在宅サービスのような高齢者関連分野，入院・通院患者の心身のケアをするリハビリテーション施設やホスピスなどの医療分野，障害児センターや養護学校などの子供の施設，知的・精神障害者の授産施設，地域のコミュニティ事業など，様々な分野でのさらなる職業的確立が急がれるところである．

〔浅野房世〕

J11 園芸療法

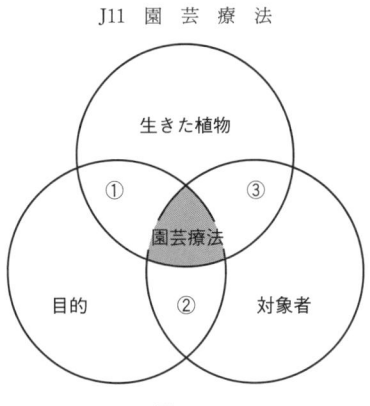

図11-1

図11-2 知的障害者とのセッション

図11-3 高齢者とのセッション

J12　クラインガルテン
——Kleingarten

　1800年代初頭，英国で失業者対策のために整備された「貧者の庭」は，ヨーロッパ全土に展開したが，その後の都市の発展に伴って縮小を余儀なくされた。当時の工業化社会の進展は，人々の健康を害し，さらなる社会的貧窮をもたらした。その結果，食糧確保に加え，都市住民の健康回復や子供たちの自然体験の面から，「貧窮の庭」は再び注目を集めるようになった。

　このような状況下にあった1832年頃，ドイツ・ライプチヒの精神科医シュレーバー博士（Dr. D. G. M. Schreber）によって提唱されたのがクラインガルテン（Kleingarten）である。博士は，子供たちと一緒に空き地を活用して草花等を植える活動から始め[1]，わずかに残っていた「貧者の庭」を子どもたちの遊び場や花壇・菜園として再整備する運動を展開した。このため，ドイツではクラインガルテンのことを，「シュレーバーガルテン」と呼ぶ人も多い。なお，英国では「アロットメント」（allotment）と呼ばれており，日本では一般に「市民農園」と呼ばれている。

　シュレーバー博士らによるクラインガルテン運動は，1864年のシュレーバーガルテン協会の設立を契機に，ドイツ全域はもとよりヨーロッパ全域にまで広まった。これを受けて，1926年には国際的なクラインガルテン組織がルクセンブルグに設立され，現在でもクラインガルテン運動の活動拠点となっている。ドイツでは，1919年に「クラインガルテン法」が制定され，クラインガルテンの定義，目的，最高賃貸額，賃貸手続き，一区画の規模等に加え，協会や組合が管理主体となり，会員には非営利で区画を転貸することが定められた[2]。

　ドイツでは現在でも，憩いの場，子供の自然体験の場，健康づくりの場，コミュニケーションの場等として，クラインガルテンの人気は高く，都市の重要な緑地としても位置づけられている。ドイツのクラインガルテンには，集会場や子どもの遊び場等のほか，区画内に「ラウベ」と呼ばれる作業小屋が設置されている。ラウベを居住施設として利用することはできないが，ドイツ北部の都市キールのように，最大3週間まで滞在が認められる場合もある。区画も約300 m^2 と広く，野菜，芝生，果樹や季節の花が大切に育成されており，日本の「市民農園」とはイメージが異なる。

　日本の「市民農園」は，昭和40年代，都市住民の要望や減反政策等を背景に，遊休農地等を活用することで展開した。昭和50年代に入ると，「入園契約方式」が導入され，市民農園の数は増加したが，一方でより安定した貸借形態での利用や，休憩施設等の整備に対するニーズが高まってきた。これらを受け，1989（平成元）年に「特定農地貸付けに関する農地法等の特例に関する法律」，1990（平成2）年には「市民農園整備促進法」が制定された。現在の市民農園は，これら2つの法律と開設主体によって分類できる（表12-1）。最近では，1998（平成10）年の「農政改革大綱」で整備・普及の重要性が位置づけられたほか，2002（平成14）年度には，インストラクターの育成等を含めた「都市農村ふれあい農園整備事業」（国庫補助事業）が創設された。

　今後は，都市内の貴重な緑地，環境学習の場，グリーンツーリズムの活動拠点等の面から，市民農園の展開が期待される。

（小谷幸司）

J12 クラインガルテン

(a) (b)

図 12-1 クラインガルテン（ドイツ，キール）

図 12-2 ラウベの室内（ドイツ，キール）

図 12-3 クラインガルテン内の子どもの遊び場（ドイツ，キール）

表 12-1 市民農園のタイプ

開設主体	法制度
地方公共団体・農協 （貸借権等の権利設定：あり）	市民農園整備促進法（特定農地貸付法＋附帯施設）
	特定農地貸付法（農地貸付）
農地所有者 （貸借権等の権利設定：なし）	市民農園整備促進法（農園利用契約＋附帯施設）
	農園利用契約のみ

文献

1) 丸田頼一：環境緑化のすすめ，pp.52-53，丸善，2001

2) 丸田頼一：都市緑化計画論，pp.157-167，丸善，1994

J13　都市・農村交流
—— Exchange between Urban and Rural Area

1. 都市・農村交流の背景
　都市住民は，都市において失われていく「ゆとり」や「やすらぎ」を，これらを有する農村地域に求めており，豊かな自然や歴史・伝統文化，農林漁業等資源および農村地域で生活を営む人々との交流を通じた「心身のリフレッシュや豊かな人間形成」等を求めている．

　一方，農村住民は，「農村地域の活力減衰」が大きな課題であるとの認識のもと，その改善策の1つとして，農村を求める人々であると同時に消費者である都市住民との交流により，「経済効果や地域への愛着の深まり」等の向上を目指している．

　このような状況の中，都市と農村の住民同士の交流を目的とした活動が互いの地域で行われている．

2. 都市・農村交流とは
　都市・農村交流とは，都市と農村（自然豊かな地域）の地域間の交流活動をいい，それぞれの地域において満たすことのできない要素を補い合う「相互補完性」を重視している．

　主に自治体同士が中心となり，互いの住民の交流を深める活動を推進しており，これらの自治体の中には，友好都市やふれあい協定等，いわゆる「姉妹都市」の提携を交わしている交流形態がみられる．

3. 交流内容
　主に活動の場は農村地域で，イベントによる交流や経済的な交流，教育・学習を通じた交流，自然を生かした交流などが行われている．

　たとえば，農村地域の伝統的な祭りや各種イベントの開催，地場産品の直売活動，食事，各種体験学習（自然，農林漁業，加工，伝統文化・工芸等），学校間交流等，グリーンツーリズムを含む多様な活動が行われている．

　また，農村地域の山林を互いの住民が協力して維持・育成する体験活動（図13-1）や都市に不足する自然および体験活動の場を複数の農村地域に求めるなど，相互補完性を重視した交流もみられる．

　他方，行政主導から住民同士主体の交流へと移行が十分でない地域や行政支援の低減等から，交流活動の縮小や打ち切り等，継続的な交流が困難な地域もみられる．

4. 地域間交流の成立要件
　地域間の交流が継続的に行われるためには，次のような成立要件が重要となる．

・互いの地域の長所を生かし，短所を補い合う「相互補完性」があること．
・相互補完による「効果の還元」が発揮される仕組み（図13-2）があること．
・互いの地域の活性化が目的とされること．
・住民同士の交流の深まりをねらいとした活動内容であること．
・互いの地域の場が活動の舞台であること．
・交流の熟度に応じた活動内容が考慮されていること．
・互いの地域に対する情報の受発信の場が確立していること．
・一定の行政支援が考慮されていること．

（吉岡博道）

文　献
1) 21世紀村づくり塾："都市・農村交流"と"地域間交流"の事例集，pp.1-129, 1999
2) 吉岡博道：地域政策研究第2号「地域づくりの軌跡」，pp.72-76，地方自治研究機構，1998

J13 都市・農村交流

図 13-1 体験活動の事例―やま(森林)づくり塾―
図は，東京都世田谷区と群馬県川場村の交流活動の1例である．この「やま(森林)づくり塾」は，友好の森事業の1つで，川場村にある山林約 80 ha を，双方の住民が協働して，森林を「守り・育て・学び・憩う・遊ぶ」ことを目的に交流活動を行っている．この塾は，区民が毎年図に示すような教室に応募し，交流活動を通じて山仕事の初歩的な作業から専門的な技術を習得している（世田谷区平成 12 年度のリーフレットより）．

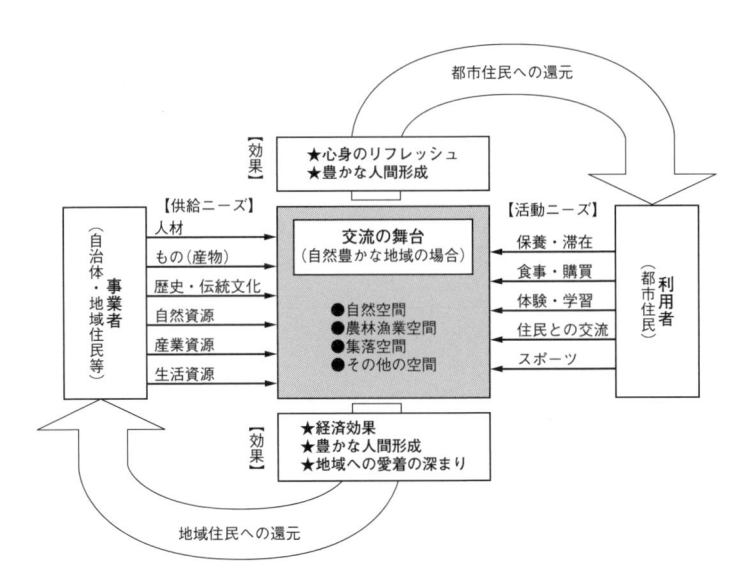

図 13-2 「効果の還元」の仕組み図―S字型還元効果図―（吉岡，1998 を改変）
図は，自然豊かな地域における交流を通じて，図に示すような効果がS字型の還元ベクトルとして，都市および地域住民双方に還元される仕組みを示したもので，その仕組みは次のようになる．① 都市住民は，求める「活動」を「交流の舞台」において行い，その効果として「心身のリフレッシュや豊かな人間形成」等を享受する．② 一方，地域住民は，交流の舞台に地域の豊かな「資源を供給」し，地域の求める「経済効果や豊かな人間形成，地域への愛着の深まり」等を享受する．なお，地域住民の利用を考慮する場合 y 字型となる．

J14　余暇活動（レクリエーション）

—— Recreation

生活時間のうち"余暇"の項（J10）で述べた第3活動を類型化して表14-1のように整理してみると，「余暇活動」の時間量は，ほぼ「休養・くつろぎ」の時間量に匹敵することがわかる．この「余暇活動」は目に見える余暇である．これまで余暇活動を促進する手だてとして，労働時間の短縮，有給休暇の有効利用，施設環境の整備，移動費用の縮減等が講じられたが，それは主に，この「余暇活動」が対象であった．

1. 余暇に対する新たな視点

ものの時代からこころの時代へといわれるような新たな社会には，2次活動を3次活動化する等の方法で（社会的な奉仕等はこうした活動のつなぎ目であろう），家族や友人と家庭や公園や野外でゆったりとした時間をもつ，あるいは仲間との時間を楽しむ，そうしたゆとりの時間が期待される．余暇時間が減ったと意識する人が増え，余暇支出の減った人が増えたというが，家計支出が全体として減少している一方で，労働1時間あたりの教養娯楽費は増加，つまり教養娯楽に与える家計の評価は高まっている．少ない支出を教養娯楽に優先的に配分しようとの国民の意識である．人々には余暇が不要なのではなく，意味のある余暇を求めているのである．

2. 余暇活動の方向

余暇活動は極めて多様であるが，これを趣味・創作（趣味・稽古ごと・鑑賞・創作・制作等），運動・スポーツ（競技スポーツ，野外スポーツ，軽スポーツ等），行楽・ゲーム（行楽．ゲーム，ギャンブル等）の3類型に分類して，その活動量（活動参加率×活動回数）を年代別にみると，趣味・創作が最も多く，運動・スポーツがこれに継いでいる．年代別にみると，いずれの類型も青年層と高齢層で活動が多く，50歳代が最も少ない．50～60歳代は介護等2次活動の時間が急激に多くなっており，特に女性にその影響が大きい．この世代に対しては，これまでの余暇活動促進策を超えた新たな社会的条件整備が期待される．

3. 注目される動向

多様な余暇活動の中で注目される様態は，社会奉仕や学習等の自己実現型の活動である．これは3次活動時間の多い高齢世代に高まりがみられ，これからの高齢化社会での方向を示している．こうした個人の活動をさらに社会的にまで広げて，自分の余暇から自分たちの余暇へと活動環境の創出を目指す動きもみえる．自分でする家づくり，庭づくりに始まり，住民たちによるもりづくり，まちづくり，公園づくり，川の再生活動，クラインガルテンづくり，グループによるガーデニングなど皆でする活動に，その萌芽をみることができよう．

4. 余暇産業の動向

余暇産業は余暇活動の環境として不可欠の要素であり，その適切な発展は社会の要請でもある．その現在の動向は個別企業の動向はともかく，産業分類全体としてみると，その対前年比は利用者数，売上高，従業員数いずれもさほど落ち込んではいない．落ち込んでいるのはかつての過大な伸びの修正局面とみることができよう．近年NPO法人による余暇産業への参入も増大しており，新たな産業形態の展開も予想される．余暇活動には，その量や質とともに経済的な側面についても，一段と新たな取り組みが期待されるのである．　　（木村　弘）

J14 余暇活動（レクリエーション）

表14-1 3次活動時間（総務省「社会生活基本調査」1996年より） （週全体：時間・分）

	三次活動				
	テレビ・新聞	休養くつろぎ	余暇活動	移動	その他
総数	6.12	2.33	1.15	1.05	0.24	0.54
男	6.21	2.37	1.13	1.15	0.25	0.50
女	6.03	2.29	1.17	0.56	0.24	0.57

項目は下の内容を含む
テレビ・新聞：テレビ，ラジオ，新聞，雑誌
休養くつろぎ：休養，くつろぎ
余暇活動：学習・研究，趣味・娯楽，スポーツ，社会的活動
移動：移動（通勤，通学を除く）
その他：交際・付き合い，受診・療養，その他

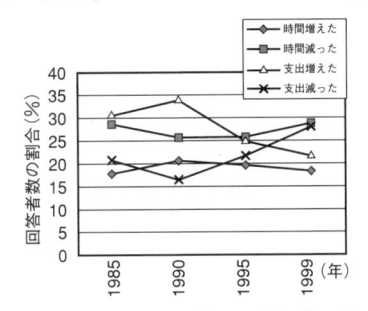

図14-1 余暇活動参加に関する意識（「レジャー白書2002」より作成）

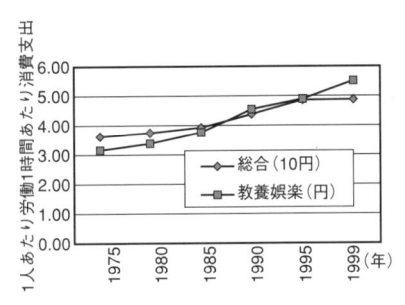

図14-2 総合消費支出と教養娯楽支出の動向（総務庁「国民生活基礎調査」より作成）

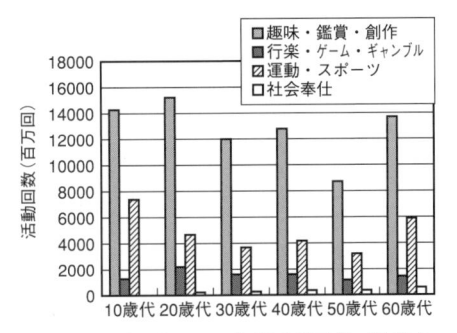

図14-3 年代別国民の余暇活動回数（総務庁「社会生活基本調査」1996年から作成）

図14-4 住民と公園との親密な関係の構築が進む

表14-2 余暇産業の前年比・前年同期比（%，総務庁「商業統計」より作成）

産業の種類	利用者（受講生）数		売り上げ高		従業者合計	
	2001年	2002年	2001年	2002年	2001年	2002年
外国語会話教室	108.6	106.3	102.9	101.9	105.8	103.4
カルチャーセンター	100.0	95.4	96.9	102.1	100.1	95.4
フィットネスクラブ	103.3	103.0	100.1	101.6	100.2	100.5
ゴルフ練習場	94.7	97.2	93.7	97.3	91.7	97.7
ゴルフ場		97.8	106.1	93.2	99.9	97.9	104.2
ボウリング場	99.7	100.5	96.0	96.0	97.7	99.9
遊園地，テーマパーク	105.9	116.7	121.6	121.5	166.0	91.4
劇場，興業場，興業団	101.4	103.8	101.4	101.4	97.6	97.4
映画館	106.3	98.5	102.8	95.0	98.9	107.1
パチンコホール			100.4	108.2	104.1	98.3

図14-5 蜜蝋キャンドルづくり
少年も頑張っている．

J15　グリーンツーリズム

—— Green Tourism

1. グリーンツーリズム進展の背景

「物より心の豊かさ」を重視した生活を望む国民が増大しており，自然豊かな地域（いわゆる農山漁村）にみられる資源に対し，都市住民が「ゆとり」や「やすらぎ」を求める動きが強まっている．

一方，自然豊かな地域においては，過疎化の進行や産業の減衰等が深刻な状況にあり，これらの改善を図るため「地域活力の向上」が大きな課題となっている．

このような状況の中，都市住民および自然豊かな地域双方のニーズを満足させるため，自然豊かな地域における都市住民の余暇活動の1つとして，グリーンツーリズムが進展している．

2. グリーンツーリズムとは

グリーンツーリズムの概念は，各方面で示されているが，おおむね1992年の「農水省グリーン・ツーリズム中間報告」に集約される．

その概念は，緑豊かな農村地域において，その自然，文化，人々との交流を楽しむ，滞在型の余暇活動であり，ひとことでいうなら，「農山漁村で楽しむゆとりある休暇」である．

また，この活動を通じて，その地域で生活する人も地域を訪れる人も，互いに求める効果が享受できることを目指している．

グリーンツーリズムの先進国は，英国，フランス，ドイツ等のヨーロッパ諸国で，美しい水辺や樹林地，畑・牧草地等が保たれた農村地域である．

これらの国では，都市住民が農村を訪れ豊かな自然や田園風景の中，自然または農業とのふれあいやスポーツ等を楽しむ余暇の過ごし方が普及している．その中心となる施設は「農家（場）民宿」である．

3. 活動内容

わが国の受入れの中心施設は，体験民宿（図15-1）または公共の宿泊施設である．主な活動は，自然および農地，林地，漁場や歴史・伝統文化，人材等の地域資源を活用したもので，多様な活動メニューがある．

たとえば，身近な樹林地および水辺を利用した自然遊びや稲刈り，いも掘り・山菜採り・果樹狩り，乳搾り，地引網等の体験活動（図15-2），あるいは地域の特産物を用いた郷土料理づくり等がある．

また，地域の伝統文化にふれる体験として，竹細工・ワラ細工，陶芸・染織等のものづくりや歴史の探訪，伝統芸能の伝習および行事へ参加等がある．

このほか，棚田のオーナー制度や滞在型市民農園（図15-3）等，リピート性の高い活動も行われている．

4. 推進のための留意事項

グリーンツーリズムは，次の事項に留意して推進することが重要となる．

- 活動の舞台となる地域の意志に基づくこと．
- 受け入れの主体がそこに住む人たちであること．
- あるがままの地域資源の利活用を基本とし，その保全および育成を重視すること．
- 利用する人，受け入れる人の双方が効果を享受できること．
- 心身の豊かさを重視した活動内容であること．
- 利用料が適切な価格であること．

（吉岡博道）

図 15-1 体験民宿の事例（(財)都市農山漁村交流活性化機構提供）
伝統的な建築様式の体験民宿（岐阜県）．

図 15-2 体験活動の事例（(財)都市農山漁村交流活性化機構提供）
稲刈り体験（新潟県）．

(a) 不動尊クラインガルテン（宮城県）　　(b) 坊主山クラインガルテン（長野県）
図 15-3 滞在型市民農園の事例

文献

1) 山崎光博・小山善彦・大島順子：グリーン・ツーリズム, pp.1-25, 58-62, 114-120, 158-191, 家の光協会, 2000

2) 芦川　智・吉岡博道ほか：日本型グリーン・ツーリズムのあり方について（農水省構造改善事業課編集）, pp.1-121, 1998

J16　老人福祉

—— Welfare for Elderly Persons

　老人福祉とは，高齢者が住み慣れた地域でいつまでも生きいきと輝いて暮らせるために必要な施策や制度の総称である．

　高齢者に関する総合的施策として現在，国は「ゴールドプラン21（今後5年間の高齢者保健福祉施策の方向）」と「高齢社会対策大綱」を提示している．前者は要援護高齢者と元気高齢者への対策を「車の両輪」と位置づけ，2000年度から2004年度までの介護基盤サービスの整備目標や健康・生きがいづくり，介護予防，生活支援対策の推進を重視した計画である．後者は高齢社会対策基本法（1997年法律129号）に基づき，国の基本的かつ総合的な高齢社会対策として，就業・所得，健康・福祉，学習・社会参加，生活環境，調査研究等の各分野別に大綱として定めている．

　このように高齢者福祉を元気高齢者対策から要援護高齢者を含めた生活問題として広く捉える考え方もあるが，本編ではこのうち，高齢期の生活を支えていくために必要な福祉サービスに関する施策に焦点をあてて紹介する．

　高齢者福祉に関するサービスを直接規定する法律には，老人福祉法（1963年法律133号），老人保健法（1982年法律80号），介護保険法（1997年法律123号）の3法がある．全国共通に実施すべき事業については，老人福祉法等に具体的な規定を設けて法律に基づく事業として実施している．その他の事業については，法律に規定はないが，保健福祉増進の必要性から予算を確保して実施されている．また，この他に自治体が独自に実施している事業もある．

　高齢者福祉サービスは，大別して「在宅サービス」と「施設サービス」に分けられる．さらに，在宅サービスはその内容と種類により「訪問型サービス」「通所型サービス」「滞在型サービス」等に，施設サービスは「入所施設」と「利用施設」に分類される．現在の主な高齢者福祉サービスは表16-1のとおりである．

　介護保険制度の施行により，要介護高齢者に提供されてきた特別養護老人ホームへの入所，ホームヘルプ，ショートステイ，デイサービス，グループホームの各サービスは介護保険制度に移行し，介護保険を利用することが著しく困難な場合に限り，老人福祉法に基づく措置として提供されることになった．また，訪問看護や訪問リハビリテーションを介護保険制度から利用している場合は，老人保健法に基づく医療との重複利用が原則できなくなり，老人保健施設も医療提供施設から介護保険適用施設に変わった．

　高齢者福祉サービスの今後の課題は，まず「サービス量」と「サービスの質」のさらなる充実が求められるが，とりわけ在宅福祉を基調とする高齢者の自立支援を図るための生活支援住宅の整備が必要である．国においても介護保険制度の見直しやポスト「ゴールドプラン21」の策定に向けて，地域密着型の小規模多機能サービスの拠点整備，「施設」や「自宅」でもない第三のカテゴリーの位置づけ，既存施設体系整理等の検討が予定されている．　　（清水正弘）

表 16-1　高齢者福祉サービスの種類

(a) 在宅サービス

区分		事業	施設・事業所数
介護保険法	訪問型サービス	訪問介護（ホームヘルプサービス）	15701
		訪問入浴介護	2474
		訪問看護	5091
		訪問リハビリテーション	50693
		居宅療養管理指導	143271
	通所型サービス	通所介護（デイサービス）	12498
		通所リハビリテーション（デイケア）	5732
	滞在型サービス	短期入所生活介護（ショートステイ）	5439
		短期入所療養介護（ショートステイ）	5758
		痴呆対応型共同生活介護（グループホーム）	3665
		特定施設入所者生活介護	652
	その他サービス	住宅改修	―
		福祉用具給付・貸与	5016
		居宅介護支援	23184
介護保険法以外	軽度生活支援型サービス	外出支援サービス事業，寝具類等洗濯乾燥消毒サービス，訪問理美容サービス，軽度生活支援事業等	―
	介護予防・健康づくり型サービス	介護予防事業（転倒防止，LADL訓練事業等），食生活改善事業，運動指導事業，生きがい活動支援通所事業，生活管理指導事業，生きがいと健康づくり推進事業等	―
	福祉情報提供・相談・利用型サービス	高齢者総合相談センター運営事業，在宅介護支援センター運営事業，権利擁護，成年後見制度利用支援事業，高齢者総合相談センター運営事業等	―
	緊急対応型サービス	緊急通報サービス，徘徊高齢者家族支援サービス，日常生活用具給付事業（電磁調理器・火災報知器・消火器等）給付等	―
	家族支援型サービス	家族介護支援事業（家族介護教室・介護用品の支給），家族介護者交流事業（元気回復事業）等	―

(b) 施設サービス

区分		事業	施設数（定員）
介護保険法	入所施設	指定介護老人福祉施設（特別養護老人ホーム）	5084(346069)
		介護老人保健施設	3013(269524)
		指定介護療養型医療施設	3817(139636)
介護保険法以外	入所施設	養護老人ホーム	954 (66686)
		軽費老人ホーム（A型）	241 (14293)
		軽費老人ホーム（B型）	36 (1688)
		介護利用型軽費老人ホーム（ケアハウス）	1437 (56383)
		生活支援ハウス（高齢者生活支援センター）	419
		有料老人ホーム	508 (46561)
	利用施設	老人福祉センター	2263
		老人（在宅）介護支援センター	7984
		老人憩いの家	4383
		老人休養ホーム	55

資料：厚生労働省「平成15年介護保険サービス施設・事業所調査」(2004（平成15）年10月1日現在）．ただし，訪問リハビリテーション，居宅療養管理指導，特定施設入所者介護は「WAMNET指定事業所指定状況」(2003（平成15）年9月30日現在）．厚生労働省「社会福祉施設等調査」(2002（平成14）年10月1日現在）．

J17　障害者基本計画

—— Fundamental Plan for Disabled Persons

1. ノーマライゼーションの普及と社会福祉基礎構造改革

　障害者が生活していく上で，地域社会には交通・施設・教育・情報・意識といった物理的，制度的，情報的，心情的等ハード，ソフトの両面からの社会的なバリア（障壁）が存在している．また日本の障害者福祉は，1981（昭和56）年の「完全参加と平等」の実現を目指した国際障害者年を契機に，従来の施設や保護を中心とした福祉から，障害者があたりまえに地域で暮らせる在宅福祉中心へと，目指す方向は大きく変化してきている．さらに，障害という概念についても，これまでの機能・能力障害，社会的不利というマイナス面からの考えではなく，心身機能・活動・参加の生活機能というプラス面からの視点と環境等背景因子という広い観点からの考えに，WHOの国際障害分類が見直された．

　今後，障害をもつ人ももたない人も，子どもから高齢者まで，すべての人が相互に人権を尊重し合いながら地域で安心して暮らしていける地域共生社会を目指すノーマライゼーションの理念を，より一層普及・定着させることが重要となっている．

　いま，日本の社会福祉は大きな改革の流れの中にあり，介護保険制度をはじめとして，障害者分野では2002（平成14）年度には精神障害者の地域生活支援事業の実施主体が法的に市区町村に位置づけられ，2003（平成15）年度からは障害者福祉もこれまでの行政による措置から契約を基本とする障害者支援費制度へと移行した．これらは，障害者が自己決定・自己選択により対等な立場で様々な事業者からサービスを購入し，希望する生活を実現することが目的である．そのためには，障害者がいわば消費者として自由にサービスを選べるように，多様な事業供給主体とサービスメニューが準備されていることが前提であり，それぞれの地域の実情にあったサービス基盤の整備が不可欠である．

2. 障害者地域生活を実現する障害者計画

　障害者の生活を支援する計画としては，障害者基本法（1970（昭和45）年法律第84号）第9条において，障害者福祉施策および障害の予防施策の総合的・計画的推進を図るため，国に「障害者基本計画」の策定が義務づけられている．同時に，国の障害者基本計画を基本として都道府県には「都道府県障害者計画」の策定が義務づけられ，市区町村は「市町村障害者計画」の策定に努めるようになっている．

　国は，2002（平成14）年12月24日に2003～12（平成15～24）年度までの10年間を計画期間とする「新障害者基本計画」および「重点施策実施5か年計画」（2003～7（平成15～19）年度）を策定した．リハビリテーションとノーマライゼーションの理念と共生社会の実現を目指して，4つの基本的方針と4つの重点課題等の施策の基本的方向と，5年間の重点施策とその到達目標等を掲げた（図17-1）．

　一方，市区町村が策定する市町村障害者計画の策定率は，国が行った調査によれば2002（平成14）年3月末現在83.7％であり，数値目標が設定されているのは36.2％となっている．

　今後，施設から地域へ，地域の自立生活，地方分権といった社会の流れを踏まえて，障害者の地域生活に最も密接で身近な自治体である市区町村が，それぞれの地域の特性や実情に応じた計画の策定が急務となっている（図17-2）．

〔小林順一〕

J17 障害者基本計画

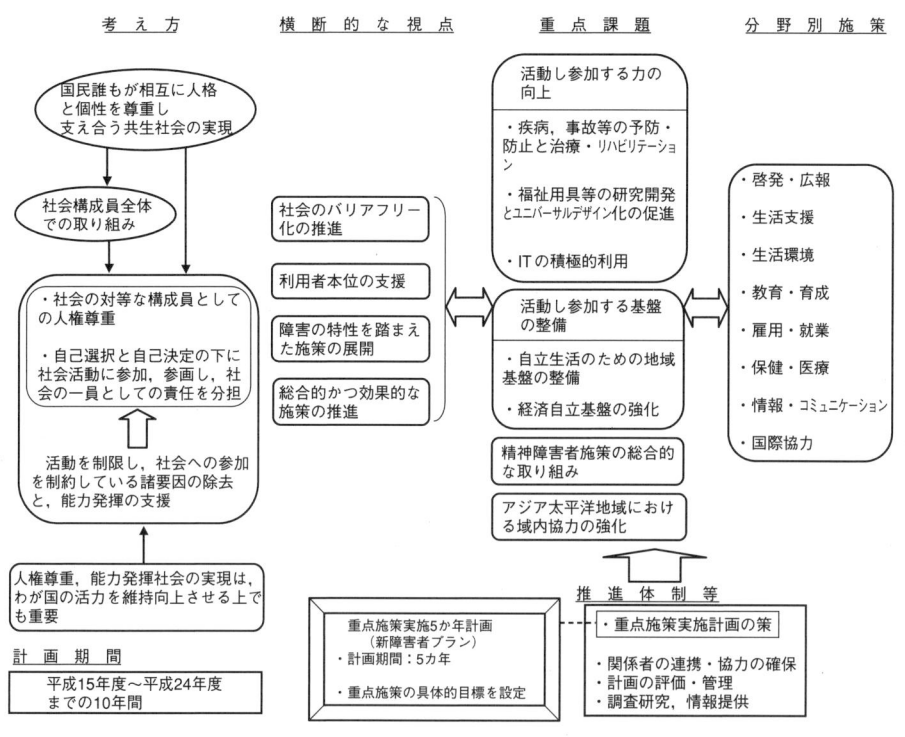

図 17-1 新障害者基本計画の枠組み（厚生労働省資料より）

考え方

- 国民誰もが相互に人格と個性を尊重し支え合う共生社会の実現
- 社会構成員全体での取り組み
- 社会の対等な構成員としての人権尊重
- 自己選択と自己決定の下に社会活動に参加，参画し，社会の一員としての責任を分担
- 活動を制限し，社会への参加を制約している諸要因の除去と，能力発揮の支援
- 人権尊重，能力発揮社会の実現は，わが国の活力を維持向上させる上でも重要

計画期間
平成15年度〜平成24年度までの10年間

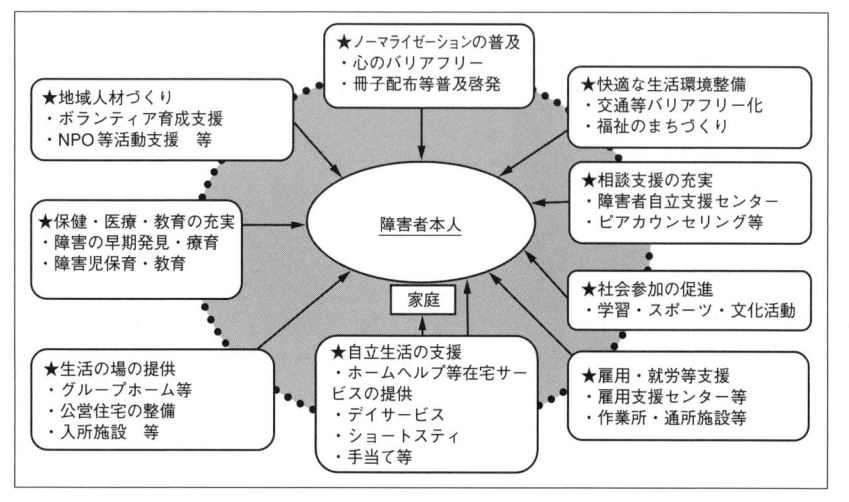

横断的な視点

- 社会のバリアフリー化の推進
- 利用者本位の支援
- 障害の特性を踏まえた施策の展開
- 総合的かつ効果的な施策の推進

重点課題

- 活動し参加する力の向上
  - 疾病，事故等の予防・防止と治療・リハビリテーション
  - 福祉用具等の研究開発とユニバーサルデザイン化の促進
  - ITの積極的利用
- 活動し参加する基盤の整備
  - 自立生活のための地域基盤の整備
  - 経済自立基盤の強化
- 精神障害者施策の総合的な取り組み
- アジア太平洋地域における域内協力の強化

分野別施策

- 啓発・広報
- 生活支援
- 生活環境
- 教育・育成
- 雇用・就業
- 保健・医療
- 情報・コミュニケーション
- 国際協力

推進体制等

- 重点施策実施5か年計画（新障害者プラン）
  - 計画期間：5カ年
  - 重点施策の具体的目標を設定
- 重点施策実施計画の策定
- 関係者の連携・協力の確保
- 計画の評価・管理
- 調査研究，情報提供

図 17-2 市町村障害者計画例

中心：障害者本人／家庭

- ★ノーマライゼーションの普及
  - 心のバリアフリー
  - 冊子配布等普及啓発
- ★地域人材づくり
  - ボランティア育成支援
  - NPO等活動支援　等
- ★快適な生活環境整備
  - 交通等バリアフリー化
  - 福祉のまちづくり
- ★保健・医療・教育の充実
  - 障害の早期発見・療育
  - 障害児保育・教育
- ★相談支援の充実
  - 障害者自立支援センター
  - ピアカウンセリング等
- ★社会参加の促進
  - 学習・スポーツ・文化活動
- ★生活の場の提供
  - グループホーム等
  - 公営住宅の整備
  - 入所施設　等
- ★自立生活の支援
  - ホームヘルプ等在宅サービスの提供
  - デイサービス
  - ショートスティ
  - 手当て等
- ★雇用・就労等支援
  - 雇用支援センター等
  - 作業所・通所施設等

J18　福祉インフラ

—— Infrastructure for Elderly and Disabled

　福祉インフラとは，高齢者・障害者を含むすべての人が，生涯を通じて，健康で豊かな生活を送ることができるための，住宅・社会資本のことをいう．本格的な高齢社会を迎えるにあたり，高齢者・障害者を含むすべての人が，安心して日常生活を営み，積極的に社会参加ができることは極めて重要である．そのような観点から，旧建設省の「生活福祉空間づくり大綱」において位置づけられた言葉であり，ノーマライゼーションの考え方を目指した，住宅・社会資本整備を行うものである．

　「生活福祉空間づくり大綱」では，施策の方向として以下の5つをあげている．
　①健康づくりやふれあい・交流の場づくり
　②バリアフリーの生活空間の形成
　③生涯を通じた安定とゆとりある住生活の実現
　④安心して子供を生み育てることができる家庭や社会とするための環境づくり
　⑤健康でこころ豊かな生活を支える地域的基盤づくりの促進
　また，福祉インフラ整備推進方策として以下の2つをあげる．
　①住宅・社会資本に関する諸制度の充実
　　・制度，技術基準等の総点検，見直し
　　・技術的ガイドラインの策定
　　・市町村による総合的な福祉のまちづくり計画の策定
　②すべての主体の連帯の協働による整備促進
　　・関係省庁間の連携
　　・高齢者・障害者や保健，医療等の分野との連携
　　・研修や相談業務の拡充や広報，啓発活動の推進

　建築に関して定めた「ハートビル法」，移動の円滑化を図る「交通バリアフリー法」や，女性の社会進出を促す「子育てバリアフリー環境」等，着実に法的整備は進みつつある．また，福祉の捉え方も従来の弱者救済型から，機会の均等，すべての人にとって住みやすいまちづくりへと意識的変革もみることができる．福祉インフラの基本理念となる言葉として，ノーマライゼーションやユニバーサルデザインがあるが，それらは社会全体の問題から国民1人1人の問題へとブレイクダウンしてゆく考え方である．すなわち，各個人それぞれがもつ多様性こそが，その視座となるべきものである．それは人間のライフスパンの問題とも捉えることができる．乳幼児から高齢者に至るプロセスの多様さ，人それぞれの身体的，精神的条件の多様さ，生活や職場環境の多様さ等，それぞれの多様さに対し可能な限り対応できることを目指すインフラの整備である．今後に向けては，福祉という言葉を使うまでもなく，これがあたりまえのインフラ整備となるべきであり，数値目標と同時に，整備内容が問われることとなる．（参考：国土交通省ホームページ，http://www.mlit.go.jp/sogoseisaku/policy/fukushi.htm，国土交通政策ホームページ）　　　　　　　　　（三宅祥介）

文　献
1) 福祉インフラ整備ガイドライン研究会編：福祉インフラ整備ガイドライン，ケイブン出版，1996
2) 浅野房世・亀山　章・三宅祥介著：人にやさしい公園づくり，鹿島出版会，1996

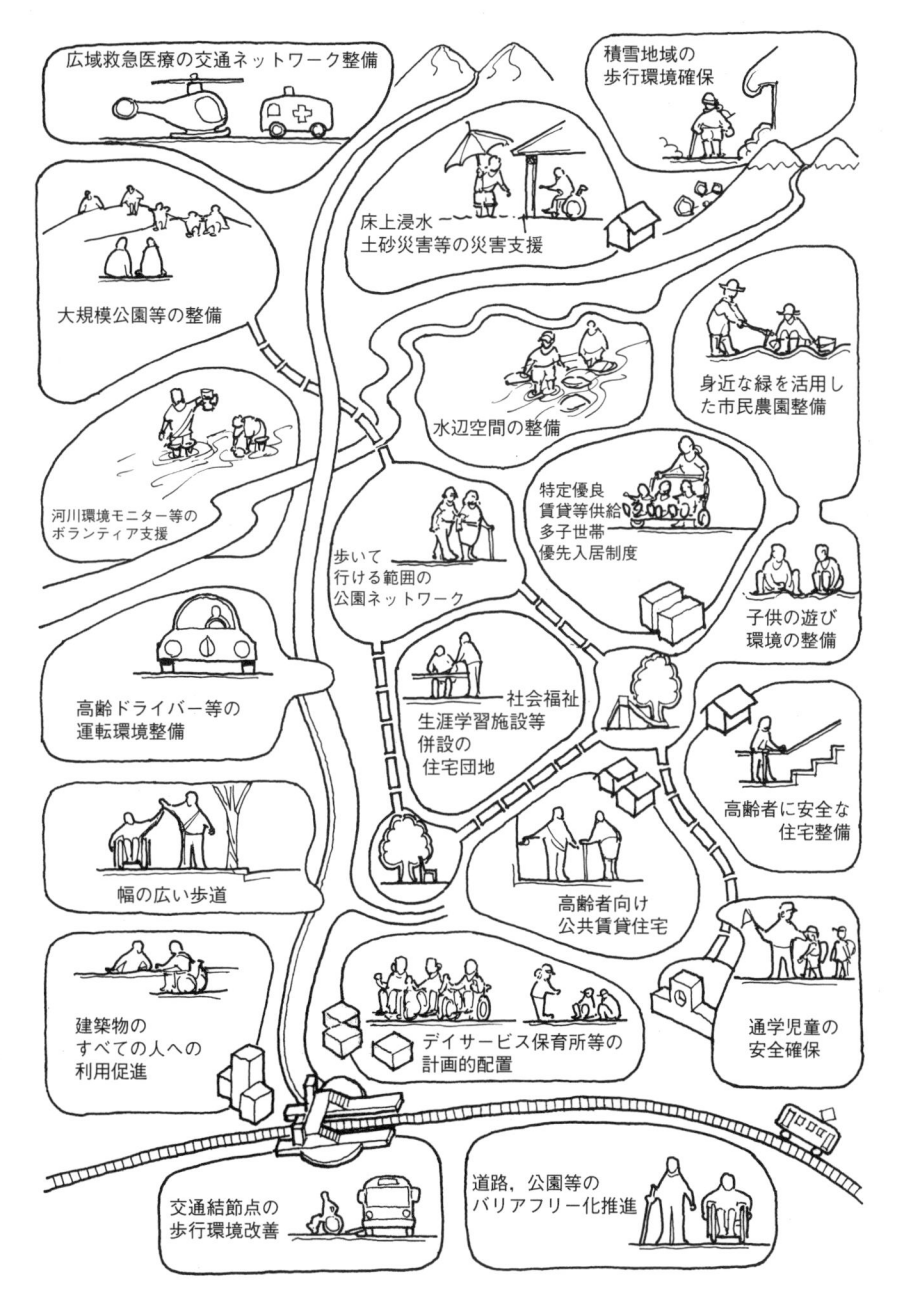

図 18-1 福祉インフライメージ図

J19　ユニバーサルデザイン ── Universal Design

人は一様に老い，やがて体力の衰えを感じる．幼児期にはまだその能力を発揮するには至らない．妊娠期の人は一時的ではあるが，もてる能力を発揮することができない．また，身体に障害をもつ人も同様である．これらの人々にとって，健常者を基準に考えられた，製品，建築，都市施設等には，利用できないものが多い．健常者には利用できるが，そうでない人には利用できないもの，たとえば階段や急な斜面等をバリアー（障壁）と考え，それを取り除きさえすれば問題が解決されるとするのが，バリアフリーと呼ばれる考え方である．しかし，階段の横に取りつけられたスロープの例で見られるとおり，健常者は階段を使い，それを使えない人がスロープを使うという解決策は，ある意味で差別的であり，かつ施設的には二重の投資となり，必ずしも完全な解決策とはいえない．このような状況を打開するべく考えられたものが，ユニバーサルデザインである．すべての人が共通に使える物や空間をデザインすることを意味する．この考え方をまとめ上げる役割を果たした人物が，米国の工業デザイナーであったロン・メイス（Ron Mace）である．彼は，「できる限り最大限すべての人に利用可能であるように，製品，建築，都市空間をデザインすること」と定義した．さらにその思想を示すものとして，7つの原則を示した．

① 誰にでも公平に使用できること．
② 使う上での自由度が高いこと．
③ 簡単で直感的にわかる使用方法となっていること．
④ 必要な情報がすぐ理解できること．
⑤ うっかりエラーや危険につながらないデザインであること．
⑥ 無理な姿勢や強い力なしで楽に使用できること．
⑦ サイズや空間が，誰もが使えるものであること．
（コピーライト，第2版，1997．ニューヨーク州立大学，センター・フォー・ユニバーサルデザイン）

厚生白書によれば，老年人口が総人口に占める割合は，2010年には20%に，そして2050年にはおよそ40%になると見込まれている．このことは，老年人口を，ご隠居さんなどと呼ばれる特別な人とは，もはや見なすことはできないことを示し，一部の健常者のためだけに考えられたデザインは，需要と供給のバランスを欠くものとなりかねない．ユニバーサルデザインは別ないい方では，幼児から老人まで使うことのできるデザインともいわれる．障害者のみならず，幼児，高齢者，妊婦等が健常者と同じように使えるデザインがユニバーサルデザインである．とはいえ，必ずしもこのようなデザインが存在するとは限らない．また障害の種類によっても，求められるものは違う．その場合，すべての人が使える1つのデザインを求めるのでなく，多くの選択肢をもち，利用者が最適の物を選ぶことができるとする考え方が正しい．さらにはより完璧な物にするための努力をし続ける姿勢がユニバーサルデザインである．
（参考：http://www.dsign.nc.su.edu:8120/cud/）
　　　　　　　　　　　　　（三宅祥介）

文献
1) 厚生労働省：厚生労働白書，ぎょうせい，1999
2) 日本公園緑地協会：みんなのための公園づくり，文巧社，1999
3) 古瀬 敏編：ユニバーサルデザインとはなにか，都市文化社，1998

(a) スロープと階段の両方のアクセスが同等に作り込まれている

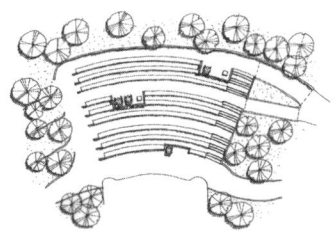

(b) 野外劇場における選択できる車椅子席

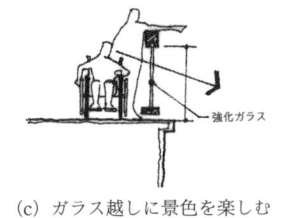

(c) ガラス越しに景色を楽しむ

(d) 視線に配慮した手すり

(e) アクセスが難しい場合は視覚的アクセスを確保する

(f) 木の幹や枝へのアクセス

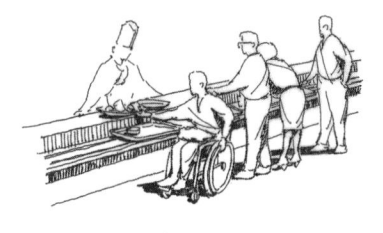

(g) アクセス可能なセルフサービスカウンター

(h) 砂場へのアクセス

(i) 芝生へのアクセス

(j) レイズドベッド

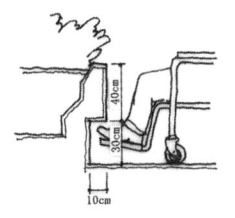

(k) レイズドベッド断面

図 19-1　ユニバーサルデザインの設計例

K 教育・文化

K1　環境都市と教育・文化
—— Environment City from Educational and Cultural Aspects

　国連人間環境会議（1972年，ストックホルム），国連環境開発会議（1992年，リオデジャネイロ），国連持続可能な開発委員会等，重要な国際会議の場で，持続可能な社会の実現に向けた教育・啓発の役割は繰り返し強調されてきている．広範囲に及ぶ環境問題を解決し，環境都市の実現に導く鍵は，問題の根底に横たわる社会的，経済的，文化的要因の中にあり，問題解決のための決定はその社会固有の価値観に大きく左右されることによる．教育・啓発は価値観の形成に機能しているからである．

　わが国では，社会・経済の変化に対応するための教育の必要性のみならず，家庭や地域社会の教育力の再生・向上，学習需要の増大への対応等を背景として，生涯学習社会への取り組みの充実が求められている．また，自ら住む都市への関心がなければ，よい都市は生まれない．地方分権型社会への転換が目指される中で，市町村が自立的なまちづくりを進める上で不可欠な人づくりの視点からも，学習者の自発性，主体性を重視した「学習」への期待は大きい．

　環境都市，持続可能な社会の形成に向けては，単に文化を継承するシステムとしての教育だけではなく，社会の変革や改造を促し，よりよい社会を築くための教育・学習が求められる．言い換えれば「生きる力」を培い，社会参画に向けて市民をエンパワーメントし，市民性を育む教育・学習である．今日では，大人だけでなく子どもの参画という観点から，学習内容や進め方のありようが再考されつつある．

　学習にあたっては，ものごとを総合連関的かつ多角的に捉えていく総合的な視点や，行動や実体験に重きをおいた問題解決型の学習，批判的思考を伴った学習が重視される．また，様々な主体の連携，様々な学びの場の連携が欠かせない．

　学校教育においては，学習指導要領の改訂により2002年度から「総合的な学習の時間」が導入された．身近な課題を取り上げ，教科の枠にとらわれない総合的な学習を，子どもたちが主体的，創造的に積み重ねることによって，自ら学び考える力をつけ「生きる力」を伸ばしていくことをねらいとしている．この時間を活用し，環境，福祉・健康，国際理解等，環境都市と密接にかかわる課題学習の実践が可能となった．さらに，学校のエコスクール化，校庭緑化，学校ビオトープなどの取り組みも進展しつつある．

　社会教育の場においては，NPOや行政等による環境学習や啓発事業，都市公園，河川等の様々な場を活用した学習プログラムが実施されている．学習成果が環境都市づくりに生かされる仕組みの整備が必要である．

　また，企業においても，環境への取り組みの推進や環境パフォーマンスの向上を図る上で重要な基盤であると位置づけ，環境教育・環境学習に積極的に取り組む事例が増えてきている．しかし，規模の小さな企業ほどその取り組みは遅れており，今後の課題である．

　環境都市における教育・学習は，「自然と人間」「人間と人間」のかかわりの文化と歴史をもつ地域に根ざしつつ，同時に他の地域や将来世代のニーズを考慮した新しい価値観の形成に寄与するアプローチが求められる．
　　　　　　　　　　　　　　（伊藤寿子）

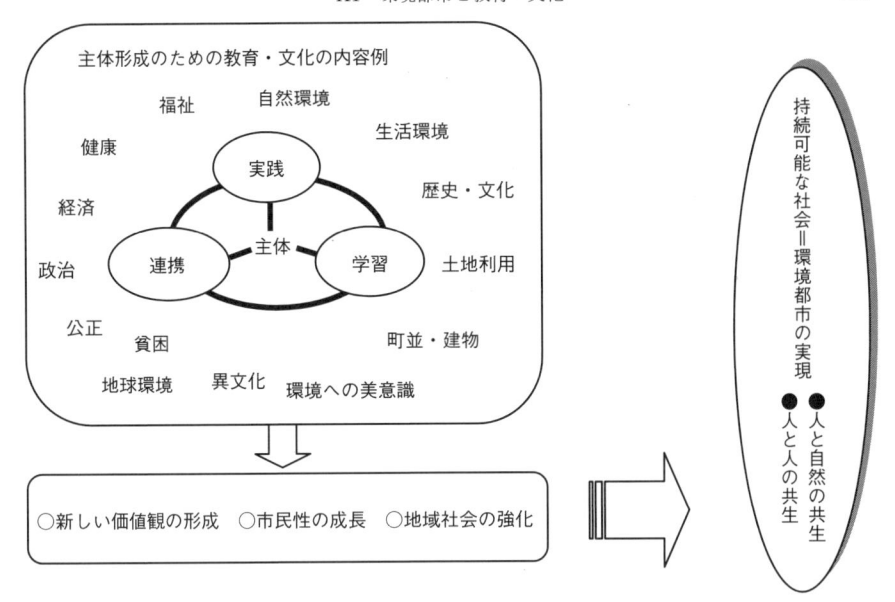

図1-1 環境都市実現に向けた教育・文化の役割（イメージ図）

図1-2 大人と子どもがともにアイデアを出しあうワークショップ

図1-3 学習施設における環境団体の情報発信

図1-4 日進市シルバー人材センターの市民事業：子ども用品のリサイクルショップ「あいさ」

K2　生涯学習

—— Lifelong Learning

　1965年，ユネスコの第3回成人教育推進国際委員会に，「生涯教育について」と題するワーキングペーパーが提出された．この委員会の事務局を務めていたポール・ラングラン（Paul Lengrand）が中心にまとめたレポートである．これをきっかけに，生涯教育の用語が全世界に広がった．ラングランによれば，現状の教育は個人の可能性を伸ばすというよりも社会の歯車として抑圧する道具になっている．このレポートは，そうした事態から脱却し，個人の主体性と自発性を尊重するとともに，人間として豊かな人生を送ることを支援するための教育へと転換させることを訴えたものである．具体的には，人の一生を通じて（垂直次元／時間軸），あらゆる部門間（水平次元／空間軸）で教育が統合され，個人の必要に応じて利用しやすい仕組みが構築されなければならないとする．これが，生涯教育（生涯学習）論における基本理念としての「垂直的・水平的統合」である．たとえば日本の教育を図式的に表すと，図2-1のようになる．図の網掛部のように就学前は家庭教育，学齢期は学校教育，成人後は社会教育の役割が大きいとはいえ，あらゆる年齢段階ですべての教育を柔軟に利用でき，しかも生涯にわたって学習を順次発展させていけるような仕組が重要である．「垂直的・水平的統合」とは，そのような仕組みをつくり上げることを意味する．

　1987年に臨時教育審議会が「（学校中心の教育体系から）生涯学習体系への移行」を提案して以来，日本では生涯学習という用語が一般的となった．言葉の意味としては，各人の（自発的な意思に基づく）生涯にわたる学習が「生涯学習」，そのために多様な教育機能を整えて充実させることが「生涯教育」（いわば生涯学習の支援システム）と理解される．ただし，生涯学習の概念には，レクリエーション・ボランティア活動・娯楽的テレビ視聴・一般的な会話等，生活のあらゆる場面で知らず知らずのうちに発生する気づきや知識吸収（これを偶発的（無意図的）学習という）も含まれる．一方，教育機能として整備されるものを利用しない学習（たとえば，地域の高齢者から昔話を聞きながら郷土史を学ぶ等）も，生涯学習の一環に位置づけられる．これを独力的学習と呼ぶとすれば，生涯学習と生涯教育との関係は図2-2のように表すことができる．

　近年になって活発化したボランティア活動と生涯学習の関係は，次の3つの側面から捉えられる．①ボランティア活動自体が生涯学習（偶発的学習），②生涯学習を支援するためのボランティア活動，③生涯学習の成果活用としてのボランティア活動．このうち，③は住民・市民主体のまちづくり活動にとって大きな原動力となる．従来は「生涯学習のためのまちづくり」という観点から，地方自治体による学習拠点の整備が精力的に行われていた．これに対し，最近では「生涯学習によるまちづくり」が注目され，生涯学習の成果をまちづくりに生かす住民活動や市民活動が各地で活発化している．

〔田中雅文〕

文　献
1) 白石克己ほか編：生涯学習の新しいステージを拓く（全6巻），ぎょうせい，2001
2) 鈴木眞理ほか編：生涯学習社会における社会教育（全7巻），学文社，2003

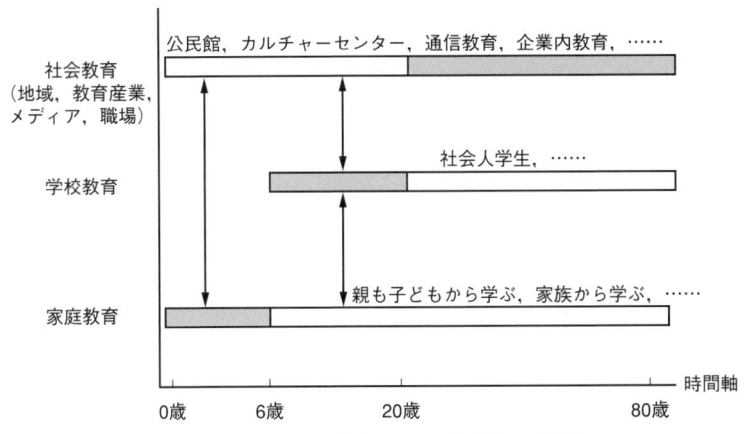

図 2-1 時間軸・空間軸からみた教育機会の構図

縦軸を時間軸（垂直次元），横軸を空間軸（水平次元）にしたほうが，縦＝垂直，横＝水平という一般感覚に合うけれども，表記の都合上，縦軸を空間軸，横軸を時間軸にしてある．

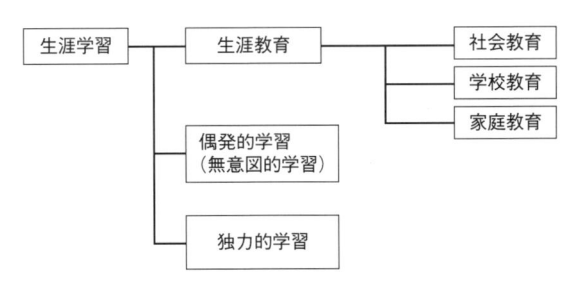

図 2-2 生涯学習と生涯教育の関係

K3　環境教育・環境学習
―― Environmental Education and Environmental Learning

「環境教育」という言葉が使われたのは，1948年のIUCN（国際自然保護連合）の発足会合の場であり，環境教育は主として自然保護のための教育を意味していた．その後，公害問題や生活型環境問題が先進各国で激化するにつれて，環境教育は環境のための教育へと展開していく．環境問題をテーマにした初めての国際会議である「国連人間環境会議」（1972年，ストックホルム）で，環境教育の必要性と，国際的協議を踏まえた計画づくりが勧告され，国際的な環境教育の流れが始まった．

この勧告を受けて，5年後の1977年に，環境教育に関する政府間会議がトビリシで開催された．また，これに先立つ2年前，1975年には，トビリシ会議の準備のために，環境教育専門家ワークショップがベオグラードで開催されている．世界の環境教育・環境学習の概念は，このトビリシ会議およびベオグラード会議の成果を基礎としており，わが国においてもこれらのフレームが理論的な規範となっている．トビリシ会議で各国が合意したトビリシ宣言では，環境教育の目標を次の5つとしている．

(1) 関心：　社会集団と個々人が，環境全体および環境問題に対する感受性や関心を獲得することを助ける．

(2) 知識：　社会集団と個々人が，環境およびそれに伴う問題について基礎的な知識を獲得し，様々な経験をすることを助ける．

(3) 態度：　社会集団と個々人が，環境の改善や保護に積極的に参加する動機，環境への感性，価値観を獲得することを助ける．

(4) 技能：　社会集団と個々人が，環境問題を確認したり，解決する技能を獲得することを助ける．

(5) 参加：　環境問題の解決に向けたあらゆる活動に積極的に関与できる機会を，社会集団と個々人に提供する．

トビリシ会議の勧告は，「環境教育は，問題認識，行動姿勢および価値の創造を目標とすべきである」としており，環境教育・環境学習では，自らが課題を発見し，自らが考え，解決方法を見出し行動していくことが重視される．また，学校教育だけでなく，地域や家庭，職場等，様々な場で，そして生涯を通じて行われることが求められる．

その後，国連環境開発会議（1992年，リオデジャネイロ），環境と社会に関する国際会議（1977年，テサロニキ）等を踏まえて，環境教育は「環境のための教育」を超えて，「持続可能な社会の実現のための教育」とする共通理解が深まっている．したがって環境教育・環境学習の学習領域は，環境のみならず社会，経済等，極めて多岐にわたり，人と自然，環境と社会，将来世代との生活のかかわり，国内外の他地域とのかかわり等の関係性を見つめ，総合的に扱うことが必要とされる．

わが国では「環境基本法」において環境教育・環境学習が位置づけられている．また2003年には，環境教育を推進し，環境の保全についての国民1人1人の意欲を高めていくこと等を目的に，「環境の保全に関する意欲の増進及び環境教育の推進に関する法律」が制定された．　　　（伊藤寿子）

知る

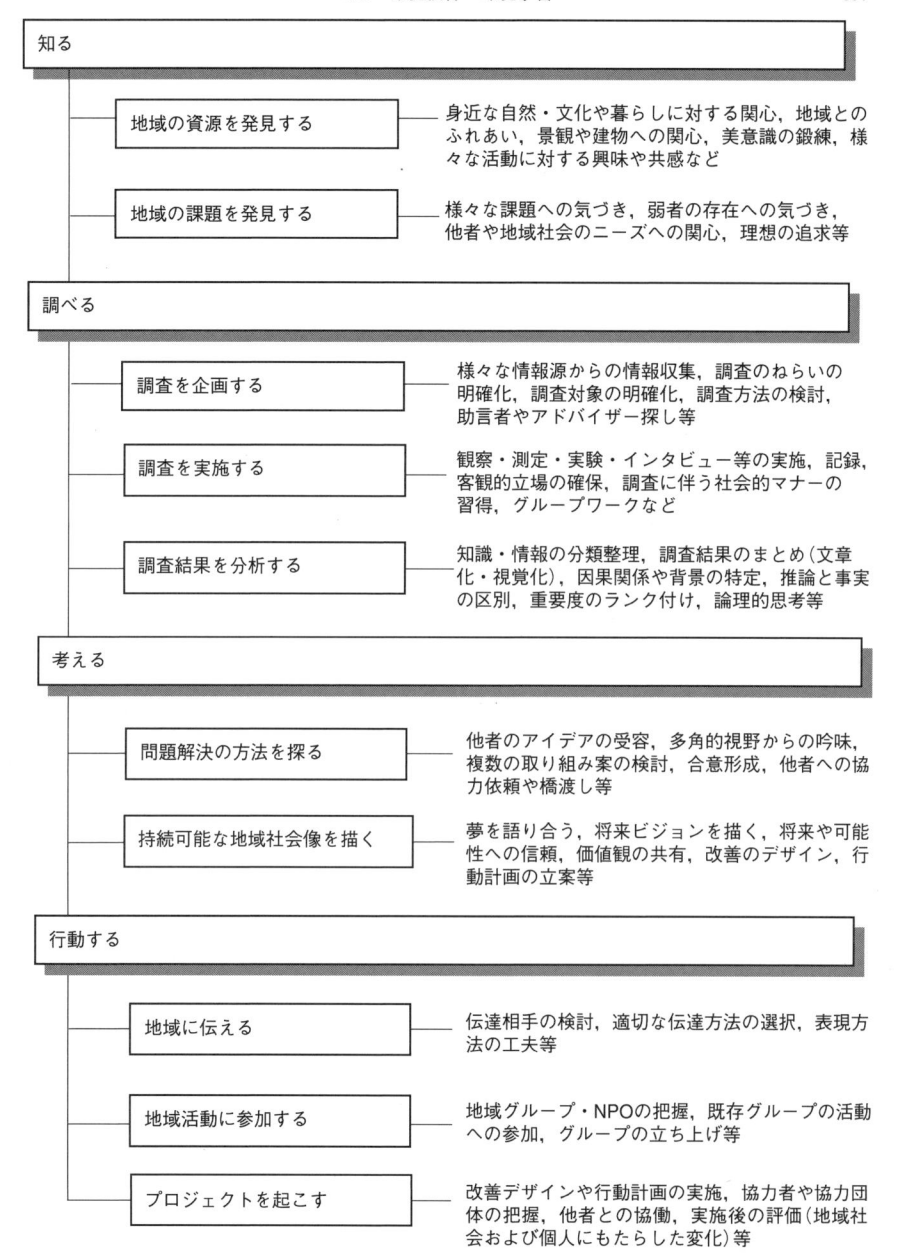

- **地域の資源を発見する** — 身近な自然・文化や暮らしに対する関心，地域とのふれあい，景観や建物への関心，美意識の鍛練，様々な活動に対する興味や共感など
- **地域の課題を発見する** — 様々な課題への気づき，弱者の存在への気づき，他者や地域社会のニーズへの関心，理想の追求等

調べる

- **調査を企画する** — 様々な情報源からの情報収集，調査のねらいの明確化，調査対象の明確化，調査方法の検討，助言者やアドバイザー探し等
- **調査を実施する** — 観察・測定・実験・インタビュー等の実施，記録，客観的立場の確保，調査に伴う社会的マナーの習得，グループワークなど
- **調査結果を分析する** — 知識・情報の分類整理，調査結果のまとめ（文章化・視覚化），因果関係や背景の特定，推論と事実の区別，重要度のランク付け，論理的思考等

考える

- **問題解決の方法を探る** — 他者のアイデアの受容，多角的視野からの吟味，複数の取り組み案の検討，合意形成，他者への協力依頼や橋渡し等
- **持続可能な地域社会像を描く** — 夢を語り合う，将来ビジョンを描く，将来や可能性への信頼，価値観の共有，改善のデザイン，行動計画の立案等

行動する

- **地域に伝える** — 伝達相手の検討，適切な伝達方法の選択，表現方法の工夫等
- **地域活動に参加する** — 地域グループ・NPOの把握，既存グループの活動への参加，グループの立ち上げ等
- **プロジェクトを起こす** — 改善デザインや行動計画の実施，協力者や協力団体の把握，他者との協働，実施後の評価（地域社会および個人にもたらした変化）等

図3-1　環境教育・環境学習における実践の構造（地域を出発点として）

K4　環境学習プログラム
—— Environmental Learning Program

　環境学習プログラムとは，環境学習の目的達成のための具体的な学習活動の1つ1つ，また，体系づけられた一連の活動をいう[1]．環境学習プログラムにおける細かな活動（学習活動の最小単位）をアクティビティという[2]．環境学習プログラムは，通常いくつかのアクティビティから構成され，どのようなアクティビティをどのような流れで組み合わせるかによってプログラムが決まる．したがって，アクティビティにもプログラムの流れの各段階で担うねらいがある．

　環境学習プログラムは，「導入」「主体となる活動」「ふりかえり・わかちあい」の3つの流れを考慮して実施される．

　①導入：　学習者が限られた時間の中で効果的に学習できるように，学習者の緊張をほぐし，不安を取り除くこと（＝アイスブレイク）がねらいとなる．学習者同士，学習者と指導者とのアイスブレイクはもちろん，学習者とプログラムを行う環境とのアイスブレイクも重要である．学習者が周囲の環境に目を向け，主体となる活動に興味と意欲をかき立てられるようなアイスブレイクを行う必要がある．

　②主体となる活動：　環境学習の目的達成までにはいくつかの段階がある．環境学習のステップの1例を図4-1に示す．環境学習の活動の中で，幼児期は「in＝環境の中での活動」が主となり，年齢が高くなるにつれて，「about＝環境について知り，調べる活動」，次いで「for＝環境のために行動する活動」の割合が増していくことを示している．各環境学習プログラムを企画する際には，学習者の年齢や環境への知識・関心の強さ等の段階を考慮して，より具体的なねらいを定める必要がある．主体となる活動は，この定められたねらいを達成するために実際に体験したり，考えたりする時間である．

　③ふりかえり・わかちあい：　学習者にとっては，環境学習プログラムを通して感じたことや気づいたことを自分自身でもう一度ふりかえって整理し，他の学習者と共有する（＝わかちあう）時間である．また，指導者にとっては学習のまとめを行う時間でもある．体験から得たことを言葉や絵で表現し，発表するといったアクティビティが行われることが多い．体験したことと自分とのつながりについて考えることや，他者の気づきを理解することから新たな気づきを得る等，体験を深め，体験から学ぶための時間である．

　体験から学ぶことは，環境学習の最も重要な要素のうちの1つである．特に，五感を用いた体験は，自然認識を育て，感性を育成し，学習の材料を形成し，長期記憶を維持するので，環境学習にとって重要な基盤となる[3]．この体験をそれだけで終わらせることなく，そこから得たことを表現することによって，学習者は体験を知的に整理・発展させ，情意的に深めることができる[3]．この流れを踏まえた学習を体験学習という．体験学習の流れを図4-2に示す．

　環境学習プログラムは，このような流れを踏まえ，環境，参加者の興味・背景，指導者の想いの3つの要素が重なって構成される．指導者は学習者に教えるのではなく，学習者が自ら環境に対して気づき，考える時間とそれが行いやすい場・雰囲気をつくることが大切である．また，自ら得た気づきが，新たな興味・関心へとつながり，最終的に自主的で実践的な行動へと発展するよう見守り，ときに後押しする．環

K4 環境学習プログラム

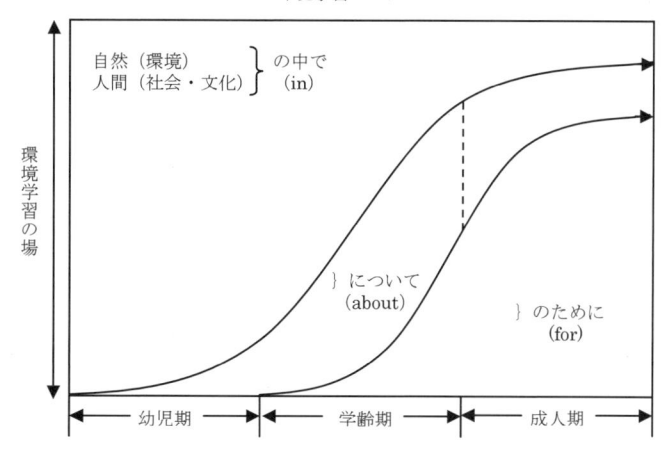

図4-1 環境学習のステップ[4]

環境学習の活動を ① in＝環境の中での活動, ② about＝環境について知り, 調べる活動, ③ for＝環境のために行動する活動に, 分けている.

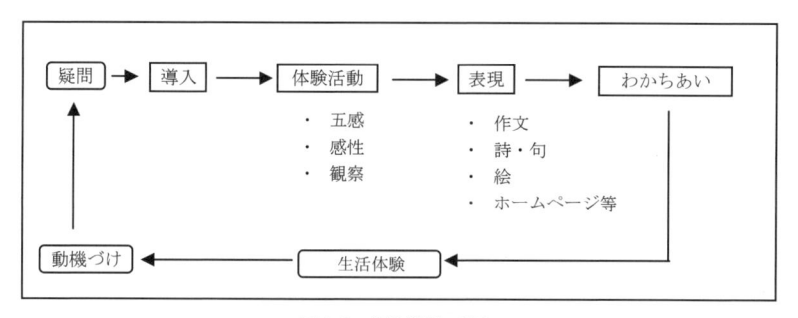

図4-2 体験学習の流れ

□ は環境学習プログラム中の活動を, □ はそれ以外を表している. 学習がプログラムの中だけで終わることなく, 学んだことが生活の中で, もう一度整理され, 次の段階に結びついていくことが大切である.

境学習プログラムの主役は学習者であることを忘れてはならない.
　　　　　　　　　　　　　　（村松亜希子）

文献

1) 結城光夫・伊原浩昭編：子どものための環境学習―総合的学習の時間や現代的課題へのアプローチ―, 43 pp., ぎょうせい, 2001
2) 日本生態系協会編：環境教育がわかる事典, 世界のうごき・日本のうごき, 287 pp., 柏書房, 2001
3) 湊　秋作編：田んぼの学校　まなび編, pp.216-217, 農村環境整備センター, 2002
4) 阿部　治編：子どもと環境教育, 東海大学出版会, 1993

K5　都市公園と環境学習
—— Environmental Learning in City Parks

1. 都市公園のもつ教育力

　都市公園は都市の緑とオープンスペースとして，季節を問わず誰もが安心して利用できるとともに，良好な都市環境を形成する等の多様な機能を果たす都市の根幹的な施設である．ここには生物の多様性を支える緑，水，土等の自然のフィールドを有しており，人々に自然とふれあう機会を提供し，自然と人間とのかかわりや自然との体験・学習を通して，環境に対する関心や理解と行動を起こさせることが期待される．このように都市公園のもつ空間は，これに親しみ理解することによって情操教育や環境教育に役立つ重要な要素をもっている．

2. 環境学習への取り組み

　環境学習の視点に立った施策的な都市公園の整備としては，市民への都市緑化意識の高揚や植栽知識の普及等を図るため1975年から進められている「都市緑化植物園」が最初である．その後，環境学習をより明確に政策目的として掲げて都市に自然を呼び戻し，人間と自然がふれあえる拠点となる自然観察公園「アーバンエコロジーパーク」が1987年より始まった．さらに，この公園を発展させ，市民の環境活動や指導者育成等の拠点としての機能ももった「環境ふれあい公園」の整備が1996年から推進されている．このように都市緑化の推進や知識の普及啓発から始まり，環境学習の場づくりさらにボランティア活動や指導者の育成といったソフト面にも視点を置いた公園の整備が進められている．

　地球環境問題やヒートアイランド現象の顕在化，生物多様性の確保や学校教育における総合的な学習時間の導入等と相まって，都市公園における環境学習への取り組みがさらに求められることになる．

3. 環境学習の充実に求められる要素

　都市公園における環境学習の導入にあたっては，プログラムの充実とその普及，実施を支える人材の育成，確保が欠かせない要素となる．公園で実施されるプログラムとしては，ガイドブックや解説版等によって利用者が個々に活用できるように設定されたものから，指導者の研修を目的としたものまで段階的に分類される（表5-1）．

　全体を通して，楽しみながら体験的に学べる魅力のある質の高いプログラムと，実施する指導者の育成・充実が求められ，また重要な要素となる．これは意欲的な指導者の存在によって実現される．

　また，市民は公園での環境学習を進める上でのパートナーとして様々な可能性を秘めており，公園の整備や管理・運営に参加するボランティアの育成や連携が重要である．公園としては適正な技術や情報の提供，活動の場の提供や必要に応じてコーディネートを行い，市民のもつ可能性を引き出すことが大切である．

　これらの展開を図るにあたっては，優れたプログラムの導入も有効な手法であり，米国で実績を誇る公園緑地管理財団が実施している「プロジェクト・ワイルド」（図5-1）や(社)ネイチャーゲーム協会の「ネイチャーゲーム」等がある．プログラムの充実にあたっては，指導者同士の情報交換や討議を通して，現行プログラムへのフィードバックにより必要な改訂を行い，わが国の都市公園をフィールドとした独自のプログラムの確立が求められる．

（北山武征・山本梨恵子）

文　献

1) 建設省公園緑地課：都市公園における環境教育プログラムの導入に関する調査報告書，pp.40-41, 1999

K5　都市公園と環境学習

表 5-1　都市公園における環境学習プログラムの分類

分類	プログラム	種類	対象	内容
セルフガイド型	利用者が個人的に活用できるように設定されたプログラム	基本型	利用者全員	関心の低い利用者層であっても、関心が高まるよう工夫したガイドブック、解説版、施設等を提供する
		選択型	希望者	関心のある利用者層が個人で学べるよう、希望者に対して年齢や段階等に応じたガイドブック等を提供する
一般教養型	指導者が利用者を対象に利用指導またはイベントとして行うプログラム	定点ガイド型	利用者全員	指導者が一定の場所でインタープリテーションを行い、関心の低い利用者層のきっかけづくりを行う
		イベント型	希望者	対象者の年齢や段階等に応じたプログラムをイベントとして希望者に提供する
持ち込み型	自主的参加意欲のある利用者集団が独自に企画・運営するプログラム	持ち込み型	自主的参加意欲のある利用者集団	自主的参加意欲のある利用者集団が年間カリキュラムを作成し、それに従って会員が環境整備、セルフガイド施設の維持管理、創作活動等参加型のプログラムを自ら実施する
育成型	指導者やリーダーの希望者を対象に研修等を行うプログラム	育成型	指導者、リーダー希望者	園内で活動する指導者や、利用者集団のリーダー、園外で活動する既存団体のリーダーの希望者を対象に、人材育成を目的に研修を行う
指導型	学校、団体等の引率者に対して行うプログラム	指導型	教員等団体利用の引率者	学校、団体等が環境教育の場として公園を利用する際、引率者が指導者となってプログラムを実践できるよう事前に指導を行う

(a) 7つのテーマとアクティビティ

1. 気づきと理解　　5. 文化と野生生物
2. 様々な価値観　　6. 傾向、問題点および結果
3. 生態系の原理　　7. 人間の責任ある行動
4. 管理と保全

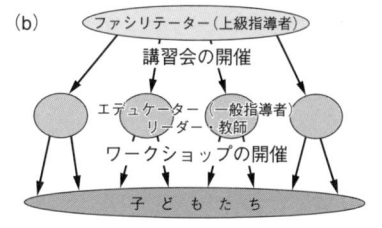

(b) ファシリテーター（上級指導者）
→ 講習会の開催
→ エデュケーター（一般指導者）リーダー・教師
→ ワークショップの開催
→ 子どもたち

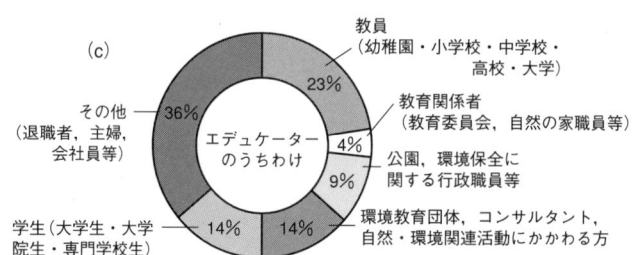

(c) エデュケーターのうちわけ

- 教員（幼稚園・小学校・中学校・高校・大学）23%
- 教育関係者（教育委員会、自然の家職員等）4%
- 公園、環境保全に関する行政職員等 9%
- 環境教育団体、コンサルタント、自然・環境関連活動にかかわる方 14%
- 学生（大学生・大学院生・専門学校生）14%
- その他（退職者、主婦、会社員等）36%

図 5-1　環境教育プログラム「プロジェクト・ワイルド」運営と仕組み

プロジェクト・ワイルドは、米国で幼稚園から高校までの子どもたちを指導する教育者向けに開発された、生き物を題材とする環境教育プログラムである。子どもたちの気づきや理解から始まり、(a) のような段階的に自然資源に対して責任ある行動や建設的な活動を身につけていくことを目的としている。プロジェクト・ワイルドは、養成されたファシリテーター（上級指導者）がエデュケーター（一般指導者）を養成し、そのエデュケーターが子どもたちにワークショップを行うという仕組みになっている (b)。米国では 1983 年からこれまでに 90 万人以上の指導者が養成され、4800 万人以上の子どもたちがワークショップを受けている。日本では、(社)公園緑地管理財団が普及と指導者の養成を行っており 2004（平成 16）年度までに全国で 299 人のファシリテーターを養成し、7000 人のエデュケーターが誕生し活躍している。そのエデュケーターの職業別の内訳は (c) のような構成になっている。

K6　環境学習公園

—— Parks for Environmental Learning

1. 自然のふれあいと公園

　近年の地球規模の健康被害を伴う環境阻害や，国民の環境に対する意識が向上するとともに，生活環境の向上に対する要求が高まり，人と環境とのかかわりを強めた身近な自然とのふれあいに対する欲求が高まってきている．

　自然とのふれあいは，環境基本法（1993（平成5）年成立）においても，基本的施策の1つと位置づけられており，自然環境の恵沢を享受するための基本的かつ具体的な行動である．自然の豊かな地域に出かけていったり，街の中の緑や水辺に安らぎを覚えたりすることにより，自然性の回復や保健休養効果を期待するばかりか自然へのモラルと愛情を育む等の効果も期待されている[1]．

　公園でふれることのできる自然は（ここでの「公園」は自然公園，都市公園両者を含む，広くは河川環境楽園，バードサンクチュアリー等を含めて考える），都市内の身近な自然から国を代表する原生的な自然までと考えることができる．特に都市域や近郊に立地する公園は，誰でも手軽に，そして楽しく自然にふれることが可能で，ふれあいの場としての重要性が認識されている．

　公園は以前から自然を主要なテーマとしてきたが，このように自然とのふれあいを通して環境教育効果を重視した公園を「環境学習公園」と呼んでいる．

2. 環境学習公園に求められるもの

　公園での環境教育の展開を考えると，環境教育を定義した，ベオグラード憲章の6つの段階的目標（図6-1）すべてを実践できる点が特徴として考えられる．

　すなわち，「公園で遊ぶ」が喜び，驚き，あこがれ，楽しみを通して第一段階の関心にあたり，解説版の説明やビジターセンターでの学習は知識を深め，技能を高めることや評価能力の向上につながる．また得られた知識やもっていた能力を発揮して指導や解説を行ったり，インタープリターとして公園で活躍することが最終段階になるわけである．

　公園での展開を考えると，第一に立地と面的な広がりを含めたポテンシャルを十分に生かすことが必要である．特に地区，地域の自然の特性を十分に把握し，保全し活用することが求められる．

　第二には，「動機づけ」から「参加の場提供」に役立つ施設．園地や樹林の緑，水辺と水面，観察施設や「ビジターセンター」等を配置することで，環境教育の展開が容易に行える場とする．

　配置や計画にあたって留意する点は，1つの公園で環境教育のすべての機能を実践する必要はなく，公園は都市公園にしろ，自然公園にしろ体系的，系統的に整備されているのでそれを生かし，公園間相互で補完しあって全体・全域で機能を発揮させるようにするべきである．

　したがって，計画する個々の公園でどんな機能を果たさせるか，機能に合致する自然の保全や施設の整備を行うかを，十分に検討することが重要である．

　また，理解と学習を助ける「人を育てるシステム」の構築と「いきとどいた運営と管理」を行って「環境学習公園」はその役割を十分に発揮できることとなる．

〈黛　卓郎〉

文献
1) エコ・ツーリズムと環境教育，プレックスタディレポート，**1**，pp.152-165，1997

K6 環境学習公園

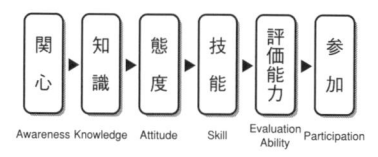

図6-1 ベオグラード憲章（1975（昭和50）年）による環境教育の6つの段階

関心 → 知識 → 態度 → 技能 → 評価能力 → 参加
Awareness　Knowledge　Attitude　Skill　Evaluation Ability　Participation

表6-1 施設展開

段階	アクティビティーと施設例	
関心	自然観察	観察路，観察ハイド，デッキ
知識	動・植物観察	
態度	解説を受ける	解説版
技能		ビジターセンター〔レクチャールーム・ジオラマ〕ビジターセンター
評価能力	調査・研究を行う．	〔図書資料〕ビジターセンター
参加	解説をする．	〔研究室〕

図6-2 野鳥観察施設（観察ハイド）関心を生み，動機づけのしかけの例（図6-3も）．

図6-3 動機づけの遊具（鳥のクチバシの動き）

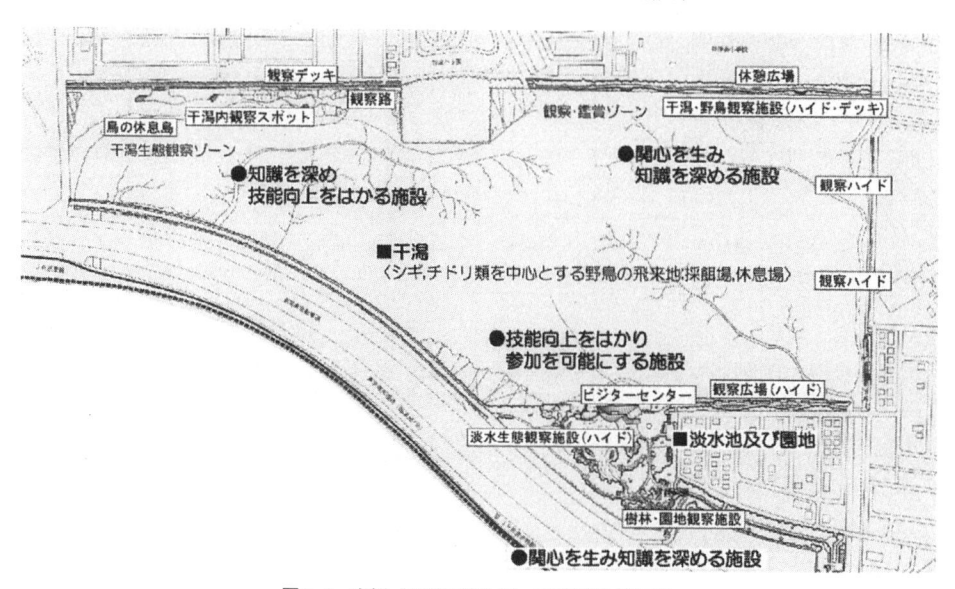

図6-4 事例（谷津干潟公園・千葉県習志野市）

K7　河川と環境学習
―― River and Environmental Learning

1. 河川における環境学習の有効性

河川を学習の場として見ると次のような特徴を捉えることができる．

① 河川には水と生き物がおりなす自然があり，そこで遊び，自然を体感することができる．

② 河川には堤防や護岸，橋などの施設があり，技術や科学の役割について気づくことができる．

③ 河川には人々がそれに取り組んできた背景があり，地域の文化歴史，人々の暮らしについて知ることができる．

④ 河川は全国どの都市にも存在する身近な地物で，自由に利用することができる．

河川はこのような特徴を備えていることから，「総合的な学習の時間」をはじめとする環境学習の格好のフィールドであるといえる．

図7-1には，都市河川を例に，河川における学習素材を示した．この例に示すように，河川には多様で中身の充実した学習素材を見つけることができる．

2. 「川に学ぶ」社会を目指す

河川審議会「川に学ぶ」小委員会は1998（平成10）年6月に「『川に学ぶ』社会をめざして」報告を発表した．この中で，"Think globally, Act locally（地球規模で考え，足もとから行動を）"という環境問題解決の理念を引用しながら，人々が学び，行動する場としての価値が十分発揮されている姿が望ましい河川の姿であるとした．そして，そのような河川と人とのかかわりを実現していくことが，「川に学ぶ」社会を築いていくことであるとした．

図7-2は，このような考えに基づいて，「川に学ぶ」社会を目指す各主体の役割を示したものである．

3. 国の主な施策

(1) 「子どもの水辺」再発見プロジェクト：　文部科学省，国土交通省，環境省連携プロジェクトで，1999（平成11）年度よりスタートした．地域の市民団体，教育関係者，河川管理者等が一体となって，「子どもの水辺協議会」を設置して，子どもたちの河川利用を促進し，地域における子どもたちの体験活動の充実を図る．

このプロジェクトでは，「子どもの水辺サポートセンター」が資機材の貸出，環境学習教材の紹介や各種情報提供，人材のコーディネイト等の活動支援を行う．

(2) 水辺の楽校プロジェクト：　国土交通省では，1996（平成8）年度から水辺の楽校プロジェクトを実施している．このプロジェクトでは，各登録個所において地域のNPO，ボランティア団体，地域住民，教育関係者，河川管理者等からなる推進協議会を設置し，水辺の楽校計画を策定するとともに，水辺整備を実施する．2003（平成15）年4月現在，全国で220カ所が登録されている．

(3) 学習活動に対する助成：　河川整備基金（河川環境管理財団）に，小・中・高校を対象とした「総合的な学習の時間における河川を題材とした活動」に対する助成制度（最高10万円）が設けられている．2002（平成14）年度分については319校が助成を受けた．（参考：ホームページ「川で学ぼう」（http://www.kawamanabi.jp/））

〈荒木　稔〉

文献
1) 河川審議会川に学ぶ小委員会：「『川に学ぶ』社会をめざして」報告，1998

K7 河川と環境学習

分野	学習素材	キーワード
環境	流域の姿	源流，上流，中流，下流，河口
	水循環	森と海を結ぶマクロな水循環
	川と地形	山地，丘陵地，台地，沖積地
	流れと水のはたらき	瀬と淵，中州，干潟，石
	川の汚れ	水質，水量，ゴミ，河道内浄化施設
	生物と生息環境	植物，魚，水生昆虫，鳥，ワンド，魚道
	レクリエーション	河川公園，景観，利用者
地域	川沿いの土地	土地利用，街づくり
	飲み水の歴史	ダム，取水施設，上水
	農業用水の歴史	用水，開発先覚者
	産業・地域の歴史	舟運，渡船，漁業，砂利採取
	文化芸術	歌，詩，絵，文学
防災	川の施設	堤防，護岸，水制，堰，橋
	災害の歴史	水害，水防団，治水先覚者
	防災のしくみ	水防活動，情報システム，治水のしくみ
福祉	川と福祉	癒し，バリアフリー，スロープ，トイレ
パートナーシップ	川づくりとパートナーシップ	人々の交流，連携のしくみ，人々の取り組み

（都市河川の学習素材）

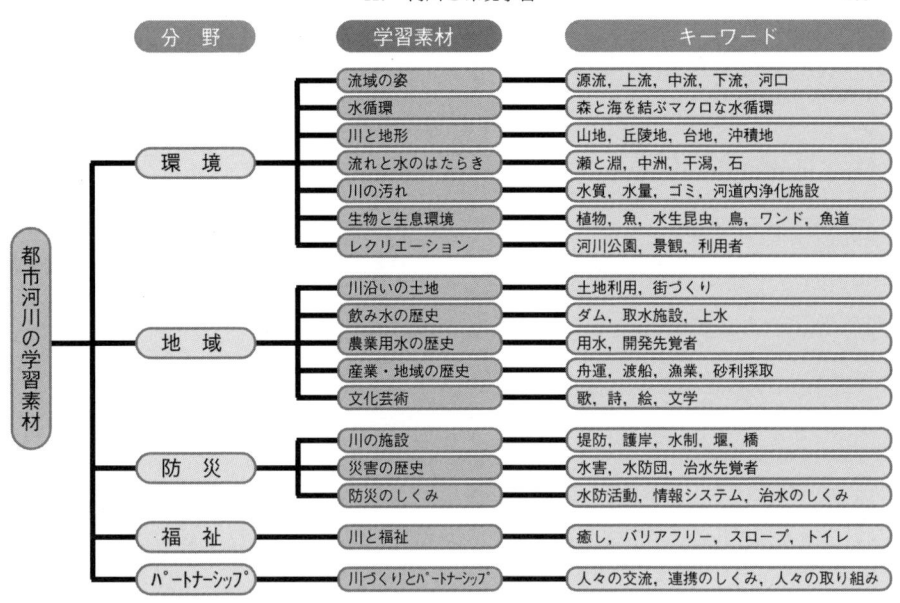

図7-1　河川における学習素材（都市河川の例）

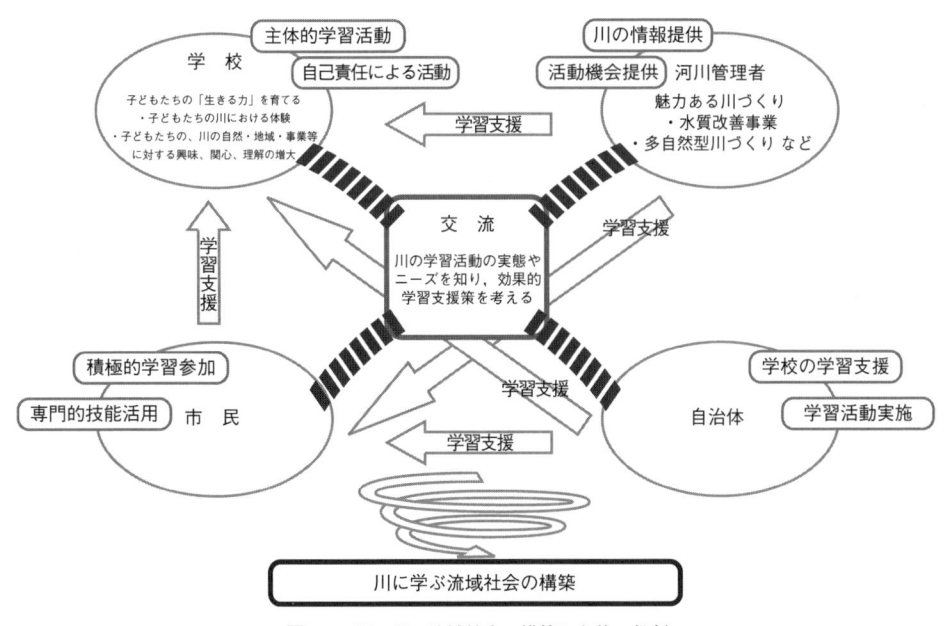

図7-2　川に学ぶ流域社会の構築と主体の役割

K8　エコ・スクール

——Eco School

　エコ・スクールは，1994年にヨーロッパ環境教育財団によって始められたプロジェクトである。当初はEU圏内であったが，現在では南アフリカを含めた24カ国が参加し，財団名も国際環境教育財団 (http://www.fee-international.org/) と改称されている。ウェブサイト (http://www.eco-schools.org/) の情報では，2001～02年度（学校年度）のエコ・スクール認定校は2000校を超えている（認定校には認定証とグリーンフラッグ（緑の旗）が与えられる）。ヨーロッパ以外では，中国で「緑色学校」と称する類似のプロジェクトが進められている。日本では文部科学省が，学校の新築・増改築等において環境配慮型の施設整備（たとえば太陽熱・光利用，雨水利用，屋上・壁面緑化など）を行う際に補助金を出すというエコスクール事業を行っている。また滋賀県では2001年度から，ヨーロッパを参考にしたエコ・スクール事業 (http://www.digimomw.com/lakers/school/index.html) を，モデル校を指定して実施している。

　国際環境教育財団のウェブサイトでは，「エコ・スクールプログラムは，授業で学んだことを通じて，環境や持続可能な開発にかかわる諸問題に対する生徒の意識を向上させることをねらいとしている。また，エコ・スクールプログラムは，ISO 14001/EMASのアプローチ——初年度の適切な取組分野としては，水，廃棄物，エネルギーがある——を基盤として，学校の環境マネジメントの総合的なシステムを提供することをねらいとしている。…（中略）…それゆえエコ・スクールは，教室を超えて学習を広げ，家庭と地域社会の両方での子どもたちの責任ある態度と参加を創りだすのである」と述べられ，さらに「エコ・スクールへと変貌を遂げるプロセスに子どもたちが参加することが肝要であり，必要不可欠である」と述べられている。つまりエコ・スクールは，学校の環境負荷の低減ということだけではなく，児童生徒の環境意識の高揚と具体的な行動に対する自主性や主体性の発揮を促すという環境教育・環境学習の視点からの取り組みであるということができる。ヨーロッパのエコ・スクールでは，具体的な方法として，「①エコ・スクール委員会の設置，②環境評価，③行動計画，④進捗状況の把握と評価，⑤授業等での環境学習，⑥地域等への宣伝と参加の促進，⑦環境宣言（規約，標語）」の7項目が挙げられている。各学校の取り組みの中心となるのはエコ・スクール委員会で，英国のハンドブックでは，教師，児童生徒のほか，学校長（または理事会メンバー），保護者，学校評議員で構成し，さらに地域で環境にかかわっている人材やローカルアジェンダ21の代表を含めてもよいとされている。すなわちエコ・スクールは，児童生徒を主体とした学校の取り組みであると同時に，学校だけで閉じたものではなく，家庭や地域社会と連携・協力した取り組みであるということができる。

〔市川智史〕

文献

1) 市川智史：日本におけるエコ・スクールの展開に関する研究，平成10・11年度科学研究費補助金報告書，2000
2) 市川智史：環境教育の実践例 (3) —海外での取り組み—1 ヨーロッパの環境教育, 環境教育への招待（川嶋宗継・市川智史・今村光章編）, pp.260-270, ミネルヴァ書房, 2002
3) 環境レイカーズ：エコ・スクールへのとびら—滋賀県エコ・スクールハンドブック—, 滋賀県琵琶湖環境部環境政策課, 2002

K8 エコ・スクール

図 8-1 英国のグリーンフラッグ

図 8-2 ドイツのグリーンフラッグ

図 8-3 認定校の環境宣言の例（英国）

図 8-4 認定校の校内に貼られた節電を訴えるステッカー（英国）

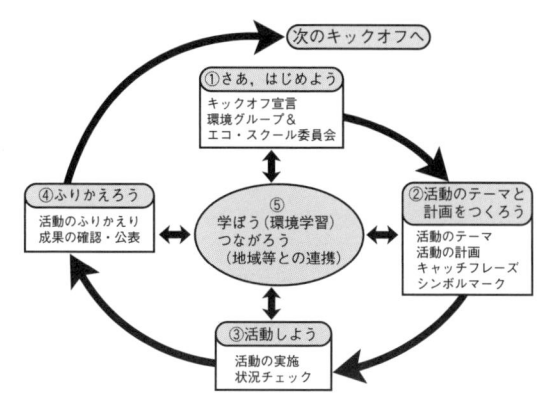

図 8-5 滋賀県エコ・スクール事業の取り組み項目[3)]

K9　校庭・園庭緑化
―― Ground Planting for Schools and Kindergartens

　子どもたちが初めて使う公共施設が保育園，幼稚園や小学校である．子どもたちは，昼間の時間の多くを園舎，校舎の建築環境と敷地内の屋外環境で過ごし，身体的，社会的な活動を通して成長していく．校庭・園庭空間は，教育上の様々な材料，資源を提供するとともに，その内容と質は，子どもたちの環境認識，地域への帰属感，環境に対する責任感を育むことに大きな影響をもつ．

　校庭を，教育を進める上での資源と捉え，積極的に改善，活用していく取り組みについては，英国で研究が進んだ．1986年から4年間をかけて行われた「ラーニングスルーランドスケープ（環境を通して学ぶ）」という研究プロジェクトは，子どもたちの学習体験や生活を豊かにするために，校庭環境の改善や活用が大きな効果を上げることを明らかにした[1]．

　文部省（現文部科学省）は，1982（昭和57）年度から，学習園，自然体験広場等の整備を行う「屋外教育環境整備事業」を進めていたが，屋外運動場等の緑化の推進について，1997（平成9）年度に調査，検討を行い「緑豊かな学校づくり」というレポート[2]をまとめている．校庭改善，緑化活動，植栽の育成管理活動を，学校，子どもたち，地域住民が一体となって進めることで，学校が地域社会との連携を深めることが期待されている．

　校庭の緑化で改めてクローズアップされているのは，芝生を主体にした緑化である．これまでも樹木を主体にした緑化に取り組んでいた杉並区では，2001（平成13）年度に，和泉(いずみ)小学校，八成(はちなり)小学校の校庭芝生化を，地域の協力のもとに実施している．校庭芝生化は，都市のヒートアイランド現象緩和の効果が期待されるとともに，子どもたちの屋外遊びを活発にしている．こうした取り組みを支える技術は，スポーツターフで蓄積されてきた育成管理手法，日本の気候に適した擦り切れなどに強い草種開発等である[3]．同様の取り組みは，横浜市等でも行われている．

　緑化可能な空間が限られている中心市街地で，建築物の屋上緑化を促す条例づくり，地方自治体の支援が進んでいる．学校についても，屋上に芝生や植栽地を設ける事業を，地域住民と取り組む実践が行われている（杉並区堀之内小学校，豊島区池袋第三小学校等）．

　さらに，太陽光発電，太陽熱利用，中水利用，建物緑化，ビオトープ設置といった環境共生技術の総合的なモデルづくりの取り組みは，文部科学省，農林水産省，経済産業省の協力で，「環境を考慮した学校施設（エコスクール）の整備推進に関するパイロット・モデル事業」として，1997（平成9）年度から5カ年行われ，全国に157校（2002（平成14）年4月現在）が認定されている．

　校庭・園庭緑化の1つ，国土緑化，学校経営の財源確保等を主な目的として，戦後直後から取り組まれた学校林は，2001（平成13）年度で国内に約3300カ所ほどある．学校林は，現在では，森林を活用した環境教育の場としての役割が大きく期待されている．

　少子高齢社会となり身近な公共施設の保育園，幼稚園，小学校は，屋内空間とともに，その屋外空間も多様な年齢層の地域住民の憩い，コミュニケーションの場として活用していく必要性が高まっている．日常生活圏の環境デザインの試みを，子どもた

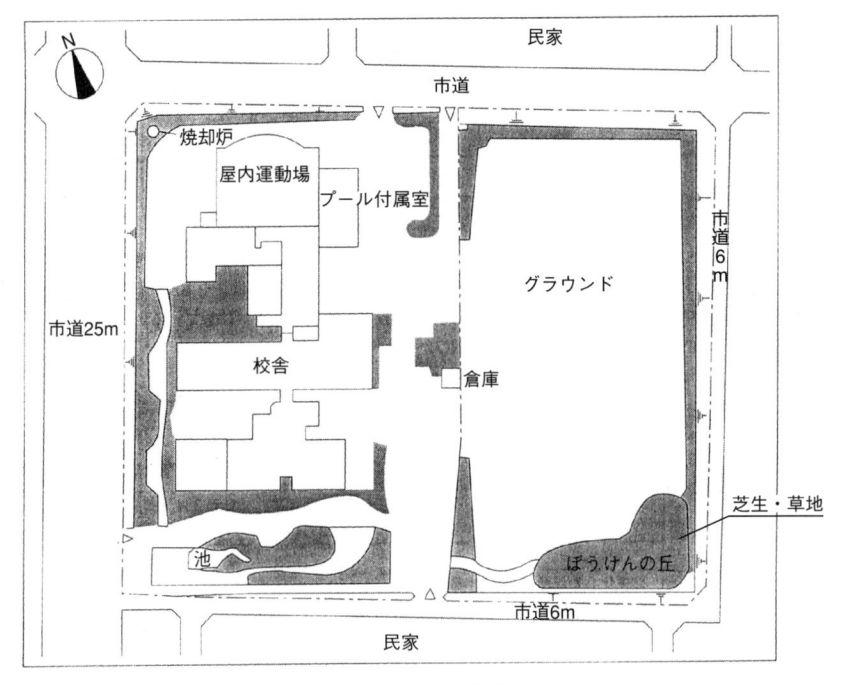

図 9-1 配置図（千葉県八千代市萱田小学校）[2]

図 9-2 校庭緑化（千葉県八千代市萱田小学校ぼうけんの丘，2003年，筆者撮影）

ちとともに地域住民が体験学習する校庭・園庭緑化活動は，持続可能な都市づくりに関する市民運動の1つの出発点として期待されている。(参考：林野庁ホームページ)

(槇　重善)

文　献

1) 英国教育科学省編，IPA日本支部訳：アウトドア・クラスルーム，公害対策技術同友会，1994
2) 文部省：緑豊かな学校づくり―屋外運動場等の芝生化・植栽―，ソフトサイエンス社，1999
3) 菊池　律：都市緑化技術，子どもたちとターフ―杉並区における校庭緑化の試み―，pp.27-31，都市緑化技術開発機構：2002 SUMMER No.46，2002

K10 学校ビオトープ

—— School Biotope

1. 学校ビオトープの意義

学校ビオトープの意義については，様々に捉えられているが，一般的に以下のようにまとめることができる．

①自然体験・環境教育の場（景観・教材を得る場でもある），②地域の自然環境の保全・再生の場，③保護者や地域の人々とのコミュニケーションを図る場．

①については，子どもが自ら体験する場，授業等で利用する場としての側面がある．チョウの羽化する姿のように普段は見過ごしがちな身近な自然にふれることができる場所であり，新たな学校・教育施設として位置づけられる．また，学校の周辺にある地域の自然環境へ興味・関心を向けるきっかけとなる場所でもある．②については，個々の学校ビオトープは，一般的な公園・緑地等と比べると小規模であるが，昆虫類や両生類，爬虫類等の小動物にとっては生息空間として機能する．これらが周辺地域の様々な生息空間と有機的につながり合うことで，地域のエコロジカルネットワークを形成し，地域のもつ生物生息空間としての質を高めることができる．③については，ビオトープの計画段階から，維持・管理段階まで，どの段階であっても様々な立場の人がかかわることが可能であり，学校を中心とした地域のコミュニケーションを育む場としての可能性をもっている．

2. 環境学習・教育への活用

現在，学校ビオトープは，幼稚園・保育園から小・中・高等学校，さらには大学や専門学校等の敷地へと，幅広い教育機関で設置されている．その活用方法も，年齢や学習内容等に合わせて多岐にわたっている．特に小・中学校では，生活科や理科等の時間だけではなく，他の教科やクラブ活動の場としても活用されている．また，「総合的な学習の時間」の本格的実施に伴い，その活用の場としても期待されるところが大きい．

学校ビオトープを計画・設置・管理する際にも，児童・生徒，保護者，教職員等が協同して作業することで，その作業そのものが子どもたちや地域の人々にとって学習の場ともなる．さらに，この作業をきっかけとして地域の自然環境に関心を向け，その観察や保全・再生へとつながる活動となる可能性ももっている．

3. 学校ビオトープの留意点

学校ビオトープを整備する上での留意点としては，以下の3点があげられる．

①地域の自然環境との関係を考慮する：何もないところに新たに学校ビオトープをつくる場合，できるかぎり地域の環境を手本とすることが必要である．また，植物や魚類等の動物を，敷地の外から持ち込む際には，できる限り近隣から入手し，在来種に直接的・間接的に影響を与える種に対して配慮が必要となる．

②管理することを前提にする：学校ビオトープ内の環境を維持するためには，日常的な管理を前提としなければならない．そのため，設置する際にできるだけ手間がかからないように配慮することが必要である．また，管理のための人材・体制づくりが必要である．うまく管理が行われている事例では，父母会等が学校と協力して運営している場合が多い．今後は，そのような事例から体制・組織づくりのプロセス・手法を一般化することが課題と考えられる．

③利用のイメージをつくる：学校ビオトープを整備する前に，その利活用の具体像

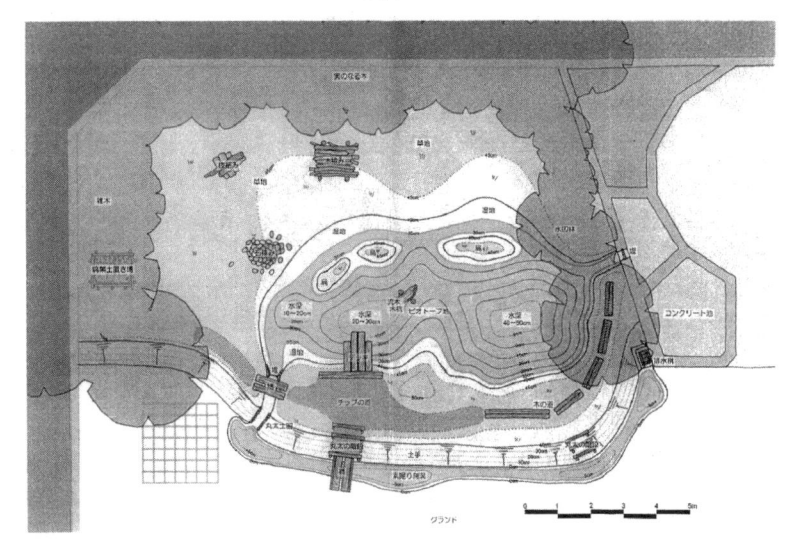

図10-1 板橋区立蓮根第二小学校学校ビオトープ竣工平面図[2]

このビオトープ整備は"児童の考えた案を生かしたビオトープをつくる"ことを重視し，設計段階から児童が参加した．児童の計画案をもとに学校関係者や行政の担当者等と施工担当者が協議を行った上で，最終的にビオトープ池の設計をすることとした．

図10-2 施工に子どもたちが加わることで愛着がわいてくる（場所：印西市立小倉台小学校，小河原孝生提供）

図10-3 つくったあとの利用のイメージをもつことが大切（場所：印西市立小倉台小学校，小河原孝生提供）

を想定することが重要である．授業での活用のほか，前述の管理作業を教育・学習活動の一環として捉える等の工夫も必要である．そのためには，整備前から教職員をはじめとした人々の中で共通認識をもつことが必要である．

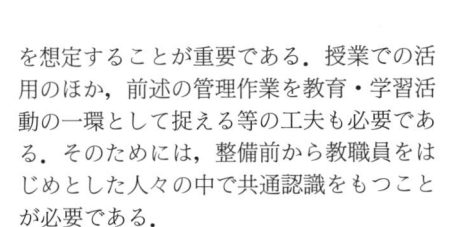

なお，学校ビオトープに関しては，NGOによるコンクールも行われている．このような活動により，その内容が整理・評価されることで今後さらに発展して行くものと考えられる．

（中村忠昌）

文献
1) 山田辰美：学校ビオトープの展開（杉山恵一・赤尾整志監修），pp.63-73，信山社サイテック，1999
2) 板橋区教育委員会・水研クリエイト：区立蓮根第二小学校ビオトープ調査・設計・整備委託，2000

K11 総合的な学習の時間
―― Comprehensive Learning Time

「総合的な学習の時間」は「生きる力」を育成することを基本的なねらいとし，2002（平成14）年度実施の学習指導要領において，その具体的な方策として創設された．

学習指導要領における総合的な学習の時間の趣旨は，各学校が地域や学校，児童・生徒の実態などに応じて，横断的・総合的な学習や児童・生徒の興味・関心に基づく学習など創意工夫を生かした教育活動を行うものとするとされている．指導のねらいは「問題を解決する資質や能力を育てる」ことにあり，自ら課題を見つける・自ら学ぶ・自ら考える・主体的に判断する等を重視している．さらに学び方やものの考え方を身につけ，問題の解決や探求活動に主体的・創造的に取り組む態度の育成や，自己の生き方を考えることができるようにすることをねらっている．これは今日の教育がかかえている以下のような課題に対応できるようにしたものである．

① 各学校におけるより特色ある教育活動の展開
② 国際化や情報化をはじめ社会の変化や，新しい課題に自ら対応できる力の育成
③ 今日的教育課題である環境・福祉・健康など既存の教科の枠を超えた学習時間の確保

問題解決的な学習活動例としては国際理解，情報，環境，福祉・健康など横断的・総合的な課題，児童の興味・関心に基づく課題，地域や学校の特色に応じた課題などがあげられ，学校の実態に応じた学習活動を行うものとされる．

ここでは，特に自然体験やボランティア活動などの社会体験，観察・実験，見学や調査，発表や討論，ものづくりや生産活動などの体験的な学習を重視し，異年齢集団による学習や，地域の人々の協力なども提言されている．

(1) クロスカリキュラムと横断的・総合的な学習： 実際，学校においてこれらの学習が進められるには，総合的な学習の時間のカリキュラムが必要であり，各学校が独自で指導計画を作成しなければならない．このとき参考になるのがクロスカリキュラムである．

総合的な学習の時間といっても既存の教科である理科・社会科等との関連もあり，たとえば「環境教育」の例を考えると，総合的な学習の時間で地域の「川」を取り上げた場合，水質や川の働きでは理科，ごみの問題では社会科との関連が整理されている必要がある．一般的により基本的な知識や技能が各教科で学習され，これをもとに総合的な学習の時間が進められることが多い．このような「横断的・総合的な学習」である「環境教育」を例に考えると次のようになる．

総合的な学習の時間および各教科等の目標を縦糸と考え，環境教育の内容を選択し決定する基準を選択基準として横糸と考えると，その交差したところに環境教育の学習指導が成立する．すべての交差する部分で学習が計画されるわけではなく，網掛けの部分のように教科等の内容に応じて選択される．総合的な学習の時間ではすべての内容を計画することができる．これにより総合的な学習の時間，各教科でどのようにカリキュラムを構成するか明確になる．この考え方を図示すると図11-1のようになる．

(2) 学校と地域の連携と地域の学習資源： 総合的な学習の時間では児童・生徒

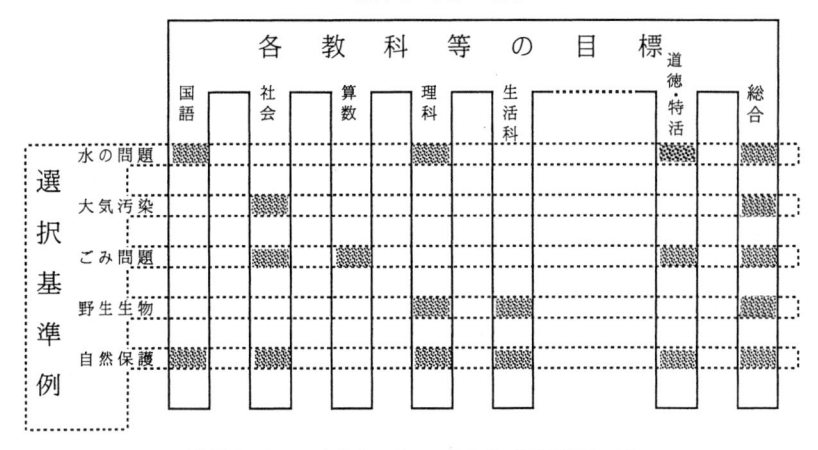

図11-1 クロスカリキュラムの考え方（環境教育の例）

選択基準例: 水の問題, 大気汚染, ごみ問題, 野生生物, 自然保護

各教科等の目標: 国語, 社会, 算数, 理科, 生活科, 道徳・特活, 総合

の興味・関心に基づく学習が進められるため，地域の町内会・自治体・社会教育機関やNPO，市民活動グループなどの連携が重要となる．各学校はそれぞれの地域社会との関連があるので，地域と学校がどのように協力し合えるかは，互いの果たしていく役割を整理していかねばならない．たとえば環境にかかわる分野において，川や公園の愛護会・ごみ・フロン・リサイクルにかかわる市民活動グループなどはそれぞれの専門分野について独自の情報やノウハウをもっている．一方学校は，総合的な学習の時間で，地域の川の生物の実情や，町内でのリサイクルなどについて児童・生徒に質問されてもほとんど情報がない．このような場合，市・町・村がその間に入り地域の学習資源と学校との連携を図っていくことが望ましい．また，学校はカリキュラムに応じて独自にNPO，市民活動グループまたは地域の学習資源との連携を深めていくことも必要である．

(和泉良司)

文 献
1) 文部省：小学校学習指導要領，国立印刷局，2003
2) 文部省：中学校学習指導要領，国立印刷局，2003
3) 和泉良司：環境教育ガイド"都市型環境教育のこころみ"，小学館，1998

K12　子どもの参画
―― Children's Participation

　1989年,国連総会での子どもの権利条約採択以降,子どもの参画を意図した取り組みはまちづくり,環境等教育分野以外の専門家も協働する事例が増えてきている.子どもの社会参画の取り組みは,多くが日常生活圏を舞台としており,都市環境を考える上で,一番市民に身近な住環境を考えることと重なっている.

　川崎市子どもの権利に関する条例(2000(平成12)年12月制定)では,子どもの社会参画について,その支援や権利を明記している.市町村の合併問題に関して,2002(平成14)年7月から,北海道奈井江町では子どもたちの意見を聞くための会議が開催され,長野県平谷村では,中学生まで参加した賛否を問う住民投票が,2003(平成15)年5月に行われた[1].また,杉並区の児童館,ゆう杉並では,利用者の構成する中・高生運営委員会が子どもたちの意見要望を取りまとめ,地域での自分たちの居場所づくりに参画している.

　子どもたちの主体性を尊重した遊び場づくりの活動として,国内のさきがけである世田谷区羽根木プレーパークの活動は,子どもと大人のかかわり方の様々な視点を提示している.

　子どもたちが地域社会に主体的に意見を発表したり,自分たちで行動するためには,支援者としての大人の存在が必要である.遊び場においては,プレーリーダーが自由な遊びを支援し,大きな危険を取り除く役目を担っている.そのプレーリーダーの雇用を地域社会が支え,子どもの健やかな育ちを見守る関係は,1979(昭和54)年の開設からの経過の中で育くまれてきた.

　環境問題に取り組む事例として,子どもたちがまち探検で街の魅力や改善すべき点を発見し,子どもたち自身が活動してみようという段階まで,大人が支援して実現しているものがある.横浜市の鶴見川,帷子川等では,子どもたちの川の観察会等が継続して行われてきた.

　まち探検等で,日常生活圏を調査し,発見したこと,改善したい点について発表し,実際に行動し,その結果を点検,評価して,次の活動へ展開する,このような方法は,アクションリサーチと呼ばれる方法で,心理学,教育の分野からまちづくりの活動等に応用されてきている.持続可能な地域社会を目指す環境教育の活動においては,子どもたちが教え込まれるのではなく,五感を使った体験の中で環境に対する責任感を育んでいくということを大切にして大人が支援していく必要がある[2].

　現在,行われているこうした取り組みは,学校が関係しているものが多い.2002(平成14)年度から始まった総合的な学習は,人材も含めて地域資源を活用することを企図している.また,学校ビオトープづくりの取り組みも子どもたちの参画が重要な要素となっており,子どもの意見表明,決定への参加の場面づくりは増えている.

　しかし,市民の参画と同じく,あやつり,欺きの形ばかりの参画の事例もあり[3],支援する大人は子どもの主体的な参画について,取り組みごとに可能性を高め,民主的な活動として進める必要がある.

(槇　重善)

文　献
1) 日本経済新聞記事,平成14年12月23日,平成15年5月12日
2) レイチェル・カーソン,上遠恵子訳:センス・オブ・ワンダー,p.22,佑学社,1991
3) 木下勇ほか監修,IPA日本支部訳,ロジャー・ハート:子どもの参画,pp.41-56,萌文社,2000

K12 子どもの参画

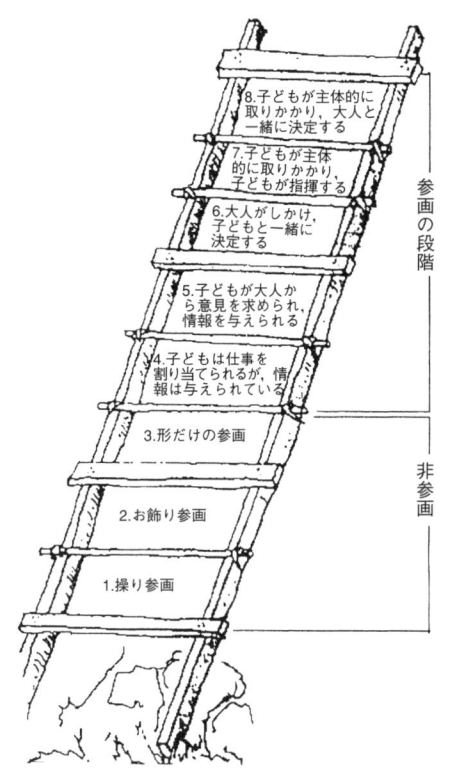

図12-1 子どもたちの参画のはしご

（はしごの図のラベル、上から下へ）
8. 子どもが主体的に取りかかり、大人と一緒に決定する
7. 子どもが主体的に取りかかり、子どもが指揮する
6. 大人がしかけ、子どもと一緒に決定する
5. 子どもが大人から意見を求められ、情報を与えられる
4. 子どもは仕事を割り当てられるが、情報は与えられている
3. 形だけの参画
2. お飾り参画
1. 操り参画

（4〜8：参画の段階／1〜3：非参画）

はしごの上段にいくほど、子どもが主体的にかかわる程度が大きいことを示す。しかし、これは子どもたちが必ずしもいつも彼らの能力を出し切った状態で活動すべきであるということを意味しているのではない。これらの数字は、むしろ大人のファシリテーターが、子どもたちのグループが自分たちの選んだどのレベルでも活動できるような状況をつくり出せるようにするためのものである。子どもたちは、別のプロジェクトでは別のレベルを、あるいは同じプロジェクトでも段階によって異なるレベルを選ぶかもしれない。また子どもの中には主体的に活動を始めることはしないが、優秀な協力者である者もいる。大事なことは、1〜3のレベルを避けることである[3]。

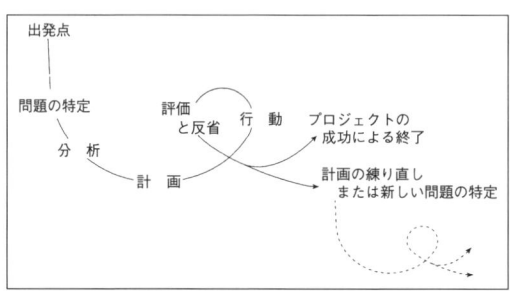

図12-2 アクションリサーチのプロセス[3]

（図のラベル）
出発点 → 問題の特定 → 分析 → 計画 → 行動 → 評価と反省 → プロジェクトの成功による終了／計画の練り直しまたは新しい問題の特定

図12-3 学校ビオトープづくりへの子どもたちの参加（千葉県習志野市立秋津小学校、秋津コミュニティ工作クラブ提供）

K13 企業の環境学習
───── Environmental Learning of Companies

　企業の環境学習に明確な定義があるわけではないが，実際に日本企業で取り組まれている環境学習や環境教育に関する活動には，社内のプログラムと社外に提供しているものがある．

1. 企業内における取り組み

　多くの企業では，環境マネジメント規格ISO 14001の認証取得を契機に，環境教育に取り組み始めた．なぜなら，規格要求事項「4.4.2訓練，自覚及び能力」において，認証サイトに勤務する者全員に対して環境マネジメントシステムへの自覚を求める教育を行うことを要求しており，さらに著しい環境影響を与える可能性のある作業を行う社員には特別な教育を行うことを求めているからである．

　社員が多い企業では，環境教育をすべて集合教育で行うとなると日程，講師の確保等の負担が大きい．そこで，時間と場所に束縛されないeラーニングを活用して効率化を図る企業が増えている．ただし，eラーニングでは環境問題や自社の環境マネジメントシステムに関する知識を問うプログラムになりがちであり，社員の環境改善の自発的な行動に結びつきにくいという指摘がある．しかし，最小限のeラーニングだけであっても，ISOの審査には説明がつくという実状があるため，環境教育はまだまだ形だけという企業も少なくないと思われる．

　こうした中でも，環境経営を目指している企業は，社員の環境取り組みを表彰し，またeラーニングにも対話型のコンテンツを取り入れ，電子メールで環境管理部門とコミュニケーションできるようにする等，社員に環境教育が浸透するための努力を行っている．また，最近では，人事考課や業績評価に環境の項目を導入する企業も出てきている．これは，社員が環境教育に真剣に取り組み，その成果を自発的な環境改善行動に結びつけていくための効果的な動機づけになると思われる．

2. 地域に対する環境教育プログラムの提供

　社外に環境学習・環境教育の場を提供する取り組みをみると，なぜか地域の子どもに自然体験の機会を提供するというものが多い．工場内で保全・創出されてきた雑木林や池で自然観察会を行ったり，近隣の里山でネイチャーゲームや農的体験を行ったりといったものである．さらに，事業所以外に敷地を購入して環境学習施設を運営し始めた企業もある．こうしたプログラムには，NPOが講師になる場合が多いが，中には社員を講師として育成して派遣する企業もある．

3. 社内外のプログラムの矛盾と再構築への流れ

　社員向けのプログラムでは，省エネルギーや廃棄物・リサイクルが基礎教育の中心になるのに対して，子どもたちには自然体験が中心になるという構図は，企業の環境教育がまだまだ表面的であることを示している．子どもに自然体験の機会を与えておけば企業イメージもよくなり，環境影響が改善できない免罪符になるのではという意識も透けてみえる．大人であっても，経済活動がどれほど身近な自然に影響を与え破壊するものであるか，またどのような保全・創出活動が地域に自然を呼び戻すかといったことをエネルギー問題や廃棄物問題と同じ重みで自覚するべきである．多くの企業では，自然環境に関連するものとしては工場立地法を意識しているのがせいぜい

表 13-1　ISO 14001 認証の取得・維持のために行われている一般用プログラムの例

環境問題に関する一般的な知識	地球環境問題 化学物質の問題 典型 7 公害 廃棄物問題
法規制の動向	国際条約 環境関係法の体系 環境基本法 環境問題をとりまく法律
ISO 14001 の知識	環境マネジメントシステムとは 環境マネジメントシステム導入のメリット
自社の環境マネジメント活動	今年度の環境方針 今年度の環境保全体制 今年度の環境保全推進計画

表 13-2　地域に対する環境学習プログラム提供の事例

業種	プログラムの概要
流通・小売	20 年かけて自然生態系を復元する自然園を運営し，親子を招いて学習会を開催
流通・小売	小・中学校の環境学習向けに店内でリサイクルの実際を紹介
流通・小売	小・中学生向けに子どもエコクラブを開催し，自然観察，生き物調査等の活動を実施
電気・ガス	子どもたちの環境学習のために環境エネルギー館を開設．地球環境の循環や生態系のつながりを学べるプログラムを提供
電気・ガス	幼稚園児を対象に火力発電所構内でジャガイモやサツマイモの栽培による自然体験行事を実施
自動車	里山学習館を開設し，サマースクール等，様々な環境学習プログラムを提供
自動車	サーキット施設内の里山を整備し，オリエンテーション等に活用．小・中学校，高校の体験型学習の場としても提供
電気機器	小・中学生向けに自然塾を開催し，野菜づくりや星座観察等を実施
不動産	夏休みに親子環境学習を開催し，自然観察等を実施

であり，生物多様性保全国家戦略や都市緑地保全法といったものの重要性は，理解していないか，存在すら知らない状態である．

こうした中，環境教育を深めてきた企業の中には，学校に出向いて自社の事業の内容と環境保全活動を紹介し，また工場に招いて生産プロセスと環境保全対策の見学を実施するといった取り組みを始めたところもある．地域の人々とのつながりの中で自社の環境影響および保全活動を見直すことによって，企業の環境教育プログラムが本質的なものに再構築されていくことが期待される．

(原口　真)

K14　鎮守の森

—— Grove of the Village Shrine

1. 鎮守の森

21世紀を迎えた今なお，日本全国津々浦々の町や村ごとに神社（その数は約10万）があり，しかも，それらの多くが古代宗教の聖林の伝統を引き継ぐモリ（森，杜）を成して存在し続けていることは実に驚くべきことである．一般に，神社はミヤ（宮，御屋）とも呼ばれ，神社といえばその建物すなわち社殿の姿を思い浮かべることが多い．しかし，社殿は寺院建築の影響を受けて広まったものといわれており，日本の神社の原型はあくまでも大地と森にあったのである．そのような聖なる場に祭りのときだけ神霊を迎える仮屋が設けられた．それがヤシロ（社，屋代）のもとの姿だったとされる．このように，鎮守の森の言葉どおり，日本の神社と森とは古くから深い絆で結びついている．鎮守の森はまた社叢林，社寺林，境内林等とも呼ばれる．

2. 今日的意義

鎮守の森は多面的な存在であり，精神的（宗教的），歴史的（文化的），自然的（環境的）な空間としての意義をもつ．またそれは，お祭りを通して地域の人々の連帯の核となる広場であり，地域の歴史を伝える文化財であり，ふるさとの緑のランドマークであるといういい方もできる．自然林として学術的に貴重なものは，すでに文化財（天然記念物）として指定されているものが多いが，都市の中の身近な自然的環境，すなわち緑地(オープンスペース)としての意義にも注目しなければならない．その際には境内の緑に加えて，参道の緑のあり方も地域環境の観点から重視する必要がある．

3. 開発と保護

このように多様な価値をもつ鎮守の森を保護保全し，これを後世に伝えていくことは極めて大切なことである．古来からの自然の中にひそむ神霊を，かしこみ，うやまう心が鎮守の森の保護に役立ってきた．今日でも，入らずの森や禁足地と称する場所を有する神社があり，神々のものには触れない，入らないといった禁忌を守っている．また，明治政府が進めた神社合祀による社叢の滅失に対して，南方熊楠が身を賭して反対し，ついに合祀施策を中止に至らしめたことはよく知られるところである．しかし，昭和の高度経済成長期以来，鎮守の森は国土開発や都市化の波にさらされ，今なお様々な開発により，その滅失が進みつつあるのは憂慮すべき傾向である．

鎮守の森の保全に向けては，公的な保全制度の確立とその適用，様々な主体による鎮守の森の保全整備活動の展開，これらの基礎となる調査研究の推進等の課題がある．鎮守の森の再生に向けた最近の動きの1つとして，社叢学会の設立があげられる．この学会（NPO法人）は2002（平成14）年に，鎮守の森をはじめとする日本の森を学際的に調査研究し，その保全と拡充を図ることを目的として設立されたもので，すでに調査・研究・出版等の活動がスタートしている．

地方においても，都市化や住民の考え方の変化などにより，鎮守の森は維持が難しくなってきている．図14-1(b)の森も伐採され，今はない．新たな森づくりの実践が必要な時代となっている．　　（埴生雅章）

文　献
1) 上田　篤編：鎮守の森，鹿島出版会，1984
2) 上田正昭監修：身近な森の歩き方・鎮守の森探訪ガイド，文英堂，2003

K14 鎮守の森

(a) 大瀬(おせ)神社（伊豆半島，大瀬崎）
駿河湾に突き出た礫州上に立地．ビャクシンの森は天然記念物に指定されている．

(b) 村の鎮守の森（富山県砺波地方）
砺波地方で最もよくみられるスギの社叢を構成している．

(c) 明治神宮の森（東京都）
すべて人の手で植栽された森であるが，自然林の様相を呈し，都心の貴重な緑地となっている．

(d) 境内林と参道並木（東京都，府中の大国魂神社）
参道のケヤキ並木は老木となって衰えたため，再生事業が行われている．

(e) 海辺に向かう参道松並木（丹後，竹野神社）
かつて潟湖であった水田中に人為的に土堤を築いてつくられたものと推定されている．

(f) 境内を流れる小川（京都，上賀茂神社）
鎮守の森の多くは，特徴的な水環境をその境内に有している．

図14-1　鎮守の森

K15 文化財の保全・活用
—— Conservation of Cultural Properties

1. 地域文化の伝承
地域には様々な固有の歴史，文化があり我々の貴重な財産といえる．文化財保護法では，文化財を「有形文化財」「無形文化財」「民俗文化財」「記念物」「伝統的建造物群」の5つに分類している．土地等に埋蔵されている文化財を埋蔵文化財といい，都市の開発との関係で特にかかわりが密接になってきている．

文化財のうち「記念物」とは，①貝塚，古墳，都城跡，城跡，旧宅その他の遺跡でわが国にとって歴史上または学術上価値の高いもの，②庭園，橋梁，峡谷，海浜，山岳その他の名勝地でわが国にとって芸術上または鑑賞上価値の高いもの，③動物（生息地，繁殖地および渡来地を含む），植物（自生地を含む）および地質鉱物（特異な自然の現象の生じている土地を含む）でわが国にとって学術上価値の高いもの，と定義されている（文化財保護法第2条）．このうち，重要なものが史跡，名勝または天然記念物に指定され，そのうち特に重要なものを特別史跡，特別名勝または特別天然記念物に指定される．

2. 文化財を活用した地域づくり
文化財の活用方法には，残された文化財の保存・修復，また工作物や，歴史的建造物の復元整備により，地域の個性ある文化を再現し，これを資源に観光その他の振興に役立てる試みが各地でなされている．城郭や館，庭園といった点の施設から，歴史的街道や並木，街並み，堀といった線上の施設，さらには仏教寺院といった面的な施設まで空間的広がりは無限である．幾世紀かにわたって受け継がれてきた文化財には歴史的な重みを感じさせるとともに人々に無類の感動を与える魅力を内包している．

3. 単体保護から面的保全・活用へ
大都市の開発から，奈良，京都，鎌倉等の古都を守ろうという市民運動が起こり，これが古都保存制度を生み出すことになった．文化財の保存だけでなく，周囲の自然的環境と一体をなして古都における伝統と文化を具現し，形成している土地の状況を「歴史的風土」と定義し，文化財を開発から守るとともに緑地の現状維持を目的としたものである．その後，明日香地域の保存について，わが国固有の優れた文化的遺産の保存および活用を図るための国営公園制度が生まれ，明日香地域に点在する文化財をまとめて，面的に保存する手法が確立された．また，地域の歴史的環境についても，神社，寺院等の建造物，遺跡等と一体になって，または伝承もしくは風俗慣習と結びついて当該地域において伝統的または文化的意義を有する良好な自然的環境については緑地保全地区として，面的に保存ができる．古くから伝わる街道沿いの街並み，宿場町等の伝統的建造物群およびこれと一体をなしてその価値を形成している環境を保存するため，文化財と都市計画が一体になった制度も生まれている（文化財保護法第83条の2）．

4. 歴史公園
都市公園の公園施設に教養施設の1つとして，古墳，城跡，旧宅その他の遺跡およびこれらを復元したもので歴史上または学術上価値の高いもの（遺跡等）がある．こうした文化財の存在と都市公園の配置計画とが整合したときには，住区基幹公園から大規模公園あるいは各種緑地までの都市公園として遺跡等が一体的に整備され管理される．また，発掘調査や文献資料をもとに当時の建造物，工作物の復元がなされ，そ

図15-1　首里城

図15-2　守礼之邦門

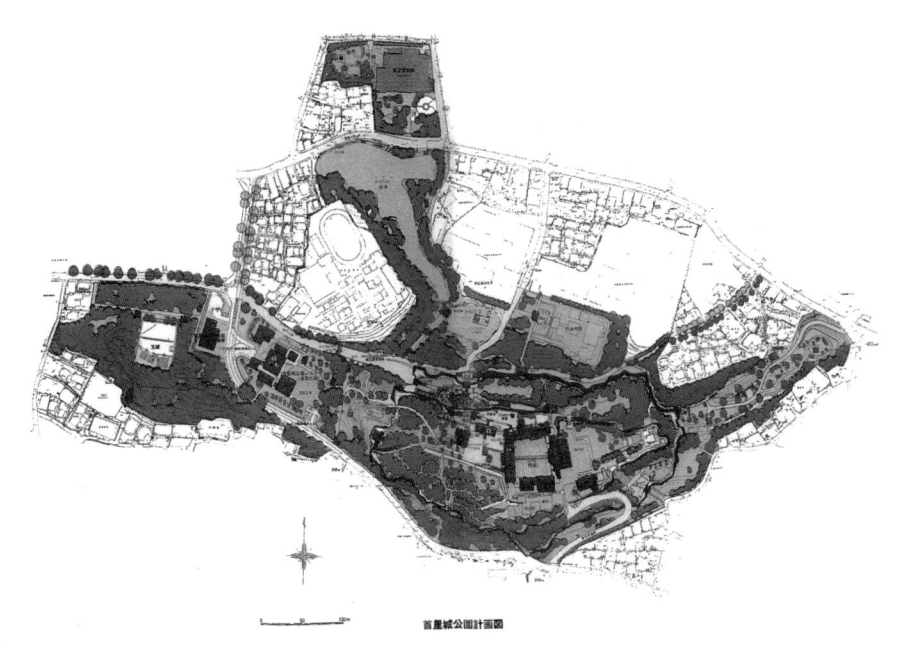

図15-3　国営沖縄記念公園首里城地区（世界遺産）
資料：国営沖縄記念公園事務所．

の時代の歴史が蘇るとともに，復元作業を通して，伝統的な技術の再現や発見，また後世への伝承に役に立つことになる．埋蔵文化財についても開発事業との関連により，公園や緑地として開発計画の調整により保存される事例が多くみられる．このように，人間の長い歴史の中で育まれた貴重で優れた文化財は，都市計画の中で位置づけられ，現状のままあるいは修復・復元され，都市公園として整備し管理がなされ歴史公園として恒久的に後世に受け継がれていくことになる．

（山田勝巳）

文　献

1) 文化庁文化財部監修：文化財保護関係法令集，ぎょうせい，2001
2) 都市計画法令要覧　開発と文化財の取り扱いについての調整，調査に関する事務処理等の標準について，ぎょうせい，2002

L 経営・マネジメント・ビジネス

L1　環境都市と都市経営
——Environment City and Urban Management

持続的発展可能な社会とは，国連持続可能開発委員会によると，「将来世代のニーズを満たす能力を損なうことなく，現在世代のニーズを充足すること」とされている．OECD（経済協力開発機構）では，持続的発展可能な社会を環境・経済・社会の3つの側面に及ぶものとし，現在および将来にわたってこれら3側面が充足した社会が持続発展可能な社会であるとしている（図1-1）．したがって，環境都市とは持続的発展可能な都市と定義され，環境都市経営とは環境・経済・社会の3側面が現在ならびに将来にわたって充足した都市経営のことを指す．

環境都市経営においては，環境・経済・社会が等しい重要性をもつ．まず環境側面では，域内の市民の健康を維持する必要がある．さらに，域内の生態系と資源保護が必要となる．次に，経済的側面については，環境都市も経済主体である以上，都市を持続的に発展させるためには経済発展が必要不可欠であり，これに伴って雇用の安定化を図る必要がある（L3「都市財政」参照）．最後に，環境都市経営において最も見落とされることが多い社会的側面であるが，ここで重要となるのが都市内部・外部とのコミュニケーションである．内部とのコミュニケーションでは，環境・経済・社会の3側面は複雑な作用とトレードオフの関係をコミュニケーションによって最小化することが必要である（図1-1）．特に，都市経営では図1-1の「社会と環境」「社会と経済」を取りもつことが求められている．環境と経済側面，あるいは都市の構成要素である市民と企業の間には利害の対立が発生しやすい．そのため，都市は長期的な視点のもとに互いの合意形成を行う「場の提供」と「補助（仲介）」を行う必要がある．また，都市は都市内部に閉じたものではなく，都市の外部との間で「人・もの・金・環境負荷」の交換を行っている．そのため，1都市のみによる環境都市の形成は，困難であると同時に無意味なものとなってしまう．これを解決するためには，外部とのコミュニケーションによる都市の内部と外部との合意形成が必要である．

つまり，環境都市経営では，3側面のトレードオフ関係を最小にとどめるためにステークホルダー間のコミュニケーションを図るための場を提供し，長期的な視点で都市の持続性を高めるための合意形成を行う必要がある．形成された合意をもとに規制・税制を整備し，これらの規制に対処するためのインフラの整備が求められる．環境都市経営の例として，ドイツ連邦共和国南西部の観光地であるフライブルグ市では，環境・経済・社会側面のすべてを満たした交通システム構築を，ステークホルダー間の合意形成のもとに，規制とインフラ整備によって成し遂げた（図1-2）．

現在，環境都市を目指す多くの自治体では「ローカルアジェンダ21」の策定が進んでいる．ローカルアジェンダ21とは，1992（平成4）年にブラジルのリオデジャネイロで開かれた「環境と開発に関する国連会議」で採択されたアジェンダ21における持続的発展可能な社会の構築に向けて優先的な課題目標を地域レベルで達成するために，長期的な行動計画を策定・実行するプログラムである．2001（平成13）年12月末時点で，113カ国6416の自治体がローカルアジェンダ21への取り組みを行っており，うち44％がローカルアジェンダ21プログラムを実施している．

L1 環境都市と都市経営

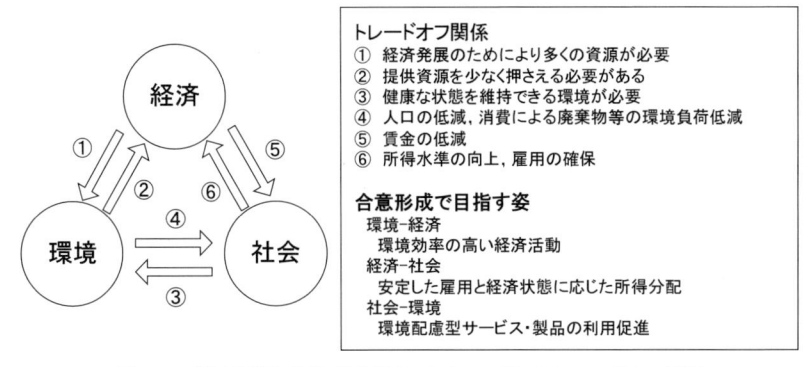

トレードオフ関係
① 経済発展のためにより多くの資源が必要
② 提供資源を少なく押さえる必要がある
③ 健康な状態を維持できる環境が必要
④ 人口の低減,消費による廃棄物等の環境負荷低減
⑤ 賃金の低減
⑥ 所得水準の向上,雇用の確保

合意形成で目指す姿
環境-経済
　環境効率の高い経済活動
経済-社会
　安定した雇用と経済状態に応じた所得分配
社会-環境
　環境配慮型サービス・製品の利用促進

図 1-1　持続的発展可能な社会構築のための 3 側面とトレードオフ関係

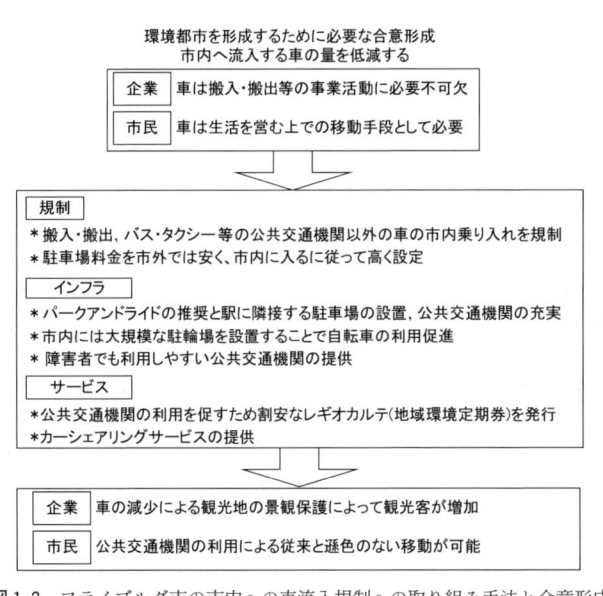

環境都市を形成するために必要な合意形成
市内へ流入する車の量を低減する

| 企業 | 車は搬入・搬出等の事業活動に必要不可欠 |
| 市民 | 車は生活を営む上での移動手段として必要 |

規制
* 搬入・搬出,バス・タクシー等の公共交通機関以外の車の市内乗り入れを規制
* 駐車場料金を市外では安く、市内に入るに従って高く設定

インフラ
* パークアンドライドの推奨と駅に隣接する駐車場の設置,公共交通機関の充実
* 市内には大規模な駐輪場を設置することで自転車の利用促進
* 障害者でも利用しやすい公共交通機関の提供

サービス
* 公共交通機関の利用を促すため割安なレギオカルテ(地域環境定期券)を発行
* カーシェアリングサービスの提供

| 企業 | 車の減少による観光地の景観保護によって観光客が増加 |
| 市民 | 公共交通機関の利用による従来と遜色のない移動が可能 |

図 1-2　フライブルグ市の市内への車流入規制への取り組み手法と合意形成

　環境都市を目指す都市は今後,ローカルアジェンダ 21 の策定と実践によって,環境・経済・社会の 3 側面の利害をステークホルダー間の合意形成によって最小化することが必要となることが予測される.その際には,規制や税制,インフラの整備を単発で行うのではなく,これらを複合的に組み合わせることによって効果的な利害の最小化が求められると予測される.　(本田智則)

文献
1) Organisation for Economic Cooperation and Development : Working Together Towards Sustainable Development, OECD, 2002
2) Commission on Sustainable Development : Agenda 21, Chapter 28, United Nation, 2003

L2　環境の経済学的評価

—— Economic Valuation of Environment

　効率的な社会資本整備の必要性，情報公開・説明責任の明確化等の社会的ニーズを踏まえ，公共事業の費用便益分析に対するマニュアルが準備[1]された際に，環境の経済学的な評価に関する方法論について様々な研究がなされた．これは，公共事業が社会的インフラを整備することのみならず，建設時に自然へ影響を及ぼすことや，新たな環境を創出している[2]ことに対する経済評価が必要になったためである．

　社会インフラ整備による経済効果は，消費者余剰（市場で成立している価格と需給料のもとで，消費者がその消費量を購入するために支払ってもよいと思う最大の金額と実際の支払額との差[1]）の概念を中心に評価される．一方，自然への影響や新たな環境創出の経済学的な評価については様々な議論がなされた．その結果，表2-1に示すとおり，各種公共事業の事業特性に応じた経済学的な評価手法が導入された．ここでは，代表的な環境評価手法である仮想評価法（contingent valuation method：CVM），代替法（replacement cost method：RCM），トラベルコスト法（travel cost method：TCM），ヘドニック法（hedonic price method：HPM）の特徴を簡潔に整理する．

1. 仮想評価法 (CVM)

　環境改善や破壊等の変化に対し，支払ってもよい最大金額や最低補償金額を，アンケートにより直接たずねる方法であり，これまで評価しづらかった生態系等の環境の非利用価値をも評価できる．しかし，アンケートの質問方法やサンプル抽出に問題があると，評価結果にバイアスが生ずる，情報入手コストが大きい等が問題となる．

2. 代替法 (RCM)

　評価対象となる環境に相当する別の市場材の費用をもとに環境価値を評価する方法．直感的に理解しやすいため，わが国で実施された初期の環境評価に多用された．しかし，地域的な特性が無視されるため，全国評価では誤差が大きく，代替材の存在しない環境評価は不可能等の問題がある．

3. トラベルコスト法 (TCM)

　評価対象となる環境資源を訪れるための旅行費用と，その訪問回数（あるいは訪問率）との関係を示す需要曲線から，消費者余剰の増加分を算出する方法である．この方法は，旅行費用と訪問回数（あるいは訪問率）のみの少ない情報で評価できるメリットを有する反面，環境の非利用価値の評価が困難であることや，旅行費用に含まれる滞在時間等の機会費用の推定，多目的旅行における各来訪地への旅行費用の区分が困難であること等の問題点があげられる．

4. ヘドニック法 (HPM)

　緑地等の環境資源の存在が地代や賃金に及ぼす影響を計測することで環境価値を評価する方法である．この方法は，情報入手コストが比較的少なくてすむが，移住しても受益の程度が変化しない環境の非利用価値等の評価に際しては，地代や賃金が反映されないため，評価対象が地域に限定的なものに限られることや，住宅市場や労働市場が完全競争市場でなければならないといった非常に厳しい前提条件が必要であること等が問題となる．

〈金岡省吾〉

文　献

1) 林山泰久・大野栄治：環境経済評価の実務（大野栄治編），pp.35-38, pp.157-162, pp.5-12, 勁草書房，2000
2) 林山泰久：環境評価ワークショップ（鷲田豊明・栗山浩一・竹内憲司編），pp.48-50, 築地書館，1999

表 2-1 費用便益分析マニュアルにおける定量的な便益評価項目（文献 1）を参考に主なものを抜粋，作成）

評価対象財		定量的な便益評価項目	評価手法	備考
区画整理事業		アメニティ向上便益	HPM	公園・公開空地整備に伴うアメニティ向上
再開発事業		アメニティ向上便益	HPM	公園・公開空地整備に伴うアメニティ向上
公園整備事業		環境改善便益	TCM	
下水道整備事業		生活環境の改善便益	RCM	悪臭防止等の代替事業費用を積算
		便所の水洗化便益	RCM	浄化槽の設置等の代替事業費用を積算
		公共用水域の水質保全便益	CVM	水質改善による環境価値の増大
		資源利用便益	RCM	覆蓋上部空間の有効利用，管渠内空間の有効利用，消雪溝利用，汚泥利用による直接支出および代替支出の軽減
河川環境整備事業		環境改善便益	CVM	水環境の改善，生物の良好な生息・生育環境の保全，復元，良好な景観の形成等
鉄道整備事業		環境便益（騒音，NO_x，CO_2）	PUM	道路整備事業の算定式を引用
港湾整備事業				
	多目的国際ターミナル，国内物流ターミナル整備事業	排出ガスの減少便益	RCM	
	臨港道路，臨港鉄道整備事業	排出ガスの減少便益	RCM	
	港湾緑地整備事業	港湾来訪者の交流機会増加便益	TCM	
		港湾旅客の利用環境改善便益	CVM	
		港湾周辺地域環境の改善便益	CVM	
		生態系および自然環境保全便益	CVM	
海岸事業				
	海岸環境整備事業	利用者便益	TCM (CVM)	海水浴やレクリエーション等の海岸利用者に対する便益，CVM の適用も推奨
		環境便益	TCM (CVM)	良好な景観の形成による地域住民の快適性の向上，CVM の適用も推奨
土地改良事業		地域資産保全・向上便益	RCM	国土造成，文化財発見，公共施設保全，河川流況安定，地下水かん養，地域用水，地籍確定による費用の差分
		景観保全便益	RCM	水辺環境および農道環境改善に要する費用
		保健休養機能便益	RCM	農業用施設利用およびレクリエーション施設追加による収益額

HPM：ヘドニック法，RCM：代替法，TCM：トラベルコスト法，PUM：原単位法，CVM：仮想評価法．

L3　都市財政

—— City Govenment Finance

　環境経営における都市財政については，従来の勘定体系によって環境対策費用との関係を把握した場合には，様々な矛盾が生じる．この場合，環境政策による費用の増大は把握できるが，その効果の検証は行われないため，「環境政策＝コストの増大」という認識が一般化している．しかし，実際には環境政策の実施に伴う被害減少による利益が計算されなければならない．加えて，この場合の計算では，経済活動が環境や人の健康に与える影響は計算に入っていないため，公害が発生している場合には公害対策事業が経済を拡大し，自治体の総生産が大きくなり，公害の発生が経済の活性化を促すというように読み取ることができてしまう．しかし，公害の発生は労働者の健康を損害および企業イメージの低下を招くこととなり，結果的にはマイナスの経済効果をもたらすのが一般的である．

　そこで，このような矛盾を是正するために，環境政策による便益や環境負荷物質の排出，環境破壊による価値の低減等を計算に入れ，より現実的な経済価値を把握する手法が「環境会計」(L9「環境会計」参照) や「環境・経済統合勘定 (SEEA: system for integrated environmental and economic accounting)」[1]である．環境・経済統合勘定とは，国連が1993年に国民経済計算体系 (SNA) を改訂した際に，環境・経済統合勘定をサテライト勘定の1つとして導入し，各国にこの勘定の策定を勧告した勘定体系である (図3-1)．

　環境都市を構築するためには，都市内部で使用されるエネルギーや資源，都市から排出される廃棄物や二酸化炭素等の環境負荷物質を可能な限り低減させる必要があり，都市内部ではコストが最小となるエネルギーや資源の利用がなされ，法律を遵守した環境負荷物質の排出が行われている場合には，規制または環境税によって，都市内部の環境効率の向上を目指す必要がある．しかし，環境都市も経済主体である以上，環境都市を持続的に発展させるためには，規制等を実施するための財源は必要不可欠なものである．そこで，規制を行う場合に必要となる財源を，環境税等によって賄う自治体が増えている．環境税を導入する場合には，環境都市の経営で重要となる3側面 (L1「環境都市と都市経営」参照) を満たす公平な税体系が必要となる．また，従来の税制とは異なり，環境負荷排出量に課税するのが一般的であるため，環境都市を目指す場合には税収は減少傾向をたどることが望ましいと考えられる．

　2002 (平成14) 年4月より「三重県産業廃棄物税条例」が施行されている三重県では，税制施行前は産業廃棄物を処理するための最終処分場の残存容量が逼迫したため処理費用が高騰し，不法投棄等の不適切処理が誘発され，県民の産業廃棄物に対する不信感・不安感を高めるという悪循環に陥っていた．このため，廃棄物排出量の削減を目指し，産業廃棄物1tあたり1000円を課税する「三重県産業廃棄物税条例」が施行された．施行にあたり，地域経済の活性化を妨げないために，年間排出量が1000t以下の企業を非課税としている．また，単純に税額を上げると，産業廃棄物の県外への流出を促すため，県外に持ち出した場合に予想される費用よりも安く設定されている．これらの複合的な取り組みの結果，課税対象となる産業廃棄物の量は40万tと当初予測されていたが，13万t程度まで減少すると予測修正されている．ま

概要

持続的発展可能な社会を構築するために必要な、自然環境と経済活動の相互関係の把握することを目的として、国際連合統計部によって取りまとめられ1993年に公表された手法

手法

SNAのサテライト体系として、SNAの構成要素である「供給・使用表」に新たに、「非金融資産表（非金融資産のストック・フロー表）」を組み込み、この表に環境フローや環境ストックを導入することによって、自然環境と経済活動の相互関係を把握する

環境・経済統合勘定体系の算定対象

実際環境費用
環境関連の経済活動に関して実際に支払われた費用
（例）産業の公害防止活動・廃棄物処理等

環境関連資産
環境に関連する資産
（例）産業の公害防止施設・廃棄物処理施設等、森林等

帰属環境費用
環境を破壊した場合の損失を貨幣換算したもの。推計方法には「維持費用評価法」や「ユーザーコスト法」等がある
（例）大気・水質・土壌汚染、土地開発、地下資源の枯渇等

主な環境価値の推計方法

維持費用評価法
実際に生じた環境の変化を、ある水準で維持しようとした場合に必要であったと推測される費用によって推計を行う手法
（例）有害化学物質を一定の排出水準で維持しようとした場合に、処理等に要する費用

ユーザーコスト法
資源の採取から得られる利益の一部を、資源の枯渇後も同程度の所得が得られるように、他の資産（金融資産等）に投資するとした場合の投資額によって推計を行う手法
（例）地下資源から得られていた利益と同水準の所得を得るように、消費者が市場で資金を運用した場合にかかるコスト

図3-1 環境・経済統合勘定体系（SEEA）の仕組み

た，不法投棄等の不適切処理も増加していない．三重県の例は，規制と税制による複合的な取り組みが成功した事例である．

（本田智則）

文献

1) United Nation, et al.: Handbook of National Accounting "Integrated Environmental and Economic Accounting 2003", pp.25-68, 2003

L4　環境マネジメント
―― Environmental Management

　国際標準化機構（ISO：international organization for standardization）では，環境マネジメントシステム規格を中心に，組織の環境面を管理するための様々な規格づくりを進めるために，専門の技術委員会（TC 207：technical committee 207）のもとに分科委員会（SC：sub-committee）を設置し，取り組んでいる（図4-1）．

　ISO 14001 環境マネジメントシステム（EMS：environmental management system）は，ISOが，1996年9月に発行した国際標準（規格）であり，組織が自ら行っている活動，製品あるいは提供するサービスが環境に与える負荷を管理し，その低減に配慮することで環境のパフォーマンス（実績）の向上に取り組み，継続的な実施（PDCAサイクル）を可能とした体制や手順を含んだ「体系的な仕組み」である．ISO 14000 シリーズは，このEMSを核として，環境監査（EA：environmental auditing），環境ラベル（EL：environmental labels），環境パフォーマンス評価（EPE：environmental performance evaluation），ライフサイクルアセスメント（LCA：life cycle assessment）等で構成されている[1]．

　EMSの評価・監査のツールとして，EAとEPEがある．EAの一般原則では，「特定される環境にかかわる，活動，出来事，状況，マネジメントシステム又はこれらの事項に関する情報が監査基準に適合しているかどうかを決定するために，監査証拠を客観的に入手して評価し，かつ，このプロセスの結果を依頼者に伝達する，体系的で文書化された検証プロセス」とし，基準との適合性確認という監査の大原則を強調している．このほか，監査計画および監査手順や環境監査員のための資格基準についての手引きが提供されている．また，EPEは組織の環境活動の結果を内部または外部に数値を示していくプロセスであり，計画（P），実行（D），チェック（C）と改善（A）のPDCAサイクルにより，継続的改善を図るためのものである．

　また，製品の支援ツールとして，ELとLCAがある．ELは，製品およびサービスを環境の視点で識別し，その優位性をラベルで表示し，ラベル表示を製品購入時の判断材料として，市場原理を通じて環境負荷の少ない製品の普及を図るものである．（ISOの標準化で採用されている環境ラベルの種類とその性格については表4-1，図4-2参照）また，LCAは，製品やサービスなどにかかわる原料の調達から製造，流通，使用，廃棄，リサイクルに至るライフサイクル全体を対象としている．各段階での資源やエネルギーの投入量と様々な排出物を定量的に把握し（インベントリ分析），これらによる様々な環境への影響や資源・エネルギーの枯渇への影響などを環境影響評価により可能な限り定量化し，これらの分析・評価に基づいて環境改善などに向けた意思決定を支援するための科学的・客観的な根拠を与える手法である（図4-3）．

　グリーン購入（GP：green purchasing）は，ELやLCAで評価された環境への負荷が少ない製品や原料を優先的に購入することである．グリーン購入ネットワーク（GPN：green purchasing network, 1996年設立）では，環境面で考慮すべき観点をリストアップした購入ガイドラインや商品選択のための環境データブックを発行している．
　　　　　　　　　　　　　　　（伊藤泰志）

文　献
1) 茅　陽一：ISO 14000 環境マネジメント便覧，pp.49-69，日本規格協会，1999

L4 環境マネジメント

表4-1 ISO標準化における各種環境ラベル[1]

ISOの名称	特徴	内容
タイプI	第三者認証による環境ラベル	・第三者実施機関によって運営 ・製品分類と判定基準を実施機関が決める ・事業者の申請に応じて審査して，マーク使用を認可
タイプII	事業者の自己宣言による環境主張	・製品における環境改善を市場に対して主張する ・宣伝広告にも適用される ・第三者による判断は入らない
タイプIII	製品の環境負荷の定量的データの表示	・合格・不合格の判定はしない ・定量的データのみ表示 ・判断は購買者に任される

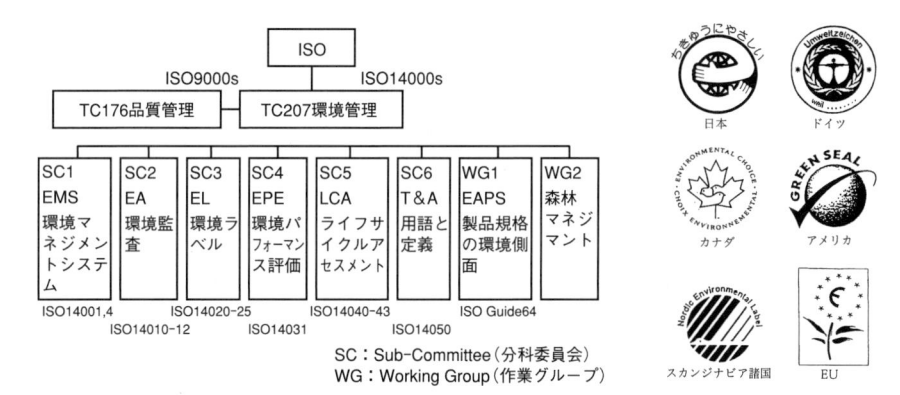

```
                        ISO
              ISO9000s      ISO14000s
         TC176品質管理    TC207環境管理
    ┌─────┬─────┬─────┬─────┬─────┬─────┬─────┐
   SC1    SC2    SC3    SC4    SC5    SC6    WG1    WG2
   EMS    EA     EL     EPE    LCA    T&A    EAPS   森林
   環境    環境    環境    環境パ   ライフ  用語と  製品規格 マネジ
   マネ    監査   ラベル   フォーマ サイクル 定義    の環境側 メント
   ジメン          ンス評価 アセス          面
   トシス                 メント
   テム
  ISO14001,4   ISO14020-25  ISO14040-43   ISO Guide64
         ISO14010-12    ISO14031    ISO14050
                    SC：Sub-Committee（分科委員会）
                    WG：Working Group（作業グループ）
```

図4-1 ISO/TC 207の組織

ISO 14010-12は，2002年10月「品質及び/又は環境マネジメントシステム監査のための指針」としてISO 19011に統合．

図4-2 各国のタイプI環境ラベルの例[1]

（日本，ドイツ，カナダ，アメリカ，スカンジナビア諸国，EU）

```
              製品ライフサイクル
   資源 →輸送→ 材料 →輸送→ 製品 →輸送→ 流通 →輸送→ 利用 →輸送→ 廃棄
   採掘         加工         製造         販売         消費
                       ↓輸送↑      ↓輸送↑
                        リサイクル
        ↑              ↓
     投 入            排 出
   資源，エネルギー   大気汚染物質，水質汚濁物質，固形廃棄物
        ↓              ↓
          環境負荷・影響
   人体，生態系，自然環境への影響，資源枯渇
            ↓
   感度解析，意思決定のための勧告など
```

ISO-LCAのフェーズ
- 目標・範囲設定
- インベントリ分析
- 影響評価
- 解釈

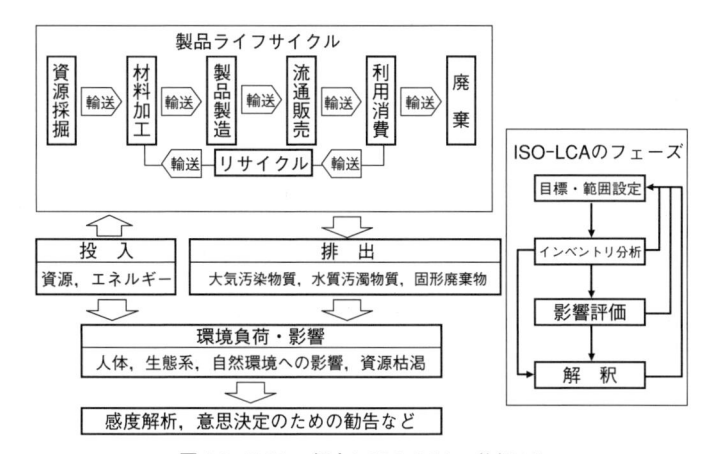

図4-3 LCAの概念とISO-LCAの枠組み[1]

L5　PFI

―― Private Finance Initiative

1. PFIとは

PFIとは，国あるいは地方自治体がその限られた財政資金でより効率的・効果的に社会資本の整備・行政サービスの提供を行うことを目的に，民間が有する経営力・資金調達力・技術力等を導入する事業方式である．また，通常，施設の設計（desing），建設（build），資金調達（finance），運営（operate）を一括して民間に委託する形をとるため，それらの頭文字をとってDBFOと称されることもある．PFIは1992年，英国において誕生し，主に有料橋，鉄道，病院，学校等の公共施設の整備，運営の分野で大きな成果をあげており，今や同国における公共事業総投資額の10％程度がPFI事業で実施されるに至っている．

また，わが国においても，行財政改革の旗印の下，1999年に「民間資金等の活用による公共施設等の整備等の促進に関する法律」（PFI法）が施行され，その後地方自治体が先行してPFIの導入を図り，最近では国関連のPFI案件も具体化される等，本格展開の様相を呈しつつある．

2. PFIの意義

PFIは，良質で経済的な公共サービスを提供することを目的としたものであるため，その適用にあたっては，従来型公共事業に比してサービスの質，コストの面でどの程度メリットがあるのかという"Value for Money（VFM）"という尺度が判断基準となる．このVFMが生じる要因としては，①業務の一括発注による経済的メリット，②官民の最適なリスク分担の実現，③事業者選定にあたっての十分な競争原理の発揮等があげられる．

また，PFIは長期事業であることが特徴としてあげられるが，公共側にとって施設整備にかかわる財政支出を事業期間にわたり平準化処理できる点が，1つのメリットとなっている（最長30年）．

3. 事業者選定プロセスおよび事業の仕組み

事業者の選定にあたっては，PFI法の一連の手続きにのっとり公募入札が実施され，入札価格と提案内容を包括的に評価する「総合評価一般競争入札方式」によって行われることが一般的である．また，実際の事業は，選定された応募企業がPFI事業会社（SPC）を設立し，同社が公共と事業契約を締結することにより行われる．当該契約により官民の役割分担，リスク分担が明確に規定され，事業の長期にわたっての継続性が法的に担保されることとなる．

4. 導入事例

PFI法に規定するPFI対象施設は多岐にわたっているが，これまでのわが国におけるPFI導入実績をみると，庁舎，学校，病院，図書館等のいわゆる"箱モノ"PFIが大宗を占め，橋，道路，鉄道等のインフラ施設に関するPFIはこれからといったところである．なお，環境関連については，国土交通省によるモデル事業検討，補助金・低無利子融資制度等の財政支援措置を，廃棄物処理施設，上下水道関連施設等の実績が増えつつあり，また，地方公共団体を中心に都市公園整備事業にPFIを導入しようとする動きも本格化している．

〔梅田慎介〕

L5 PFI

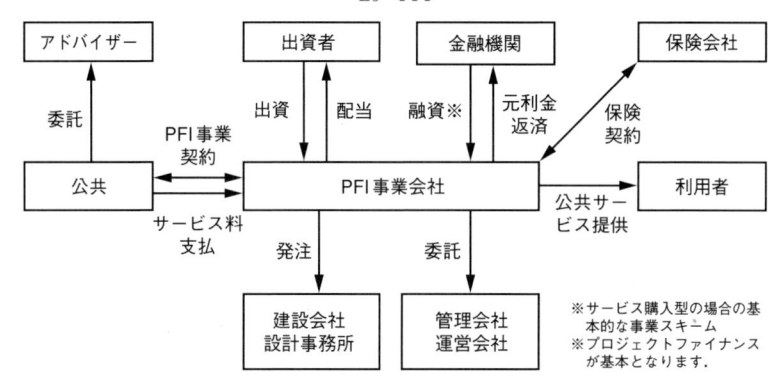

図 5-1 PFI 事業の基本スキーム

※サービス購入型の場合の基本的な事業スキーム
※プロジェクトファイナンスが基本となります．

表 5-1 環境関連 PFI の主要な実績（事業者選定済みおよび入札段階のものを含む）

・廃棄物処理施設

プロジェクト名（発注者）	事業内容
倉敷市・資源循環型廃棄物処理施設 （岡山県倉敷市）	PFI 事業者（第 3 セクターを設立）がごみ処理施設の設計，施工，維持管理・運営を行うもの．一般廃棄物に加えて産業廃棄物を混合処理する．原則 BOO 方式（解体除去）．一般廃棄物処理はサービス購入型．期間 20 年間
留辺蘂町外 2 町一般廃棄物最終処分場 （北海道留辺蘂町ほか）	3 町（留辺蘂町，置戸町，訓子府町）が共同で一般廃棄物施設の最終処分場を整備するもの．PFI 事業者が施設の設計，建設，運営，維持管理を行う．BOT 方式・サービス購入型．契約期間 17 年間（埋立年数 15 年間）
彩の国資源循環工場 （埼玉県）	PFI 方式でサーマルリサイクル施設および公園緑地・基盤整備を行う．サーマルリサイクル施設は BOO 方式・独立採算型，契約期間 20 年間．公園・緑地および基盤整備は BTO 方式・サービス購入型，契約期間 25 年間

・上下水道関連施設

プロジェクト名（発注者）	事業内容
金町浄水場常用発電事業 （東京都水道局）	民間事業者がコージェネレーションシステムを整備・運営し，都（金町浄水場）に電気と蒸気を供給する．BOO 方式（解体撤去）・サービス購入型．契約期間 20 年間
寒川浄水場排水処理施設 （神奈川県企業庁）	PFI 事業者が脱水施設等を設計，建設し，既存の濃縮施設を含めた排水処理施設全体の維持管理・運営を行う．BTO 方式・サービス購入型．維持管理期間 20 年間
横浜市下水道局改良土プラント増設 （横浜市下水道局）	PFI 事業者が改良土プラント増設部分を設計，建設し，既存施設とあわせて維持管理・運営を行う．BTO 方式・独立採算型．維持管理期間 10 年間

・公園施設

プロジェクト名（発注者）	事業内容
横須賀市長井海の手公園 （神奈川県横須賀市）	米軍の長井住宅地区跡地を総合公園として整備するもの．PFI 事業者が公園施設を設計，建設，運営維持管理を行う．BOT 方式（有償譲渡）・サービス購入型（一部独立採算）＋BTO 方式・サービス購入型．管理運営期間 12 年間

L6　環境税

—— Environmental Tax

　製品やサービスを購入する価格には生産や流通にかかわる費用が含まれ，またそれらを消費する者はその使用や維持管理にかかわる費用を支払っている．しかし，これらの生産，流通や消費に伴って供給者や需要者以外の主体に対して環境汚染や環境破壊といった負の影響を与えている場合，これを外部不（負）経済と呼び，供給者や需要者が負担しない費用である外部費用が発生する．

　外部不経済を削減するための政策手段として，税による補正という経済的手法を初めて提唱したのはアーサー・セシル・ピグー（Arthur Cecil Pigou，1920年）である．外部不経済である汚染物質の排出といった負の影響1単位について発生する外部費用を限界外部費用と呼ぶが，ピグー税は，限界外部費用に相当する額を税として単位あたりの生産，流通や消費に課すというものである．

　図6-1の曲線 BC は，製品やサービスの購入や使用を減らすことによって負の影響を1単位削減することで，製品やサービスから得られる便益が失われる大きさの関係を示している．限界外部費用が一定であり，それに等しいピグー税 T を課した場合，純便益が最大になるような削減水準 A が自動的に達成される．なぜなら，A よりも削減しないと（A'），そのために増える税のほうが増える便益よりも大きく，また A よりも削減すると（A''），そのために払わなくてすむ税よりも失われる便益が大きくなるためである．したがって，ピグー税によって効率的な環境改善が達成される．

　しかしながら，汚染物質の排出といった負の影響1単位に対する限界外部費用は必ずしも一定ではなく，また一定であると見なせる場合でも，限界外部費用の測定は現実的に困難である．したがって，実際に採用された環境税にピグー税といえるものはない．

　そこで純便益を最大にすることをあきらめて，目標とすべき削減水準を科学的知見等から決定し，その水準を最小の社会的費用で達成できるように税率を決めるものがウィリアム・J・ボーモル（William J. Baumol）とウォレス・E・オーツ（Wallace E. Oates）によって提唱された（1971年）．ボーモル=オーツ税はピグー税よりも実行可能性が高いが，実際の政策の中では，税の負担感が大きくなるといった理由から，補助金や税率軽減等と組み合わされたものとなっている．

　炭素税をめぐる検討においても，環境省の予測によれば，炭素税のみで二酸化炭素を1990年比で2%削減するためには，炭素1tあたり約30000～40000円の税額が必要であり，エネルギー対策の補助金と組み合わせると約3000円，排出権取引と組み合わせると約1500円となり，純粋な炭素税の導入は難しいことがわかる．すでに炭素税を導入している欧州諸国においても，その税率は，二酸化炭素の削減を達成するために必要な水準よりも低いとされる（表6-1）．

　一方，表6-2に示すように地方公共団体において水源税や産廃税といった環境保全のための税が導入されるようになってきたが，これは環境破壊の防止や復元の費用を原因者や受益者に課する目的税であり，経済的効率性を追求する環境税とは定義が異なるが，もう1つの環境税である．地方公共団体の課税自主権の強化の流れもあり，

L6 環境税

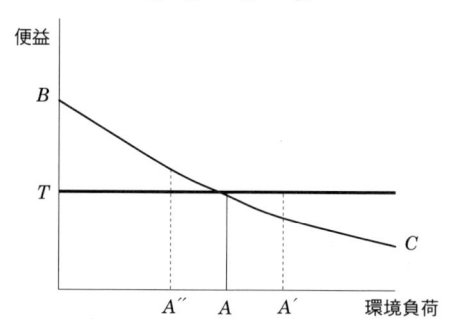

限界外部費用に相当するピグー税 T によって純便益が最大となる削減水準 A が達成される．

図 6-1 ピグー税

表 6-1 炭素税の税額の比較：天然ガスの税率で比較（円/m³）（環境情報科学センター，2000 より作成）

国　名	税額	備　考
デンマーク	3.2	
フィンランド	1.9	
ドイツ	0.18	
イタリア	0.5	電力設備
オランダ	1.1	広く燃料一般
	10	800 m³ 以上 5000 m³ 未満の小規模エネルギー消費
ノルウェー	11.2	北海油田で燃焼されるガス
スウェーデン	7.19	
日本	17〜22	炭素税のみで CO_2 を 2% 削減する予測計算（環境庁）

国によって削減目標が異なるなど単純に比較することは適切ではないが，税率は比較的低いことがわかる．

表 6-2 地方公共団体による環境税の導入例

種類	自治体名	導入時期
水源税	豊田市（愛知県）	水道水源保全基金として 1994 年 4 月から
	高知県	森林環境保全基金として 2003 年 4 月から
産廃税	三重県	産業廃棄物税として 2002 年 4 月から
	多治見市（岐阜県）	一般廃棄物埋立税として 2002 年 4 月から
	岡山県	産業廃棄物処理税として 2003 年 4 月から
その他	河口湖町（山梨県）	遊漁税として 2001 年 7 月から

財源調達の手法として今後も増えていくと予測される．　　　　　　　　　（原口　真）

文　献

1) 環境情報科学センター：地球の使用料を考える，2000
2) 植田和弘・岡　敏弘・新澤秀則ほか：環境政策の経済学—理論と現実—，pp.1-251，日本評論社，1997
3) 環境庁：環境政策における経済的手法活用検討会報告書，2000

L7　環境経営

—— Sustainable Management

　環境経営とは，企業が自分たちで行う環境保全への取り組みを，自らの経営戦略の1つとして位置づけて展開すること指す．

　ここ数年で企業を取り巻く変化は大きく変わってきた．ISO 14001取得が取引の前提条件とされたり，業界団体から温暖化防止や廃棄物の発生抑制の自主行動計画を求められたり，環境ラベルなどによる環境配慮型製品の差別化が進んだりと，従来の公害対策型の取り組みから自主的な取り組みが大きなウェイトを占めてきている．また，これらの企業の取り組みを見る消費者や投資家の目は厳しくなってきており，環境面が商品選別の基準になったり，環境への取り組み内容に基づき企業のランク付けがなされたりしている．さらに，環境への取り組みを怠り環境汚染などの社会的損失を出した場合，事後処理にかかる費用が膨大になるだけでなく社会的信用が失墜することになり，企業が抱えるリスクは従来になく増大している．

　こういった状況に対応し企業側がとる環境経営戦略は，以下のようにまとめられる．①大気汚染，水質汚濁など直接的な環境負荷に対し，効率的な環境保全施策をとることにより，環境保全効果のコストパフォーマンスを最大化する．②将来的・潜在的なリスクに備え，事前に投資することで将来の損失リスクの軽減を図る．③製品やサービスに対し，環境配慮を考慮することで他社との差別化や市場拡大をねらう．④これらの自社の環境への取り組みを開示し，関係者との相互理解を高め，環境負荷や環境リスクについて認識を共有していくことにより，信頼性を確保し企業ブランドの向上を図る（図7-1）．

　このうち，④にあたる企業戦略が環境コミュニケーションであり，具体的な手法の1つが環境報告書（environmental annual report）である．環境報告書とは，利害関係者（ステークホルダー）に向けて情報発信するために，企業が自ら環境活動の内容をまとめたものである．株主総会の時期に合わせて，年次の初めに発表されることが多く，自ら外部認証機関による内容レビューを受けて信頼性の確保に努めている例もみられる．環境への取り組みが進んでいる企業が率先して発表していく中で，環境省では環境報告書の普及と比較可能性と信頼性確保のための枠組みとして，ガイドラインを定めた．

　また，2005年4月より環境配慮促進法が施行され，特定事業者への公表が義務づけられた．環境報告書の今後の方向性としては，国連環境計画や企業，学者，NGOが参加するGRI（Global Reporting Initiative）を中心に，企業が持続可能であるためには，経済・環境・社会の3要素が重視されなければならないというトリプルボトムラインの考え方（図7-2）に基づいた持続可能性報告書[2]に移行させていく流れが有力である．

〔小倉　礁〕

文　献
1) 環境省：平成14年度 環境報告の促進方策に関する検討会報告書，2003
2) 環境報告書ネットワーク（NER）：2001年度環境報告書ネットワーク（NER）研究会活動報告書 持続可能性報告のあり方（CSRの観点から）―電子媒体での環境情報の発信―，2002

図7-1 企業における環境経営

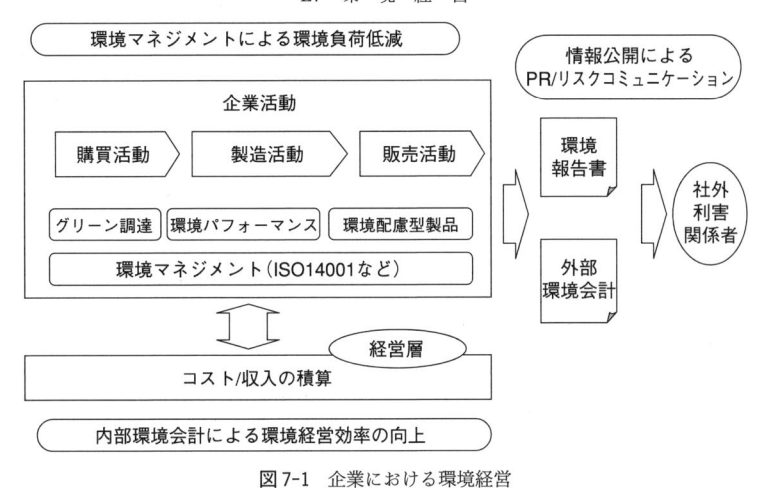

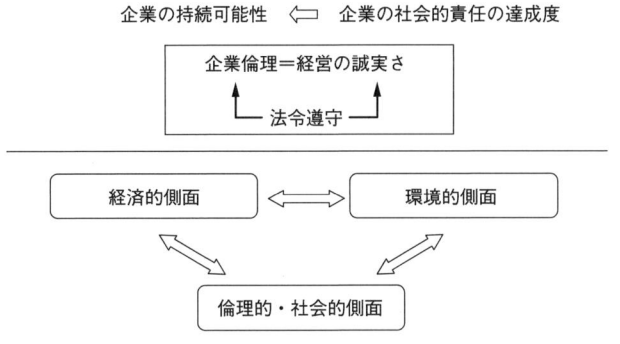

図7-2 企業の持続可能性にかかるキーワードの相互関係[2]

環境経営学会による「環境経営格付」や日本経済新聞社による「企業の環境経営度」等,第3者による企業の環境経営の度合を評価する活動が広がっており,民間企業の環境への取り組みが促進されている.

L8　環境ビジネス
―― Environmental Business

　環境ビジネスを，経済協力開発機構(OECD：Organisation for Economic Co-operation and Development)は，「『水，大気，土壌等の環境に与える悪影響』と『廃棄物，騒音，エコ・システムに関連する問題』を計測し，予防し，削減し，最小化し，改善する製品やサービスを提供する活動」と定義している[1]．すなわち，企業による，環境保全に資する製品，技術，サービス等の提供が環境ビジネスである．

　環境ビジネスは，あくまでも企業が主体であるため，市場機構の競争メカニズムに基づいて活動が行われる．しかし，近年の環境問題の深刻化への対応から，企業はその経営活動において「環境保全」と「経済性」の両立を志向するようになってきた．このような変化に伴い，環境保全への配慮が経済的価値の創造へ，経済的価値の追求が環境保全への配慮へと，お互いが相乗効果を発揮する「環境経営」に企業が取り組むようになった．すなわち，企業は環境保全への対応が，利潤獲得につながると認識し始めたのである．その一側面として，環境における事業機会および利潤の獲得を目指し，環境ビジネスが行われるようになった．その市場規模および雇用規模は年々拡大している．2003年5月29日の環境省の発表によれば，環境ビジネスの市場規模は，1997年は24兆7426億円，2000年は29兆9444億円と算出，2010年は47兆2266億円，2020年58兆3762億円にのぼると推計されている[2]．

　環境ビジネスの範囲は，大気汚染防止・浄化，土壌・水質汚染防止浄化，廃棄物処理，省資源・リサイクル，エコマテリアル，クリーンエネルギー，緑化，環境マネジメント，環境教育等様々な分野にわたっている（表8-1）．その他アメニティにかかわる分野ではあるが，騒音振動の防止も環境ビジネスに加えることができよう．その市場規模，雇用規模，環境問題を網羅しているその事業範囲の多様性からも，環境ビジネスによる環境負荷低減への貢献は多大であると考えられる．

　また，都市財政の企業化の問題からも，環境ビジネスを通じた企業の貢献は無視できないものであり，今後もその影響は増大していくと考えられる．なぜならば，現在のように環境問題が多様化し量的にも拡大している状況においては，行政のみの取り組みでは財政および業務執行の面からも莫大なコストがかかり対応することは困難である．そのコストを低減する方策の1つが，企業の自主的活動による環境保全の達成である．企業に自主的活動を大幅に任すと，外部不経済性の問題が発生するとの懸念があるだろう．しかし，環境ビジネスは環境保全活動が利潤獲得となり，市場メカニズムに環境保全の要因が包含されるため，外部不経済性が成り立ちにくいのである．

　環境都市経営の目的は，都市がもつ資源，エネルギー，資金等を有効かつ効果的に活用し，都市全体としての活動の質を高め，自律的，主体的な生態系循環を構築し，環境の質を極大化することを企図するものである．現在，生産活動の中心的な部分が企業によってなされているため，企業の環境ビジネスは都市経営に対し重要な貢献がなされると考えられる． （鶴田佳史）

文献
1) OECD：The Environmental Goods and Services Industry, Bernan Assoc, 1999
2) 環境省：わが国の環境ビジネスの市場規模及び雇用規模の現状と将来予測についての推計について，2003

表 8-1　環境都市経営における環境ビジネス

環境分野		環境ビジネス
大気汚染防止・浄化	ハード面（装置・資材）	排煙脱硫装置，排煙脱硝装置，代替フロンの開発・フロン破壊装置（オゾン層破壊防止）
	ソフト面（サービス）	カーシェアリング フロン破壊技術の提供（オゾン層破壊防止）
土壌・水質汚染防止浄化	ハード面（装置・資材）	水質汚濁防止装置，合併浄化槽，産業廃水処理，屎尿処理
	ソフト面（サービス）	バイオレメデーション，土壌・地下水および底質の汚染調査
廃棄物処理	ハード面（装置・資材）	廃棄物焼却炉（ダイオキシン対策），中間処理施設，最終処分場
	ソフト面（サービス）	コンポスト化，廃棄物処理委託ビジネス，廃棄物輸送ビジネス，ゼロエミッション化コンサルティング
省資源・リサイクル	ハード面（装置・資材）	マテリアルリサイクル：古紙，廃プラスチック，廃ガラス，建設廃棄物，廃タイヤ，生ごみ，空き缶 サーマルリサイクル：廃棄物発電
	ソフト面（サービス）	中古品ビジネス（家電，OA機器，パソコン，建設・工作機械） 電子商取引，電子データ化 廃棄物・リサイクル資源の電子取引 生ごみ原料の肥料による有機野菜栽培
エコマテリアル	ハード面（装置・資材）	光触媒，生分解プラスチック，非スズ系塗料，光選択透過機能材料，粘土・繊維複合多孔体
	ソフト面（サービス）	梱包・包装（ケナフ等の非木材紙・ダイオキシン抑制の素材・アシトレー素材）
クリーンエネルギー	ハード面（装置・資材）	再生可能エネルギー：太陽光発電，風力発電，燃料電池，バイオマス発電，地熱海洋熱発電 省・低公害エネルギー：コージェネレーション，ヒートポンプ，DME，RDF，低公害車
	ソフト面（サービス）	認証ビジネス，証書ビジネス 排出権取引ビジネス，CDM
緑化	ハード面（装置・資材）	緑化樹木の生産・販売，屋上緑化用資材の販売
	ソフト面（サービス）	都市緑化・屋上緑化ビジネス，砂漠緑化ビジネス，植生分布データ
環境マネジメント	ハード面（装置・資材）	環境配慮型商品，エコオフィス
	ソフト面（サービス）	ISO 14001 認証取得審査，ISO 14001 認証取得コンサルティング 環境アセスメント，環境会計，環境実態調査，環境監査 物流・流通システム構築
環境教育	ハード面（装置・資材）	ビオトープ，バードテーブル
	ソフト面（サービス）	エコツアー，従業員・管理者向けセミナー，環境プロモーション，マーケティングコンサルティング

OECD，1999 の分類をもとに筆者作成．

L9　環境会計

—— Environmental Accounting

　企業の環境会計は，企業の環境経営戦略に関連して，意思決定を支援するための情報（貨幣単位または物量単位）を測定あるいは伝達する仕組みといえるが，その情報の内容は環境会計を扱う主体によって異なる．環境会計の情報として考慮するものには，貨幣計算できるレベルのもの以外に，非貨幣計算できるレベル（エコバランス，LCA，環境パフォーマンス評価（EPE）など）や計量化できない記述情報レベル（法規制遵守状況，環境方針・目的，環境報告書の内容など）まで含める場合（広義の環境会計）がある．国内で環境会計というと，主に貨幣換算できるレベルの情報を指す（狭義の環境会計）ことが多いが，ドイツやスイスなどでは非貨幣計算の部分を指すことが多い．また，企業外部へ公開することで利害関係者（消費者，投資家，地域住民など）の意思決定に影響を与えるための会計（外部環境会計，external environmental accounting）と，企業内部の適切な経営判断を促すための会計（内部環境会計，internal environmental accounting；あるいは環境管理会計，environmental management accounting）という区分の仕方がある．現在，国内企業の環境会計への取り組みは，環境省がガイドライン化[1]を進めている外部環境会計の流れに乗って環境報告書とセットで環境会計を外部公開する活動が盛んであり，内部環境会計を企業内部の経営判断のために活用する動きは始まったばかりである．

　環境省ガイドラインで取り扱っている外部環境会計の構成は，環境保全のためのコストとその活動によって得られた2種類の効果（環境保全効果・環境保全効果に伴う経済効果）からなる（図9-1）．

　内部環境会計については，経済産業省が環境管理会計ワークブック[2]として，代表的ないくつかの手法をまとめている．

　① 環境配慮型設備投資決定手法：中長期的な環境目標を達成するために導入する環境設備に対して，初期投資額・運用コスト・設備の経済寿命・設備廃棄費用を考慮し，投資に値する環境負荷低減効果が得られるかを判断する．

　② 環境配慮型原価管理：品質管理の考え方を適用し，環境問題を起こすことによる社会損失をどれだけ低減できたかを評価する環境コストマトリックス手法や，新商品企画・開発において品質・コスト・環境の3要素を考慮し環境配慮型商品を企画していく手法．

　③ マテリアルフローコスト会計：製品の製造プロセスにおける原材料の物量がどう移動するかを追跡し，最終製品を構成する要素にならないロスを明らかにし，コスト削減を図る手法．

　④ ライフサイクルコスティング：ライフサイクルアセスメント（LCA）に経済的視点を加えて，設備の維持管理に係る費用なども含めてコスト評価も行なう手法．

　これらの手法は，事業プロセスの各段階のどこに着目するかによって企業ごとに採択アプローチが異なることになる（図9-2）．

　　　　　　　　　　　　　　（小倉　礁）

文　献

1) 環境省：環境会計ガイドブック2002年版―環境会計ガイドライン2002年版の理解のために―, 2003
2) 経済産業省：環境管理会計手法ワークブック, 2002
3) サステナビリティ・コミュニケーション・ネットワーク：CSRの本質と現状, NER研究会・研究報告書, 2004

L9 環境会計

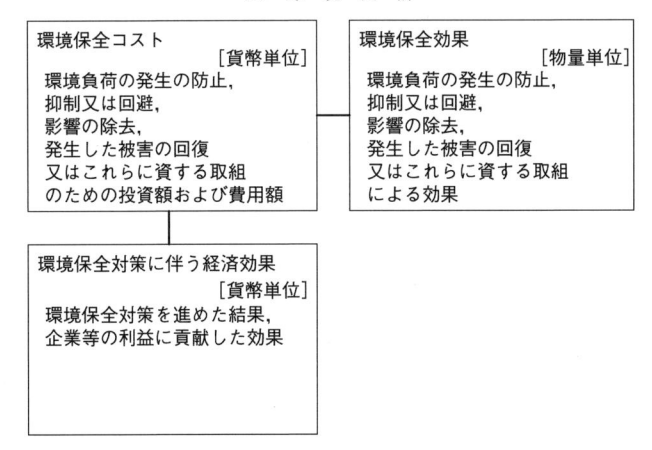

```
┌─────────────────────────┐  ┌─────────────────────────┐
│ 環境保全コスト           │──│ 環境保全効果            │
│          [貨幣単位]      │  │          [物量単位]      │
│ 環境負荷の発生の防止,    │  │ 環境負荷の発生の防止,    │
│ 抑制又は回避,            │  │ 抑制又は回避,            │
│ 影響の除去,              │  │ 影響の除去,              │
│ 発生した被害の回復       │  │ 発生した被害の回復       │
│ 又はこれらに資する取組   │  │ 又はこれらに資する取組   │
│ のための投資額および費用額│  │ による効果              │
└─────────────────────────┘  └─────────────────────────┘
          │
┌─────────────────────────┐
│ 環境保全対策に伴う経済効果│
│          [貨幣単位]      │
│ 環境保全対策を進めた結果, │
│ 企業等の利益に貢献した効果│
└─────────────────────────┘
```

図 9-1 環境会計の構成要素[1]

2004年5月の時点で，環境報告書を作成している企業・機関の約8割が環境会計情報をあわせて開示している[3].

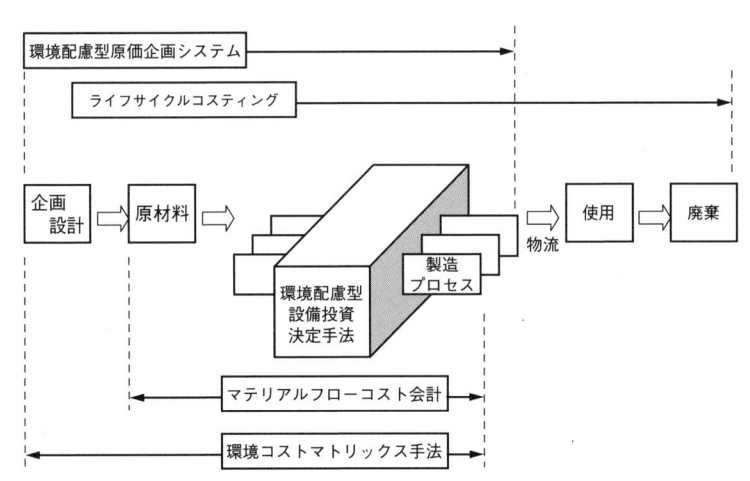

図 9-2 事業プロセスにおける各手法とその対象領域の位置づけ[2]

経済産業省では，2003年よりマテリアルフローコスト会計に関するモデル事業を開始している．

L10 エコテクノロジー

—— Eco Technology

1. 環境問題と環境技術の変遷

わが国は1960年代，四日市ぜんそくや水俣病など，工場等から排出される汚染物質により，地域の住民は深刻な健康被害を受け，産業公害問題が顕在化した．法による排出規制は，廃水処理や排ガス脱硫等の技術開発の契機となった．1970年代では，第一次オイルショック（1973年）により，産業活動や日常生活は多大な影響を受け，省エネルギー技術や石油以外のエネルギー開発が模索された．1980年代に入り，地球温暖化の温室効果ガスとして大量に排出される二酸化炭素や森林破壊と野生生物種の絶滅が認識され始めた．1992年ブラジルのリオデジャネイロで地球環境サミットが開催され，わが国では1997年COP3（京都議定書）が開催されるなど，1990年代は地球環境問題が幅広く議論され，それを念頭においた企業活動（環境マネジメントシステム等）や技術開発の幕開けとなった．

2. 新たな段階へ

20世紀後半は，大量生産，大量消費，大量廃棄の時代として特徴づけられる．当初の問題は被害が局所的で原因者（企業）の特定が可能であり，排出規制に対応した公害防止技術の発展をみた．しかしながら，20世紀末から，環境問題はより広域でグローバル化し，車公害のように被害者と原因者が不特定多数となり，複雑化している．また，資源循環型社会構築の必要性が強く認識され，環境問題は新たな段階に入っており，21世紀は，こうした問題解決のためのエコテクノロジーが求められている．

3. エコテクノロジーとは

エコテクノロジーは，環境問題解決のための技術と定義づけられ，その技術は以下の3つの分野に大別することができる．

(1) エネルギー： 新エネルギーと自然エネルギーにかかわる技術で，化石燃料中心から脱却し，二酸化炭素削減に期待される環境技術である．新エネルギーは，廃棄物発電（スーパーごみ発電），燃料電池，コージェネレーションシステムをあげることができる．自然エネルギーは，太陽光発電，風力発電，バイオマスで，枯渇しないエネルギーであるが，効率と安定したエネルギーの供給が技術的課題となっている．

(2) エコロジー： 生態系を構成する大気，水，土壌，緑，生き物にかかわる環境技術で，その守備範囲は広い．大気では二酸化炭素の固定化，SO_x，NO_xの分解・再利用，フロンの回収・破壊等にかかわる技術，水では河川や湖沼の水質改善，多自然化の技術，土壌では工場跡地での汚染土壌・地下水浄化の技術があげられる．

緑では，緑化が困難な場所での技術として，砂漠緑化，法面緑化，岩盤緑化等があり，都市では屋上緑化により，ヒートアイランドの緩和が期待されている．生き物では，ビオトープが都市を中心に公園，学校，住宅等に導入され，鳥や昆虫の棲める空間づくりの取り組みが始まっている．

(3) リサイクル： 資源循環型社会を構築する上で，期待が大きい．廃棄物処理・処分と省資源・廃棄物削減および再利用・再資源化にかかわる環境技術で，公害の少ない処分場や処理施設の建設，廃棄物の発生を少なくする方法，廃棄物を回収，再資源化するシステム，廃棄物から燃料や金属等の有用物の回収等がある． （小田信治）

文献

1) 武末高裕：新・環境技術で生き残る1000企業, pp. 193-442, ウェッジ, 2001

L10 エコテクノロジー

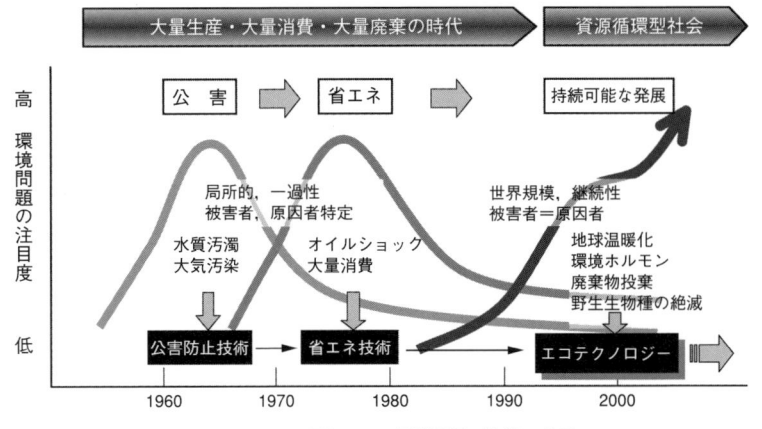

図 10-1 環境問題と技術の変遷

表 10-1 エコテクノロジーの分野別技術の例

分野	分類	技術の例
エネルギー	新エネルギー	スーパーごみ発電, 燃料電池, コージェネレーションシステム
	自然エネルギー	太陽光発電：建材一体型太陽光発電システム, ハイブリット型太陽電池
		風力発電：洋上風力発電, 風力発電適地選定システム
		バイオマス：廃材や家畜糞尿からの燃料製造, 廃棄用油自動車燃料製造
エコロジー	大気環境	二酸化炭素固定化（海洋, 地中への封じ込め）, 低硫黄軽油精製, 光触媒コーテング外装タイル（窒素酸化物の分解）, フロン破壊処理施設
	水環境	広域水質浄化, 汚泥・ヘドロ処理, アオコ除去, 多自然型河川工法
	土壌環境	土壌ガス吸引法, 揚水ばっき法, バイオレメディエーション（微生物浄化）, ファイトレメディエーション（植物浄化）, 汚染土壌調査・評価システム
	緑環境	砂漠緑化, 法面緑化, 岩盤緑化, 埋土種子緑化, 伐採材チップ緑化, 屋上緑化, 壁面緑化, 緑化コンクリート
	生き物環境	ビオトープ, 小動物が脱出可能な側溝, エコブリッジ（動物専用の橋）, 生態系評価システム
リサイクル	廃棄物処理・処分	クローズド型最終処分場, ダイオキシン対応型清掃工場（ガス化溶融炉）
	省資源・廃棄物削減	長寿命設計, ライフサイクルコスト管理システム, ゼロ・エミッション建設・解体（作業所での徹底した分別）
	再利用・再資源化	PETボトル・発泡スチロール再利用, 家電の分解・貴金属回収, 古タイヤ燃料化, 再生コンクリート製造, バイオガスプラント

M 市民参画とコミュニティづくり

M1　環境都市と市民・コミュニティ
—— Environment City with Citizens and Communities

　環境都市は，一定のハードが整備された「形態」だけをいうのではなく，それらも含めた都市のシステムが環境と共生するよう適切にマネジメントされている「継続した状態」といえる．都市は，都市基盤の上に市民の諸活動が展開されて初めて都市といえるのであるから，その諸活動も含めた都市のシステムが環境と共生したものでなければ環境都市は実現し得ない．そして，そのマネジメントの担い手はその都市に存在する市民をおいてほかになく，さらにその市民自身によるマネジメントが「継続」されていくシステムをも内蔵しなくてはならない．

　ここにおいて，現代の都市における市民の活動は，もはや環境に影響を与えているだけの単純な構図ではなく，その影響の対象は市民自身ともなっている．つまり，市民自身が加害者であり，同時に被害者でもあるのである．「環境都市と市民・コミュニティ」を考える意義はここにある．

　では，それらの関係をどう整理すれば環境都市の実現が図られるのだろうか．まず，市民個人の行動・活動と地域社会（コミュニティ）の調和が図られなければならない．個人の行動・活動は，必ず地域社会の環境に影響を与える状況にあることを各個人は認識して，日々の行動・活動を環境に配慮する必要がある．同時に個人の環境に配慮した活動が地域に広がっていくようにもしていかなければならない．また，個人という人格には私人と法人（企業等）があり，その両者の連携も必要である．そして，それらの個人の集合体を統治していくシステムとして行政がある．これら3者の連携の重要性が環境都市を実現していく上において認識されており，その連携システムを「グラウンドワーク」と呼び，その展開が期待される．

　さらに，その調和システムは時間を超えて未来に向けて継続されていかなければ環境都市は保持され得ない．そのため，このようなシステムが次世代にも適切に引き継がれ，さらにレベルアップしていくよう将来の担い手教育としての環境教育も重要になってくる．このような3軸の観点からの調和を図る行動・活動が実現して初めて環境都市は実現されるものであるが，いずれにしてもその中心に位置するのは市民という「人」である．しかし，そのようなシステム維持の担い手としての個人の力には限界があり，個人の集合体である法人で，担い手としての期待が大きく高まっているのがNPOである．

　NPOも一種のコミュニティであるが，個人の次の単位であるコミュニティにおいて環境都市実現の担い手機能が発揮できなければ，さらにその上の単位でその担い手機能を発揮させることは困難である．かつては，地域コミュニティに地域の環境を維持向上していくためのルールがしっかりとあり，それが地域コミュニティで運用されていた．しかし，地域コミュニティによるその機能にも限界が認識されてきている中，NPOをはじめとするテーマコミュニティの役割が重要視されてきている．

（平田富士男）

文　献
1) 世古一穂：協働のデザイン—パートナーシップを拓く仕組みづくり，人づくり—，学芸出版，223 pp., 2001
2) 平本一雄編著：環境共生の都市づくり，ぎょうせい，360 pp., 2000

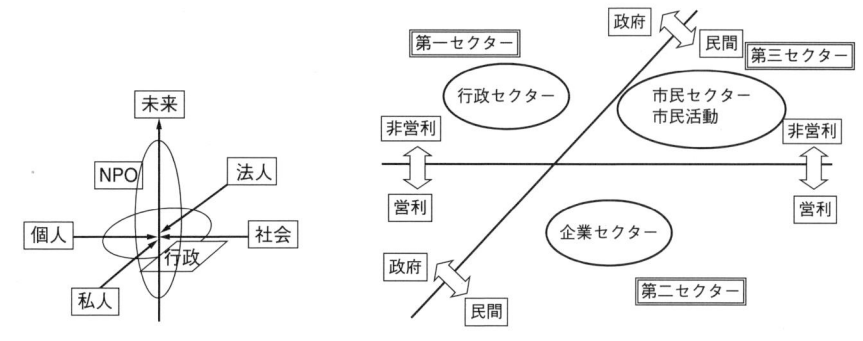

図 1-1　環境都市の実現に向けての関係主体の調和の方向

図 1-2　各領域と各セクターの概念図[1]

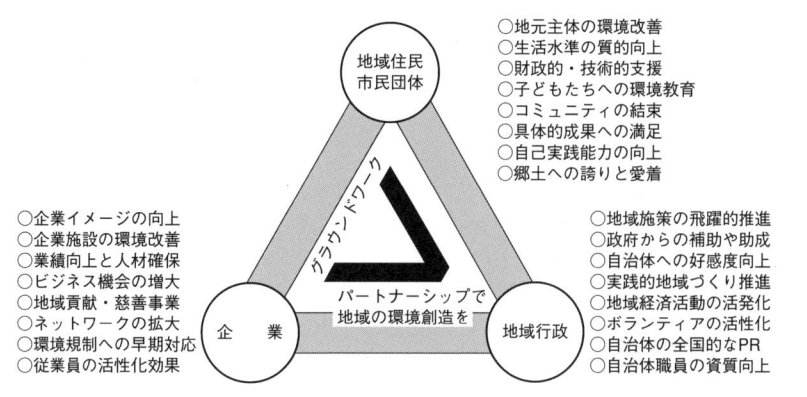

図 1-3　グラウンドワークのメリット[2]

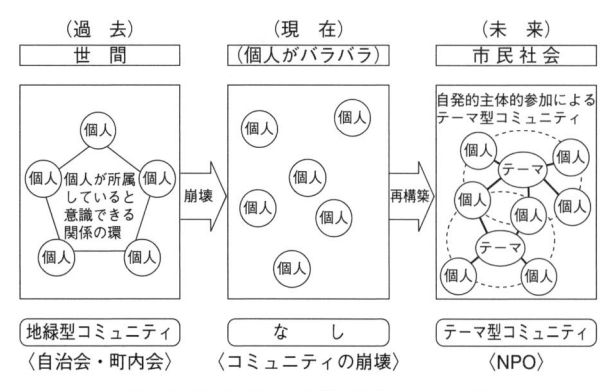

図 1-4　NPO がひらく市民社会のイメージ[1]

M2　市民参加と市民参画
—— Citizen Participation

住民が地域に関心をもち，地域のために，自ら考え，行動することがまちづくりの基本である．活動を通して，自治意識，地域への愛着，公共意識が育成され，問題解決に必要な合意形成の円滑化や都市計画の実現が期待できる．住民個々の参加を促進しつつ，企業，NPO等の地域の多様な主体が協働し，まちづくりを推進することで，官主導の計画から市民の多様な創意工夫を生かせる計画へ転換を図るとともに，行政手続の透明化，情報公開，説明責任の遂行が期待できる．まちづくりに市民参加は不可欠である．

市民参加を促進するため，近年，法律や各種制度が整備されつつある．まちづくり等を行う団体に法人格を付与し活動基盤を強化する特定非営利活動促進法（NPO法），NPO等による提案制度（都市計画法，景観法），NPO等の参画による自然再生事業（自然再生推進法）等の法律制定や，構想・計画策定，施設設計，管理運営において，パブリックコメント，住民アンケート，ワークショップ，アドプト（里親）など各種多様な取り組みを通じて，行政への市民参加が広がりつつある．

まちづくりにおける市民参加の課題をいくつか列挙すると，市民の対象範囲，権限と責任，参加の方法，意見集約・調整，NPOの育成，市民参加の評価方法等がある．市民の対象範囲は，土地所有者，周辺住民，利害関係人，利用者，NPO，学校，企業など多様であるが，誰でも参加できるものとするのではなく，案件に応じ，参加者の公平・合理的な選択とともに，権利や責任に欠ける者の排除も必要であろう．

米国の社会学者シェリー・アーンスタイン（Sherry Arnstein）は，「参加の梯子」として市民参加のレベルを8段階に区分している（図2-1）．情報提供，意見聴取等は形式参加で，共同作業，権限委任，住民主導が権利としての参加としている．また，真の参加とはいえない下2段を示している．「参画」は，政策や事業等の計画に加わる意であり，権限と同時に責任を伴うことから上3段が該当しよう．重要なのは，単に上段を目指すのではなく，事柄の責任と権限を十分検討して，市民参加の方法を適切に選択し，市民に明示することである．これを誤ると，権限を委譲しすぎて責任放棄とみなされたり，ワークショップさえ行えば市民参加になるとの勘違いが生じたり，用意された筋書きへの形式参加との批判を浴びかねない．

また，コーディネーターやファシリテーター等の専門家の活用・育成を図り，異なる意見を調整しまとめる，合意形成を通じ市民の理解と協力を構築する，専門的見地から充足・補完することが重要であり，市民においても，議論しながら一致点を見つけ協調していく教育が求められる．

市民参加を専門的，効率的に進めるには，特定の課題に関心をもつ市民が参加しやすいNPOの設立や育成，人材の育成が重要であり，これらについては「パートナーシップ」を参照されたい．

市民参加の実施後に，客観的に評価することも重要である．目的の達成状況，参加手法の妥当性，参加割合や構成のばらつき，費用と効果，内容と参加者満足度，改善点等を総合的に評価し，制度改善につなげていく評価システムの構築が望まれる．

(後藤和夫)

文　献

1) 後藤和夫：ランドスケープ研究 63(4), 268-271, 2000

M2 市民参加と市民参画

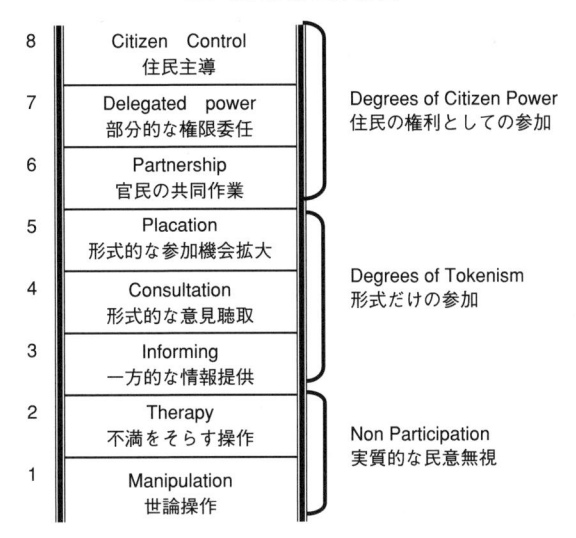

8	Citizen Control 住民主導	}	
7	Delegated power 部分的な権限委任	}	Degrees of Citizen Power 住民の権利としての参加
6	Partnership 官民の共同作業	}	
5	Placation 形式的な参加機会拡大	}	
4	Consultation 形式的な意見聴取	}	Degrees of Tokenism 形式だけの参加
3	Informing 一方的な情報提供	}	
2	Therapy 不満をそらす操作	}	Non Participation 実質的な民意無視
1	Manipulation 世論操作		

図2-1 アーンスタインの「参加の梯子」(Arnstein's Ladder of Citizen Participation)
訳語は地域メディア研究レポート「212の21世紀—まちは変われるか—」第3部情報編より．

表2-1 市民参加のレベルと方法[*1]

8	住民主導	都市計画・景観計画の提案，緑地や景観重要物の管理協定，公園の機能増進施設の設置管理，管理運営（いずれもNPO）	参加
7	部分的な権限委任	審議会，検討会等の委員公募，管理の委任	
6	官民の共同作業	NPO等とのパートナーシップ，協働のパートナー募集	
5	参加機会拡大	モニター，ワークショップ，イベント参加，管理の委託	
4	意見聴取	公聴会，パブリックコメント，意見募集，意見書提出	
3	情報提供	説明会，告示，公告，縦覧，パンフレット，ホームページ	
2	不満をそらす操作	集団療法のように誘導し，市民の不満をそらす場合	非参加（操作）
1	世論操作	偏った情報で市民を教育し，その世論を利用する場合	

[*1]：本表は，まちづくりや公共施設の構想，計画，設計，施工，管理運営等を対象にした市民参加のレベルを筆者が整理したもので，アーンスタインの定義とは別である．
[*2]：都市計画や自然再生事業では，決定権よりも提案権を評価して，住民主導の区分に分類．

M3 コミュニティ

―― Community

　コミュニティは，単に構成主体が集まったモザイク的な集団ではなく生活史を共有する共同体とされる．この場合，共同体とは，体制・統一性・均一性を備え，場所と構造をもつものに限定する考え方から，一定の関心・利害等がオーバーラップした共通部分をもつものとする考え方まで，幅広い理解がなされている．

　比較的早期にコミュニティを生物の立地集団として捉えていたのは，地理学者アレクサンダー・フォン・フンボルト（Alexander von Humboldt, "Kosmos" 1807）であるが，その後ユートピアとしてのコミュニティを構想・実験した社会主義者ロバート・オーエン（Robert Owens, 1824），シャルル・フーリエ（Charles Fourier, 1829），生物共同体における競争の問題を取り上げた生物学者チャールズ・ダーウィン（Charles Darwin, 1859），共同体の歴史的推移を検討した経済学者カール・マルクス（Karl Marx, 1867）や共同体をゲマインシャフトとした社会学者フェルディナンド・テンニース（Ferdinand Toennies, 1887），理想的なコミュニティ形成を目的として最初の田園都市を実現したエベネザー・ハワード（Ebenezer Howard, 1898）等があり，最初に共同体としてのコミュニティの概念を整理した社会学者ロバート・モリソン・マッキーバー（Robert Morrison MacIver, 1917）がいる（人名後の数字は文献の発表年）．

　彼はコミュニティの条件として共同生活，地域性，共感（我々意識・役割意識・依存意識）をあげている．

　また，クラレンス・アーサー・ペリー（Clarence Arthur Perry, 1929）はコミュニティの計画単位として近隣住区を構想し，ジョージ・ヒラリー（George Hillery, 1955）はそれまでのコミュニティの定義を分析し，共通概念として社会的相互作用，地域性，共同性を整理した．

　一方，ジェーン・ジェイコブス（Jane Jacobs, 1961）は当時の都市計画理論で悪化した生活環境の見本とされていたスラムで伝統的コミュニティを再発見し，人々が触れ合い，子どもが社会に同化し，街の安全性を保証し，街の活力を生み出す仕組みとして評価し，コミュニティに配慮しない都市計画を批判した．また，コーリン・ブキャナン（Colin Buchanan, 1963）は自動車交通の都市に対する影響を検討し，交通計画におけるコミュニティへの配慮について指摘している．

　日本において，今日的意味で最初にコミュニティを取り上げたのは，国民生活審議会調査部会コミュニティ問題小委員会報告（1969年）である．この報告は，従来の地域共同体の崩壊に対応するため，地域と共通目標をもった開放的な生活の場（コミュニティ）を形成すべきと提言し，その後の自治省等を中心に推進されたコミュニティ計画の発端となった．

　コミュニティの基本概念には，常に「生活の場」「face to face」等の概念を含んでいたが，ジェシー・バーナード（Jessie Bernard, 1973）が高速度輸送手段の発達に伴う包括的な生活の場の消滅を指摘したように，即地的コミュニティはその包括性を次第に低減させ，その過程で一定の地域に部分的に重複しながら広がる多様なテーマごとの複層的小コミュニティの存在やその必要性が認識されるようになった．

　また，インターネットの普及はコミュニティの概念を物理的な場所を超えて，「広く共通の関心の交差するところ」へと拡大した．マイケル・ハウベン（Michael Hauben, 1993）はネットワークコミュニティの構成員をネティズンと定義し一定の

M3 コミュニティ

```
A.V.Humboldt (1807)
Natural community → 立地集団としてのコミュニティ
        │                                    │
        ▼                                    │         R.Owens(1824), C.Fourier(1829)
  C.Darwin (1859)            K.Marx (1867)              ユートピアとしてのコミュニティ
  生物共同体における競争 ·····→ 共同体の歴史的発展 ←·····
        │                         │
        ▼                         ▼                    E.Howard (1898)
                           F.Toennies (1887)           ユートピアとしてのコミュニティの具現化
  F.E.Clements (1916)      Gemeinshaft/Gesellshaft     田園都市 (Gardencity)
  生物群集 Biotic community        │
        │                         ▼                    C.A.Perry (1929)
        ▼                  R.M.MacIver (1917)          近隣住区 (NeighborhoodUnit)
  A.G.Tansley (1935)       Community/Association       Face to face contact community
  生態系 Ecosystem          コミュニティを定義
        │
  可児(1944) 今西(1949)             ▼
  Habitat segregation       G.Hillery (1955)
  棲みわけ理論              コミュニティの定義を分析·····→ J.Jacobs (1961)
                                                         伝統的コミュニティの再発見
                                  ▼
                           国民生活審議会 (1969)         C.Buchanan (1963)
                           従来の地域共同体にかわる       自動車交通とコミュニティの調和
                           コミュニティ形成の必要性を提言·····→
   ┌─────────────┐         ▼                          ┌─────────────┐
   │ エコロジー運動 │    J.Bernard (1973)               │ コミュニティ計画 │
   └─────────────┘    高速度輸送手段による             └─────────────┘
         │            包括的な生活の場の消滅·····→   ┌──────────────────┐
         │                                            │ ニューアーバニズム     │
         ▼                 ▼                          │ →TOD (歩いて暮らせる街) │
   ┌─────────────┐    M.McLuhan (1991)              └──────────────────┘
   │ 地球環境問題  │ ←  情報化によるノンプレースコミュニティ
   └─────────────┘    の形成 → グローバルヴィレッジ    ┌──────────────────┐
                                                        │ スマートグロース      │
                      M.Hauben (1993) → ネティズン      │ →コミュニティによる成長管理 │
                      H.Rheingold (1993)              └──────────────────┘
                      インターネットの発達によるネット上の
                      コミュニティ → バーチャルコミュニティ ┌──────────────────┐
                                                          │ アーバンビレッジ        │
                                                          │ →コミュニティのサスティナビリティ │
                                                          └──────────────────┘
```

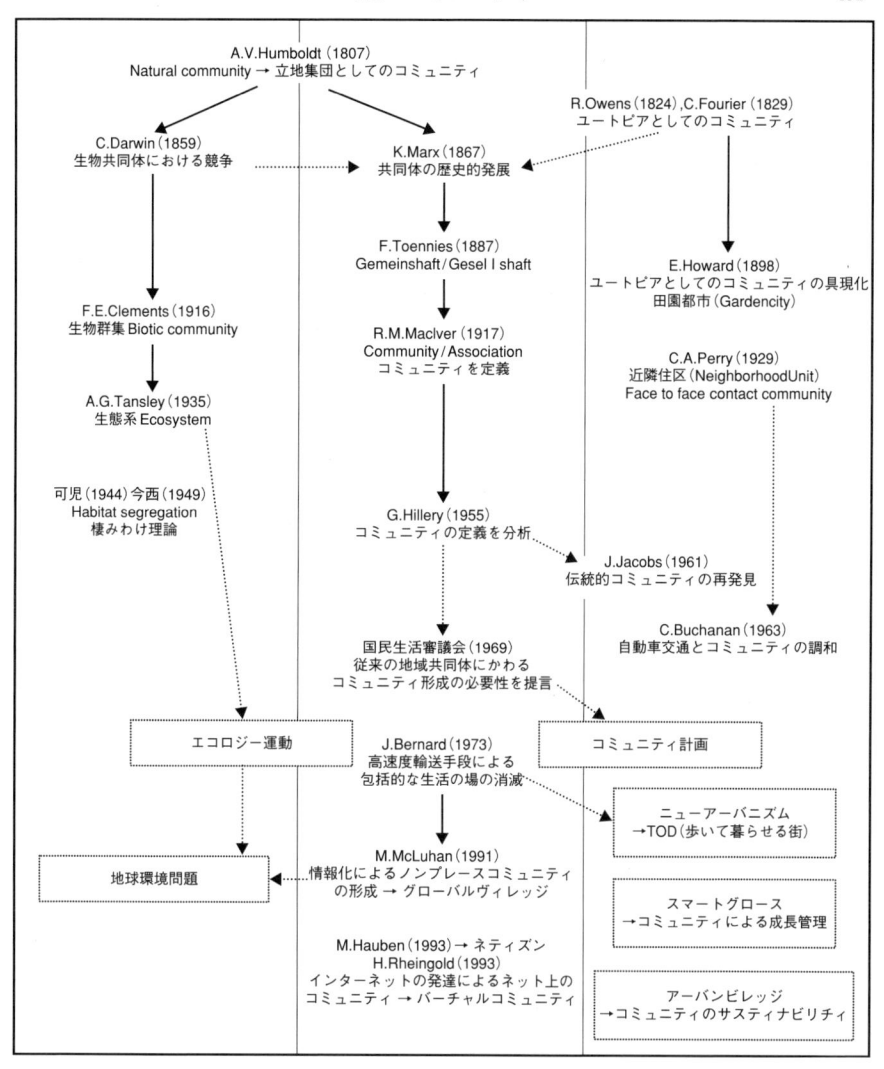

図 3-1 コミュニティ概念の系譜とその周辺 (人名後の数字は文献の発表年)

社会的規範の必要性等を指摘し, ハワード・ラインコールド (Howard Rheingold, 1993) はネット上で生まれるコミュニティをバーチャルコミュニティと名づけた. 現在では, 記憶のコミュニティ, 想像上のコミュニティ, 関心のコミュニティ等も提案され, その概念の有効性が検討されている. (支倉 紳)

M4 コミュニティプランニング
—— Community Planning

　コミュニティは，計画的に形成できるのか．19世紀初頭，産業革命後の過度に自由放任状況となった都市の諸問題のアンチテーゼとしてシャルル・フーリエ（Charles Fourier）等のユートピア論者たちが構想した小規模なコミュニティは，家族・居住・職業の面から新たな枠組みを構想した実験であったが，現実の社会を変えるには至らなかった．

　また，20世紀初頭の田園都市論，近隣住区論は現実の街を実現させ，その後の都市計画におけるコミュニティ計画の1つのモデルとされたが，外形的な空間の形や施設のみでコミュニティ形成を誘導することの限界も指摘されている．

　日本においては1960年代から大量に建設された公団集合住宅等の団地が急速・同規格で供給され，世代・所得階層等が均一な「団地族」といわれる一種のコミュニティを形成したのであるが，同時期に高齢化し世代交代が進まないこと等に起因する諸問題を惹起しており，居住空間の構成がコミュニティの維持・存続に与える影響の重大さが再認識された．そのため，近年では多摩ニュータウン等の大規模ニュータウンを中心に，多様な世代・所得階層が居住できる空間を備える等，ミックスドコミュニティの形成に配慮した住宅地が計画・整備されるようになった．

　また，コミュニティは計画主体になりうるか．1980年代プリンス・チャールズ（Prince Charles）の発言から英国で始まったコミュニティアーキテクチュア運動の理念は，「環境はそこに住み，働き，遊ぶ人々がその創造や管理にかかわればよりよいものとなる，専門家は外部から知恵を出すのではなく，サポーターとなり一緒になって問題を解決するため知恵を出さなければならないし，住民自身も環境に対する責任を進んで引き受け，時間，エネルギー，資源を投入して環境改善に取り組まなければならない．」というものである．

　1990年代に入ると，英国や米国において，同様の発想のもとに，地元住民・専門家等によるコミュニティ開発法人であるCDC（Community development corporation）が再開発を事業化したり，インターミディアリー（仲介組織）機能を発揮して官民協働事業を誘導したりする事例が増加している．

　また，日本においても2001（平成13）年には，NPO法に基づく「まちづくり分野」のNPO団体数が1000を超えたこと等を背景に，国・自治体等においてその活動の支援が開始されている．

　一方，コミュニティは政策決定に関与できるのか．1970年代からサンフランシスコ，ニューヨーク等の住民コミュニティにおいて，それまでの超高層建築による拡大基調の再開発に対し，適切な都市環境をコントロールしていくため，政策決定に積極的に関与すべきであるとする自主管理の主張が現れた．これに対し公共の側においても，ボストン，ワシントン，ロサンゼルス等で，ダウンゾーニング，リンケージ，強制的開発料金等の成長管理政策がとられている．この背景には米国では環境アセスメントの対象が自然環境にとどまらず，公共サービス，住宅，交通等の社会的要素が含まれること．開発プロセスにおける公聴会や情報開示，これらを支えるNPOやコンサルタントのネットワークや，PIプロセスを義務づける法律等，コミュニティが政策決定に関与するシステムが充実している

コミュニティプランニングの形態	主な計画論	関連事項
コミュニティ形成支援 ● コミュニティは計画的に形成できるのか？	ユートピア論 田園都市論 近隣住区論 ニューアーバニズム	・ユートピア論者の実験 ・フェーストゥフェースコミュニティ ・ミックスドコミュニティ ・コーポラティブタウン ・TOD ・コミュニティポータルサイト ・地域通貨
コミュニティによる計画・事業 ● コミュニティは計画主体になりうるか？	コミュニティアーキテクチュア運動 アーバンビレッジ	・ワークショップ ・コミュニティデベロップメント ・CDC ・インターミディアリー ・TMO ・コミュニティビジネス
コミュニティによる参加 ● コミュニティは政策決定に関与できるのか？	自主管理運動 成長管理政策	・環境アセスメント ・PI（パブリックインボルブメント） ・NPO ・情報公開

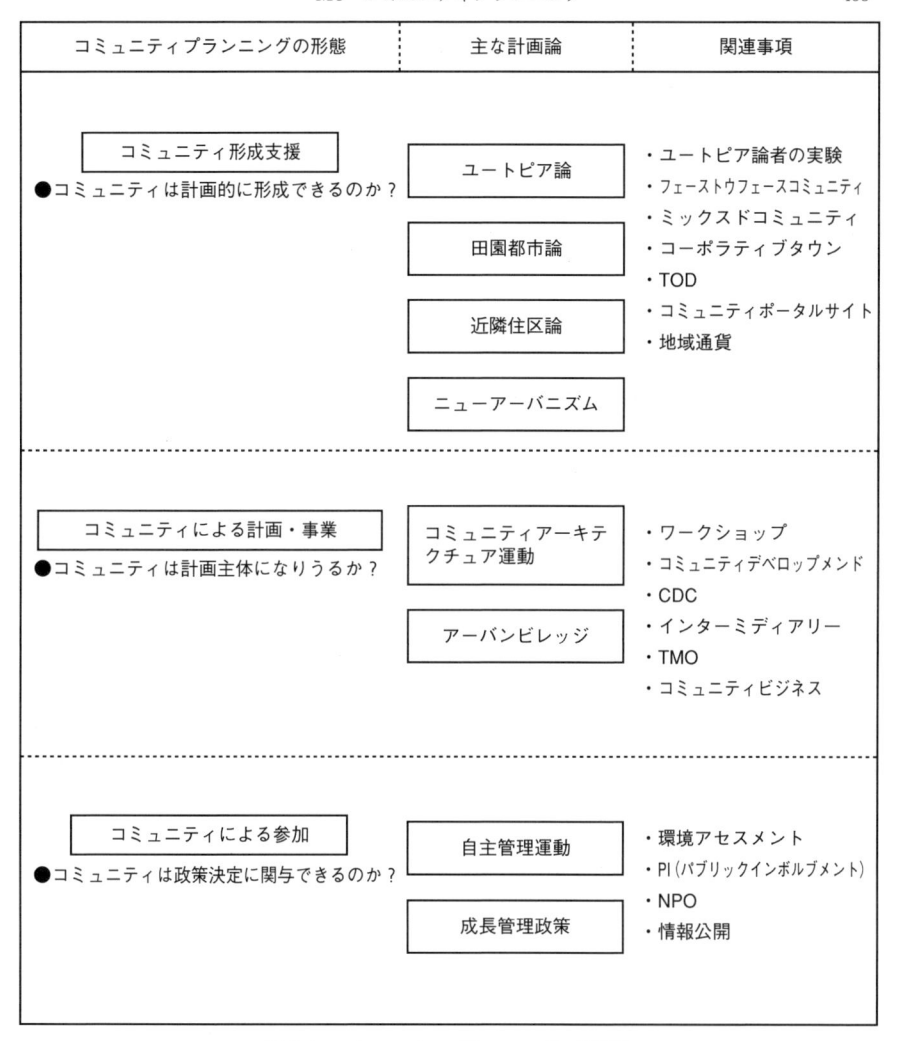

図 4-1 コミュニティプランニングの諸形態

上記の分類は，計画論や関連事項の1つの側面に注目したもので，そのすべてを表したものではない．たとえばアーバンビレッジにはコミュニティ形成支援やコミュニティによる参加の側面も含まれている．

ことがある．

なお，日本においては，2001（平成13）年の土地収用法の改正に際し，事業計画の策定段階における住民参加，情報公開等に関するガイドラインの作成等が附帯決議されており，公共事業においてもその環境の整備が進められている． 　　（支倉　紳）

M5　コミュニティセンター
―― Community Center

　コミュニティセンターとは，コミュニティに参加（情報を知る．関係を結ぶ．協働する）し，意志決定する「場」である．

　19世紀ユートピア論者たちが構想したコミュニティは古代ギリシャの植民都市をモデルとしたものであったが，その都市共同体では兵士たちの共同体における参加と意志決定のための装置としての広場を備えていた．その後も西洋では長く広場が共同体の中心とされ，市場，教会，役場，交通結節点等の機能が併設されること等によってその求心力が維持された．

　日本では，戦前まで農村共同体としての性格が強く，もやい・ゆい・てつだい等と呼ばれる共同農作業を媒介とした地域包括型の共同体が形成された．この共同体は地縁・血縁意識に支えられ，伝統的な価値観を次世代に伝える機能を果たしたが，その中心は共同農作業をまとめる大地主の「にわ」や，祭り・市が立つ鎮守の境内等であった．また都市部においては，江戸時代の5人組制度にさかのぼるといわれる町内会，隣組があり，その中心としてよりあい等が行われる集会所をもつことも多かった．

　戦後，農村部においては共同体の基盤であった共同農作業の減少により，旧来の地縁・血縁意識が衰退し，地域共同体に対する依存度が軽減したこと等により，包括的な共同体の機能が低下することになった．また，都市部においても，第二次世界大戦中に内務省訓令第17号により法制化され大政翼賛会の傘下に入り物資の配給事務等を行っていた町内会が，その閉鎖性，人間関係におけるタテ型支配，行政関係での下請性等から占領軍の意見によって廃止されたことや，新住民の増加により連帯感や相互扶助の精神が弱まり都市生活の匿名性，個人主義が指向されたこと，交通通信手段の発達によって行動圏域が拡大したこと等により，従来の包括的な共同体機能が失われ，その中心となる「場」の役割も次第に低下した．

　しかし，戦前の包括的な地域共同体が住民の相互扶助により担ってきた冠婚葬祭，保育，老人福祉等の機能は，財政や採算の問題等から公的な福祉サービスや民間の営利サービスに十分に代替されず，日常生活に様々な支障が現れたため，必ずしも地域に限定されず，子育て，老人介護，環境問題，リサイクル等の共通の関心・問題意識で参加する新たなコミュニティが形成されるようになった．これらのコミュニティは，世帯ではなく比較的企業社会に巻き込まれにくい女性個人を中心として形成されることが多く，多様な分野でネットワークを形成することにより，包括的な地域コミュニティの役割の一部を担うようになった．また，企業においても，会社第一主義のタテ型組織から，専門的なノウハウを持った社員のネットワークへと一種のコミュニティへの変化が始まっている．

　こうした中で，戦後の新たな文化施設として設置され，1949（昭和24）年社会教育法により社会教育施設として法制化された公民館が，1970年代に入ると地方公共団体のコミュニティ施策に組み込まれ，自主保育をはじめとする様々なテーマコミュニティの活動の場となることも多かった．

　今後コミュニティは，小コミュニティの多層複合的なネットワークとしての性格を強めると考えられ，小コミュニティがネットワークし，全体として包括的に機能することを可能とする新たなコミュニティセンターの創出が模索されているが，インター

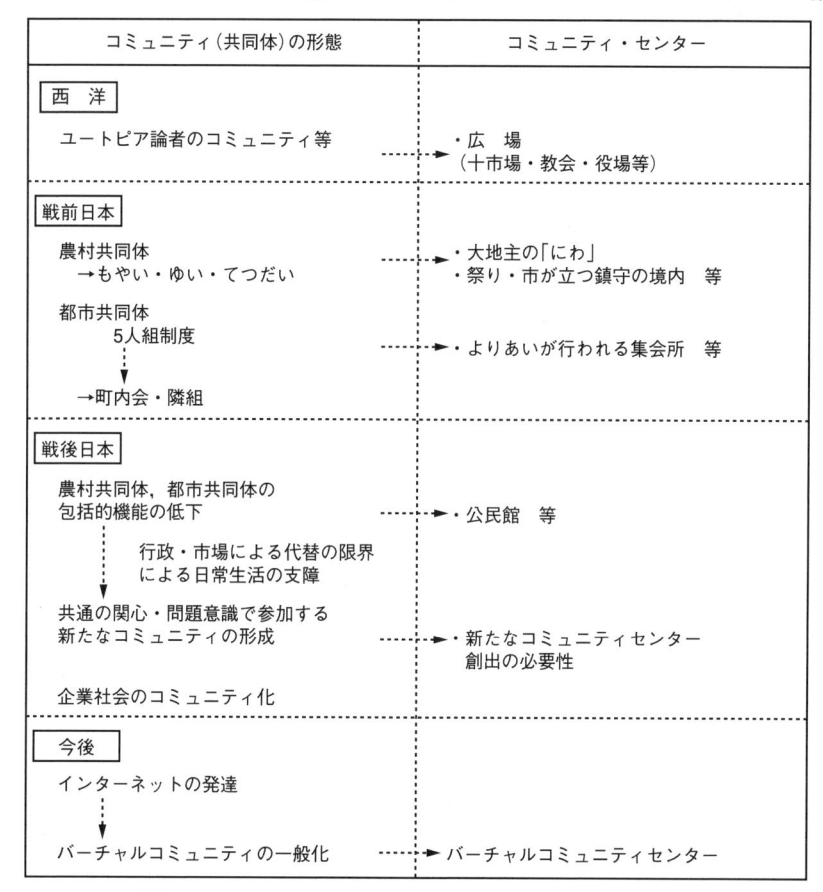

コミュニティ（共同体）の形態	コミュニティ・センター
西洋 ユートピア論者のコミュニティ等	・広　場 　（＋市場・教会・役場等）
戦前日本 農村共同体 　→もやい・ゆい・てつだい 都市共同体 　　　5人組制度 　　　　↓ 　→町内会・隣組	・大地主の「にわ」 ・祭り・市が立つ鎮守の境内　等 ・よりあいが行われる集会所　等
戦後日本 農村共同体，都市共同体の 包括的機能の低下 　　↓　行政・市場による代替の限界 　　　　による日常生活の支障 共通の関心・問題意識で参加する 新たなコミュニティの形成 企業社会のコミュニティ化	・公民館　等 ・新たなコミュニティセンター 　創出の必要性
今後 インターネットの発達 バーチャルコミュニティの一般化	・バーチャルコミュニティセンター

図 5-1　コミュニティ（共同体）の諸形態とコミュニティセンター

ネットの発達を背景として，ネットワークコミュニティの中にバーチャルなコミュニティセンターを構築しようという動きも始まっており，今後の動向が注目される．

（支倉　紳）

M6　コミュニティカルテ

―― Community Karte

　コミュニティカルテとは，コミュニティ内外のネットワーク・協働化のため，コミュニティの活動を登録したデータベースである．

　日本においては，公民館の利用団体名簿等はその原型ともいえるが，サークル等各種の小コミュニティがもつ地域情報や智恵を収集・流通・蓄積しネットワークすることによって，従来の包括的なコミュニティが担っていた，保育・子育て・老人福祉・自己実現等の機能の一部を代替すること等が期待されている．

　インターネットの発達はコミュニティカルテの形態に，サークル，NPO，TMO（town management organization），コミュニティビジネス，公共施設等の情報を集約してホームページ化したコミュニティポータルサイトや，電子掲示板，メーリングリスト等の新たな形式を生み出したが，こうした新たなコミュニティカルテの出現は，情報発信や政策評価等につながる地域コミュニティの智恵の収集・流通・蓄積の可能性を格段に高めるとともに，昼間企業に勤める男性の地域コミュニティへの参加を容易にすることにより，主婦や地元の商店主等の全日制市民によるコミュニティ活動の限定性を克服する道を開いた．

　一方，コミュニティビジネスは，地域や会員を限定したいわばコミュニティカルテをベースとするビジネスである．地域通貨を発行することも多く，小コミュニティのボランティアをビジネスモデルとして再構築したものもみられ，シルバーコンビニ等のコミュニティストア，コミュニティレストラン，コミュニティ放送，コミュニティ新聞等が生まれている．さらに，小コミュニティの活動と企業・行政の活動の連携をコーディネートするソーシャルマーケティングを行うコミュニティコンサルタント等も現れた．

　また，TMOは，コミュニティカルテの構成主体を横断的に組織化したコミュニティの自主管理の仕組みの1つである．商店街等の街おこしや公民館，公園等の公共施設の管理運営についての活動が多いが，行政においても公共施設の管理について，一元的な管理における柔軟性の限界や財政的な問題等から公共施設のアドプト（里親）制度の導入等を行い，こうした動きに対応している例がある．また，民有地においてもコミュニティガーデンづくり等の活動がみられるようになった．

　なお，コミュニティカルテは，PI（public involvement）等，コミュニティの政策決定への参加においても活用される．PIにおいては，コミュニティにおける広報活動，情報交換，意見聴取等が必要とされるが，PIボランティア等がコミュニティカルテを活用しつつ，行政と連携してコミュニティにおける理解，意見表明，合意形成の機会を確保することになる．

　このようなコミュニティカルテであるが，コミュニティは絶えず変化しており，コミュニティとしての生活史を共有しなければ常に単なるリストとなる危険性をはらんでいる．コミュニティカルテは，メンテナンスされて初めて機能するが，その内部におけるプライバシーの保護の問題は，コミュニティと個人の協調や，コミュニティ間の紛争の解決にあたり今後の重要な課題となっている．　　　　　　（支倉　紳）

M6 コミュニティカルテ

```
                                    コミュニティビジネス
                                     ・コミュニティストア
                                     ・コミュニティレストラン
                          マーケット化  ・コミュニティ放送
                                     ・コミュニティ新聞
                                     ・コミュニティコンサルタント 等

                          マーケット化

  コミュニティカルテ
                                    TMO (town management organization)
                                     ・商店街等の街おこし
                                     ・公共施設の管理運営
                                       (アドプト制度等)
                          組織化       ・コミュニティガーデンの運営 等


  ・公民館の
    利用団体名簿
  ・コミュニティ                        PI (public involvement)
    ポータルサイト                      ・広報活動
  ・電子掲示板                          ・情報交換
  ・メーリングリスト                    ・意見聴取
    等                  活用


              登録

  共通の関心・問題意識で組織される
    多様なコミュニティ活動
```

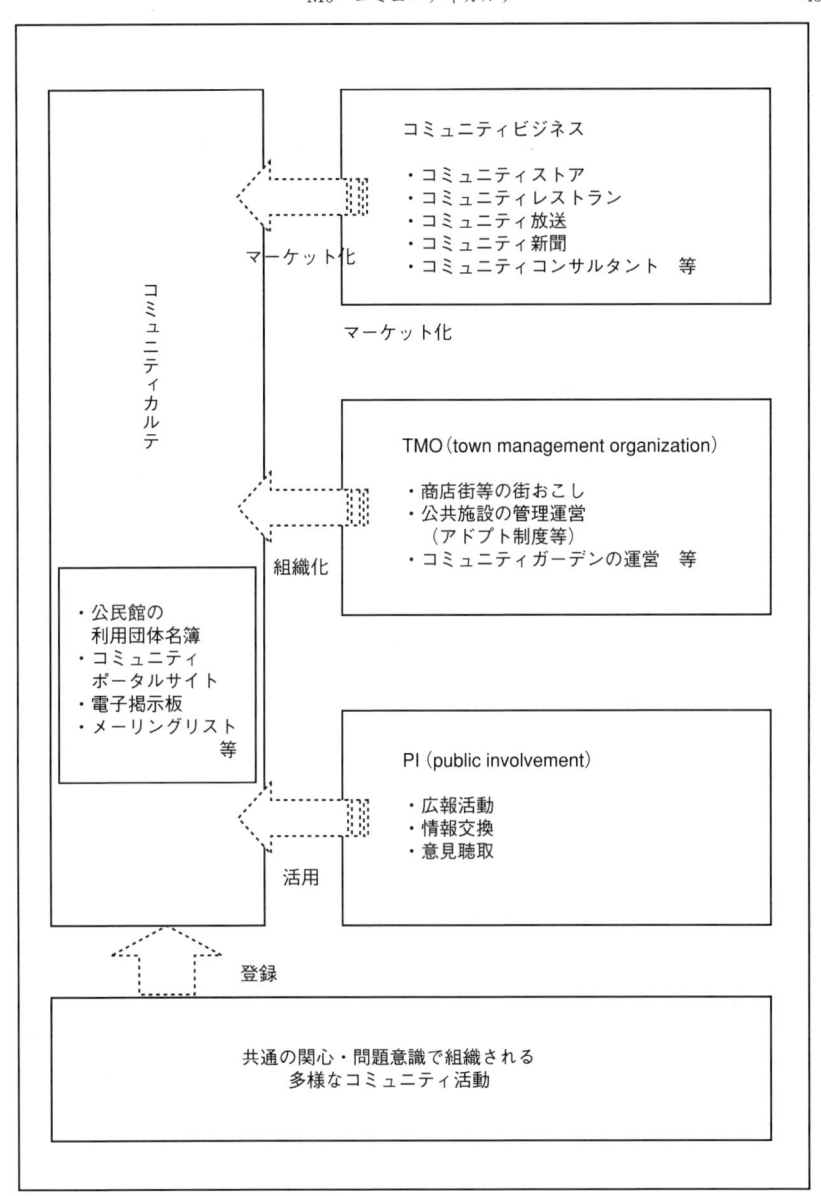

図 6-1 コミュニティカルテとその周辺

M7　まちづくり協定

—— Community Design Agreement

　環境都市の実現には，市民の主体的なまちづくり活動やコミュニティの役割発揮が不可欠である．このためそのような活動が円滑に行われるよう，一定区域内の住民同士がまちづくりに関して合意した事項を制度的に担保するものとして，まちづくりに関連する「協定」制度がある．市民1人1人の環境に配慮した行動が行政から押しつけではなく，市民の発意による自主的な合意として協定となり，その地域の市民の行動規範になるという方式は環境都市実現の最も確実な方法の1つであるといえる．

　現在，法律にその根拠をおき，全国的に運用されているまちづくりに関連する「協定」制度としては，建築基準法による「建築協定」と都市緑地法による「緑地協定」そして景観法による「景観協定」がある．これらは，住民がお互いに自分たちの住むまちを良好な環境としていくために，関係者全員の合意によって区域を設定し，その区域内の建築物の敷地，位置や形態等に地域の特性等に基づく一定の制限をかけたり，区域内の緑地の保全または緑化の促進のため植栽する樹木の種類や量，生け垣の構造等を規定したりする協定を締結し，市長の認可により発効させるものである．一方「まちづくり協定」としては，現時点では法律に基づき全国的に運用されているものはなく，一部の地方公共団体においてまちづくり条例や要綱等によって運用されているものである．また，このような「まちづくり協定」では，住民同士の協定ではなく住民やまちづくり協議会と市長との協定という仕組みになっているところもある．

　また，建築協定および緑地協定においては，分譲宅地等において協定の締結を容易にするため通称「1人協定」といって新しいまちの開発分譲の前に，あらかじめ開発分譲者が協定を定めて認可を受けておき，認可の日から3年以内において，その協定の区域内の土地に2人以上の土地所有者等が存することとなったときから効力が生じるようにする仕組みもある．

　このような協定は，その地域の住民が自主的に，その地域の環境を踏まえ，住民同士の協定という形で，一定の法的拘束力をもたせたものであり，全国普遍の法律に基づく制度に比べ，限定された区域で機動的に独自性をもって運用していける特長があり，住民主体のまちづくりにおける最も基本的なルールともいえる．

　上記のような内容をさらに総合的に定め，都市計画法に規定される手続きを経て都市計画の位置づけを与えたものに「地区計画」がある．地区計画は，地域地区の指定による大まかな土地利用計画をベースとする通常の都市計画よりも詳細な整備目標，土地利用，公共施設，建築物の整備に関する計画を地区単位で定めて都市計画として位置づけるものであるが，策定時に住民等の意見を求めて作成することが義務づけられているほか，最近では地区内の住民等が地区計画を策定することや地区計画の案を市町村に申し出ることができるようになってきている点等で，協定のような地元発意のまちづくり制度としての性格をもってきている．

（平田富士男）

文　献

1) 日本公園緑地協会編：公園緑地マニュアル　平成10年度版，日本公園緑地協会，1999
2) 三船康道：まちづくりコラボレーション，まちづくりキーワード事典，学芸出版，255 pp., 2002
3) 林　泰義編著：市民社会とまちづくり，ぎょうせい，459 pp., 2000

M7 まちづくり協定

表 7-1 まちづくりに関する協定制度の比較表(神戸市資料に筆者が加筆)

	緑地協定	建築協定	地区計画	まちづくり協定
根拠法等	都市緑地法	建築基準法 神戸市民の住環境等をまもりそだてる条例	都市計画法 建築基準法 神戸市地区計画及びまちづくり協定等に関する条例 神戸市民の住環境等をまもりそだてる条例	神戸市地区計画及びまちづくり協定等に関する条例
主体	区域内の土地所有者等全員合意により締結 市長が認可	区域内の土地所有者等全員合意により締結 市長が認可	市町村	まちづくり条例に規定された認定まちづくり協議会と市長との間で締結
概要	地域の緑地の保全と緑化の推進	建築物に関する環境維持	地区施設と建築物等の地区ごとの一体的整備・保全に関する都市計画	住み良い(ハード面に関しての)まちづくりを推進するために必要な事項を定める協定
項目	1. 協定区域 2. 樹木等を保全または植栽する場所 3. 保全または植栽する樹木の種類 4. 保全または設置する垣またはさくの構造 5. 協定の有効期間 6. 協定違反があった場合の措置 7. 協定区域隣接地	1. 協定区域 2. 建築物に関する基準 ・建築物の敷地、位置、構造、用途、形態、意匠、設備 3. 協定の有効期間 4. 協定区域隣接地 5. 協定違反があった場合の措置 6. 協定区域隣接地	1. 地区計画の方針 2. 地区整備計画 ＊以下から必要なものを定める 　1. 地区施設の配置及び規模 　2. 建築物等及び建築物敷地の制限に関する事項 　建築物等の用途 　容積率の最高・最低限度 　建ぺい率の最高限度 　敷地面積、建築面積の最低限度 　壁面の位置の制限 　建築物等の高さの最高限度、最低限度 　形態、意匠の制限または垣、さくの構造の制限 　3. 土地利用の制限に関する事項	1. 協定の名称 2. 地区の位置及び区域 3. 地区のまちづくりの目標、方針その他住み良いまちづくりを推進するために必要な事項 ＊特に定めなし。 (一般例) 建築物の用途の制限 壁面等の位置の制限 垣、柵等の構造の制限 荷さばき等駐車場用地の設置 ファミリー形式住戸の奨励 周辺環境への配慮 正しい生活マナーの遵守
手続	(法の規定) 認可申請書の提出 ↓公告・縦覧・意見書の提出 緑地協定の認可 公告・縦覧・協定区域であることの明示	準備委員会の発足 ↓勉強会・アンケート ↓調査等 協定書作成 ↓合意書等の回収 認可申請書の提出 ↓公告・縦覧・公聴会 建築協定の認可 公告・縦覧	行政と住民で計画案を検討 ↓ 都市計画決定手続 地区計画等素案 (広告・縦覧) (意見書の提出) 地区計画等の案 ↓(都市計画審議会) 都市計画決定	＊条例、規則等では定めなし 認定協議会であることが前提 (一般例) 勉強会、アンケート調査等 ↓ 協定案の議決(総会) ↓ 協定締結要望書の提出 ↓ 協定の締結
運用体制		協定参加者の代表による協定運営委員会によるチェック 違反の場合は民事裁判	区域内で建築行為等を行う場合に市長へ届出。 計画不適合の場合は、設計変更などを勧告 建築条例に定めれば、計画不適合の場合は確認申請がおりない	区域内で建築行為等を行う場合、市長宛の届出を要請できる。 計画不適合の場合、届出者と必要な措置について協議。 ＊まちづくり協議会は市長に意見を述べることができる。 ＊必要な場合、まちづくり専門委員の意見を聴く

M8 環境NPO
—— Non-Profit Organization for Environment

　国民1人1人の価値観や，生活様式が多様化・成熟化していく中，環境保全活動，福祉，教育，まちづくりといった様々な分野で市民団体の活動が目覚ましく活発化してきている．これら民間非営利セクター（NPO）は，行政や企業では十分に対応できない分野に柔軟かつ機動的に対応するものとして，行政や企業と並ぶ第三の主体として今後ますます重要性を増していくものと考えられる．

　環境にかかわる活動を行う環境NPO（NPO（非営利組織）は，NGO（非政府組織）とほぼ同義に使われることが多いが，資料によっては定義が若干異なる．本稿では，環境NPOを「法人格の有無を問わず，環境に関する非営利活動を行う民間団体」を広く意味するものとした）は，地球温暖化等の問題のグローバル化もあり，地域の身近な自然環境の保護から国際的な環境保全活動まで，その活動内容には幅広いものがある．全体像の正確な把握は困難であるが，(独)環境再生保全機構調査（2004（平成16）年度版環境NGO総覧：調査対象4132団体）による環境NPOの活動概況は以下のとおりである．

　①法人格：　約7割の団体が法人格を取得せずに任意団体として活動．特定非営利活動法人を取得する団体が増えてきている．

　②活動分野および活動形態：　自然保護，リサイクル，環境教育の分野での実践活動，普及活動が中心．

　③組織および財政規模：　個人会員は100人未満という団体が約7割を占め，年間予算規模では100万円未満の団体が約6割．

　④主な活動地域：　同一の市町村や複数市町村を活動範囲とする団体が約半分を占める．

　このようなNPOの活動を支援するため，1998（平成10）年に「特定非営利活動促進法」が制定され，これにより，NPOに対して公益法人制度以外に，非営利活動を目的とした法人格取得（特定非営利活動法人）の道が開かれたものである．本制度の特徴は，法人格取得の要件が行政府の裁量権が強い「許可」ではなく，一定要件を満たしていれば認められる「認証」とされたことや，事業報告書等の情報公開がNPOに義務づけられたこと等である．また，本法により，法人格を取得した団体は年々増加しており，2004（平成16）年6月現在で17424法人であり，このうち，5092法人（約29％）が環境の保全を図る活動をその目的の1つにあげている．なお，特定非営利活動法人のうち，一定の要件を満たす法人には寄付金税制の特例が認められている．

　行政や企業等では，このような法制度の充実とほぼ歩調を合わせ，樹林地等の整備や管理委託，活動にかかわる助成金等の交付，活動拠点の提供等により環境NPOの活動を積極的に位置づけ，支援していく様々な施策が講じられてきている．一方，NPO活動の発展には市民からの寄付等の支援活動が不可欠であり，そのための市民の社会参加意識の醸成とともにNPO自体の情報公開や活動評価等も課題となっている．

〔藤吉信之〕

文　献
1) 環境再生保全機構：2004（平成16）年度版環境NGO総覧

図 8-1　法人格の種別[1]

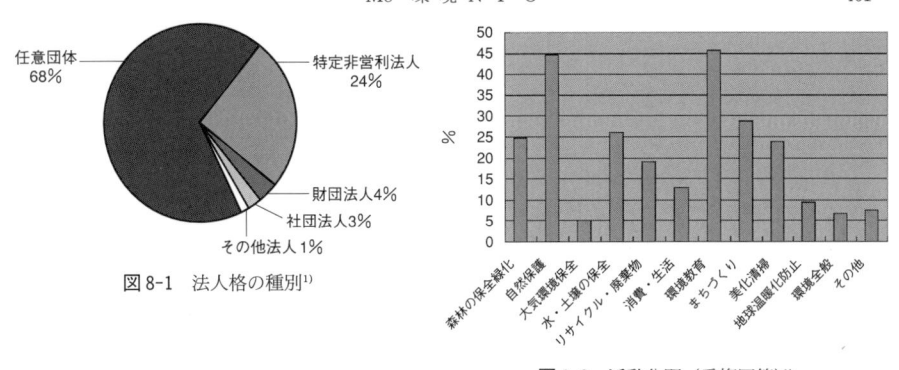

図 8-2　活動分野(重複回答)[1]

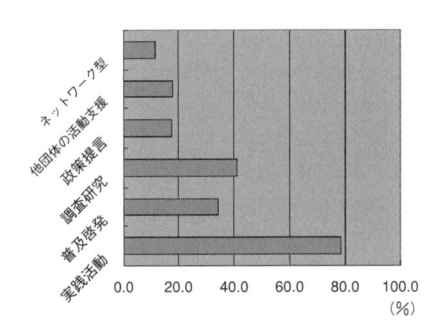

図 8-3　活動形態別構成比(複数回答)[1]

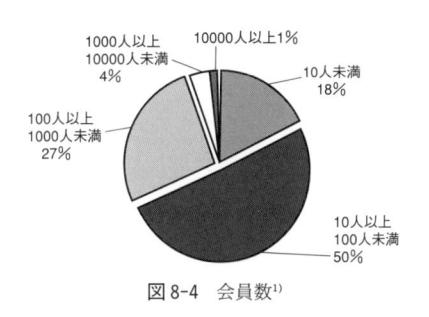

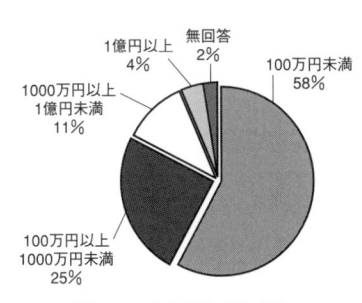

図 8-4　会員数[1]

図 8-5　財政規模別構成比[1]

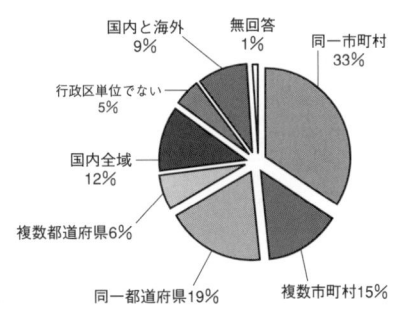

図 8-6　主な活動地域別構成比[1]

M9　環境ボランティア

—— Volunteer for Environment

　環境ボランティアは,「環境問題」と「ボランティア活動」への関心の高まりにあわせいよいよ盛んになり,社会的に重要な役割を担いつつある.日本におけるボランティア元年といわれる阪神・淡路大震災以降,社会の一員として何か社会の役に立ちたいと考えている人が増え,"実際にボランティア活動をしたい"という潜在的参加希望者は国民の3人に1人になるといわれている.その中で対象となる分野として「自然・環境」は,性別,年代を問わず参加したいテーマとなっているが,実際の活動の対象や内容をみるとその幅広さが,環境ボランティアの特徴といえる（図9-2).

1. 活動内容と参加方法の幅広さ

　環境問題が,身近な生活レベルから地球レベルに至るように,これに取り組む活動の対象も幅広い.生活レベルにおいても,ごみの減量・資源化やリサイクル,水質調査への参加など生活スタイルの見直しや改善を目的としたものから,公園や空き地等での植樹・花壇整備,ビオトープの整備,里山の保全,自然観察会など地域環境の向上を目指した活動まで様々だが,活動時間や場所,内容が日常生活に密接なぶん,比較的取り組みやすいボランティア活動であるといえる.地球レベルでは,温暖化,エネルギー問題等テーマが専門的になり多少ボランティアとしては敷居が高い印象がある.実際,多くの費用や時間を負担して絶滅危惧にある動植物の保護・保全活動や砂漠の緑化活動など海外の環境ボランティアツアーに参加する人も少なくないが,まず,問題を認識するため自主的な調査・研究を行うことはもとより,セミナーや講習会への参加もボランティア活動への参加の第一歩といえる.また,使用済みの切手やテレホンカード等の提供,環境NPOへの活動支援等により地球規模での環境保全に役立つなど,その参加方法も様々である.

2. 参加層の幅広さ

　ボランティア全体の参加層については,一般に40歳代前後の女性層もしくは定年後の男性層が多いといわれるが,そのうち欧米と比較してわが国は15～34歳の若い世代の参加率が低いという統計がある（図9-3).そんな中,小・中学校では2002（平成14）年度,高等学校では2003（平成15）年度より「総合的な学習の時間」が実施されるようになり,今後,自然体験やボランティア活動などの体験的学習が積極的に行われることが予想される.この際,環境教育プログラムに沿った内容の企画や,実際の活動には専門家やファシリテーター等の指導により,ボランティアを通じ環境に対する認識を高めていくことが重要である.また,最近,企業の社会貢献活動として従業員が環境ボランティアに参加する事例が増えている.物的資金的支援だけではなく,環境というテーマで地域の住民と連携しともに汗を流し交流を図ることで,その姿勢が認められている.今後,こうした企業がさらに増えていくことが考えられる.

3. 今後の課題

　活動の対象が自然や社会そのものである環境ボランティアは,今後ますます関心やニーズが高まると考えられるが,他の市民やNPO,行政,企業等とパートナーシップにより活動することでよりよい成果をあげることができる.そのためにも,交流や対話を通じ情報交換を行う機会の設定や,相互の得意分野を持ち合い役割分担する仕組みづくりを推進していくことが必要である.

（上野芳裕）

M9 環境ボランティア

図 9-1 子供も楽しめる環境ボランティア活動

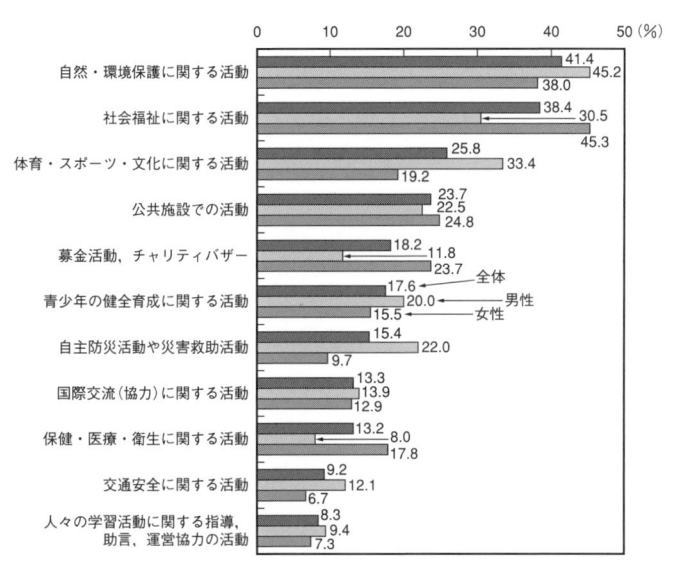

図 9-2 参加したいボランティア活動の分類
自然・環境保護に関する分野への参加意欲は特に高い.

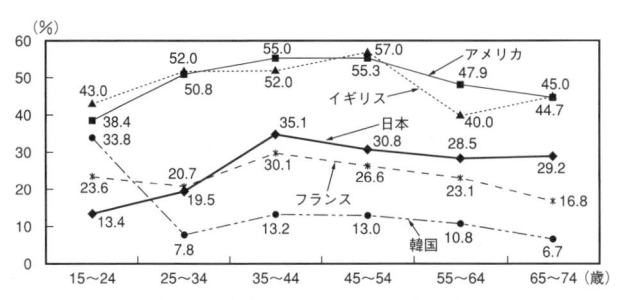

図 9-3 年齢別のボランティア参加率
特に 15〜34 歳の若い世代の参加率が低い.

M10 パートナーシップ —— Partnership

　行政とNPOとのパートナーシップについて考えてみる．公と私の中間にある公共の領域は，従来から自治会等のコミュニティで運営されてきたが，国から地方へ，地方から市民へ分権していく中で，身近なコミュニティ空間の整備・管理は，地域が主体的に行うことになる．地域のことは地域の予算，資源，労力で解決していくのが基本で，英国のグラウンドワークのように行政が地域のNPO活動の立ち上がりを支援するために数年間の予算支援と専門家の派遣を行うやり方が注目されている．

　行政が行うべき領域をNPOに委ねる場合は，行政が支援すべきである．問題なのは行政サービスなのか不明確な領域で，環境や福祉等NPO活動の活発な領域である．「行政が動かないからNPOが活動するので支援が必要」というNPOと，「NPOが任意に活動する行為は支援できない」という行政が対立する．この問題を解くためには行政とNPOが地域生活のあるべき姿を議論し，役割分担やNPOを支える仕組みを構築していく必要がある．

　公益サービスを行う点では行政もNPOも同じだが，行政は税金で法律に基づき公平で均一なサービスを行うのに対し，NPOは自分の意志で個性的な特定のサービスを行う．両者が協働することにより地域サービスが充実されていく．行政による新たなサービス提供は行政の肥大化を招くから，NPOが主体で行政はその活動を必要範囲で支援することになる．その際，NPOは行政の補完ではなく，意欲と能力をもつパートナーに位置づけられるべきで，行政はパートナーとなるNPOをいかに育成していくのか，が課題となる．行政目的とNPO活動の重複部分を積極的に見出して，パートナーシップによる計画，整備,管理運営を構築することが大切である．

　NPOの育成方法としては，資金助成・融資，業務委託，事務所の提供，参加機会の提供，寄付金税制，保険制度等がある．NPOを支える人材育成としては，資格・研修制度，学校や企業等のボランティア活動・インターンシップ制度等がある．学校教育や業務を通じてNPO活動への理解と協力を進めていくことが肝要である．また，助成資金，人材派遣・募集，活動機会，各種支援等の情報提供が有用で，これらを専門に行う，NPOを支援する公益法人もある．

　公園の例を紹介する．米国の国立公園にはパークパートナー制度があり，NPO活動と行政サービスが一致する範囲内でパートナー契約を結び，管理運営の充実を図っている．建物管理をNPOに任せると活動の独自性が高まる反面，事故・火災等に対する責任が重く，組織基盤の強固なNPO以外は難しい．そこでNPOの成長段階に応じた措置として，国営公園ではNPOと契約を結び，一定条件で公園施設を使用しつつNPO活動を展開する方法が行われている．任意のNPO活動には委託できないが，行政目的を委ねる場合には基礎的な活動を委託する．また，NPO固有の高度なサービスは委託ではなく有料のNPO活動として利用者の選択に任せ，NPO活動の独自性を確保している．このようにNPO育成の視点が重要である．　　　　（後藤和夫）

文　献
1) 後藤和夫：ランドスケープ研究, **63**(4), 268-271, 2000
2) (財) 公園緑地管理財団：国営公園管理の概要, pp. 137-171, 2003

M10 パートナーシップ

図10-1 NPOと行政のパートナーシップの考え方

区分	NPO	行政（公共施設）
目的	活動を通して地域社会に貢献	よりよいサービスを提供
契約	一致した範囲でパートナーシップ契約（協働契約）	
メリット	・公共施設内に活動拠点を確保 ・活動を利用者にPR，スタッフ募集 ・NPO活動の拡大	・NPOの多様・高度なサービスで魅力アップ ・NPO同士の交流で新たなNPO活動の展開 ・将来の行政パートナーとなるNPOの育成

表10-1 国営木曽三川公園におけるNPOとのパートナーシップ[2]

	アクアワールド水郷・パークセンター	河川環境楽園・自然発見館
目的	NPOと公園がパートナーシップを結び，NPOが催す多様なサービスを利用者に提供．NPOの拠点を目指す	通年，学校等の団体や一般向けに環境教育を行うNPOを公募し，パートナーシップによる環境教育の拠点を目指す
施設概要	NPO活動の拠点6棟，交流サロン他	実験室，集会室等の専用施設
NPO活動	公園施設でクラフト，展示，カヌー等の任意の有料イベント（1人500円前後）をNPO事業として実施	指導者や学校団体向けに有料講座（200円〜12000円）をNPO事業として実施．行政から受託し，無料ガイド等を実施
利用状況 2002（平成14）年度	82団体がのべ1358件イベント実施．利用者は52800人．うち，学校等は47団体，1300人参加	無料ガイドは，1万人が参加．指導者養成講座は24回，214人参加．学校等は443団体，12500人が利用
活動の条件等	NPOは利用の際，低廉な使用料負担．使用は1日単位で最大3ヵ月更新 政治・宗教・営利活動は不可．	NPOは3年ごとに公募．環境教育の内容，実施体制，料金，実績等を総合判断 公募条件に合致した活動が必要
その他	NPOと公園の交流会議を毎月開催． NPO合同イベントを年7回実施． 3団体が通年使用し，活動拠点化	NPOの常駐指導員は4人．33種類のプログラムを用意し，団体利用に対応． 無料ガイド，展示制作等を行政から受託

図10-2 自然発見館で行われている環境教育プログラム

M11 トラスト

―― Trust

トラストとは，本来は信頼，信託，信託財産，企業合同といった意味をもつ言葉であるが，英国においてナショナルトラストやシビックトラストが設立されてからは，自然保護や環境改善に取り組む活動団体を表す言葉として使われることが多い．

1. ナショナルトラスト

ナショナルトラストは1895年にロバート・ハンター（Robert Hunter），オクタビィア・ヒル（Octavia Hill），ハードウィック・ローンズレィ（Hardwicke Rawnsley）の3人によって，無秩序な開発から美しい自然，海岸線，カントリーサイド，歴史的な建造物等を守るために設立された．現在，200以上の建物と庭園，約960kmの海岸線，24万8000haの土地を所有している．この組織を支える会員は300万人を超えている．事業は約480億円（2000年度）の規模で，約4000人の常勤職員とほぼ同数の臨時職員それに約3万8000人のボランティアの協力を得て実施されている．

この組織は政府とは独立した団体だが，1907年にナショナルトラスト法が制定され資産を永久保存する特権が保証されている．

2. シビックトラスト

シビックトラストは1957年，英国サッチャー政権下の環境大臣ダンカン・サンディズ（Duncan Sandys）によって設立された．戦後の産業化により，都市では美しさに注意を払わない都市計画が進められたことから，都市の計画やデザインをもっと質の高いものにするために，この組織が創設された．英国全土で1000を越すシビックソサエティと呼ばれる団体がネットワークされ，約30万人の会員が登録されている．

主な活動は，環境省のために環境活動基金（Environmental Action Fund）の管理をすること，環境保全地区を守る活動，歴史的に価値のある古い建物の保護・改修を行うこと，「シビックトラスト賞」を主催すること，環境意識を高める啓発活動を行うこと等である．資金は，寄付金，会費，スポンサーシップ，政府からの補助金，コンサルタント事業の収益等によっている．

3. グラウンドワークトラスト

グラウンドワークトラストも，英国サッチャー政権下で，公費依存型の地域整備を改め民間の力を活用する社会実験の1つとして始まった．この運動は，全国組織であるグラウンドワーク事業団を中心に英国各地に50以上のトラストがネットワークされ事業が展開されている．事業団は，環境省等の政府機関，大手企業等と交渉し，プロジェクト費用を確保し，全国各地のトラストに分配する．トラストは環境改善が必要とされる地域に設立され，自治体，市民グループ，地元企業，学校，農家等と現場でのパートナーシップをつくりながら，環境改善事業をコーディネートして，アクションプログラムを展開し地域の経済的・社会的再生へ貢献していこうとするものである．

4. わが国のトラスト活動

わが国では，1964年に鎌倉の歴史的景観を守るために，開発予定地の一部を鎌倉風致保存会が買収したのがトラスト活動の始まりといわれている．その後，北海道知床，埼玉県狭山丘陵，静岡県三島市，和歌山県天神崎等全国各地で活動が行われている．こうした各地に広がる活動団体が集まり1992年には(社)日本ナショナル・トラスト協会が設立されている．また，1995年には(財)日本グラウンドワーク協会が設立

図11-1 ナショナルトラストの管理するストアヘッド庭園

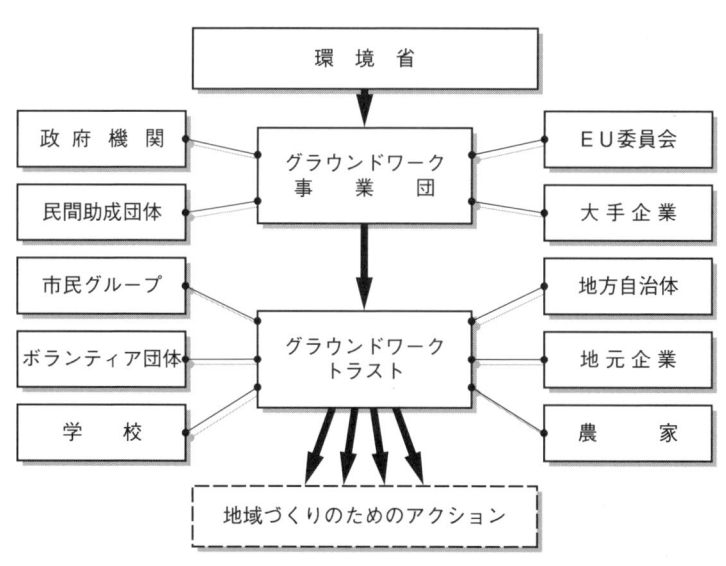

図11-2 グラウンドワークの組織体制

されている．

わが国の(財)都市緑化基金はシビックトラストに類似した団体である．1981年に経済団体，民間企業等からの寄付を受けて設立され，緑あふれる都市空間づくりを推進するための啓発活動や緑化活動の支援事業等を行っている．なお，地方自治体単位でも都市緑化基金が設立されており，現在，全国に320ほどが設立され活動している．

(大貫誠二)

M12 合意形成

—— Public Involvement Process

今日,多くの都市で中心市街地活性化やコンパクトな都市づくりの議論がなされている。その必要性を唱える識者たちは自動車利用の環境への影響や都市の歴史や文化の喪失を理由としてあげるが,現実には,多くの市民は郊外へ転出し,中心市街地の空洞化とスプロールの流れは止まってはいない。

そのような流れを変えるには,優秀な都市計画家の作成した計画案に基づき,法令で強制的に規制をしたり,経済政策で誘導したりする方法もあるが,地方分権や地方自治の独自性が求められている時代においては,それらは古い手法であり,今日では,まちづくりの意思決定に市民を巻き込むことが極めて重要である。

都市をつくるのは,都市計画家でも行政でもなく,市民1人1人の小さな行動の集まりであることを思えば,市民の合意形成なくして,まちづくりは実現しない。

合意形成の手法としては,テレビや新聞等の利用,アンケート調査,フォーラムやワークショップの実施,インターネットのウェブサイトやメーリングリストの利用など多様な手段が考えられるが,それらを組み合わせることによって,より幅広く情報の収集と発信ができることになり,それが市民の合意形成に大きく影響する。また,声の大きい一部の市民の意見は,サイレントマジョリティと呼ばれる意見を言わない大多数の市民の考え方と違うことがしばしば起こるので,注意が必要である。

合意形成によるまちづくりは,市民の望むまちづくりが展開されるというメリットとあわせて,無関心な市民を巻き込むことによって,街への愛着が高まるという効果も大きい。たとえば,都市公園は住民の身近な「暮らし」の中の公共空間として,多様な役割を果たしているが,地方公共団体と利用者である住民との共通理解がないまま,地域の状況や特性を十分把握しないで整備された公園は,住民にとっては迷惑施設となることさえある。また,除草や花壇の手入れなどのように,住民の協力が不可欠であるにもかかわらず,地域の理解が得られないまま公園の整備がされ,後日問題となることもある。

こうした問題を解決するには,自治体と住民が公園の将来像を共有しながら,役割分担について合意形成をすることが必要である。

富山市の「石金夢の森公園」は小学校に近接(約100 m)した1.1 haの近隣公園であり,1997年に基本計画の作成を始めるにあたり,学校に近いという特性を生かした公園として整備することが望ましいと考え,市と小学校との連携によるワークショップがスタートした。この事業は,公園の計画づくりから実際の整備や公園を活用したイベントにまで広がりを見せ,さらには地域の住民と一緒になったまちづくりへと展開している。

街が地域の人たちに愛されたものとなるためには,まちづくりに,住民や地域の様々な団体が主体的にかかわることが必要である。「公園づくり」をきっかけとした豊かな体験が,子どもたちの想像力,感受性,人間性等を高め,子どもたちの「生きる力」が培われていくとともに,将来の地域の担い手である子どもたちが,地域のまちづくりにかかわることは非常に有意義なことである。

こうした小さな合意形成の積み重ねが,真に住み良い街をつくっていくのである。

(京田憲明)

M12 合意形成

表 12-1 小学校と市役所の合意形成の事例

東部小学校の役割	・世代の違いによる遊びの実態を比較 ・遊びの価値や遊び場の環境について調査 ・公園づくりへの課題の整理 ・地域の意見の集約 ・模型づくり ・どんぐり苗等の育成と植栽管理
公園緑地課（市役所）の役割	・公園の設置目的等の指導 ・アドバイザーの派遣 ・参考となる公園の案内 ・子どもたちの計画の図化 ・実施計画 ・公園整備工事

図 12-1 公園の計画づくりを進める（富山市立東部小学校提供）
公園の遊具について計画を発表している．

図 12-2 地域の人から話を聞く（富山市立東部小学校提供）
地域のことについて，住民から直接話を聞いている．

図 12-3 自ら計画・整備した公園を使ったイベントの実施（富山市立東部小学校提供）
地域住民にも呼びかけて各種行事を実施している．

図 12-4 商店を訪ねる（富山市立東部小学校提供）
自分たちの「まちづくり」の考えを街の人に伝えている．

M13 公共性

—— Public Interest

「公」と「私」について岡本（2002）は，従来の考え方では社会を構成する主体とその活動を公（おおやけ）と私（わたくし）とに二分して考え，個人と個人が（または集団が）行う利己的な活動，中でも特に自らの経済的利益を得る活動が「私」，個人が共同して社会の利益のために行う活動と組織を「公」（公共），公イコール行政と考えられていた（「公私二元論」）とし，近年，様々な学問分野で公共概念（公共の範囲）の議論が活発化，再検討されていることを指摘している．そして，民間部門（私）における利己的でない分野（公）を「共」（中間集団）と呼び，「官共私三元論」を提示している．この「共」の代表がボランティアや民間非営利組織（NPO）である．

この背景には，政治，経済，社会，行政システム，市民意識等の変化が大きく影響し，中央集権から地方分権へ，行政と市民の対立，あるいは一方的関係から協調・連携へ，情報の閉鎖性・不透明性から公開・透明性・説明責任へ，個人の会社中心行動から社会活動への参加行動へ，など多くの要因が考えられるが，1995（平成7）年に起こった阪神・淡路大震災（以下「大震災」）時のボランティア活動も大きく影響した．大震災では，全国からかけつけた一般ボランティアの応援・支援等の活動が大きく注目され，地震発生後13カ月間に活動した一般ボランティアはのべ約140万人と推計され，地方公共団体の9割以上が「役に立った」と評価した[2]．このような状況を踏まえ，1998（平成10）年，組織的なボランティア活動である民間非営利組織に法人格を認める「特定非営利活動促進法（NPO法）」が成立した．

また，兵庫県では，大震災の復旧・復興過程において行政と被災者の中間的組織である「被災者復興支援会議（座長：小西康生神戸大学教授）」が，両者に対して数多くの助言や提言を行い機能したが，この経験を踏まえた総括の提案では，平常時の中間的組織の有効性と住民の「公共性」への参画の必要性を指摘している．また，兵庫県では，2001（平成13）年，従来の長期総合計画に代わる「21世紀兵庫長期ビジョン」を県民の参画と協働のもとに策定するとともに，「県民の参画と協働の推進に関する条例」（2003（平成15）年4月施行）を制定し，行政分野においても県民の主体的，自主的なかかわりを期待している．住民の参画と協働により目指すのは，小西（2001）が指摘するように「いわゆる共益領域（コモンズ：The Commons）を拡大し，その領域については，住民を含めた関係者（ステークホルダー）が主体的に課題に取り組み，それによって当該地域での生活の質の向上を図ること」である．

都市内の公園や緑地など緑の環境まちづくりは，住民の参画と協力による地域づくりの代表例ともいえる．多くの市民が参加している都市公園愛護会，ワークショップ，グラウンドワークによるビオトープやNPO等による花と緑のまちづくり，緑地協定等による民有地の緑地保全やナショナルトラスト活動等による自然環境，歴史的都市景観保全等行政とのパートナーシップによる都市の緑地の保全と創出が進められており，21世紀の都市づくりでは公私関係の連携が今後一層重要になろう．

（橘　俊光）

文　献
1) 岡本全勝：「利己的でない民間部門」が重要に—公私

M13 公共性

表 13-1 公私二元論から官共私三元論へ（その 2）[1]

新しい考え方では，政治・行政・経済等においても「官・共・私」の役割が見えてきた．

	従来の考え方		新しい考え方		
	公	私	公		私
			官	共	
政治・社会	国家 公共 公的活動 政治	個人 私人 私的活動 社会	国家 公共 政治	中間集団 公共かつ私人 社会	個人 私人 社会
行政	官	民	官	民	民
経済	国家 政治 公共財・公共サービス	市場 経済 私的財・私的サービス	国家 政治 公共財・公共サービス	NPO ボランティア 公共財・公共サービス 私的財・私的サービス	市場 経済 私的財・私的サービス 公共財・公共サービス
目的	公共の福祉	営利	公共の福祉・非営利	公益または共益，非営利	営利
自由度	強制	自発	強制	自発	自発
対価	税・無償	対価	税・無償	無償または対価	対価
	第1セクター	第2セクター	第1セクター	第3セクター	第2セクター

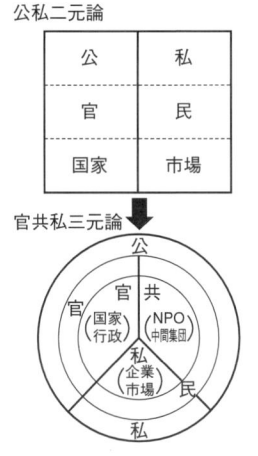

図 13-1 公私二元論から官共私三元論へ（その 1）[1]

民間部門であっても「公」の分野がありこれを「共」ということができる．

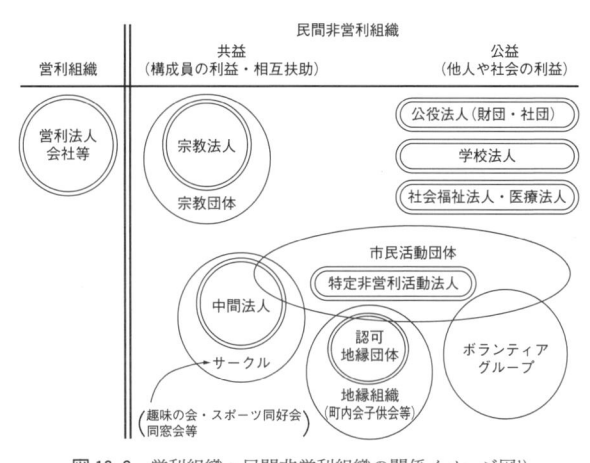

図 13-2 営利組織・民間非営利組織の関係イメージ図[1]

民間非営利組織にも様々な形態がある．このうち，一定の条件を満たすものに法人格を認めるのが，特定非営利活動促進法（NPO法）である．

---

1) 二元論から官共私三元論へ一，pp.2-8，地方行政，時事通信社，2002
2) 国土庁：平成8年版防災白書，pp.82-88，大蔵省印刷局，1996
3) 小西康生：参画と協働について，研修219号，pp.4-9，兵庫県自治研究所，2001

M14 まちづくり —— Community Design

少子高齢化の進展，産業構造の転換等に伴う都心部の空洞化の進行により，市街地の活性が失われてきている．このため，都市に集積された多くの機能を十分発揮させ，街ににぎわいを回復し，活力ある都市環境を形成するまちづくりが課題となっている．

各地に数多く残されている土蔵や運河等の産業施設は，地域の産業を支え独自の文化を形成してきた．これらは，住民生活に深く根づいて日常的な景観となっているため，かえってその優れた点が住民に認識されていない場合が多い．そこで，その優れた財産を生かし，どんな街をつくっていくのかを地域全体で考え，さらに，地域独自の文化を発信する拠点としての良好な街並景観を形成する先導的な施設づくりが，にぎわいのあるまちづくりに重要な役割を持っている．地域の歴史や文化，産業等の地域の資源を生かし，地域で暮らす住民が主体となった特徴的なまちづくりが全国各地で進められている．

1. 地域の優れた財産を活用した拠点づくりの事例—富山駅北地区「とやま都市MIRAI計画」—

富山駅北地区において昭和初期に建設された富岩運河は，近代都市建設のきっかけとなり富山県の産業を支えてきた．その後の産業構造の変化により，都心部の貴重な空間である富岩運河周辺には，豊かな水面と未利用地が残されていた．そこで，その優れた景観を生かし，水と緑をテーマとした都市計画の提案として，「とやま21世紀水公園神通川プラン」[1]が示された．

具体化にあたって，県，市をはじめ民間と一体となったまちづくり協議会が組織され，「とやま都市MIRAI計画」[2]が策定された．運河水面を活用した都市公園「富岩運河環水公園」を核として，富山駅に至るゆったりとした並木道「ブールバール」(幅員60m)に沿って，業務，交流，レクリエーション等の機能を複合化した一体的な空間が，各種事業を組み合わせて整備された．

その結果，それまで人影のなかった空間に，人が集まりにぎわいが生まれた．広場を活用した野外オペラコンサートが市民の手で企画される等，にぎわいと品格のある新都心が形成されつつある．

2. 地域で暮らす人々が自分たちの住む街に誇りをもち，そのよさを磨き上げていった事例—富山県八尾町—

富山県南部中央の山麓地帯に位置する八尾町では，9月1日から3日間「おわら風の盆」が行われ，町の人口の約15倍である30万人の観光客が集まる．住民の間には風の盆で舞う「おわら」を保存する活動が代々受け継がれている．一方，町では，「おわらの町流しが似合う八尾の家」をテーマとした「八尾町HOPE計画」[3]を提案していた．

こうした中から，その文化に誇りをもって伝えていく住民の意識が，「おわら」にふさわしい街並みをつくる活動に発展した．「日本の道百選」にも選定されている「諏訪町通り」では，伝統的な木造家屋づくりを進める住民の合意形成がなされ，街並みが保存，再生されている．さらに，その街並みを背景として，家々に伝えられた美術品等を公開し楽しむ「坂の町アート」も住民の手で開催され，町を訪れる人は年間で60万人(2001年現在)にまでなった．

(酒井尚裕)

文献

1) 富山県都市計画課編：とやまの都市公園, pp.25-26, 1987
2) 富山市都市計画課編：とやま都市MIRAI計画インデックス, 2000
3) 八尾町建設課編：八尾の街づくり, 1996

M14 まちづくり

図 14-1 富山県富岩運河環水公園ととやま都市 MIRAI 地区文化交流施設

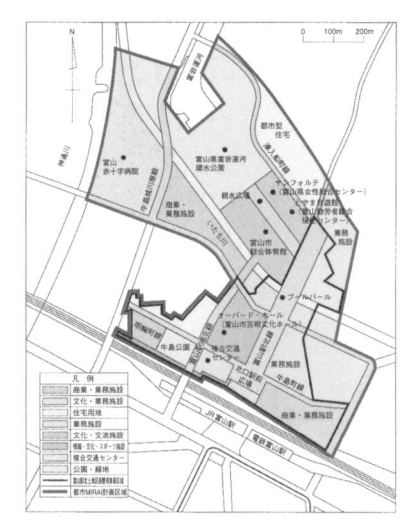

図 14-2 とやま都市 MIRAI 計画図（富山県都市計画課作成富山県富岩運河環水公園パンフレットより）

図 14-3 富山県富岩運河環水公園

図 14-4 八尾町諏訪町通り

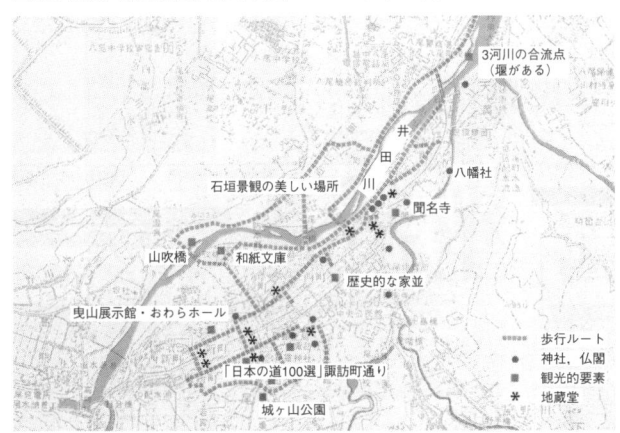

図 14-5 八尾町中心市街地概要図[3]

M15 コミュニティガーデン
—— Community Garden

コミュニティガーデンは，もともとは米国において使われ始めた言葉である．1960年代以降ニューヨークの都心部を中心に，貧困地域（スラム）の改善運動の1つとして魅力に乏しい空地の美化に取り組んだことから盛んになり，1970年代に入ると多くの都市に広がるとともに市民同士のつながりを深める活動へと発展してきた．

その先駆的な組織が1973年に設立された民間組織グリーンゲリラ（The Green Guerillas）で，現在約750カ所のコミュニティガーデンを運営している．中でもリズクリスティーガーデン（Liz Christy Garden）は最初のコミュニティガーデンとして有名であり，面積800 m²の敷地にシンボルのカカシを中心にローズガーデン，ハーブガーデン，キッチンガーデン等とそれを取り囲むように果樹等の樹木が緑のたたずまいを見せている．なお，公園の名称は，グリーンゲリラの設立当初のメンバーでこの組織の育ての親的存在であり39歳の若さで亡くなったリズ・クリスティーを記念してつけられている．

サンフランシスコでもニューヨークとほぼ同時期からコミュニティガーデン活動が始められたが，活発化したのは1983年にSLUG（San Francisco League of Urban Gardeners）が設立されてからである．現在SLUGでは100カ所あまりのコミュニティガーデンを支援している．

フィラデルフィアでは，ペンシルバニア園芸協会が1978年に都市緑化を推進するフィラデルフィアグリーンという運動を始め，これまでに700以上のコミュニティグループを組織化している．1979年には，この協会の指導の下で，全米でのコミュニティガーデン活動とそのネットワークづくりを支援する米国コミュニティガーデニング協会（ACGA）が設立されている．

英国でも，米国の影響を受けて1980年にシティファームアンドコミュニティガーデン協会（FCFCG）が設立されている．その会員により1000カ所以上のコミュニティガーデンと約150カ所のシティファーム，スクールファーム，アロットメントが管理されている．なお，シティファームは，家畜を飼う農場を伴ったコミュニティガーデンである．

わが国と諸外国の事情は違うが，人々は地域とのつながりが薄れるとともに，地域への愛着も薄くなり，その結果地域の緑化美化といった環境問題にとどまらず，犯罪や教育，子育て，福祉といった様々な問題を抱えているのが現状である．

コミュニティガーデンのもつ市民同士のつながりを深める役割を活かし，コミュニティの再生を図りつつ地域環境の緑化を目指す活動として，コミュニティガーデンと同趣旨の活動が，最近わが国でも活発になってきている．

2003年にはコミュニティガーデン活動を行う団体によるコミュニティガーデン・ネットワークが設立されている．

（大貫誠二）

文　献
1) 越川秀治：コミュニティガーデン，学芸出版社，2002
2) 中瀬　勲・林まゆみ編：みどりのコミュニティデザイン，学芸出版社，2002

M15 コミュニティガーデン

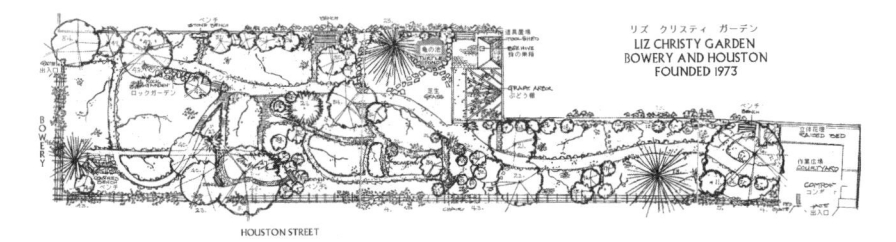

図 15-1　リズクリスティーガーデンの平面図

図 15-2　リズクリスティーガーデン

図 15-3　わが国のコミュニティガーデン（宮前ガーデニング倶楽部）

M16 花のまちづくり
— Community Design in Bloom

花のまちづくりは，市民が容易に参画できる都市緑化活動の1つである．

花のまちづくりで有名なものは，フランスのFF運動（fleuriy la france），英国のBB運動（beautiful britain bloom）をあげることができる．

FF運動は1959年に始まった運動で，その目的は①フランスをヨーロッパの庭とする，②観光国フランスにおいて，花をもって最大の歓迎をする，③国内外の観光客に喜びを与え，観光産業の発展を目指す，④フランス国民の生活環境を改善する，⑤観光客に対しては魅力的な国，国民に対しては快適な国というイメージを育てる，などとなっている．BB運動は，1964年に英国観光局がバックアップして「花咲く美しいイギリス」運動として始められた．1983年には，英国観光局から政府認可の非営利団体「イギリスをきれいに保つ会」へと移され，優良なスポンサーを得て「花咲くイギリスコンクール」としてさらに発展を続けた．この目的は，①草花，灌木，喬木で飾ることで，街や村を美しくする，②地方の行政，商工業界，ボランティア団体，住民などを含むコミュニティ全体を刺激して，職場，住宅，ホテル，公共の場等をより清潔で快適なものにする，③住民だけでなく，観光客のためにも国の美化を促進する，④自然環境を維持する，⑤コンクール参加市町村を増やして国全体を刺激する，などである．コンクールは英国全土を5つのブロックに分け，ブロックでのコンクール（予選）が行われ，その入賞者の中から一定数の代表者が，全国コンクールの出場権を得る．

これらの運動の成果は，「市民の誇りを育てる」「地域の環境を高める」「コミュニティの結束が図れる」のほか，「不動産価値が上がる」「観光を通して経済活動の促進に役立つ」などがあげられている．

わが国における花のまちづくりは，1990年に大阪・鶴見緑地の「国際花と緑の博覧会」の開催が大きな契機となっているといえる．この博覧会を境として，市民が花による市民主体のまちづくり活動に積極的に参加してきたといっても過言ではあるまい．わが国での代表的な例として「花のまちづくりコンクール」（事務局：（財）日本花の会）が1991年にスタートし，花飾りを町へと広げる大きな原動力となってきたものと思われる．また，1981年には「緑の都市賞」（事務局：（財）都市緑化基金）が都市緑化の普及を目的としてスタートしていたが，最近の応募は市民の花を用いての都市緑化活動が多くなってきている．さらに，1990年「緑のデザイン賞」（事務局：同上，企業：第一生命保険相互会社），1994年「緑と花のスポットガーデン助成」（事務局：同上，企業：セブン-イレブン），2000年「みんなの森づくり活動助成」（事務局：同上，企業：花王（株））と，企業の社会貢献活動としても，市民の緑化活動を支援する動きが徐々に拡大している．その一方で，市民の活動も全国各地でNPOの立ち上げや，学校単位，地域単位，あるいは趣味の同好の士の集まりなど様々な形態をとって拡大している．これらに共通していえることは，地域の環境向上，個人の地域への貢献，コミュニティの再生と活発化，人の育成（教育）などで，さらに，現在ではコミュニティ・ガーデンやオープン・ガーデンへの活動としてその活動が発展してきている．

〔阿部邦夫〕

M16 花のまちづくり

図16-1 神奈川県鎌倉市「七里ガ浜東2丁目公園愛護会」公園内の花壇（緑と花のスポットガーデン助成活動実績より）

図16-2 京都府亀岡市「花と緑の会」企業敷地沿道の花壇（第20回緑の都市賞 建設大臣賞受賞作より）

図16-3 千葉県野田市「市立山崎小学校」児童・PTA・教職員の手作り花壇（第19回緑の都市賞建設大臣賞受賞作より）

図16-4 三重県四日市市「はなふれんず」道路の花壇（緑と花のスポットガーデン助成活動実績より）

図16-5 愛知県瀬戸市「未来創造・21せと市民の会」道路残地の小広場と企業用地の立体花壇（第22回緑の都市賞国土交通大臣賞受賞作より）

図16-6 北海道東神楽町「東神楽町市街地振興協会」公共施設の花壇（緑と花のスポットガーデン助成活動実績より）

N 世界の環境都市

N1 デービス（米国）

—— Davis, USA

デービス市は米国カリフォルニアの州都サクラメントから西へ約20kmの場所に位置する，人口約6万2千人（2000年）のまちである．東に数時間ドライブすればシエラネバダ山脈，西に向かえばサンフランシスコ湾と，豊かな自然資源に囲まれている．かつては小さな農村であったまちは，1908年にカリフォルニア州立大学デービス校が開校してから様子が変化してきた．現在，成人人口の60%以上が4年生大学を修了しており，80%以上が大学等の単年度課程を修了しているといった，教育レベルが非常に高いまちであるということが特徴の1つとなっており，こうしたことが背景となり，市では小都市としてふさわしいエネルギー利用，環境プログラム開発，2階建てバスの利用等のあり方についての研究・実践をさかんに行っている．特に，公園やオープンスペースを効果的に活用した「グリーンウェイシステム」を整備することで，魅力的な雰囲気とまちづくりを行っていることで有名である．

1989年にUC Davis Center for Design Researchがまとめた報告書では，デービスにおけるグリーンウェイシステムとは，①自転車レーンを備え街路樹に「覆われた」幹線としての「グリーンストリート」，②市内の緑地（植物園，池，排水路等）をつなぐ「緑の環」，③コミュニティをつなぐ多種多様な「小道」，④生物の生息地の4つの要素から成るとしている．

市内のオープンスペース，公園，公共施設，農業地区など空間のネットワーク化といういわゆる「ハードの整備」を，企業，住民，大学，役所が長期的ビジョンと夢をもって協働しながら進めてきた点が，デービス市のグリーンウェイ計画の重要なポイントである．これにより，厳しい規制がなくとも，「道路整備の際に自転車レーンを含む10%の緑地を活かすことを必ず新しい開発者にお願いすることだけを唯一の規制」とするだけで，成果が上げられてきたと考えられる．

現在市内には，総延長が80km以上となる自転車道が血管のように張り巡らされており，市民も自転車を積極的に利用している．充実した自転車マップが作成され，自転車が市のマークともなる等，自転車はデービス市にとって重要な存在となっている．

デービス市のホームページが「ほとんど毎週のように海外・全米から視察が訪れる」プロジェクトとしているのが，面積約24haの敷地に240件の住宅を有するヴィレッジホームズである．「伝統的なコミュニティを再生し，可能な限り水とエネルギーの保全を行う」ことを目指す住宅開発として1975年に誕生した．各戸には太陽熱温水システムやパッシブエネルギー利用施設が設置され，省資源・省エネルギー型のライフスタイルを可能としている．

屋外空間をみると，住宅はクラスター内に固まりごとに配置することで，コモンスペースを十分確保している．コモンスペースには雨水排水路を兼ねた小道，レクリエーション空間，菜園や庭園等のランドスケープを充実させている．

カリフォルニア州における集合住宅開発においては，緑豊かなランドスケープデザインが販売促進上非常に重要となる．緑の量や配置計画の視点からみると，州内の他の住宅開発におけるランドスケープも，ヴィレッジホームズのそれとは何ら遜色のないものが多数ある．しかし，まち全体のグ

N1　デービス（米国）

図1-1　自転車マップ（渡　和由氏・(株) ビオシティ提供）

図1-2　旧市街地の幹線道路（渡　和由氏・(株) ビオシティ提供）．
歩道植栽と落葉樹のキャノピーは，気温が40°近くまで達する夏のヒートアイランド現象を抑制し，人々に魅力的なストリートスケープを提供する．

図1-3　住宅外観（渡　和由氏・(株) ビオシティ提供）
各戸がソーラーパネル，天窓等を備えており，機械冷房の設置率は10％以下である．木製のフェンスと多種多様な果樹の植栽が施されている．

リーンウエイシステムというコンセプトの中で，住人たちが毎日手をかけるランドスケープが，米国人でない者にまで「懐かしさ」を覚えさせる「情景」がヴィレッジホームズには存在する．(参考資料：デービス市公式ホームページ (http://www.city.davis.ca.us/))

（小林　新）

N2　ペオリア（米国）

—— Peoria, USA

　ペオリア市は，米国中央部の大都市シカゴ市から南下した，イリノイ河流域に位置する人口約13万5千人の都市である。

　都市公園の整備量を1人あたりに換算すると，約300 m^2，市全体の整備量は約4080 haであり，この数値は，たとえば東京都都市部の都立公園，区市町村立公園，国営公園，海上公園等，自然公園を除いたあらゆる公園の総面積をしのぐ値であり，世界に誇る公園に特化した環境都市なのである。

　ペオリア市の公園整備は，1894年創設，全米最古の歴史を有する公園区（Park district）と呼ばれる制度を活用して行われている。

　公園区とは，州議会や市民投票の承認を経て，公園区が設置された後，市民の選挙により選出された評議会が主体になり，固定資産税に対する加算税方式による税収を中心とした歳入，公園配置，公園施設やレクリエーション活動等のあり方や歳出を議決する，都市公園の整備運営組織である。そして，ペオリア市の場合，評議会は7人の評議員に公園レクリエーション事務局長が加わり，毎月2回，公開審議の形で開かれている。

　この種の制度は，イリノイ州のほとんどの自治体でみられるほか，ミシガン，インディアナ，オハイオ，ケンタッキー，カリフォルニア等他州にもみられるが，近来，安定した財源確保の見地から，米国においても本制度の有効性が強調されることが多い。

　なお，ペオリア公園区は，正式にはプレジャードライブウェイ・公園区と呼ばれている。その名のとおり，図2-2にみられるように，グランドビュードライブと呼ばれている延長4kmの「パークウェイ」を公園区がつくり，その周辺に良好な住宅地の形成を促し，固定資産の価値を高めた経緯がある。

　同様の試みは，パークシステムを確立している，ミネアポリス，カンザスシティ等でもみられる。もちろん，公園整備の財源確保と質の高い住宅地の形成が目的であるが，現在でも，新設のパブリックゴルフ場と隣接させて，民間によるコンドミニアムを一体的に開発させたり，この面の工夫は続いている。

　なお，歳入には特許施設料，施設利用料，売店からの収入，他部局からの委託，たとえば街路樹，校庭等の植栽の維持管理料等も含み，多様であることも特徴的である。

　図2-1および図2-3には，ペオリア市の都市公園分布と公園の概要を示してある。市のセントラルパークは56 haのグレンオーク公園であり，大きなピクニック広場，野球場，動物園，植物園，野外劇場，魚つり場等の施設がある。その他，全米最古のパブリックゴルフ場を含め，ゴルフ場は5コース，イリノイ河の川面を利用したマリーナも2カ所，最近，整備されたものの中には，1860年代の風景を復元しつつビオトープ公園にしたものもあるが，なお新しい公園を整備・計画中で，都市公園整備に終わりはない。　　　　　（丸田頼一）

文献

1) 丸田頼一：公園緑地，56(5)，21，1996
2) Wheeler, V.M.：The Grandest Views, A History of the Pleasure Driveway and Park District of Peoria, pp.1-192, Peoria Journal Star, 1994
3) 丸田頼一：環境緑化のすすめ，pp.157-159，丸善，2001

N2 ペオリア（米国）

Parks

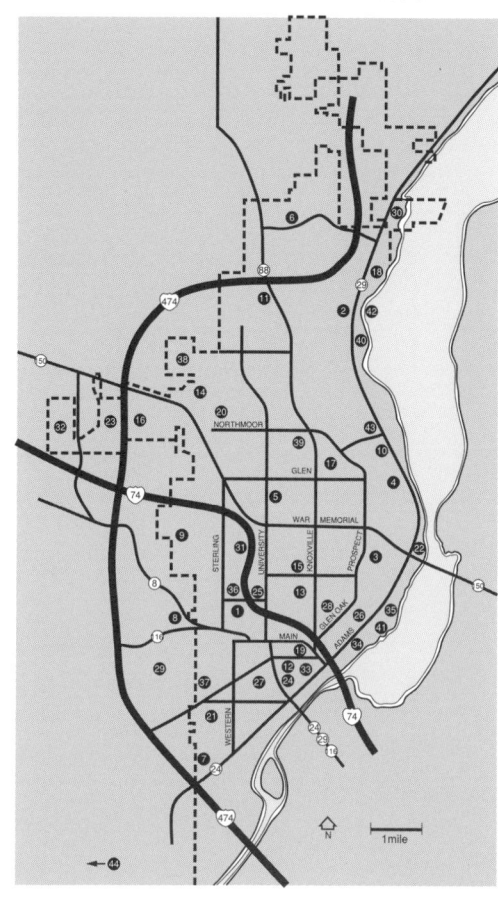

1. Bradley Park
2. Detweiller Park
3. Clen Oak Park
4. Grand View Drive Parks
5. Lakeview Park
6. Robinson Park
7. Trewyn Park
8. Trewyn Park
9. Becker Paek
10. Bielfeldt Park
11. Lindbergh Park
12. Carver Park
13. Central Park
14. Chartwell Park
15. Columbia Park
16. Creighton Woods
17. Endres Park
18. Caylord Wildlife Area
19. Ciant Oak Park
20. Iris Park
21. Logan Park
22. Lorentz St. Park
23. Markwoodland Park
24. Martin Luther King Jr. Park
25. Meinen Field
26. Morton Square
27. Proctor Park
28. East Bluff Neighborhood Park
29. Rocky Glen Park
30. Rutherford Wildlife Preserve
31. Schmoeger Park
32. Wm. H. Sommer Park
33. State Park — Faucett Field
34. Taft Playground
35. Woodruff Park
36. Newman Golf Course
37. Madison Golf Course
38. Kellogg Golf Course
39. North Moor Golf Course
40. Detweiller Golf Course
41. Detweiller Marina
42. Galena Marina
43. Forest Park Nature Center
44. Racoon Lake Recreation Area and Camp Grounds

図 2-1　ペオリア市都市公園配置図[1]

図 2-2　グランドビュードライブと周辺住宅地

図 2-3　ペオリア市のセントラルパーク，グレンオーク公園

N3　サンリバー（米国）
—— Sunriver, USA

　サンリバーは米国オレゴン州の中央部，標高約1300mに位置する面積1875haの高原型のリゾートコミュニティである．以前から，広大な放牧地として知られ，第二次世界大戦中の陸軍キャンプとして利用された後，年平均晴天日数250～300日，夏季の日中気温が20～30℃という穏やかな気候と豊かな自然環境を利点として，1968年から地元の開発事業者により開発が進められてきた[1]．

　サンリバーでは，自然環境との共存を基調としたコミュニティ形成に力を注いできた．図3-1には，ほぼ整備が終了した時期のサンリバーの平面図を示した．周囲を取り囲む国有林，南北に流れるデシュート川，中央部に位置するアスペン湖を基盤に，草地および水辺地を緑地として担保し（図3-2参照），既存樹林の皆伐を避けつつ抜き切りによって3200区区画の住宅地を設定する（図3-3参照）など，土地利用上の配慮がみられる．同時に，公園2カ所，ゴルフ場2コース，テニスコート26面，屋外プール2カ所，マリーナ，自転車用道路および歩行者専用道路37マイル，乗馬コース等が整備され，豊かな自然環境を日常生活の中で享受できる．また，アスペン湖畔には，植物園，自然観察路，天体観測所を含むネイチャーセンターが設置され，展示，講義，自然観察，環境調査等の自然学習に供されている．なお，交通施設としては1400m滑走路を有する飛行場，業務・商業施設としては，宿泊，会議場を含むロッジ＆リゾート，ショッピングモール2カ所とビジネスパークが整備されている．

　サンリバーでは，予算，警察，消防，緊急医療サービス等を含めた各種の権利がサンリバー所有者協会に委ねられている．これに関連して各種の組織や機構が整備され，その中では環境委員会とデザイン委員会が重要な役割を果たしている．環境委員会は，草地，湿地，川岸の環境モニタリングや再生，森林環境管理，野生生物の生息地の保全，環境教育等にかかわるプロジェクトの計画，実施や監督を行っている．デザイン委員会は，デザインにかかわる規則と手続きのマニュアル[2]に基づいて，建築上のコントロールや修景に関する審査を行っている．具体的には，敷地の現存地形，植生，岩石，排水等の改変を最小限に抑えることを基本方針とし，建築物や各種構造物の高さ，位置，形状，色彩，素材，デザイン等を審査する．修景植栽に関しては，地域の生態系に配慮し，在来種の利用を奨励している．サンリバー所有者協会では，2000年に10年後のコミュニティ形成に向けた長期計画を策定している．表3-1には，その概要を示しているが，その中でも，良好な自然環境の保全，開発にかかわる環境基準の維持と自然環境の調和を，最も重要な目標の1つとして位置づけており，具体的な行動計画や数値目標に基づいて，上記のような取り組みが継続的になされていくことになる（参考資料：Sunriver Owners Association：Long-Range Plan：Sunriver Owners Association, http://www.sunriverowners.org/04_sunriver_government/7_long-range_plan_2000/lrp_frame.html, 2000）．　　　　　（柳井重人）

文　献
1) 丸田頼一・柳井重人：サンリバー，リゾート開発計画論（丸田頼一編），p.401，ソフトサイエンス社，1989
2) Sunriver Owners Association：Design Committee Manual of Rules and Procedures, Sunriver Owners Association, pp.1-35, 2002

N3　サンリバー（米国）

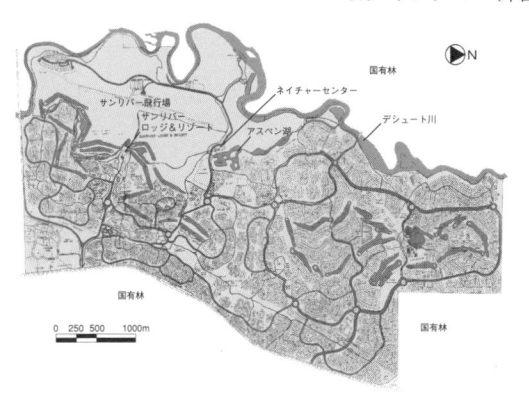

図 3-1　サンリバーの平面図（Sunriver Properties Oregon. LTD. Sunriver Map, 1986 より）

図 3-2　水辺地の保全

図 3-3　樹林地の保全と住宅建築

表 3-1　サンリバー長期計画の概要

5つの ゴール	主旨	主な内容（抜粋・要約）
環境	健康的で自然的な環境の保護および持続	川辺の低湿地・草原の生態学的・審美的な質の維持／水辺の動植物の生息地の保護と安定化／土壌・大気・水質の化学的・生物的な質の確保／森林保護と本来の生態系の回復／在来種の再生と連携した有害雑草の制御／野生生物とその生息地に対する有効な対応の実行／環境に対する個人やコミュニティの責任や理解の向上／現代科学に基づく情報と規則に基づく環境の保全／その他
QOL	クオリティオブライフの増進に向けた努力	文化とレクリエーションのプログラムおよび施設の維持増進／それにかかわる財源と資源の提供／プログラムの継続的な改善／サンリバーのQOLに影響を及ぼす一般的なエリアに対する優先的なアプローチ／その他
開発基準	環境と調和した開発基準の維持と資産価値の維持	建築と環境の調和の保証／適切なランドスケープデザインおよびその素材の保証／維持管理、修復、美意識の優先とその保証／資産価値の保護に関する規則の維持／開発基準にかかわる個人およびコミュニティの責任および理解の向上／既存のオープンスペースの保全／資産のデザインと利用が居住快適性、資産価値等に及ぼす影響の認識／その他
安全性	安全で安心なコミュニティの保証	事故や緊急事態への効果的な対応の保証／最新の危機管理システムの維持／積極的な防火プログラムの保持／インフラおよび設備の安全性の保証／安全な飲料水，効率的な下水道設備，安全なユーティリティ，有効な廃棄物処理とリサイクルサービスの供給／その他
自治政府	有効な，責任ある，財政的に安定した政府	所有者やコミュニティに役立つサービスの提供と改善／タイムリーで正確な双方向の情報伝達の確保／インフラおよび基盤的サービスの維持，保全，増進／自治政府の財政的安定の確保／所有者に対して最良かつ有効な資産運用／長期計画の実行と進捗状況の監視／各種委員会の責任強化と調整／よりよいサンリバーのための市民参画の推進と責任の共有／その他

N4　ウッドランズ（米国）

—— Woodlands, USA

ウッドランズは米国テキサス州ヒューストンの北50 kmに位置する．それぞれ約809 haの7つのビレッジからなり，総面積は1万972 ha．計画人口は15万人で，1974年から住民の居住が始まった．

1.　ウッドランズのコンセプト

住宅と施設のバランスがよいニュータウン開発を目指し，あらゆる階層の人々が求めやすいように，住宅の販売価格帯は幅広い．ビレッジには文化，ショッピング，娯楽，教育施設と会社，研究所を建設，誘致し，それぞれの施設や住宅はトレイルで結ばれる．

2.　エコロジカルプランニング

イアン・マクハーグ（Ian McHarg）はウッドランズの計画にエコロジカル・プランニングを取り入れた．その方法は次のとおりである．①エコロジカル・データの目録をつくり，データを地図に記入する，②データを解釈，理解する，③データから環境を損なわない開発の範囲を決める，④多様な土地利用ための開発を決める，⑤デザイン構成を決める，⑥環境と土地利用のバランスをとる，⑦土地と敷地計画のガイドラインを定める，⑧環境，社会，経済，予算を考えた土地利用のマスタープランを作成する．

3.　環境調査

マックハーグの会社WRT（Wallace Roberts & Todd）が1970年代の初めに，水，土壌，植物，野生動物，微気象の専門家により系統だった環境の調査を行った．その結果，豪雨による洪水・氾濫が重要な問題であり，従来の排水方法では，森林を破壊し，洪水・氾濫を引き起こすことがわかった．

4.　計画方針と環境保全

環境調査の結果，マックハーグは環境保全のための7つの方針を決めた．①地表と地下の水循環の破壊を最小限にする，②ウッドランズの環境を保護する，③洪水平野，低湿地，池，堆積地に自然な排水溝をつくる，④固有な，珍しい植物を含む植生を保護する，⑤野生生物の生息地とその通り道を整備し，保全する，⑥開発コストを最小限にする，⑦生命や健康に有害なものは避ける．

5.　デザインコンセプト

エコロジカルプランニングをもとにした計画は，多くの森林と植生を保護し，敷地全体の25％は森林，公園，ゴルフコース，湖とした．そして独自の自然な排水溝が，水の循環を保護する．それは，草のはえた低湿地，保水力のある池や湖，緑道，ゴルフコースのフェアウェイ，浸透性舗装の道路，縁石のない道路などが自然な排水溝として機能することである．高い浸透性のある土壌に浸透できなかった水は，自然な排水溝に垂直につくられた小道で，自然な排水溝へと導かれる．この自然な排水溝は従来の排水溝をつくるより約1450万ドル節約することになる．

6.　現在のウッドランズ

自然な排水溝は計画に反映され，従来の排水方法と組み合わせて使われている．またバランスよく，教育，ショッピング施設，公園，図書館，病院，会社，研究所が配置され，近隣はトレイルにより結ばれている．そして水の流れ，野生の動植物の生息地は緑地の中で保護されている．最近では商業的価値もあるリバーフロント開発が行われている．

（Max Z. Conrad・丸田頼一・西脇知子）

N4 ウッドランズ（米国）

図 4-1　ウッドランズ（1997.11.8）

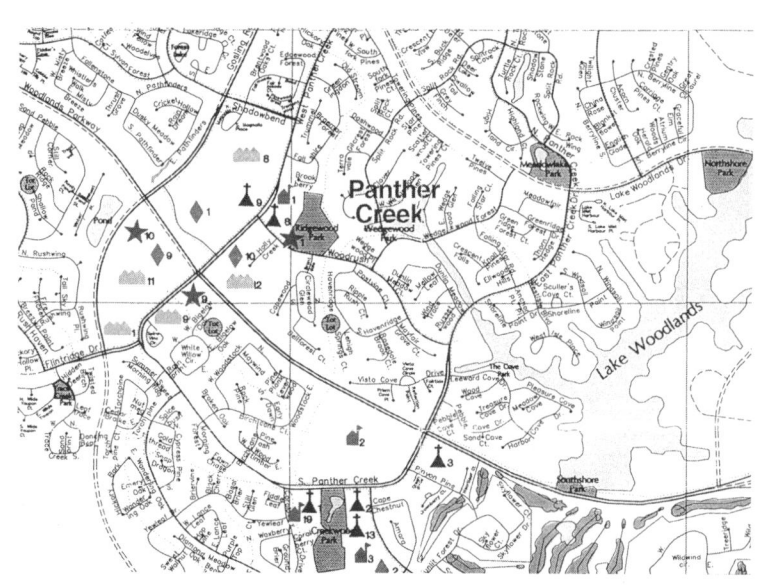

図 4-2　エコロジカルプランニングのプロセスを経て造成されたウッドランズ

文　献

1) Gause, J. A., et al.：*Great Planned Communities*, ULI-the Urban Land Institute, 2002
2) Sprin, A. W., McHarg, I.：Landscape Architecture, and Environmentalism：Ideas and Methods in Context. Extract from, *Environmentalism in Landscape Architecture*, (Conan M. ed.) Dumbarton Oaks Research Library and Collection, 2000
3) Morgan, G. T. Jr. and King, J. O：*The Woodlands*. College Station, Texas A&M University Press, 1987
4) Dewees, R. A.：*The Woodlands Study*：Predictors of Satisfaction in the Texas New Town. Baton Rouge, LA.：Master of Landscape Architecture Thesis, 1981
5) McHarg, I., Wallace Roberts and Todd：*Woodlands New Community*：An Ecological Plan (report prepared for The Woodlands Development Corporation, May, 1974)

N5　クリチバ（ブラジル）
―― Curitiba, Brazil

クリチバ市はブラジル南部に位置するパラナ州の州都で，面積は約 430 km², 人口 160 万人の都市である．同市は，環境都市として世界的にも有名で，市民 1 人あたりの緑地面積は 55 m²（東京の約 10 倍）を有している等，高い生活水準，良好な居住環境を享受している（在外公館ニュース（在クリチバ総領事館），2002 年 8 月．外務省 HP 参照）．

クリチバ市では，都市問題が深刻化し始めた 1970 年代より，IPPUC（クリチバ都市計画調査研究所，Instituto de Pesquisa e Planejamento Urbano de Curitiba）という組織を設立し，積極的なまちづくりを推進してきている．これは，市の組織から独立した計画策定組織であり，その委託を受けて活動しており，同市は計画部局をもたず，計画策定のすべてを IPPUC に依存している[1]（表 5-1 参照）．

同市における都市計画の主要なプログラムとして，1 つには，画期的な都市交通システムの成功があげられる．マスタープランの交通計画において，RIT（rede integrada de transporte）と呼ばれる統合的バス輸送システムによる都市内の移動の確保を目的として設定し，都市軸のバス専用道路を活用して，従来からのバス路線網を改変してきている[2]．当初，高価な地下鉄建設を計画していたが，建設および運営コストを検討した結果，同じ輸送能力を安価なコストで実現でき，また，チューブ型プラットフォームや 3 連節バスの導入など，輸送容量向上のための工夫が重ねられている（図 5-1，5-2）．

また，同市の土地利用は，市内の幹線道路の整備と平行して行われている．マスタープランでは，5 本の都市軸が設定され，軸上の移動手段としてバス専用道路による前述のバス輸送システムが導入されている．土地利用計画は，都市軸上に沿って等高線上に用途地域地区の境界が設定されており，バスルート沿いの地域は容積率をアップする等，高層の建物が幹線道路およびその周辺に集中し，交通利便性の向上，商業，ビジネス地域の集積を生んでいる（図 5-3）．

次に，環境問題への取り組みとして，徹底したごみの分別収集で，ごみを可能な限りリサイクルしている．こうした作業を失業者や路上生活者に分担させ，雇用の創出をも図っている．また，子供やスラムの住民を対象に，リサイクル可能なごみと引き換えにノートやバスチケット等を提供するといったごみの減量と福祉対策を一対としたプログラム（green exchange program）も実施されている．その結果，市のごみの 2/3 をリサイクルに回せるほどに普及，また，放置されたごみが原因による病気の発生率も減少し，市の清掃費も減り財政的にもよい結果となっている．これらの取り組みの結果，1990 年には国連環境計画賞を受賞している[4]．

このように，クリチバ市では，土地利用と交通計画を統合した都市計画や環境に配慮した都市計画が進められ，環境都市として国際的に有名となっており，南米で「最も生活しやすい都市」として高い評価を得ている．現在，都市計画の事例としては頻繁に取り上げられる例の 1 つとなっている．

（藤﨑華代）

文　献

1) 森田哲夫・秋元伸裕・中村文彦ほか：地域発案の視点からみた都市計画における非行政の役割に関する基礎的研究，都市計画学会・都市計画論文集，33，553-

表5-1 非行政組織 IPPUC の概要[1]

	Instituto de Pesquisa e Planejamento Urbano de Curitiba（IPPUC：イプーキ） (The Institute for Research and Urban Planning of Curitiba)
国・市	ブラジル・クリチバ市（1965年設立）
位置づけ	市役所から独立した組織であるが，現在は市長と密接に連携をとって活動している
職員	市を通じて IPPUC の職員として採用（約250名）
財源	市からの委託金が財源となる
主な活動	市の委託による都市計画等に関する調査，研究，計画策定．なお，市には都市計画部局はない
実績等	1965年クリチバ市マスタープラン．当初は3年ごと，1975年以降は3年未満で見直し作業を行っている 都心地区の歩行者専用空間化等

図5-1 チューブ型バス停（(財)計量計画研究所提供）

各バス停にエレベーターやスロープが取り付けられ身障者の利用者にも配慮されている．

バス停に入る所で乗客は料金の精算を行う．バス側の3カ所の条項口とバス停の間に自動の連結版を取りつけ，乗降と料金清算の時間の大幅な短縮化が実現されている．

図5-2 3連節バス（(財)計量計画研究所提供）
1992年に導入された新しい大型バスで，南南東幹線に，将来の需要増加を見込んで導入運用された．全長25 m（通常のバスが10～12 m）で5枚のドアを有し，定員は270人[2]．

図5-3 幹線道路を走る3連節バスと沿道に集中する高層の建物群（(財)計量計画研究所提供）

558, 1998
2) 中村文彦：クリチバ市の都市交通―公共輸送を軸とした持続可能な都市開発の方向性―，交通工学，30(5), 33-40, 1995

3) 中村文彦：ブラジル・クリチバ市の都市計画―土地利用と交通システムの統合―，地域開発，375, 27-36, 1995

N6　フライブルグ（ドイツ）

—— Freiburg, Germany

フライブルグは，ドイツ南西部に位置する人口20万人，面積約150 km²の都市であり，気候が温暖で，「黒い森（シュヴァルツヴァルト）」を背後に控えた歴史的街並みが美しい観光都市として有名であるが，近年は環境政策の先進都市としても注目を集めている．

1. 交通

1970年代から市内中心部への自動車の乗入れを規制する一方で，市電・市バスの拡充，パークアンドライドの導入，自転車専用レーンの設置等により自動車利用の抑制を図っている（図6-1, 6-2）．特に，1991年からはドイツ初の「地域環境定期券（レギオカルテ）」を発行し，この定期券によって約3000 kmに及ぶ地域内の公共交通機関を無制限で乗車できる．また，無記名のものは貸し借りが自由で，日祭日には1枚で大人2人と子ども4人が乗車できる（大人1カ月36ユーロ，2003年現在）．これらの対策によって，1987年には延べ3660万人だったフライブルグ交通株式会社（Freiburger Verkehrs AG）の全路線の年間利用者は2001年までの14年間で6810万人にほぼ倍増した．

2. エネルギー

フライブルグでは，1986年に長期的展望として原子力発電からの脱却を市議会で決議し，再生可能エネルギーの活用と徹底した省エネルギー（以下，省エネ）を進めている．1992年以後は市内に建設する建物に国よりも厳しい低エネルギーハウスの基準を満たすことを義務づけ，1999年には市が主体となってエネルギーエージェント・レギオ・フライブルグ社（Energieagentur Regio Freiburg GmbH）を設立し，建設・改築による省エネ等について相談を受け付けている．また，省エネランプの普及，ソーラー発電の促進，ごみ埋め立て場から出るメタンガスを利用したコージェネレーション発電所の建設等を進め，原子力発電への依存度を60％から30％まで引き下げることに成功した．サッカースタジアムの屋根を使ったソーラー発電のパネル1枚ごとに株主を募る試みや，市民が再生可能エネルギーのみで発電された電力を購入できるシステム（約1万世帯が選択）など，市民と企業と行政のパートナーシップによるユニークな取り組みも注目される．

3. エコハウス

1992年に駐留フランス軍が撤退した跡地に住宅地「ヴォーバン」の整備が進められており，約34 haの分譲地には2006年までに約2000戸のエコハウスが建つ予定で，すでに50％以上が完成している．エネルギーや資源を効率的に利用する観点から4階までの集合住宅が多く，また，グループ単位で1つの建物を共同で計画・建設し，さらに自らが建築作業に参加する事例も少なくない．自動車を所有しない住民のための居住区やカーシェアリングの導入，自然環境の保全など環境への配慮と居住性の向上に向けた取り組みも進められている．

このほか，ソーラーパネルを備え，エネルギー効率が高いために消費電力よりも発電電力の方が多い「プラスエネルギーハウス」の建設が進んでおり，市内のソーラー団地では2004年までに140戸が完成する予定となっている（図6-3）．ユニークな事例としては，ヘリオトロープと名づけられた円筒型3階建てのソーラーハウスがあり，建物自体が太陽の方向に合せて回転す

図6-1 自動車交通を排除したフライブルグの中心市街地
路面には「ベッヒレ（疎水）」と路面電車の線路が縦断している．

図6-2 「ベッヒレ（疎水）」に足をつけて休む親子
「ベッヒレ」は延長10 km以上にわたってきれいな水が流れる水路．

図6-3 エコハウス「プラスエネルギーハウス」（OSM International Consulting Services Import Export 提供）

図6-4 円筒形のソーラーハウス「ヘリオトロープ」（OSM International Consulting Services Import Export 提供）

る仕組みで，熱利用効率を高め，雨水利用，生ごみのコンポスト化などを組み合わせた革新的なエコロジー建築のモデルとなっている（図6-4）． 　　　　（池貝　浩）

文　献
1) Willi Spath, Reinhard Ludwig, 多田亜希子ほか：環境先進国ドイツ, pp.45-47, 大阪・神戸ドイツ連邦共和国総領事, 2002

図6-5 鉄道の線路敷き全面，電柱（中央），柵の緑化

N7　シュツットガルト（ドイツ）
—— Stuttgart, Germany

　シュツットガルト市は，南ドイツの人口約60万人の，世界的に著名な自動車が製造される工業都市である．

　図7-1に示すように，樹林に包まれた，比高差約250 mのすりばち状の盆地地形を呈し，大気が滞留しやすい状態にあったことから，特に都市気候に関連づけた，環境都市計画を重視しなければならなかった．

　そのためにも，市の環境保護局内に都市気候部を設け，市内16カ所からの気象統計を収集するほか，環境保護や都市計画に役立つ気象資料を種々，解析している．

　そして，全市域を対象に，2万分の1の地図を用いて，土地利用現況との関連で，水面，空地，樹林地，庭園，庭園都市，都市外縁，都市，都心部，産業，工業と交通網の11の凡例により，空間単位ごとに塗り分けるとともに，各観測地点の風配図と全市を貫く風向システム等が示された，クリマトープ（Klimatope）図を含む，気候機能解析地図（Klimaanalyse-karte）がつくられている．

　また，環境都市計画の基本的方向を示す土地利用計画図（F plan）やランドスケープ計画図（L plan）はもちろん，建築・緑化の配置，階数，材質等の詳細を示す地区詳細計画（B plan）に気候・大気面を反映させるために，計画に対する指示図（アドバイスマップ，Planungshinweiskarte）も提示されている．

　このようなプロセスを追った，きめの細い気候・大気の把握と計画論を展開する当市であるが，気候機能解析地図に示されている，郊外から中心市街地への冷気流，すなわち「風の道」（Kaltluftabflultz）が特に名高い．

　「風の道」の確保のためには，土地利用計画図の見直しの際に，約1000 haの住居系面積を樹林地等に変え，ランドスケープ計画にも反映させ，植林したり，たとえ建築が許されても，5階建てまでに制限されたり，3 m以上の隣棟間隔の確保等の規制が設けられたり等もしている．

　都市交通に関しても，中心市街地から自動車を抑制するために，地下に鉄道を整備したり，図7-2のように，幹線街路以外は車道を狭め，一方通行にし，緑化する，歩行者中心の施策が展開されている．また，郊外部ではパークアンドライド方式が貫かれている．

　自然保護・ランドスケープ保護への関心も高く，自然保護地域3カ所，市域面積の4.9%，ランドスケープ保護地域34カ所，市域の21.1%，天然記念物カ所数84に達し，ドイツ諸都市の中でも高い位置を保つ．このほか近来，ヒートアイランド対策のため，市民や企業に，図7-3に示すようなブロック緑化や，壁面緑化，屋上緑化等の普及啓発に努めており，実績も重ねている．

　一方，ネッカー河にかかわる環境解決もある．運輸省による直線的なコンクリート護岸，堤防上のアスファルト道路では，生物の生息上，支障があるため，市は民間からのスポンサーを募り，コンクリートを壊し，よどみをつくり，水鳥の生息の場を確保したり，アスファルト道路を土舗装にし，小動物の往来を容易にしたのである．

（丸田頼一）

文　献

1) Wirschaftsministerium Baden-Württemberg：Städtebauliche Klimafibel, pp.1-271, Hinwise für die Bauleitplanung, 1998

N7 シュツットガルト（ドイツ）

図7-1 「風の道」都市シュツットガルトの全景

図7-2 一方通行の車道にし，緑化した事例

図7-3 ブロック緑化の推進

2) Landeshaupt Stuttgart : Naturschutz und Landschaftspflege, pp.1-168, Landeshauptstadt Stuttgart, 1990

3) 丸田頼一：環境緑化のすすめ, pp.1-200, 丸善, 2001

N8　ハイデルベルグ（ドイツ）
――― Heidelberg, Germany

　ハイデルベルグ市はドイツ南西部のバーデン・ビュルテンブルク州にあり，ライン川の支流ネッカー川沿いに形成されている．面積108.8 km², 人口約13万人の大学都市で，人口の約20%を学生が占めている．1386年に創設されたドイツ最古の大学であるハイデルベルグ大学や旧市街地は，ユネスコ世界文化遺産登録に向けたドイツ国内予備リストに含まれている．また，古城を有する都市をつなぐ古城街道に位置し，年間約300万人が訪れる観光都市でもある．2001年における産業構造を企業数からみると，農業0.7%, 製造業9.7%, サービス業89.6%となっている．国立癌研究センター，欧州分子生物学研究所などの研究機関が数多く立地する利点から，遺伝子工学，情報テクノロジー，バイオテクノロジー，環境技術などのハイテク産業が発展している．

　1992年の国連環境開発会議では「ローカルアジェンダ21」の策定を自治体に求めた．この具体化のために，ヨーロッパの自治体関係者は1994年，デンマークのオールボー市に集まり「オールボー憲章」を採択した．この会議では80の自治体がこの憲章に調印しているが，本市もその中に含まれている．同憲章では，持続可能な都市づくりに向けては，自然環境容量に従った生活水準にすべきこと，社会的公正が持続可能な経済に求められること，再生資源の使用はその再生能力を上回ってはならないことなどを指摘している．オールボー憲章は現在ではヨーロッパ38カ国，1500の自治体が調印するに至っている．

　ハイデルベルグ市の「持続可能な都市」実現に向けた政策は，EU環境委員会委員長の経歴をもつベアーテ・ウェーバー（Beate Weber）市長によって積極的に展開されてきた．本市の政策の大きな特徴は徹底した市民参画にある．これによって，「1996/97ドイツ自然保護＆環境首都」，1997年と2003年には「欧州持続可能な都市」賞を授与されている．

　市民との対話は定期的に行われ，ワークショップや住民を巻き込む様々なメカニズムを有する．市民参画によって，交通開発計画，ローカルアジェンダ21, 開発計画2010, 観光ガイドライン，地区別開発計画など各種計画が策定された．市民参画は，政策形成過程において市民の意見が直接反映されるにとどまるものではなく，政策決定過程への参画とそれに伴う責任を市民が担う形で進められている．

　このような市民参画は幅広い政策を生んでいる．たとえば，同市ではCO_2の排出量を2005年までに1987年レベルの20%削減し，同時に市全体のエネルギー消費量を30%削減する方針を打ち出している．このため，ゼロエミッション型住宅の促進，グリーン電力の買取，市役所の分散化による自動車交通の削減，公共交通機関利用者に対する料金割引制度，環境に配慮した商品を割引購入できるカードの発行など，様々な取り組みがみられる．幼稚園と学校にはグリーン電力しか供給していない．

　市役所分散化により年間116 tのCO_2を削減，公共施設全体に占めるグリーン電力の割合は25%を占める．また，2002年には廃棄物は1990年に比べて20%減量，生ごみリサイクル率は50%増加した．活動の成果は，目に見える形で市民にフィードバックされる．このことが市民の政策への関心と責任を育て，市民参画をさらに進展させることにつながっている．　（伊藤寿子）

表8-1　ハイデルベルグ市地区開発計画策定の流れ

第一ステージ	地区ミーティング―キックオフ―	地区ミーティングがまず開催される。このセッションでは、計画の目標、日程などの計画の輪郭が市民に知らされる。計画を詳細化するため、市民が批判や提案を寄せる
	▼	
	ストック調査・予測・アセスメント	地区の空間、機能、建築、社会、経済、自然生態面における実態と傾向を分析する。資料は、ハイデルベルグ公共交通機関、ハイデルベルグ経済開発庁、住宅不動産会社のほか、市の20以上の部署の調査報告に基づいて作成される。また、この段階では様々なグループからの情報を組み込む
	▼	
	地域評議会および市議会への提示	第一ステージの一連のプロセスと成果は、地域評議会へ提示され、さらには市議会での公聴に付される
第二ステージ	ワークショップ ▼ 開発コンセプトの検討 ―方法とプロジェクトの提案―	開発計画案をつくる前に、市民、専門家、行政が参加するワークショップが組織される。ワークショップ参加者と居住者からの数多くの提案をもとに、開発目的、目的を達成する手段が議論され、計画区域や計画内容が地図化される。ワークショップでは、青少年、高齢者、社会事象、文化、レクリエーション、居住、雇用、商店、交通、環境、憩いの場に焦点が当てられる。居住者の関心の優先度を計画者に知らせる機会となり、ワークショップは計画に大きな影響を与える。ワークショップの結果は詳細にドキュメント化される。開発計画案は開発の展望と制限の両面について記載される
	▼	
	地域評議会への提示/地区ミーティング	開発計画案が地域評議会へ提示され、地区ミーティングが開催される
	市議会での票決	市議会で開発計画プロジェクトの優先順位と予算が決定される

注) International conference of the PLUS research project in Heidelberg/Germany, 18th-19th, 2002 の資料 "Democratic Choices for Cities：practice from innovative localities" 30-33 に基づいて作表。

図8-1　ハイデルベルグ旧市街地

図8-2　地区ミーティングの様子

N9　エッカーンフェルデ（ドイツ）
—— Eckernförde, Germany

ドイツ最北端，シュレスヴィヒホルシュタイン州のバルト海に面する，人口2万3千人の小都市，エッカーンフェルデ市も幅広く環境保全に力を注ぐ環境都市といえ，過去，1994，1995年には「環境首都」に選ばれている．

しかし，本市のその面にかかわる諸施策の歴史は比較的浅く，1984年の環境基本調査に基因した，1985年から翌年にかけての土地利用計画の見直し，特に宅地造成地の変更と湿地帯の保護を重視した，ランドスケープ計画の樹立に始まったものといえる．

つまり，以前の土地利用計画では，市郊外北部に宅地造成の予定があったのであるが，そこはビオトープのネットワーク構成上欠かせない，生垣に囲まれた，起伏に富む農耕地であった．そこで，そのまま保全し，宅地造成地を市南西部の平坦な農耕地に移すよう計画変更し，一方，そこの周辺に植樹帯を新たにつくりつつ，7カ所の池や2本の小川を擁し，ビオトープ構成上，将来性豊かな住宅地に仕上げた．図9-2に，その一部を示してあるが，雨水を排水溝に流さず，地下浸透させつつ，周辺の湿原や池に流れ込むように工夫されており，その面からも環境保全への配慮の深さがうかがえる．

また，湿地の保全や回復にかかわる数々の事例もあるが，「バケツ湖」もその1例である．市有の荒蕪地の地下を貫く排水管に5.85マルクのプラスチック製バケツを被せ，水を溢れ出させ，15 haの湖と周辺の湿地帯を再生したという．その結果，数年後にはアシが生え，両生類や水鳥もすみつき，バケツ湖は動植物のパラダイスになったのである．

一方，市民と一体となった環境施策例として，中心市街地周辺に駐車場を整備し，パークアンドライド方式により，自転車中心の市街地にした交通関係のもの，電力需要のピーク時の，消費電力を少なくするために，その際の電力料金を高くしたり，ソーラー等自然エネルギー発電による余剰電力の買い取りを保証する等エネルギー対策のもの，情報の提供に役立つ環境情報センター等がある．

その他，産業振興を踏まえた環境施策，環境ベンチャービジネスの育成を目的に，関連企業が集積する，市営「技術・エコロジーセンター（Technik-und Ökologiezentrum：TÖZ）」の施設も興味を引く．

TÖZの建設にあたっては，雨水に再利用，保温・断熱・太陽熱利用等の建築物，緑化等，様々な環境配慮がなされ，北ドイツの厳寒でも氷点下にならず，図9-3に示すように，亜熱帯植物も生育する室内環境を創出した．そこを，約40社に5年間格安の家賃で貸し出すほか，事務代行サービスや会議室の便宜も図り，彼らの独立への道を開きつつ，事務所の利用を通して環境への理解を深めるための市側の戦略である．2000年のハノーバー万博の際，会場外プロジェクトの1つに選定されたほど，ドイツで著名である．　　　　　　（丸田頼一）

文　献

1) Packschies, M.：Die Umsetzung von Ergebnissen der kommunalen Umwelterhebung in der Stadt Eckernförde, Praxis Landeskunde 1, pp.125-134, 1992
2) 丸田頼一：環境緑化のすすめ，173 pp.，丸善，2001
3) Simonis, H.：Technik und Ökologiezentrum Eckernförde, pp.1-19, 2000

N9　エッカーンフェルデ（ドイツ）

図9-1　エッカーンフェルデ中心市街地全景（Packschies, M. 氏提供）

図9-2　「排水溝」のない住宅造成地

図9-3　「技術・エコロジーセンター（TÖZ）」の室内

N10 カールスルーエ（ドイツ）
—— Karlsruhe, Germany

　カールスルーエ市は南ドイツ，黒い森の入口近くの人口約28万人，最高裁判所の所在地，核エネルギー研究の中心地として有名な都市である。

　環境面では，カールスルーエ方式と呼ばれる，路面電車を市内に走らせる都市交通システムと，広大な樹林地，線や点状に分布する樹木等，緑，ビオトープ等の施策導入に伴う計画的な保全・創出が特に特徴としてあげられる。

　カールスルーエ方式とは，路面電車がそのまま通常の駅に乗り入れ，中距離では時速80 kmで走行し，自家用車の制御に役立たせたことである。元来，ドイツ鉄道と路面電車とでは電圧が異なるが，1992年に両線で走行可能な車両が開発されて以来，カールスルーエ都市圏の住民に好評を博し，延伸し続けている。また，市街地では路面電車優先の信号操作や線路の地下化が図られる一方，自動車量の抑制のために駐車場の整備規制等の施策も実行されている。

　一方，1976年に連邦で制定された，「自然保護・ランドスケープ保全法（Gesetz über Naturschutz und Landschaftspflege）」による，ランドスケープ計画（Landschaftsplan）の策定も生態学的側面，自然保護の側面，緑地等の社会的側面，緑地の都市建設管理上の機能，経済的側面や他の土地利用，施設計画等に対する生態学的配慮，の各項目にわたる精緻な現況と解析を踏まえながら，行われている。そして，中でも都市気候と自然保護の両側面が特に重視され，図10-1に示してある，緑地システムにそれが反映されている。つまり，主風向や局地風，野鳥等小動物の生息等を確認する一方，それらの特徴を効果的に生かすために，郊外の樹林地を自然保護地域や図10-2のようなランドスケープ保護地域として保全しつつ，中心市街地との間を，緑地や街路樹で結んでいるのである。

　なお，本計画による自然保護地域は5カ所，全市域の約5.0％，ランドスケープ保護地域は15カ所，全市域の約30％に達している。

　緑地システム構成上，重要な役割を果たしている街路樹の植栽にも熱心であり，1970年と比較し，カエデ属を中心に，約3.2倍の樹木本数に増えている。そして，大きな樹冠を確保することがその意義を発揮するのであり，継続的な生育調査と土壌条件等の改良も続けている。

　また，当市には他都市と比較して，厳しい樹木保護条例があり，クルミ，クリ等の特殊な樹木や苗圃等特殊な場合を除き，地上高1 mの高さにおいて幹回り80 cm以上および幹回り30 cmでも同一カ所に4本以上あれば，すべて伐採禁止であり，無許可で伐採すると，高額の罰金を支払うことになっている。一方，高木の移植も安易に認められていない。同市を訪れると，公園局の許可付の建築確認の大きな立看板と幹回りを保護した，樹木群が数多くみられ，わが国との違いを感ずる。　（丸田頼一）

文献
1) Stadt Karlsruhe：Karlusruhe Landschaftsplan. pp. 1/1-7/24, Stadt Karlsruhe, 1982
2) 丸田頼一：公園緑地，**47**(4), 14-26, 1986
3) 丸田頼一：都市緑化計画論，pp.85-97, pp.150-168, 丸善，1994

N10　カールスルーエ（ドイツ）

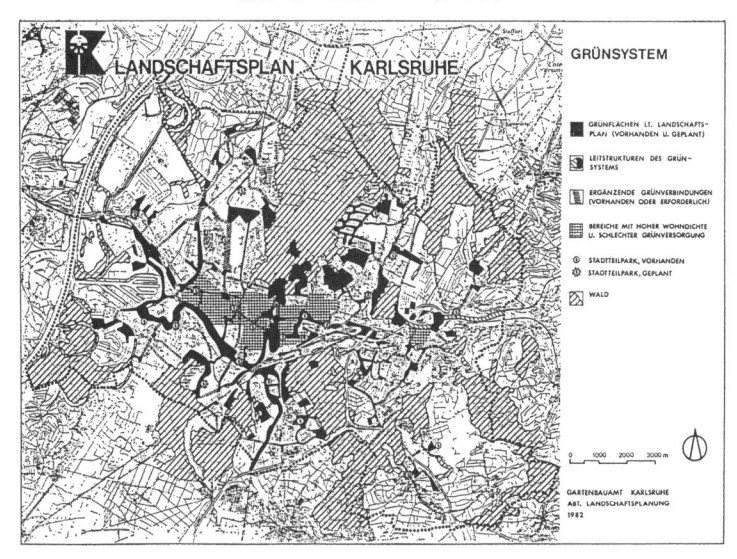

図 10-1　緑地システム（カールスルーエ市）

図 10-2　オベルバルトランドスケープ保護地域

図 10-3　高木の保護のもと，新築を許可する告知表識

N11 レスター（英国）

—— Leicester, England

1. 持続的な地域社会づくりの先進都市

レスター市は，人口28万人の東ミッドランドで最大の都市であり，1994年にローカルアジェンダ21プロセスを開始し，1999年に環境管理監査（environment management and audit scheme：EMAS）の認証を取得し，持続的な地域社会づくりを進めている．1990年に英国最優良環境都市（Britain's first Environment City）に指定され，1992年の「地球サミット」で先進的な環境都市として表彰され，気候変動枠組み条約のEUの目標達成を支援する自治体ネットワークに参画する等，環境都市のパイオニアとして国内，国際社会をリードしている．

2. レスター市の環境政策

レスター市の環境政策は，EMASのスキームを取り入れながら，エネルギー対策，大気汚染対策，廃棄物とリサイクル対策等を中心に取り組んでいる．エネルギー対策は，地球温暖化問題の最重要テーマであるが，日本のエネルギーと環境の行政体系，地方と中央の責任配分の現状では，自治体が地域政策として取り組むのはなかなか難しい．同市は，環境セクション内にエネルギー担当部署があり，エネルギー効率アドバイスセンター（Energy Efficiency Advice Center）といった拠点施設を含めて，省エネルギーや再生可能エネルギー利用等の取り組みを行っている．

3. 全庁的なエネルギー対策とEMAS

レスター市は，自治体自らのエネルギー消費量を2025年までに1990年次の半分に削減する，2020年までに自治体のエネルギー消費量の20％を再生可能エネルギーから供給する等，非常に高い達成目標を掲げて各種施策を行っている．そして，これらの全庁的取り組みはEMASのスキームに沿って，実施状況のモニターや計画へのフィードバックが行われている．

4. エネルギー効率アドバイスセンター

エネルギー効率アドバイスセンターは，国の外郭団体と自治体が共同出資する第三セクターで，国内に52カ所ある．レスター市のエネルギー効率アドバイスセンターは，地域住民や事業者に対して，建物のエネルギー効率の改善，省エネルギー行動を促す各種環境サービスを行っている（図11-1）．具体的には，住宅や事業所のエネルギー消費状況を自己診断テスト，省エネルギー対策と経費削減のメリットの紹介，建物修理や再生エネルギーの技術・製品に関する情報提供や資金計画等の個別の相談も行っている．「持続的社会のエネルギー利用」は地域社会からのこうしたボトムアップがとても重要である．

5. エコハウス（Eco House）

エコハウスは，環境と調和した建物とライフスタイルを具体的に紹介，提案するオープンハウスである（図11-2）．施設は無料で見学でき，1989年オープン以来，利用者は10万人を越える．エコハウスの活動は，地元環境NGOのEnvironとレスター市とパートナーシップで行われ，運営をEnvironが行い，資金の支援を市が行っている．建物と庭園を一体的に整備した環境共生型施設では，コンポストやリサイクル，エネルギー効率の改善等について展示物や資料を見ながら学ぶことができる．また，見学者への施設内の紹介や情報提供だけでなく，中小企業への無料相談，学校の出前教室，イベント等も行っている．

〔野村恭子〕

図11-1 エネルギー効率アドバイスセンター

(a) 住宅を利用した施設の外観

(b) 施設内のエネルギー効率改善や環境に配慮した家庭用品の展示

図11-2 エコハウス

文献

1) 国際環境自治体協議会ヨーロッパ事務局:ヨーロッパにおけるローカルアジェンダ21の取組み―ドイツ,イギリス,スウェーデンの事例と各国の比較―, pp.9-20, 国際環境自治体協議会日本事務所, 2000

N12 ハウテン（オランダ）
—— Houten, Netherlands

　ハウテンは，ユトレヒトの近郊9kmにある自転車都市として有名なニュータウンである．中心部に鉄道駅があり，ほぼ南北に鉄道が走っている．1990年代半ばに第1期の建設（420 ha，外周8 km，人口31000人）が終わり，現在2期工事（1995年開始，2006年完了予定）が，第1期ハウテンの南側に隣接して実施されている．なお，第1期のハウテンを，旧ハウテン（old Houten），2期のハウテンを新ハウテン（new Houten）と呼んでいる．国（オランダ）が設けた自転車都市（サイクルタウン）の最初の表彰を受け，全国的にも注目されている．2001年時点では，新旧のハウテンをあわせた人口は，約35000人であり，2006年には約5万人の人口を予定している．また，旧ハウテンの中心部から，新ハウテンの中心部にLRTが敷設され，ピストン運行されている．将来，ユトレヒトまでつなぐ予定である．

　ハウテンでは，乗用車の保有率は1世帯に1台，自転車は1人に1台となっている．自転車優先のまちといいながらも車の保有率は高いが，車に対しては徹底した通過交通の排除がなされており，自転車，歩行者を優先した交通体系となっている．ハウテンの道路網は，車の動線と自転車の動線が完全に分離されているのである．自転車はまちの中の移動が便利に行えるように，まちの中心部に幹線を配置し，そこから支線が枝分かれしている．幹線自転車道は植樹帯によって歩道と分離され，緑と水辺によって構成されるグリーンベルト地帯を走っている．そして子どもが遊べるように，公園や釣り場も整備されている．

　一方，車の場合は，幹線自動車道である外周道路から区画道路を経由して，各住戸にジグザグに速度を落としながら取りつくようになっている．他の住区にある住戸への移動では，いったん外周道路に出なければならず，時間がかかる．わが国のニュータウンで一般的な，補助幹線道路が省かれたネットワーク形態をとっている．バスや緊急車は，一般車両が進入禁止の道路を，ゲートを自動的に開閉すること等により走行できる．道路の交差点は，T字交差を原則としており，その交差部周辺に駐車場が配置されている．これは交差部での交通事故を減少するためであるといわれている．

　ハウテンは，自転車は安全に，しかも便利に走行でき，子どもたちが安心して暮らせるまちとして極めて評判がよい．しかし一方で，車で隣のブロックの知人宅に行く場合には，外周道路に出て大回りしなくてはならない．その場合，走行距離が延びると必然的に，化石燃料消費が増える．車から自転車に転換した人も含め，全体として環境面で改善がみられるのか．また，自転車は便利だが，車は不便，全体として便利になったのか等，疑問がわいてくる．

　この疑問に答えるために，筆者はコンピュータシミュレーションを用いて研究を行った．その結果，利便性は低下せず，しかも安全面と環境面において非常に優れたまちであるということが実証できた．中学校区レベルの街区においては，このような自転車優先型のまちを積極的につくり出すことがわが国で求められよう．　　（新田保次）

文　献

1) 新田保次：オランダの自転車交通政策とサイクルタウンの評価，都市計画238, 51(3), 25-28, 2002
2) 新田保次・三星昭宏：オランダの自転車交通政策とサイクル都市「ハウテン」，都市問題，83(5), 53-61, 1992

N12 ハウテン(オランダ)

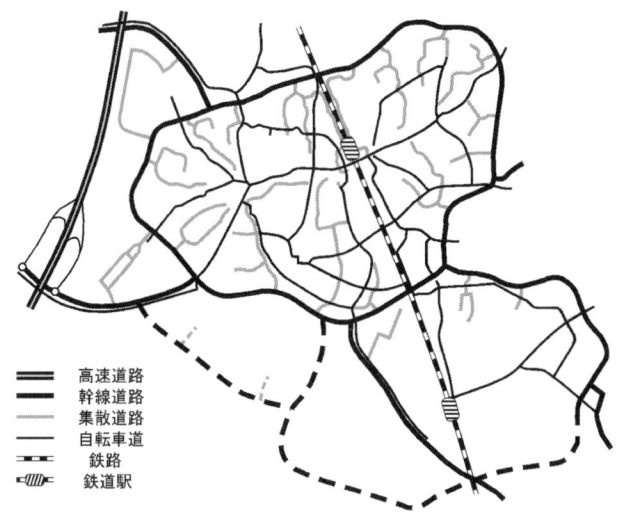

　　　　　高速道路
　　　　　幹線道路
　　　　　集散道路
　　　　　自転車道
　　　　　鉄路
　　　　　鉄道駅

図 12-1　道路ネットワーク

図 12-2　自転車道とハンプ

図 12-3　自転車道と公園

図 12-4　自転車幹線道と支線の交差部

図 12-5　住宅と駐車場

N13 ストラスブール（フランス）

―― Strasbourg, France

　ストラスブールは，フランスとドイツの間の東部境界上に位置し，ヨーロッパの十字路と呼ばれるアルザス地方の中心都市である．実際，ヨーロッパ大陸の主要都市パリ，アムステルダム，ミラノ，プラハ等からほぼ同距離の場所にあり，古くから政治・経済の面で重要な役割を担ってきた．特に第二次世界大戦後，欧州議会，欧州人権委員会本部などEUの主要機関が置かれるヨーロッパ有数の国際都市である．その一方，アルザスの文化・芸術の中心として国内外から多くの観光客が訪れ，ゴシック建築の傑作といわれるストラスブール大聖堂を中心に歴史のある街である．環境においても水と緑が都市景観の主要を占め，遊覧船での運河めぐりや整備された公園や庭の散策を楽しむことができる．

　歴史と伝統をもつストラスブールも，以前は，他のほとんどの都市のように，都市の拡大に伴う弊害，特に都心部と中心とした交通問題が悪化し，大気汚染等による環境の悪化，歴史的建築物の損害などを経験していた．しかし，今日は，都市交通対策に成功した環境にやさしい都市として注目されている．これは効率的な輸送システムとそれに伴う都市施設の統合的な開発を骨格とした新しい都市交通計画が1992年2月に着手されたことから始まる．計画の主なものとして，自動車の都心部への流入量の縮小，公共交通機関の相対的な使用の増加，歩行・自転車利用のための空間の整備による相対的な増加があげられる．

　まず，自動車使用の縮小では，都心部への進入を極力制限するため，乗り入れ禁止区域の設定や循環道路の整備，パークアンドライドに伴う都市周辺部での駐車場設置等が実施された．これで市中心部の広場等には安全で快適な歩行空間が確保され，賑わいが増し，商業施設の集客にもつながっている．

　また，公共交通機関の再構築として，1994年11月，第一の路面電車（トラム）の軌道：9.8 kmが設置され，無公害かつ利便性の良さで市民や観光客の足として気軽に利用されている．このトラムの特徴として，その車両はバリアフリーに配慮し低床でゆとりある車内空間の設計がなされ，その洗練された車両デザインは，中世の色合いが残る町並みにも違和感を与えない．

　そして，この新型交通は全長300 kmを越す長さのバス・ネットワークと連携している．このトラムとバスの相互補完性により，公共交通が有効に機能するものといえる．主要なトラム駅およびバス停留所には，自転車・自動車駐車場がセットされ，パークアンドライド設備にも無料のタクシー電話が装備されたり，電気自動車のレンタルも行うなどの細かい配慮もなされている．さらに，輸送手段としてのみならずレクリエーションの奨励もかねて，サイクリング道のネットワークを市域全体に整備し，休日の余暇利用としても市民に親しまれている．

　市当局は，インフラ整備とともに都市生活の質の向上をスローガンに，新交通システムの利用促進と定着に向けた広報活動を積極的に行ったことが，大きな成果を生んでいる．また，新たに生み出されたトラムの軌道敷きや広場空間などには，1500本以上の木が植樹された．

　斬新で効率性や利便性を追求しながらも歴史遺産を大切に保全しつつ，自然環境に配慮しながら都市設計が試みられている．

〔上野芳裕〕

N13 ストラスブール（フランス）

図 13-1　ストラスブール

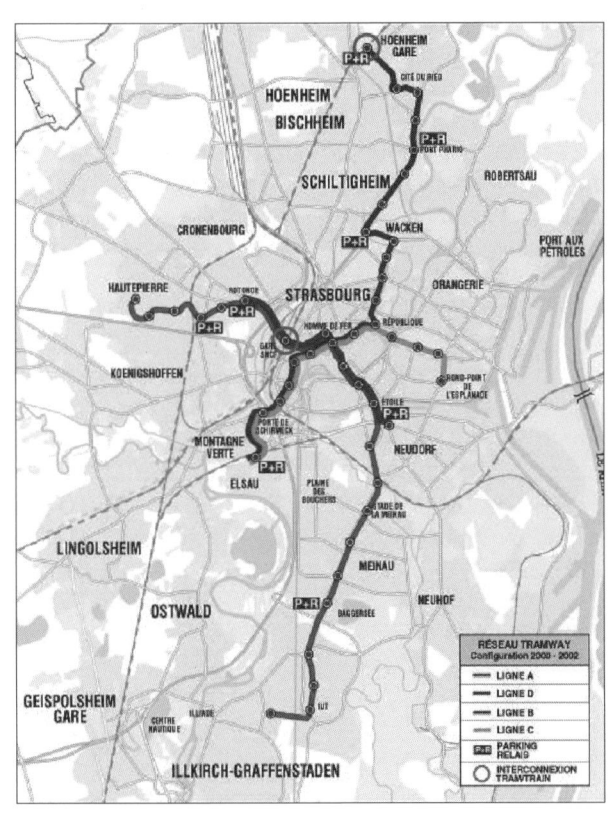

図 13-2　ストラスブールのトラム路線図
主要な駅にパークアンドライドの施設が併設されいる．

N14 アヌシー（フランス）

—— Annecy, France

　アヌシー市は，フランスの代表的な観光地ローヌ・アルプ地方のオートサヴォア県の県庁所在地である．市域は，アヌシー湖（27 km²）の北に位置し，湖の水が流れ込むヴァッセ運河とティウ川を中心に広がっている．人口約5万人，面積約14 km²で，フランスアルプスの中心地として，その旧市街地の石畳と運河の美しい中世の街が保存された街並みから"アルプスのベニス"という名で親しまれているリゾート地である．また，アヌシー市を含む周辺10市町村は，フランス第二の産業経済圏を形成しており，フランスの対外貿易輸出率第1位の地域となっている．

　アヌシー市の一番の観光資源であるアヌシー湖の透明度は12 mに達し，水質管理の徹底ぶりは世界的にも有名である．湖がこれほど綺麗なのは，1人の外科医の並々ならぬ努力があったからである．第二次世界大戦直後はホテルのトイレットの下水流入や周辺住民のごみ捨て場と化していたが，このドクターが警告を発し続け，ホテルの下水管にセメントを詰めるなど孤軍奮闘の結果，11年後の1957年にアヌシー市を中心にアヌシー湖・市町村協議会が発足した．協議会は下水集水溝を湖の周辺に設置（450 km）して周辺人口16万人の生活用水，多数の企業の産業廃水をこの集水溝に集め湖に流入するのを防ぐとともに，下水処理場を建設して汚水処理することを決定した．これはフランスで最初の湖の環境保全プロジェクトとなり，この結果，現在では欧州一の水質を誇っている．

　山と湖に囲まれた都市アヌシーが今あるのは，アヌシー湖の環境保全プロジェクトと呼応して，1950年代に当時の市長が環境保護の方針を打ち出し，水と緑に囲まれた美しい中世の街並み保全を続けてきたことによる．こうした努力は，1967年の国際環境美化賞の受賞や，1967年から30年間続いているフランス「花飾り市町村コンクール」の「四つ花」受賞，1972年欧州自然保護賞，1983年国際環境保全欧州ブロック金賞，1990年と1996年にはコンクールの「グランプリ」受賞といった成果に至っている．また，1996年には国立自然公園に指定され，湖周辺の建築規制（水際から100 m以内の建築規制）をはじめとする湖の保護規制を実施している．さらに，市の都市計画は歴史的景観を保存する旧市街地と新興住宅地，緑地保護地域のバランスを重視しながら進められ，1960年以降の宅地開発による市街地拡大を懸念し，集合住宅地内の一部の土地買い上げや，戸建て住宅に対する緑化指導も行っている．この他，市では「清潔・花いっぱい」をスローガンに，ごみや騒音の問題に対しても取り組みを拡大している．具体的には，1993年の空き瓶回収コンテナの地下化，ごみ処理場の郊外への移設，ごみ回収車の電気自動車化，道路路面の特殊舗装化による騒音軽減化，原付バイクやピアノ，犬などの生活騒音に対する対策，子ども広場への犬の進入対策等をあげている．市では，「花による快適な景観」が重要な観光資源という考えに基づき，"水と花によるまちづくり"を市民に浸透させていくため，花飾りスクール等も随時開催しており，市民と行政とが一体なった花飾り運動が模範的な形で展開されている．

（井上三芳）

文　献

1) Annecy，アヌシー市資料，1997
2) フランス政府観光局：ローヌ・アルプ，2003

N14 アヌシー（フランス）

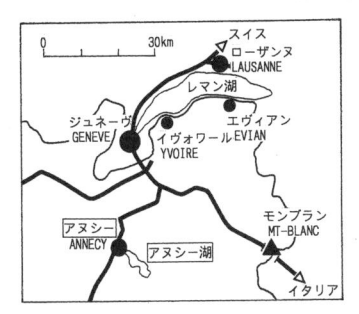

図 14-1　アヌシーの位置

図 14-2　ティウ川中州のリル宮殿

図 14-3　ティウ川沿いの街並み

図 14-4　子ども広場の入口の犬避け

図 14-5　アヌシー湖

図 14-6　アヌシー湖の遊覧船

図 14-7　犬の糞入れと袋

図 14-8　廃ビン入れ

N15 シンガポール

―― Singapore

　シンガポールはマレー半島の最先端に位置する島国で，熱帯の都市国家である．マレーシア連邦から独立し，順調な経済成長を続けている．中継貿易と観光を国家の生業とし，ガーデンシティシンガポールとして世界中に有名である．

　熱帯直下の都市国家であるから，熱帯特有の気象条件下にある．暑さと特有のスコールをいくらかでも防ぐ意味で，建物の通りに面した１階部分は雪国の雁木（がんぎ）と同じような構造になっている．再開発が進んでいるが，イギリス植民地時代の面影を残すチャイナタウンにその名残を見ることができる．

　近代国家建設にあたり，この国の指導者はクリーン・アンド・グリーン作戦を実行しガーデンシティを国家目標にした．雁木に代わるべきは大きな影を落とす街路樹の並木を，照り返しをいくらかでも和らげるために立体交差の橋梁のアバットなどのコンクリート構造物や，照明ポールや柵や手すりを緑化し，駐車場にも緑陰となる樹木を植え，工事現場の塀も緑化するといった徹底ぶりである．屋外駐車場は駐車スペースを緑化し，面積に応じて緑陰をつくる樹木を植えるようにレギュレーションで決まっている．熱帯で雨も多く成長が早いということもあいまって，街中が緑である．公的空間の緑化にとどまらず，民有地の緑化もレギュレーションにより厳しく実行されている．

　車道まで緑陰をつくる街路樹には，枝張りのよい樹種が選ばれ，基本的には無剪定で大きくする．たまに豪雨で枝が折れるが，被害にあっても枝を切れという苦情にはつながらない．

　タバコや塵を捨てたら罰金を取られたり，マラリヤ防止の意味から蚊の発生を助長する水溜りには異様なほど厳格である．モスキートインスペクターが家の中の花瓶の水までチェックする．おかげで，ハエはいるが蚊はいない．東南アジア特有の，混沌としたある種の汚さとは無縁で街が綺麗である．

　大胆な一方通行や，都心部への車両流入規制による渋滞緩和システム，再開発等による駐車場の整備，取り締まりによる路上不法駐車の一掃など，東京都心と対極をなす交通政策が目を見張る．

　公園および樹木法により公園，庭園，樹木，植物の保護と育成が規制されている．樹木保存地区内では一規模以上の樹木の無許可での伐採禁止，道路に面する土地の快適性を促進するため，樹木その他植物の植栽および維持管理，雑草および芝の手入れに警告ができ，従わないと罰金が課せられる．

　また，建築行為や開発行為の許可申請にあたり，ランドスケープ計画図の添付が義務付けられている．これらには，ガイドラインが設けられて条件付きで許可される．条件どおりに植栽等を行わない場合は，やり直しや追加，罰金が課せられる．ガイドラインでは，道路沿いの緑地帯，コンクリート擁壁は植物で緑化するためのスペースを擁壁の前面に設ける，ごみ集積所や分電盤の周囲は背の高い生垣で覆うなどが決められている．

　熱帯の条件下では，常に気をくばっていなければ，生活空間として不適な環境に変化してしまうことを，意識的に行うことにより，美しさが保たれている．（有路　信）

N15 シンガポール

(a) 駐車場の緑化

(b) 歩道橋の緑化

(c) 屋上緑化

(d) 公園と街路樹

(e) 屋上緑化と街路樹

(f) 駐車場棟の屋上緑化

図 15-1　シンガポール写真（野島義照氏提供）

N16 クライストチャーチ（ニュージーランド）
—— Christchurch, New Zealand

クライストチャーチは，エドワード・ギボン・ウェイクフィールド（Edward Gibbon Wakefield）が設立した英国の移民会社によって1850年に英国の植民地として建国された．ウェイクフィールドは将来世界一美しいガーデンシティとなることを予告し，環境を重視した都市計画のもとに建設することを命じている．彼の友人であるジョン・スチュアート・ミル（John Stuart Mill）が"Principles of Political Economy（政策経済論）"で，「庭と余暇のための適切な空間をもつ，健康で美しい都市」創造を提唱をしていたことに影響を受けた．このようにクライストチャーチは建国時に市民の健康レクリエーションの場や公園緑地用地をリザーブし，タウンベルト（公園の機能をもった帯状のグリーンベルト，筆者はこれを公園緑地帯と命名）で町の周りを囲む都市計画によって町を建設した．かつ河川（エイボン川＝河川緑地帯）と大きな公園（ハグレーパーク），4つの広場，タウンベルト（後に並木のある大通りとなる）による公園緑地系統を整備完成させた．これらは現在も存続し，クライストチャーチを環境都市として特徴づけている．またエベネザー・ハワード（Ebenezer Howard）が，彼の田園都市構想はウェイクフィールドが提唱したニュージーランド，オーストラリアの都市計画のコンセプトにアイデアを得たと述べているように，ハワードの田園都市はクライストチャーチに構想を得ている．計画はまず，1000エーカーをキャピタルシティとして，スクエア，基幹道路，公共建築，公園，その他の公共の便益等に供し，残りは1/4エーカーずつに区画する．さらに鉄道，道路で結ばれる衛星都市として500エーカーのタウンを建設し，その周りに郊外地区としてやはり500エーカーの土地で囲む．ただし衛星都市はキャピタルタウンより小さいこと，それらの町の間はルーラル（rural）すなわち農地とした．ハワードの田園都市の原単位はクライストチャーチのキャピタルシティに等しく，ハワードのベルト状のグランアベニューがタウンベルトおよび郊外ゾーンにあたる．このようにクライストチャーチは最初から田園都市，庭園都市をイメージして建国された．1858年に最初の公共造園に£200が支出され，多くのガーデナーたちが次々と英国から移民した．ジョン・クラーディオ・ラウドン（John Claudius Loudon）のガーデンスクの影響を受けて草花花壇を基本とするガーデニングを発展させ，現在，英国よりも英国的な町と賞賛されるガーデンシティの基礎を築いた．建国時から庭は市民生活に深く浸透し，建国当初に美化協会や国土順応協会，園芸協会を設立させ植栽等による町の美観創出がボランテア活動として開始された．今日世界的に有名になっているガーデンコンテストも，これらの団体によって開始されたものである．クライストチャーチ市の現在の緑地率は約58％に及び，このうち公共緑地面積は約3000 ha，私有地緑地面積は約3176 haでこの私有地緑地は市民の住宅の庭である．クライストチャーチの良好な環境と美しい景観は，町の隅々にわたって存在する個人の庭によって創出されているといっても過言ではない． （杉尾邦江）

文 献
1) 杉尾邦江：英国植民地時代のオーストラリア，ニュージーランドにおける公園緑地帯の形成に関する研究（学位論文），1997
2) 杉尾邦江：ニュージーランドに於ける公園緑地の成立に関する研究，造園雑誌，56(5)，49-54，1993

N16 クライストチャーチ（ニュージーランド）

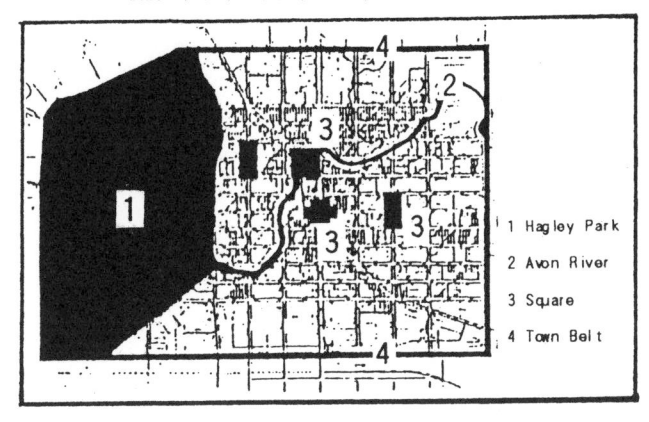

図16-1 クライストチャーチ，オリジナルタウンプラン（最終案，1850年）タウンベルト，4つのスクエア，エイボン川（河川緑地帯）による公園緑地系統．

図16-2 クライストチャーチ（航空写真）

図16-3 エイボン川の景観

図16-4 道路沿いの住宅の庭景観

図16-5 道路沿いの民有地の樹木は公共の並木のよう（市内の道路景観）

3) 杉尾邦江：イギリス植民地（オーストラリア，ニュージーランド）に於ける公園緑地帯の形成と特質に関する研究，造園雑誌，53(5)，311-316，1990

4) 杉尾邦江：ニュージーランド，クライストチャーチに於ける私有地緑化の実態，PREC Study Report, 2, 62-69, aug/1998

索　引

数字のイタリック体は，項目として説明されているページを示す．

■あ 行

アイスブレイク　398
安芸の宮島　88
アクションリサーチ　414
アジェンダ21　424
アドバイスマップ　176
アトリウム　120
アヌシー　506
アバークロンビー，P　46
アーバンデザイン　122
アメニティ　6, 32
アロットメント　374
アンウィン，R　40
安心　280
安全　280
案内軌条式鉄道　158

意思決定支援システム　332
一次避難地　294
1人協定　458
I種体系　346
一般廃棄物　268
移動円滑化　164
インダストリアルパーク　80
インターネット　344
インタープリーター　402
インターンシップ制度　464

ウェルネス社会　354
雨水　260
雨水浸透　184
雨水浸透施設　260
雨水調整(節)池　184
雨水貯留　184
雨水貯留施設　260
雨水利用施設　260
ウッドランズ　486

駅前広場　150
エコ・スクール　406, 408
エコシティ　20, 72, 246
エコスラグ　262
エコセメント　262

エコタウン　266
エコタウン事業　249, 266
エコテクノロジー　442
エコハウス　490, 500
エコライフ　364
エコロジー　442
エコロジカルネットワーク　192
エコロジカルプランニング　486
エッカーンフェルデ　496
エデュケーター　401
エネルギー　240, 244, 442, 490
エネルギー都市　244
エメラルドネックレス　44
エリアリサイクルシステム　258
園芸療法　372
延焼遮断帯　288, 296

屋外広告物規制　118
屋外広告物法　118
屋上緑化　254, 264
オスマン　44
オープンスペース　316, 418
オムニバスタウン構想　154
オルソフォト　336

■か 行

介護保険制度　382
ガイドウェイバス　159
開発許可　62
海浜景観　98
外部環境会計　440
外部不(負)経済　434
外来種　189
街路景観　90
化学的環境　186
加算税方式　482
カーシェアリング　160
風の道　86, 492
河川　180, 182, 404
河川環境楽園　402
河川景観　92
仮想現実　348

仮想評価法　426
学校ビオトープ　410
学校林　408
ガーデンシティ　508
カープール　160
カーボンニュートラル　250
カールスルーエ　498
カールスルーエ方式　498
川づくり　182
環境・経済統合勘定　428
環境アセスメント　220
環境影響評価の実施要綱　220
環境影響評価法　220, 226, 228, 232
環境会計　440
環境学習　392, 396, 400, 404, 406, 410, 416
環境学習公園　402
環境学習プログラム　398
環境家計簿　366
環境管理監査　500
環境基準　230
環境基本計画　226, 230
環境基本法　226, 228, 230, 402
環境教育　392, 396, 400, 406, 412, 416
環境行政　214, 226
環境共生住宅　264
環境共生都市　16, 20, 72, 246
環境経営　436
環境コミュニケーション　436
環境指標　214, 216
環境首都　496
環境省　226
環境情報　324, 330
環境診断　214
環境税　428, 434
環境政策　28
環境対策費用　428
環境調査　330
環境庁設置法　226
環境デザイン　34
環境都市　2
環境都市経営　424

環境都市計画 38
環境における事業機会 438
環境ビジネス 438
環境負荷の軽減 22
環境報告書 436
環境保護定期券 156
環境保全 206
環境保全機能 166
環境保全措置 232
環境舗装 166
環境ホルモン 360
環境マネジメント 430
環境マネジメントシステム 430
環境モニタリング 218,330
環境問題 14
環境ラベル 430
環境林 206
カンザスシティ 482
緩衝緑地 316
感染症 358
貫通通路 120
関東大震災 284

帰化種 189
企業の環境学習 416
企業の社会貢献活動 476
気候解析図 176
気候機能解析地図 492
気候変動枠組条約 12,228
疑似体験 348
技術・エコロジーセンター 496
軌道系交通 156
揮発性有機化合物 138
キャド 336
共同体 450
京都議定書 12
橋梁 96
巨大災害 274
近隣公害 310
近隣住区(論) 42,452

区域区分 62
空間スケール 192
偶発的学習 394
クライストチャーチ 510
クラインガルテン 374
グラウンドデザイン 32,34
グラウンドワーク 446
グラウンドワークトラスト 466
クリチバ 488

クリチバ都市計画調査研究所 488
クリマアトラス 176
クリマトープ図 492
クリーンアンドグリーン作戦 508
グリーンウェイシステム 480
グリーンゲリラ 474
グリーン購入(法) 268,430
グリーンツーリズム 380
グリーンフラッグ 406
グリーンベルト 510
グリーンベルト型環境都市 30
グリーンベルト法 46
クールアイランド 172
クルドサック 42,146
クロスカリキュラム 412

景域計画 60
計画目標 6
景観 33
景観計画 60,110
景観形成ガイドライン 110
景観形成基本計画 112
景観構成要素 92
景観資源 116
景観資源マップ 116
景観シミュレーション 114,342,348
景観重要樹木 132
景観条例 86,110,112
景観生態学 190
景観創生舗装 166
景観づくり 86
景観評価 104
景観法 109,110,112,132,448
景観マスタープラン 110
景観予測 114
経済学的評価 426
経済環境 3
経済評価 224
計量心理学的評価手法 104
下水排熱 256
結核罹患率 359
圏域整備 54
健康 352
健康都市 354
建築協定 314,458
原風景 102
建ぺい率 64

広域避難地 294
合意形成 468,472
公園 402
公園区 482
公園系統 44
公園施設 70
公園緑地 68,200
公園緑地計画標準 68
公園緑地系統 44,510
公園緑地帯 510
公害 72,278
公開空地 120
公害病 358
公害防止 278
公害問題 310
公共交通 162
公共交通指向型都市開発 162
公共施設 70
公共性 470
工業地域 80
高遮蔽性 296
工場立地法 80
構造物 96
交通 136
交通管理組合 160
交通計画 488
交通事故 276
交通事故防止 320
交通需要管理組合 140
交通需要マネジメント 66,136,140,162
交通バリアフリー法 164
交通分離植栽 144
高度情報化 326
勾配 164
高木 108
公民館 454
公民協働 28
高齢者 352
高齢者施策 356
高齢者向け優良賃貸住宅制度 352
港湾空間 98
国際花と緑の博覧会 72
国際標準化機構 430
国土計画 52
国土数値情報 330
国民経済計算体系 428
コケ 188
国家環境政策法 222

古都保存法　126
子どもの権利条約　414
「子どもの水辺」再発見プロジェクト　404
コミュニティ　148, *446, 450*
コミュニティアーキテクチュア運動　452
コミュニティガーデン　372, *474*
コミュニティガーデン・ネットワーク緑地　474
コミュニティカルテ　456
コミュニティサイクル　152
コミュニティセンター　454
コミュニティ道路　148
コミュニティビジネス　456
コミュニティプランニング　*452*
コミュニティポータルサイト　456
コミュニティモール　148
ゴールドプラン21　356, 382
コンサベーションバンキング　237
コンパクトシティ　8, 20, *22*
コンピュータグラフィックス　114, *342*

■ さ　行

災害観　282
災害対応力　272
災害認識　282
災害の進化　306
再開発促進区　76
災害復興　304
サイクルタウン　152, 502
再生可能エネルギー　250, 490
雑用水　260
里地里山　102, *208*
産業共生型資源循環　248
産業公害　278
産業廃棄物　268
サンリバー　*484*

市街化区域　62
市街化区域内農地　210
市街化調整区域　62
市街地係数　296
市街地再開発事業　82

市街地整備　*82*
自家用広告物　118
資源　*240*
資源回収　242
資源循環　*242*
資源循環型社会　266
事故防止　320
自照環境　3
地震災害　306
地震被害地域危険度図　290
施設緑地　68
自然エネルギー　*250*
自然環境調査　*212*
自然環境の経済評価　224
自然景観　*100*
自然公園法　100
自然再生計画　26
自然災害　272, 280, *282*, 306
自然再生推進法　26, 100
自然的環境　14
自然とのふれあい　170
自然保護地域　492
自然立地的土地利用　50
自然立地的土地利用計画　*60*
持続可能　4
持続可能な開発　10, 16, 240
持続可能な社会の実現に向けた教育　392, 396
持続性　*16*
持続的発展　20
市町村マスタープラン　58
シックハウス　352
湿地　236
自転車　*152*
自転車都市　502
視点場と対象　92
シビックトラスト　466
シミュレーション　114, 336
市民　468
市民共同発電所　244
市民参加　*448*
市民参画　448, 494
市民農園　374
社会災害　280, *282*
社会指標　368
社会的環境　14
遮光植栽　144
社叢学会　418
重金属類　318
私有地緑地　510

重要伝統的建造物群保存地区　130
シュツットガルト　*492*
樹木保護　*132*
樹木保護条例　498
樹木保存法　132
循環　240
循環型産業システム　18
循環型社会　16, *18*, 240, 246, 248
循環型社会形成基本法　228
循環型社会形成推進基本法　248
循環型都市　8
順応的管理　218
省エネルギー　*252*
生涯学習　394
障害者基本計画　*384*
障害者支援費制度　384
障害者の地域生活支援　384
焼却灰　*262*
少子化対策　356
省資源舗装　166
少子高齢化　22
蒸発潜熱　254
消費者余剰　426
消費生活　366
情報　*324*
情報化　326, *328*
情報技術　324
情報システム　*332*
情報通信技術　346
将来推計人口　356
職住近接　22
植生管理　208
食の安全性　*362*
食品安全委員会　362
食品履歴表示制度　362
植物モデリング　342, *356*
処理水　260
新・生物多様性国家戦略　26, 196, 234
新エンゼルプラン　356
シンガポール　*508*
人口集中地区　82
新交通システム　*158*
震災　*284*
震災対策　284
親水機能　180
親水公園　*94*
薪炭林・農用林　208

索　引

人的資源　3
振動低減舗装　166
シンボルロード事業　90

水害　180
水質浄化法　236
水面　94
ストラスブール　504
ストレス社会　354
ストレス性疾患　358
スーパー広域災害　274
スムース横断歩道　164

生活　352
生活・生産環境　3
生活時間　370
生活の質　368,372
生活の場　450
生活福祉空間づくり大綱　386
生産緑地法　210
生態学原理　364
生態系　170
成長管理政策　452
生物環境　188
生物指標　216
生物情報　198
生物生息空間　182,410
生物多様性　74,100,188,208,234
生物多様性国家戦略　26,196,228
生物多様性条約　212,228
生物多様性(の)保全　10,192,196
生物的環境　186
生物濃縮　360
生物の多様性に関する条約　196
絶滅危惧植物　234
絶滅のおそれのある野生動植物の種の保存に関する法律　212
セメント原料　262
ゼロエミッション　246,248,258,266
全国総合開発計画　52
線引き制度　62
戦略的環境アセスメント　220
戦略的情報システム　332

騒音　138

——の「面的評価」　138
騒音低減舗装　166
想起法　104
総合化指標　214
総合設計制度　120
総合的な学習の時間　392,412
総合評価一般競争入札方式　432
相互補完性　376
創造的復興　304

■た 行

耐火・耐震建築化　298
耐火性能　302
大気汚染　138
大気環境　172
体験学習　398
代償措置　236
対象場　116
耐震改修　298
耐震診断　298
代替法　426
耐着火性　296
太陽光発電　250
大ロンドン計画　46
タウンマネジメント機関　78
宅地並課税　210
ダム　96
丹後の天橋立　88
段差　164

地域エネルギー計画　244
地域エネルギービジョン　244
地域開発　54
地域環境定期券　490
地域間交流　376
地域計画　54
地域コミュニティ　446
地域性　450
地域生態系型環境都市　30
地域制緑地　68
地域の学習資源　412
地域の連携　412
地域文化　420
地域防災計画　288,300
地域防犯活動　314
地下水の涵養舗装　166
地球・環境倫理　364
地球温暖化　10,12
地球温暖化対策推進大綱　12

地球温暖化防止　206
地球環境問題　10
地球の温暖化抑制舗装　167
地区計画　76,458
地区計画制度　76
地区詳細計画　492
地区整備計画　76
治水対策　180
着生砂漠　188
中心市街地活性化　130
中心市街地活性化法　78
中水　260
眺望地点　116
地理情報システム　324,326,338
鎮守の森　418

堤防　96
ディマンドバス　154
締約国会議　12
適応的管理　218
テキスチャマッピング　342
デービス　480
テーマコミュニティ　446
テレワーク　334
田園都市　38,40,510
田園都市協会　38
田園都市論　40,452
典型7公害　310
電子会議室　328
電子入札　346
電子納品　346
伝統的景観　88
伝統的建造物群保存地区　90,128

統合的都市交通計画　66
統合パッケージ型アプローチ　66
道路　96
登録有形文化財　128
道路計画　142
道路構造令　142
道路交通安全対策　276
道路緑化　144
特定街区　120
特定非営利活動促進法　470
特定非営利活動法人　460
都市・生活型公害　4
都市・農村交流　376

索　引

都市化　274
都市河川　*180*
都市型水害　306
都市型生物　170
都市環境　*72*
都市環境気候図　176
都市環境政策　4
都市環境問題　14
都市気候　74, 174
都市経営　*424*
都市計画　*30*, 38
都市計画運用指針　56
都市計画区域マスタープラン　58
都市計画法　56, 70, 124
都市景観形成地域　112
都市圏計画組織　160
都市公園　44, *204, 400*
都市公園等整備五箇年計画　204
都市公園法　204
都市災害　274, 282, 306
都市財政　*428*
都市再生事業　294
都市再生特別措置法　24
都市再生プロジェクト　292
都市再生本部　24
都市施設　70
都市疾病　*358*
都市生活型公害　278
都市土壌　186
都市のイメージ　106
都市防災区画　288
都市防災計画　272, 288, 294
土壌汚染対策　*318*
土壌環境　*186*
土壌環境基準　318
都市緑化　*202*
都市緑化活動　476
都市緑化基金　466
都市林　*206*
土地区画整理事業　82
土地利用　*50, 60, 64*
土地利用計画　50
土地利用計画図　492
トップランナー方式　252
トビリシ宣言　396
土木　*28*
土木構造物　96
トラスト　*466*
トラフィックゾーンシステム　146
トラベルコスト法　426
トラム　504
トラムトラン　156
トランジットモール　252
トレーサビリティシステム　362

■な 行

内部環境会計　440
内分泌撹乱物質　360
ナショナルトラスト　466
難燃焼性　296

二酸化炭素固定量　206
にじみだし現象　174
日本グランドワーク協会　466
日本庭園　34
日本ナショナル・トラスト協会　466
ニュータウン　*46*
ニュータウン法　46
にわ　454

熱中症　172

農村環境　188
農地　*210*
ノーマライゼーションの普及　384
乗合バス　154
ノンステップバス　164

■は 行

バイオマス・ニッポン総合戦略　250
バイオマスエネルギー　250
廃棄物　18, *240, 246*, 268
ハイデルベルグ　*494*
廃熱利用　*256*
ハウテン　152, *502*
パークアンドライド（方式）　252, 492, 504
白砂青松　88
パークシステム型環境都市　30
パークパートナー制度　464
パークリサイクルシステム　258
ハザードマップ　*290*
バス　154
バッファーゾーン　316
バードサンクチュアリー　402
パートナーシップ　*464*
パートナーシップ型環境都市　30
花のまちづくり　*476*
羽根木プレーパーク　414
ハビタット　192
ハビタットアセスメント　190
ハビタット適正指数　222
ハビタットユニット　222
パブリックカー　160
パブリックコメント　448
バリアフリー　388
ハワード，E　38, 40
犯罪　*312*
阪神・淡路震災復興計画　304
阪神・淡路大震災　284, 286, 298, 304, 470
汎地球測位システム　324

非営利組織　460
ビオトープ　74, *194, 264*, 410
美観地区　124
ピグー税　434
美景創造　98
ヒートアイランド（現象）　74, 172, *174*, 198
ヒートアイランド現象緩和舗装　167
ヒートアイランド対策　492
避難困難地域　300
避難地　*294*
避難路　*294*
非利用価値　224
広場　454
広場状空地　120

ファシリテーター　401, 462
風致地区　124
風力発電　250
ブキャナンレポート　142
復元型ビオトープ　194
福祉　*352*
福祉インフラ　*386*
福祉指標　368
復旧　*304*
復興　*304*
物質循環　242
物理的環境　186

不燃領域率　296
フライブルグ　490
プラスエネルギーハウス　490
プロジェクト・ワイルド　400
プロトコル　344
プロムナード　148
文化財　420

米国コミュニティガーデニング
　協会　474
ベオグラード憲章　402
ペオリア　482
壁面緑化　254, 264
ヘップ　222
ペデストリアンデッキ　150
ヘドニック法　426

防火性能　302
防災　272, 274, 280
防災アセスメント　290
防災街区　292
防災関連施設　300
防災拠点　292
防災公園　300
防災遮断帯　302
防災情報　290
防災植栽　302
防災診断地図　290
防災都市計画　288
防災都市づくり計画　288
防犯　276, 312
防犯環境設計　276, 312
防犯協会　314
防犯診断　312
防犯モデル団地　314
防犯モデル道路　314
歩行環境　146
歩車共存　146
保全型ビオトープ　194
舗装　166
歩道状空地　120
ホームオフィス　334
ボーモル=オーツ税　434
ボランティア　394, 462, 470
ボランティア元年　462
ボンネルフ　146

■ま　行

マクハーグ, I.　486

マスタープラン　50, 58, 110,
　198
まちづくり　468, 472
まちづくり協議会　472
まちづくり協定　458
街並み保全　130
マルチモード交通システム　66

見えがかりのデザイン　34
三重県産業廃棄物税条例　428
水　94
湖の環境保全　506
湖の保護規制　506
水環境　178
水循環　178, 242, 260
水と花によるまちづくり　506
水辺の楽校プロジェクト　404
ミティゲーション　232
ミティゲーションバンキング
　236
ミティゲーションバンク　236
緑の回廊構想　54
緑の基本計画　6, 50, 58, 68, 74,
　126, 198, 200, 202, 204, 230
緑のリサイクル　258
ミネアポリス　482
未利用エネルギー　256
民間非営利組織　470

無雪空間　308
陸奥の松島　88

明色性舗装　166
メイス, R.　388
名水百選　178

モータリゼーション　152
モーダルシフト　66, 136
モーダルスプリット　136
モニタリング　218, 232
モノレール　158

■や　行

焼き止まり線　296
屋敷林　102

有機塩素系化合物　318
有形文化財　128
雪対策　308

雪美の庭　308
ユニバーサルデザイン　386,
　388

容積率　64
用途地域　64
溶融スラグ　262
余暇　370
余暇活動　378
余暇産業　378
余熱利用　256

■ら　行

ライフサイクル　268
ライフサイクルアセスメント
　430
ライフスタイル　364
ライフライン　286
ラウベ　374
ラドバーン　42, 146
ラングラン, P　394
ランドスケープ　34
ランドスケープエコロジー
　190
ランドスケープ計画　32, 50,
　74, 498
ランドスケープ計画図　492, 508
ランドスケープデザイン　32
ランドスケープ保護地域　492
ランドマーク　106

リサイクル　18, 246, 268, 442
リサイクル法　268
リスクマネジメント　320
リズクリスティーガーデン　474
リゾートオフィス　334
リハビリテーション　372
リムトレイン　158
リモートセンシング　340
粒子状物質　138
利用価値　224
緑化　202
緑化施設整備計画認定制度　202
緑化地域　202
緑環境　198
緑視域　108
緑地　418
緑地機能　74
緑地協定　458

緑地システム　499
リンチ，K　106

レギオカルテ　490
歴史公園　420
歴史的建造物　130
歴史的風土特別地区　126
歴史的風土保全型環境都市　30
歴史的風土保存区域　126
レクリエーション　370, *378*
レーザー測量　336
レスター　*500*
レストレーション　*234*
レッチワース　38, 40
レッドデータブック　212

老人福祉(法)　*382*
労働時間　370
ローカルアジェンダ21　424, 494, 500
ロードプライシング　140
路面公共交通　*154, 156*
路面電車　156, 504

■ わ 行
ワークショップ　468
ワークスタイル　334
ヴィレッジホームズ　480

■ 欧 文

A
accident prevention　320
ADEOS　340
administration on environment　226
advanced transportation system　158
AGT　158
air pollution　138
Annecy　506
atmospheric environment　172

B
basic environment plan　228
BB運動　476
bicycle transportation　152
biotope　194, 410

BPJ　236
buffer zones　316

C
CAD　336
CALS　332, 346
CAN　328
car pool　160
car sharing　160
CG　114, *342*
children's participation　414
citizen participation　448
city government finance　428
city parks　204
city planning　30, 56
CO_2排出係数　366
CO_2の削減舗装　167
community　450
community center　454
community design　314, 472, 476
community design agreement　458
community garden　474
community Karte　456
community mall　148
community planning　452
commuty design　346
compact city　22
comprehensive learning time　412
computer aided design　336
computer graphics　342
conservation of biodiversity　196
conservation of cultural properties　420
COP　12
countermeasures of soil pollution　318
CPTED　276, 312
crime prevention　276, 314
Cristchurch　510
cultural aspects　392
Curitiba　488
cycle-oriented society　18

D
Davis　480
depopulating and aging society　356
development permission　62
DID　82
disaster prevention　292, 302
disaster prevention parks　300
disaster reduction　272, 274
diseases in urban environment　358
district planning　76
division into urbanization promotion areas　62

E
「e-JAPAN戦略」　346
earthquake disasters　284
earthquake resisting building　298
Eckernförde　496
eco life　364
eco school　406
eco technology　442
eco town　266
ecological land use planning　60
ecological network　192
economic valuation of environment　426
economic valuation of natural environment　224
ecosystem　170
educational aspects　392
EMAS　500
endocrine disrupter　360
energy　240, 244
energy conservation　252
environment city　2
environment city planning　8
environment forest　206
environment indicator　214, 216
environment quality standards　230
environmental accounting　440
environmental business　438
environmental design　34
environmental education　396
environmental impact assessment　220
environmental information

330
environmental learning 396, 400, 402, 404, 416
environmental learning program 398
environmental management 430
environmental monitoring 218
environmental noise 138
environmental problems in urban area 14
environmental tax 434
environmentally harmonious housing 264
exchange between urban and rural area 376

F
farm land 210
FF 運動 476
fire resisting building 298
forest 206
Freiburg 490
fundamental plan for disabled persons 384

G
garden city 40
geographic information system 338
GIS 326, 336, *338*
global environment issues 10
GPS 336, 338
green tourism 380
ground planting 408
grove of the village shrine 418

H
habitat evaluation procedure 222
hazard assessment map 290
health 352
heat island phenomenon 174
Heidelberg 494
HEP *222*, 236
historic building 128
historic landscape conservation 130

horticultural therapy 372
household eco-account books 366
Houten 502
HOV レーン 160
HSI 222
HU 222

I
improved environment pavement 166
incinerated ash 262
industrial distriction 80
information system 332
information technology 326
infrastructure for elderly and disabled 386
internet 344
IP アドレス 344
IPPUC 488
ISO 14001 406
IT 326, 346

K
Karlsruhe 498
Kleingarten 374
Klimaatlas 176

L
land use 50, 64
landmark 106
LANDSAT 340
landscape 32, 86
landscape assessment 104
landscape ecology 190
landscape law 112
landscape master plan 110
landscape plan 110
landscape planning 74
landscape regulation 112
landscape simulation 114
Leicester 500
leisure 370
life 352
lifeline 286
lifelong learning 394
LRT 156, 252

M
map of landscape elements 116
master plan 50, 58
master plan for parks and open spaces 200
mitigation 232
mitigation banking 236
MPO 160

N
national land planning 52
natural disasters 282, 306
natural environment survey 212
natural landscape 100
nature 170
nature-oriented river improvement 182
nature restoration 26
neighborhood pollution 310
neighborhood unit 42
NEPA 222
new town 46
NO_x 除去舗装 167
no net loss 237
non-profit organization for environment 460
nonindustrial wastes 268
NPO 448, *460*, 464, 470
NPO 法 470

O
open spaces for buffer zones 316

P
parks and open spaces 68
parks and open spaces system 44
partnership 464
pedestrian oriented road system 146
Peoria 482
PFI *432*
PI 456
place for disaster refuge 294
plants for disaster prevention 302
pollution control 278
preservation of historical landscape 126

prevention barrier for spreading of fire 296
prevention for global warning 12
private finance initiative 432
protection of trees 132
public interest 470
public involvement process 468
public open spaces 120

Q
QOL *368*
quality of life 368

R
rain water 184, 260
reconstruction 304
recreation 378
recycle technology for incinerated ash 262
recycle use of plant materials 258
recycling 242
recycling of rain water and treated water 260
regional planning 54
regulation of outdoor advertisement 118
remote sensing 340
renewable energy 250
resouces 240
restoration 234, 304
revitalization of city center 130
river 180
river landscape 92
road planning 142
road planting 143
road public transportation 154
roof planting 254
route for refuge 294
rural landscape 102

S
safety 280
safety of food 362
scenery 124
SCM 332
SD法 104
security 280
SEEA 428
sense of beauty 124
Singapore 508
SNA 428
social disasters 282
society under stress 354
soil environment 186
soil pollution 318
station plaza 150
Strasbourg 504
streetscape 90
stress 354
structure 96
Stuttgart 492
Sunriver 484
sustainability 16
sustainable city 20
sustainable management 436
SXF 336

T
TDM 66, 136, *140*, 162
teleworking 334
TMA 160
TMO 78, 456
TOD *162*
town center 78
traditional landscape 88
transit oriented development 162
transport 66
transportation 136, 152, 154, 158, 164
transportation accessibility improvement 164
travel demand management 140
treated water 260

trust 466

U
universal design 388
urban crimes 312
urban design 122
urban development 82
urban environment 72
urban facilities 70
urban forest 206
urban landscape planting 202
urban management 424
urban park with water 94
urban planning for disaster prevention 288
urban regeneration 24
urban river 180
urban transport 66
urbanization control areas 62

V
vegetation 198
VFM 432
virtual reality 348
visibility of landscape planting 108
volunteer for environment 462
VRML 348

W
wall planting 254
waste heat utilization 256
waste management 240, 246
water environment 178
welfare 352, 382
welfare for elderly persons 382
WET 236
wild life habitats 188
Woodlands 486
WWW 344

Z
zero emission 248

編集者略歴

丸田　頼一（まるた　よりかず）

1938年　大分県生まれ・長野市出身
1969年　東京大学大学院農学研究科博士課程修了
現　在　（社）環境情報科学センター理事長
　　　　千葉大学名誉教授
　　　　農学博士
　　　　マスターオブランドスケープアーキテクチャー（MLA）

環境都市計画事典

2005年 6月20日　初版第1刷
2005年10月30日　　第2刷

定価は外函に表示

編集者　丸　田　頼　一
発行者　朝　倉　邦　造
発行所　株式会社　朝　倉　書　店

東京都新宿区新小川町6-29
郵便番号　　　162-8707
電　話　03(3260)0141
FAX　03(3260)0180
http://www.asakura.co.jp

〈検印省略〉

© 2005〈無断複写・転載を禁ず〉
ISBN 4-254-18018-7　C 3540

真興社・渡辺製本
Printed in Japan

兵庫県立大 平田富士男著
シリーズ〈緑地環境学〉4

都 市 緑 地 の 創 造

18504-9 C3340　　　　　　A 5 判 260頁 本体4300円

制度面に重点をおいた緑地計画の入門書。〔内容〕「住みよいまち」づくりと「まちのみどり」/都市緑地を確保するためには/確保手法の実際/都市計画制度の概要/マスタープランと上位計画/各種制度ができてきた経緯・歴史/今後の課題

東大 神田 順・東大 佐藤宏之編

東 京 の 環 境 を 考 え る

26625-1 C3052　　　　　　A 5 判 232頁 本体3400円

大都市東京を題材に，社会学，人文学，建築学，都市工学，土木工学の各分野から物理的・文化的環境を考察。新しい「環境学」の構築を試みる。〔内容〕先史時代の生活/都市空間の認知/交通/音環境/地震と台風/東京湾/変化する建築/他

前東大 高橋鷹志・東大 長澤 泰・東大 西出和彦編
シリーズ〈人間と建築〉1

環　境　と　空　間

26851-3 C3352　　　　　　A 5 判 176頁 本体3400円

建築・街・地域という物理的構築環境をより人間的な視点から見直し，建築・住居系学科のみならず環境学部系の学生も対象とした新趣向を提示。〔内容〕人間と環境/人体のまわりのエコロジー（身体と座，空間知覚）/環境の知覚・認知・行動

柏原士郎・田中直人・吉村英祐・横田隆司・阪田弘一・木多彩子・飯田 匡・増田敬彦他著

建築デザインと環境計画

26629-4 C3052　　　　　　B 5 判 208頁 本体4800円

建築物をデザインするには安全・福祉・機能性・文化など環境との接点が課題となる。本書は大量の図・写真を示して読者に役立つ体系を提示。〔内容〕環境要素と建築のデザイン/省エネルギー/環境の管理/高齢者対策/環境工学の基礎

環境情報科学センター編

自然環境アセスメント指針

16019-4 C3044　　　　　　B 5 判 324頁 本体9200円

従来，記述の統一性を欠いていた自然環境保全項目につき，各分野の専門家が調査・予測・評価方法を具体的事例に基づいて解説した実務レベルの手引書。〔内容〕地形・地質/植物/動物/景観/野外レクリエーション地/土壌/生態系/他

環境情報科学センター編

図　説　環　境　科　学

16027-5 C3044　　　　　　B 5 判 180頁 本体5200円

環境科学の今日的課題約70項目を，一項目見開き2頁に収めつつ重点的に解説した図説事典。〔内容〕地域環境(環境汚染，自然保護，環境評価，環境管理)/地球環境(環境変化，地球管理計画)/環境情報(環境調査，情報システム)

愛知大 吉野正敏・学芸大 山下脩二編

都 市 環 境 学 事 典

18001-2 C3540　　　　　　A 5 判 448頁 本体16000円

現在，先進国では70％以上の人が都市に住み，発展途上国においても都市への人口集中が進んでいる。今後ますます重要性を増す都市環境について地球科学・気候学・気象学・水文学・地理学・生物学・建築学・環境工学・都市計画学・衛生学・緑地学・造園学など，多様広範な分野からアプローチ。〔内容〕都市の気候環境/都市の大気質環境/都市と水環境/建築と気候/都市の生態/都市活動と環境問題/都市気候の制御/都市と地球環境問題/アメニティ都市の創造/都市気候の歴史

産総研 中西準子・産総研 蒲生昌志・産総研 岸本充生・産総研 宮本健一編

環境リスクマネジメントハンドブック

18014-4 C3040　　　　　　A 5 判 596頁 本体18000円

今日の自然と人間社会がさらされている環境リスクをいかにして発見し，測定し，管理するか――多様なアプローチから最新の手法を用いて解説。〔内容〕人の健康影響/野生生物の異変/PRTR/発生源を見つける/*in vivo*試験/QSAR/環境中濃度評価/曝露量評価/疫学調査/動物試験/発ガンリスク/健康影響指標/生態リスク評価/不確実性/等リスク原則/費用効果分析/自動車排ガス対策/ダイオキシン対策/経済的インセンティブ/環境会計/LCA/政策評価/他

上記価格（税別）は2005年9月現在